分岔区煤层结构失稳型冲击地压衍生机理及防治方法研究

张　恒　冯晨曦　著

四川大学出版社
SICHUAN UNIVERSITY PRESS

图书在版编目（CIP）数据

分岔区煤层结构失稳型冲击地压衍生机理及防治方法研究 / 张恒，冯晨曦著. -- 成都 : 四川大学出版社，2025. 1. -- ISBN 978-7-5690-7384-3

Ⅰ. TD823.86

中国国家版本馆 CIP 数据核字第 2024045WU6 号

书　　名：分岔区煤层结构失稳型冲击地压衍生机理及防治方法研究
Fenchaqu Meiceng Jiegou Shiwenxing Chongji Diya Yansheng Jili ji Fangzhi Fangfa Yanjiu

著　　者：张　恒　冯晨曦

选题策划：王　睿
责任编辑：王　睿　李思莹
特约编辑：孙　丽
责任校对：胡晓燕
装帧设计：开动传媒
责任印制：李金兰

出版发行：四川大学出版社有限责任公司
地址：成都市一环路南一段 24 号（610065）
电话：（028）85408311（发行部）、85400276（总编室）
电子邮箱：scupress@vip.163.com
网址：https://press.scu.edu.cn
印前制作：湖北开动传媒科技有限公司
印刷装订：武汉乐生印刷有限公司

成品尺寸：170mm×240mm
印　　张：24.25
字　　数：531 千字

版　　次：2025 年 1 月 第 1 版
印　　次：2025 年 1 月 第 1 次印刷
定　　价：99.00 元

四川大学出版社
微信公众号

前　言

煤炭是国民生产的重要能源，是国家经济发展的重要支柱。根据《世界能源统计年鉴》，2023 年我国煤炭产量占全球总产量的 51.8%，消费量达到全球消费总量的 56.0%（未含港澳台），居世界首位。近年来，随着浅部资源的开采殆尽和煤炭开采强度的增加，我国绝大多数矿井已经进入深部开采。据统计，我国煤矿开采深度以每年 10～25m 的速度向深部延伸。随着我国煤矿开采深度逐年增加，煤岩体赋存环境逐渐呈现出明显的"三高"（高地应力、高渗透压力、高地温）状态。在地温、地压随开采深度线性增加的情况下，冲击地压、煤与瓦斯突出等灾害呈现出明显的非线性增长趋势。其中，冲击地压是对煤矿深部开采安全最大的威胁之一。

冲击地压是一种典型的煤岩动力灾害，主要发生在断层、褶曲和煤层分岔等地质结构异常变化区域。其中，煤层分岔区域的冲击地压发生机理较为复杂。本书紧紧围绕分岔区煤层结构失稳型冲击地压衍生机理及防治方法这一主题，采用理论分析、实验室试验、数值模拟和工程实践等手段，研究了卸荷路径下煤矸组合结构滑移与破碎失稳机理、影响因素及前兆信号特征，并提出了相应的防治方法。

本书主要研究成果有：①基于分岔区煤矸结构特征，构建了"煤-夹矸-煤"三元体串联结构模型，推导了煤矸接触面滑移的力学判据及触发条件，指出了接触面失稳形式包含上行滑移、稳定闭锁和下行滑移三种，三种失稳形式不仅受接触面倾角和内摩擦角影响，还受垂直及水平应力影响。②借助三轴加卸荷试验和离散元数值模拟手段，研究了卸荷路径下煤矸组合结构破坏形式和失稳特征，指出了破碎失稳形式下模型失稳强度和裂隙损伤程度较高，单一接触面滑移破碎失稳形式下模型扭转变形失稳特征更加明显，双接触面滑移破碎失稳形式下模型滑移失稳特征更加显著，得到了卸荷路径下煤矸组合结构破坏失稳具有"低强度高释能"以及脆性增强、破碎现象更加明显的特征。③基于实验室声发射监测数据，采用 FFT 频谱分析和 HHT 信号处理技术，探究了卸荷路径下煤矸组合结构破坏失稳的前兆信号特征，指出了接触面即将滑移时，声发射事件的最大振幅升高，主频相对较高，波形最大振幅段持续时间较短，能量集中在 100～200kHz 相对高频段。组合结构即将整体失稳时，声发射事件的最大振幅达到最大，主频降低，波形最大振幅段持续时间较长，能量集中在50～

100kHz 相对低频段。另外，无论是接触面滑动还是组合结构整体失稳，均伴随着能量指数急剧下降、累计视体积急剧上升和 b 值降低的现象。④借助 UDEC 数值模拟技术再现了卸荷诱发分岔区煤层巷道破坏失稳的演化过程，并研究了地质因素和开采技术因素对其破坏失稳的影响，指出了开采深度越深、侧压系数越大、卸荷速度越快、夹矸和煤矸接触面强度越高，巷道的冲击危险性越高。在对分岔区煤层巷道支护形式进行选择时，应首选锚杆(索)和补砌两种支护形式。⑤基于赵楼煤矿 5310 工作面微震监测数据，研究了分岔区煤层巷道滑移和破碎耦合失稳的前兆信号特征，验证了室内试验及数值结果的准确性。同时，针对性地提出了分岔区煤层巷道破坏失稳诱发冲击灾害的防控方法，并在 5304 工作面进行了工程实践，取得了良好的防冲卸压效果。

全书共 8 章，第 1 章主要介绍了本书的研究背景、意义和国内外研究现状；第 2 章从宏观方面探索了煤矸组合结构破坏失稳形式及前兆信息；第 3 章结合实验室试验、数值模拟及理论分析探索了煤矸组合结构破坏失稳机理；第 4 章从微观方面研究了煤矸组合结构破坏失稳的裂隙萌生、扩展和贯通机理；第 5 章从现场实际出发探索了分岔区煤层破坏失稳过程及影响机制；第 6 章针对赵楼煤矿 5310 工作面现场实测了分岔区煤层巷道破坏失稳的前兆信号特征；第 7 章将研究成果进行工业性应用，验证分岔区煤层巷道冲击失稳机制的准确性；第 8 章对本书的研究成果进行了总结，对后续的研究进行了展望。

本书由南阳理工学院张恒、冯晨曦撰写。具体编写分工为：前言、第 1～4 章、第 5 章 5.1～5.3 节由张恒撰写，折合 27.1 万字；第 5 章 5.4～5.6 节、第 6～8 章由冯晨曦撰写，折合 26 万字。在编写本书的过程中，我们参考和利用了许多文献资料的有关内容，所做的许多研究和现场测试工作得到了兖煤菏泽能化有限公司赵楼煤矿的领导及工程技术人员的大力支持；本书的出版得到了国家自然科学基金项目(51574225)、河南省自然科学基金项目(242300420353)、河南省高等学校重点科研项目(23A440012)、南阳理工学院交叉科学研究项目(NGJC-2022-02)、南阳市基础与前沿技术研究专项计划项目(23JCQY2014)、南阳理工学院博士科研启动基金项目(NGBJ-2022-17)的资助，在此一并表示衷心的感谢。同时，感谢四川大学出版社和本书编辑们的辛勤劳动。

由于作者水平有限，书中疏漏及不妥之处在所难免，恳请读者批评指正。

著　者

2024 年 6 月

目　录

1 绪　论

1.1 研究背景及意义

我国是一个煤炭生产和消费大国，根据《世界能源统计年鉴》，2023 年我国煤炭产量占全球总产量的 51.8%，消费量达到全球消费总量的 56.0%(未含港澳台)，居世界首位[1-3]。而我国煤炭探明储量仅占世界的 13.3%，且具有埋藏较深、煤层开采条件差等特点[4,5]。近年来，随着浅部资源的开采殆尽和煤炭开采强度的增加，我国绝大多数矿井已经进入深部开采[6,7]。据统计，我国煤矿开采深度以每年 10～25m 的速度向深部延伸。目前，我国深度超过千米的矿井已达 47 座，最大埋深可达 1530m，未来 5～10 年还将新建 30 余座千米深矿井[8-11]。随着我国煤矿开采强度的增大，开采深度逐年增加，煤岩体赋存环境逐渐呈现出明显的“三高”(高地应力、高渗透压力、高地温)状态[12]。在地温、地压随开采深度线性增加的情况下，冲击地压、煤与瓦斯突出等灾害呈现出明显的非线性增长趋势[13]。

冲击地压是指井巷或工作面周围煤岩体，由于弹性变形能瞬时释放，故产生突然剧烈破坏的动力现象，常伴有煤岩体抛出、巨响及气浪等现象[14]。它不仅能造成井巷破坏、人员伤亡、地面建筑物破坏，而且还会引起瓦斯和煤尘爆炸、火灾及水灾，干扰通风系统等，是煤矿重大灾害之一，严重影响着煤矿的安全、高效开采[15]。截至 2023 年 12 月，我国 14 个省(区、市)中正在生产的冲击地压矿井共有 138 处[16-19]。

根据煤岩冲击失稳的物理特征，可以将冲击地压分为三类，即岩爆型冲击地压、顶板垮落型冲击地压和结构失稳型冲击地压[20]。结构失稳型冲击地压往往发生在煤层结构复杂的地质构造区域。其中，煤层分岔便是诱发结构失稳型冲击地压的一种重要形式。例如：宽沟煤矿“2010-10-08”冲击地压事故[21]，造成 4 人死亡、2 人重伤，事故地点存在煤层分岔情况。2015 年 7 月 29 日 2 时 49 分，兖煤菏泽能化有限公司赵楼煤矿 1305 工作面发生冲击地压事故，造成 3 人受伤(1 人重伤、2 人轻伤)，事故造成直接经济损失93.87万元，被认定为孤岛工作面高静载应力作用下的夹矸滑移失稳事故[22]。2018年10月20日22时37分，山东龙郓煤业有限公司1303工作面泄水巷及3号联络巷发生重大冲击地压事故，造成21人死亡、4人受伤，事故的发生也可能与夹矸赋存有关[23]。冲击地压事故现场破坏情况如图1-1所示。

(a)

(b)

图1-1　冲击地压事故现场破坏情况

(a)兖煤菏泽能化有限公司赵楼煤矿1305工作面；(b)山东龙郓煤业有限公司1303工作面泄水巷

由于沉积年代或沉积区域地质条件不同，煤层中往往会形成一层或多层的夹矸层[24,25]。不同于单一稳定煤层结构，夹矸的存在促使煤层结构变得更加复杂，结构形式由“单一煤体”结构转变为“煤-夹矸-煤”组合结构。复杂的煤矸组合结构形式能够引起煤层结构性质的改变[26-28]。一方面，夹矸的存在能够改变原有煤层的物理力学性质，包含单轴抗压强度、弹性能指数和冲击能指数等冲击倾向指标，增强了煤体的冲击倾向性；另一方面，煤矸结构的异常变化易形成应力集中区，在高应力集中区进行采掘活动时，极易诱发结构失稳型冲击地压。因此，对于分岔区煤层结构的失稳机理研究也要从两方面考虑：首先，由于煤岩体强度的差异，裂隙发育会呈现异步性特征，“不协调”的裂隙发育往往会造成煤岩体差异性破碎机理[29-34]；其次，煤岩接触面为弱面，组合结构易沿着接触面产生滑移失稳现象[35-38]。

目前，已有学者对组合煤岩的破坏失稳机理进行了大量研究，并得到一些具有重要意义的结论，但这些研究主要集中在单轴动静载加荷机制作用下，未考虑卸荷对组合结构破坏失稳的影响[39-44]，而真正的采掘过程是由三轴卸荷逐渐转向单轴加荷的不可忽视的动态变化过程。也有部分学者从采掘卸荷机制出发，研究了煤(岩)体卸荷破坏失稳过程及前兆信号特征，但这些研究仅仅针对单一煤体或岩体结构，未考虑煤岩组合结构中的接触面滑移诱导作用[45-50]。对煤矸组合结构破坏失稳研究的不具体、不深入和不透彻，是近年来煤矸分岔区频繁发生冲击地压的一个重要原因[51]。

基于此，本书紧紧围绕分岔区煤层结构失稳型冲击地压衍生机理及防治方法进行研究。采用理论分析、实验室试验、数值模拟和工程实践等方法，分析煤矸组合结构滑移与破坏的耦合失稳机理，研究卸荷路径下煤矸组合结构的破坏形式、失稳特征及影响因素。通过微震和声发射定位软件，结合快速傅立叶变换（Fast Fourier Transform，FFT）频谱分析和希尔伯特-黄变换（Hilbert-Huang Transform，HHT）信号处理技术，揭示了卸荷路径下煤矸组合结构破坏失稳的前兆规律，并针对性地提出了预防分岔区煤层巷道冲击失稳的技术措施。本书的研究成果不仅丰富了卸荷路径下巷道与工作面围岩变形破坏及煤岩动力灾害理论，而且为分岔煤层安全、高效的开采工作提供了技术保障。

1.2 国内外研究现状

近年来，国内外科学家对煤岩冲击动力失稳问题进行了一系列研究，在冲击地压的分类、发生机理及预测预报等方面取得了显著的成绩[52-60]。冲击地压机理研究即是对其内在演化规律的研究，包含冲击地压的成因、发生条件和物理机械演化过程，研究内容大致可以分为以下三个方面[61-64]。

①从煤岩材料的物理力学性质出发，研究煤岩体冲击破坏特点以及诱使其发生冲击的内在因素，并利用各种非线性理论来研究冲击过程。

②从冲击地压区域所处的地质构造以及变形局部化出发，分析地质弱面、煤岩体几何结构与煤岩冲击之间的相互关系。

③从工程扰动以及采掘诱导出发，研究井下各种动力扰动对冲击地压发生的影响。

1.2.1 冲击地压机理研究

冲击地压研究机构最早于 1915 年在南非成立，之后各国专家学者开始对冲击地压机理进行广泛研究。早期冲击地压的机理研究主要包含强度理论、刚度理论、能量理论和冲击倾向性理论。强度理论的实质就是“顶板-煤体-底板”的夹持理论[65,66]。该理论认为冲击地压的发生条件是局部应力集中超过了煤岩体的承载强度，从而引起了煤岩体突然喷出。但冲击地压的影响因素有很多，并不能仅以应力的大小作为评判标准。20 世纪 60 年代，Cook 等[67-69]首次提出刚度理论，该理论认为冲击地压产生的必要条件是试样（煤体）的刚度大于试验机（围岩）。然而，刚度理论将煤岩材料作为刚性体看待，未充分考虑“煤体-围岩”系统的储能与释能作用。能量理论[70,71]是将冲击地压的发生归结于能量的转移和转化过程。该理论仅仅是一种定性的解释，并不能从定量的角度进行冲击地压预测。冲击倾向性理论[72]认为煤岩体的冲击能力是其自身结构的一种内在属性。该理论仅从煤岩力学性质方面对其进行了评价，未考虑发生冲击地压的外在条件。

20 世纪 80 年代，我国学者李玉生[73,74]通过对强度理论、能量理论及冲击倾向性理论等冲击地压发生机理进行研究，提出了"三准则"理论。该理论认为冲击地压的发生并非仅受单一因素控制，而需同时满足强度、能量及冲击倾向性等三个基本条件，但由于能量理论定性而非定量的特性，该理论的可操作性相对较差。章梦涛等[75,76]从煤岩体在外力作用下的变形和破坏规律出发，提出了变形系统失稳理论，指出煤岩体变形破坏并不取决于其自身强度，而是由煤岩体变形稳定性决定的。该理论认为发生冲击地压的必要条件为煤岩材料的应变软化作用，但该理论并未指出其充分条件。齐庆新等[77-79]分析了冲击地压产生的内在因素、力源因素和结构因素，提出了"三因素"理论，并指出煤岩体层状结构及层间软弱结构是冲击地压产生的主要结构因素。该理论认为冲击地压产生的实质是在高应力和采动应力共同作用下，具有冲击倾向性的煤岩结构体沿结构弱面或接触面发生黏滑并释放大量能量的动力现象。潘俊锋等[80,81]通过分析冲击地压的发生过程，提出了冲击启动理论，并将冲击地压的发生过程分为 3 个阶段，分别为冲击启动阶段、冲击能量传递阶段和冲击地压显现阶段。潘一山等[82-84]认为冲击地压的产生是在扰动作用下煤岩变形趋于无限大而发生的破坏失稳，并提出了冲击地压扰动响应失稳理论，推导了圆形巷道发生冲击地压的解析解。

综上所述，众多学者从应力、应变和能量等角度研究了冲击地压的发生机理，取得了大量的创新性研究成果。但引起冲击灾害的因素异常复杂，特别是夹矸赋存区域的煤岩冲击失稳。采掘活动能够影响围岩应力的分布特征，卸荷作用在煤岩冲击失稳过程中扮演着重要的角色，需进行更加深入的研究。

1.2.2 加荷路径下组合煤岩破坏失稳机理研究

近年来，国内外学者对于加荷作用下组合煤岩破坏失稳机理进行了大量的研究，组合煤岩的滑移和破碎失稳机理逐渐被揭露。与单一煤岩体破碎失稳机理相比，组合煤岩滑移和破碎失稳机理更能揭示冲击地压的本质。

(1)组合煤岩破碎失稳机理方面

Nie 等[85]通过单轴加载试验研究了组合煤岩破碎失稳过程，研究结果表明，煤岩组合模型在单轴压缩下的强度与单煤或单岩试样有明显不同，煤岩组合模型的破裂过程是渐进的，并伴有电磁辐射现象。

陈岩等[86]利用 MTS 815 试验机对煤岩组合体进行循环加卸荷试验，分析了煤岩组合体循环加卸荷中的弹性应变和残余应变，而后得出加载时的裂纹闭合应力和闭合应变，最后利用加载试验数据验证了轴向裂纹闭合模型和峰前应力-应变关系模型。结果表明：随着循环次数的增加，煤岩体内部的原生裂纹逐渐被压密，进而使轴向弹性应变比重增大，而轴向残余应变比重减小；环向弹性应变所占比例先增大后减小，主要是由于荷载的增加加剧了煤体的环向扩容，并产生环向裂纹。计算得出每次加载下的轴向裂纹应变，发现随着应力的增大，轴向裂纹应变先增大后基本保持不变，其拐点为裂纹闭合点，所对应的应力为轴向裂纹闭合应力，应变为轴向裂纹闭合应变。由于新裂纹和孔隙较难闭合，二者随着加载次数增加有增大趋势。最后利用轴向裂纹闭合模型和峰前应力-应变关系模型对循环加卸荷煤岩组合体的试验数据进行评价，理论值与试验值吻合度较高，能够很好地反映岩石峰前非线性行为。

李成杰等[87]利用分离式霍普金森压杆(Split Hopkinson Pressure Bar，SHPB)对类煤、岩单体及组合体试件进行冲击压缩试验，分析了试件能量耗散与破碎块度特征，通过对组合体煤、岩两组分碎块分别进行筛分，得到了各自的平均破碎块度，并依据单体试件的平均破碎块度及破碎耗能密度与入射能之间的关系，获得了两种组分的破碎耗能密度，探究了两者的吸能特性。结果表明：结合面的存在使得应力脉冲在组合体试件与压杆间传播做功的过程更复杂，试件耗散能变化与煤单体接近，而小于波阻抗较大的岩单体。煤组分由于受到岩组分的变形抑制作用而使能量集聚程度更高，破碎耗能密度与破碎程度大于同等冲击强度下的煤单体，破碎过程中岩组分的能量转移亦加剧了煤组分的破碎程度；相反，岩组分的破碎耗能密度与破碎程度相比岩单体则偏小。复合煤岩体能量集聚程度更高，发生动力灾害所需的能量更低。

苗磊刚[88]将理论分析、冲击动力试验、数值模拟、高速摄像技术、数字图像相关(Digital Image Correlation，DIC)方法等相结合，研究不同煤岩组合体在高应变率作用下的力学特性及损伤机制，对动载作用下煤岩组合体的力学行为、损伤破坏和能量耗散等进行系统研究。研究内容和结果如下：①岩-煤-岩和煤-岩-煤组合体在动态力学试验中，子弹冲击速度与应变率和组合体动态抗压强度之间都存在较好的线性关系，随着应变率的不断升高，组合体的动态弹性模量也不断增大，应变变化也越明显，且组合体试件的变形具有弹性后效特性，但此现象会随着应变率的升高而加速减弱。②煤岩组合体在动态冲击作用下的应力-应变曲线变化规律大致可划分为弹性阶段、屈服阶段和破坏阶段。在初始受压后，其应力-应变曲线线性上升到峰值应力的50%左右，后随着应力的增加，曲线斜率逐渐降低，试件的破裂程度逐渐增加，直至达到应力峰值，试件整体破碎，失去承载能力。③随着试验应变率的升高、冲击动能的增大，应力波携带的能量随之增加，应力波中携带的用于破坏煤岩组合体的能量即破碎功呈现线性增长关系，组合体破碎程度迅速增加，碎块体积也迅速变小，块度分维数值呈线性升高。但是能量耗散率的离散性较强，未呈现明显的逐渐增大或逐渐减小的趋势，而是在一定范围内波动，主要由煤岩体试件中内部结构出现的孔隙及裂隙或结构不均匀导致。④根据DIC分析结果，煤岩组合体在经过前期的不均匀变形后，后期试件内部经过波的多次传播和反射，内部变形趋于均匀，试件整体被压缩，位移量趋于一致，在试件所受载荷继续增加时，由于煤岩组合体中煤的强度小，试件中煤体部分首先出现裂纹，并在荷载的持续作用下逐渐延伸和扩展到岩石中，构成大的裂纹，最终出现试件的整体性破碎，两种组合体大体都经历了变形均匀阶段、局部变形阶段和整体破碎阶段这三个过程。⑤动态荷载或应变率的大小对试件的位移场和应变场变化有着很大影响，随着应变率的增加，试件组合体到达应变均匀的时间越短，裂纹演化和扩展的速度就越快，组合体的破碎程度就越大。⑥含围压煤岩组合体只要发生塑性屈服破坏，就会首先发生在强度最弱的煤体区域，均由煤体或岩体外表面向内产生塑性屈服破坏现象。围压较小时，冲击后期会出现体积膨胀效应，且围压越小，体积膨胀效应越显著。随着围压的增大，最终产生的塑性区体积随之降低，而且各煤岩组合体区域产生塑性区的时间也随之有滞后效应，试件各位置处的体应变由低围压的冲击膨胀逐渐转变为冲击压缩，且顶板表面透射波峰值随之增大，动力冲击耗能随之非线性地降低。

Huang 等[89]研究了不同加载速度下的组合煤岩动态破坏特性，分析了加载和卸荷速率对组合煤岩力学性能的影响。

陈光波等[90]设计进行了不同“干燥-饱和”循环次数的砂岩-煤组合体在不同围压下的轴向压缩试验，分析循环浸水作用下煤岩组合体力学特性劣化规律和劣化机制。结果表明：①随着循环次数的增加，组合体的饱和含水率逐渐增大，饱和含水率与循环次数呈对数关系。②随着循环次数的增加，应力-应变曲线压密阶段斜率增长，弹性阶段斜率减小，峰值应力降低，峰值应变增大，屈服阶段愈加明显，应力跌落变缓。③随着循环次数的增加，组合体抗压强度逐渐降低，循环1～3次，抗压强度劣化幅度较为明显，抗压强度阶段劣化度具有非均匀性。④循环1～5次，黏聚力下降了70.87%，内摩擦角下降了60.65%。⑤循环1～3次，组合体弹性模量下降了53.06%，变形模量下降了61.10%。⑥循环浸水作用下，模型微观裂纹逐渐发育，矿物颗粒由原来棱角分明的多边形逐渐向浑圆形发展，大的矿物颗粒逐渐崩解为小颗粒，颗粒间胶结作用逐渐弱化，由紧凑致密结构向松散软弱结构转变。⑦循环浸水作用下，水岩反复发生物理、化学作用，对煤岩产生反复损伤，最终导致宏观力学特性的劣化。

石伟[91]开展了不同加载速率下组合煤岩的单轴压缩试验，分析了加卸荷速率和路径对组合煤岩力学性能的影响；指出组合煤岩的整体弹性模量、峰值强度和残余强度介于顶板、煤和底板之间，组合煤岩的应力-应变特性取决于系统中刚度最小的部分，峰后破坏阶段的应力-应变曲线总体上比单个岩样更平滑，刚度差异对组合煤岩的破坏形式和冲击地压倾向有显著影响；随着加载速率的增加，组合煤岩在弹性阶段、塑性阶段和破坏阶段的应变增量逐渐增大，峰值点应变呈线性上升趋势。

李利萍等[92]利用有限差分软件，建立砂岩-煤-砂岩组合块体，以工作块体水平位移、加速度幅值作为块体超低摩擦效应表征参数，模拟不同倾角的煤岩组合块体在受扰动冲击作用时，工作块体超低摩擦效应特征参数的变化情况。考虑倾角大小、加载方式、冲击幅值和水平冲击延迟时间等因素的影响，得到含倾角煤岩组合块体超低摩擦效应影响规律。研究结果表明：动载扰动下，含倾角煤岩组合块体的倾角越大，加速度峰值越大，位移错动越明显，超低摩擦效应越显著。随着垂直扰动幅值的增加，工作块体加速度振荡越剧烈，趋于平衡收敛时间延长，垂直扰动始终是诱发超低摩擦效应的主要因素。在垂直扰动与水平冲击共同作用下，模型底部、中部、顶部监测点的超低摩擦效应强度依次增加，随着倾角的增加，位移差值不断扩大。工作块体位移振荡剧烈程度随着水平冲击延迟周期的增加而增大，在同一位移振荡周期内，波峰点水平冲击比均值点与波谷点水平冲击更易发生超低摩擦效应。

解北京等[93]借助分离式霍普金森压杆系统及高速摄像机，以原煤、原生组合、人工组合煤岩为研究对象，探究不同静水压、应变率下煤岩动态应力应变、裂纹演化、破碎特征，并采用宏观破碎分形及细观电镜扫描研究煤岩变形破坏特征。研究表明：①原煤、原生组合、人工组合煤岩的动态应力-应变呈显著非线性，原生煤岩的塑性阶段近似“塑性平台”。②冲击载荷下，煤岩动抗压强度的应变率效应显著；原煤、原生组合煤岩的动抗压强度与静水压呈先增后减趋势，静水压作用(低压强化、高压弱化)的临界值分别为8MPa、10MPa，人工组合煤岩与静水压呈正相关趋势。③冲击载荷下，原生组合及人工组合煤岩的裂隙起裂均发生于远离煤岩交界面的煤组分区域；组合煤岩交界面显著影响模型变形破坏行为，当冲击速度≥10m/s时，原生组合煤岩均可发生煤岩组分的整体失稳破坏，而相同扰动下人工组合煤岩仅发生煤组分破坏，仅当冲击速度≥14m/s时，裂纹的尖端应力大于煤岩强度，可贯通人工交界面，导致整体破碎；原生交界面对试样裂纹贯通具有“导向作用”，易诱发裂纹扩展形成宏观破裂面。④原煤、原生组合及人工组合煤岩破碎程度随着冲击速度的增大而增大，破碎粒径趋于粒状、粉末状；相同扰动下，3类煤岩中煤组分的破碎程度排序为：原生组合-煤组分＞人工组合-煤组分＞原煤。

孙思洋[94]以冷加载致裂增渗煤岩技术为研究背景，采用试验研究和理论分析相结合的研究方法，对不同冷加载周期煤样、不同冷加载温度煤样和不同煤岩高度比组合煤岩体孔隙、裂隙结构损伤破坏规律、物理力学性质以及渗透特性展开了研究，建立了适合煤岩的波速-渗透率模型，并从变温应力损伤和冷加载作用两个角度总结了冷加载作用下的煤岩渗透机理，揭示了冷加载作用下的煤岩渗透特性。研究结果表明：①随着冷加载周期的增加，煤岩表面裂隙扩展宽度和扩展率逐渐增大；随着冷加载周期的增加，煤岩原生裂隙破坏后形成了新的具有更大长度和宽度的裂隙，裂隙的扩展严重阻碍超声波传播，导致纵波波速衰减，波速衰减率和孔隙量增大；冷加载循环过程中，煤岩微观、宏观损伤是一个累加的过程，大量的孔隙、裂隙相互聚集形成裂隙网络，最终造成煤岩宏观损伤。②煤岩渗透率随着冷加载周期的增加而增大；相同冷加载周期下，煤岩渗透率和渗透率增长率随着冷加载温度的持续降低而增大；随着冷加载周期的增加，煤岩抗压强度和弹性模量逐渐降低。煤岩力学强度的下降导致单轴压缩过程中的压密阶段和屈服阶段延长，弹性变形阶段缩短。③以孔隙量为中间量，基于 Hudson 裂隙介质模型，建立煤岩的波速-孔隙量模型，结合广义 Kozeny-Carman 方程，建立适用于煤岩的波速-渗透率模型；将试验结果代入理论模型中进行验证，发现理论模型可以较好地反映煤岩波速和渗透率之间的关系。④变温应力损伤和冷加载循环作用是冷加载致裂煤岩损伤破坏的关键因素；通过建立液氮浸泡煤岩的损伤破坏判别式和裂隙损伤准则可以判别煤岩损伤程度；煤岩渗透率受轴向载荷的影响，冷加载作用下煤岩渗透率-应变曲线的变化趋势大体上是一致的；进入屈服破坏阶段前，煤岩渗透率随着轴向载荷的增加而缓慢减小。

郑建伟等[95]认为煤层顶板分层特征对于煤岩系统的力学行为有重要影响，将其简化为具有岩石单元内含有不同层面数量的煤岩组合体，并开展单轴压缩实验。借助应力监测系统、DIC 和声发射系统采集并分析实验过程中的应力-应变特征、表面应变场演变规律、声发射特性。试验表明：煤岩组合体的应力-应变过程可以分为裂隙压密阶段、“线性”增加阶段、非稳定破裂阶段和峰后阶段 4 个阶段，煤体单元首先发生渐进式的破坏，其过程为煤块弹射—煤块与组合体剥离—剥离状的煤块弹射—倾倒破坏。结合声发射特征，可以认为单轴压缩过程中煤岩组合体具有更加明显的压密现象、小台阶现象和峰后应力增减现象，这主要是组合体的非均质程度相对增加，内部不能协同变形所导致的。组合体内“煤-岩”层面处会出现明显的应变集中现象，主要是因为该处材料的物理力学性质差异较大，且层面处粘黏剂的存在会导致横向约束作用，岩石单元由单向受压转变为三向压拉状态，煤体单元由单向受压转变为三向受压状态，因此，“煤-岩”层面处更容易发生破坏，此处的声发射信号相对集中，更易形成应变集中。研究认为煤岩组合体中岩石单元层面数量增加，其等效弹性模量降低，整体性弱化和承载能力下降，组合体单轴压缩强度有降低的趋势。

樊玉峰等[96]为明确组合煤岩力学行为及其冲击倾向性与岩煤间接触面力学性质的关系，开展了组合煤岩单轴压缩试验，分析了岩煤间 4 种不同力学性质的接触面对组合煤岩强度、弹性模量、应变软化现象、声发射特征信号、能量累积耗散特征和冲击倾向性的影响规律，研究了接触面黏结属性和破坏情况所引起的端面效应对煤岩局部变形特征及强度的影响机制。研究结果表明：接触面力学性质对组合煤岩的力学性质有一定影响，完整的接触面增强了组合煤岩的强度和弹性模量，提高了弹性能累积能力，抑制了峰前阶段的煤岩破裂，削弱了峰后的应变软化阶段；接触面的破坏降低了端面效应的影响，提高了组合煤岩的破坏程度，延长了峰后的应变软化过程；无黏结型组合煤岩模型的各项力学指标均低于其余 3 种接触面；建立了组合煤岩本构关系，并提出了考虑接触面破坏的组合煤岩强度估算方法和接触面断裂的判定方法；理论计算结果与实验结果较为一致；随着岩煤间接触面力学性质的提高，组合煤岩弹性能占比提高，塑性能占比降低；厘清了岩煤间接触面力学性质对组合煤岩冲击倾向性的影响规律，认为接触面和煤岩相对力学性质是引起组合煤岩冲击倾向性各项指标冲突的重要影响因素。

张雪媛等[97]对不同尺寸、不同形状的煤岩组合体试件进行单轴压缩试验，利用声发射系统记录不同承载阶段试件内部声发射的振铃计数和能量演化。结果表明：煤岩组合体的强度介于纯煤、纯岩两者的强度之间，纯岩、纯煤、煤岩组合体试件的峰值强度分别为 30.3MPa、5.7MPa、9.7MPa；圆柱组合体和立方组合体的峰值强度都随着宽高比的减小而不断降低，最大降幅分别为 52.68%、59.21%；试件声发射振铃计数与能量表现出一致的规律性，均表现出与试件应力同步变化的趋势；圆柱组合体最大振铃计数的出现提前于最大应力值的出现，而立方组合体最大振铃计数滞后于最大应力值的出现。

滕鹏程[98]以裂隙煤岩组合体为研究对象，对不同裂隙长度、角度、宽度煤岩组合体开展单轴压缩及声发射试验，以及运用 PFC2D 模拟软件对不同裂隙数量、位置的煤岩组合体开展数值模拟试验。探究不同裂隙长度、角度、宽度、位置、数量煤岩组合体的力学参数和声发射能量、振铃计数的演化规律；对比观察裂隙煤岩组合体宏观破坏形态，分析裂纹扩展规律和破坏模式，探讨裂隙煤岩组合体的失稳机制。研究结果表明：①存在裂隙的煤、岩体在受到一定压力后，裂纹会在裂隙尖端萌发，裂纹大体分为 4 种：张拉裂纹、反翼裂纹、剪切裂纹和剪切翼裂纹，不同的裂纹造成的破坏方式不同。②裂隙对组合体力学参数有明显的削弱作用。裂隙长度、宽度、数量与组合体力学参数呈负相关，裂隙的长度、宽度、数量越大，对应组合体力学参数越小；当裂隙角度在 0°～45°时，劣化程度不断增加，当角度为 45°～90°时，裂隙对组合体力学性质的劣化效应逐渐减弱；裂隙距煤组分中间位置越近，组合体力学参数越小。不同裂隙煤岩组合体的声发射特征参数存在不同的规律，当裂隙长度不断增加时，组合体破裂过程中峰值能量、累计能量、累计振铃计数呈先增大后减小的趋势；裂隙角度与峰值振铃计数呈正相关，峰值能量、累计能量先增加后减小，当角度为 60°时峰值能量最大，当角度为 30°时累计能量最大；当裂隙宽度不断增加时，组合体峰值能量和累计能量也不断增加，峰值振铃计数先减小后增加。③裂隙对于煤岩组合体的破坏形态有一定影响。裂隙的长度与宽度对组合体的裂纹扩展、破坏模式影响较小，均是拉剪混合破坏；裂隙角度、数量、位置对组合体的裂纹扩展和破坏模式影响较大，当角度为0°～30°时，组合体发生剪切破坏，当角度为 45°～60°时，组合体为拉剪混合破坏，当角度为 90°时，组合体表现为压剪破坏。不同裂隙数量和位置的煤岩组合体破坏模式从拉剪混合破坏逐渐转为剪切破坏。④构建了裂隙煤岩组合体力学模型，分析受力情况，将裂隙煤岩组合体在受载下失稳破坏过程分为 5 个阶段。从能量的角度分析裂隙对煤岩组合体的影响，发现裂隙尖端存在能量集中区，探讨了煤岩组合体失稳破坏的能量传递机制。煤岩组合体在受载条件下，煤体积聚较多能量，达到煤体强度极限后，煤体发生破坏，释放能量传递给岩体，达到岩体强度极限后，岩体发生破坏。裂隙的存在降低了煤体和岩体的极限强度，提高了能量传递速率和传递效率，因此裂隙煤岩更易发生失稳破坏。

于炜博[99]基于杨村煤矿 $16_{上}$ 煤及其顶底板试样常规单轴压缩试验结果，采用 PFC 数值模拟与理论分析相结合的研究方法，对煤岩组合体常规单轴压缩和预静载与循环扰动荷载作用下的力学特性进行了研究。研究结果表明：①常规单轴压缩作用下，“砂岩-煤-砂岩”(SCS)和“泥岩-煤-泥岩”(MCM)组合体的强度和弹性模量随岩石占比的增加按指数函数规律增大。②常规单轴压缩作用下，SCS 和 MCM 组合体应力峰值点对应的轴向应变随岩石占比的增加呈先减小后增大的演化特征。③常规单轴压缩作用下，SCS 和 MCM 组合体冲击能量指数呈“两头大、中间小”的特征，即决定煤岩体冲击倾向性的主要因素是煤岩高度的比值。④预静载与循环扰动荷载对煤岩组合体具有塑性软化和塑性强化两种作用，这两种作用的相互制约、相互斗争决定了煤岩组合体的最终强度，且其强度与岩石占比之间具有良好的指数函数关系。⑤对于本书中设计的循环扰动加载路径，在相同应力增量的循环扰动加载过程中，当在某一个扰动加载循环结束后的不可逆应变增大，且在后一个扰动加载阶段的弹性模量降低时，则表明试样即将发生破坏。⑥SCS 和 MCM 组合体的最大声发射撞击计数随岩石占比呈“两头大、中间小”的特征。

左建平等[100]对比了不同类型煤岩的能量积聚特性，发现在同一应力水平下煤岩具有的弹性能密度主要取决于其弹性模量，且两者呈负相关关系。基于此，分析了煤岩组合模型中煤体、岩体的弹性能密度演化规律，表明煤体是组合模型中弹性能积聚与释放的主体；同时计算了两者的峰值弹性能密度差，发现该参量与组合模型破坏的剧烈程度密切相关，即峰值弹性能密度差越大，往往组合模型破坏越剧烈。基于大量试验数据讨论了影响该参量的因素，结果表明该参量与组合模型抗压强度、煤体弹性模量、岩煤高度比、岩煤弹模比等因素均具有正相关性，而与岩体的弹性模量的关系不明确，其中抗压强度是主控因素。从非平衡热力学和耗散结构的观点出发，基于煤岩弹性能密度差的分析，构建了组合煤岩系统的差能失稳分析模型，当其处于临界态时，系统的弹性能密度差最大，此时系统处于最不稳定状态。据此，提出以煤岩系统的峰值弹性能密度差与失稳持续时间的比值作为评价煤岩组合体冲击倾向性的指标，该指标从煤岩整体系统的角度出发，考虑了煤体与岩体的力学特性及能量积聚性质的差异，本质上表征了煤岩系统失稳过程中储存弹性能的释放速率，并由试验与模拟数据验证了该指标的有效性。

宋洪强[101]以巴彦高勒煤矿的煤岩样为研究对象，分别开展了煤样、岩样和煤岩组合模型的常规单三轴压缩试验和煤岩组合模型的采动力学试验，分析了不同应力条件下试样的力学特性、破坏形态和应变能演化规律。基于加载过程中的声发射演化特征分析了煤岩组合模型的渐进破坏过程。最后基于组合模型中煤体与岩体能量积聚特性差异分析了煤岩组合模型的失稳过程，并提出了评价煤岩组合模型冲击倾向性指标。主要研究结论如下：①开展了常规单三轴加载下煤样、岩样和煤岩组合模型的压缩试验，对比分析了三类试样在应力-应变曲线特征、峰值轴向应变、抗压强度、破坏形态、应变能占比、峰值弹性能密度等方面受围压影响的差异。基于单轴压缩下煤岩组合模型中不同位置处单元的受力状态，分析探讨了煤岩界面黏结约束效应对组合模型强度特性的影响，表明煤岩组合模型的单轴抗压强度不仅受岩、煤尺寸效应的影响，还受到煤岩界面黏结约束效应的影响。②基于不同围压下煤岩组合模型的峰后渐进破坏过程分析，建立了其考虑裂纹轴向应变的峰后非线性模型，较好地反映了组合模型峰后阶段的应变软化过程和残余强度。分别基于峰后应力-应变曲线形态和峰前、峰后能量积聚与释放特征建立了评价煤岩体脆性强弱的两个指标，即应力软化系数和改进的能量跌落系数，均表明煤岩组合模型的脆性随着围压的增大而减弱，且其发生脆-延转变的围压范围为10～20MPa。③开展了不同采动应力条件(不同初始围压和不同开采方式)下煤岩组合模型的压缩试验，发现煤岩组合模型均表现出显著的脆性破坏特征。基于双环向应变测量系统，对比了组合模型中煤体与岩体的环向变形、环向应变变化率演化特征，同时对比了采动应力条件下组合模型中煤体、岩体的峰值环向变形与常规加载下煤样、岩样峰值环向变形的差异。分析了初始围压和开采方式对组合模型峰值强度、峰值轴向应变、破坏形态、应变能占比、峰值弹性能密度的影响，并与常规三轴加载的试验结果对比。分析了采动应力条件下煤岩组合模型应变能变化率演化特征，发现弹性能密度变化率在试样临近破坏前会存在一个平静期(高初始围压时除外)，可将此作为中低初始围压下组合模型破坏的一个前兆特征。同时对比了煤体与岩体的弹性能演化规律，发现煤体是组合模型中弹性能积聚与释放的主体。④提出了确定煤岩体裂纹起裂与损伤应力阈值的裂纹轴向应变法，并与常用的声发射特征参数法进行对比分析，验证了该方法的合理性。基于声发射能量演化特征将峰前阶段的声发射活动划分为三个时期，并与煤岩组合体的不同裂纹演化阶段对应。分析了初始围压和开采方式对裂纹起裂与损伤应力的影响，发现这两个裂纹特征应力与峰值强度之比基本维持在一个相对稳定的水平。基于RA值(声发射上升时间与振幅的比值)与平均频率演化特征分析了不同采动应力下煤岩组合体张拉与剪切裂纹的演化规律，表明煤岩组合体加载前期均以拉裂纹为主，而在完全破坏时刻以剪切裂纹为主。基于Ib值(声发射信号的时间变化特性)演化特征分析了不同采动应力下煤岩组合体中煤体与岩体的破裂状态，发现临近破坏阶段，煤体与岩体的Ib值均表现为上下剧烈波动，近似呈现出“W”形，表明该阶段煤岩体内部损伤加剧，可将此现象视为煤岩体即将发生整体破坏的前兆信息。通过对比煤样、岩样与煤岩组合模型在相同加载条件下的峰值频率演化特征，分析了此类软岩-煤组合模型在单轴加载下的渐进破坏机制。⑤基于不同类型煤岩的能量积聚特性差异，分析了煤岩组合模型中煤体与岩体的弹性能密度演化规律，发现煤岩峰值弹性能密度差与试样最终的破坏程度具有一定关联，即煤岩峰值弹性能密度差越大，往往试样破坏越剧烈。通过检索大量试验数据进一步讨论了影响煤岩组合模型峰值弹性能密度差的因素。基于非平衡热力学和耗散结构的观点，从弹性能密度差的角度分析了组合煤岩系统的变形失稳过程，当其处于临界态时，系统的弹性能密度差最大，此时系统处于最不稳定状态。据此，提出以煤岩系统的峰值弹性能密度差与失稳持续时间的比值作为评价煤岩组合模型冲击倾向性的指标，本质上表征了煤岩系统失稳过程中储存弹性能的释放速率，并由试验与模拟数据验证了该指标评价煤岩组合模型冲击倾向性的合理性。

朱传杰等[102]利用MTS伺服压力机和霍普金森压杆系统，研究了复合煤岩体在静态和动态载荷下的破坏特征，以及煤岩厚度比例、煤岩组合角度和冲击方向对煤岩体力学性能和破坏形式的影响。研究结果表明：煤岩厚度比例越高，复合煤岩体的抗压强度和弹性模量越小；随着组合角度的增加，复合煤岩体的弹性模量逐渐增加，弹性模量最大时的组合角度为90°，弹性模量最小时的组合角度为0°；随着组合角度的增加，抗压强度先减小后增加，组合角度为45°时，抗压强度最小，组合角度为90°时，抗压强度最大。与冲击煤样相比，冲击岩样时复合煤岩体的抗压强度和弹性模量较大，极限应变略低。在单轴加载下，复合试样组合角度小于45°时主要以劈裂破坏为主，等于45°时劈裂破坏和压剪破坏并存，大于45°时为沿交界面的剪切破坏。在动态载荷下，45°角的应力-应变曲线的煤岩接触面滑移没有出现回弹现象，且此时动态抗压强度最小。

王正义等[103]基于动静组合加载相似模拟试验研究了急倾斜特厚煤层开采煤岩动力响应及其冲击破坏特征。结果表明：急倾斜煤层工作面顶底板两侧煤体受力状态和冲击破坏均呈现非对称性，同一分段顶板侧煤体采动应力峰值、动力损伤程度和动态变形均大于底板侧煤体，该冲击显现属于整体失稳型冲击地压类型，以顶板侧煤体动力破坏为主。煤体中声发射事件最大幅值可作为煤岩冲击的表征量，具有对应冲击破坏的突变性和敏感性。冲击发生时顶板侧煤体动态位移瞬时达到峰值且未有明显波动，其加速度在一次波动后便快速衰减，位移、加速度特征参数以及煤岩声发射活动性参数均显著突增，揭示出急倾斜煤岩冲击的瞬时性和较大破坏性。

(2)组合煤岩滑移失稳机理方面

曹吉胜等[104]设计了25个不同界面分形维数及倾角的组合体试验模型,运用岩石破裂分析系统(RFPA软件)对其力学特征及破坏机制进行数值试验研究。计算结果分析表明:界面倾角及分形维数对组合体的破坏强度、破裂形式、弹性模量及损伤有明显的影响。随着界面倾角的增大,破坏强度逐渐降低,组合体的破坏形式由煤样内部剪切破坏逐渐转变为煤样分界面滑移破坏;随着界面分形维数的增加,破坏强度与弹性模量均逐渐增大,并且界面倾角越大,界面分形特征对组合煤岩体弹性模量的影响程度越大;随着分形维数的增大,组合煤岩体的损伤值逐渐降低,两者呈上凸形二次曲线的函数关系,且分形维数越大,损伤值降幅也越大。

郭东明等[105]对4种不同倾角组合煤岩体进行了试验和数值模拟研究,获得了单轴和三轴压缩条件下组合煤岩体的宏观破坏机制,并分析了煤岩组合体中煤、岩不同倾角交界面对煤岩组合体整体变形破坏的影响。研究表明,单轴荷载条件下煤岩组合体的破坏强度随着组合倾角的增加出现先缓慢减小,而后迅速减小的现象;同种倾角条件下,煤岩组合体的破坏强度随着围压的升高而逐渐升高,并且煤岩组合体的倾角越小,破坏强度升高的速率越慢,而倾角越大,升高的速率越快,可见围压对于大倾角裂隙的抑制作用更明显。通过三轴试验获得了煤岩组合体整体结构的黏聚力和内摩擦角,其中组合体黏聚力随着倾角的增加而逐渐减小,但内摩擦角变化规律不明显。通过扩展有限元对试验结果进行了模拟验证,发现随着倾角由0°增加到60°,外力功、屈服应力和弹性应变能都在下降,当倾角超过45°~50°后,外力功和屈服应力将与弹性应变能出现背离,这是煤岩组合体的变形破坏机制由剪切变形机制逐渐转化为界面滑移破坏机制的重要标志。

沈文兵等[106]通过RMT-150C岩石力学试验机分别对煤岩接触面倾角为0°、15°、30°、45°、60°的煤岩组合体进行一次单轴压缩试验,分析倾角不同的煤岩组合体强度和变形破坏特征。研究结果表明:煤岩组合体的破坏强度接近煤单体的抗压强度,破坏主要集中于煤体部位。倾角30°以下,裂纹主要分布于煤体,岩体完整性较好;倾角45°以上时出现拉剪破坏,裂纹贯穿煤岩体,煤体裂纹多而密集,而岩体出现深部裂纹。在煤体部分与岩体部分峰后破坏后发生明显的滑移现象,主要发生滑移破坏并伴随着拉剪破坏。此外,煤体的累计环向应变高于岩体的累计环向应变,在煤体的环向应变片破坏30s左右后岩体开始发生破坏,因此岩体的破坏滞后于煤体。两者破坏整体不一致,具有不均匀性的特征。

王晨等[107]的试验研究发现,单一夹矸组合煤岩中,随着夹矸厚度和夹矸倾角的增大,组合煤岩的强度会降低,夹矸倾角是组合煤岩是否发生滑移失稳破坏的重要因素。通过声发射信号显现规律发现,组合煤岩冲击破坏前,声电信号的强度逐渐增大并达到极值,破坏之后,信号强度会产生突降,当组合煤岩发生滑移失稳时,声发射信号强度普遍较低。

刘洋[22]借助理论分析、室内试验、数值模拟及工程实践等手段，对夹矸-煤组合结构破坏失稳机理、宏细观参量演化规律和前兆信号特征以及多因素影响机制等内容进行了系统研究。建立了基于莫尔-库仑(Mohr-Coulomb)准则及临空复杂力学条件下夹矸-煤组合结构破坏失稳力学模型，提出了组合结构破坏失稳力学判据。结果表明：夹矸-煤组合结构破坏失稳与接触面条件及力学环境有关，当接触面条件及力学环境无法满足滑移判据条件时，结构失稳表现为煤岩体破碎失稳；当仅一个接触面满足滑移判据条件时，结构失稳表现为单一接触面滑移破碎失稳；当两个接触面均满足滑移判据条件时，结构失稳表现为双接触面滑移破碎失稳。另外，动载扰动可改变主应力大小、方向及接触面摩擦性质，从而促进组合结构失稳，同时可改变结构失稳形式。借助单轴压缩试验及颗粒流数值模拟，研究了夹矸-煤组合结构的破坏失稳机理，提出了组合结构的主要失稳形式。结果表明：煤岩破碎失稳主要由接触面剪切作用及煤岩高度比差异造成的应力集中导致；单一接触面滑移破碎失稳主要由接触面滑移剪切作用、煤岩高度比差异及滑移扭转造成的应力集中导致；双接触面滑移破碎失稳主要由接触面滑移剪切作用导致。另外，动载扰动促进了组合结构的变形破坏及接触面滑移，加速了结构的失稳。基于声发射数据监测及数值模拟参量追踪，揭示了夹矸-煤组合结构破坏失稳变形、裂隙发育及应力分布演化规律和组合结构的动力失稳特征，指出单一接触面滑移(黏滑)破碎时的“低应力条件下高能量释放”特征。根据参量演化规律，提出组合结构失稳过程中的应力响应、裂隙发育及能量释放主要经历稳定—开始出现不稳定—短暂稳定—失稳 4 个阶段，同时，基于失稳前的蓄能过程提出组合结构失稳前兆信号特征。

王宁[108]针对大同矿区典型煤岩层组合条件和复杂采掘条件，以引发大同矿区冲击地压的两大根本因素——坚硬煤岩组合和采动应力为突破点，在考虑冲击地压发生的“顶板-煤层”组合结构特点的基础上，探索冲击危险区域煤岩体物理力学性质和组合形式与采动应力的相互作用机制，对大同坚硬煤层及顶底板组合条件下采动影响引起的应力转移集中与能量积聚的响应规律和综合防冲体系进行探索。进行了不同加载条件下“砂岩-煤”组合结构的摩擦滑动特性，并考虑顶板下沉影响建立坚硬顶底板条件下煤层滑移冲击模型，对不同因素影响下煤层滑移冲击的危险性和“煤层-底板”整体冲击模式进行分析。根据剪应力和监测点位移的演化特征及声发射特征值的阶段性变化，可将组合模型摩擦滑动分为压缩蓄能、滑动启动、整体滑动 3 个阶段。

王普[109]综合运用相似模型试验、数值模拟、理论分析和现场实例分析等方法，系统研究了工作面正断层采动效应，揭示了断层附近冲击地压类别及其诱导机理，并对研究结果进行了工程实例验证。主要研究成果如下：①基于单轴加载模拟研究，分析了不同倾角结构面岩体宏观破裂特征、应力响应及声发射响应等，揭示了其显著的强度弱化效应和界面滑移效应，并对比了不同倾角结构面岩体的破坏形式及其冲击危险性。②实验室相似模型试验研究并对比了不同开采方向工作面过正断层采动效应，揭示了断层活化失稳对开采扰动的不同响应特征，并得到了下盘工作面过正断层开采时覆岩运动更为剧烈，运移量更大。③考虑正断层力学特性及其倾向，研究了工作面向正断层开采时剩余断层煤柱、断层倾角及开采方向等条件时的采动效应，并揭示了冲击地压诱导的影响规律。④数值模拟研究了上覆硬厚岩层工作面向正断层开采时的采动效应，得到了断层两盘硬厚岩层结构形态及其运移特征，分析了断层两盘潜在冲击危险区域及其危险程度，并总结了不同开采方向的冲击地压诱导模式及其主导因素。⑤建立了断层附近煤岩失稳诱发冲击地压流变组合模型，根据模型中不同分支元件或不同部位元件的失效破坏形式，将煤岩冲击地压分为断层煤柱破坏诱发的高应变能冲击地压和断层活化失稳诱发的断层滑移型冲击地压，并解释了上述两种破坏形态下冲击地压的诱导机理。

Lu 等[27]和 Liu 等[28]在理论分析和数值模拟的基础上，研究了煤岩分煤结构(CRCS)滑移和断裂失稳的影响因素。分别对滑移失稳和断裂失稳过程中的应力、摩擦系数和能量耗散进行了分析。测定了材料的宏观和微观力学行为，特别是声发射特性。根据声发射事件的应力、能量和 b 值变化，总结了 CRCS 滑移和断裂失稳的前兆。最后，提出了不稳定机理。

同时，有部分学者引入了黏滑失稳理论[110-114]来研究煤岩剪切滑移诱发冲击失稳的现象。

杨武松[115]开展了两种岩体接触面的室内摩擦实验以模拟断层黏滑失稳的机理研究。实验结果表明，在黏滑失稳发生之前，断面各点位的应力分布不均匀是成核区形成的诱因，应力比数值较大的部位率先发生应力跌落，成为成核破裂开始的区域。在黏滑失稳发生的过程中，这一区域也是系统从“黏”到“滑”中预先发生滑移的部位。当这种失稳状态由成核区向其他区域传递，最终贯通整个断面时，系统就会发生整体的滑移失稳。这一过程伴随着沿断面的各点位应力降的相继发生。而对于黏滑失稳时的破裂传播，实验两种材料组成的非匀质界面发生黏滑失稳时，断面两侧材料的破裂传播虽然在整体方向上保持一致，但存在明显的先后顺序，传播速度和终端速度也不一样。同时，非匀质界面在黏滑失稳时的破裂传播具有一定的方向性，根据其破裂方向与较软材料的滑动方向是否一致，可以将破裂传播划分为正方向破裂和负方向破裂。其中，正方向破裂多表现为亚剪切破裂，负方向破裂则多表现为超剪切破裂。此外，研究了外部条件(竖向正应力、横向加载速率)改变时黏滑失稳的一系列特征参数，如应力降、前兆滑移量、滑移弱化位移、破裂传播速度等，并进行了计算分析，对外部条件关于黏滑失稳的影响进行了探究。

朱斌忠[116]采用理论分析、室内试验与数值模拟相结合的方法，分别开展了穿过大型断裂面深埋隧道开挖效应下断裂构造应力演化研究、考虑持续开挖断裂面剪切滑移规律及断裂滑移型岩爆机理研究、断裂滑移型岩爆灾害过程及能量演化过程岩爆判据研究和岩爆防治措施研究，取得了以下研究成果：①当隧道在断裂面下方开挖时，断裂面正应力下降，剪应力增加；当隧道在断裂面上方开挖时，掌子面过断裂面后，断裂面正应力下降，剪应力增加；扰动荷载作用下，断裂面上应力将出现波动；持续开挖下，断裂面应力将持续出现以上特征，且掌子面距离断裂面越近，应力升、降的幅度越大。②常规应力路径下断裂面剪切滑移可分稳定滑移阶段、黏滑阶段Ⅰ、黏滑阶段Ⅱ三个阶段，应力降集中于稳定阶段末和黏滑阶段Ⅱ；法向应力越大，断裂面强度越高，破坏时产生的应力降越大，随剪切破坏产生的AE（声发射）信号和声音信号越强烈，断裂面磨损区域、试样表面发育拉裂纹越多，爆坑面积越大。③持续开挖下，初始法向应力、扰动荷载越大，断裂面剪切破坏前经历的开挖步越多，破坏时的剪应力降越大，破坏特征越明显；每步开挖后应力调整时，均伴随有AE信号，但破坏时AE信号和声音信号最明显；持续开挖下断裂面破坏时剪应力降、弹性应变能较常规应力更低，故持续开挖作用下岩爆更易发生，但岩爆烈度下降。④穿过大型断裂面深埋隧道开挖期间，断裂面附近围岩位移较大、应力集中明显、弹性应变能密度较高，具有较高的岩爆倾向，且该位置发生断裂滑移型岩爆后，弹性应变能大量释放；基于岩爆发生时弹性应变能将急速、大量释放的特征，提出了考虑隧道围岩能量变化过程的岩爆能量判据。

何满潮等[117]进行了砂岩、泥岩破碎面及其互层接触的摩擦试验。结果表明：在接触面掺泥时，抗剪强度的黏聚力和内摩擦角都有不同程度的降低，其中黏聚力下降明显，并且剪应力与摩擦位移关系曲线有明显不同，而且黏滑现象明显渐弱。

王鹏博[118]以孔庄煤矿7303工作面为背景，对工作面回采过程中近断层采动应力演化特征及断层活化规律、工作面回采诱发断层活化巷道围岩动力响应进行研究，为保证安全有序的开采提供理论支撑。基于不同断层参数岩石力学试验，分析了不同倾角、粗糙度、围岩强度以及围压作用下的应力演化规律以及宏观破坏特征，发现在断层活化程度较低、滑动速度较小时，断层倾角越大、断层面粗糙程度越低、断层两盘强度越大以及地应力越低，越利于工作面防冲；通过研究4种工作面回采与断层带之间的时空位置关系，汇总分析了2种断层活化概念模型，同时以断层活化黏滑-黏弹脆性突变模型为基础，研究了断层活化诱发冲击地压机理，汇总分析了断层活化稳态诱发冲击地压及断层活化动态诱发冲击地压两种诱冲类型；建立工作面回采近断层数值模型，研究了工作面回采过程中采动应力演化特征以及工作面近断层回采过程中的断层活化规律，分析了工作面回采对断层稳定性的影响，系统地研究了工作面近断层开采断层活化覆岩动力响应，再现了断层活化发生过程中的动载演化规律；分析了孔庄煤矿 7303 工作面回采过程中的微震事件及其时空分布规律，研究了工作面回采过程中微震事件的能量与频次关系，发现工作面推进至断层影响区附近微震事件的频次及能量均显著提高，与数值模拟结果相符。

孔朋[119]运用现场调研、理论分析、岩石力学试验与数值模拟等手段，对断层滑移型冲击地压显现特征及其影响因素、开采扰动下断层黏滑动力诱冲机制及断层滑移动力响应与冲击危险性进行了系统研究。研究成果如下：①基于断层附近工作面采掘期间的实际资料，汇总分析了断层附近工作面采掘期间微震事件发生规律以及冲击地压显现特征，总结提炼了断层滑移型冲击地压特征以及诱发断层滑移型冲击地压的主要因素。②通过理论分析的方法对断层黏滑致震机理、采动影响下断层滑移失稳规律以及断层滑移型冲击地压启动的能量条件进行了研究，提出了采动影响下断层黏滑动力诱冲机制。推导了上、下盘工作面过断层回采期间粗糙断层滑移形式及其判据，粗糙断层的滑移形式受到断层附近的水平作用力 F_N 的影响。③粗糙结构面剪切过程中的抗剪强度、剪切模量、剪切应力降及声发射数与能量均随着法向应力、粗糙度的增加而增大。粗糙结构面直接剪切过程可分为弹性、起裂、峰值破坏和峰后破坏 4 个阶段；法向应力越高，弹性阶段范围越小，起裂、峰值破坏与峰后破坏阶段的范围越大，结构面凸体损伤越早，损伤破坏持续时间越长，严重程度越高。剪切速率越小，直接剪切过程中声发射数与能量(1s 内)越小，累计声发射数与累计释放能量越大。粗糙结构面剪切过程中凸起被剪断磨损，粗糙度显著降低表现出的滑移弱化特征是导致结构面发生黏滑、释放大量能量的直接原因，结构面初始粗糙度越大，法向应力水平越高，直接剪切过程中滑移弱化特征越明显，黏滑特征越显著，释放的能量水平越高。定量研究了不同粗糙度与法向应力水平条件下结构面直接剪切后的粗糙度衰减规律，在相同粗糙度条件下，随着法向应力的增加，直接剪切后的结构面粗糙度呈指数形式衰减。④基于粗糙结构面直接剪切试验结果以及 FLAC3D 数值模拟软件，开发了考虑断层带粗糙结构面滑移弱化效应的巴顿抗剪强度模型，并对采动影响下断层滑移过程及其动力响应进行了动力计算，实现了“采动-断层滑移释放动载荷-采动空间动力响应”，研究了断层滑移动载荷作用下采动空间动力响应及冲击危险性，揭示了采动诱发断层滑移动载对工作面附近煤岩体振动速度以及支承压力的影响规律。⑤基于断层滑移动力计算模型，对比分析了工作面不同采动影响以及断层特征参数条件下断层滑移震源及其动力响应特征，考虑断层滑移动载荷对工作面附近煤岩体造成的应力扰动，提出了断层滑移动载作用下工作面冲击危险性评价指标，对比分析了不同影响因素条件下的工作面冲击危险性。

姜耀东等[120]设计了砂岩-煤组合模型在不同轴向荷载下的滑动摩擦试验，运用数字相机和声发射记录仪搭建了声光监测系统，克服以往煤岩摩擦实验不易进行位移观测的难题。试验研究了煤岩组合样本失稳滑动的产生条件、特定条件下的滑动类型、位移演化规律以及滑动过程中伴随的声发射特征。实验发现:组合结构的滑动形式与轴向荷载具有相关性,轴向荷载越大,越易于出现失稳滑动;失稳滑动前无明显的位移征兆,失稳滑动后,滑动位移快速增长;产生滑动时的剪切应力峰值与轴向荷载呈正相关性,而失稳滑动产生的位移量与轴向荷载无相关性,该研究中一次失稳滑动产生的最大滑动位移为 35.5μm,最小为 5.6μm;试件滑动前有较为密集的声发射事件出现,稳定滑动后,声发射数减少。

闫永敢等[121]以煤体冲击作为研究对象,以黏滑导致冲击为切入点,运用弹性力学及弹性动力学理论,建立了煤体相对顶底板发生黏滑力学模型,根据此力学模型,研究了煤体黏滑发生的条件,建立了黏滑发生后煤体的动力学方程。合理假定边界条件,采用试探法得到了动力学方程的解析解。应用动力学方程的解析解分析了黏滑发生后弹性区煤体的破坏条件及煤体冲击发生的条件。

李振雷等[122]运用理论分析、实验室试验、数值模拟以及工程实践等方法,研究了断层区的冲击机制。主要研究内容及结论如下:①建立断层闭锁与解锁滑移的力学模型,理论推导得出上行解锁和下行解锁的判定公式,公式表明断层解锁与断层摩擦强度、断层倾角以及水平应力和垂直应力之比有关。②提出断层区断层煤柱型冲击矿压的概念,认为断层煤柱型冲击分为断层活化型冲击、煤柱破坏型冲击和耦合失稳型冲击,并阐释各自的冲击作用机制。③分析跃进矿 25110 工作面 20 次冲击震源分布规律、冲击影响因素和冲击作用机制,认为大部分冲击为断层滑移、老顶断裂和煤柱破坏诱发的断层煤柱型冲击。④从弱化断层滑移和减弱煤柱冲击破坏两方面提出针对 25110 工作面断层煤柱型冲击矿压的治理措施,现场实践表明,控制工作面推进速度可减少断层活化型冲击,提高巷道支护强度和爆破卸压、大直径钻孔卸压可有效降低冲击矿压灾害。

朱广安等[123]为探究应力波扰动作用下断层围岩系统的受力状态和动力学响应,利用数值模拟计算比较了应力波扰动作用下的断层面位移场、应力场和速度场的动力学响应规律。结果表明:应力波扰动作用下断层滑移的动力学响应对不同的开采影响因素具有不同的敏感性,断层带上的正应力和剪应力分布受采深、应力波强度和工作面回采进度等影响较大。受断层倾角影响,断层带上垂直应力和垂直速度峰值变化较大,断层隔震效应显著。结合数值模拟结果,从降低高静载应力集中和弱化高动载两方面提出针对断层冲击地压的治理措施,现场实践表明,断层附近实施顶板预裂爆破卸压措施可有效降低断层冲击地压灾害。

上述研究从煤岩破碎及接触面滑移两方面出发,研究了组合煤岩的破坏失稳机理,为构造失稳型冲击地压机理研究提供了新方向。但这些研究多集中在单轴动静载或循环加载的应力条件下,并未考虑卸荷对组合煤岩结构破坏失稳的影响。而且研究也多集中在“煤-岩”或“煤-岩-煤”组合结构中,未考虑夹矸赋存对煤层结构变化的影响。因此,深入开展卸荷路径下煤矸组合结构破坏失稳机理的研究,对于防治分岔区煤矸动力灾害具有重要意义。

1.2.3 卸荷路径下单一煤岩体破坏失稳机理研究

岩体工程开挖实质上是一个围岩应力卸荷的过程,其力学效应包括两个方面:地应力以能量的形式一部分随开挖面释放,围岩发生瞬时回弹变形;另一部分则向围岩深部转移,发生应力重分布和局部区域应力集中,并不断调整以期达到与当前环境相适应的新平衡状态[124]。基于此种现象,部分学者指出卸荷岩体力学更符合工程实际力学状态。

哈秋舲、李建林[125-127]通过三峡工程永久船闸高边坡的仿真实验,指出了岩体加荷破坏与卸荷破坏的区别。

Shimamoto[128]提出了围压卸除方案,并对岩石在不同围压条件下的摩擦强度进行了分析计算。

何满潮等[129,130]利用自行设计的深部岩爆过程实验系统,对深部高应力条件下的花岗岩岩爆过程进行实验研究。岩爆实验过程可模拟实际工程的开挖条件:对加载至三向不同应力状态下的板状花岗岩试样,快速卸荷一个方向的水平应力,保持其他两向应力不变或保持其中一向应力不变增加另外一向应力。实验过程中采集三个方向应力随时间的变化数据,获得花岗岩岩爆全过程应力曲线。根据实验结果,将花岗岩岩爆全过程分为平静期、小颗粒弹射、片状剥离伴随着颗粒混合弹射及全面崩垮4个阶段;将花岗岩岩爆的破坏形式分为颗粒弹射破坏、片状劈裂破坏和块状崩落破坏;分析发生岩爆后花岗岩试样的微观结构破坏特征;根据卸荷后发生岩爆的最大主应力与岩石单轴抗压强度的比值对岩爆强度进行分类;根据卸荷后至发生岩爆现象的时间,将岩爆分为滞后岩爆、标准岩爆和瞬时岩爆,并对花岗岩岩爆发生机制进行初步探讨。

黄达等[131]研究2种卸荷应力路径下裂隙岩体的强度、变形及破坏特征,并探讨裂隙的扩展演化过程和力学机制。卸荷条件下裂隙岩体的强度、变形破坏及裂隙扩展均受裂隙与卸荷方向夹角及裂隙间的组合关系影响;卸荷速率及初始应力场大小主要影响岩体卸荷强度及次生裂缝的数量,对裂隙扩展方式的影响相对较小;卸荷条件下裂隙扩展是在卸荷差异回弹变形引起的拉应力和裂隙面剪切力增大而抗剪力减小的综合作用下的破坏,且各个应力对裂隙扩展的影响大小与裂隙的倾角密切相关。

姚旭朋[132]通过现场观测和研究发现,在岩质边坡和质地较硬的岩体中,卸荷将引起临空面附近岩石内部应力重新分布,造成局部应力集中效应,并且在卸荷回弹变形过程中,还会因差异回弹而在岩体中形成一个被约束的残余应力体系。过去对岩爆的岩石力学试验研究一般都采用加荷试验的方式,这与岩爆发生时的应力过程是不吻合的，只有采用卸荷试验方式才符合实际。研究内容及结果如下：①对同一物理参数矿柱模型在三种不同围压卸荷状态下的破坏过程进行数值试验研究，主要包括一次围压卸荷和逐步围压卸荷，并与常围压下的矿柱模型进行比较。从矿柱模型的破坏模式特点、应力-应变曲线或者应力加载步曲线的变化特征，分析卸荷作用对矿柱破坏的影响。②在不同轴向应力条件下，对同一物理参数岩体模型实施开挖，形成具有不同内部应力环境的模拟巷道。观察开挖卸荷作用对在具有不同内部应力的岩体中所形成的模型巷道变形破坏形式的影响，并从破坏模式、巷道周边应力变化和岩体内部应力变化特征方面分析开挖卸荷作用对巷道破坏的影响机理。

丛怡等[133]从大理岩常规三轴加、卸荷室内试验出发，结合 PFC 3D 颗粒流程序进行分析，在明确室内试验与数值模拟试验卸荷速率对应关系的基础上，对不同卸荷速率下试样破坏过程的力学特性及破坏机制进行探讨。结果表明：加、卸荷路径下整个加载过程中张拉裂纹数量均明显高于剪切裂纹；常规三轴试验损伤应力之后，裂纹围绕某一速率进行扩展，卸荷试验损伤应力之后，裂纹的发展是突发性的；不同应力路径下试样损伤破坏的差异性主要形成于损伤应力至峰值应力这一阶段，直至卸荷速率超过 6MPa/s，试样的损伤程度与破坏形式逐渐趋于一致；随着围压的增大，不同卸荷速率下的岩石破坏均由张拉破坏逐渐向剪切破坏过渡。

张培森等[134]采用 Rock Top 多场耦合试验仪，在应力-渗流耦合作用下对砂岩开展了常规三轴压缩（C 组）、不同初始损伤程度常规卸围压（W 组）及循环加卸围压（X 组）3 种应力路径下的岩石损伤特性及能量演化规律试验研究。试验结果表明：岩石能量演化规律与应力-应变曲线具有明显相关性，基于岩石弹性应变能演化特征，将常规三轴压缩（C 组）下岩石应力-应变曲线分为 5 个阶段，并对每个阶段 U_1、U_3、U_e、U_d 及渗透率变化特点进行了详细阐释（U_1 为轴向应力对岩石做正功转化的岩石应变能，U_3 为做负功所释放的应变能，U_e 为弹性应变能，U_d 为耗散能）；常规卸围压过程中，U_1、U_3 演化规律与 C 组岩石基本一致，但 U_3 负增长更为显著，岩石输入能逐渐从以 U_e 为主导转变为以 U_d 为主导，初始损伤程度对该规律无明显影响，卸围压过程中渗透率呈波动上升趋势，围压与渗透率呈负相关；循环加卸围压过程中，各能量演化规律与 W 组岩石基本一致，仅因时间效应而导致能量积累量存有差异。整体来看，无论是何种应力路径，峰前阶段岩石均以 U_e 为主导，以能量存储为主，峰后阶段则以能量释放及耗散为主，轴向应力加载是 U_e 得以快速积累的主要影响因素，围压改变不足以引起 U_e 发生较大变化，轴向载荷作用为工程致灾的主要影响因素。此外，岩石损伤变量与围压存在明显负相关，围压越大，岩石 U_e 的释放比例越小，岩石损伤越小，围压束缚作用可有效提高岩石储能能力并抑制岩石能量的耗散与释放。

王乐华等[135]以四川卡拉水电站地下厂房节理砂质板岩为研究对象，开展完整和非贯通节理砂质板岩三轴加载与卸荷试验，分析加载和卸荷路径下砂质板岩的力学与变形特性，探讨不同强度准则描述砂质板岩加、卸荷力学特性的适用性，并结合断裂力学探究其裂纹扩展机制。研究结果表明：随着初始围压的增加，不同应力路径下试样的峰值应力和峰值应变均呈增加趋势；与三轴加载试验相比，卸荷路径及节理均会使试样承载能力降低，升轴压卸围压和卸轴压卸围压时完整试样黏聚力 c 分别增加 4.1%和减少 30.4%，内摩擦角 φ 分别增大 3.5%和 7.3%，节理试样较完整试样黏聚力 c 分别降低 32.9%和 53%，内摩擦角 φ 分别降低 2.2%和 10%；相较于 Mohr-Coulomb 和 Drucker-Prager 强度准则，Mogi-Coulomb 强度准则能更好地表征砂质板岩在加载和卸荷过程中的破坏强度特征；在相同路径下，理论起裂角大小随围压的增加而增加，而双节理试样均大于完整试样；不同路径下试样的理论起裂角大致集中在 55°～60°。

刘家顺等[136]以弱胶结软岩巷道为工程背景，建立弱胶结软岩巷道开挖扰动数值计算模型，研究巷道开挖诱发的围岩主应力大小和方向演化规律，确定开挖扰动旋转应力路径试验加载状态参数。开展弱胶结软岩空心扭剪试验，研究 9 种开挖扰动应力旋转路径下弱胶结软岩剪应力-应变-掘进距离空间曲线特征及应力平面内的非共轴角变化规律。结果表明：随着巷道开挖，监测面位置巷道围岩底板、顶板和两帮的主应力大小和方向均发生显著变化，特别是在巷道 2D 范围内，发生了强烈的主应力方向旋转和应力量值突变。开挖扰动应力路径下巷道围岩剪应力-应变曲线呈现“V”“Z”“N”形发展形势。开挖扰动引起的主应力旋转造成了弱胶结软岩应变增量方向和应力方向的非共轴性，在巷道底板、顶板和两帮扰动应力路径作用下，弱胶结软岩非共轴角最大值分别为 52.8°、−22.3°和 30.6°。

王璐等[137]通过室内试验将完整大理岩试件制备为卸荷作用下形成的含破裂面试件，并对卸荷破裂岩体试件进行了三轴蠕变试验，揭示了卸荷破裂岩体轴向和横向蠕变特征及围压效应。恒定荷载下，卸荷破裂岩体横向变形较轴向变形具有更显著的蠕变特征，且围压对横向蠕变发展的限制作用更明显。针对卸荷破裂岩体蠕变的非线性特征及横向蠕变特征，采用 Koeller 分数阶黏弹性体替换了广义开尔文体中的牛顿体，并考虑模型参数在应力与时间影响下的非定常特性，结合扩容比-时间关系方程，建立了能全面描述卸荷破裂岩体横向蠕变特征的非定常分数阶模型。

侯公羽等[138]采用开挖卸荷模型试验系统，对不同节理尺寸水泥砂浆围岩试件开展了系列试验。研究结果表明：①巷道围岩开挖卸荷变形主要发生在卸荷阶段，维持阶段变形继续存在，但节理对其卸荷变形无明显影响。此阶段，卸荷变形程度显著降低并逐渐趋于稳定，其应变增量大约为 100$\mu\varepsilon$；②与无节理试件相比，含节理试件 S-1 和 S-2 的应变平均降低幅度超过 70%，远高于 S-3，即节理尺寸越大，卸荷变形程度越大，卸荷作用越明显；③试件在不同方向的应变差异较大，切向应变均大于径向应变，含节理试件尤为突出。

刘崇岩[139]采用实验室试验、理论分析、数值计算、物理相似模拟以及工程实践等相结合的研究方法，对高应力卸荷巷道围岩开裂破坏及控制进行系统研究。借助自研发的真三轴扰动卸荷岩石测试系统，以围岩单元体试件为研究对象，系统分析单面卸荷应力集中程度、岩性等因素对真三轴卸荷岩石力学特性及变形特征的影响，揭示高应力岩石在卸荷状态下的破坏机理；然后从裂隙扩展的角度建立卸荷围岩开裂范围计算模型，研究卸荷巷道围岩的开裂破坏机理；进一步地，开展不同应力状态下巷道缩微度试验，揭示卸荷巷道围岩破坏的时空演化规律；结合卸荷围岩损伤破裂模型，阐明卸荷巷道围岩控制策略，提出卸荷围岩稳定性分级控制的方法，结合数值模拟和相似模拟试验，验证分级支护策略的有效性，揭示分级控制技术对围岩的作用机理。

贺安[140]考虑加载和卸荷两种应力路径下诱发的破裂面对花岗岩力学特性的影响，采用 SAM-2000 岩石力学测试系统，通过室内力学试验模拟工程中加载和卸荷两种应力路径，获得了能够反映围岩应力过程的含破裂面花岗岩试件，并对花岗岩完整岩块、含加载破裂面试件和含卸荷破裂面试件的常规和蠕变力学行为进行了研究，揭示了加载和卸荷两种应力路径下诱发的破裂面对花岗岩时效变形和长期强度的显著影响；并结合 CT 扫描技术，通过含加载破裂面试件和含卸荷破裂面试件的孔喉参数定量分析和破坏模式的对比分析，揭示了两种含破裂面花岗岩的细观特征差异；最后，考虑含破裂面岩石的初始损伤，结合其细观损伤特征和分数阶微积分理论，基于经典组合模型，引入扩展变阶分数阶 S-B 元件，建立了一个能够描述含破裂面花岗岩蠕变全过程的三维非线性损伤蠕变模型。

解北京等[141]研究了卸荷方式对动力扰动后卸荷煤样宏观破坏特性的影响。首先，采用ϕ50mm 的分离式霍普金森压杆系统，开展三维动静加载下煤样的动力学实验，研究轴压、应变率对煤样动力学响应规律的影响；其次，基于响应曲面理论，借助中心复合试验法，构建考虑因素交互作用的回归模型，并分析单因素及因素交互作用的显著性；再次，结合因素交互作用、Weibull 分布、Drucker-Prager 准则，修正煤的强度型统计损伤本构模型，对比理论与实验结果，验证模型可靠性；最后，借助加卸荷电液伺服装置，探究轴压、冲击气压、卸荷方式对煤样破坏特征的影响及作用机制。结果表明，构建的强度型统计损伤模型，相关系数 $R^2 \geqslant 0.88$，可表征煤样动力学响应行为。冲击后同步卸荷的煤样多呈层裂破坏，拉伸界面随轴压增大而后移直至消失，无法形成层裂破坏；非同步卸荷下煤样破坏形式主要包括整体完整、层裂、压剪破坏，而当冲击气压为 0.4～0.6MPa、轴压为 14.5MPa 时，表现为“层裂＋压剪”混合破坏。

范浩等[142]利用 MTS816 岩石力学试验系统对 0°、30°、45°、60°和 90°层理倾角煤样开展了常规三轴加载、增轴压卸围压和恒轴压卸围压应力路径下的力学试验，分析了应力路径和层理倾角对煤样强度、变形及破坏特征的影响规律。研究结果表明：①常规三轴加载条件下煤样在达到峰值强度前，应力-应变曲线呈近线性关系，达到峰值强度后，应力-应变曲线迅速跌落；增轴压卸围压条件下，随着卸荷比的增加，轴向应变增量比呈线性增加趋势，而环向应变增量比和体积应变增量比呈低速增长—急剧增长—平稳增长的三阶段变化特征；恒轴压卸围压条件下，轴向应变增量比、环向应变增量比和体积应变增量比均呈低速增长—急剧增长的两阶段变化特征。②随着层理倾角的增加，不同应力路径下煤样峰值强度和轴向峰值应变均呈先减小后增大的“V”形变化趋势，在0°时达到最大值，在60°时达到最小值。③随着卸荷比的增大，煤样变形模量先平缓后迅速劣化，泊松比先缓慢增加后呈指数形式增加，临界卸荷比随着层理倾角的增大而先增加后减小；当层理倾角相同时，增轴压卸围压条件下的临界卸荷比低于恒轴压卸围压。④常规三轴加载条件下煤样发生脆性剪切破坏，增轴压卸围压和恒轴压卸围压条件下煤样呈张拉-剪切混合破坏模式，当层理倾角为60°时，煤样主剪切破裂面角度与层理倾角几乎一致。

另外，部分学者也逐渐开始尝试对卸荷路径下“两体”煤岩结构的破坏失稳特征进行研究。

张晨阳等[143]通过真三轴加卸荷试验研究了组合煤岩的冲击破坏特征，阐明了岩分是主要的冲击能量储存体，而煤分是主要的冲击能量显现体。随着煤分厚度的增加，组合模型中“X”形共轭剪切裂纹逐渐增多，峰值强度逐渐降低。

肖晓春等[144]以组合煤岩为研究对象，采用岩石力学真三轴试验机和声发射监测系统进行了恒轴压卸侧压的单向卸荷试验，探究了卸荷初始侧向应力及卸荷速率影响下组合煤岩的力学特性，通过声发射信号特征反演了组合煤岩内部不同类型裂纹扩展规律，结合振铃计数特征参数量化了组合煤岩加卸荷过程的损伤程序。结果表明：单向卸荷条件下组合煤岩表现出明显的张剪复合破坏特征，煤体宏观上以剪切破坏为主，岩石以张拉破坏为主，卸荷初始侧向应力的增加导致组合煤岩破坏程度加剧，卸荷速率的提高促进了岩石试样应力卸荷方向张拉裂纹的扩展；声发射参数RA-AF的变化准确描述了组合煤岩内部不同类型裂纹的占比，组合煤岩加卸荷过程中大多以剪切裂纹的形式扩展，应力卸荷阶段剪切裂纹的占比随着卸荷初始侧向应力的增加而降低，卸荷速率的提高促进张拉裂纹占比的增加，剪切裂纹占比降低；通过研究声发射振铃计数标定的损伤发现，卸荷初始侧向应力和卸荷速率是影响组合煤岩卸荷阶段损伤发育程度的主要因素，卸荷初始侧向应力超过20MPa后，其对组合煤岩卸荷阶段的损伤基本不产生影响。

茹文凯等[145]针对煤岩组合体试样开展了不同卸荷速率的卸围压试验。结果表明：①轴向加载阶段和应力恒定阶段为组合体试样的主要储能阶段，失稳破坏阶段主要以能量的释放和耗散为主；②卸荷速率加快会导致试样峰值弹性能降低，

0.03MPa/s时峰值弹性能分别为0.06MPa/s、0.09MPa/s、0.12MPa/s时的1.64倍、2.70倍、3.50倍；③卸荷速率加快会导致试样峰后耗散能的增加，0.03MPa/s、0.06MPa/s、0.09MPa/s、0.12MPa/s卸荷速率下，峰后耗散能量分别为峰值弹性能的28.17%、49.53%、69.55%、92.87%；④卸荷速率的增大会显著增强煤岩组合体试样的拉伸破坏趋势，导致断裂角增大、拉伸次生裂纹增多和破坏强度增强；⑤建立考虑初始损伤的耗散能本构模型，合理阐释了卸围压条件下煤岩组合体试样损伤演化全过程。

陈曦等[146]采用通用离散单元法程序(UDEC)建立平滑结构面数值模型，以验证理论分析异性结构面解锁滑移触发条件的准确性，分析异性结构面解锁滑移的影响因素。研究结果表明：煤岩异性结构面解锁滑移与结构面倾角、内摩擦角及水平应力与轴向应力的比值有关；当水平应力等于轴向应力时，异性结构面始终处于稳定闭锁状态，不会发生解锁滑移；水平应力和轴向应力增大、内摩擦角减小均会增大异性结构面解锁滑移难度；对于下行解锁滑移，当结构面倾角小于$45°+\varphi_f/2$(φ_f为内摩擦角)时，其增大会增大解锁滑移难度，大于$45°+\varphi_f/2$时，其增大会减小解锁滑移难度；对于上行解锁滑移，当结构面倾角小于$45°-\varphi_f/2$时，其增大会增大解锁滑移难度，大于$45°-\varphi_f/2$时，其增大会减小解锁滑移难度；对于异性结构面稳定闭锁状态，结构面倾角不大于30°时，若轴向应力大于抗压强度，则煤岩组合体发生脆性破坏。

李春元等[147]开展了原生煤岩组合体三轴加卸荷-渗流试验，获得了不同初始围压下原生煤岩组合体围压卸荷致裂的竖向、倾斜及环向裂隙分类特征，研究了其轴压卸荷起点、围压卸荷终点的强度特征及主导破裂模式的力学机制；结合CT扫描与三维重构技术，获取了原生煤岩组合体卸荷破裂的几何特征；建立了围压卸荷量与岩体卸荷致拉破裂、致剪破裂的关系，揭示了围压卸荷致裂模式与渗透率突变关系，验证并判定了不同初始围压下原生煤岩组合体的主导卸荷致裂模式。结果表明：在围压卸荷和轴压加载共同作用下，原生煤岩组合体卸荷破裂模式主要分为围压卸荷致拉破裂、致剪破裂、轴压协同卸荷致裂模式三类；随着初始围压的增加，原生煤岩组合体围压卸荷致拉破裂的围压卸荷终点临界值及致剪破裂的轴压卸荷起点临界值均线性增加；围压卸荷可致轴压协同卸荷突降并驱动煤岩分界面及层理等原生裂隙结构环向张拉破裂，且以沟通倾斜及竖向裂隙为主导；而围压卸荷致拉破裂与致剪破裂模式均可致原生煤岩组合体渗透率突变增高，突变点致裂模式与其围压卸荷终点的卸荷量临界值密切相关。

李鑫等[148]以内蒙古平庄煤业(集团)有限责任公司风水沟矿为研究对象，利用三轴试验机和长波热像仪对复合煤岩在不同加卸荷速率下进行循环加卸荷试验并实现红外辐射监测，得到复合煤岩在加卸荷过程中各部分表面平均红外温度变化，研究了不同加卸荷速率下弹性能密度、耗散能密度随温度及轴向载荷变化的规律，确定了总能量、弹性能和耗散能与轴向载荷和红外辐射温度之间的拟合关系。结果表明，煤岩红外辐射温度变化分为起始升温、温度平稳、温度骤降和快速升温 4 个阶段，其中快速升温阶段各能量增长速率最大。总能量、弹性能、耗散能与轴向载荷、煤体红外辐射温度高度相关，可以采用非线性曲线较好地拟合。

杨科等[149]采用高频振动采集及孔内成像三轴动静载试验系统，开展了高静载和动静载耦合作用下煤岩组合体真三轴单面临空试验，分析了煤岩组合体界面处力学特征和强度条件，探究了不同应力边界下煤岩组合体的破坏形态、动力显现特征和声发射信号的演变规律。研究结果表明：①受煤岩变形相互制约的影响，交界面处砂岩强度被“弱化”。当界面处煤体裂隙尖端的应力大于“弱化”后的砂岩强度时，裂隙将穿过煤岩界面发育至砂岩中，砂岩呈现出屈曲层裂、劈裂成板的破坏形态。②高静载作用下，煤岩组合体变形破坏特征和声发射信号具有明显的前兆规律，组合体发生承载失效前，煤体局部颗粒弹射动能增大、弹射颗粒块度降低，声发射信号由“高频低能”向“高频高能”转变，组合体的破坏形态以剪切-张拉复合破坏为主。③受冲击动载影响，顶底板砂岩夹持作用减弱，煤体裂纹尖端应力得不到有效积聚，裂纹扩展到煤岩交界面时被阻隔，组合体以煤样的张拉破坏为主，声发射信号呈现出“高频高能”的特点，但大多集中在冲击破坏之后，导致组合体动力破坏难以预测。④与纯静载作用相比，虽然动静载耦合作用下静载水平较低，但煤岩组合体的抛射质量和抛射碎块的分形维数较大、平均破碎块度较小，说明动载对煤岩组合体的破坏起到了正向激励的作用，静载为煤岩体动力破坏提供了应力和能量条件。

李鑫等[150]采用 FLAC3D 对复合煤岩模型在不同组合比、不同卸围压速率、不同物性参数的条件下进行三轴卸荷数值模拟，并在同种条件下对单一煤、岩模型进行三轴数值模拟对比，研究其在不同加载条件下轴向应力、偏应力等力学参数的变化趋势，并与现有试验结果进行对比讨论。结果表明：数值模拟过程中复合煤岩力学特性曲线均可分为 5 个明显阶段，后 3 个阶段与单轴加载相似，破裂后裂隙为“X”形；复合煤岩的物性参数介于单一煤、岩参数之间，力学特性具有二者共性但更接近岩体；卸围压速率不影响煤岩整体力学特性趋势，但其与承载强度成反比，围压对煤岩破裂有抑制作用；煤层占比与煤岩承载能力和刚度成反比，但不影响整体力学特性趋势，破裂后煤岩整体呈应变软化；单一改变复合煤岩煤样参数时，复合煤岩“加-卸”第一阶段时间随着煤样体积模量和剪切模量的增大而加长，同时“加-卸”第二阶段时间减短，整体弹性模量增大，抗压强度变大，但更易破裂，主要对前 3 个阶段的力学曲线有影响；单一改变岩样参数，对复合煤岩模型的力学特性影响不大，对后 2 个阶段的力学曲线有影响。

目前，对于卸荷路径下煤岩体破坏失稳机理的研究多集中在单一煤或岩体中，关于卸荷路径下组合煤岩结构破坏失稳的研究比较少，特别是“煤-夹矸-煤”组合结构鲜有报道。与单一煤层结构不同,分岔区煤矸组合结构受力、变形、破坏及储能特征变得更加复杂。因此,需要深入分析卸荷路径下煤矸组合结构破坏失稳机理,揭示其滑移与破碎的失稳特征,提出应力及能量失稳判据,进一步丰富分岔区煤矸动力灾害的机理。

1.2.4 煤岩体破坏失稳前兆规律研究

煤岩材料受载变形破坏过程中将产生声发射、电磁辐射、红外辐射以及微震等地球物理响应[151-155]。近年来,国内外学者对加载作用下组合煤岩破坏失稳的前兆规律进行了大量的试验和研究。

刘立等[156-158]通过研究层状复合岩石试样损伤破坏特征,在建立岩石微结构损伤模型的基础上,运用损伤理论与统计学方法建立岩石的损伤本构关系及损伤演化方程,所导出的复合岩层损伤本构方程和损伤演化方程经试验证明与实测吻合较好。考虑了有效应力的影响、不同分层岩石损伤演化过程的差异与规律、不等围压的作用,以及加载方向与复合岩层层面排列方式等因素,能全面、确切地描述复合岩层的力学特性。同时借助声发射监测系统,发现灰岩破裂信号表现为过程长,非周期性瞬时显著损伤与破坏明显,最终破坏时峰值高波形较窄;砂岩的损伤发展过程较短,峰值降低,表现出较快的损伤发展破坏特征;而页岩的损伤扩展破坏过程最短,且波形宽、峰值低,几乎呈一次性加速扩展破坏特点。声发射信号峰值随着岩层岩性的增加而逐渐增大,同时波形信号相对较窄,峰值频率相对较高。并研究了层状复合岩石微结构及微空隙的形成,利用电镜观察分析了它们的结构特征,讨论了微空隙的扩展和演化率,以及损伤本构关系。计算与加载实验表明,微空隙及其扩展演化对岩石的应力-变化关系影响极大。

肖晓春等[159]选用新邱矿区煤样和砂岩制备组合煤岩试样,采用物理试验和数值试验相结合的方法,开展不同岩煤高度比的组合煤岩试样受载破坏声发射与电荷感应监测试验,得到了组合煤岩力学性质、声-电荷信号规律及其相互关系。结果表明:组合煤岩试样中的岩石高度提高会提升其整体强度,其破坏脆性特征显著,冲击倾向性增强,弹性阶段的声发射信号提前,声发射能量累积量增加,峰后声发射能量变化率及电荷变化率增大;组合煤岩峰后产生连续声发射信号和电荷信号,强冲击和中等冲击组合煤岩破坏时声发射能量变化率分别为 0.336J/s 和 0.047J/s,电荷变化率分别为 204.88pC/s 和 24.52pC/s。声发射信号与电荷信号可以在一定程度上反映组合煤岩应力状态并预测失稳破坏,为通过信号监测煤体冲击地压灾害发生提供依据。

赵毅鑫等[160]讨论了煤、岩体在两种组合模式下受压破坏过程中的能量集聚与释放规律。通过试验分析,得出“煤-围岩”系统失稳规律,并结合红外热像、声发射、应变等监测手段,对"砂岩-煤"及"砂岩-煤-泥岩"两种组合体进行单向压缩试验,对比研究不同煤、岩组合体失稳破坏的前兆信息,得到煤、岩组合体失稳破坏过程中红外热像、声发射能谱及组合体不同部位应变的变化规律。研究结果表明,对比煤样单体,煤-岩组合模型失稳更突然,失稳前兆点更难捕捉。

Qin 等[161]运用突变理论研究了由刚性主体(顶板、底板)与煤柱组成的机械系统的失稳机理。假设顶板为弹性梁,煤柱为应变软化介质,采用威布尔强度分布理论进行描述。研究发现,碰煤的失稳主要取决于系统的刚度比 k(定义为梁的抗弯刚度与煤柱本构曲线拐点处的刚度绝对值之比)和煤柱威布尔分布的均匀性指标 m 或形状参数。以门头沟煤矿为例,验证了尖突变方程的适用性。并考虑煤柱随时间变化特性的非线性动力学模型,提出了一种确定非线性动力模型参数的反演算法,用于从观测序列中寻找顶板沉降的前兆异常。以木城尖煤矿为例,利用反演算法从观测序列中建立了其非线性动力学模型。一个重要的发现是,突变特征指数 D(即尖突变模型的分岔集)急剧增加到一个峰值,然后迅速下降到接近不稳定。从煤柱损伤力学的角度出发,建立了声发射动力学模型,对系统演化过程中的声发射活动进行了建模。结果表明:系统的 m 值和演化路径($D=0$ 或 $D\neq0$)对声发射活动的模式和特征有很大影响。

Chen 等[162]基于微震事件数与微裂缝单元成正比关系的假设,得到了双岩样在单轴压缩下连续加载时产生的理论微震事件率。利用新开发的 RFPA2D 数值程序,模拟了双岩样的逐渐破坏过程和微震行为,结果表明,微震事件的空间分布由初始加载阶段的无序向主震前的有序发展,并将声发射的突降或者异常平静作为组合模型冲击破坏的前兆信息。

陆菜平等[163]通过大量组合煤岩模型的冲击倾向性及声电效应的试验研究发现,随着煤样强度、顶板岩样强度及厚度的增加,组合模型的冲击倾向性随之增强,且电磁辐射与声发射信号强度随着组合模型的强度、顶板岩样的高度比例以及冲击能指数的增加而增强。同时发现模型冲击破坏前,声电信号的强度达到极值,冲击破坏之后,信号强度均产生突降。

王晓南等[164]利用 SANS 材料试验系统、DISP-24 声发射监测系统和 TDS-6 微震信号采集系统,对单轴受压的不同煤岩组合模型进行声发射和微震试验,得到不同组合模型在受载破坏过程中的声发射和微震信号。试验研究表明:组合模型发生冲击破坏时的声发射和微震信号的强度随着试样的单轴抗压强度、冲击倾向性以及其顶板与煤层的高度比值的增加而增强;微震信号的振幅可以反映组合煤岩体的冲击倾向性强弱;微震频谱幅度的分布随着抗压强度和冲击能指数的上升而向高频移动。

窦林名等[165]采用 MTS815 伺服加载以及 DISP-24 声电测试系统对组合煤岩变形破裂所产生的电磁辐射及声发射信号进行了测定,试验结果表明:试样在发生冲击破坏前，电磁辐射强度呈小幅度上升的波动趋势，且冲击破坏前兆会产生突变；而声发射信号计数率在试样冲击破坏时将急剧增加并达到最大值，随后产生突降。电磁辐射与声发射信号峰值位置出现的时间并不同步，电磁辐射信号的最大值出现在试样变形破坏的峰后阶段，而声发射信号的最大值位置则出现在试样的峰值强度处。电磁辐射信号出现峰值时声发射相对较弱，且声发射信号出现峰值时电磁辐射强度也相对较弱。

陆菜平等[166]利用TDS-6微震采集系统测试三河尖煤矿组合煤岩试样变形破裂直至冲击破坏全过程的微震信号，发现在循环加载的后期，冲击前兆微震信号的低频成分增加，频谱向低频段移动，振幅较低，而试样冲击破坏诱发主震信号的高频成分增多，且振幅达到最大值。现场冲击矿压监测表明，前兆微震信号频谱中低频成分增加，且振幅开始逐渐上升。当冲击矿压发生时，主震信号的振幅达到最大值，频谱相较于前兆信号而言，高频成分明显增多。由此，微震信号的频谱向低频段移动，且振幅逐渐增加可以作为冲击矿压发生的一个前兆信息。

付京斌[167]采用实验室研究、理论分析、数值模拟和现场试验相结合的方法，研究了受载组合煤岩的电磁辐射规律，阐述了组合煤岩破坏特征及其与电磁辐射信号特征之间的关系。对受载组合煤岩的变形破裂力学过程进行了分析；在此基础上研究了一维和三维情况下煤岩的力电耦合规律，推导得到了该模型中参数的确定方法，并结合试验结果对参数进行了计算；现场对成庄矿和大淑村矿掘进工作面进行了电磁辐射日常预测煤与瓦斯突出试验研究；利用现场试验、数值模拟和理论分析对大淑村矿进行了电磁辐射保护范围研究，数值模拟结果和理论分析结果与现场测试结果一致。

张飞等[168]利用岩石试验系统，对单轴受压的不同煤岩组合模型进行声发射试验，得到不同组合模型在受载破坏过程中的声发射效应。研究表明：煤岩体在采动过程中的冲击破坏倾向性可由其声发射效应反映。煤岩强度越大、直接顶厚度与采高的比值越大，煤岩冲击破坏时的声发射计数率就越强。

陆菜平等[169]以不同组合类型的组合煤岩模型为研究对象，利用DISP-24声电测试系统、TDS-6微震采集系统、FLAC数值模拟软件的Dynamic模块以及理论建模的综合研究方法，研究了组合煤岩模型冲击倾向性的演变规律，揭示了组合煤岩模型冲击破坏过程中的声电以及微震效应，模拟分析了影响组合煤岩体冲击效应的关键因素。结果表明：组合煤岩模型中各组件的力学强度参数、冲击倾向性指数与声电以及微震信号的强度之间呈正相关关系，即组合煤岩体中顶底板以及煤样的强度、顶板的整体性厚度以及矿震的扰动能量对于煤岩体的冲击效应具有显著影响。依据煤岩体变形破坏的冲能原理，建立了冲击矿压强度的弱化控制原理。

周元超等[170]利用RFPA2D数值模拟软件对煤岩组合体进行模拟研究。试验结果表明：组合体的单轴抗压强度随着煤样在组合体中占比的增大而减小；岩样与煤样的高度比对声发射能量产生显著影响，组合体中岩样高度所占比例越高，声发射信号越强，其产生的声发射能量也越大；在煤岩高度比相同的情况下，不同的组合方式也会对强度产生影响，组合体强度由大到小的组合方式依次为煤-岩、岩-煤、岩-煤-岩；此外，通过组合体声发射特征分析可知，组合体产生的声发射能量与其抗压强度的大小成正比，即抗压强度越大，其产生的声发射能量也越大。

谢海洋等[171]在实验室应用 SANS 材料实验机，对煤、岩-煤组合、岩-煤-岩组合和注水软化煤 4 种试件进行试验测定。对试验测得的数据进行分析并得出：河西煤矿的组合煤岩具有弱冲击倾向性，煤层注水后可以在一定程度上降低煤层冲击倾向性，但未改变其煤层的冲击倾向性类别。河西煤矿煤岩体声发射具有凯撒效应，声发射的脉冲数和声发射信号强度与载荷、加载速率及变形速率成正比。

肖晓春等[172]通过试验研究煤、岩石和组合煤岩 3 类试样的声发射(AE)特性及冲击倾向性规律。结果表明：组合结构中的岩体对煤体的力学性质和冲击倾向性有显著影响。试样的载荷-冲击倾向-声信号变化具有一致性，随着冲击倾向从弱至强变化，AE 信号分布呈密集连续-脉冲连续-瞬时脉冲的特征。分析大量不同冲击倾向性试样的 AE 量化数据发现，试样冲击倾向性越强，其峰后 AE 振铃计数和能量变化率越高，由此可将峰后 AE 振铃计数和能量变化率作为冲击倾向性判据。

Blake 等[173]通过对冲击灾害发生前的微震事件进行统计，发现微震活动性异常增加可作为冲击灾害发生的前兆信号特征。Spetzler 等[174]发现当岩石试样临界破坏时，声发射(AE)信号波形会显现出“低频高幅”特征。对组合煤岩破坏失稳的前兆研究与其破坏失稳机理研究一致，主要集中在加载作用下，未考虑卸荷作用的影响。卸荷路径下组合结构破坏失稳机理与加载路径不尽相同，前兆效应也存在一定的差异。

同时，部分学者也对卸荷路径下煤岩体破坏失稳的前兆规律进行了试验和数值研究。

刘倩颖等[175]利用 MTS815 岩石力学试验系统和 PCI-2 型声发射监测系统，对不同初始围压下煤样的卸荷破坏进行声发射试验，得到煤在卸荷过程中 AE 特征的围压效应及基于声发射的多参数综合破坏前兆信息。结果表明：煤的承载能力随着初始围压的上升明显提高。煤在变形破坏过程中的 AE 时序参数、空间分布演化特征和振幅分布均与其所处的力学状态契合良好，部分 AE 参数在煤样变形破坏过程中产生明显突变：AE 空间分布演化 2 次突变点对应的应力水平分别为 55% 和 80%，能量率突变点对应的应力水平为 87%，振铃计数率的突变点大致对应其峰值应力，振幅和声发射 b 值的峰值分别对应峰后 89% 和 78% 左右的应力水平。

从宇等[176]为探讨破坏过程中应力路径与声发射特征之间的关系，对大理岩进行了常规三轴压缩与恒轴压、卸围压试验。试验结果表明:模型声发射特征随路径而变化,常规三轴路径试验的声发射计数率最大值滞后于应力峰值,出现在峰后应力突降处,而恒轴压、卸围压路径试验的声发射最大计数率出现在应力峰值处;岩样常规三轴路径破坏前声发射事件波动与平静期相互交替,恒轴压、卸围压路径则明显更具有突发性;低围压下的卸围压试验,卸荷处的声发射事件计数率降低非常明显,围压越高,岩样破坏持续时间越长,破坏时声发射事件计数率越高;卸荷速率越高,岩样卸荷后的平静期越短,破坏全过程中的声发射计数率最大值越大;塑性阶段卸围压,卸荷点处会出现少量声发射计数率较高的声发射事件,低于破坏时出现的声发射计数率。

张艳博等[177]采用双轴伺服试验系统开展花岗岩卸荷试验,借助 RFPA3D-Engineering 数值模拟软件和声发射监测技术对花岗岩卸荷损伤演化及破裂失稳过程进行深入研究。研究结果表明:花岗岩卸荷损伤可分为弹性变形阶段和塑性变形阶段,弹性变形阶段有小尺度裂纹产生,塑性变形阶段岩石内部裂纹不断扩展、贯通,最终形成大尺度裂纹导致岩石破裂;根据花岗岩卸荷损伤过程中的声发射事件率、能量变化特性,可将声发射事件率平静期和能量的快速释放作为岩石破裂失稳前兆。花岗岩卸荷损伤演化过程中,轴向应力边界与卸荷边界相交处易出现破裂区域,并最终形成“V”形宏观破裂带,整个过程以剪切破坏模式为主。

何满潮等[178,179]利用声发射系统采集试验过程中的声发射信号,采用典型的时频分析手段,提取每一个声发射波形信号的主频值,绘制整个试验的全局主频分布图,找到花岗岩岩爆主频分布带。试验结果表明:随着卸荷速率的降低,碎屑总数量及块状、板状碎屑所占百分比均呈下降趋势。而声发射分布带主要位于中低频带内,且随着卸荷速率降低逐渐上移,由密集变离散。根据声发射参数 RA 和 AF 特征值的分布情况,结合核心密度定义,揭示裂纹类型演化过程。发现在卸荷岩爆过程中产生了大量张拉裂纹和一定量的剪切裂纹,随着卸荷速率的降低,声发射信号量减少,预示着岩石内部裂纹数量明显减少。

杨永杰等[180]对煤、砂岩在不同围压及不同卸围压速率下的三轴卸围压声发射试验中所采集到的波形信号进行小波包分析及 FFT,探讨波形信号的能量、频谱特征及岩样卸荷破坏前兆。结果表明:煤、砂岩波形信号在 0～625kHz 这一频带中的能量占总能量的比例分别为 93.04%、90.07%,频率大于 625kHz 的高频部分所占能量很少,表明煤、砂岩的声发射信号能量虽然在频域上分布范围较大,但主要集中在较低的频段区间;不同岩样声发射波形信号的最大主频值波动性较大,而最小主频值变化不大,说明在试验过程中,岩样内部小裂纹的形成具有随机特点,而大尺度的破裂则具有一定的共性;在卸围压破裂前兆方面,声发射波形信号主频值在岩样宏观破裂之前会产生突变,出现极高(煤岩 120kHz、砂岩 160kHz)及极低(0kHz)的频率值,主频出现突变，这一现象可作为岩样宏观破裂产生的前兆特征。

赵菲等[181]对煤岩体进行真三轴卸荷煤爆实验，获得了其临界破坏应力、破坏碎屑分形维数及声发射参数特征，引入处理声发射波形的短时傅立叶变换方法获得时频演化特征，利用离散元颗粒流数值方法对该过程进行模拟，揭示其细观损伤机制。研究结果表明：煤爆临界破坏应力状态为28.6MPa、17.8MPa、8MPa，煤爆时刻声发射能量快速释放，能率达到峰值；量测粒径尺寸大于10mm的喷出碎屑尺寸，按照粒度-数量方法算得的分形维数值为2.04；声发射时频特性在煤岩体煤爆试验过程中经历了由单峰低幅低频向双峰高频演化再过渡到单峰高幅高频，最后变为多峰高幅低频的过程，预示着破裂源由单一小尺度不断向复杂大尺度演化的损伤机制；通过颗粒流软件对煤爆过程进行模拟，发现煤岩模型试件内部主要存在张拉损伤，而随着模型加卸荷的不断进行，剪切破裂逐级增多，与声发射时频特性相吻合。

许文涛等[182]通过开展不同主应力条件下的真三轴加卸荷试验，研究不同加卸荷路径下易弹射煤体的力学特性、破坏特征及能量演化规律，揭示开挖卸荷易弹射巷道围岩弹射机制。研究表明：易弹射煤样在高应力单面卸荷比加载破坏更剧烈，在轴压为峰值的90%时卸荷，易弹射煤样表面出现一条大剪切裂缝，轴向应变率高，其自身破坏程度大，弹射现象明显；在轴压为峰值的80%、70%时卸荷，煤样未发生整体宏观破坏，轴向应变率低，自身的破坏程度小，仅在临空面产生张拉裂纹，弹射现象不明显；第二主应力的增大在一定范围内对易弹射煤样有补强的作用，易弹射煤样内部复合型裂纹先增加后减小，破坏形态由剪切破坏转变为张拉-剪切复合破坏，最后发展为劈裂破坏，弹射剧烈程度呈现出先增加后减小的现象；高应力卸荷破坏过程中，弹性能转化为耗散能瞬间释放，耗散能占比急剧增大，抛离母体的碎块携带能量弹射出去，临空面出现明显的交叉网格裂缝，弹射现象明显；高应力易弹射煤样卸荷后张拉-剪切裂纹迅速扩展贯通，发生张拉-剪切复合破坏，弹射现象显著；卸荷后，易弹射煤样出现张拉-剪切裂纹，RA急剧值增高，AF值持续降低，AE呈现高能、高幅、高频特征。

丁鑫等[183]基于自主研发的含瓦斯煤岩真三轴测试系统，开展垂向加荷-径向单面卸荷路径下含瓦斯煤岩受载试验，并监测全历程出现的声发射信号，分析卸荷速率、瓦斯压力对煤岩力学特性及声发射信号的影响规律，引入统计分形理论开展煤岩碎块分布筛分统计。结果表明：单面卸荷路径下含瓦斯煤岩应力-应变关系具有弹性、非线性增长和软化的典型三阶段特征，高卸荷速率和瓦斯压力降低了煤岩强度、峰值应变量，但使峰后阶段应力降模量增大，而初始围压升高使得该特征呈反向变化。试样破坏后表现为由卸荷面指向内部的典型多剪切带与层状块体交替出现的“洋葱皮”式破坏形式，且卸荷速率越高，形成的贯穿裂隙越多，剪切带内糜棱状粉末减少而碎块尺寸增大，相应的统计分形维数越低，较高的初始围压和瓦斯压力使煤岩塑性特征增加而分形维数升高。三向应力状态与瓦斯的存在使煤岩受载具有塑性特点而伴随出现的声发射信号更加密集、连续，单面卸荷形成的渐进性破坏过程导致声发射具有明显的信号激增现象和出现最高值脉冲信号，次高值信号产生于应力峰值，随着卸荷速率、瓦斯压力的升高，两高值信号幅值增加且最值信号提前出现，声发射能量累计量“阶梯”增长现象愈发明显，但累计总量逐渐降低。高瓦斯压力、初始围压及卸荷速率使煤岩破坏后具有更多盈余能，在实际工程中，高瓦斯压力、地应力使新掘巷道或支护失效围岩径向应力迅速降低并发生渐进性破坏而形成断续结构，易受高静载或冲击扰动致整体结构失效，且该部分“富能”围岩会在盈余能推动下发生块体弹射、倾出而形成动力灾害。

彭岩岩等[184]通过自主研发的地声过程模拟试验系统，开展了不同卸荷速率条件下的煤岩真三轴卸荷试验。结果表明：随着卸荷速率由 0.05MPa/s 增至 0.4MPa/s，煤岩在卸荷破坏时的最大主应变值、最小主应变值及体积应变值分别降低了48.2%、73.8%及 113.1%，中间主应变值增加了 16.3%；卸荷速率越大，煤岩的扩容现象越明显；煤岩在低卸荷速率条件下的破坏形态表现为剪切破坏，而在高卸荷速率条件下表现为张剪复合破坏；通过试验数据验证，修正后的 Drucker-Prager(D-P)强度准则对煤岩卸荷破坏更为适用；卸荷速率越大，煤岩在破坏时对应的声发射累计振铃计数越大，能量越高；基于累计振铃计数建立的煤岩损伤演化方程能较好地描述煤岩卸荷过程中的损伤过程，研究结果可为实际工程开挖稳定性预测提供参考。

唐心宝[185]以枣庄某煤矿矿井内煤岩组合体为研究对象，采用水泥砂浆制成的岩体相似材料，通过不同胶结角度制作成组合岩体，再打入锚杆制成加锚标准试件，进行真实开挖下三轴卸围压试验以及声发射特征试验，探究加锚组合岩体在加卸荷作用下失稳破坏的力学特征，从能量演化和声发射参数方面解释其破坏规律，进一步了解锚杆对不同接触面倾角组合岩体的各项特征的影响。本书通过室内试验的研究方法，对加锚组合岩体进行了大量的力学试验，主要研究工作如下：①基于试验结果，分析加锚组合岩体在加卸荷作用下的强度破坏规律，研究锚杆对组合岩体力学参数的影响。结果表明：锚杆在大倾角、低围压下对岩体的力学特性的提升较大，锚固效果更明显；相比常规三轴试验，加锚组合岩体在三轴卸围压条件下，特别是在卸围压速率较大条件下更容易发生破坏；受围压作用的影响，初始围压越大，岩样的强度越大，利用 Mohr-Coulomb 准则能较好地拟合其结果；接触面倾角也是影响岩体力学性质的重要因素，随着接触面倾角的增大，岩体的强度呈逐渐减小的规律，最小值在倾角为 60°时取得；结合不同卸围压速率下加锚组合岩体卸荷破坏应力-应变曲线演化规律，建立了加锚组合岩体卸荷破坏非线性本构关系。②基于热力学第一定律，利用能量计算公式计算得到加卸荷条件下加锚组合岩体各能量指标，从能量角度解释其失稳破坏规律。结果表明：随着卸围压速率的增大，加锚组合岩体峰值点各项能量值整体上呈减小的趋势，其原因是在高卸荷速率下，岩样内部裂隙发育扩展比较不完全，消耗能量较少；受围压作用的影响，各项能量指标随着初始围压的增长呈增长趋势，失稳时释放和消耗的能量也越多，破坏更剧烈；随着接触面倾角的增大，加锚组合岩体各项能量整体上呈减小的趋势，最小值在倾角为60°时取得。③基于声发射特征试验，分析岩样失稳破坏时声发射参数演化规律，研究加卸荷条件下对声发射振铃计数率与振幅的影响。试验结果表明：随着卸围压速率的增大，加锚组合岩体的振铃计数率的最值逐渐增大，但是累计振铃计数率减小，振幅有增大的趋势，峰值“滞后”时间缩短，岩样更容易破坏；随着初始围压的增大，岩体内部集聚能量越多，声发射活跃期增长，累计振铃计数率呈逐渐增大趋势；接触面倾角较大的岩样受破裂形式的影响沿接触面滑动，产生少量声发信号。声发射计数率在岩样破坏时会出现极度活跃的现象，振幅强度变高，两种声发射信号现象均可作为加锚组合岩体失稳破坏的前兆特征。

张冉[186]利用自行设计的含瓦斯煤真三轴变形破坏试验系统，开展不同条件下的常规三轴加载以及真三轴加卸荷试验，探讨不同加卸荷条件下含瓦斯煤力学试验性质，分析不同加卸荷条件下含瓦斯煤失稳破坏的前兆信息，得到以下主要研究成果：①开展含瓦斯煤常规三轴加载试验，研究在不同围压及不同瓦斯压力条件下含瓦斯煤的变形破坏特征，分析不同加载条件对含瓦斯煤变形破坏特征的影响，确定真三轴加卸荷试验的初始卸荷点。②开展不同加卸荷条件的含瓦斯煤真三轴加卸荷试验，研究不同加卸荷条件下含瓦斯煤的力学性质、能量演化以及声发射时序特征。真三轴加卸荷条件下，在与最小主应力垂直的方向上，含瓦斯煤内的裂纹逐渐发育形成主破坏面，破坏形式为张剪复合型破坏。随着与卸荷面的距离缩小，裂纹由剪切裂纹逐步向劈裂拉伸裂纹过渡，在卸荷面附近形成层裂结构，卸荷面附近的破坏多是以劈裂成板、板曲折断的形式发生。真三轴加卸荷条件下含瓦斯煤破坏过程中的能量变化曲线与应力-应变曲线对应良好，可作为分析含瓦斯煤破坏过程的重要参考。真三轴加卸荷条件下，通过分析声发射累计计数与累计能量可以发现，声发射时间序列呈现出三个变化时期，其变化过程可以反映试样的破坏过程。③基于岩石力学D-P强度准则、统计损伤理论以及太沙基(Terzaghi)有效应力原理，综合考虑三向应力和瓦斯压力的作用，建立含瓦斯煤真三轴应力条件本构模型。将不同加卸荷条件下的应力-应变理论曲线与试验曲线进行对比，两者具有较好的相似性。根据弹塑性断裂力学，考虑吸附瓦斯和游离瓦斯的共同作用，推导得到煤体裂纹强度准则，并分析径向应力与轴向应力的比值对裂纹扩展长度的影响。根据弹性力学理论，建立层裂结构体破坏失稳板结构压曲模型，计算得到层裂结构体失稳破坏的临界载荷条件。④计算得到真三轴加卸荷条件下含瓦斯煤破坏过程的声发射多重分形特征，分析不同加卸荷条件下声发射多重分形参数的变化过程，同时将多重分形参数的变化过程与试样的损伤演化过程进行对比，得到表征试样破坏的前兆特征。多重分形参数 $\Delta\alpha$、Δf

的动态变化可以反映煤样所处的受力状态及其破坏程度。$\Delta\alpha$ 的动态变化过程表现为先减小后急剧增大，损伤曲线的变化过程表现为先缓慢增长后快速增长，$\Delta\alpha$ 的逐渐减小与损伤曲线的缓慢增长对应，$\Delta\alpha$ 的急剧增大与损伤曲线的快速增长对应，同时，不同应力差水平下损伤曲线突变点的变化趋势与 $\Delta\alpha$ 值突变点的变化趋势相同，说明 $\Delta\alpha$ 的变化可以反映出煤样的损伤变化过程，可将 $\Delta\alpha$ 的急剧增大作为表征试样破坏的前兆信息。

霍小旭[187]以深部煤岩为研究对象，分别进行了单轴、三轴和三轴卸荷等试验下的声发射研究，得到以下结论：①单轴压缩下，声发射参数表现为前期平稳，塑性阶段后跳跃式发展。②三轴压缩下，试样整体更加稳定，声发射能量参数值先增后减再增，围压越大，试样出现相同破坏所需的能量越大。③三轴卸荷与三轴压缩在卸荷之前的声发射规律一致，卸荷后试样破坏加剧，声发射参数值增加。④分形维值 D 能很好地反应煤岩内部裂纹演变的规律。

李建红[188]为探究不同围压卸荷速率下岩石的声发射及损伤特征，对煤岩进行了卸荷速率分别为 0.02MPa/s、0.05MPa/s、0.1MPa/s、0.2MPa/s 的岩石 AE 测试及变形损伤研究。结果表明：卸荷速率越大，煤岩的损伤发展越充分、越缓慢，破坏时对应的轴向应变和围压值越低；卸荷速率较高时，声发射呈明显的“两阶段”特征，存在明显的声发射分界点，而且与体变转折点相对应，而卸荷速率较小时，声发射整体呈“缓变型”，突变点不清晰；卸荷速率与损伤值呈良好的幂函数关系；基于热力学原理得到的卸荷速率-损伤模型能较为准确地预测各卸荷速率下煤岩的损伤演化情况。

秦虎等[189]利用自主研发的含瓦斯煤岩热流固耦合三轴伺服渗流装置配合声发射监测系统对不同围压作用下含瓦斯煤岩进行了卸围压试验，试验结果表明：不同围压作用下含瓦斯煤岩声发射事件率、累积振铃计数与应力曲线具有较好的对应关系，振幅总体分布在 42～60dB 之间，随着振幅的增加，声发射事件率呈现出递减的趋势；含瓦斯煤岩失稳破坏时声发射事件率与围压呈线性关系，而声发射累积振铃计数与围压呈指数函数关系；不同围压下的含瓦斯煤岩卸围压试验中，轴向应力加载阶段和围压卸荷阶段能量特征是不同的，随着围压的增大，煤岩加载阶段吸收的能量明显增大，卸荷阶段释放的能量也相应增大，加载阶段和卸荷阶段能量变化与初始围压均呈对数关系。

对于卸荷路径下煤岩体破坏失稳的前兆规律研究与其失稳机理研究一致，主要聚焦于单一煤或岩体中。受煤岩接触弱面的影响，煤矸组合结构会呈现出滑移失稳特性，模型失稳特征的改变也会引起其前兆信号规律的变化。

综上，国内外对组合煤岩加载及单一煤岩体卸荷破坏失稳机理及其前兆效应进行了广泛且深入的研究，对预防采掘过程中的冲击灾害起到了重要的指导作用，也为本研究提供了重要参考。

1.2.5 存在的问题及不足

通过查阅和分析相关文献可知，国内外学者对冲击地压的发生机理进行了大量且深入的研究，加载作用下组合煤岩结构的滑移破碎失稳机理和卸荷路径下煤（岩）体的破碎失稳机理逐渐被理解、接受和研究。然而，对于分岔区煤层结构失稳型冲击地压衍生机理及防治方法的研究，还存在以下几个方面的问题及不足。

①煤层分岔易造成局部应力集中，增加巷道（工作面）发生冲击地压的可能性。现阶段，对于分岔区煤矸组合结构破坏失稳诱发冲击灾害的机理研究还不够深入。

②相对于加载作用，卸荷对煤矸组合结构破坏失稳有什么影响？同时，对于煤矸组合结构，煤矸接触面滑移和煤矸体的变形破碎之间又有什么联系？需进行进一步研究。

③煤矸接触面为弱面，煤矸组合结构破坏失稳过程中易产生接触面的滑移失稳。这将引起组合结构整体失稳特征的转变，增加煤层分岔区冲击灾害预警的难度。目前，对于卸荷路径下煤矸组合结构破坏失稳的前兆信号特征还未进行系统研究。

④现场对于分岔区煤层巷道冲击灾害的预警方法和防治措施还不够明确，分岔区煤层巷道冲击失稳的发生机理、预测预警及防控方法还需通过理论和实践进行进一步研究。

1.3 主要研究内容及方法

针对上述问题及不足，本书紧紧围绕“分岔区煤层结构失稳型冲击地压衍生机理及防治方法研究”这一主题，综合采用理论分析、实验室试验、数值模拟及工程实践等手段展开研究，以期为煤层分岔区冲击地压灾害的预测预警和防控实践提供理论基础及技术支撑，技术路线如图 1-2 所示。

（1）煤矸组合结构破坏失稳的卸荷机制研究

根据煤层分岔区域的地质力学环境，将上、下煤层与夹矸组合为一个完整的力学系统，考虑围岩力学条件、煤层分岔形态、煤矸物理力学参数及其接触面性质，建立“煤-夹矸-煤”组合结构物理力学模型。借助弹塑性力学、岩石力学、突变理论及岩体卸荷本构理论，研究卸荷路径下煤矸组合结构变形破坏及滑移失稳特征，揭示其破坏失稳过程中变形场、位移场及能量场的演化规律，提出煤矸组合结构破坏失稳的卸荷机制。

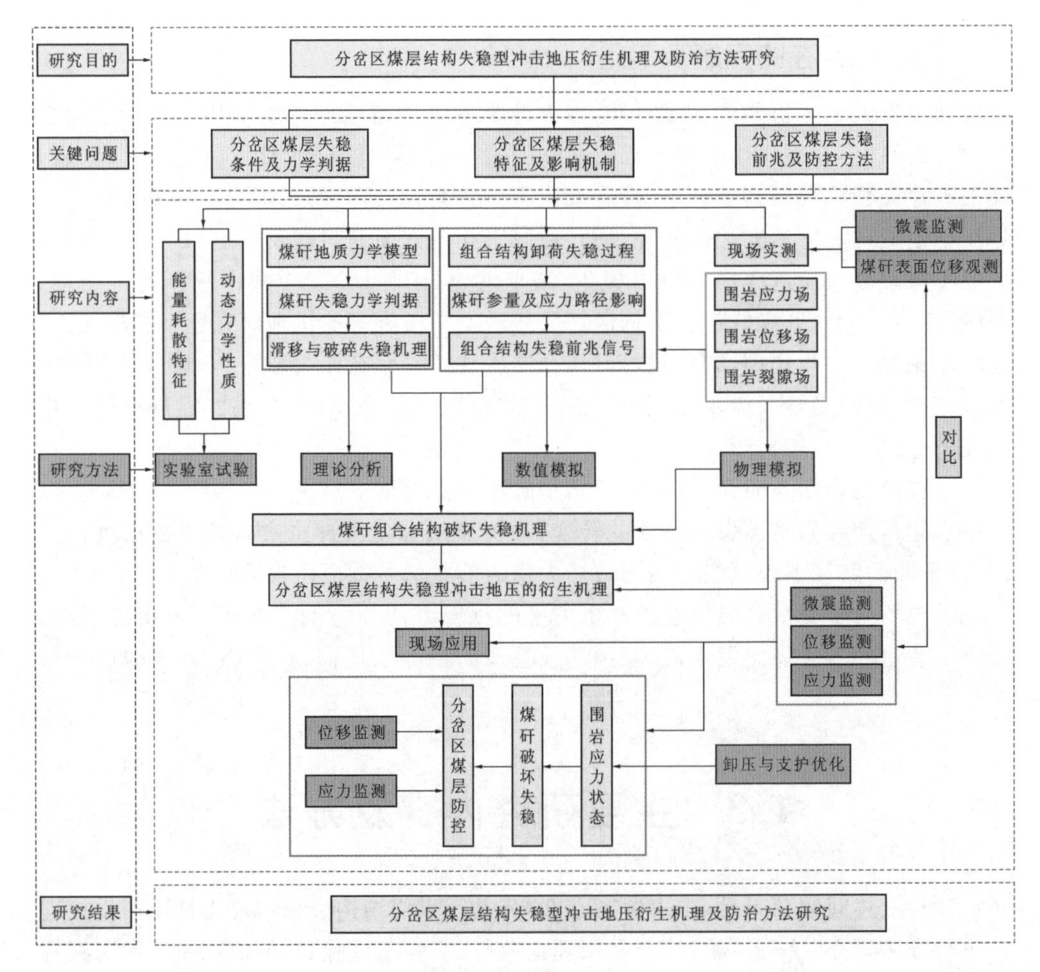

图 1-2　技术路线图

(2)煤矸组合结构破坏失稳特征及影响机制研究

基于三轴加卸荷试验,分析不同应力路径及力学参数影响下煤矸组合结构的破坏失稳特征。同时,借助块体离散元数值软件,研究卸荷路径下煤矸组合结构破坏失稳的细观裂隙演化机制,分析地质因素和开采技术因素对分岔区煤层巷道破坏失稳的影响。同时,基于接触面剪切滑移理论,研究煤矸组合结构滑移失稳的力学判据,提出煤矸接触面性质及围岩力学参数对煤矸组合结构破坏失稳的影响机制。

(3)煤矸组合结构破坏失稳的前兆信号特征研究

基于三轴加卸荷试验的声发射监测数据,采用 FFT 频谱分析技术和 HHT 信号处理技术,分析煤矸组合结构破坏失稳的主频、最大振幅、累计视体积、辐射能指数及声发射 b 值等参量的演化规律,从宏观方面研究了卸荷路径下煤矸组合结构破坏失稳的前兆信号特征，同时，借助块体离散元数值软件，研究卸荷路径下煤矸组合结构破坏失稳过程中的变形机制及能量耗散特征，从微观方面揭示煤矸组合结构破坏失稳的前兆信号特征。最终，综合分析试验数值结果，确定卸荷路径下煤矸组合结构破坏失稳的前兆规律，提出卸荷诱发煤矸组合结构破坏失稳的预警方法。

(4)分岔区煤层巷道破坏失稳工程案例及防治方法研究

以赵楼煤矿 5310 工作面夹矸赋存区域巷道破坏失稳过程为研究背景，通过对其现场的微震监测数据进行分析，验证煤矸组合结构破坏失稳的卸荷机制及前兆信息的准确性。同时，基于煤矸组合结构破坏失稳过程中的影响因素分析，针对性地提出了预防分岔区煤矸组合结构破坏失稳的技术措施，并在 5304 工作面进行了防冲效果验证。

2　分岔区煤层结构失稳试验研究

巷道掘进和工作面回采均能引起煤岩体周围的应力卸除，从而造成煤岩体局部或整体破坏失稳[190-194]。煤岩体的应力卸除过程是由三轴卸荷逐渐向单轴加荷转变的不可忽视的动态变化过程[195,196]。近年来，众多学者和专家对煤岩体的卸荷失稳过程进行了研究，卸荷煤岩体冲击破坏机理逐渐被完善[197-199]。常规三轴加荷和卸荷试验常因用作描述围岩卸荷应力路径转换的方法而被广泛接受[200-202]。基于此，本章在常规三轴加荷和卸荷实验的基础上，引入非单一结构类型的"煤-夹矸-煤"组合模型，并结合声发射监测系统进行测试分析。旨在通过室内实验室试验，揭示加卸荷路径下煤矸组合结构破坏失稳特征、影响因素及前兆规律。

2.1　试验系统、方案及目的

2.1.1　试验系统

本次试验是在浙江省岩石力学与地质灾害重点实验室进行的。试验系统由MTS815电液伺服岩石力学试验机和声发射测试分析系统构成。试验系统原理及实物图如图2-1所示。

MTS815电液伺服岩石力学试验机由加载系统、控制系统和测试系统三部分构成，轴向最大荷载1700kN，最大围压50MPa，能够满足试验所需的加卸荷要求；控制系统采用电液伺服控制，能够进行应力和位移两种加载方式的自由切换，伺服灵敏度为290Hz，同样能够满足试验对应力路径和加卸荷方式的要求；测试系统包含应力和位移传感器，数据采集通道为14chans，试样允许最大尺寸为直径100mm、高度200mm。该系统还配备了高精度轴向引伸计和链式环向引伸计，试验过程中可以通过计算机实时采集试验数据。

(a)

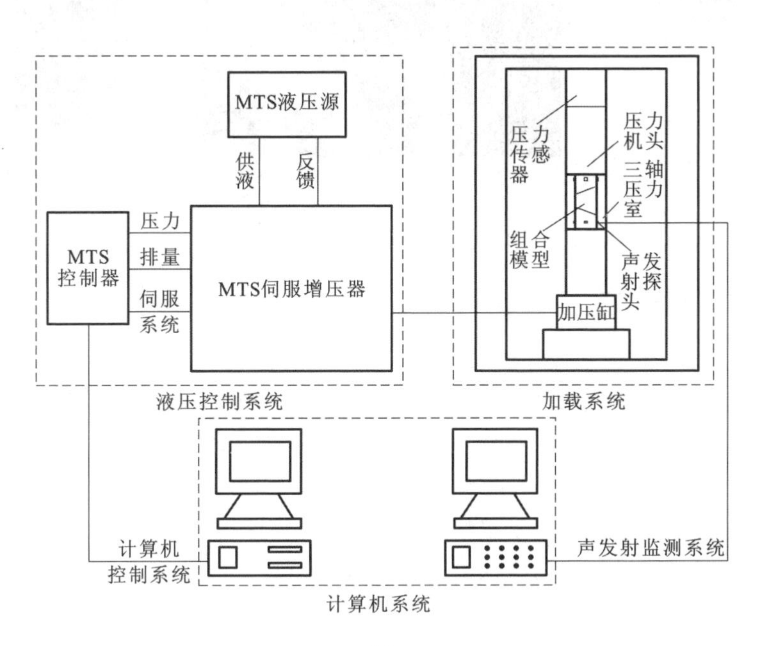

(b)

图 2-1　MTS815 电液伺服岩石力学试验机

(a)实物图;(b)原理图

声发射测试分析系统是美国物理声学公司(PAC)生产的 PCI-E 型声发射测试分析系统,该系统由计算机、前置放大器及声发射接收器三部分组成,试验采用 6 个谐振频率为 300kHz 的 Nano30 声发射接收器进行信号采集工作。实验室监测系统布置图如图 2-2 所示。试验前设定系统检测门槛值为 55dB,前置放大器为 40dB,采样速率为 2Msps。试验过程中采用耦合剂将声发射接收器嵌于热缩管表面,确保其最大限度地接收声发射信号。

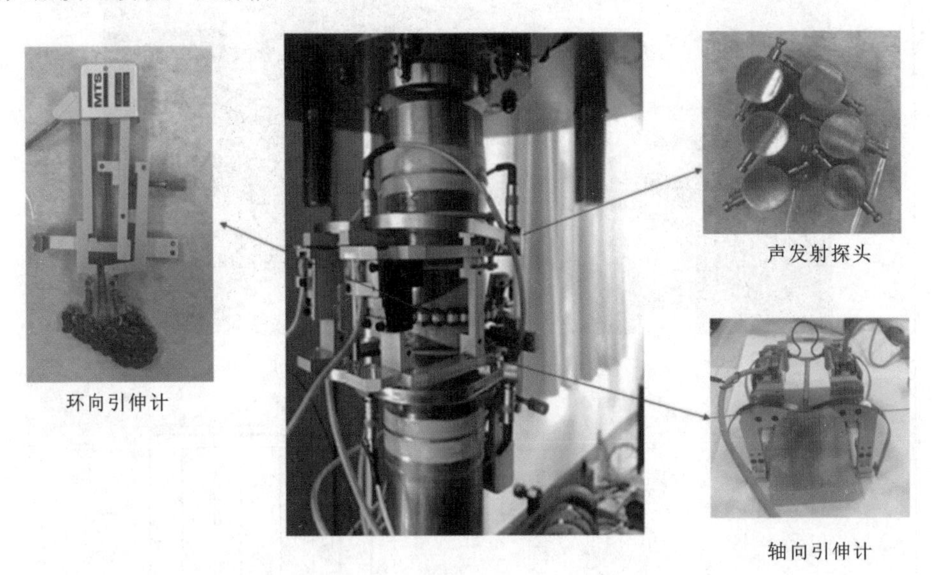

图 2-2　实验室监测系统布置

2.1.2　试样加工及设计

根据岩石力学室内实验 ISRM 标准,设计煤岩组合模型为 ϕ 50mm×100mm 标准圆柱形,由上部煤体、中部岩体和下部煤体三部分构成,如图 2-3 所示。试样两端及接触面均采用数控切割机一次性切割完成,同时观察各结构块体完整程度,剔除含有节理、裂隙和人为损伤的不合格试样,并采用 2000 目的细砂纸对端面进行打磨处理,确保其端面与试验机能够光滑接触,同时还需确保煤、岩试样接触面能够完美契合,无断痕触感。试样整体高度误差不超过 0.2mm,直径误差不超过 0.1mm。根据试验要求,对检验合格的组合模型进行标号,并用保鲜膜进行密封防风化处理。

2.1.3　试验方案及目的

为了探究卸荷路径下煤岩组合结构的破坏失稳特征,根据采掘卸荷引起应力重新分布的特点,设计三轴加荷和卸荷试验来研究应力路径对组合模型破坏失稳的影

(a)

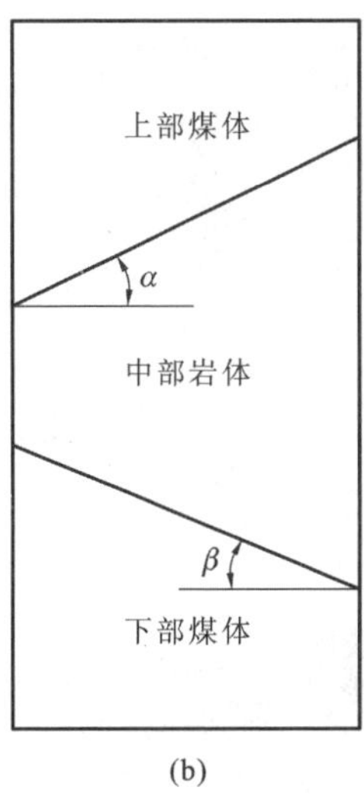

(b)

图 2-3 煤矸组合模型

(a)组合模型;(b)模型平面图

响。同时,通过调节围压大小、接触面倾角、加载速度、卸荷速度和卸荷应力水平等因素,研究应力状态变化对组合模型破坏失稳的影响机制,进而归纳煤矸组合结构破坏失稳机理、影响因素及前兆信号特征。具体试验方案及目的如下。

(1)三轴加荷试验

试验方案:共设计 7 组三轴加荷试验,分别在不同围压(10MPa、20MPa、30MPa)、不同接触面倾角(α-β 为 20°-15°、25°-20°、30°-25°)和不同加载速度(0.003mm/s、0.005mm/s、0.01mm/s)条件下,对组合模型进行三轴加荷试验。试验方案见表 2-1。试验加载过程分为以下 3 个阶段。

①设定系统初始压力,压力差设置为 2kN,固定组合模型;

②通过应力控制方式,以 0.05MPa/s 的加载速度进行轴压和围压加载,并始终保持围压和轴压同步加载,直至达到预定围压强度;

③保持围压不变,通过位移控制的方式,以 0.003mm/s 的速度进行轴压加载,直至岩样破坏。

试验目的:三轴加荷试验可以用于研究煤矸组合结构破坏形式及失稳特征。同时也可以用于确定非卸荷状态下煤矸组合模型的峰值失稳强度,为后续卸荷应力水平的确定提供参考。

表 2-1　　三轴加荷试验方案

模型编号	围压/MPa	α/(°)	β/(°)	加载速度/(mm/s)
R-1	20	20	15	0.003
R-2	20	25	20	0.003
R-3	20	30	25	0.003
R-4	10	30	25	0.003
R-5	30	30	25	0.003
R-6	20	30	25	0.005
R-7	20	30	25	0.01

(2)三轴卸荷试验

试验方案:采用接触面倾角为30°-25°的组合模型,设计7组三轴卸荷试验。试验分别在不同卸荷应力水平(60%、70%和80%)、加载速度(0.003mm/s、0.005mm/s、0.01mm/s)和卸荷速度(0.01MPa/s、0.05MPa/s、0.1MPa/s)下进行。三轴卸荷试验方案见表2-2。卸荷试验过程分为以下5个阶段。

①设定系统初始压力,压力差设置为2kN,固定组合模型;

②通过应力控制方式,以0.05MPa/s的加载速度进行轴压和围压加载,并始终保持围压和轴压同步加载,直至达到预定围压强度;

③保持围压不变,通过位移控制方式,以0.003mm/s的速度进行轴压加载,直至轴压值达到组合模型峰值破坏强度的60%;

④保持轴压和围压不变,静置时间$t=90$s,确保应力处于完全平衡状态;

⑤通过位移控制方式,以设定的轴向加载速度继续进行加载,同时以设定的卸荷速度进行围压卸荷,直至围压完全卸除或应力降超过50%时停止试验。

试验目的:三轴卸荷试验路径对应卸荷路径下分岔区煤层巷道轴向支承压力增加、水平应力降低的应力调整过程,可以用于研究卸荷路径下煤岍组合结构的破坏失稳特征及前兆失稳信息。

表 2-2　　三轴卸荷试验方案

模型编号	卸荷点位置	围压/MPa	卸荷速度/(MPa/s)	加载速度/(mm/s)
RS-1	峰值应力×60%	20	0.01	0.003
RS-2	峰值应力×60%	20	0.05	0.003
RS-3	峰值应力×60%	20	0.1	0.005
RS-4	峰值应力×60%	20	0.01	0.003

续表

模型编号	卸荷点位置	围压/MPa	卸荷速度/(MPa/s)	加载速度/(mm/s)
RS-5	峰值应力×60%	20	0.01	0.01
RS-6	峰值应力×70%	20	0.1	0.003
RS-7	峰值应力×80%	20	0.1	0.003

2.2 加荷路径下组合结构破坏失稳特征

2.2.1 应力曲线、振铃计数及 RA 值演化特征

岩石在变形破坏过程中会有大量的裂纹萌生、扩展以及贯通，伴随着裂纹的发育，岩石内部储存的能量会以弹性波的形式进行释放，这种现象被称为岩石声发射[203-206]。声发射信号波形如图 2-4 所示。声发射信号波形数据包含持续时间、上升时间、振铃计数、幅值和能量等基本信息。其中，振铃计数是声发射试验常用的特征参数，表示信号振动幅值超过设定阈值的次数。破裂事件的振铃计数越多，表示该破裂事件产生的振动波形整体幅值越高，信号强度越大，反映破裂的强度越大。

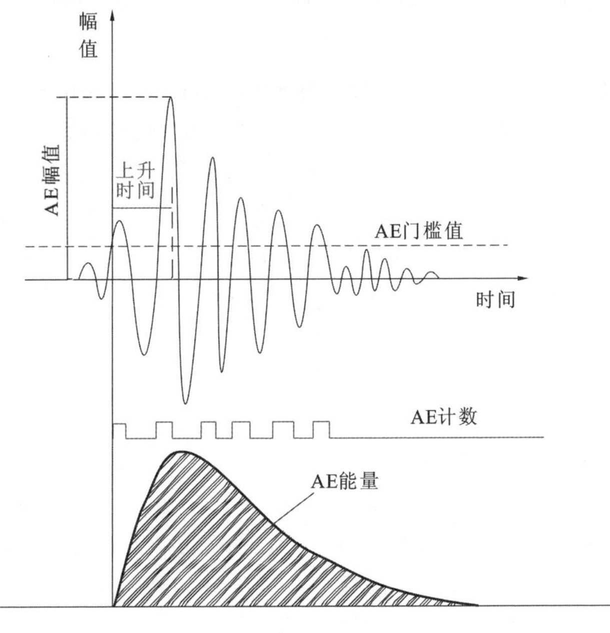

图 2-4　声发射信号波形

RA 值是指声发射上升时间与振幅的比值，单位为 ms/mV，它可以在一定程度上反映岩石的破坏形式。研究表明，高 RA 值对应张拉破坏，低 RA 值对应剪切破坏[207-210]。为了探究三轴加荷路径下煤矸组合结构破坏失稳的裂隙演化特征，以组合模型 R-5 的试验数据为基础，对声发射数据进行提取，并绘制轴向应力、振铃计数和 RA 值与时间的关系曲线，如图 2-5 所示。

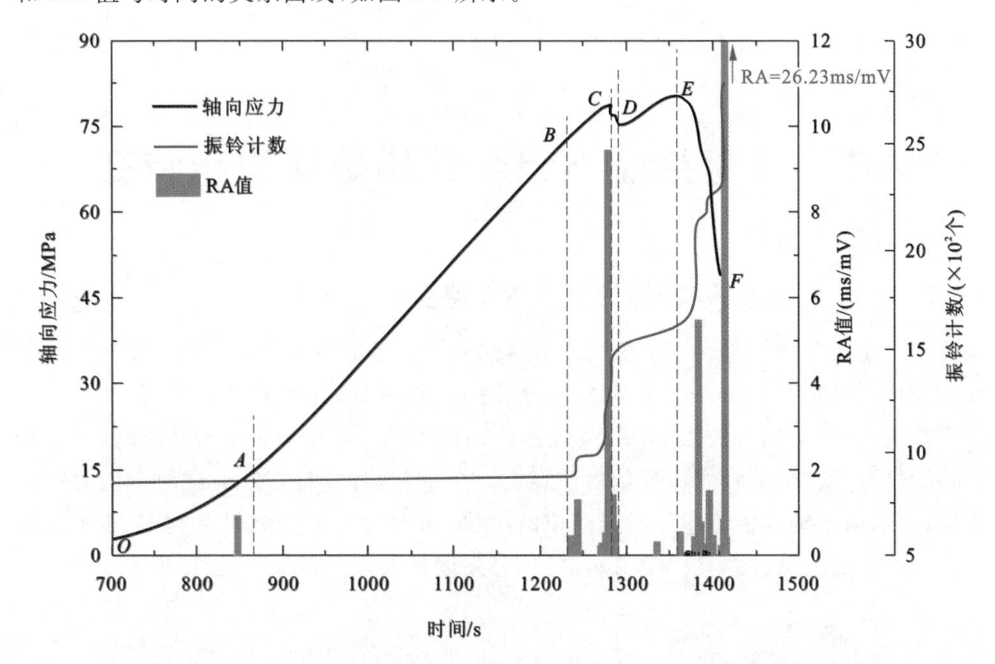

图 2-5　组合模型 R-5 轴向应力、振铃计数和 RA 值与时间的关系曲线

从图 2-5 中可以看出，组合模型 R-5 的破坏失稳过程可以分为 6 个阶段。①*OA* 阶段为原生裂隙压密闭合阶段，模型中产生的声发射事件数较少，事件 RA 值相对较小，裂隙类型为剪切裂隙，轴向应力呈“凹”型增长。②*AB* 阶段为线弹性阶段，此阶段内轴向应力呈线性增长，基本无声发射事件产生。③*BC* 阶段为滑移前兆阶段，此阶段内轴向应力产生微小的应力降，并伴随着声发射事件的逐渐增加，但 RA 值相对较小，裂隙类型为剪切裂隙。总体上看，该阶段内轴向应力仍呈上升趋势，但曲线斜率明显降低，分析是微破裂降低了模型内部的弹性能积累速度。④*CD* 阶段为滑移阶段，振铃计数迅速增加，RA 值也达到了 9.44ms/mV，同时轴向应力产生了明显的应力降，分析是由于拉伸裂隙贯通了煤岩接触面上的微剪切裂隙，产生了组合结构整体滑移现象。⑤*DE* 阶段为整体失稳前兆阶段，随着应力的继续加载，轴向应力再次逐渐升高，但曲线斜率明显降低，振铃计数逐渐减小。此时，声发射事件的 RA 值也明显较低，分析是由于煤岩接触面克服了静摩擦力产生了接触面滑移，降低了模型弹性能的积累速度。⑥*EF* 阶段为整体失稳阶段，随着轴向应力的进一步加载，模型内

部积累的弹性能达到其承载极限，轴向应力达到峰值后迅速降低，RA 值也迅速变大，且高值频繁出现，这说明组合模型中的拉伸裂隙迅速发育，模型产生整体失稳。

2.2.2 声发射事件的时空演化特征

对组合模型 R-5 的轴向应力、振铃计数和 RA 值进行统计分析，阐述了三轴加荷路径下几个失稳阶段及失稳过程中的裂隙演化形式。但统计分析并不能直观地反映声发射事件的时空分布特征。因此，为了探究模型失稳过程中声发射事件的时空演化特征，分别根据声发射事件 RA 值及能量值做出声发射事件类型及能量的空间演化规律。其中，*OA* 和 *AB* 阶段、*CD* 和 *DE* 阶段声发射事件数较少，进行合并统一分析，如图 2-6 和图 2-7 所示。图中球体颜色和大小代表不同裂隙类型和震源能级，下文不再赘述。

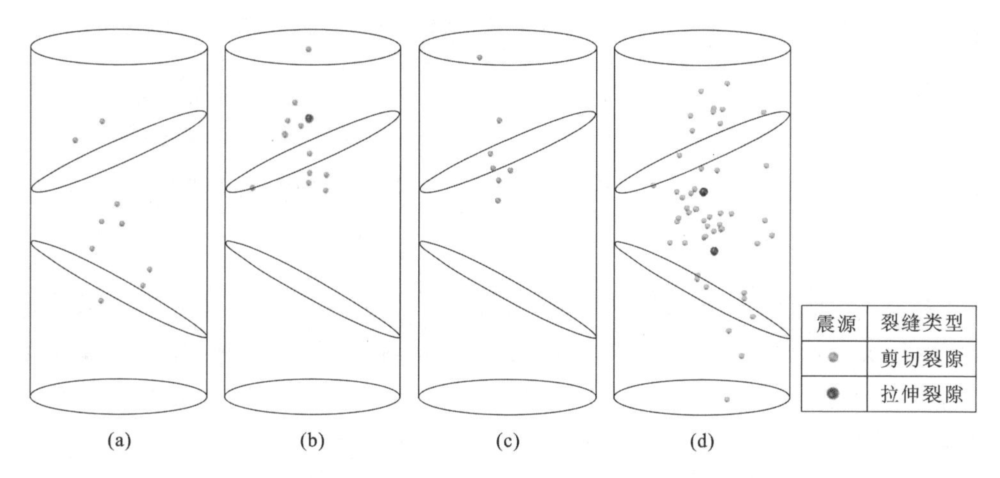

图 2-6 组合模型 R-5 声发射事件类型的空间演化规律

(a)*OA* 和 *AB* 阶段；(b)*BC* 阶段；(c)*CD* 和 *DE* 阶段；(d)*EF* 阶段

从图 2-6 中可以看出，*OA* 和 *AB* 阶段，模型内部产生了非连续的声发射事件，裂隙类型均为剪切裂隙，事件数量和能量也相对较小（除岩体中产生一个大能量事件外），声发射事件的产生具有随机性，这与煤岩体内部的原生裂隙有关。*BC* 阶段，声发射事件在上接触面附近的煤岩体中集聚，事件数量和能量相对增加，上部煤体中最先产生拉伸裂隙。根据声发射事件空间定位可知，接触面滑移最先产生于模型上接触面位置，分析是由于上接触面倾角较大。*CD* 和 *DE* 阶段，由于经历了滑移卸荷，模型中产生的声发射事件数相对减少，但值得注意的是，模型中产生的事件集中分布在上接触面附近且均为剪切裂隙。这说明此阶段上接触面虽产生滑移卸荷，但滑移释放的能量远远小于外力做功，从而引起模型轴向应力继续增加，这也是模型整体破坏失稳的前兆信号特征。*EF* 阶段，声发射事件迅速增多且能量达到峰值 4.78×

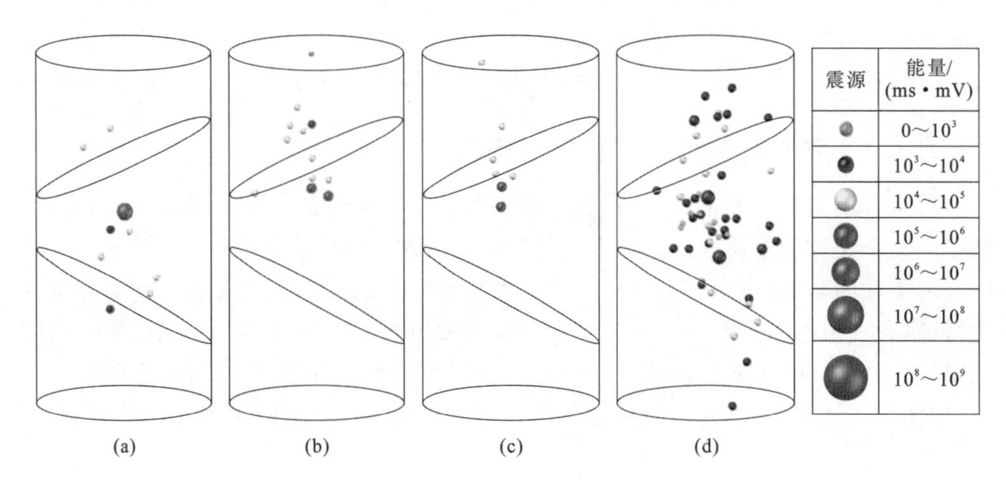

图 2-7 组合模型 R-5 声发射事件能量的空间演化规律

(a)OA 和 AB 阶段；(b)BC 阶段；(c)CD 和 DE 阶段；(d)EF 阶段

10^6 ms·mV，声发射事件逐渐聚集且拉伸裂隙增多，同时下接触面也开始产生声发射事件，这说明组合模型产生了整体失稳。总的来说，模型失稳过程中裂隙时空演化特征为剪切裂隙最先促使模型中微裂隙的萌生和扩展，拉伸裂隙最终贯通了剪切裂隙，形成宏观破坏失稳。

2.2.3 视应力、相对位移演化特征

在室内岩石力学试验中，应力-应变曲线是最常用于分析岩石变形破坏情况的方法，但这种方法往往反映的是岩石的平均应力和整体变形。由于岩石内部存在裂隙、裂纹、节理等，造成其不均质的特性，在外部加载条件下容易形成局部应力集中，导致岩石裂隙形成、扩展和贯通，直至宏观破坏。岩石内部应力、变形的演化过程是很难通过应力-应变曲线反映出来的。裂隙形成过程伴随着弹性能的释放，以应力波的形式向外传递，从而引起传播介质的振动。因此在试验过程中，可以通过在岩石试件表面布设具有较高灵敏度的声发射探头来记录一个完整的振动过程。这种方法与地震学中记录地震波的方法相似。声发射现象可以看作微地震活动的一种形式，主要区别是震级、能量、频率不同，但许多地震学的知识可以应用到声发射数据分析中，其中包括对震源定位、能量估算、震源破裂形式等的分析。在地震学中，视应力与视体积是两个估算震源应力水平、位移变形的参量[211-213]，它们是根据岩石内部每一次破裂发生后的数据计算得到的，可以反映岩石破坏过程中内部的应力和位移信息。因此，分析试验过程中视应力和相对位移的变化特征，可以探究组合模型内部应力及位移的动态演化过程。

中小地震的震源位移谱通常符合 Brune 模型[214-216]：

$$D(f)=\frac{\Omega_0}{1+\left(\frac{f}{f_0}\right)^2} \tag{2-1}$$

式中，Ω_0 为拐角谱值；f_0 为拐角频率。

由于试验记录到的波形单位是电压(mV)，它与振动速度成正相关。因此，把它看作速度谱积分后得到位移谱，之后通过粒子群算法用式(2-2)拟合位移谱，即可得到 f_0 与 Ω_0。由于速度谱不是直接得到的，因此计算得到的地震矩、视体积、视应力、应力降等也是相对值[217-219]。

根据 Brune 模型，位移功率谱 S_D 和速度功率谱 S_V 与 Ω_0、f_0 的关系为：

$$\begin{cases} S_D=2\int D(f)^2\mathrm{d}f=\dfrac{1}{4}\Omega_0^2(2\pi f_0) \\ S_V=2\int V(f)^2\mathrm{d}f=\dfrac{1}{4}\Omega_0^2(2\pi f_0)^3 \end{cases} \tag{2-2}$$

地震矩 M_0、震源辐射能量 E 可以通过功率谱计算得到[220-222]：

$$M_0=4\pi\rho V_c^3\Omega_0 R_P \tag{2-3}$$

$$E=4\pi\rho V_c S_V \tag{2-4}$$

式中，V_c 为岩(煤)体波速；ρ 为岩体密度；R_P 是辐射花样系数。

视应力是震源辐射能量与地震矩的比值，表示单位体积非弹性变形所辐射的能量，是震源应力水平的下限估计[223-225]。最初由 Wyss 和 Brune[226]定义如下：

$$\sigma_a=\mu\frac{E}{M_0} \tag{2-5}$$

式中，μ 为震源刚度模量。

煤岩体位移变形也可用震源参数来表示，地震学中，地震矩[227,228]可由下式得出：

$$M_0=\mu\bar{u}A \tag{2-6}$$

式中，A 为断层面积，$A=\pi r_0^2$(r_0 为震源半径)。

因此平均位移可以计算：

$$\bar{u}=\frac{M_0}{\mu\pi r_0^2} \tag{2-7}$$

根据 Brune 模型，震源半径的表达式为：

$$r_0=\frac{2.34V_c}{2\pi f_0} \tag{2-8}$$

震源的体积变形也可用视体积 V_A 表示，V_A 被定义为体积同震非弹性变形[229,230]，可用式(2-9)表示：

$$V_A=\frac{M_0^2}{2\mu E} \tag{2-9}$$

为了更清楚地观察组合模型 R-5 的视应力和相对位移的演化过程，将视应力大于 120Pa 和相对位移大于 9×10^{-4}m 的区域调整为红色。图 2-8、图 2-9 分别展示了组合模型 R-5 的视应力和相对位移随时间的演化规律。从图 2-8(a)中可以看出，当加载时间 $t=1254$s 时，高应力主要集中在模型上部的煤岩体中，上、下接触面附近产生了明显的应力集中现象。这说明接触面能够阻碍应力的传递，导致接触面附近应力集中。根据图 2-9(a)可以看出，上、下接触面存在明显的相对位移差，尤其上接触面位移差最为明显，这说明了煤岩体沿接触面产生了滑移现象，并且上接触面滑移程度大于下接触面。当加载时间 $t=1342$s 时，高应力区由上部煤体向下逐渐扩展，同时，岩体中部产生了低应力区，高应力区向岩体两侧转移[图 2-8(b)]，这说明此时岩体中部产生了破坏现象，相对位移云图[图 2-9(b)]也说明了这一现象。当加载时间 $t=1380$s 时，岩体中的高应力区明显减少，低应力区范围逐渐扩大，说明组合模型产生了破碎现象，同时，观察视应力及相对位移云图可以看出，接触面两侧均产生了明显的应力及位移差，这说明模型破碎失稳过程中伴随着接触面的滑移[图 2-8(c)、图 2-9(c)]。当加载时间 $t=1414$s 时，高应力区迅速扩展，同时高、低应力区产生了"散点化"分布特征[图 2-8(d)]，相对位移也产生了高、低位移区"散点化"分布特征[图 2-9(d)]，说明组合模型产生了整体失稳。

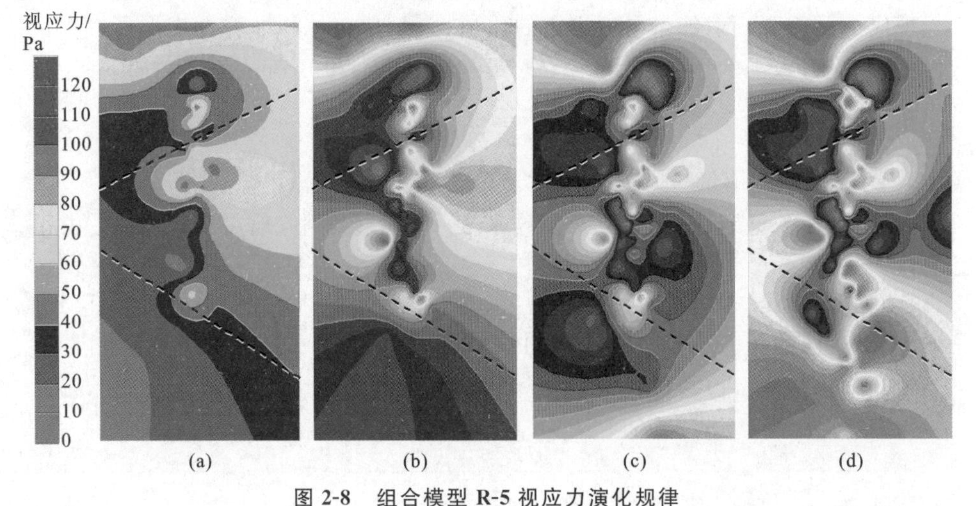

图 2-8 组合模型 R-5 视应力演化规律

(a)$t=1254$s；(b)$t=1342$s；(c)$t=1380$s；(d)$t=1414$s

综上所述，组合模型破坏失稳过程是一个视应力与相对位移的损伤演化过程，高应力区的集中促进了模型内部的裂隙产生、扩展和贯通，进而引起模型内部块体位移变化，结构产生滑移错动。同时，组合结构的滑移错动又能引起模型内部高应力区转移，进一步增加煤岩体的破碎程度。因此，煤矸组合结构破坏失稳过程也是接触面滑移与煤岩体破碎的耦合失稳过程。

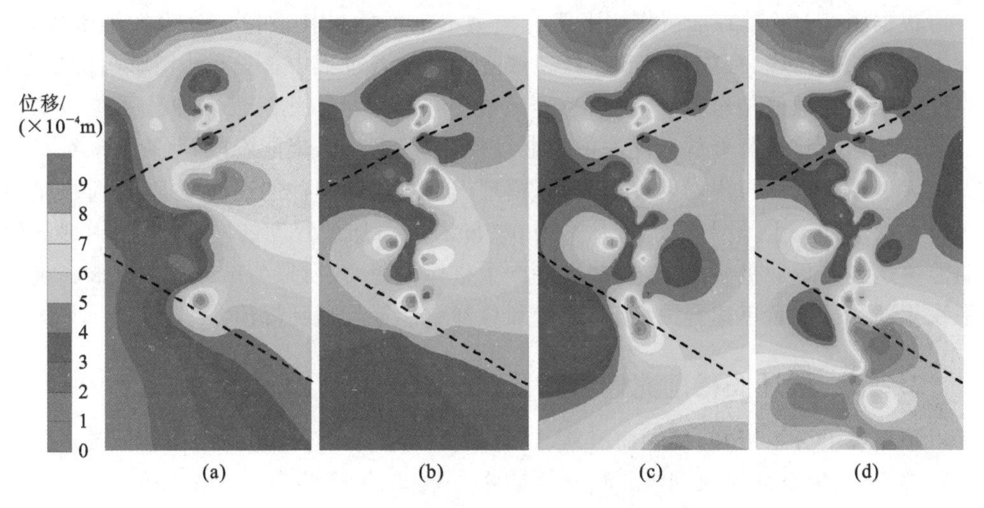

图 2-9 组合模型 R-5 相对位移演化规律

(a)t=1254s;(b)t=1342s;(c)t=1380s;(d)t=1414s

2.2.4 能量耗散特征

为了探究三轴加荷路径下煤矸组合结构破坏失稳过程中的能量耗散特征，对组合模型 R-5 的声发射监测数据进行统计，并绘制出轴向应力、总释放能量及绝对能量随时间的变化曲线，如图 2-10 所示。

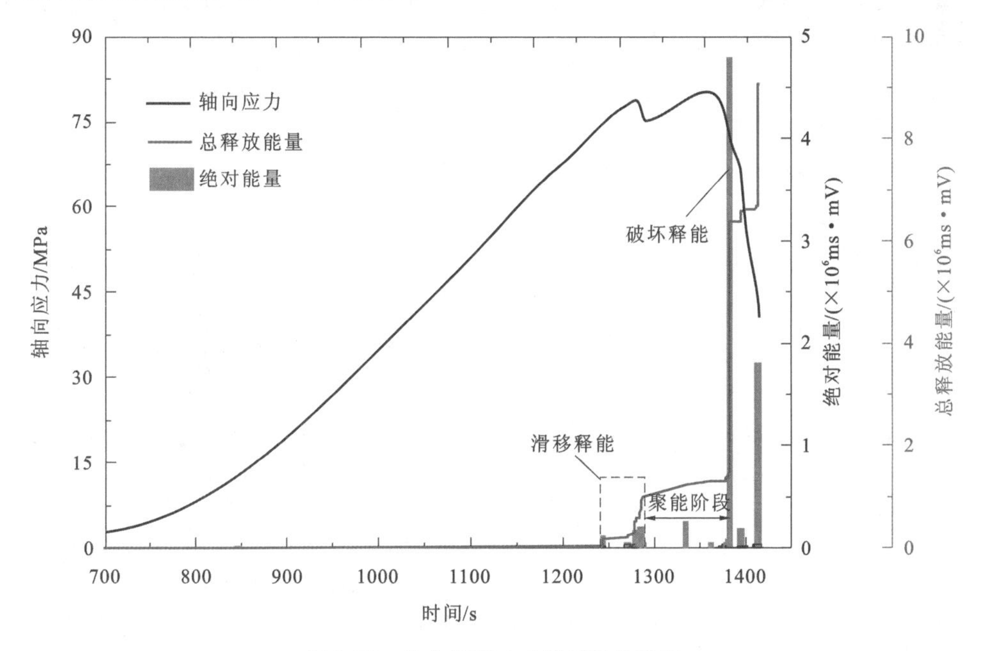

图 2-10 组合模型 R-5 能量耗散特征

根据图 2-10 可知，加荷作用下组合模型 R-5 的能量耗散过程分为 3 个阶段，分别为滑移耗散阶段、聚能阶段和破坏耗散阶段。加载过程中首先产生滑移释能现象，声发射能量耗散值相对较少，仅占总释放能量的 2.97%，此阶段内加载系统做功主要通过结构滑移进行释放。随着模型继续加载，模型进入聚能阶段，此阶段加载系统做功大于结构滑移与声发射释能之和，模型内部积累的弹性能逐渐增加，该阶段基本无声发射事件产生，总释放能量基本为 0。随着应力加载程度的增加，模型内部积累的能量达到其承载极限，直至模型最终产生整体失稳，该阶段为破坏耗散阶段。模型中积累的弹性能量迅速释放，绝对能量和总释放能量均达到峰值。

2.2.5 破坏失稳前兆信号特征

根据以上分析可知，接触面滑动、煤岩体破碎是引起煤矸组合结构整体破坏失稳的直接原因，因而能够识别这些活动的某些前兆特征，对于夹矸失稳型冲击地压的预防无疑是十分重要的。下文基于声发射监测数据进行分析，揭示了煤矸组合结构在滑移和整体失稳时的多参量变化特征。

(1)主频及最大振幅

已有大量的室内试验和现场调查发现，在煤岩体发生滑动、破裂之前，微震信号的频率与振幅会发生明显改变。试验中每一个声发射事件都是通过 4 个以上的探头定位的，每一个探头都可以记录到该事件发生后的波形信息。通过对每个波形进行快速傅立叶变换，然后提取频谱曲线中的主频与最大振幅值，得到主频及最大振幅随时间的变化曲线，如图 2-11 所示。

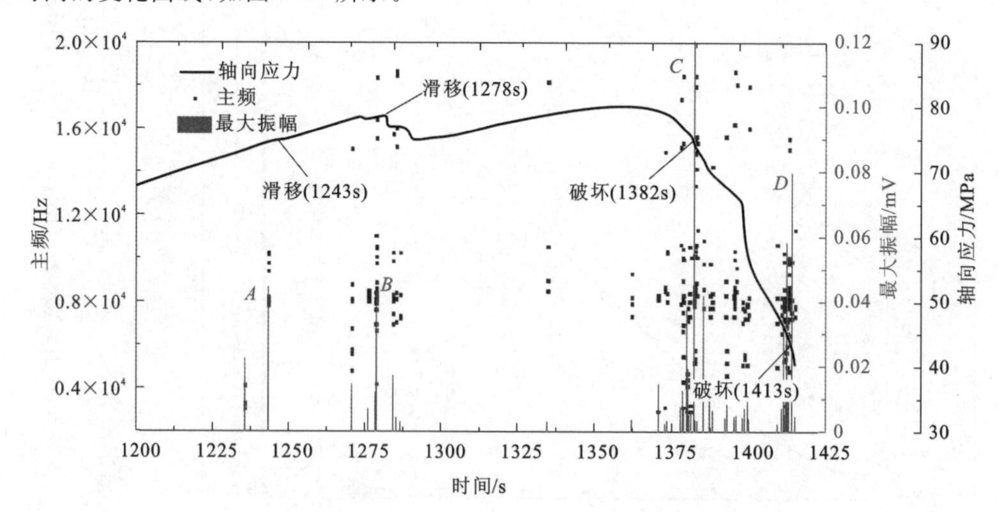

图 2-11　组合模型 R-5 主频及最大振幅随时间的变化曲线

从图 2-11 中可以看出，组合模型滑移与整体失稳过程中，声发射事件主频和最大振幅表现出明显的差异。其中，当 $t=1243s$ 和 $t=1278s$ 时，组合模型处于滑移阶段，声发射事件振幅产生了两个峰值（A 和 B），峰值振幅分别达到了 0.044mV 和 0.043mV，主频相对较高。而当 $t=1382s$ 和 $t=1413s$ 时，组合模型处于整体失稳阶段，此时声发射事件的最大振幅明显增大（C 和 D），最大振幅分别为 0.16mV 和 0.79mV，但主频集中在相对低频区域。因此，主频和最大振幅的变化可以用于预测接触面滑移和组合结构整体失稳。

（2）累计视体积与辐射能指数

视体积一般以累积求和的形式出现，累计视体积的斜率是反映岩石应变速率的重要指标。G. Van-aswegan 和 A. G. Butler[231]定义了一个地震事件的能量指数为该事件发射的地震能量与具有相同地震矩的事件发射的平均能量之比，计算公式如下：

$$\mathrm{EI}=\frac{E}{\overline{E(M)}} \tag{2-10}$$

式中，$\overline{E(M)}$为平均震源辐射能；EI 为辐射能指数。

平均震源辐射能$\overline{E(M)}$可以从研究区域 $\lg E$ 与 $\lg E(M)$的关系中获取，两者满足公式：

$$\lg E=c+d\lg\overline{E(M)} \tag{2-11}$$

式中，c、d 为常数，可以通过震源谱计算得到的 $\lg E$ 与 $\lg E(M)$ 线性拟合得到，如图 2-12 所示。

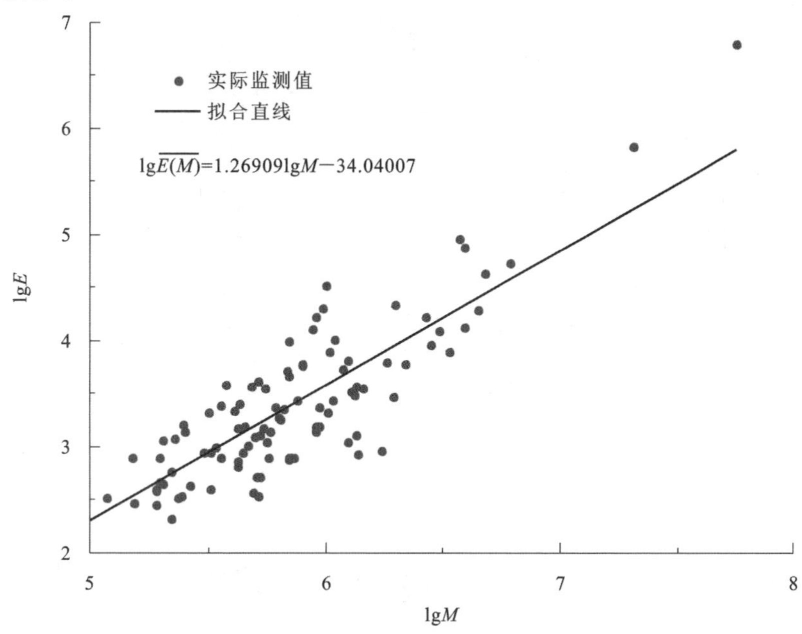

图 2-12 组合模型 R-5 地震矩与辐射能量的关系

注：M—地震矩。

辐射能指数常结合累计视体积对岩体稳定性进行评价[232-234]。一般来讲，累计视体积不变、辐射能指数增加，表示岩体发生硬化，岩体趋于稳定；累计视体积增加、辐射能指数急剧降低，表示岩体应变软化，预示着岩体即将进入不稳定状态。图 2-13展示了组合模型 R-5 破坏失稳过程中累计视体积与辐射能指数随加载时间的变化曲线。从图 2-13 可以看出，在滑动发生前(1270～1271s)，辐射能指数呈下降的趋势，累计视体积增幅变大，说明模型内部局部应变软化促使煤矸组合结构不稳定性增强。根据图 2-8 可知，该时间段内煤岩接触面附近存在明显的视应力集中现象，可以断定此时接触面附近产生了失稳。同时，根据裂隙演化、主频和最大振幅的变化特征，可以判定煤岩接触面产生了滑移现象。在 1286～1370s 时，辐射能指数呈增加趋势，累计视体积基本保持不变，此时模型处于应变硬化阶段，弹性能逐渐积累。在模型整体失稳前(1370～1371s)，辐射能指数迅速降低，累计视体积急剧增加，此时模型再次处于应变软化状态，即将达到最终失稳。在 1371s 之后，辐射能指数呈现异常波动状态，累计视体积持续增加，模型应变软化现象明显，此时模型达到了整体失稳。综上可知，辐射能指数急剧下降与累计视体积急剧增长可以作为煤矸组合结构滑移和整体失稳的前兆特征。

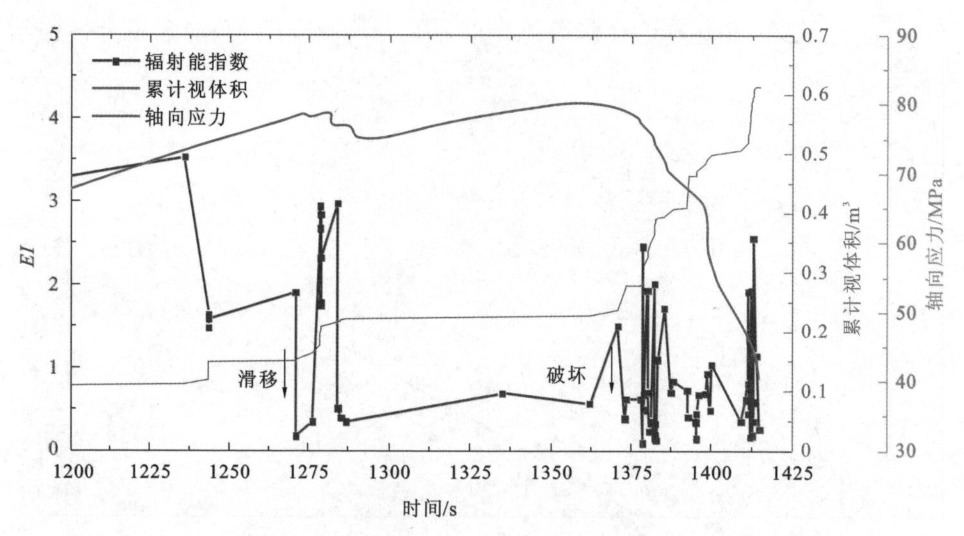

图 2-13　组合模型 R-5 累计视体积与辐射能指数随时间的变化曲线

2.3　卸荷路径下组合结构破坏失稳特征

前述试验已经介绍了加荷路径下煤矸组合结构的破坏失稳特征，指出了组合结构滑移及整体失稳的破坏过程。三轴加荷试验是针对未受采掘卸荷影响的分岔区煤矸组合结构的研究，而巷道掘进或工作面回采是一个三轴卸荷的试验过程。因此，三轴加荷试验并不能完全揭示分岔区煤矸组合结构破坏失稳的机理，但该试验可作为对比试验，为煤矸组合结构破坏失稳的卸荷机制研究提供参考。本节选用三轴卸荷试验模型 RS-2 为典型煤矸组合模型，对其卸荷路径下组合结构破坏失稳特征进行分析。

2.3.1 应力曲线、振铃计数及 RA 值演化特征

三轴卸荷路径下组合模型 RS-2 轴向应力、振铃计数、RA 值与时间的关系曲线如图 2-14 所示。

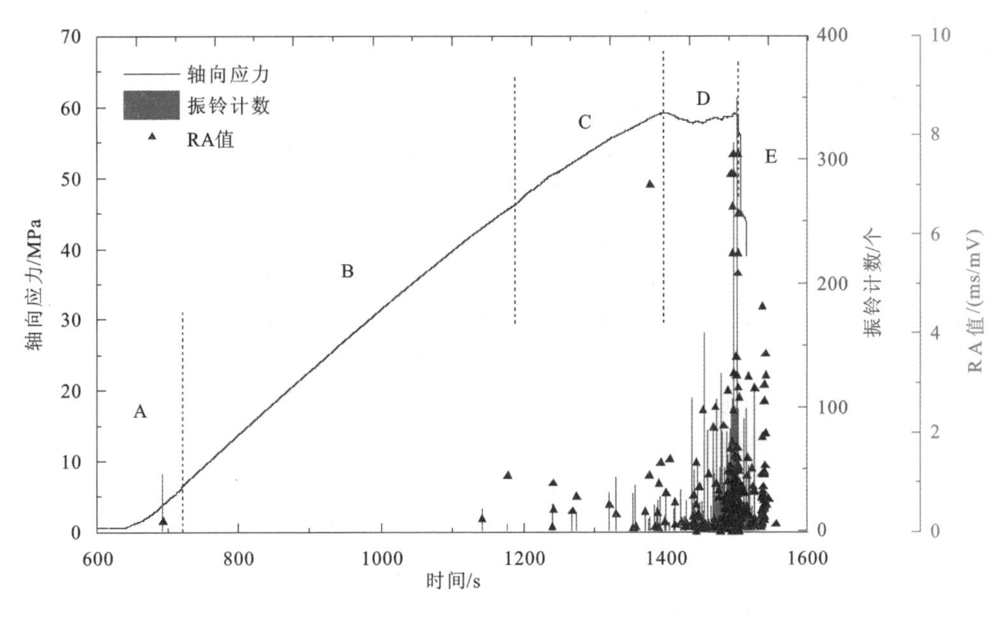

图 2-14 组合模型 RS-2 轴向应力、振铃计数和 RA 值与时间的关系曲线

从图 2-14 可以看出，卸荷路径下组合模型 RS-2 的破坏失稳特征可分为 5 个阶段。①A 阶段(600～725s)为初始压密阶段，只有很少的声发射事件产生，相应的 RA 值也偏低，主要为煤岩体内部原生裂隙及组合结构接触面剪切闭合。②B 阶段(725～1190s)应力曲线几乎呈线性增长，为线弹性阶段，该阶段几乎无声发射事件。③C 阶段(1190～1400s)应力曲线增长速度减缓，煤岩体之间的接触面开始集聚应力、能量，声发射事件显著增加，RA 值有高有低，表明内部剪切裂隙萌生、扩展，逐渐贯通形成大的拉张破坏。C 阶段末期(1400s)，应力曲线达到一个峰值，明显产生一个较小应力降，但振铃计数相对较低，可能是接触面产生滑移所致。④D 阶段(1400～1496s)应力曲线呈现剧烈波动，而应变曲线增长速度大大增加，这可能是接

触面不稳定滑移所致，同时声发射活跃性大大增强，表明在接触面滑动过程中伴随着煤岩体微破裂，RA 高值大大增加，表明剪切裂隙逐渐贯通形成大的张拉破裂。在 D 阶段末期(1496s)，应力曲线达到峰值，振铃计数达到最大，同时大量拉伸裂隙出现，表明组合结构裂隙贯通，即将发生破坏。⑤E 阶段(1496s 后)，应力与应变曲线几乎分别呈直线跌落和增长，组合模型呈现出脆性破坏的特征，表明组合模型发生整体失稳。

综上可知，三轴卸荷路径下，煤矸组合结构的破坏过程可描述为：裂隙、接触面的剪切闭合(A 阶段)→煤岩体发生线弹性变形(B 阶段)→大量微裂隙生成，接触面应力集聚逐渐趋于失稳(C 阶段)→接触面失稳发生不稳定滑动，伴随着剪切裂隙贯通形成大量拉张裂隙，应力不断调整、聚集(D 阶段)→组合结构发生整体性破坏，强度急剧降低，同时伴随接触面及裂隙两侧的剪切滑移及煤岩体的破碎(E 阶段)。

2.3.2 声发射事件的时空演化特征

为了探究卸荷路径下组合模型 RS-2 失稳过程中声发射事件的时空演化特征，分别根据事件的 RA 值和能量值做出了不同失稳阶段的声发射事件类型及能量的空间演化规律，如图 2-15 和图 2-16 所示。

从图中可以看出，A、B 阶段，模型内部的声发射事件主要分布在上、下部煤体中，岩体中产生了少量的裂隙，裂隙类型均为剪切裂隙，声发射能量较小，最大仅为 1.11×10^{5} ms·mV，说明此阶段是上、下部煤体和接触面上的原生裂隙剪切闭合。C 阶段，模型中的裂隙数量相对较少，裂隙向岩体深部延伸，裂隙类型以剪切裂隙为主，声发射事件的能量峰值甚至低于 A、B 阶段，这说明随着应力的增大，煤体中的原生裂隙已逐渐闭合完毕，岩体中的裂隙也开始逐渐闭合，裂隙闭合形式仍是剪切闭合。值得注意的是，该阶段内上接触面位置产生了一个拉伸裂隙，这说明上接触面的裂隙产生了拉伸贯通，预示着煤岩接触面即将产生滑移解锁。这也印证了煤岩接触面为弱面，在卸荷路径下组合结构会首先在煤岩接触面产生滑移的猜想。D 阶段，模型中的剪切和拉伸裂隙均迅速发育，大量的剪切裂隙产生，并被拉伸裂隙贯通，模型中积累的弹性能迅速释放，声发射能量达到峰值 1.88×10^{8} ms·mV，这说明模型产生了整体失稳。失稳过程中拉张裂隙明显集中分布在宏观裂隙相对集中区域，这说明拉伸裂隙的贯通作用引起了组合模型的宏观破坏。接触面上的裂隙发育仍以剪切裂隙为主，说明接触面失稳类型仍为滑移失稳。E 阶段，模型中裂隙发育数量明显减少，拉伸裂隙的比重明显增加，说明该阶段内裂隙发育以拉伸裂隙贯通破坏为主，宏观破坏较严重。同时，接触面附近的裂隙发育类型仍以剪切裂隙为主，说明煤岩接触面上仍存在剪切滑移失稳。总的来说，卸荷路径下煤矸组合结构失稳过程中，裂隙发育同样以剪切裂隙为主，拉伸裂隙为辅，拉伸裂隙的贯通作用最终导致了模型的整体失稳。

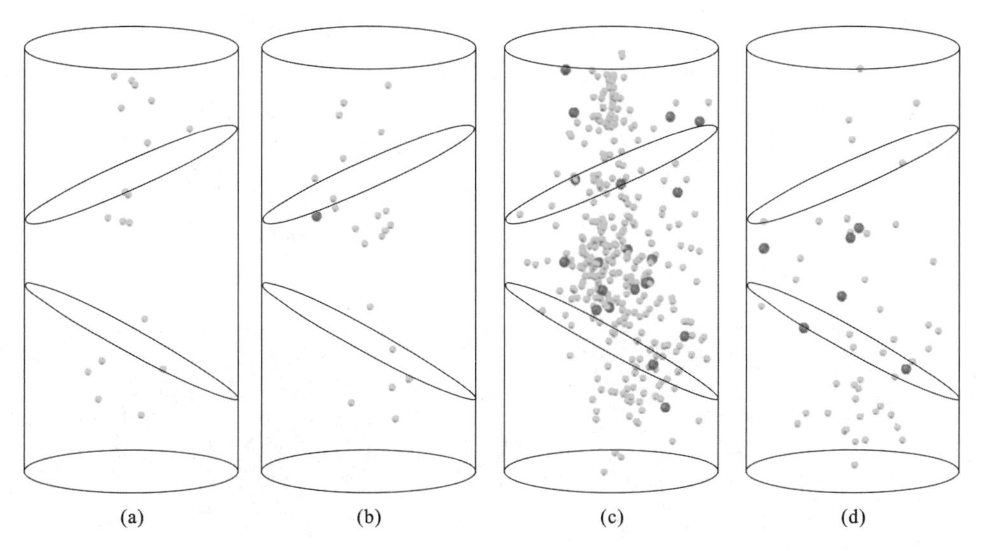

图 2-15 组合模型 RS-2 声发射事件类型的空间演化规律

(a)A、B 阶段;(b)C 阶段;(c)D 阶段;(d)E 阶段

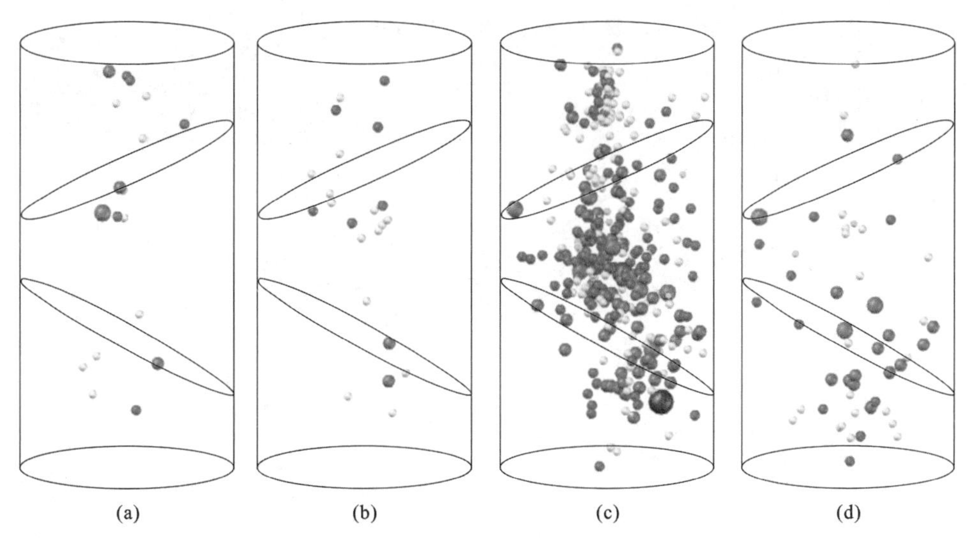

图 2-16 组合模型 RS-2 声发射事件能量的空间演化规律

(a)A、B 阶段;(b)C 阶段;(c)D 阶段;(d)E 阶段

2.3.3 视应力、相对位移演化特征

图 2-17、图 2-18 分别展示了三轴卸荷路径下组合模型 RS-2 内部的视应力与相对位移的演化规律,为了更清楚地观察视应力、相对位移的演化过程,大于 260Pa 的

视应力与大于 34×10^{-4}m 的相对位移区域被调整为红色。由图 2-17(a)(b)可知，在加载的初期(t=75s、1236s)，高应力首先集中在两端头的煤体中。这种现象产生的原因是多方面的，一方面是加载力是从两端头传递的，边缘效应使煤体端部易集中应力；另一方面是煤体的强度要低于岩体，在加载初期低应力的条件下，煤体中更容易产生微裂隙。当 t=1483s 时，由图 2-14 可知，此时接触面已经产生了滑移现象，相应的高应力已经由两端煤体逐渐扩散到接触面附近，其中上接触面高应力区尤为明显[图 2-17(c)]，推测是上接触面产生了滑移，图 2-19 所示的最终破坏结果也证明了这

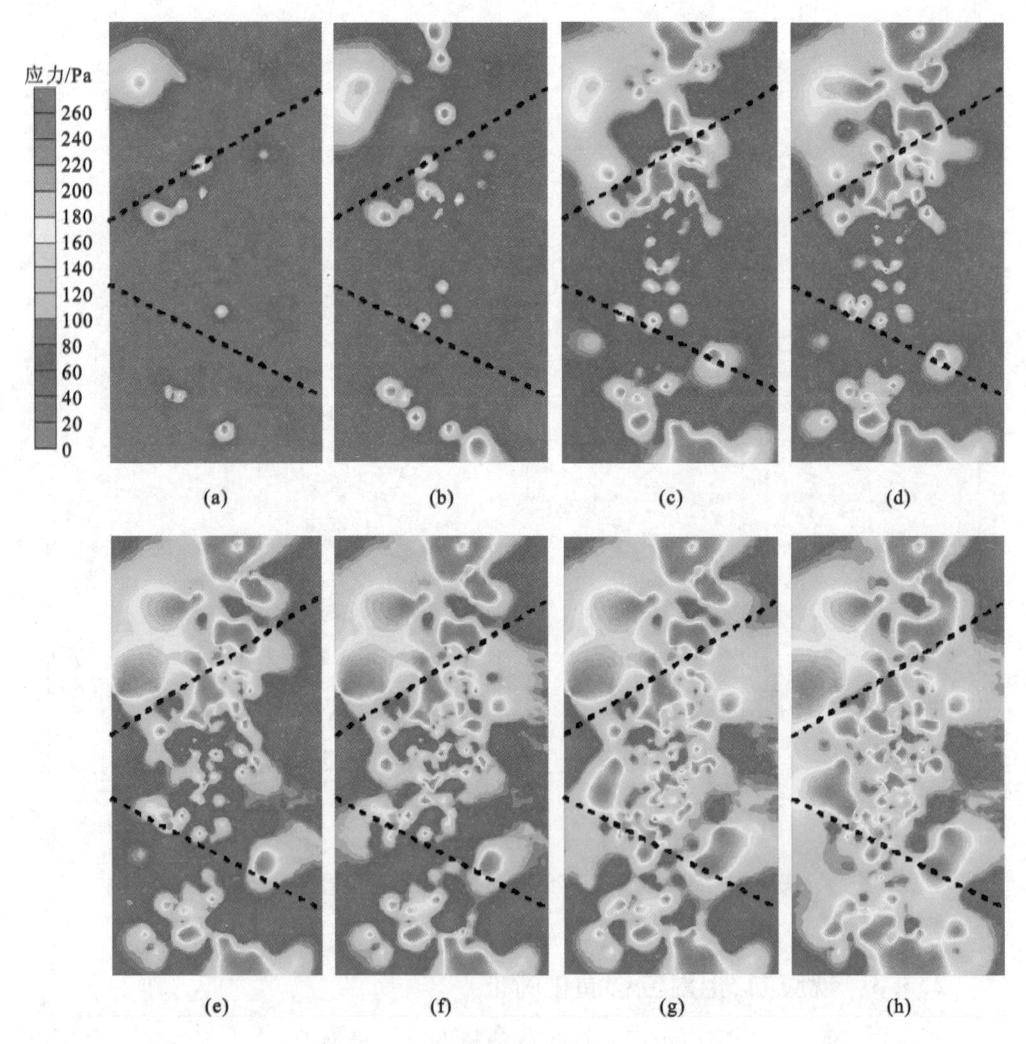

图 2-17　组合模型 RS-2 视应力演化规律

(a)t=75s；(b)t=1236s；(c)t=1483s；(d)t=1492s；(e)t=1496s；(f)t=1499s；(g)t=1502s；(h)t=1534s

一点。煤体中原生裂隙和煤岩接触面是组合结构中的弱面，应力容易在弱面中集中。当 t=1492s、1496s、1499s 时，高应力区继续扩散到中部岩体中，同时煤体中的视应力急剧升高[图 2-17(d)(e)]。表明在滑移的过程中煤岩体不断发生破裂。当 t=1502s、1534s 时，整个模型内部基本都被高应力区占据[图 2-17(g)(h)]，表明组合模型产生了整体破坏，失去稳定。对比图 2-17、图 2-18 可以发现，模型中视应力集中区和变形较大区域是一致的，相对位移最大变化区域也是由两端煤体逐渐扩展至接触面，最终蔓延至整个组合模型，这说明了应力集中区的煤岩体局部破裂导致了相对位移增加。

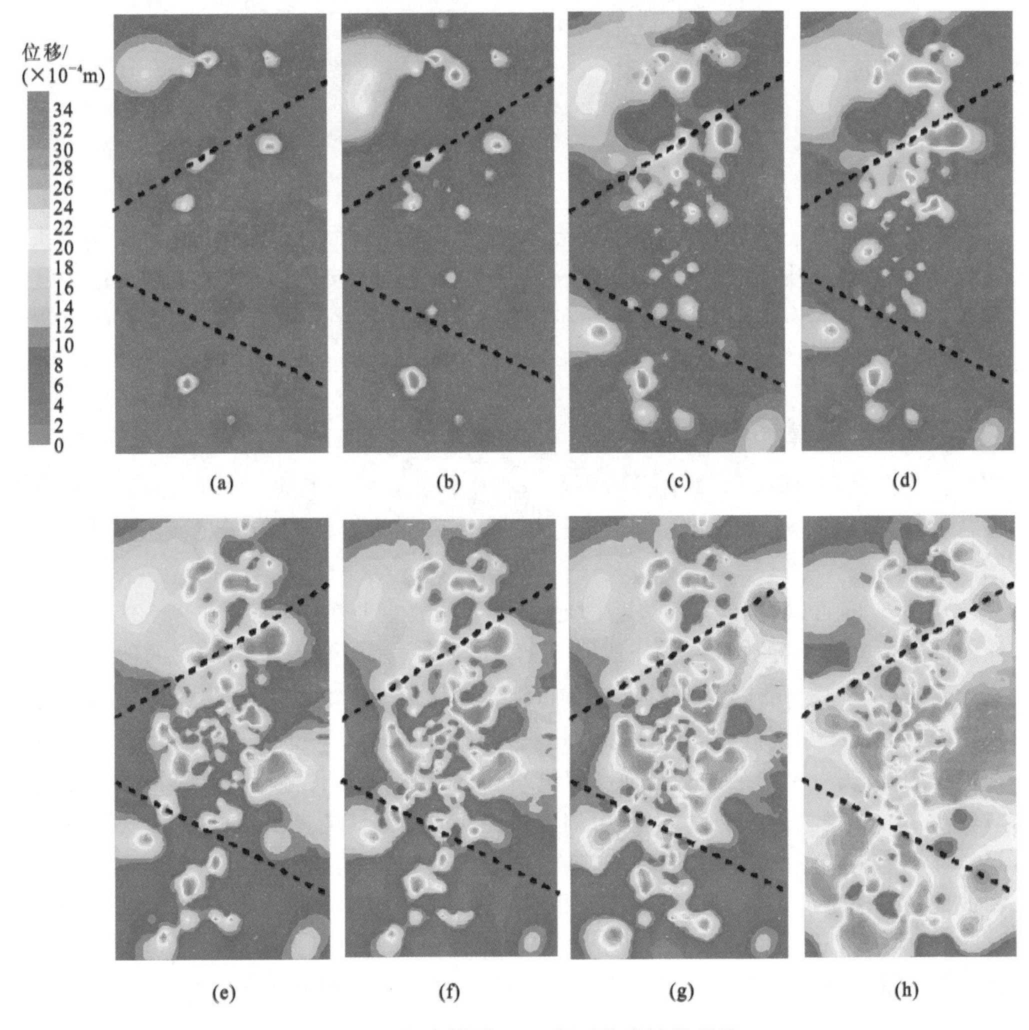

图 2-18　组合模型 RS-2 相对位移演化规律

(a)t=75s；(b)t=1236s；(c)t=1483s；(d)t=1492s；(e)t=1496s；(f)t=1499s；(g)t=1502s；(h)t=1534s

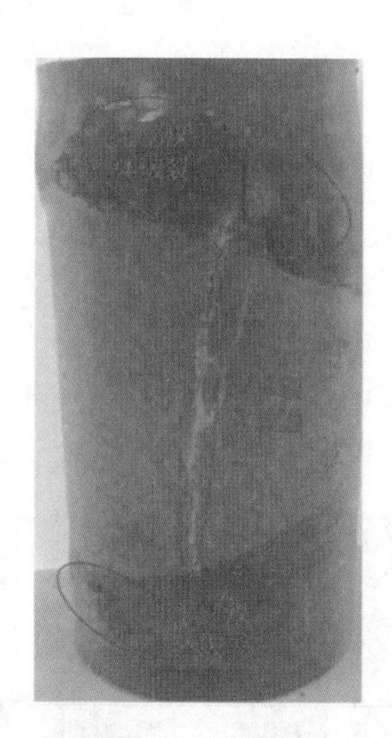
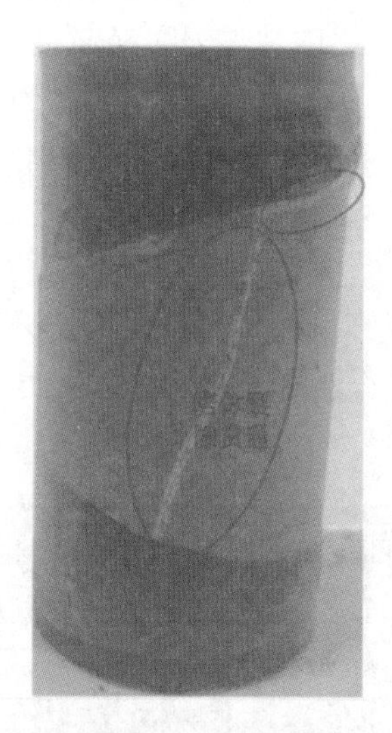

图 2-19　从不同角度拍摄组合模型 RS-2 的破坏形态

综上可知，在三轴卸荷过程中，组合模型破坏失稳过程可总结为：应力由加载头向煤体传递，煤体中微裂隙萌生、扩展→高应力由煤体向接触面扩散，接触面应力逐渐积累，达到一定程度时发生滑移→在接触面滑移过程中，高应力区扩展至中部岩体，同时局部煤岩体发生破裂→整个组合结构被高应力区占据，彻底失去稳定性。

2.3.4　能量耗散特征

为了探究卸荷路径下组合模型失稳过程中的能量耗散特征，对声发射监测数据进行统计，并绘制出试样 RS-2 轴向应力、总释放能量及绝对能量的变化曲线，如图 2-20 所示。

从图 2-20 可以看出，模型失稳过程中能量释放主要集中在 1450～1528s 之间，该时间段内的能量释放量占总释放能量的 97.76%，而接触面滑移阶段的能量释放量相对较少。这是由于模型整体失稳前，组合模型最先产生了接触面滑移，该阶段内模型中弹性能未达到其储能极限。因此，系统的外力做功一部分转化为弹性能储存在模型内部，另一部分通过接触面滑移进行释放，通过煤岩体破碎进行释放的能量相对较少。而模型整体失稳时，模型中的弹性能超过了其储能极限，系统的外力做功由煤岩体破碎与接触面滑移共同释放，煤岩体破碎引起裂隙迅速发育，从而引起声发射释放能量迅速增加。特别是当 $t=1502$s 时，轴向应力突降、能量释放值达到了峰值 1.88×10^{8}ms·mV，这预示着模型产生了整体失稳。这说明卸荷路径下煤岩接触面滑移具有低能量释放的特征，而模型整体失稳具有高能量释放的特征。

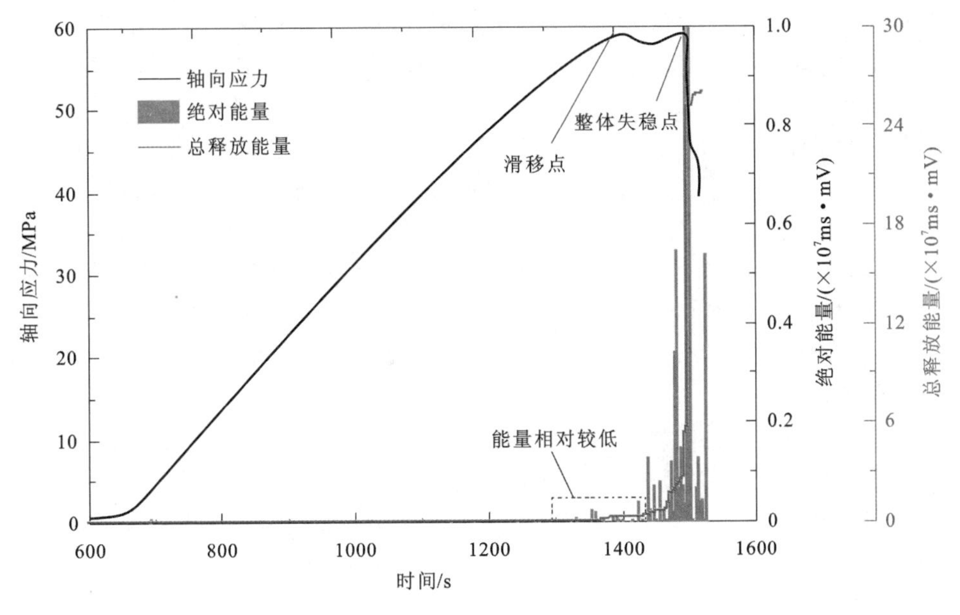

图 2-20 组合模型 RS-2 能量耗散特征

2.3.5 破坏失稳前兆信号特征

(1)主频及最大振幅

图 2-21 展示了三轴卸荷路径下模型 RS-2 失稳过程中主频及最大振幅的变化规律。

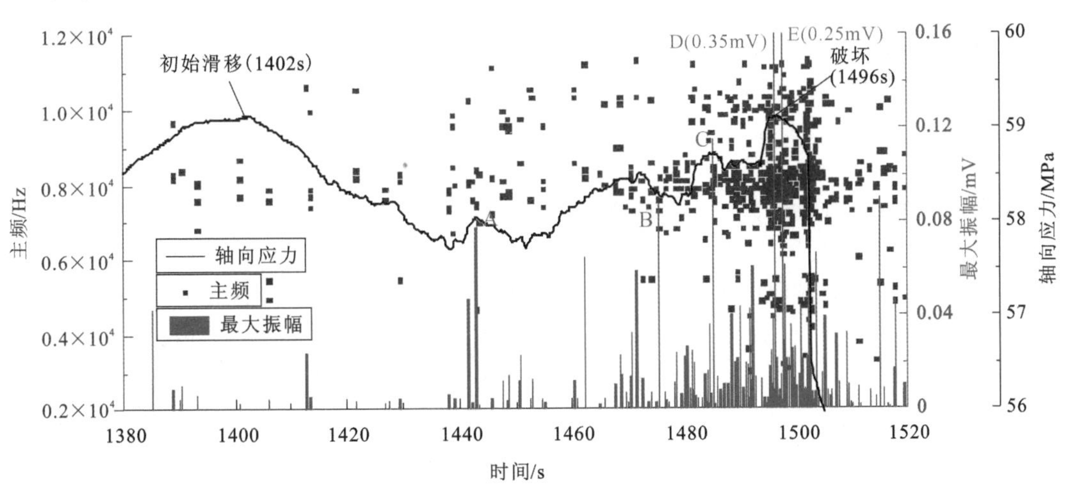

图 2-21 组合模型 RS-2 主频及最大振幅变化规律

从图 2-21 可以看出，接触面初始滑动与组合结构整体失稳分别发生在 1402s 与 1496s。在 1402～1496s 之间，轴向应力产生了剧烈波动，表明此时间段内组合模型中能量累积和释放重复出现，并伴随着高振幅事件的产生，如从事件 A 到 E 的 5 个相对高振幅的事件。对于事件 A 和 C，观察到由小剪切滑移产生的明显应力降。而事件 B 发生在应力降低阶段，并不是应力峰值阶段，这可能是局部微破裂引起的。当轴向应力接近试件的峰值强度时，出现了事件 D 和 E，相应的振幅达到最大值 0.35mV和 0.25mV，这明显是由宏观断裂和接触面滑移共同引起的组合结构整体失稳。根据主频分布特征可以看出，在最终失稳前，频率范围明显分为两个频段。低频段主要与煤岩体内部的宏观断裂有关，相对高频段一般由剪切滑移产生，可能伴有微破裂的萌生和扩展。

分别对接触面不稳定滑移前与宏观断裂事件出现前振幅最大的两个事件的波形进行频谱分析，如图 2-22 和图 2-23 所示。

由图 2-22 和图 2-23 可知，煤岩接触面滑动和宏观断裂时的声发射信号波形、频谱分布曲线存在明显的差异。煤岩接触面滑动能量主要集中在 100～200kHz 范围，而宏观破裂的能量主要集中在 50～100kHz 范围，宏观断裂的信号能量分布频率范围明显低于煤岩接触面滑动。这可能是因为接触面摩擦滑动主要以高频的剪切破坏为主，而宏观破裂的形成通常是以低频的拉伸破坏为主。

综上可知，在煤岩接触面即将滑动时，声发射事件的最大振幅会升高，但主频仍维持在较高值，能量集中在 100～200kHz 的相对高频范围；而组合结构接近破坏时，大量低频声发射事件开始出现，最大振幅达到最大，波形最大振幅持续时间较长，能量主要集中在 50～100kHz 低频范围。宏观破裂事件的最大振幅要大于接触面滑动，同时主频要低于接触面滑动。

(2)累计视体积与辐射能指数

图 2-24 展示了组合模型 RS-2 累计视体积与辐射能指数变化规律。从图 2-24 可以看出，在滑动发生前(1354～1400s)，辐射能指数呈下降的趋势，累计视体积曲线斜率也有轻微的增加，表明接触面由于应力集中局部发生应变软化而失稳滑动，但是由于声发射事件数较少，趋势并不明显。在 1400～1468s 时，辐射能指数呈现增长趋势，累计视体积的斜率也逐渐增加，表明煤岩体形成新的应力集中区，处于能量累积的应变硬化阶段。在 1468～1500s 时，辐射能指数急剧下降，同时累计视体积近似直线增长，表明组合结构处于应变软化状态，即将失去稳定。由上可知，辐射能指数的急剧下降与累计视体积的急剧增长可作为组合结构整体失稳的前兆信息，接触面滑动也有相似的规律，但并不明显。

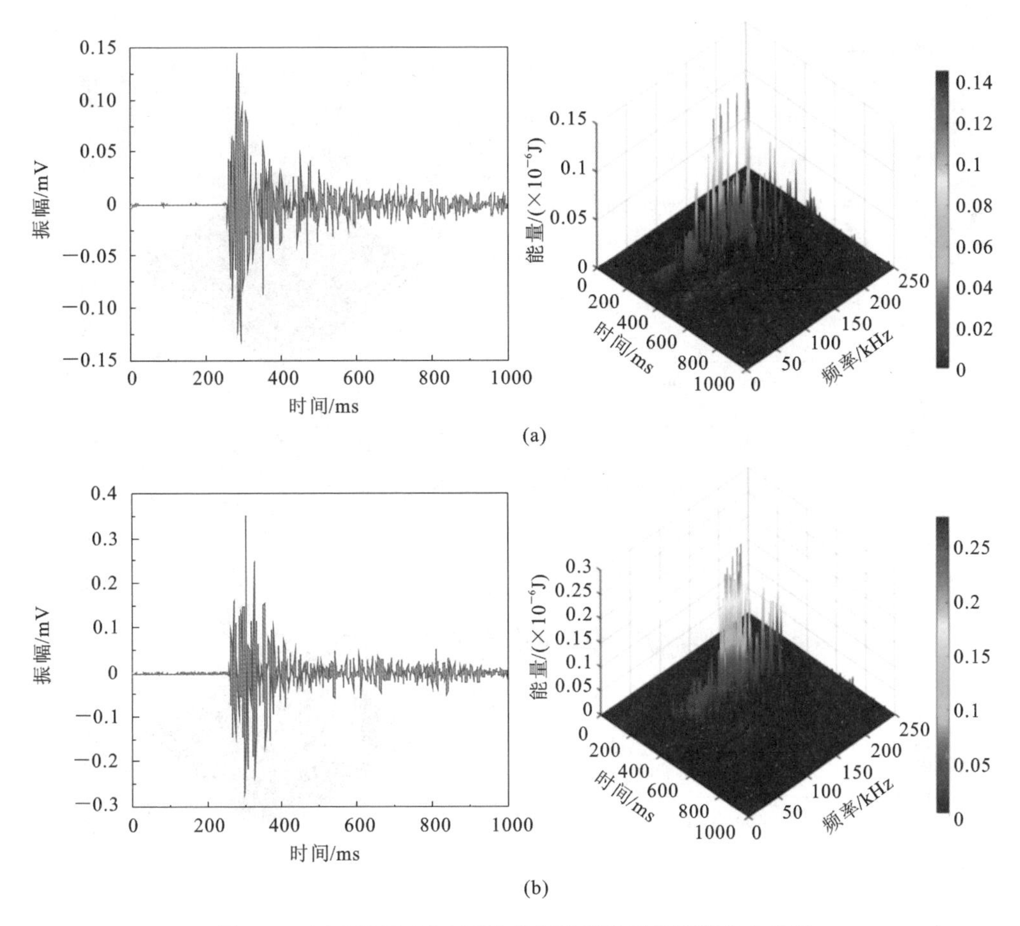

图 2-22　组合模型 RS-2 不稳定滑移时波形及频谱分布曲线

(a)1398s;(b)1401s

(3)振铃计数及声发射 b 值

声发射 b 值是用来表述岩石破裂过程中微观裂纹尺度的参数,常用来研究岩石破坏或结构失稳信息的前兆预判[235-237]。声发射 b 值研究起源于 1994 年 Gutenberg 和 Richter 对全世界地震活动特性的研究,两位学者通过研究地震频度和震级之间的关系,提出了著名的 G-R 公式[238]:

$$\lg N = a - bM \tag{2-12}$$

式中,M 为地震震级;N 为震级在 $M+\Delta M$ 之间的地震频度;a 和 b 为常数。

声发射试验中并不存在震级这一基本概念,然而为了能够将其引入室内试验研究,一般将声发射振幅进行"震级"转化,转化公式为:

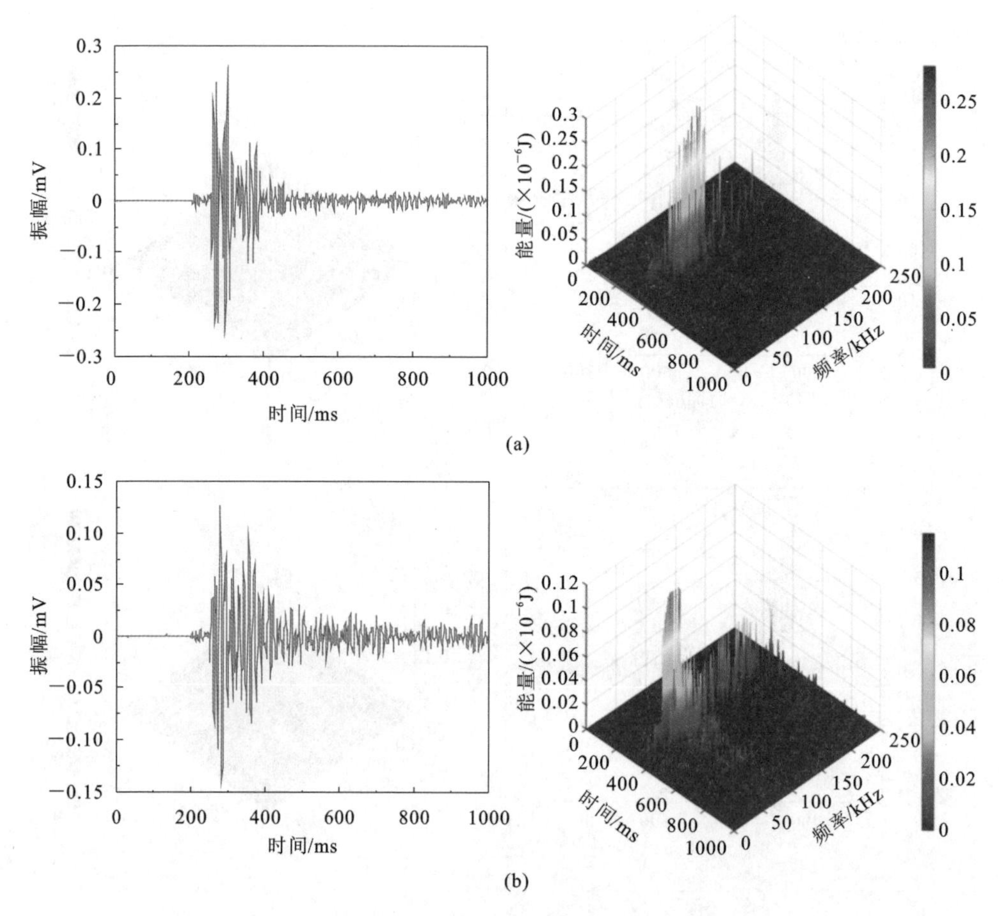

图 2-23　组合模型 RS-2 宏观断裂时波形及频谱分布曲线

(a)1495s;(b)1498s

$$M_{\mathrm{L}} = \frac{m_{\mathrm{s}}}{20} \tag{2-13}$$

式中,M_{L} 为声发射振幅转化后的“震级”;m_{s} 为声发射振幅。

因此,在实验室中,G-R 公式即可转化为:

$$\lg N = a - bM_{\mathrm{L}} \tag{2-14}$$

通过式(2-14)可以看出,当大能量事件数增多时,b 值相对较小;当小能量事件数相对较多时,b 值则相对较大。

对组合模型 RS-2 破坏失稳过程中声发射事件振铃计数进行统计,并根据声发射幅值计算模型失稳过程中 b 值的演化规律,如图 2-25 所示。

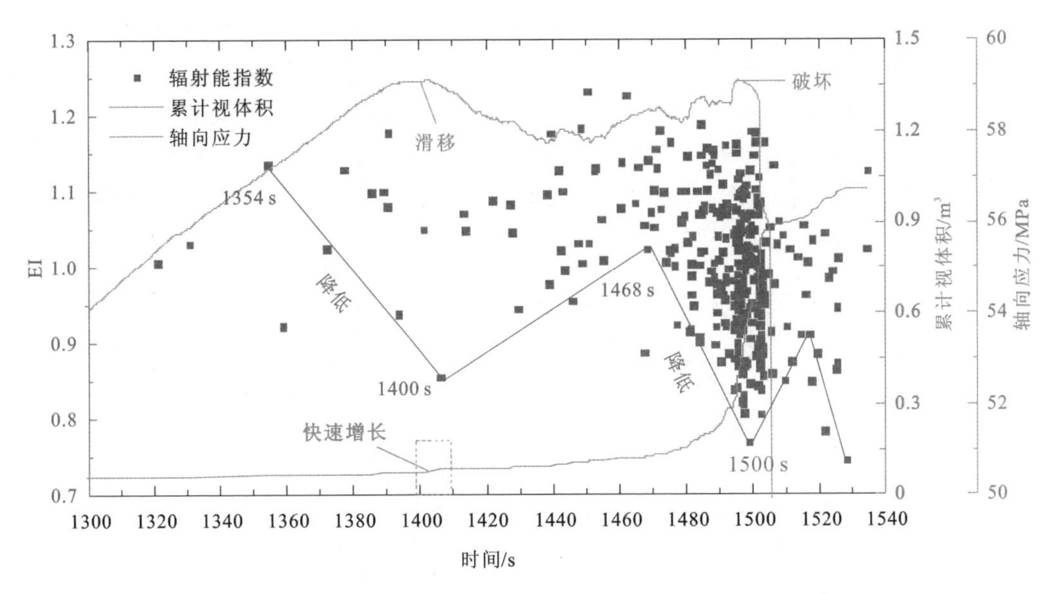

图 2-24　组合模型 RS-2 累计视体积与辐射能指数变化规律

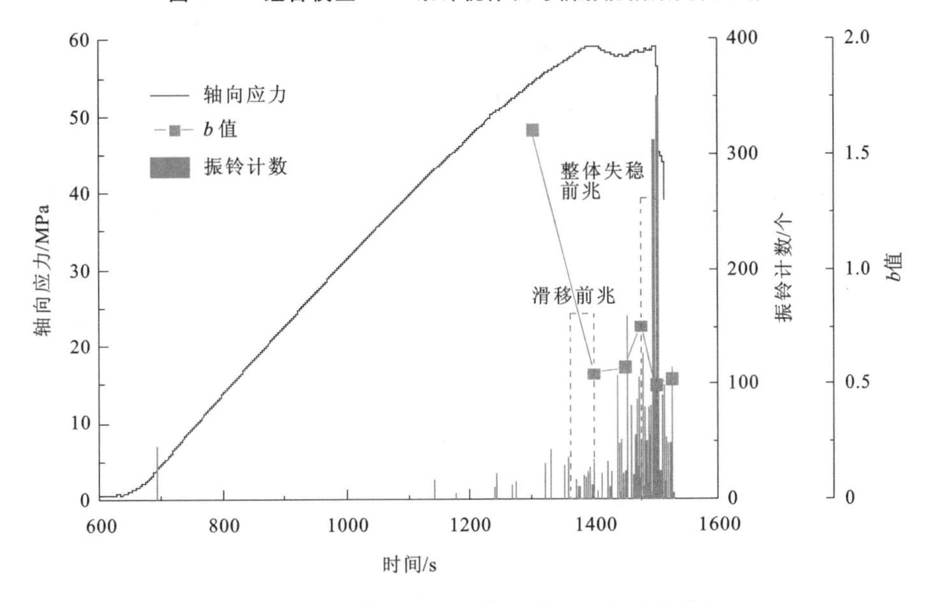

图 2-25　组合模型 RS-2 振铃计数及 *b* 值演化规律

从图 2-25 可以看出，接触面滑移和组合结构整体失稳时，*b* 值曲线均呈现降低的趋势，同时振铃计数曲线呈现“高值—低值—高值”的变化过程，可以将低值阶段称为振铃计数“平静期”，振铃计数“平静期”也是模型失稳前的蓄能阶段。因此，声发射 *b* 值降低和振铃计数“平静期”可以作为判别组合结构破坏失稳的前兆信号特征。

接触面滑移和组合结构整体失稳的前兆特征也存在差异性。组合模型 RS-2 接触面滑移和整体失稳的前兆特征如图 2-26 所示。从图 2-26 可以看出，接触面滑移的前兆特征表现为应力曲线逐渐升高，而整体失稳的前兆特征表现为应力曲线的波动变化，这可能是粗糙接触面黏滑引起的应力变化特征，后续将会对其进行数值研究。因此，可以将轴向应力的线性升高和波动变化特征作为区分接触面滑移和组合结构整体失稳的前兆信号特征。

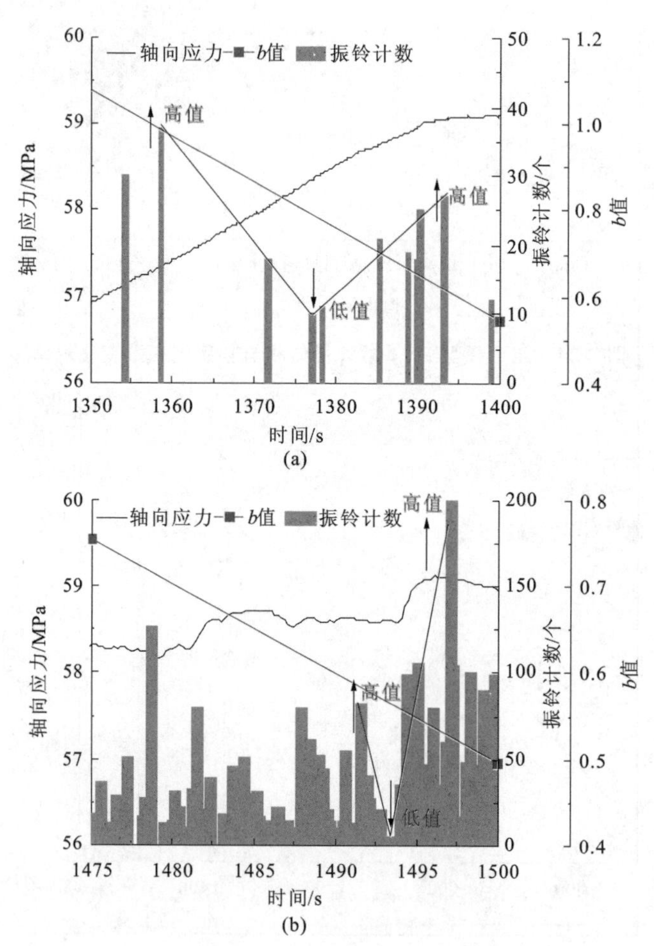

图 2-26　组合模型 RS-2 接触面滑移和整体失稳前兆

(a)接触面滑移前兆；(b)模型整体失稳前兆

2.4 加荷路径下组合结构破坏失稳影响因素分析

2.4.1 接触面倾角影响

通过相关文献可知[8,14]，单轴动静载加荷路径下，接触面倾角变化影响着组合模型破坏失稳特征的改变。为了探究三轴加荷路径下接触面倾角对组合模型破坏失稳的影响，设计不同倾角组合模型 R-1、R-2 和 R-3 进行对比试验，组合模型 R-1、R-2 和 R-3 的应力-应变曲线如图 2-27 所示。从图 2-27 可以看出，不同倾角下组合模型峰值失稳强度分别为 93.9MPa、89.7MPa 和 77.116MPa。随着煤岩接触面倾角的增加，模型承载能力逐渐减小。但失稳时的轴向应变逐渐增大，这说明模型中积累的弹性能可能随着煤岩体的滑移而逐渐释放，从而造成组合模型峰值失稳强度降低和轴向应变增加。

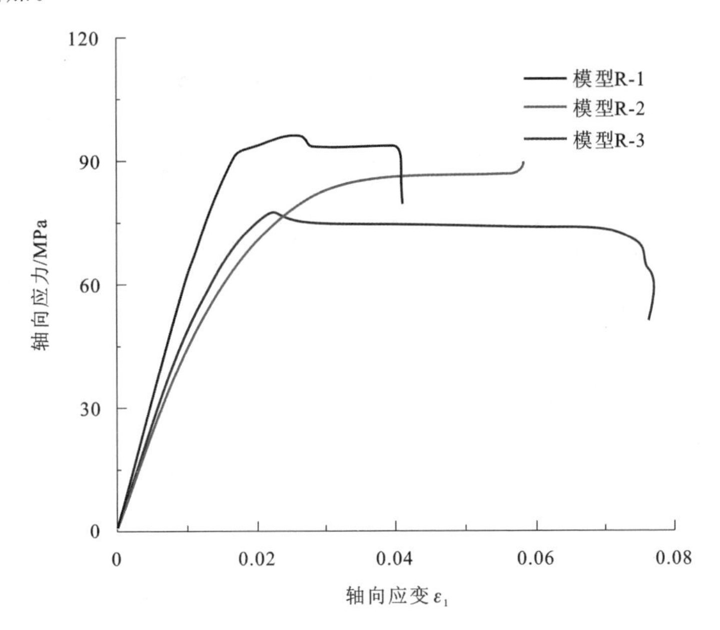

图 2-27 组合模型 R-1、R-2 和 R-3 的应力-应变曲线

为了进一步探究组合模型失稳特征的改变是接触面滑移导致的，绘制出组合模型 R-1、R-2 和 R-3 的宏观、细观破坏失稳特征，如图 2-28 和图 2-29 所示。

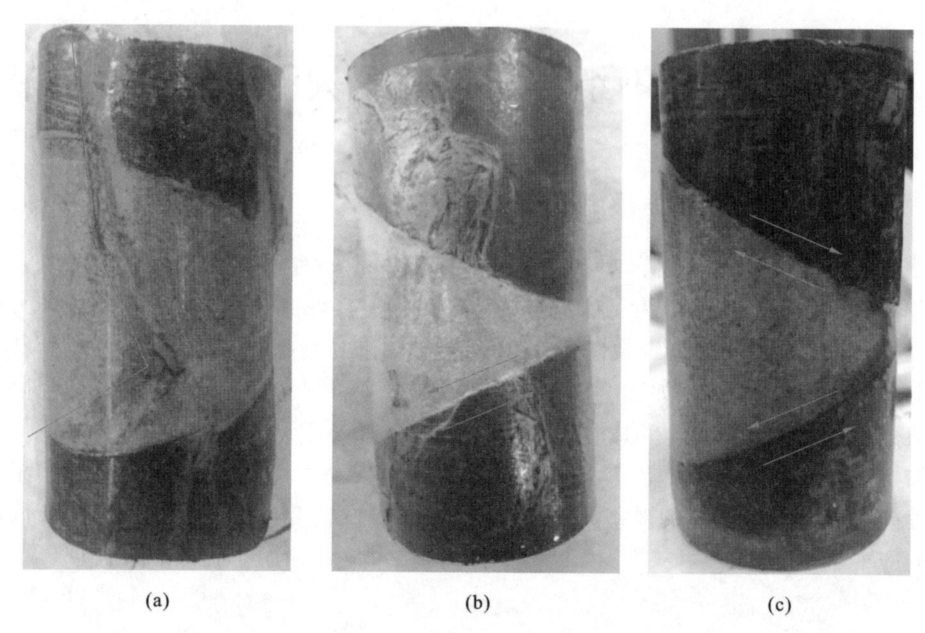

图 2-28 组合模型 R-1、R-2 和 R-3 的宏观破坏失稳特征

(a)模型 R-1;(b)模型 R-2;(c)模型 R-3

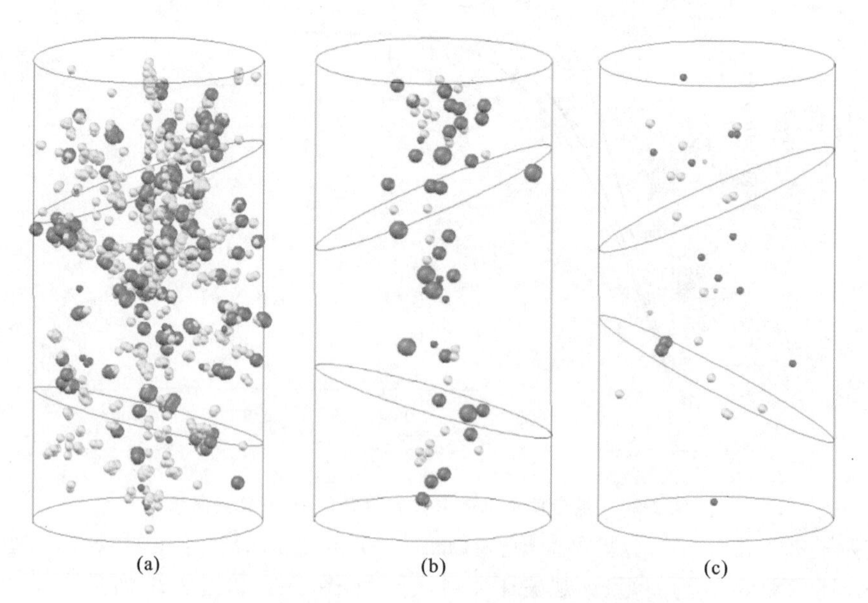

图 2-29 组合模型 R-1、R-2 和 R-3 的细观破坏失稳特征

(a)模型 R-1;(b)模型 R-2;(c)模型 R-3

从图 2-28(a)可以看出,模型 R-1 产生了明显的煤岩体破碎现象,宏观裂隙贯穿整个模型。模型 R-2 煤岩体破碎现象相对减弱,下接触面产生了明显的滑移错动现象[图 2-28(b)]。模型 R-3 的上、下接触面均产生了滑移错动现象,煤岩体内部未产生宏观裂隙[图 2-28(c)]。这说明随着接触面倾角的增大,组合模型失稳形式逐渐由破碎失稳向滑移失稳转变。从声发射能量角度分析,模型 R-1 能量释放程度明显较大,大能量事件较多,尤其是岩体部分[图 2-29(a)]。模型 R-2 震源定位集中在模型中部,单个震源事件能量较大,尤其是上部煤体中的震源密度明显较高[图 2-29(b)]。模型 R-3 震源事件均匀分布在模型中,震源密度和能量峰值明显较小($>10^4$ ms · mV的事件数仅有 2 个)[图 2-29(c)]。结合三种模型的应力-应变曲线特征,可以看出接触面倾角变化能够引起模型破坏失稳形式的改变,后续将会采用数值对接触面倾角的影响效果进行详细分析。

图 2-30 展示了组合模型 R-3 震源能量、振铃计数随时间的演化规律。从图 2-30 可以看出,加载初期,组合模型未监测到破裂信号,分析此时的应力强度较低,不能造成煤岩体的破坏。当加载时间至 719s 时,震源数量突然增多且能量较大,最大能量为 154J。同时,模型中小能量振铃计数持续增多,分析是组合模型中的煤岩接触面剪应力克服了静摩擦阻力,产生了接触面不稳定滑移的现象。随着轴向应力的进一步增加,煤岩体沿接触面产生稳定滑动,小能量事件数逐渐增加,积累的弹性能迅速释放。

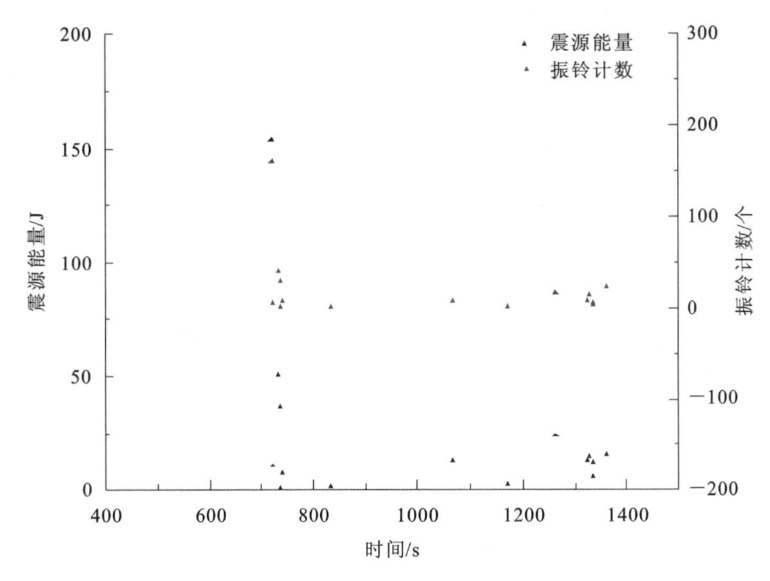

图 2-30 组合模型 R-3 震源能量和振铃计数随时间的演化规律

综上所述,随着接触面的倾角增大,组合模型破坏失稳形式由破碎失稳向滑移失稳转变,并且随着失稳形式的转变,模型失稳强度逐渐减小。

2.4.2 围压影响

原岩应力场是一个三维应力场,原岩应力的大小受煤层埋藏深度、断层和褶皱等地质构造的影响。为了探究围压大小对煤矸组合结构破坏失稳的影响,设计 R-4(围压 10MPa)、R-3(围压 20MPa)和 R-5(围压 30MPa)三种组合模型,研究三轴加荷路径下围压对其破坏失稳特征的影响。不同围压条件下,模型 R-4、R-3 和 R-5 的应力-应变曲线如图 2-31 所示。

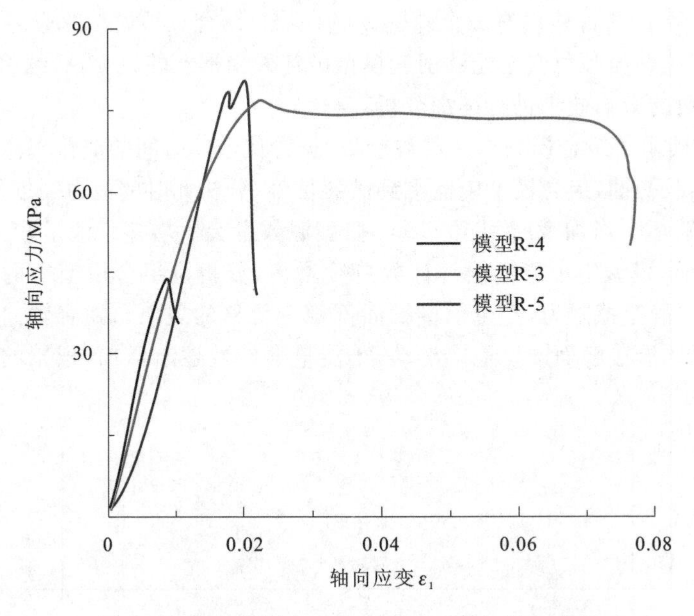

图 2-31 组合模型 R-4、R-3 和 R-5 应力-应变曲线

从图 2-31 可以看出,随着围压升高,模型峰值失稳强度逐渐增大。但峰值应变随着围压的升高呈现先增加后降低的现象,分析是围压变化导致煤岩体破碎所需的轴向应力变化,同时,煤岩接触面滑移所需的轴向应力也会随之改变。在煤岩体破碎和接触面滑移的共同影响下,组合模型的破坏失稳特征也发生了改变。

图 2-32 和图 2-33 分别展示了不同围压下组合模型 R-4、R-3 和 R-5 的宏观、细观破坏失稳特征。当围压为 10MPa 时,从宏观破裂特征来看,模型 R-4 下部煤体产生了明显的塑性破坏且下接触面产生了滑移错动现象;从细观破裂特征来看,上部煤体仅监测到 2 个小能量事件且远离煤岩接触面位置,而下部煤体中声发射事件数较多,同时下接触面位置产生小能量事件聚集的现象,这说明组合模型沿下接触面产生了滑移失稳现象。当围压为 20MPa 时,从宏观破裂特征来看,煤岩体未产生明显的

宏观裂隙，但两接触面均产生了明显的滑移错动；从细观破裂特征来看，煤岩体中均产生小能量事件，但事件相对分散，这说明细观裂隙并未贯通形成宏观裂隙，同时观察煤岩接触面可以看出，上、下接触面均产生了能量事件。当围压为 30MPa 时，从宏观破裂特征来看，模型中部产生了一条明显的宏观剪切裂隙，煤岩接触面未产生明显的滑移错动；从细观破裂特征来看，模型中能量事件密度增加，大能量事件数明显增多，接触面位置也有能量事件产生，这说明模型 R-5 的破坏失稳特征也包含了上、下两接触面的滑移失稳，但相对于模型 R-3，煤岩体破碎失稳特征更加明显。

(a) (b) (c)

图 2-32 组合模型 R-4、R-3 和 R-5 的宏观破坏失稳特征

(a)模型 R-4；(b)模型 R-3；(c)模型 R-5

通过对不同围压的实验现象进行分析，组合模型破坏失稳特征可分为 3 种：①当煤岩体破碎所需的轴向应力＜两接触面滑移所需的轴向应力时，组合模型会产生煤岩体的破碎失稳；②当倾角较大的接触面滑移所需的轴向应力＜煤岩体破碎所需的轴向应力＜倾角较小的接触面滑移所需的轴向应力时，组合模型会产生倾角较大的接触面滑移和煤岩体破碎失稳；③当煤岩体破碎所需的轴向应力＞两接触面滑移所需的轴向应力时，两接触面均会产生滑移失稳。因此，受煤岩材料非均质性的影响，当围压为 10MPa 时，轴向应力仅达到了下接触面的滑移条件，模型产生了局部滑移失稳，轴向应变最小；当围压为 20MPa 时，轴向应力达到了两接触面的滑移条件，但不能满足煤岩体破碎所需的应力条件，模型仅通过接触面滑移来完成卸荷，轴向应变相对较大；当围压为 30MPa 时，两接触面均产生了滑移，同时煤岩体也产生了局部破

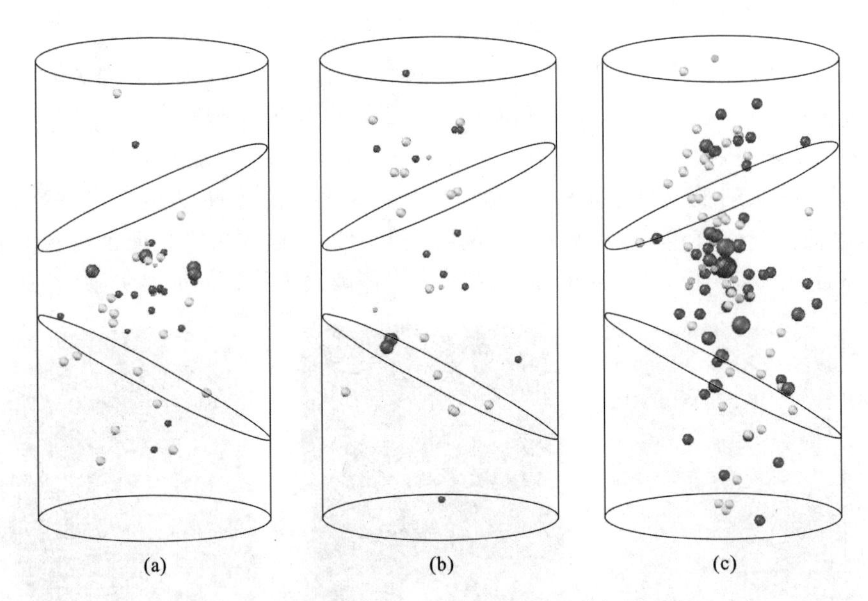

图 2-33　组合模型 R-4、R-3 和 R-5 的细观破坏失稳特征

(a)模型 R-4;(b)模型 R-3;(c)模型 R-5

碎现象,煤岩体破碎和接触面滑移共同促使了模型的弹性能释放,轴向应变相对较小。

综上所述,围压越大,组合模型破坏失稳所需的轴向应力越大。围压对组合模型破坏失稳特征的影响主要集中在煤岩体破碎方面,对煤岩接触面滑移失稳的影响不大。

2.4.3　加载速度影响

工程实践中发现,巷道周围应力的重新分布过程受开挖速度的影响,当开挖速度较快时,巷道周围的轴向压力增长速度也相对较快。因此,研究加载速度对煤矸组合结构破坏失稳的影响具有非常重要的工程意义。为了探究加载速度对组合模型破坏失稳的影响,分别设计组合模型 R-3(加载速度 0.003mm/s)、R-6(加载速度 0.005mm/s)和 R-7(加载速度 0.01mm/s)进行对比分析。不同加载速度下模型 R-3、R-6 和 R-7 的应力-应变曲线如图 2-34 所示。

从图 2-34 可以看出,不同加载速度下的组合模型峰值失稳强度分别为 77.116MPa、78.5MPa 和 81.374MPa。随着轴向应力加载速度的增加,组合模型峰值失稳强度逐渐升高,这说明加载速度增大能够增强组合模型的承载能力。最终失稳时 3 种模型的轴向应变从小到大依次为模型 R-7、模型 R-6 和模型 R-3,说明加载速度增加能够促使组合模型脆性破坏特征增强。

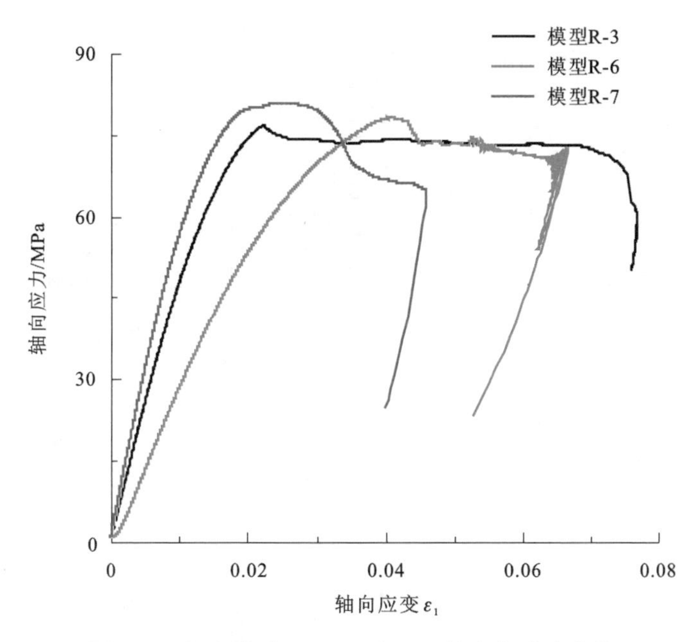

图 2-34　组合模型 R-3、R-6 和 R-7 的应力-应变曲线

不同加载速度下组合模型 R-3、R-6 和 R-7 的宏观、细观破坏失稳特征如图 2-35 和图 2-36 所示。

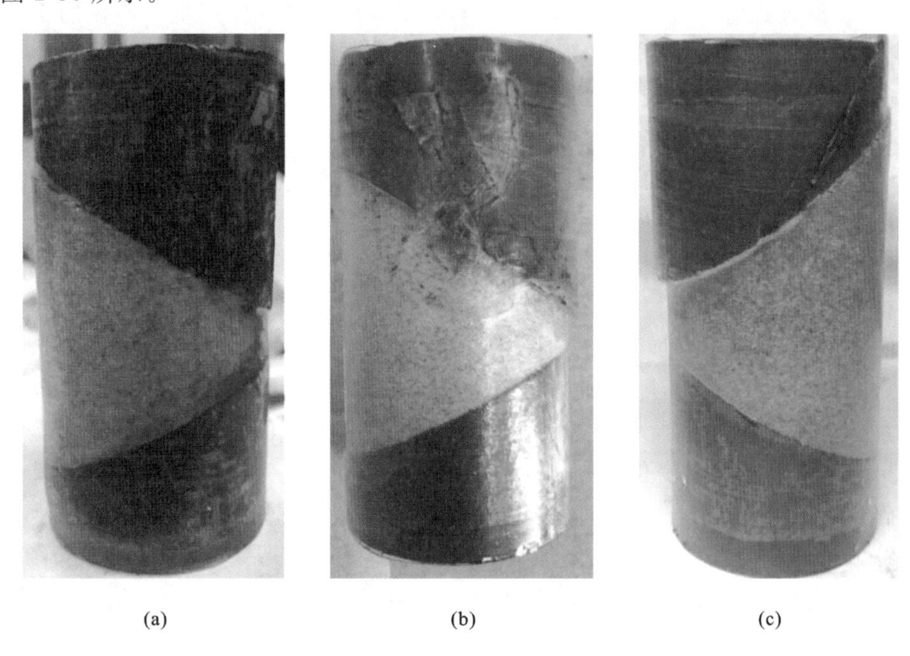

图 2-35　组合模型 R-3、R-6 和 R-7 的宏观破坏失稳特征

(a)模型 R-3;(b)模型 R-6;(c)模型 R-7

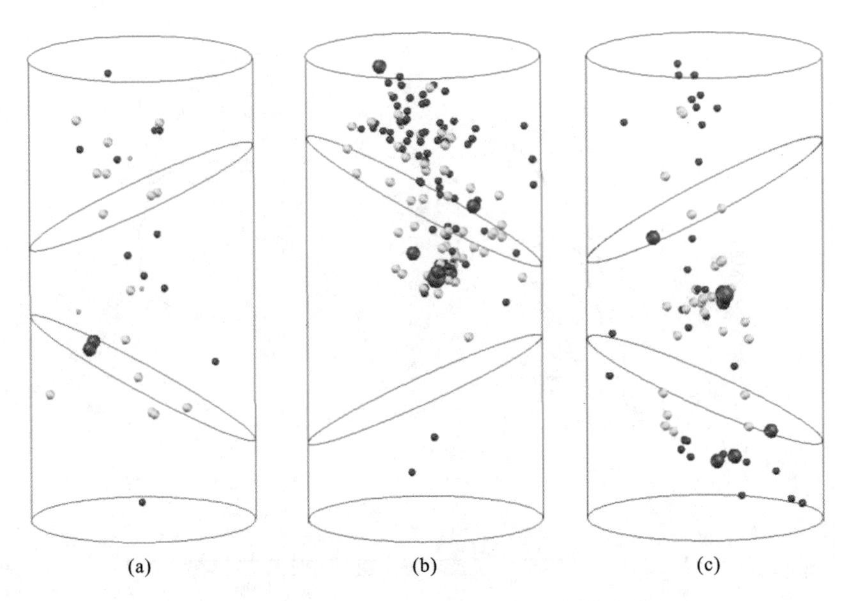

图 2-36　组合模型 R-3、R-6 和 R-7 的细观破坏失稳特征

(a)模型 R-3;(b)模型 R-6;(c)模型 R-7

从图 2-35 和图 2-36 可以看出,随着加载速度的增加,模型的宏观、细观破坏特征也发生了改变。其中,模型 R-3 中煤岩体未产生宏观破坏,两接触面产生了明显滑移错动,震源分布均匀且能量相对较小。模型 R-6 中上部煤体产生了明显的宏观破坏,震源事件集中分布在模型上部且能量相对较大,上接触面产生了滑移错动。下部煤体基本无裂隙产生,也未产生滑移错动。模型 R-7 中上部煤体产生了明显的宏观破坏,上接触面产生了滑移错动,震源事件分布均匀,但模型上部震源数量及能量明显高于模型下部,下接触面上有震源产生但数量很少,宏观上未表现出下接触面滑移错动现象。从组合模型失稳的宏观、细观破裂特征看,加载速度增大时,模型局部应力集中现象比较明显,集中的应力促使模型局部产生破坏失稳,模型失稳特征也由整体滑移失稳向局部破碎滑移失稳转变。

图 2-37 统计了不同加载速度下模型 R-3、R-6 和 R-7 的事件数、峰值能量与总能量。从图 2-37 可以看出,随着加载速度的增加,声发射事件峰值能量和总能量均逐渐增大。说明加载速度越大,模型失稳所释放的能量越多,冲击现象越明显。震源事件数呈先增加后减少的变化趋势,分析是模型 R-6 局部应力集中引起的上部煤体异常破碎。总的来说,随着加载速度的增加,声发射事件数呈现增加的趋势。

综上所述,随着加载速度的增加,模型失稳由整体滑移失稳向局部破碎滑移失稳转变,模型失稳所释放能量逐渐增加,冲击破坏现象显著增强。

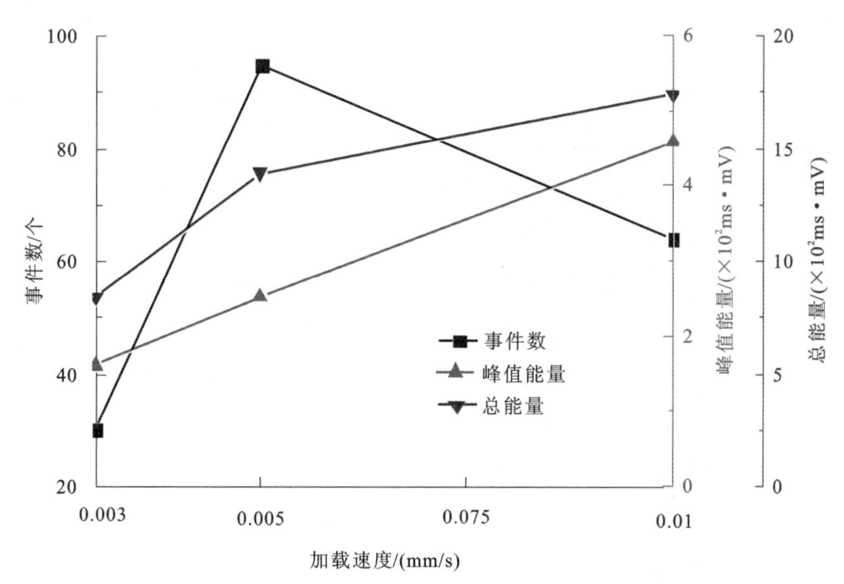

图 2-37 组合模型 R-3、R-6 和 R-7 事件数、峰值能量与总能量在不同加载速度下的变化曲线

2.5 卸荷路径下组合结构破坏失稳影响因素分析

2.5.1 卸荷速度影响

卸荷速度增加能够引起模型的围压迅速减小。根据以往研究可知[100]，围压卸荷能够加速煤岩体的裂隙扩展，进而加快煤岩体破坏失稳。在实际工程中，支护速度和强度影响着围岩应力卸荷的程度。因此，对卸荷速度的影响效果进行研究，更能指导现场对分岔区煤层巷道冲击失稳的预防和控制。为了探究卸荷速度对煤矸组合结构破坏失稳的影响，设计卸荷速度为 0.01MPa/s、0.05MPa/s 和 0.1MPa/s 的三组试验模型 RS-1、RS-2、RS-3。不同卸荷速度下，组合模型 RS-1、RS-2 和 RS-3 的应力-应变曲线如图 2-38 所示。

从图 2-38 可以看出，不同卸荷速度下组合模型峰值失稳强度分别为 73.26MPa、59.10MPa 和 57.86MPa，峰值失稳强度逐渐降低。当卸荷速度由 0.01MPa/s 升高至 0.05MPa/s 时，峰值失稳强度由 73.26MPa 降低至 59.10MPa，下降了 19.32%。而卸荷速度由 0.05MPa/s 升高至 0.1MPa/s 时，峰值强度仅降低了 2.09%，这说明卸荷速度增加能够降低组合模型的承载能力。但这种降低程度并不是无限的，当卸荷速度达到一定数值时，模型失稳强度将不再随着卸荷速度的变化而改变，后续将对其进行数值验证。

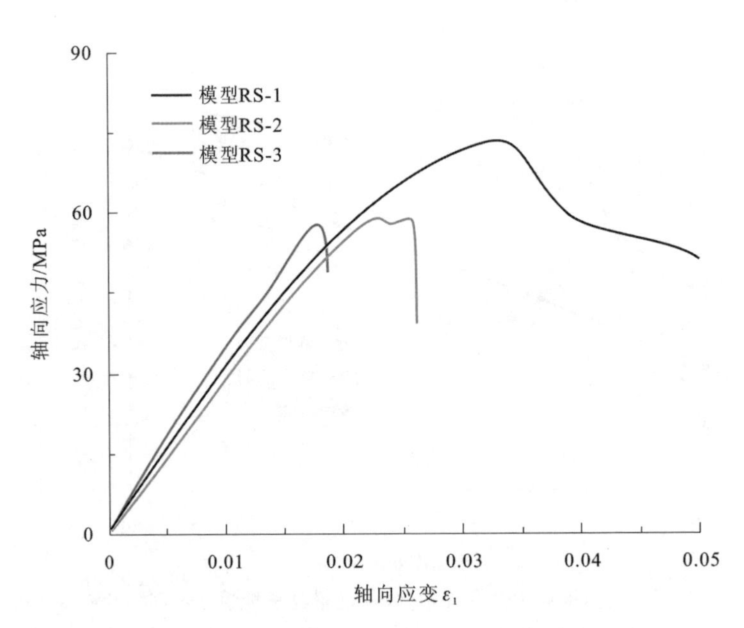

图 2-38　组合模型 RS-1、RS-2 和 RS-3 应力-应变曲线

图 2-39 和图 2-40 展示了不同卸荷速度下模型 RS-1、RS-2 和 RS-3 的宏观、细观破坏失稳特征。从图中可以看出，模型 RS-1 和 RS-3 宏观失稳特征表现为下接触面滑移失稳。其中，模型 RS-1 下部煤体破碎较严重，模型 RS-3 破碎现象不明显，声发射数据也明显低于模型 RS-1，模型失稳以滑移失稳为主。而模型 RS-2 产生了一条明显的剪切裂隙，宏观失稳特征表现为破碎失稳，细观上裂隙在接触面和煤岩体中均密集分布。

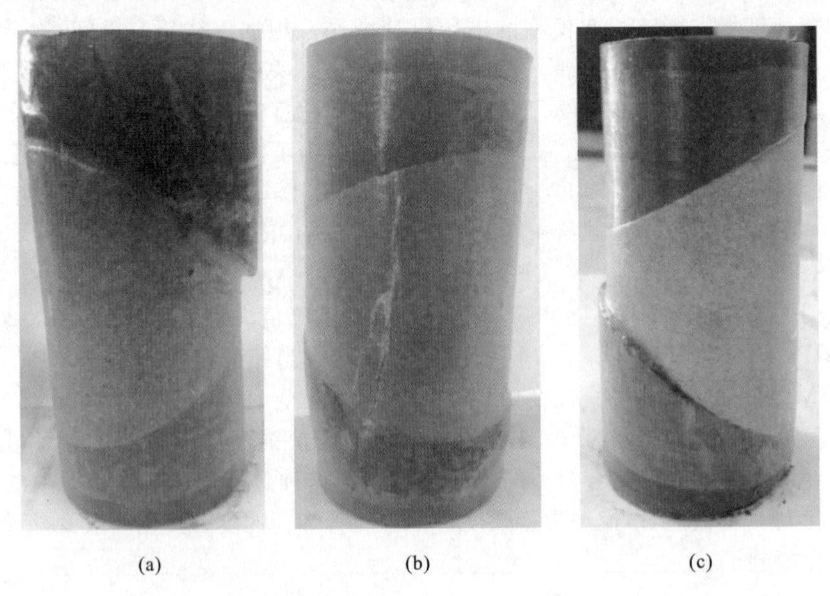

(a)　　(b)　　(c)

图 2-39　组合模型 RS-1、RS-2 和 RS-3 的宏观破坏失稳特征

(a)模型 RS-1；(b)模型 RS-2；(c)模型 RS-3

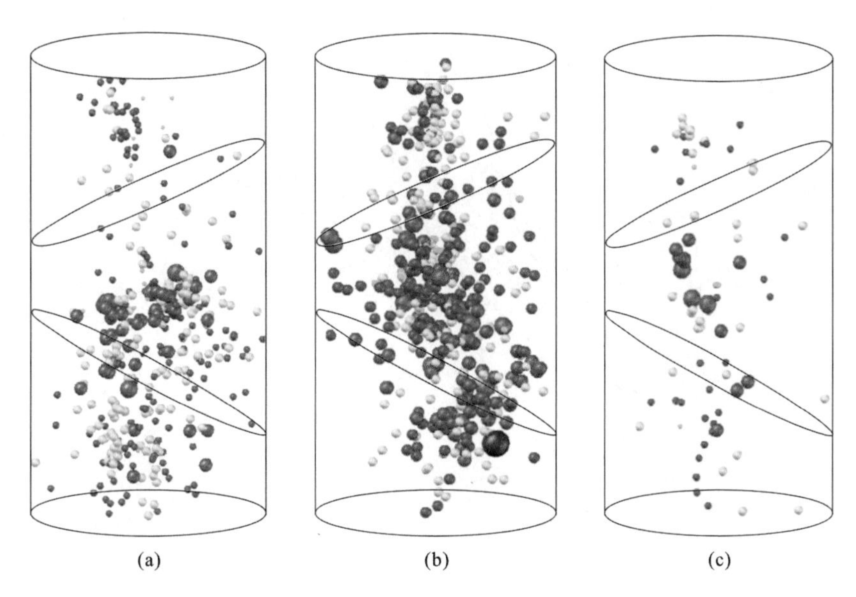

图 2-40 组合模型 RS-1、RS-2 和 RS-3 的细观破坏失稳特征

(a)模型 RS-1;(b)模型 RS-2;(c)模型 RS-3

对比组合模型宏观、细观破坏失稳特征,可以得出以下结论:卸荷速度可以从滑移和破碎两个方面影响模型失稳强度。当卸荷速度影响模型破碎效果时,卸荷速度增加,模型失稳呈现出“低强度高释能”特征,应变型冲击破坏现象明显;当卸荷速度影响模型滑移效果时,卸荷速度增加,模型失稳呈现出“低强度强滑移”特征,结构失稳型冲击现象比较明显。

2.5.2 加载速度影响

前述章节已经对加载速度的影响效果进行了分析,但加荷路径下组合模型失稳过程的研究主要是针对巷道弹性破坏区(水平应力未受卸荷影响区域)。对于巷帮附近的煤矸组合结构,由于受卸荷作用的影响,水平应力会逐渐降低,轴向应力会逐渐增加。因此,对于三轴卸荷路径下的加载速度的影响效果分析,更贴近现场实际。为了探究加载速度对卸荷路径下煤矸组合结构破坏失稳的影响,分别设计了模型 RS-1、RS-4 和 RS-5 三种轴向加载速度对比试验,试验初始加载速度均为 0.003mm/s,当加载至设定的轴向应力值(常规三轴加荷状态下峰值应力的 60%)时,均分别采用 0.01MPa/s的速度进行卸围压,同时模型 RS-1 仍保持 0.003mm/s 继续加载,而模型 RS-4 和 RS-5 分别采用 0.005mm/s 和 0.01mm/s 的加载速度进行加载。不同加载速度下组合模型 RS-1、RS-4 和 RS-5 的应力与时间关系曲线如图 2-41 所示。

从图 2-41 可以看出,不同加载速度下组合模型 RS-1、RS-4 和 RS-5 的峰值失稳

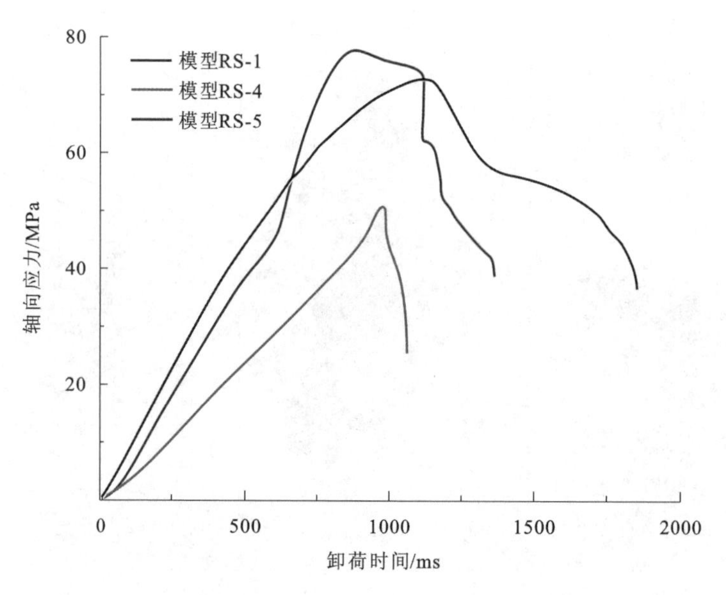

图 2-41　组合模型 RS-1、RS-4 和 RS-5 的应力与时间关系曲线

强度依次为 73.25MPa、51.29MPa 和 78.19MPa，峰值失稳强度无明显规律。但从卸荷前的应力曲线可以看出，模型 RS-1 的应力曲线斜率明显大于模型 RS-4 和 RS-5，这说明模型 RS-1 相较于模型 RS-4 和 RS-5 的煤岩体强度较坚硬，推测这也是模型 RS-1 的峰值强度较高的原因。对比模型 RS-4 和 RS-5 可以看出，模型 RS-5 的峰值强度明显大于模型 RS-4，卸荷后的曲线斜率也明显较大，这说明加载速度增加，模型的峰值失稳强度也会相应增加，这与三轴加荷路径下加载速度的影响效果基本一致。

图 2-42 和图 2-43 展示了不同加载速度下模型 RS-1、RS-4 和 RS-5 的宏观、细观破坏失稳特征。从图中可以看出，三种组合模型均产生了滑移与破碎失稳现象。其中，模型 RS-1 下接触面产生了明显的滑移错动，上接触面宏观滑移不明显(实物拍摄对模型进行了反转)。从细观来看，下接触面附近产生了数量较多、能量较大的声发射事件，而上接触面附近的事件数和能量相对较少，分析是由于模型上接触面产生了微观滑移错动，由于接触面倾角的原因，滑移错动不太明显。模型 RS-4 和 RS-5 中两接触面均产生了滑移失稳，细观裂隙发育表现为上、下接触面均产生了大量的声发射事件。这说明加载速度变化并不能引起组合模型滑移失稳特征的改变，但可以改变煤岩体的破碎损伤程度。

对组合模型 RS-1、RS-4 和 RS-5 的事件数、峰值能量和总能量进行统计，结果如图 2-44 所示。从图 2-44 可以看出，随着加载速度的增大，事件数呈现先减少后增加的趋势(模型 RS-1 下部煤体破碎较严重，引起了事件数异常增多)，但模型失稳过程

(a) (b) (c)

图 2-42 组合模型 RS-1、RS-4 和 RS-5 的宏观破坏失稳特征

(a)模型 RS-1;(b)模型 RS-4;(c)模型 RS-5

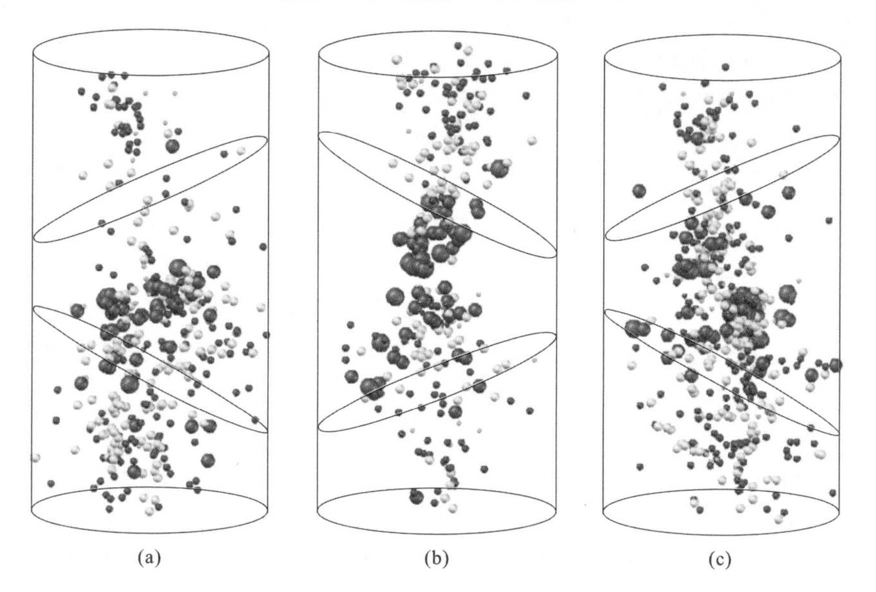

(a) (b) (c)

图 2-43 组合模型 RS-1、RS-4 和 RS-5 的细观破坏失稳特征

(a)模型 RS-1;(b)模型 RS-4;(c)模型 RS-5

中的峰值能量与总释放能量均逐渐增大,这说明加载速度的增大能够引起组合模型冲击破坏现象的增强。

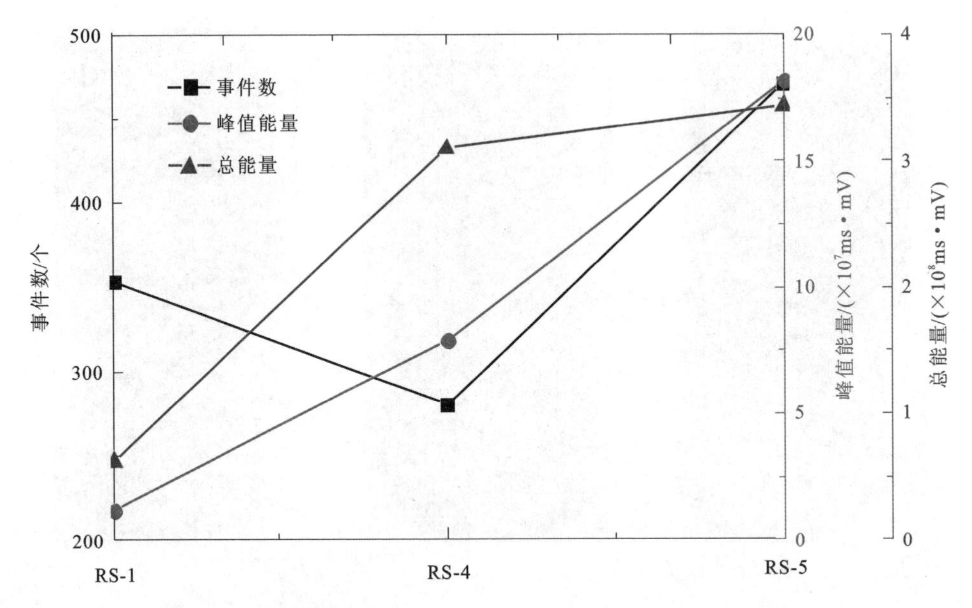

图 2-44 组合模型 RS-1、RS-4 和 RS-5 事件数、峰值能量和总能量

综上所述，随着加载速度的增加，组合模型失稳形式并没有发生改变，而破碎程度却逐渐增加，模型失稳时的强度和弹性能释放程度也逐渐升高。在实际工程中，工作面超前应力的迅速增加，能够增强煤矸组合结构冲击失稳的可能性，也加大了分岔区煤层巷道冲击灾害的危险性。

2.5.3 卸荷应力水平影响

煤层埋藏深度不同，巷道周围的原岩应力也不尽相同。一般来说，随着煤层埋藏深度的增加，煤层所承受的静压力呈线性增加趋势。为了探究卸荷路径下初始静载应力对煤矸组合结构破坏失稳的影响，设计加载速度和卸荷速度不变、卸荷应力水平不断变化的三种试验方案。试验过程中，卸荷应力水平分别设置为三轴加荷路径下组合模型 R-5 峰值失稳强度的 60%、70%和 80%。图 2-45 展示了不同卸荷应力水平下组合模型 RS-3、RS-6 和 RS-7 的应力-应变曲线。

从图 2-45 可以看出，三组模型的卸荷应力水平分别设置为 46.16MPa、53.86MPa和 61.69MPa，与之相对应的三组实验模型峰值失稳强度分别为 57.86MPa、67.7MPa 和 78.47MPa。这说明随着卸荷应力水平的升高，模型失稳时的轴向应力也逐渐升高，卸荷应力水平升高能够增加组合模型弹性能的积累程度。

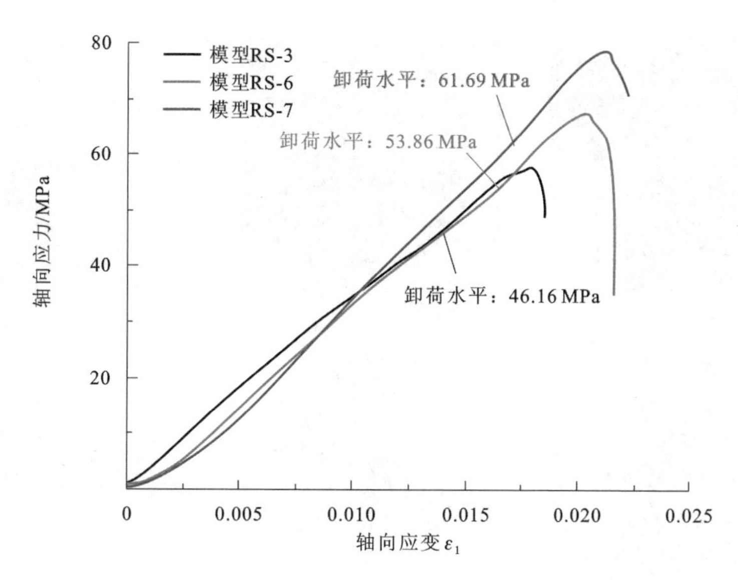

图 2-45 组合模型 RS-3、RS-6 和 RS-7 应力-应变曲线

图 2-46 和图 2-47 展示了组合模型 RS-3、RS-6 和 RS-7 的宏观、细观破坏失稳特征。从图中可以看出，模型 RS-3 宏观失稳现象表现为接触面滑移失稳现象，其中，下接触面滑移现象较明显，上接触面仅产生了细微的煤岩错动现象。细观失稳现象表现为下接触面产生了 10^5 ms・mV 的大能量事件，并伴随有小能量事件的产生，而上接触面仅产生了 10^4 ms・mV 的事件且数量较少。整体来看，岩体中虽有大能量事件产生，但并没有形成裂隙贯通，声发射事件零散地分布在模型内部。模型 RS-6 宏观失稳现象表现为破碎失稳现象，两接触面产生了细微的滑移错动。细观失稳现象表现为下接触面产生了大量的震源事件，上接触面同样产生了大能量事件，但事件数明显少于下接触面。整体来看，模型 RS-6 中的声发射事件数明显增多，煤岩体内部的微裂隙产生了贯通，形成了宏观破坏现象，同时岩石破坏产生的声发射事件数和能量明显增多。模型 RS-7 与模型 RS-6 的破坏类型基本一致，但岩体中的声发射能量事件密度和能级进一步增加，宏观破坏现象更加明显。

综上所述，随着卸荷应力水平的升高，模型中弹性能承载极限会相对升高，卸荷后模型中弹性能释放量也会相对升高。因此，在实际工程中，卸荷开挖原岩应力较高的分岔区煤层时，煤矸体破碎现象会比较严重；卸荷开挖原岩应力较低的分岔区煤层时，煤矸体滑移现象会比较明显。

图 2-46 组合模型 RS-3、RS-6 和 RS-7 的宏观破坏失稳特征

(a)模型 RS-3;(b)模型 RS-6;(c)模型 RS-7

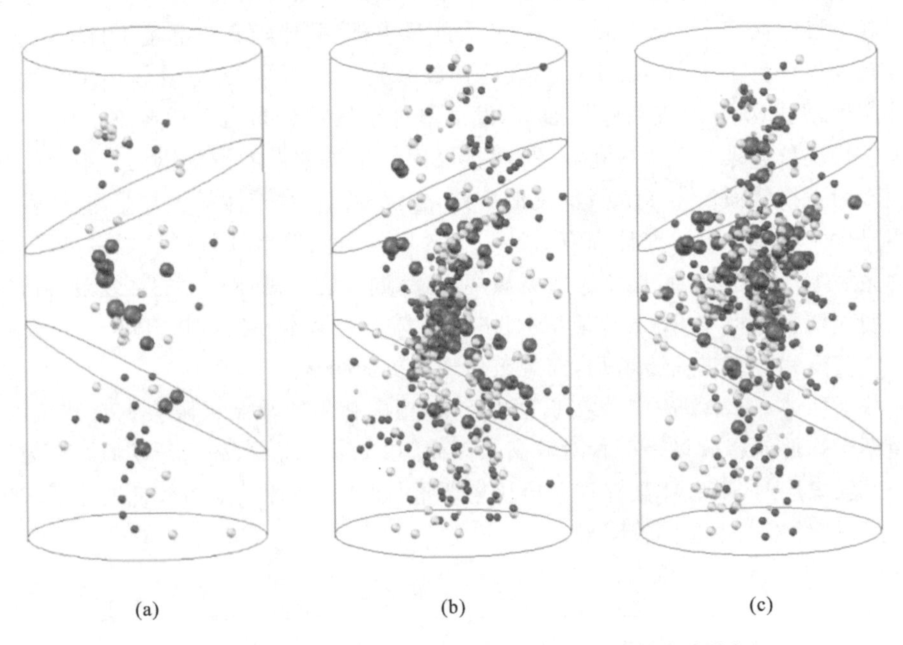

图 2-47 组合模型 RS-3、RS-5 和 RS-7 的细观破坏失稳特征

(a)模型 RS-3;(b)模型 RS-6;(c)模型 RS-7

2.6 不同应力路径下组合结构失稳特征对比分析

2.6.1 失稳强度对比

表 2-3 展示了加荷和卸荷路径下组合模型峰值失稳强度。其中模型 R-1 和 RS-3、模型 R-6 和 RS-2 及模型 R-7 和 RS-5 均采用的是同种倾角、同加载速度的试验条件，不同的是模型 RS-3、RS-2 和 RS-5 在试验过程中均有卸围压的过程。从表 2-3 可以看出，组合模型峰值失稳强度均为三轴加荷路径＞三轴卸荷路径。

表 2-3　不同应力路径下组合模型峰值失稳强度

三轴加荷		三轴卸荷	
组合模型	峰值强度/MPa	组合模型	峰值强度/MPa
R-1	93.90	RS-1	73.26
R-2	89.70	RS-2	59.10
R-3	77.12	RS-3	57.86
R-4	43.82	RS-4	51.29
R-5	80.34	RS-5	78.19
R-6	78.50	RS-6	67.70
R-7	81.37	RS-7	78.47

图 2-48、图 2-49 分别展示了模型 R-6 和 RS-2、模型 R-7 和 RS-5 的应力-应变曲线。从图中可以看出，三轴卸荷路径下，组合模型破坏失稳的峰值应变明显较小，模型失稳后的脆性破坏特征也较三轴加荷路径明显。

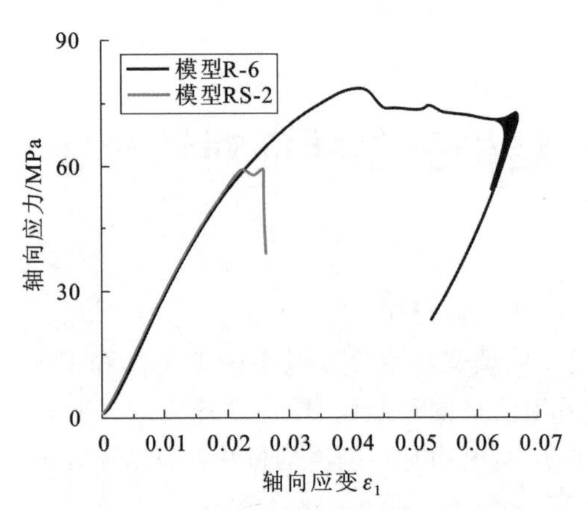

图2-48 组合模型 R-6 和 RS-2 的应力-应变曲线

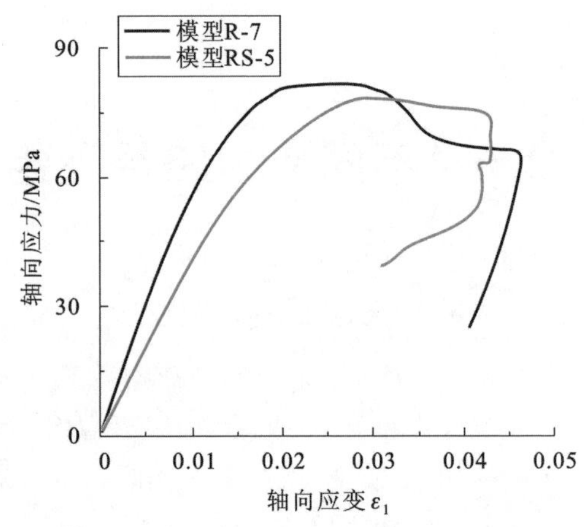

图 2-49 模型 R-7 和 RS-5 的应力-应变曲线

2.6.2 破坏程度对比

图 2-50 和图 2-51 分别展示了三轴加荷和卸荷路径下组合模型破坏失稳特征。从图中可以看出，三轴加荷路径下组合结构失稳形式以滑移失稳为主，失稳时声发射事件数和能量值相对较少，破碎现象不明显。而三轴卸荷路径下模型滑移和破碎程度均有所增加，声发射事件数和能量值也相对较大。这说明相对于三轴加荷路径，三轴卸荷路径下组合模型失稳时冲击危险性更强。

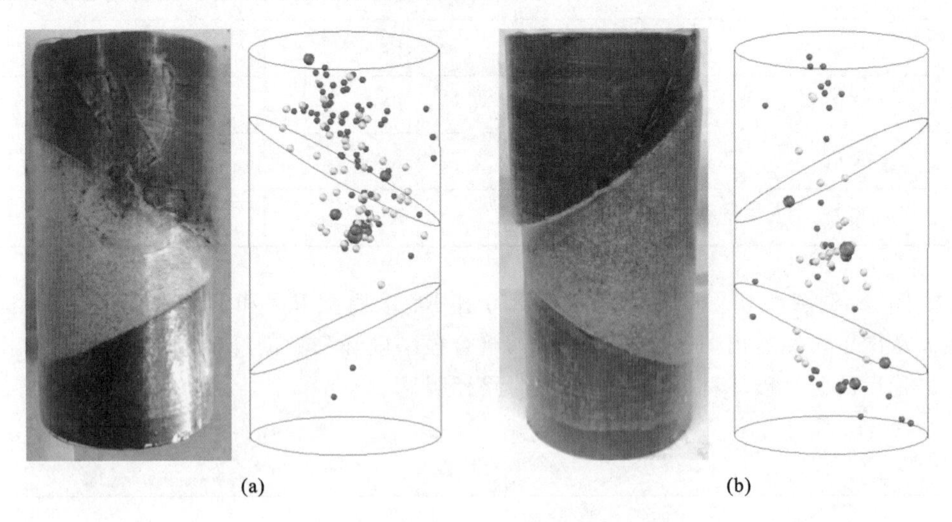

图 2-50 三轴加荷路径下组合模型失稳特征

(a)模型 R-6；(b)模型 R-7

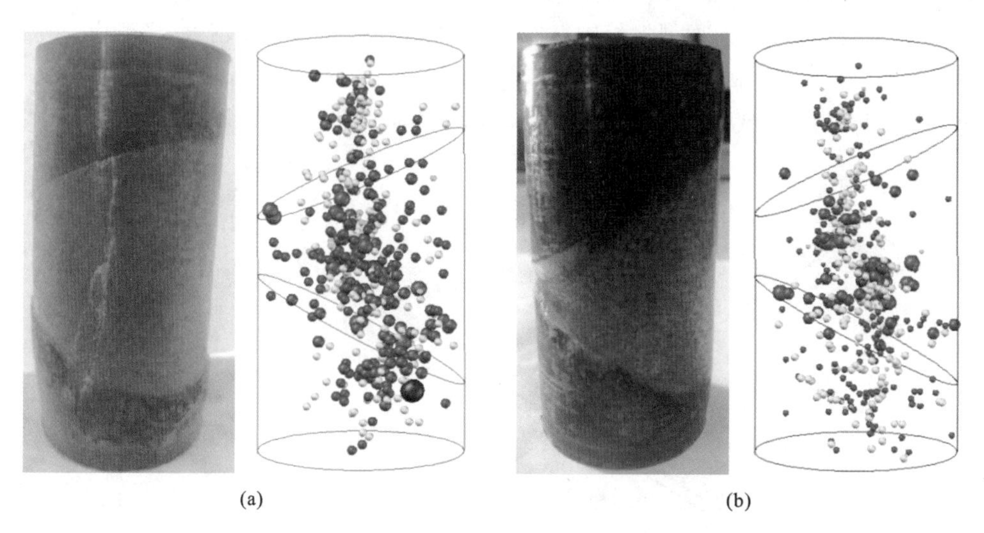

(a)　　(b)

图 2-51　三轴卸荷路径下组合模型失稳特征

(a)模型 RS-2;(b)模型 RS-5

2.6.3　释放能量对比

图 2-52 和图 2-53 分别统计了模型 R-6 和 RS-2、模型 R-7 和 RS-5 的峰值应力、事件数、总能量及峰值能量等监测数据。从图中可以看出,三轴加荷与卸荷路径相

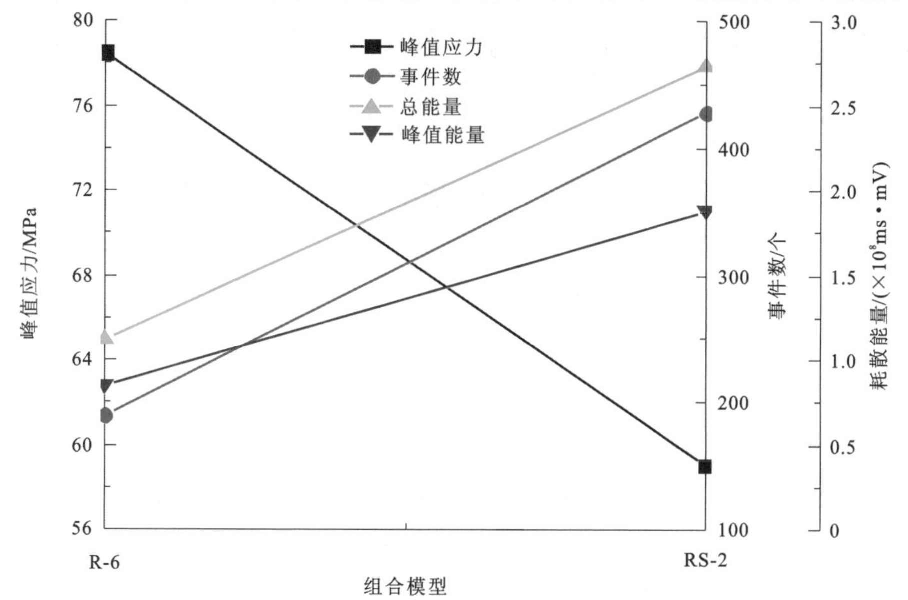

图 2-52　模型 R-6 和 RS-2 的多参量监测数据

比，峰值应力均减小，而模型失稳的事件数、总能量与峰值能量均增大，峰值应力与模型失稳的事件数、总能量与峰值能量之间成反比。这说明卸荷路径下组合模型更容易产生失稳且能量释放程度较高，模型失稳呈现“低强度高释能”的特征。

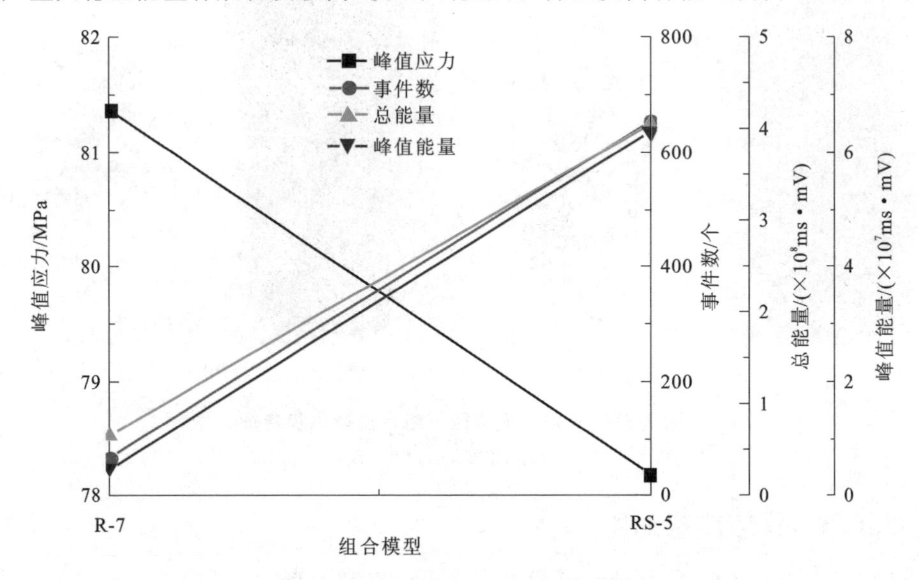

图 2-53　模型 R-7 和 RS-5 的多参量监测数据

总的来说，卸荷能够引起组合模型峰值失稳强度降低，模型滑移和破碎失稳程度增加，能量释放程度增大，冲击破坏现象增强。因此，卸荷开挖分岔区煤层巷道更容易诱发冲击灾害事故。

2.7　本章小结

基于 MTS815 电液伺服岩石力学试验机和声发射监测系统，进行了不同应力路径下煤矸组合结构破坏失稳试验，研究了三轴加卸荷路径下组合模型滑移与破碎的失稳特征、前兆信息及影响因素，并对比分析了两种应力路径下组合模型的破坏失稳特征，主要结论如下。

①在煤岩接触面即将滑动时，声发射事件的最大振幅会增加，但主频仍维持在较高值，能量集中在 100～200kHz 的相对高频范围；而组合结构接近破坏时，大量低频声发射事件开始出现，最大振幅达到最大，波形最大振幅持续时间较长，能量主要集中在 50～100kHz 低频范围。另外，无论是接触面滑动还是组合结构整体失稳，均会伴随着辐射能指数急剧下降、累计视体积的急剧上升和声发射 b 值降低的现象。

②煤矸组合结构破坏失稳形式受多种因素影响。接触面倾角变化能够改变煤矸组合结构的滑移和破碎失稳形态。加载速度、围压、卸荷速度和卸荷应力水平能够改变组合模型的破碎失稳程度。加载速度越快，围压越高，卸荷速度越快，卸荷应力水平越高，组合模型破碎失稳时的破碎失稳程度越高，反之越低。

③相较于三轴加荷路径，卸荷路径下煤矸组合结构破坏失稳具有"低强度高释能"以及脆性增强、冲击破坏现象更加明显的特征，说明卸荷开挖分岔区煤层巷道更容易诱发冲击灾害事故。

3　分岔区煤层结构失稳机理研究

根据加卸荷路径下煤矸组合结构破坏失稳试验结果可知，煤矸组合结构失稳过程中会产生滑移与破碎两种失稳形式，两种失稳形式会随着应力路径或接触面参数的改变而逐渐变化。为了探究煤矸组合结构滑移与破碎失稳机理，本章以分岔区煤层地质条件为研究基础，建立了“煤-夹矸-煤”三元体串联结构模型，并基于莫尔-库仑准则推导了平滑接触面滑移失稳判据及其触发条件，研究了弯曲接触面的剪应力变化特征和煤岩体破碎失稳机理，提出了煤矸组合结构滑移与破碎耦合失稳机理，并将其失稳形式分为破碎失稳、单一接触面滑移破碎失稳和双接触面滑移破碎失稳三种。最后，对煤矸组合结构压缩-扭转变形失稳机理及能量耗散机制进行了研究。

3.1　“煤-夹矸-煤”三元体串联结构模型

基于分岔区煤层的赋存特征，绘制出分岔区煤层的走向切面图，如图 3-1(a)所示。夹矸位于煤层中部，并且厚度和倾角逐渐变化。分岔区煤层的连续变化可以看作微结构黏合而成的产物，可以将这些微结构分成三种形式，即单一倾斜接触面组合模型、双接触面平行组合模型和双接触面斜交组合结构模型。三种模型分别对应图 3-1(a)中的“A-A”“B-B”“C-C”微元，具体结构形式如图 3-1(b)所示。从图中可以看出，微结构上部为煤层，用 C_r 表示；中部为夹矸体，用 R_m 表示；下部为煤体，用 C_f 表示。其中，上部煤体与夹矸接触面倾角为 α，下部煤体与夹矸接触面倾角为 β。

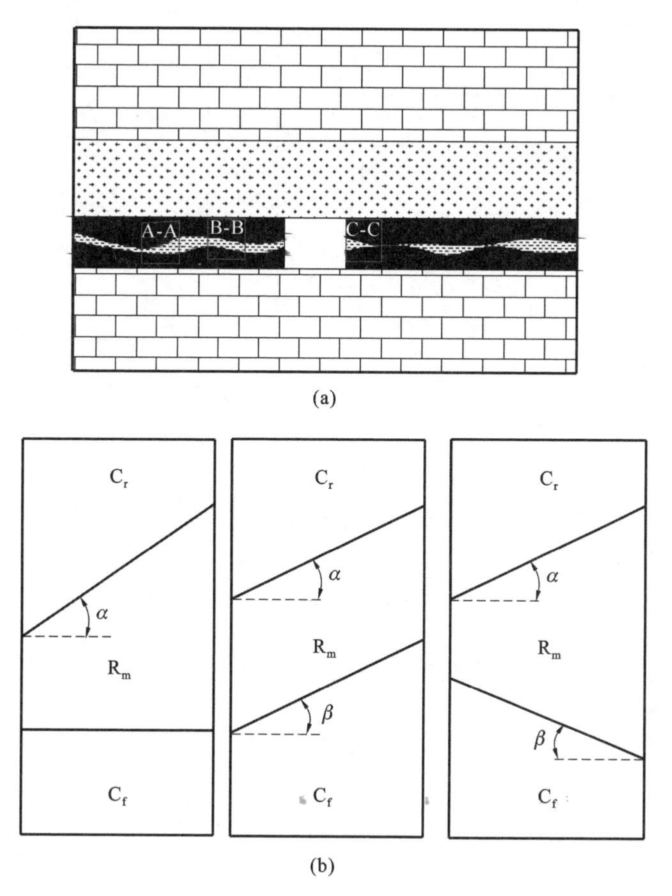

图 3-1　分岔区煤层结构

(a)分岔区煤层结构示意图;(b)物理力学模型

3.2　组合结构滑移失稳机理

3.2.1　平滑接触面滑移失稳机制

以双接触面斜交组合结构模型为例,对其上、下部煤体的应力分布进行分析,结果如图 3-2 所示。图 3-2 中上、下部煤体的宽度均为 L,煤壁高度分别为 H_1 和 H_2,垂直应力和水平应力分别为 σ_r 和 σ_θ,上部煤体与夹矸体之间的接触面切向应力为 τ_α,法向应力为 σ_α,下部煤体与夹矸体之间的接触面切向应力为 τ_β,法向应力为 σ_β,上接触面内摩擦角为 φ_α,下接触面内摩擦角为 φ_β。

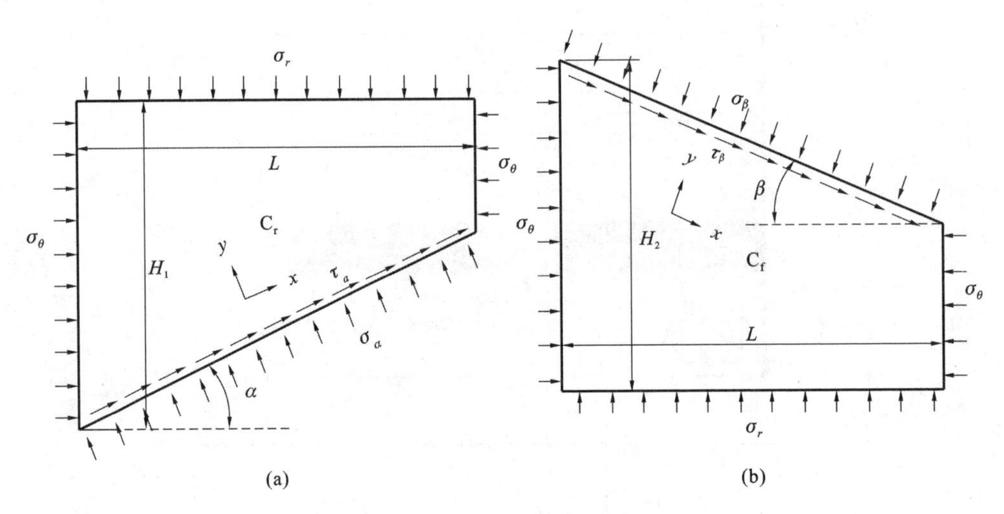

图 3-2　上、下部煤体受力分析

(a)上部煤体;(b)下部煤体

在不考虑煤体重力的情况下,对上部煤体进行受力分析可得:

$$\begin{cases} F_x = \dfrac{\tau_\alpha L}{\cos\alpha} + \sigma_\theta H_1 \cos\alpha - \sigma_\theta (H_1 - L\tan\alpha)\cos\alpha - \sigma_r L \sin\alpha \\ F_y = \dfrac{\sigma_\alpha L}{\cos\alpha} + \sigma_\theta (H_1 - L\tan\alpha)\sin\alpha - \sigma_\theta H_1 \sin\alpha - \sigma_r L \cos\alpha \end{cases} \tag{3-1}$$

当煤矸接触面处于临界状态时,上部煤体与夹矸之间满足 $F_x = 0$ 和 $F_y = 0$,式(3-1)可以转化为:

$$\begin{cases} \dfrac{\tau_\alpha}{\cos\alpha} + \sigma_\theta \sin\alpha - \sigma_r \sin\alpha = 0 \\ \dfrac{\sigma_\alpha}{\cos\alpha} - \sigma_\theta \tan\alpha \sin\alpha - \sigma_r \cos\alpha = 0 \end{cases} \tag{3-2}$$

根据莫尔-库仑定律可知,任一接触面的极限抗剪强度可表示为:

$$\tau = \sigma \tan\varphi_{\mathrm{f}} + c \tag{3-3}$$

煤矸接触面为地质结构弱面,假设接触面之间的内聚力 c 为 0,那么接触面产生滑移的必要条件为:

$$\tau_\alpha > \sigma_\alpha \tan\varphi_\alpha \tag{3-4}$$

即

$$\begin{cases} \dfrac{(\sigma_r - \sigma_\theta)\sin\alpha\cos\alpha}{\sigma_\theta \sin^2\alpha + \sigma_r \cos^2\alpha} > \tan\varphi_\alpha \\ \dfrac{(\sigma_r - \sigma_\theta)\sin\alpha\cos\alpha}{\sigma_\theta \sin^2\alpha + \sigma_r \cos^2\alpha} < -\tan\varphi_\alpha \end{cases} \tag{3-5}$$

同理，下接触面滑移失稳的必要条件与上接触面一致。因此，可以引入煤矸接触面滑移的判别公式：

$$F_{\sigma_r,\sigma_\theta,\vartheta}=\frac{(\sigma_r-\sigma_\theta)\sin\vartheta\cos\vartheta}{\sigma_\theta\sin^2\vartheta+\sigma_r\cos^2\vartheta} \tag{3-6}$$

式中，ϑ 为任意接触面的角度。

为了更加清晰地反映煤矸接触面滑移条件，对式(3-6)进行简化：

$$F_{(\Delta,\vartheta)}=\frac{\sin\vartheta\cos\vartheta}{\dfrac{1}{1-\Delta}-\sin^2\vartheta} \tag{3-7}$$

式中，Δ 为水平应力 σ_θ 与垂直应力 σ_r 之比，原岩应力条件下 $\Delta=\lambda$。

根据摩擦自锁理论，当 $F_{(\Delta,\vartheta)}>\tan\varphi_f$ 时，煤矸接触面剪应力大于其极限抗剪强度，煤矸接触面会产生向下的滑移现象，称之为下行滑移解锁；当 $-\tan\varphi_f\leqslant F_{(\Delta,\vartheta)}\leqslant\tan\varphi_f$ 时，煤矸接触面的剪应力小于或等于其极限抗剪强度，接触面保持相对稳定，称之为稳定闭锁；当 $F_{(\Delta,\vartheta)}<-\tan\varphi_f$ 时，煤矸接触面剪应力大于其极限抗剪强度，煤岩接触面会产生向上的滑移现象，称之为上行滑移解锁。当 $\varphi_f=20°$时，对接触面滑移判别式 $F_{(\Delta,\vartheta)}$ 关于 Δ 和 ϑ 的数值化处理结果如图 3-3 所示。

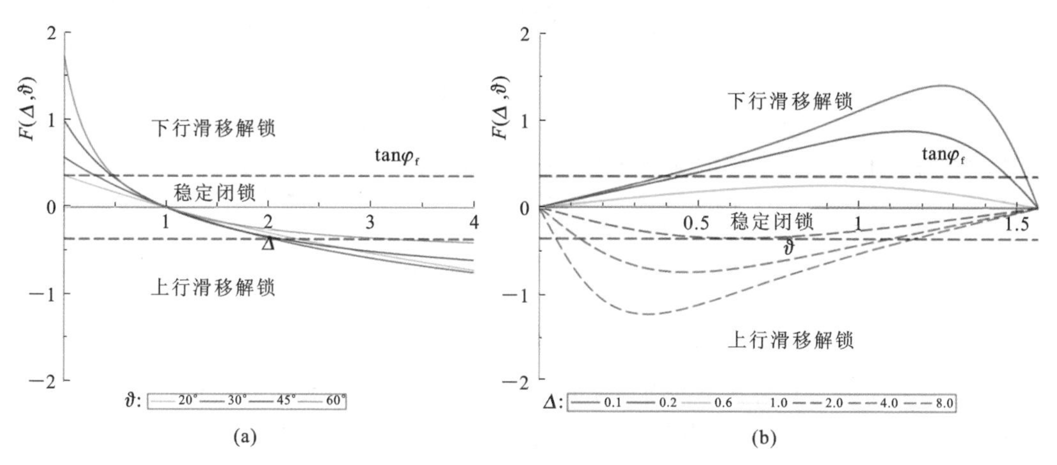

图 3-3 接触面滑移解锁条件数值化结果

(a) $F_{(\Delta,\vartheta)}$ 与 Δ 之间的关系；(b) $F_{(\Delta,\vartheta)}$ 与 ϑ 之间的关系

从图 3-3 可以看出，煤矸接触面滑移失稳受接触面倾角 ϑ、内摩擦角 φ_f 及 Δ 值的影响，可以归纳出以下结论。

①当 $\Delta\to0$ 时，判别式 $F_{(\Delta,\vartheta)}\to\tan\vartheta$，此时水平应力 $\sigma_\theta=0$，接触面下行滑移解锁的必要条件为 $\tan\vartheta>\tan\varphi_f$。

②当 $\Delta\to1$ 时，判别式 $F_{(\Delta,\vartheta)}\to0$。此时水平应力 σ_θ 与垂直应力 σ_r 相等，无论接触面倾角、内摩擦角如何变化，接触面始终处于稳定闭锁状态。

③当$\Delta\to+\infty$时，判别式$F_{(\Delta,\vartheta)}\to-\cot\vartheta$。此时主应力方向为水平应力，且水平应力远大于垂直应力，接触面上行滑移解锁的必要条件为$\cot\vartheta>\tan\varphi_f$。

④当$\Delta\in(0,1)$时，无论接触面倾角ϑ如何变化，接触面滑移失稳均处于下行滑移解锁和稳定闭锁的范畴，不会产生上行滑移解锁。当Δ能够满足滑移条件时，接触面的滑移状态会随着倾角ϑ的增大由稳定闭锁逐渐向下行滑移解锁转变，然后转化为稳定闭锁。

⑤当$\Delta\in(1,+\infty)$时，无论接触面倾角ϑ如何变化，接触面滑移失稳均处于上行滑移解锁和稳定闭锁的范畴，不会产生下行滑移解锁。当Δ能够满足滑移条件时，接触面的滑移状态会随着倾角ϑ的增大由稳定闭锁逐渐转化为向下行滑移解锁，然后转化为稳定闭锁。

⑥对比上行滑移和下行滑移曲线可以看出，不考虑Δ值时，倾角相对越大，越容易产生下行滑移解锁，倾角相对越小，越容易产生上行滑移解锁。

⑦当Δ和ϑ值一定时，接触面内摩擦角φ_f越小，接触面产生滑移解锁的可能性越大。

综上所述，当接触面内摩擦角φ_f一定时，接触面滑移不仅受接触面倾角ϑ影响，而且还受Δ值影响。接触面下行滑移解锁触发条件为：

$$0<\Delta<1-\frac{1}{\dfrac{\sin2\vartheta}{2\tan\varphi_f}+\sin^2\vartheta} \tag{3-8}$$

接触面上行滑移解锁触发条件为：

$$\Delta>1-\frac{1}{\sin^2\vartheta-\dfrac{\sin2\vartheta}{2\tan\varphi_f}} \tag{3-9}$$

3.2.2 平滑接触面滑移解锁机制数值验证

为了探究理论计算接触面滑移触发条件的准确性，采用块体离散元 UDEC 数值模拟技术进行验证。平滑接触面滑移数值模型如图 3-4(a)所示。模型尺寸为100mm×200mm，底部边界固支，左、右两侧边界施加水平应力来模拟围压效果，上部边界可自由变化。模型由上、下两部分块体构成，分别代表上部煤体和夹矸体、夹矸体和下部煤体。为了消除块体内部破碎对接触面滑移的影响，模型内部不再进行节理裂隙分割，以确保模型中仅有一条倾斜的滑移接触面，接触面中间部分区域可以产生滑动，滑移区域的坐标端点分别为(0.3,0.74)和(0.7,1.28)。模型块体选取线弹性本构模型，接触面选取库仑本构模型。块体和接触面参数见表 3-1。

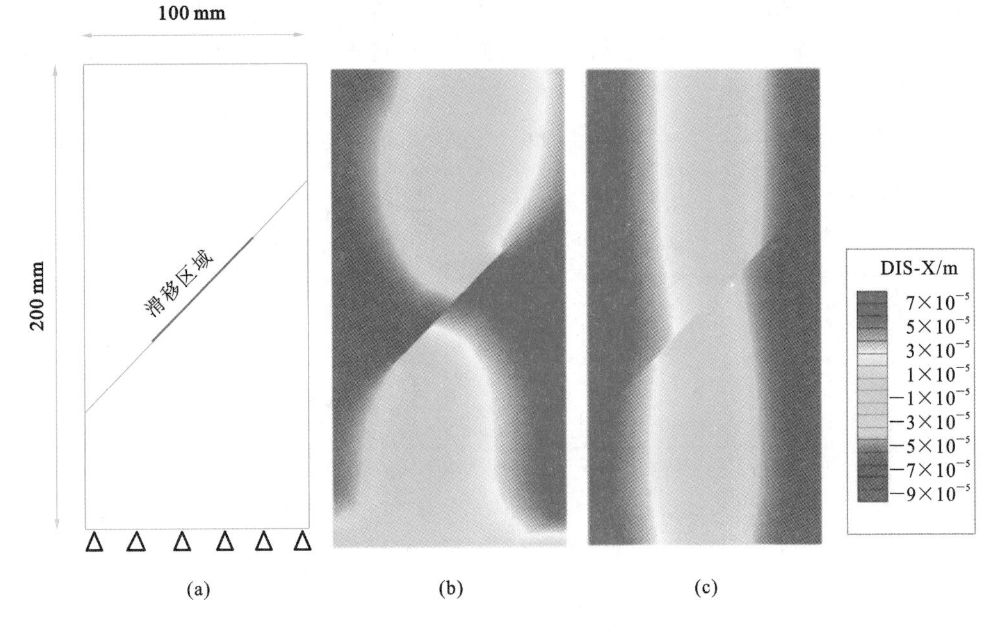

图 3-4 接触面滑移解锁数值模型及位移云图

(a)数值模型;(b)下行滑移云图;(c)上行滑移云图

表 3-1 **块体与接触面参数**

密度/(kg/m^3)	体积模量/GPa	剪切模量/GPa	法向刚度/(GPa/m)	切向刚度/(GPa/m)	摩擦角/(°)
2850	50	30	2000	2000	16

(1)接触面下行滑移解锁

根据理论计算值可知,当接触面满足滑移失稳的必要条件 $\tan\vartheta > \tan\varphi_f$ 时,围压与轴压之比 Δ 值满足接触面下行滑移解锁条件,即可以解锁接触面使其产生下行滑移,此时模型中的轴向应力为主应力。因此,可以采用常规三轴加载的方式对滑移解锁理论进行数值验证。图 3-4(b)展示了接触面下行滑移的水平位移云图。从图中可以看出,两块体之间产生了明显的滑移错动,其中,上部块体的负(模拟中 x 轴正向为正、反向为负)向水平位移明显大于下部块体,上部块体沿接触面产生了下行滑移错动,说明常规三轴加载方式可以用于验证接触面下行滑移解锁。

在不考虑接触面内聚力的情况下,通过控制变量法分析接触面下行解锁滑移的影响因素,分别为围压、内摩擦角和接触面倾角。其中,在对围压影响进行模拟验证时,保持内摩擦角和接触面倾角不变,仅改变围压进行计算,并记录接触面滑移时刻的轴向应力,通过初始围压与滑移时刻的轴向应力之比求出模拟 Δ 值。通过对模拟

Δ 值与理论 Δ 值进行比较，验证理论触发值的准确性。对内摩擦角和接触面倾角的研究亦是如此。图 3-5 展示了接触面下行滑移解锁过程中各影响因素变化引起轴向应力值和 Δ 值变化曲线。

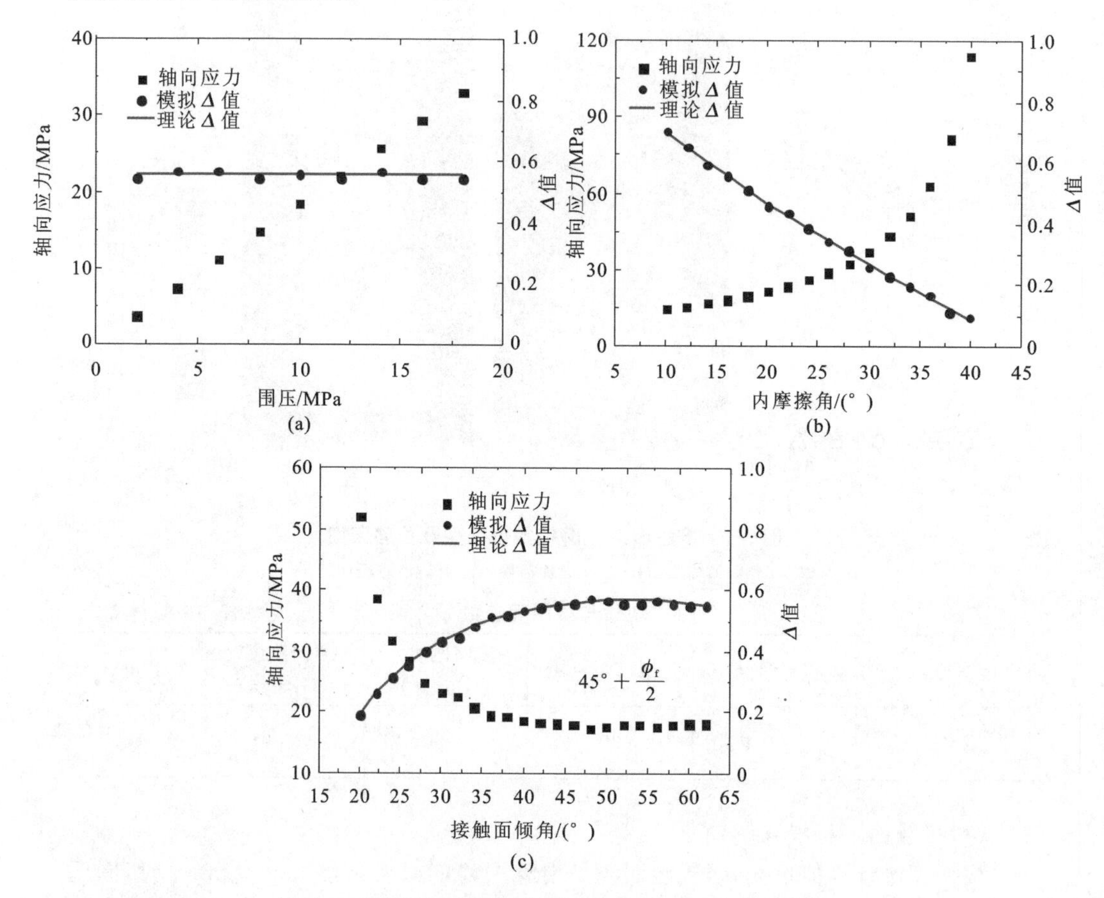

图 3-5　接触面下行滑移解锁值与各影响因素关系曲线

(a)围压；(b)内摩擦角；(c)接触面倾角

由图 3-5(a)可知，随着围压的增大，接触面下行滑移解锁的轴向应力值呈线性增长，而模拟 Δ 值基本保持不变，这说明围压增大能够增加接触面下行滑移解锁的难度，而滑移触发条件 Δ 值不受围压变化的影响。由图 3-5(b)可知，随着内摩擦角的增加，接触面下行滑移解锁的轴向应力值呈指数增长，而模拟 Δ 值呈线性减小，这说明接触面内摩擦角增大同样能够增加接触面下行滑移解锁的难度。由图 3-5(c)可知，随着接触面倾角的增加，接触面下行滑移解锁的轴向应力值呈对称的“凹”型函数，而模拟 Δ 值呈对称“凸”型函数增长，这说明当接触面倾角较小时，接触面倾角增大能够降低接触面下行滑移解锁的难度，而当接触面倾角较大时，接触面倾角增大能

够增加接触面下行滑移解锁的难度。值得注意的是，三种影响因素下模拟 Δ 值与理论计算 Δ 值均基本相同，这验证了理论计算结果的准确性。

(2)接触面上行滑移解锁

根据理论计算值可知，当接触面满足滑移失稳的必要条件 $\cot\vartheta > \tan\varphi_f$ 时，围压和轴向压力之比 Δ 值满足上行滑移解锁条件，即可以解锁接触面使其产生上行滑移，此时模型中水平应力为主应力。可以通过恒轴压、加围压的加载方式对接触面上行滑移解锁理论进行数值验证。图 3-4(c)展示了接触面上行滑移的水平位移云图。从图中可以看出，两块体同样产生了明显的滑移错动，但与接触面下行滑移不同，图 3-4(c)中的上部块体的正向水平位移明显大于下部块体，因此，可以认为上部块体沿接触面产生了上行滑移错动。图 3-6 展示了接触面上行滑移解锁过程中各影响因素变化引起围压值和 Δ 值变化曲线。

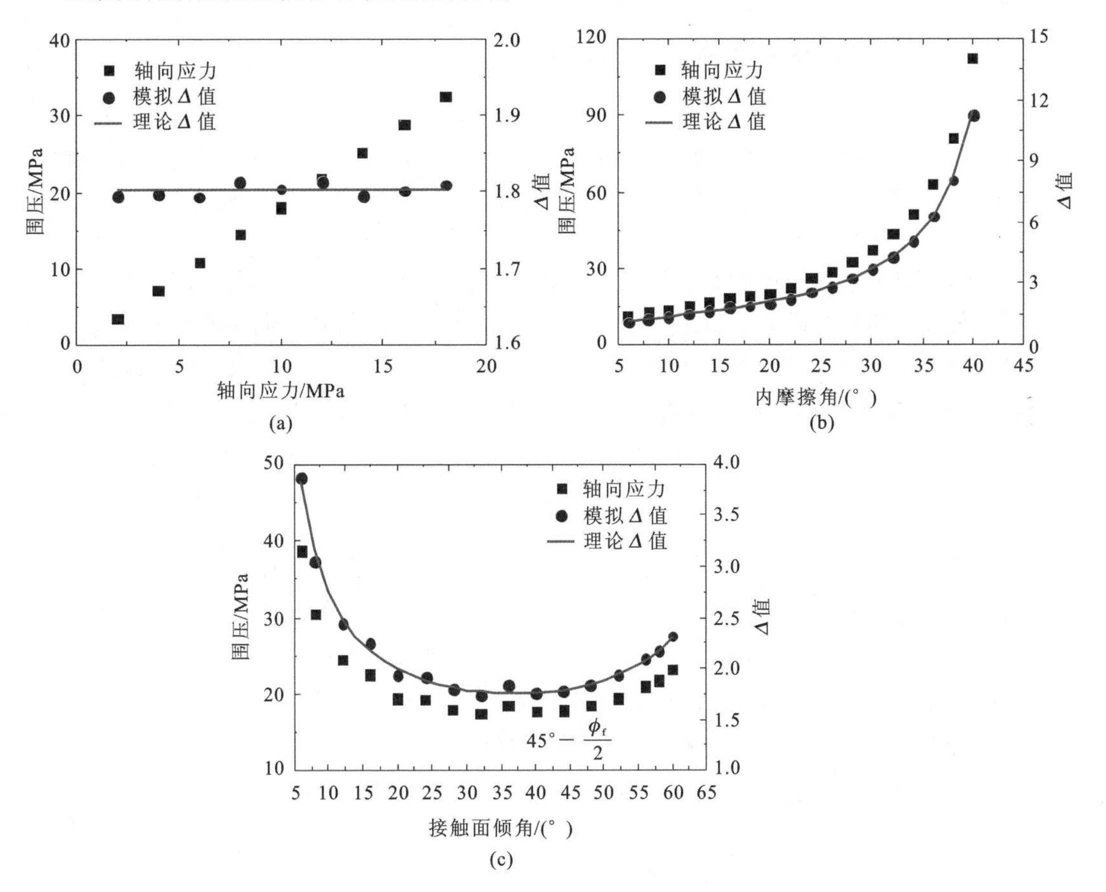

图 3-6 接触面上行滑移解锁值与各影响因素关系曲线

(a)轴向应力；(b)内摩擦角；(c)接触面倾角

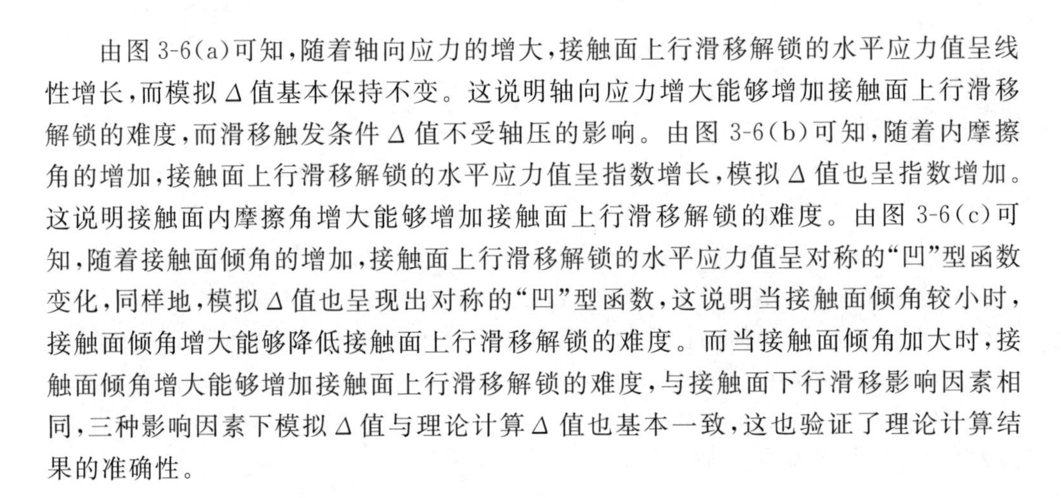

由图 3-6(a)可知,随着轴向应力的增大,接触面上行滑移解锁的水平应力值呈线性增长,而模拟 Δ 值基本保持不变。这说明轴向应力增大能够增加接触面上行滑移解锁的难度,而滑移触发条件 Δ 值不受轴压的影响。由图 3-6(b)可知,随着内摩擦角的增加,接触面上行滑移解锁的水平应力值呈指数增长,模拟 Δ 值也呈指数增加。这说明接触面内摩擦角增大能够增加接触面上行滑移解锁的难度。由图 3-6(c)可知,随着接触面倾角的增加,接触面上行滑移解锁的水平应力值呈对称的“凹”型函数变化,同样地,模拟 Δ 值也呈现出对称的“凹”型函数,这说明当接触面倾角较小时,接触面倾角增大能够降低接触面上行滑移解锁的难度。而当接触面倾角加大时,接触面倾角增大能够增加接触面上行滑移解锁的难度,与接触面下行滑移影响因素相同,三种影响因素下模拟 Δ 值与理论计算 Δ 值也基本一致,这也验证了理论计算结果的准确性。

3.2.3 粗糙接触面滑移失稳机制

实际生产过程中,煤矸接触面并不是完全平滑的,而是通常以齿合结构形式存在于地层中。接触面的齿合程度往往能够决定其滑移失稳的难度。为了定量分析接触面的粗糙程度,N. Barton 最早提出了节理面粗糙度系数(JRC)这一概念,并给出了 10 条标准曲线[239],如图 3-7 所示。

起初,对节理面粗糙度系数的研究主要通过目测对比和参照评价的方法进行估算,这样具有明显的随机性、盲目性、经验性。之后,众多学者从不同角度对节理面粗糙度系数进行定量表征,其中 R. Tse 和 D. M. Cruden 对 Barton 标准轮廓曲线的研究表明[240],节理面粗糙度系数(JRC)与均方根(Z_2)关系满足下式:

$$\mathrm{JRC} = 32.2 + 32.471\lg Z_2 \tag{3-10}$$

$$Z_2 = \sqrt{\frac{1}{L_0}\sum_{i=1}^{n}\frac{(y_{i+1}-y_i)^2}{x_{i+1}-x_i}} \tag{3-11}$$

式中,L_0 为接触面的总跨距;x_{i+1} 和 x_i 分别为第 $i+1$ 个和第 i 个节理离散点的 x 轴坐标;y_{i+1} 和 y_i 分别为第 $i+1$ 个和第 i 个节理离散点的 y 轴坐标;n 为接触面上离散点的数目。JRC 与 Z_2 有着密切的一一对应关系,两者的相关性系数达到了 0.9863[241-243]。图 3-8 展现了粗糙接触面滑移失稳过程。

从图 3-8 可以看出,粗糙接触面滑移分为“初始咬合—上坡—下坡—再次咬合”四个过程。在滑移上坡过程中 σ 做负功,反之 σ 做正功。根据 Jaeger 摩擦定律可知[244-246]:

$$\begin{cases}\tau \leqslant \tau_{\max} = c + \mu\sigma \\ \tau \leqslant \tau'_{\max} = c - \mu\sigma\end{cases} \tag{3-12}$$

$$\Delta\tau = \tau - \tau' = 2\mu\sigma \tag{3-13}$$

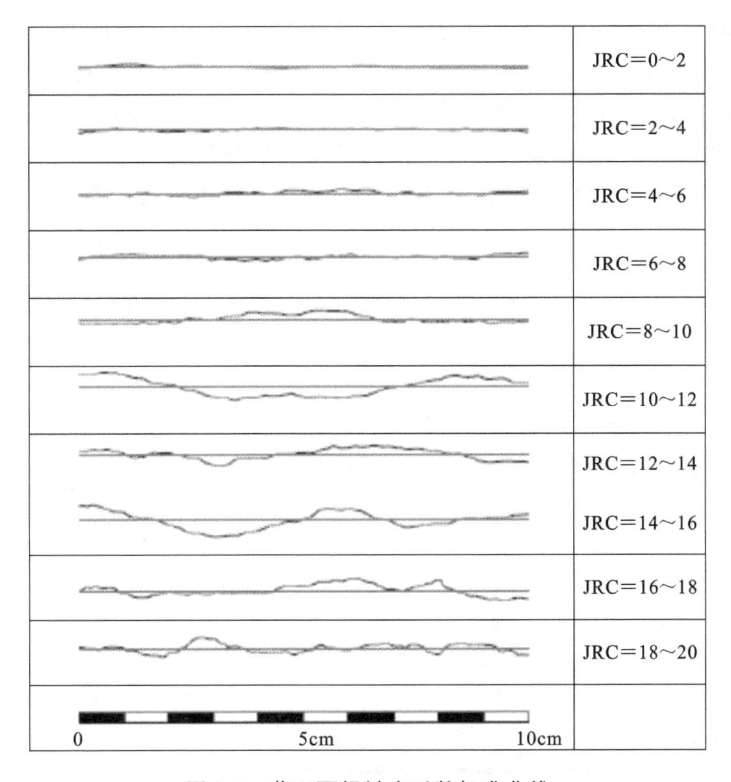

图 3-7 节理面粗糙度系数标准曲线

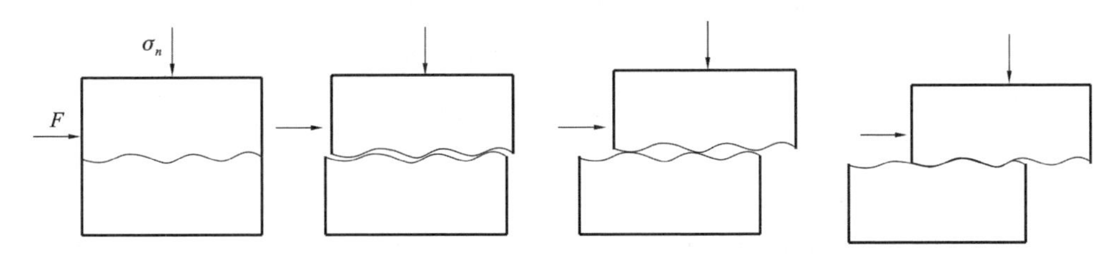

图 3-8 粗糙接触面滑移失稳过程

式中，τ 和 τ'分别为上、下坡接触面剪应力；$\tau_{\max}$ 和 $\tau'_{\max}$ 分别为上、下坡接触面最大剪应力；μ 和 σ 分别为节理面摩擦系数和法向应力；c 和 $\Delta\tau$ 分别为接触面内聚力和剪应力变化波动值。假设两侧坡度一致，剪应力会随着节理面上、下坡而呈波动变化的过程，剪应力波动变化值为 $\Delta\tau=2\mu\sigma$。

3.2.4 粗糙接触面滑移的剪应力变化特征

为了探究粗糙接触面滑移过程中剪应力的变化特征，建立粗糙接触面剪切滑移数值模型，如图 3-9 所示。模型分为上、下两部分，其中，上部块体长和高分别为 3m

和 1.25m，块体上表面施加法向应力 σ_n，块体左表面施加剪切运动速率 $v=1.0$m/s；下部块体长和高分别为 5m 和 1.25m，块体左、右和上边界分别固定。两块体之间的接触面设置为等距离、等坡度的咬合结构面[247-249]，接触面的粗糙程度采用式(3-10)和式(3-11)进行计算，接触面上的剪应力通过编译“FISH”程序进行监测。块体采用线弹性本构模型，接触面采用库仑本构模型。块体和节理参数见表 3-1。

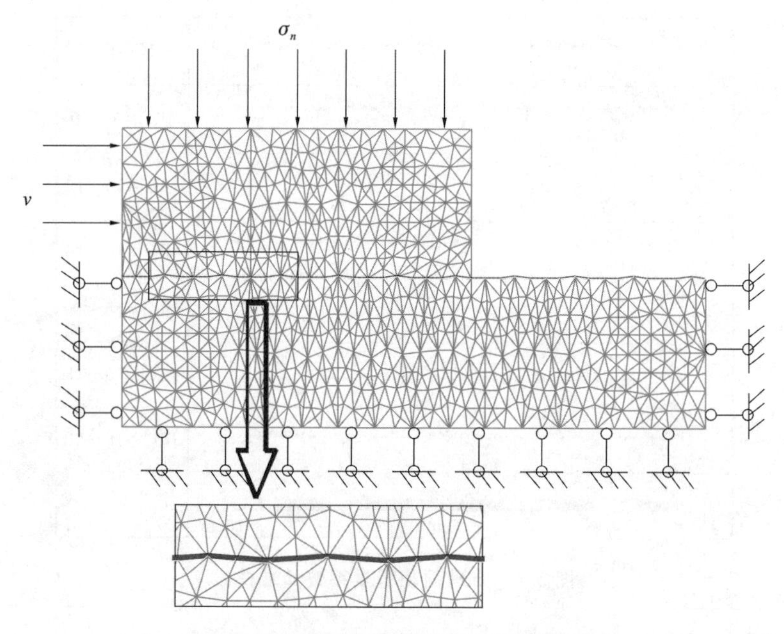

图 3-9　粗糙接触面剪切滑移数值模型

根据理论分析可知，粗糙接触面在滑移过程中剪应力会产生波动变化特征。图 3-10 展示了粗糙接触面上的剪应力随剪切位移变化曲线。

从图 3-10(a)可以看出，随着剪切位移的增大，接触面上的剪应力明显呈周期变化特征。其中，滑移上坡过程中，剪应力迅速增加至波峰 7.5MPa，随后产生了近似稳定的上坡滑移。滑移下坡过程中，剪应力迅速下降至波谷 4.2MPa，再次产生近似稳定的下坡滑移。剪应力的波动变化特征与理论计算结果基本一致，且剪应力的波动变化周期与坡度变化周期也基本相同，均为 0.5m。图 3-10(b)展示了接触面滑移 A(上坡)时刻和 B(下坡)时刻的最大主应力演化云图。从图中可以看出，接触面剪切滑移过程中，接触面附近存在明显的应力集中现象。A 时刻接触面上的最大主应力为 140MPa，B 时刻接触面上的最大主应力为 80MPa，对比各个剪切滑移面应力分布特征可以看出，接触面上坡滑移的应力集中程度均大于下坡滑移。

粗糙接触面在滑移过程中剪应力会受法向应力、内摩擦角及粗糙度系数的影响。为了探究法向应力对粗糙接触面滑移的剪应力影响，采用同一模型、不同法向应力

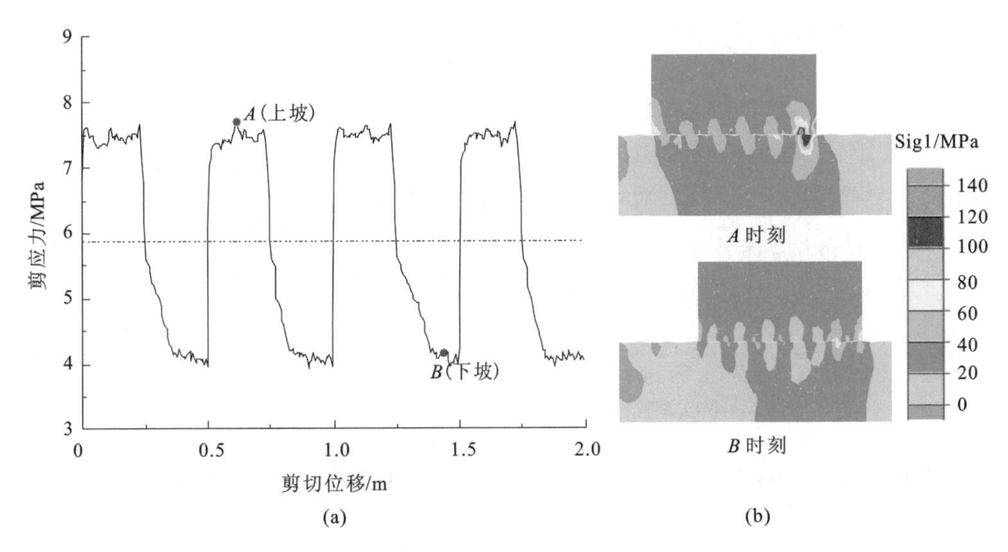

图 3-10 剪应力变化曲线及最大主应力演化云图

(a)剪应力变化曲线;(b)最大主应力演化云图

(σ_n=10MPa、20MPa、30MPa)条件进行数值试验,研究粗糙接触面剪切滑移的法向应力效应。同理,对粗糙接触面剪切滑移的摩擦系数效应也进行对比研究。而对粗糙度系数效应的研究,则分别从坡高和坡距两方面进行。图 3-11 展示了不同法向应力、内摩擦角及粗糙度系数(坡高和坡距)影响下剪应力变化特征曲线。

从图 3-11 可以看出,接触面上的法向应力、内摩擦角和粗糙度系数分别对剪应力大小、波动周期和振幅产生影响,从中可以得出以下结论。

①随着法向应力的增加,接触面上的剪应力逐渐增大,剪应力与法向应力呈线性增长关系,满足关系式 $\tau=k\sigma_n$(k 为常数)。如法向应力为 10MPa 时,剪应力的波峰为 4.71MPa、波谷为 1.18MPa;而当法向应力为 30MPa 时,剪应力的波峰为 10.56MPa、波谷为 6.76MPa。但法向应力的变化并不能引起剪应力的波动周期和最大振幅的改变。

②随着内摩擦角的增加,接触面上的剪应力也逐渐增大,剪应力与法向应力呈正切函数增长,满足关系式 $\tau=\sigma_n\tan\varphi_f$($\sigma_n$ 为常数)。内摩擦角的变化同样不能引起剪应力的波动周期改变,但可以改变剪应力波动的最大振幅。

③当坡距不变,坡高逐渐增加时,接触面粗糙度系数逐渐增大,剪应力波动的最大振幅也随之增大,但剪应力波动周期并不随坡高的改变而变化。这说明当坡距不变时,剪应力波动的最大振幅与坡高呈正相关,波动周期与坡高无关。

④当坡高不变,坡距逐渐增加时,接触面粗糙度系数逐渐减小。此时剪应力的波动周期逐渐变大,剪应力波动的最大振幅逐渐减小。这说明当接触面坡高不变时,剪

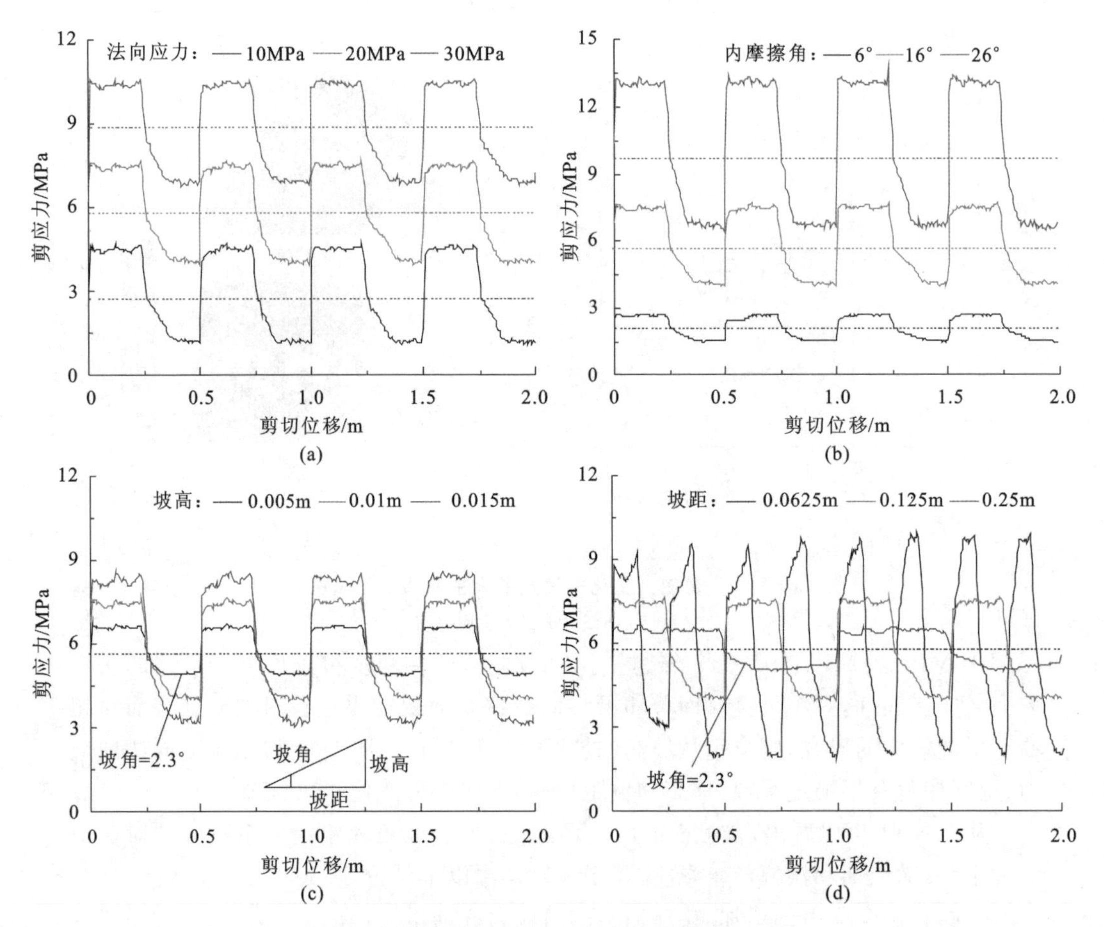

图 3-11　粗糙接触面剪应力与各影响因素变化曲线

(a)法向应力；(b)内摩擦角；(c)坡高；(d)坡距

应力的波动周期与坡距呈正相关，波动的最大振幅与坡距呈负相关。

⑤对比图 3-11(c)和图 3-11(d)可以发现，接触面剪应力的波动振幅受坡高和坡距两种因素的影响。当坡角相同时，剪应力波动的最大振幅基本相同，并且剪应力波动的最大振幅随着坡角的增大而逐渐增大，这说明剪应力波动的最大振幅与坡角呈正相关。

3.3　组合结构破碎失稳机理

在外荷载作用下，岩石的均质性造成局部应力场异常，出现横向拉应力，在拉应力作用下产生了微裂纹，随着压力的增大，裂隙不断扩展直至最后破坏。研究结果显示，岩石破碎过程中强度曲线近似呈二次抛物线形式分布，岩石强度包络线如图 3-12 所示，表达式见式(3-14)：

$$\tau^2 = n(\sigma + \sigma_t) \tag{3-14}$$

式中，σ_t 为岩石的抗拉强度；n 为待定系数。

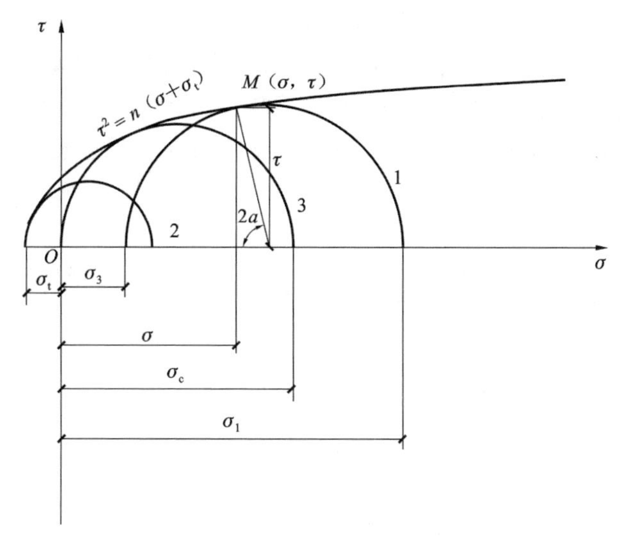

图 3-12　岩石强度包络线

利用图 3-12 中的关系，可以计算出下式：

$$\begin{cases} \dfrac{1}{2}(\sigma_1 + \sigma_3) = \sigma + \tau\cot 2a \\ \dfrac{1}{2}(\sigma_1 - \sigma_3) = \dfrac{\tau}{\sin 2a} \end{cases} \tag{3-15}$$

其中，τ、$\cot 2a$ 和 $\sin 2a$ 可从式(3-16)及图 3-12 计算求得：

$$\begin{cases} \tau = \sqrt{n(\sigma + \sigma_t)} \\ \dfrac{d_\tau}{d_\sigma} = \cot 2a = \dfrac{n}{2\sqrt{n(\sigma + \sigma_t)}} \\ \dfrac{1}{\sin 2a} = \csc 2a = \sqrt{1 + \dfrac{n}{4(\sigma + \sigma_t)}} \end{cases} \tag{3-16}$$

将式(3-16)代入式(3-15)，可求得边坡岩石强度包络线的主应力表达式为：

$$(\sigma_1 - \sigma_3)^2 = 2n(\sigma_1 + \sigma_3) + 4n\sigma_t - n^2 \tag{3-17}$$

在单轴压缩条件下，有 $\sigma_3 = 0$，$\sigma_1 = \sigma_c$，则式(3-17)可变为：

$$n^2 - 2(\sigma_c + 2\sigma_t)n + \sigma_c^2 = 0 \tag{3-18}$$

可近似求解得：

$$n = \sigma_c + 2\sigma_t \pm 2\sqrt{\sigma_t(\sigma_c + \sigma_t)} \tag{3-19}$$

利用式(3-14)、式(3-16)和式(3-19)即可判断岩石是否发生破碎。

基于断裂力学理论可知，煤岩体破碎失稳包含纵向破坏、剪切破坏和拉伸破坏三种类型[250-253]，如图 3-13 所示。纵向破坏是指煤岩体破坏方向与应力加载方向一致的破坏形式，常见于无支护煤岩柱的侧面掉落现象，破坏形式见图 3-13(a)；剪切破坏是指煤岩体破坏方向与应力加载方向呈现一定角度的破坏形式，常见于地质结构面上的滑移现象，破坏形式见图 3-13(b)；拉伸破坏是指煤岩体破坏方向与应力加载方向呈现直角、破坏面之间并未产生相对滑移的破坏形式，常见于巷道两帮的劈裂现象，破坏形式见图 3-13(c)。

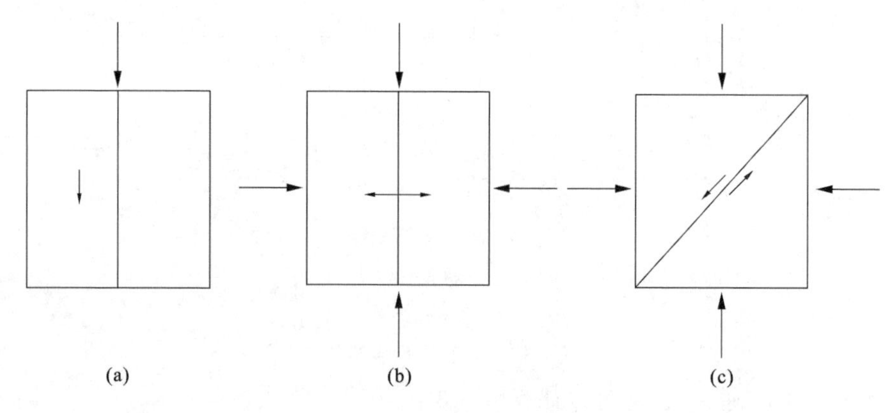

图 3-13　三种破坏类型

(a)纵向破坏；(b)剪切破坏；(c)拉伸破坏

基于围岩卸荷力学变化可知，卸荷开挖过程中，围岩径向应力由初始原岩状态逐步卸荷，直至最终径向应力为 0。切向应力逐渐增大，当煤岩体内部微裂纹周围的切向应力足够大时，微裂纹会在发生摩擦滑动和自相似性扩展的基础上发生弯折扩展，产生平行于巷帮的宏观裂纹，此时微裂纹两侧的径向应力为 0，认为该宏观裂隙为拉伸破坏[254,255]。当在围压影响下微裂纹不能发生弯折扩展时，产生的裂纹类型为剪切裂纹，剪切裂纹进一步发展则转化为宏观剪切裂隙，煤岩体会沿着该宏观裂隙产生剪切破坏[256]。拉伸和剪切破坏力学本构模型如图 3-14 所示。

节理面强度通过内摩擦角 φ、内聚力 c 及抗拉强度 σ_t 来定义[257-259]。

法向方向：

$$\Delta\sigma_n = -k_n \Delta u_n \tag{3-20}$$

式中，$\Delta\sigma_n$ 为法向有效应力增量；Δu_n 为法向位移增量；k_n 是法向刚度。

当节理面的拉应力超过 σ_t，即 $\Delta\sigma_n = 0$ 时，说明节理面在法向方向发生了拉伸破坏。

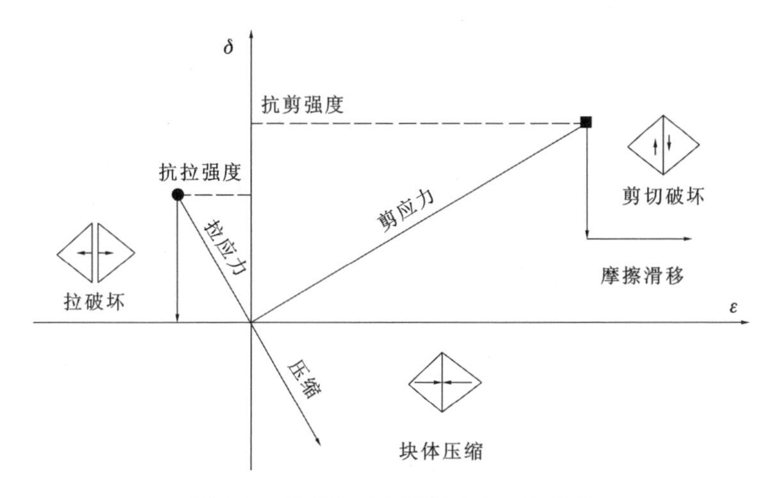

图 3-14　拉伸和剪切破坏力学本构模型

剪切方向：

$$|\tau_s| \leqslant c + \sigma_n \tan\varphi = \tau_{\max} \tag{3-21}$$

则

$$\Delta\tau_s = -k_s \Delta u_s^e \tag{3-22}$$

否则，当

$$|\tau_s| \geqslant \tau_{\max} \tag{3-23}$$

则

$$\tau_s = \mathrm{sgn}(\Delta u_s^e)\tau_{\max} \tag{3-24}$$

式中，Δu_s^e 为剪切位移增量的弹性分量；τ_s 为切向位移；$\tau_{\max}$为节理面最大抗剪强度。如果$|\tau_s| \geqslant \tau_{\max}$，则说明节理面在切向方向上发生了剪切破坏。

3.4　组合结构滑移与破碎耦合失稳机制

由于煤矸接触弱面的影响，组合结构可能产生沿结构面的滑移失稳[260-263]。与断层等单接触面的滑移失稳不同，煤矸组合结构含有两个接触面，每一个接触面的滑移状态均能改变组合结构的失稳形式。因此，煤矸组合结构的滑移失稳状态更加复杂。考虑煤矸组合结构既有接触面滑移又有煤岩体破碎的失稳特征，可以将煤矸组合结构失稳分为破碎失稳、单一接触面滑移破碎失稳和双接触面滑移破碎失稳三种形式，其中，单一接触面滑移破碎失稳又可以分为单一上接触面滑移破碎失稳和单一下接触面滑移破碎失稳两种形式。煤矸组合结构滑移与破碎耦合失稳特征如

图 3-15 所示。

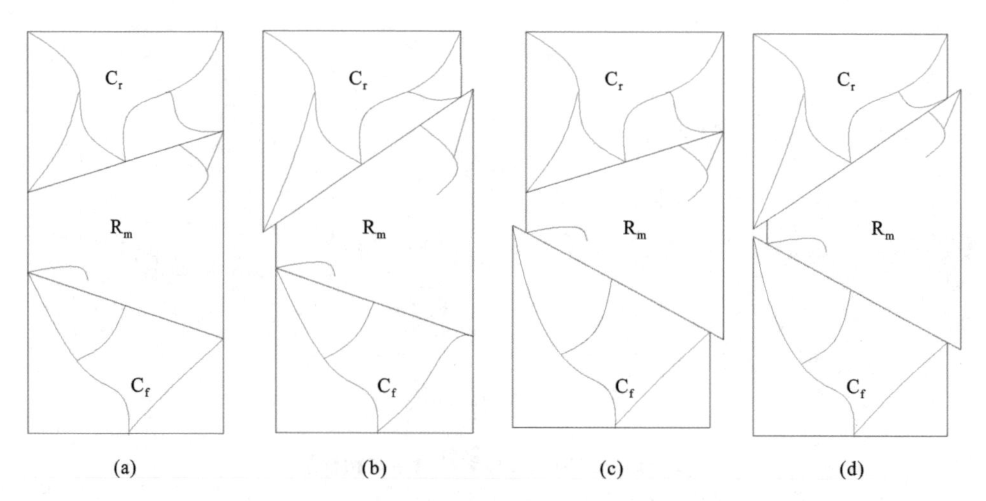

图 3-15 煤矸组合结构滑移与破碎耦合失稳特征

破碎失稳形式是煤矸两侧接触面均不满足滑移条件，接触面始终处于稳定闭锁状态，如图 3-15(a)所示。随着轴向应力的增大，煤矸组合结构因煤岩体破碎而失去承载能力的失稳形式。即上、下接触面满足关系式：

$$\begin{cases} |F_{(\Delta,\alpha)}| \leqslant \tan\varphi_{\alpha} \\ |F_{(\Delta,\beta)}| \leqslant \tan\varphi_{\beta} \end{cases} \tag{3-25}$$

单一接触面滑移破碎失稳形式是某一个(上或下)接触面满足滑移条件，另一个接触面不满足滑移条件，如图 3-15(b)、(c)所示。随着围岩应力的变化，上(下)部接触面产生滑移失稳，下(上)部接触面始终处于稳定闭锁状态。最终，组合结构通过上(下)接触面滑移和煤岩体破碎耦合失去承载能力的失稳形式。即上或下接触面满足关系式：

$$\begin{cases} |F_{(\Delta,\alpha)}| > \tan\varphi_{\alpha} \\ |F_{(\Delta,\beta)}| \leqslant \tan\varphi_{\beta} \end{cases} \quad \text{或} \quad \begin{cases} |F_{(\Delta,\alpha)}| \leqslant \tan\varphi_{\alpha} \\ |F_{(\Delta,\beta)}| > \tan\varphi_{\beta} \end{cases} \tag{3-26}$$

双接触面滑移破碎失稳形式是组合结构上接触面满足滑移失稳条件，同时下接触面也满足滑移失稳条件，如图 3-15(d)所示。随着围岩应力的变化，上、下两个接触面均产生滑移失稳，同时煤岩体也产生了破碎失稳的现象。即上、下接触面满足关系式：

$$\begin{cases} |F_{(\Delta,\alpha)}| > \tan\varphi_{\alpha} \\ |F_{(\Delta,\beta)}| > \tan\varphi_{\beta} \end{cases} \tag{3-27}$$

3.5 组合结构压缩-扭转变形失稳机理

根据煤岩体压缩破坏试验可知，完整煤岩体压缩破坏的应力-应变曲线中存在明显的弹性变形阶段。该阶段内煤岩产生弹性变形，外力做功以弹性应变能的方式储存在煤岩体内部，这说明煤岩块体具有一定的变形承载能力。对于完整煤岩体，压缩破碎过程中煤岩体会产生压缩变形直至煤岩破碎。而对于煤矸组合结构，由于煤矸接触弱面的存在，煤岩体会产生沿接触面的滑移失稳，滑移能够引起煤岩体变形失稳特征由压缩变形转化为压缩-扭转变形。为了探究接触面滑移诱导煤矸组合结构压缩-扭转变形的失稳特征，采用 UDEC 数值模拟软件建立“煤-夹矸-煤”组合结构模型。组合结构模型由上部煤体、中部岩体和下部煤体三部分构成，如图 3-16(a)所示。

模型尺寸为 100mm×200mm，底部边界固支，左、右两侧边界施加 10MPa 水平应力模拟围压效果，上部边界水平位移固定（实验室试验存在的端面摩擦效应能够促使煤岩体微变形，此处为了更好地观察数值试验变形效果，采用水平位移固定边界条件），垂直位移可自由变化。模型内部设置上、下两个结构面，上结构面倾角为38.7°，下结构面倾角为 11.3°。为了消除煤岩块体破碎对组合结构变形失稳的影响，块体

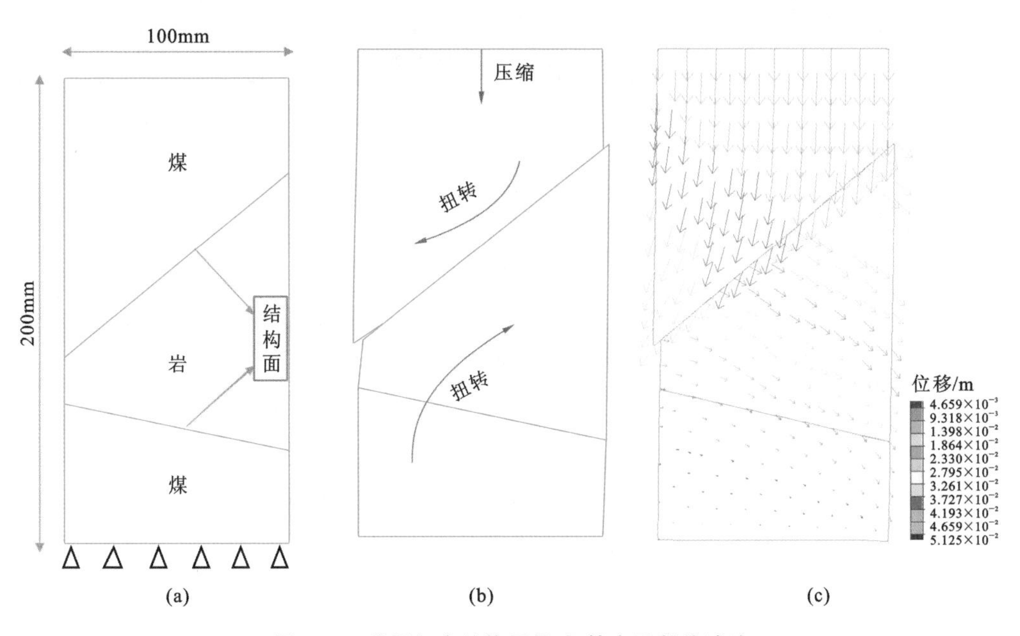

图 3-16 煤矸组合结构压缩-扭转变形数值试验

(a)数值模型；(b)变形特征；(c)位移变化特征

内部不再进行节理裂隙分割。模型块体采用线弹性本构模型，接触面采用库仑本构模型。选取的块体和节理面参数见表 3-1。煤矸组合结构压缩-扭转变形特征如图 3-16(b)所示，位移变化特征如图 3-16(c)所示。

从图 3-16(b)可以看出，在轴向压应力的作用下，组合模型产生了垂直方向的压缩变形。轴向压缩过程中，由于上接触面满足滑移条件，上接触面会产生滑移现象，但上、下边界水平方向位移的固定会阻碍上接触面的滑移，从而导致上部煤体产生向左下方的扭转变形。而下接触面由于未满足滑移条件，下部煤体和中部岩体会沿着上接触面产生向右上方的扭转变形。从图 3-16(c)可以看出，上部煤体的位移方向由垂直向下逐渐向左下方偏转，并且扭转位移量逐渐增大。中部岩体位移方向均沿右下方偏移，并且右上角的扭转位移量最大，组合结构模型产生了明显的压缩-扭转变形失稳特征。

组合结构模型压缩-扭转变形过程中，块体因扭转变形会与原模型之间产生偏角，称之为扭转角 θ，如图 3-17(a)所示。煤矸组合结构上、下接触面受压缩-扭转变形影响的滑移判别式为：

$$\begin{cases} F_{(\Delta,\alpha)}=\dfrac{\sin(\alpha-\theta)\cos(\alpha-\theta)}{\dfrac{1}{1-\Delta}-\sin^2(\alpha-\theta)} \\ F_{(\Delta,\beta)}=\dfrac{\sin(\beta+\theta)\cos(\beta+\theta)}{\dfrac{1}{1-\Delta}-\sin^2(\beta+\theta)} \end{cases} \tag{3-28}$$

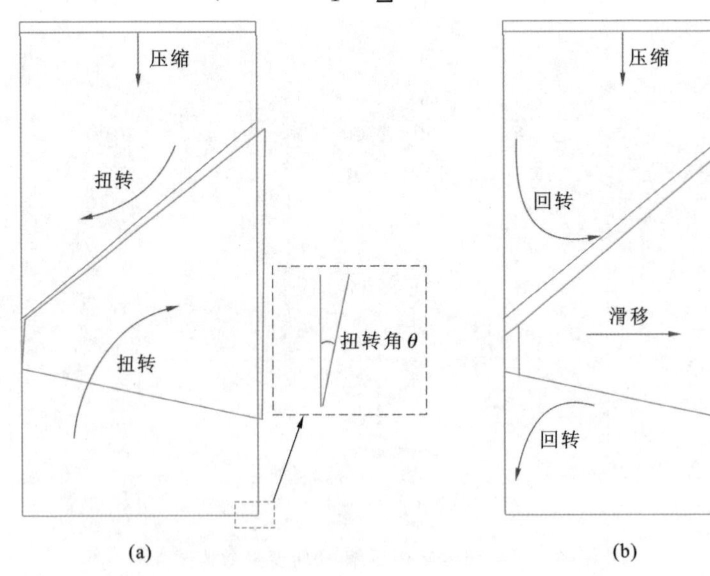

图 3-17 煤矸组合结构压缩-扭转变形失稳特征

(a)扭转角；(b)模型失稳

由式(3-28)可知,随着接触面的扭转变形量的增大,扭转角 θ 逐渐增大,上接触面倾角逐渐变小,上接触面滑移解锁难度逐渐增大。而下接触面倾角会逐渐增大,滑移解锁难度逐渐减小。当下接触面的倾角满足解锁滑移条件时,中部岩体即会沿下接触面产生滑移。图 3-17(b)展示了组合结构模型的最终失稳状态。从图中可以看出,上部煤体产生了向右的回转变形,下部煤体产生了向左的回转变形,中部岩体沿着接触面向右侧滑移,最终块体变形完全恢复,模型最终失稳。

综上所述,煤矸组合结构破坏失稳过程中伴随着压缩-扭转变形失稳。扭转变形能够降低滑移面的倾角,促使滑移面的滑移难度逐渐增加,同时扭转变形也能增加非滑移面的倾角,促使非滑移面的滑移难度降低。

3.6 组合结构破坏失稳能量耗散机制

基于热力学理论可知,煤矸组合结构滑移与破碎失稳过程实质上是能量的积聚、耗散和释放过程[264-266],也可以理解为能量系统平衡过程的状态展示。张志镇[267]将受载煤体的能量转化过程分为能量输入、能量储存、能量耗散和能量释放四个部分。对三轴加卸荷状态下煤矸组合结构来说,外力做功分为环向、切向和径向应力三个方向做功,用 U_1、U_2 和 U_3 表示为:

$$\begin{cases} U_1 = \int \sigma_1 \mathrm{d}\varepsilon_1 = \sum\limits_{i=0}^{n} \dfrac{1}{2}(\sigma_{1_i} + \sigma_{1_{i+1}})(\varepsilon_{1_{i+1}} - \varepsilon_{1_i}) \\ U_2 = \int \sigma_2 \mathrm{d}\varepsilon_2 = \sum\limits_{i=0}^{n} \dfrac{1}{2}(\sigma_{2_i} + \sigma_{2_{i+1}})(\varepsilon_{2_{i+1}} - \varepsilon_{2_i}) \\ U_3 = \int \sigma_3 \mathrm{d}\varepsilon_3 = \sum\limits_{i=0}^{n} \dfrac{1}{2}(\sigma_{3_i} + \sigma_{3_{i+1}})(\varepsilon_{3_{i+1}} - \varepsilon_{3_i}) \end{cases} \tag{3-29}$$

式中,σ_1,σ_2,σ_3 分别为组合结构环向、切向和径向应力;ε_1,ε_2,ε_3 分别为组合结构环向、切向和径向应变。

基于弹性力学公式可知,静水应力下煤矸组合结构中储存的应变能密度 U_0 可表示为:

$$U_0 = \frac{3(1-2\nu)}{2E_\mathrm{m}}(\sigma_3)^2 \tag{3-30}$$

式中,ν 为组合结构初始泊松比。

在常规三轴试验中,围压 $\sigma_2 = \sigma_3$。因此可以认为切向应力做功与径向应力做功相等,即 $U_2 = U_3$。那么试验过程中由外力做功产生的总应变能可表示为:

$$U_{总} = U_1 + 2U_3 + U_0 \tag{3-31}$$

在三轴试验中，通常认为压应力方向为正，环向应力做正功，径向应力做负功。因此，外力做功 $U_1>0$，$U_2=U_3<0$。

在不考虑环境温度变化产生的热能的条件下，外力做功会转化为两部分，一部分以弹性能的形式储存于结构内部，另一部分以塑性能、损伤能和动能等形式进行耗散，如图 3-18 所示。基于热力学第一定律可知：

$$U_{总}=U^{e}+U^{d} \tag{3-32}$$

式中，U^e 为弹性应变能；U^d 为耗散能，包含塑性能、损伤能和动能等。

常规三轴应力条件下，组合结构弹性应变能 U^e 可表示为：

$$U^{e}=\frac{1}{2E_{m}}[\sigma_1^2+2\sigma_3^2-2\nu(2\sigma_1\sigma_3+\sigma_3^2)] \tag{3-33}$$

耗散能 U^d 可表示为：

$$U^{d}=E_{p}+E_{s}+E_{k}=\int_{V}\sigma_{ij}\,\mathrm{d}\varepsilon_{ij}^{p}+A_{s}\gamma_{s}+\sum\frac{1}{2}m_{i}v_{i}^{2} \tag{3-34}$$

式中，E_p 为塑性能；E_s 为损伤能；E_k 为动能；σ_{ij} 为单元体应力张量；ε_{ij}^p 为单元体塑性应变张量；A_s 为新生裂纹表面积；γ_s 为表面自由能；m_i 为单元体质量；v_i 为单元体速度。

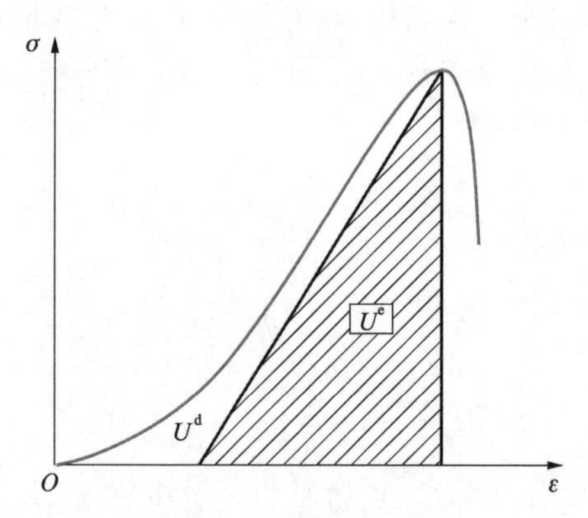

图 3-18 弹性应变能和耗散能关系曲线

因此，煤矸组合结构能量守恒关系式可表述为：

$$U_1+2U_3+U_0-U^{e}=\int_{V}\sigma_{ij}\,\mathrm{d}\varepsilon_{ij}^{p}+A_{s}\gamma_{s}+\sum\frac{1}{2}m_{i}v_{i}^{2} \tag{3-35}$$

由式(3-35)可以看出，假设外力做功恒定，卸荷能够逐渐降低组合结构周围的径向压应力，弹性应变能 U^e 迅速释放，U^e 减小，耗散能 U^d 逐渐增多。增多的耗散能可以解锁接触面滑移，增加组合结构失稳过程中的动能 E_k。同时，卸荷也能够引起围岩承载能力降低，裂纹增多，进而引起损伤能增加。因此，卸荷能够加速煤矸组合结构的能量耗散，从而诱发组合结构滑移破碎失稳。

3.7 本章小结

基于理论分析和数值试验验证，推导了煤矸接触面滑移的力学判据及触发条件，研究了粗糙接触面的剪应力变化特征和破碎失稳机理，得到了煤矸组合结构滑移与破坏耦合失稳机制，并对煤矸组合结构压缩-扭转变形失稳机理及能量耗散机制进行了研究，主要得到了以下结论。

①基于莫尔-库仑准则，推导了煤矸接触面滑移的判别公式：

$$F_{(\Delta,\vartheta)}=\frac{\sin\vartheta\cos\vartheta}{\dfrac{1}{1-\Delta}-\sin^{2}\vartheta}$$

当 $F_{(\Delta,\vartheta)}>\tan\varphi_{f}$ 时，接触面剪应力大于其极限抗剪强度，接触面会产生下行滑移解锁；当 $-\tan\varphi_{f}\leqslant F_{(\Delta,\vartheta)}\leqslant\tan\varphi_{f}$ 时，接触面剪应力小于或等于其极限抗剪强度，接触面会产生稳定闭锁；当 $F_{(\Delta,\vartheta)}<-\tan\varphi_{f}$ 时，接触面剪应力大于其极限抗剪强度，接触面会产生上行滑移解锁。

接触面下行滑移解锁触发条件为：

$$0<\Delta<1-\frac{1}{\dfrac{\sin2\vartheta}{2\tan\varphi_{f}}+\sin^{2}\vartheta}$$

接触面上行滑移解锁触发条件为：

$$\Delta>1-\frac{1}{\sin^{2}\vartheta-\dfrac{\sin2\vartheta}{2\tan\varphi_{f}}}$$

②接触面的滑移失稳形式不仅受接触面倾角的影响，还受围岩应力变化的影响。当轴压较大时，接触面会产生下行滑移；当围压较大时，接触面会产生上行滑移；内摩擦角能够改变接触面滑移解锁难度，随着内摩擦角的增大，接触面滑移解锁难度逐渐增大。

③粗糙接触面滑移失稳过程中剪应力呈波动变化特征。法向应力增加能够引起接触面上的剪应力增大；内摩擦角增大能够引起剪应力的波动振幅增大；坡距不变、坡高增大时，剪应力波动的振幅逐渐增大，波动周期与坡高无关；坡高不变、坡距增大时，剪应力的波动周期逐渐增大，波动的最大振幅与坡距呈负相关；坡角相同时，剪应力波动的振幅基本相同。

④受煤矸组合结构压缩-扭转变形影响，大倾角滑移接触面的倾角会逐渐减小，滑移解锁难度逐渐增加。而小倾角非滑移接触面的倾角会逐渐增大，滑移解锁难度逐渐降低。两接触面均产生滑移时，组合结构压缩-扭转变形现象会逐渐减弱，回转变形现象逐渐增强。

⑤卸荷能够引起围岩承载能力降低，裂纹增多，损伤能增加，加速煤矸组合结构的能量耗散，从而降低煤矸组合结构的稳定性。

4 分岔区煤层结构失稳数值试验研究

近年来,随着计算机技术的快速发展,数值模拟技术被广泛应用于岩石力学领域。与理论分析和试验测试相比,数值模拟能够有效地研究复杂岩体的力学响应、裂隙演化、变形和破坏特征,并且具有周期短、成本低和可重复性操作强等优点[268-270]。连续与非连续介质方法均可模拟外载作用下煤岩体的破坏过程,但连续介质方法,如FLAC3D数值软件,具有无法获取裂隙发育的信息,也不能从宏细观层面展现裂隙的萌生、扩展及交汇的局限性[271,272]。而非连续介质方法,如离散元中的UDEC数值软件,能够将岩石材料离散化为有限个相交结构面切割形成的块体集合,可对模型中块体的移动和旋转进行分析,能够较好地模拟裂纹萌生及扩展演化的过程[273-275]。因此,本章基于UDEC数值模拟技术研究卸荷路径下煤矸组合结构的破坏失稳形式,并基于"FISH"语言程序的二次开发,对煤矸组合结构破坏失稳过程中裂隙萌生、扩展演化及分布规律进行研究。

4.1 UDEC数值原理

离散元法是20世纪70年代由Cundall提出的[276],按其单元类型可分为颗粒离散元和块体离散元。比较有代表性的块体离散元程序为Universal Distinct Element Code(UDEC),UDEC认为岩体是由一系列块体和节理黏合而成的组合体。在动、静载荷的作用下,块体会产生弹塑性变形,节理会产生剪切和拉伸破坏,块体与节理遵循各自的本构准则。UDEC块体接触模型见图4-1。

块体变形特征通过体积模量K及剪切模量G表征,体积模量K及剪切模量G通过式(4-1)、式(4-2)计算[257,276]:

$$K=\frac{E}{3(1-2\nu)} \tag{4-1}$$

$$G=\frac{E}{2(1+\nu)} \tag{4-2}$$

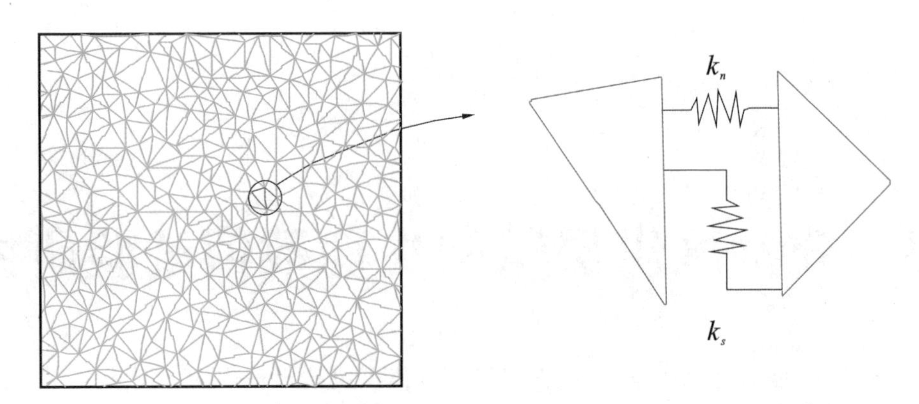

图 4-1　UDEC 块体接触模型

k_n—节理法向刚度；k_s—节理切向刚度

式中，E 和 ν 分别为杨氏模量和泊松比。

节理法向刚度 k_n 和切向刚度 k_s 通过式(4-3)和式(4-4)计算[257,276]：

$$k_n = n\left[\frac{K+(4/3)G}{\Delta Z_{\min}}\right],\quad 1 \leqslant n \leqslant 10 \tag{4-3}$$

$$k_s = 0.4k_n \tag{4-4}$$

式中，$\Delta Z_{\min}$ 为接触法向单元的最小边长。

4.2　裂隙损伤评价体系的构建

冲击地压的形成是由于采掘活动引起的煤岩周围应力状态的改变，从而使裂隙产生、扩展和贯通的过程[277-279]。国内外许多学者采用单轴、三轴或相似模拟试验再现了煤岩体冲击破坏的过程，声发射监测系统也被应用于监测煤岩体内部裂隙破裂信息，裂隙的扩展演化规律被广泛研究[280-282]。声发射监测系统能够对破裂数及位置进行有效的监测和精确的定位，然而在定量描述煤岩体内部损伤方面却略显不足。冲击地压的形成是弹性能的积累和快速释放的过程[283,284]，许多学者对能量的演化过程进行了理想状态的理论计算和试验研究，这些研究集中于定性分析，而不是定量研究。因此，定量研究煤岩体内部的能量演化规律也是一个亟待解决的问题。基于此，定义了以下几种参数变量，定量分析煤矸组合结构内部的损伤及能量演化过程。

(1)损伤程度

损伤程度是指煤岩体内部损伤节理(拉伸破坏和剪切破坏)长度与总节理长度之比，用裂隙损伤率 D 表示[285,286]。

$$D = D_{\mathrm{T}} + D_{\mathrm{S}} = \frac{L_{\mathrm{T}} + L_{\mathrm{S}}}{L_{\mathrm{O}}} \tag{4-5}$$

式中，D_{T} 为拉伸破坏损伤参数；D_{S} 为剪切破坏损伤参数；L_{O} 为总节理长度；L_{T} 为拉伸破坏节理长度；L_{S} 为剪切破坏节理长度。

由式(4-5)可知，裂隙损伤率 D 位于 0～1 之间。当 $D \to 0$ 时，说明节理面破坏程度较小；当 $D \to 1$ 时，说明节理面基本完全破坏。损伤参数 D 可以实时表征煤岩体内部的裂隙发育状态。

(2)裂隙萌生和损伤阈值

伴随着应力的加载，煤岩体会产生轴向应变和径向应变。体积应变在数值上表现为先增大后减小的过程，本书将体积应变 ε_v 定义为轴向应变 ε_1 和径向应变 ε_2 之和，即：

$$\varepsilon_v = \varepsilon_1 + \varepsilon_2 \tag{4-6}$$

当接触面上的剪应力高于其最大抗剪/抗拉强度时，试样中会产生拉伸或剪切破坏。将初次产生裂纹时的应力值称为裂纹萌生阈值，裂隙快速发育点所对应的应力值称为裂隙损伤阈值，通常该点为体积应变的转折点[287,288]。单轴压缩状态下砂岩试样的裂纹萌生阈值 σ_{i} 和裂隙损伤阈值 σ_{m} 关系曲线如图 4-2 所示。

(3)能量积累

能量积累过程也是节理的储能过程，积累的能量包含压缩应变能、剪切应变能和拉伸应变能三种[289-291]。

当 $f_n \geqslant 0$ 时，每一个节理的压缩应变能计算如下式：

$$U_{jc} = -\frac{1}{2}(f_n + f_n')u_n \tag{4-7}$$

当 $f_n < 0$ 时，每一个节理的拉伸应变能计算如下式：

$$U_{jc} = -\frac{1}{2}(f_n + f_n')u_n \tag{4-8}$$

式中，f_n 和 f_n' 分别为本时步和前一时步节理面上的法向应力；u_n 为在本时步中节理面的法向位移。

当 $f_s < f_{s\max}$ 时，每一个节理的剪切应变能计算如下式：

$$U_{js} = -\frac{1}{2}(f_s + f_s')u_s \tag{4-9}$$

式中，f_s 和 f_s' 分别为本时步和前一时步接触面上的切向应力；u_s 为在本时步中接触面上的剪切位移；$f_{s\max}$ 是节理面的最大抗剪强度。

(4)能量耗散

能量耗散主要通过破裂块体之间的摩擦滑移进行耗散[257]。对于线性或非线性刚度变化本构模型，剪切破坏的节理面滑移耗散计算公式也不相同，式(4-10)表示库

仑模型(线性刚度变化)的计算:

当 $f_s \geqslant f_{smax}$ 时

$$U_{jf} = \sum_{i=1}^{n_c} \frac{1}{2}(f_s + f_s')u_s \tag{4-10}$$

式中,n_c 是接触面数目。

连续屈服模型(非线性刚度变化)的计算:

$$U_{jf} = \sum_{i=1}^{n_c} \frac{1-F}{2}(f_s + f_s')u_s \tag{4-11}$$

式中,F 是屈服因子。

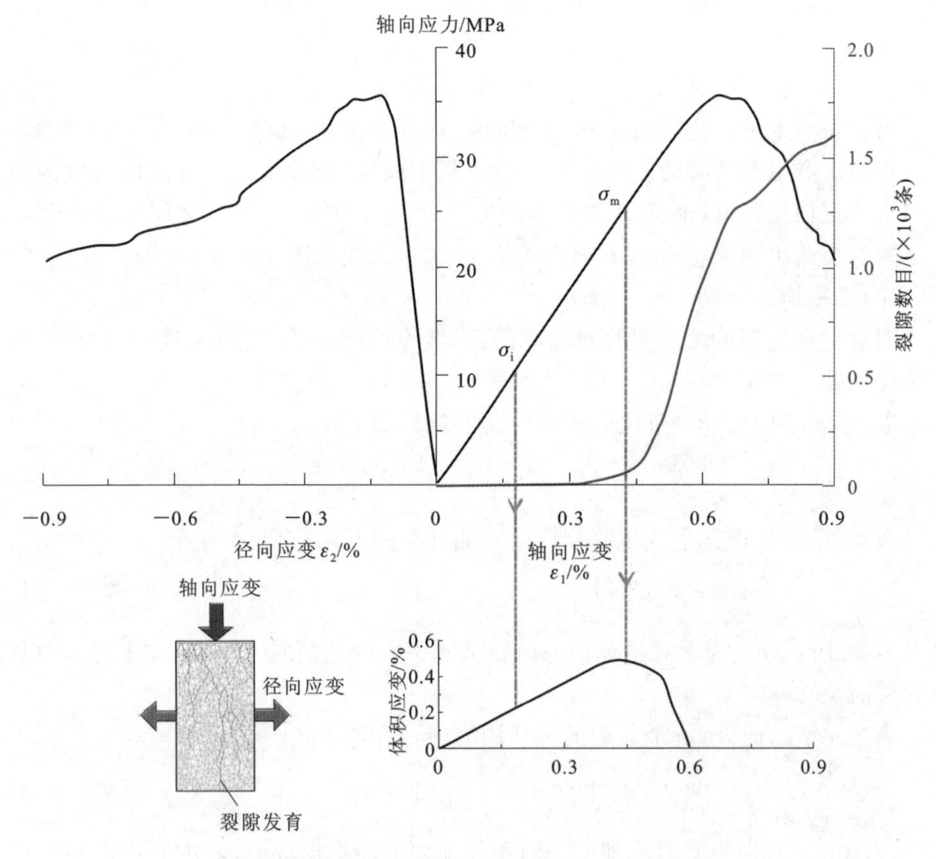

图 4-2　裂纹萌生阈值和裂隙损伤阈值关系曲线

总摩擦耗散能是指在节理破坏过程中,克服节理面滑移所消耗的能量,由式(4-12)进行计算:

$$W_j = \sum_{i=1}^{n_t} U_{jf} \tag{4-12}$$

式中，W_j 是总摩擦耗散能；n_t 是模型运行的总时步长。

(5)动能和动能变化率

动能是对模型失稳过程中各单元块体的运行状态的表征，通过统计每个网格点上的质量和速度来确定每个单元的动能，并对所有网格点求和[292]。对于以动能形式释放于结构体外部的能量 U_k，由式(4-13)进行计算：

$$U_k = \sum_{i=1}^{n_{gp}} \frac{1}{2} m_i (u_i)^2 \tag{4-13}$$

式中，n_{gp} 是总节点数；m_i 是节点 i 的质量；u_i 是本时步中节点 i 的速度。

动能变化率是指一个时间步长的动能变化增量，由式(4-14)进行计算：

$$U_{k_{inc}} = \frac{U_{k_n} - U_{k_{n-1}}}{\Delta t} \tag{4-14}$$

式中，U_{k_n} 是本时步的动能；$U_{k_{n-1}}$ 是前一时步的动能；Δt 是两时步之间的时间间隔。

4.3 微观力学参数校准

UDEC 数值模型所需的微观力学参数包含块体及节理两部分，两者参数均不能通过实验室力学试验直接获得，需经过反复的数值模拟与实验室试验进行校准比对。校准试验主要采用单轴压缩和巴西劈裂试验。根据岩石力学室内试验(ISRM)标准，采用直径 50mm、高度 100mm 的煤岩试样进行单轴压缩试验，采用直径 50mm、高度 25mm 的圆盘试样进行巴西劈裂试验。UDEC 数值模型与校准式样尺寸保持一致。图 4-3 和图 4-4 分别展示了单轴压缩和巴西劈裂试验的校准试样与数值模型。

4.3.1 块体尺寸影响

在 UDEC 数值模拟过程中，模型块体内部不会产生破坏，只会发生弹/塑性变形，裂隙发育仅产生于块体之间接触面/点[293]。因此，模型块体的大小决定了裂隙的发育位置和尺度，也决定了裂隙的发育特征。为了探究块体尺寸对裂隙发育特征的影响，选用块体平均边长为 7mm、5mm 和 3mm 的三种模型进行数值试验，并与实验室试验结果进行比对。图 4-5 为不同块体尺寸的数值模型。从图 4-5 可以看出，节理的位置和尺度随着块体尺寸的变化而发生改变，随着块体尺寸的减小，单一节理长度逐渐减小，节理密度逐渐增大。

(a)

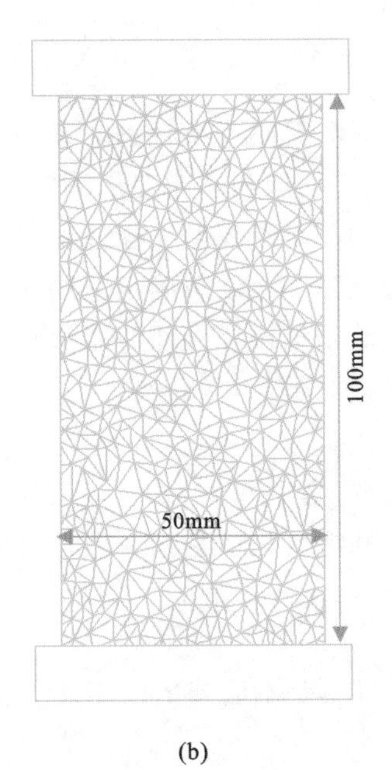

(b)

图 4-3 单轴压缩试验

(a)校准试样;(b)数值模型

(a)

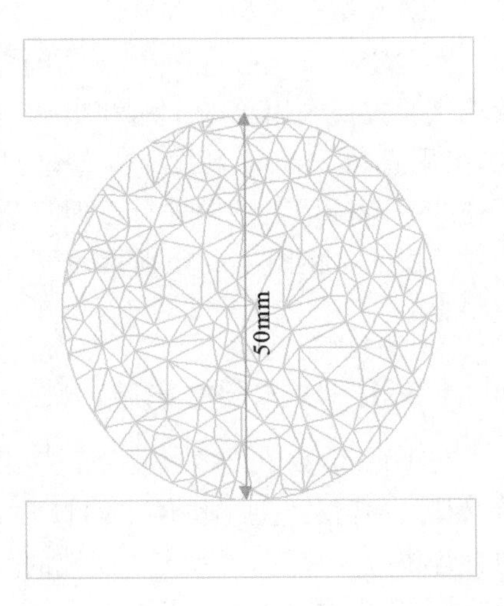

(b)

图 4-4 巴西劈裂试验

(a)校准试样;(b)数值模型

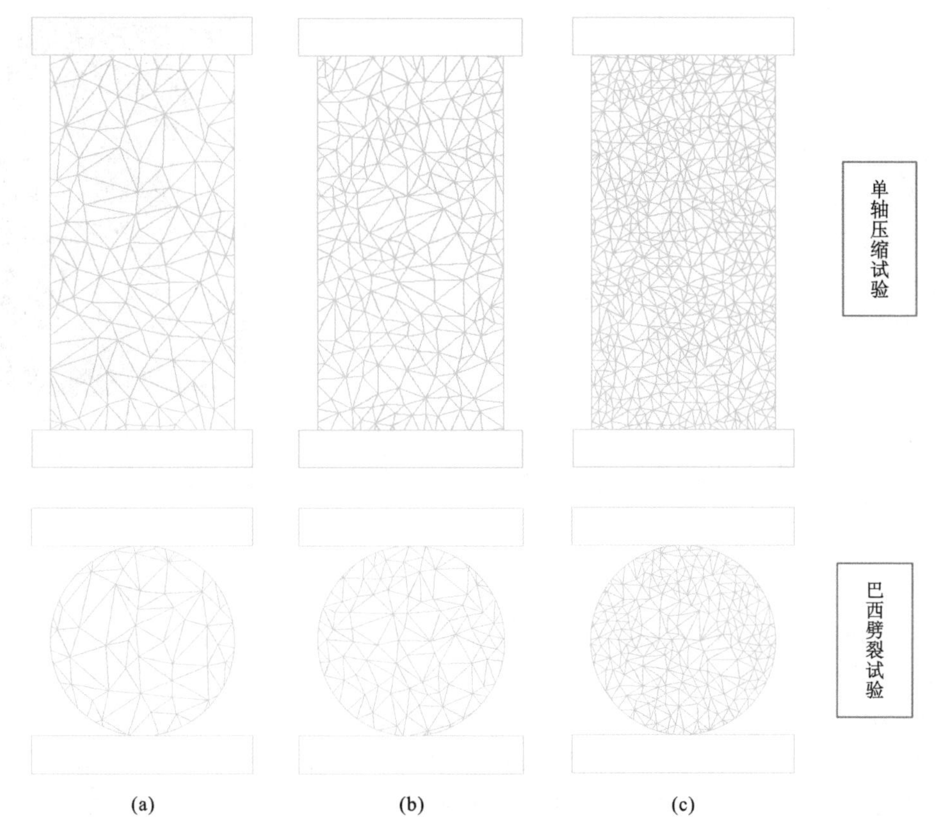

图 4-5 不同块体尺寸的数值模型

(a)7mm;(b)5mm;(c)3mm

(1)单轴压缩试验

图 4-6 展示了单轴压缩状态下块体尺寸对数值模型裂隙发育特征的影响。图 4-6(a)所示块体平均边长为 7mm,裂隙从试件顶部中间位置向左右两侧逐渐发育,同时从右侧下底角位置向上发育,最终在试件左侧中部交汇,试件的破坏特征为贯穿的剪切破坏。图 4-6(b)所示块体平均边长为 5mm,裂隙从试件顶、底部中间位置向左右两侧逐渐发育,最终在试件的左右两侧中部位置交汇,试件的破坏特征为沿试件中轴线对称的剪切破坏。图 4-6(c)所示块体平均边长为 3mm,裂隙从顶部左右两侧开始破坏,逐渐向中部偏右位置汇聚,最终在中部和右侧形成了密集的裂隙发育区,与此同时,试件左侧形成了一条拉伸裂隙。图 4-6(d)为实验室单轴压缩状态下的细砂岩的破坏特征,细砂岩上部产生了明显的剪切破碎区,左侧产生了明显的劈裂破坏,这与图 4-6(c)试样裂隙发育状况基本一致。

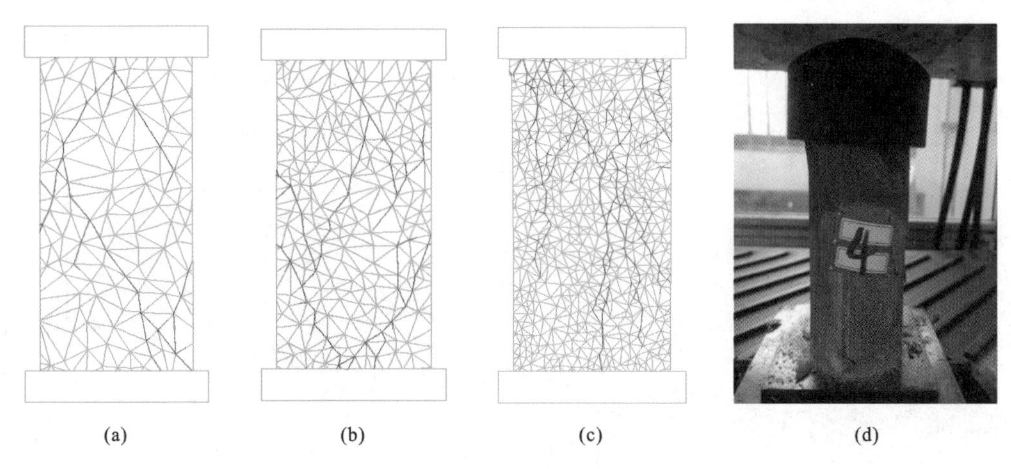

图 4-6　块体尺寸对裂隙发育特征的影响(单轴压缩试验)

(a)7mm;(b)5mm;(c)3mm;(d)破坏特征

(2)巴西劈裂试验

图 4-7 展示了巴西劈裂状态下块体尺寸对数值模型裂隙发育特征的影响。图 4-7(a)所示块体平均边长为 7mm,试样劈裂过程中主裂隙周围产生了一条伴生裂隙,主裂隙为拉伸裂隙,伴生裂隙为剪切裂隙。图 4-7(b)所示块体平均边长为 5mm,试样产生的裂隙逐渐向中部靠拢,裂隙发育较宽,破碎程度较大,并且主裂隙附近产生了较多的伴生剪切裂隙。图 4-7(c)所示块体平均边长为 3mm,裂隙发育集中在试件中部,裂隙从上部顶板接触位置向下贯通到下部加载板,贯通裂隙主要为拉伸裂隙。对比图 4-7(d)所示实验室巴西劈裂试验,劈裂试验中裂隙也表现为一条贯通拉伸裂隙,裂隙的破裂形式和破裂类型与图 4-7(c)块体模型破裂基本一致。

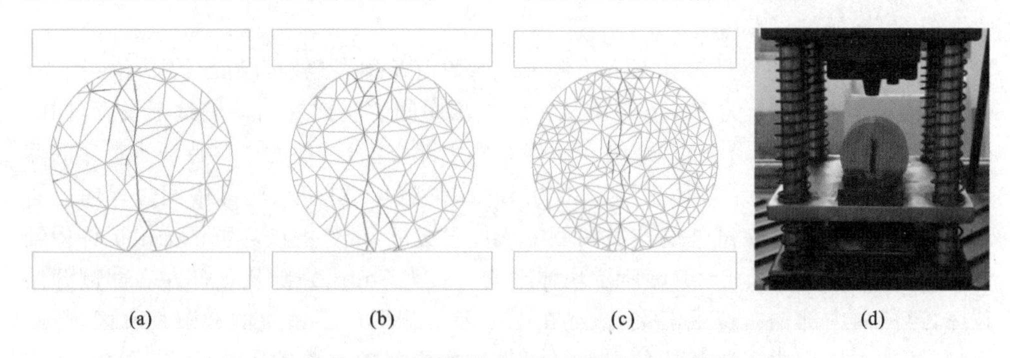

图 4-7　块体尺寸对裂隙发育特征的影响(巴西劈裂试验)

(a)7mm;(b)5mm;(c)3mm;(d)破坏特征

综上,块体尺寸不同,试样破裂的形式和特征也不相同。块体尺寸越小,数值模拟试件与实验室试件的破裂形式和特征越接近。在数值试验过程中,应尽量选择较小的块体尺寸，以确保结果更加精确。本章选用平均边长为 3mm 的块体进行数值试验研究。而对于工程现场的模拟研究，如块体尺寸过小，则将大大增加数值计算时间。因此，应以不影响煤岩体的破坏机制为准则，选择合适的块体尺寸。

4.3.2 加载速度影响

加载速度大小对模型的破坏特征同样具有重要的影响[294]。加载速度越小，模型的破坏越稳定，但是过小的加载速度会大大增加模型的运行时间。因此，模拟过程需要选取合适的加载速度。图 4-8 展示了不同加载速度下的应力-时间关系曲线。

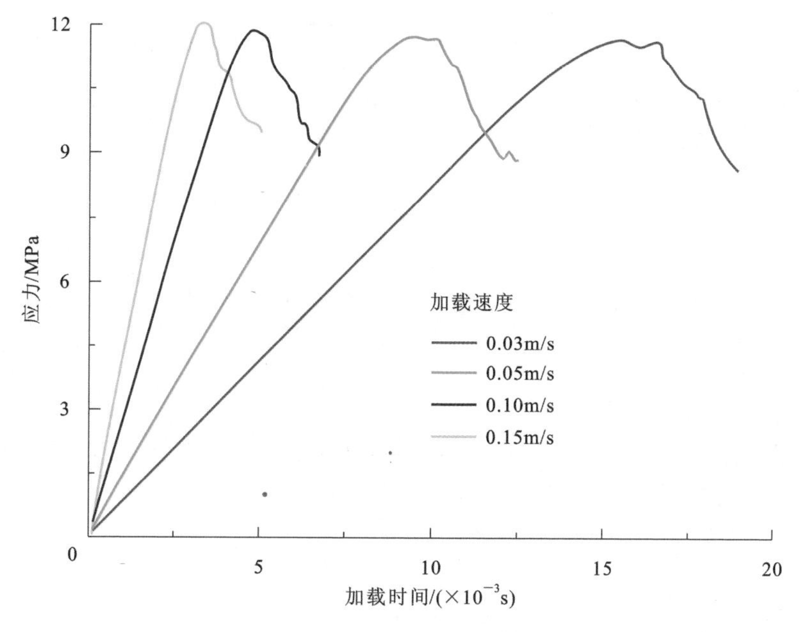

图 4-8 不同加载速度下的应力-时间关系曲线

峰前阶段应力增速与加载速度呈正相关，加载速度越快，应力达到峰值的时间越快。随着加载速度的减小，峰值强度逐渐降低，分别为 11.96MPa、11.957MPa、11.76MPa和 11.68MPa。峰后阶段应力变化存在明显的不同，随着加载速度的增大，试件的不稳定破坏现象逐渐变强，加载速度越慢，模拟结果越精确，但模拟运行时间也将会成倍地增加。因此，为了降低数值模拟误差，同时减少时间的消耗，模拟计算前有必要针对不同的数值模型选择合适的加载速度。本章选用 0.05m/s 的加载速度进行数值试验，该加载速度既能保证模拟的准确性，又能确保数值计算效率。

4.3.3 微观参数校核过程

通过对块体尺寸和加载速度影响效果的分析，本次校准模型采用平均边长为

3mm 的块体，加载速度为 0.05m/s 进行校准试验。微观参数标定流程如图 4-9 所示。将反复的数值模拟与实验室单轴压缩和巴西劈裂试验所得的宏观力学参数进行比对。然后，根据比对结果对微观参数进行不断的修正，直至数值结果与实验室结果趋于一致。

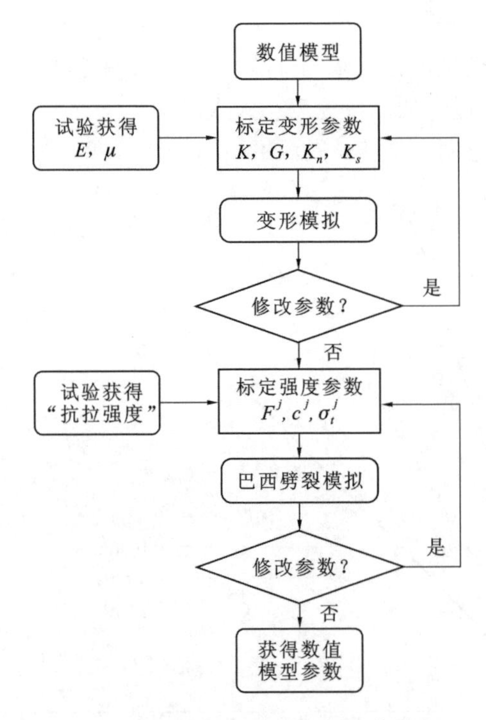

图 4-9 微观参数标定流程图[295]

4.3.4 微观力学参数合理性分析

为进一步说明微观参数校准过程的合理性，分别对数值模拟与实验室试验的弹性模量、应力-应变曲线和裂隙发育特征进行比较分析。校准后的煤与细砂岩的微观力学参数见表 4-1 和表 4-2。煤与细砂岩的宏观破裂形式与试验结果（图 4-6 和图 4-7）基本一致。

表 4-1 标定后的块体微观参数

材料	密度/(kg/m^3)	体积模量/GPa	剪切模量/GPa
煤	1400	2.87	1.48
细砂岩	2430	5.47	2.82

表 4-2 标定后的节理面微观参数

材料	法向刚度/(GPa/m)	切向刚度/(GPa/m)	内聚力/MPa	摩擦角/(°)	抗拉强度/MPa
煤	5966	2386.4	1.43	24	0.96
细砂岩	12673	5069.2	4.02	30	1.83

(1)单轴压缩试验

图 4-10 展示了单轴压缩状态下实验室与数值模拟试验的校准曲线。通过数值计算结果可以看出,单轴压缩状态下块体内部最先产生拉伸破坏,其次产生剪切破坏。因此,裂纹萌生阈值 σ_i 对应拉伸破坏的应力值。峰值破坏前,裂隙发育以剪切破坏为主,剪切裂隙快速增长点的应力值作为裂隙损伤的阈值 σ_m。Hoek 和 Martin[296]通过数值模拟与实验室试验研究了单轴压缩状态下裂隙萌生阈值和裂隙损伤阈值分别为 40%～60%和 70%～90%的单轴抗压强度(UCS)。从图 4-10 可以看出,数值模拟煤和细砂岩的裂隙萌生阈值分别为单轴抗压强度的 36.22%和 39.33%,裂隙损伤阈值分别为单轴抗压强度的 79.42%和 76.73%,数值模拟结果与 Hoek 和 Martin 的研究结果基本一致。

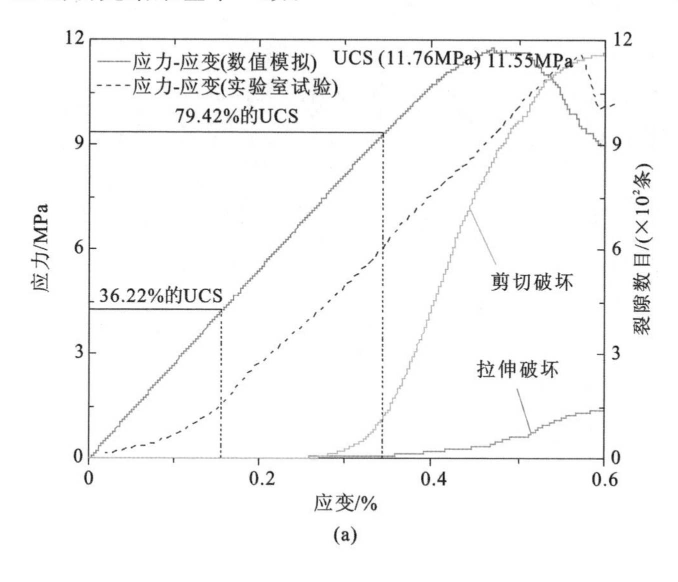

(a)

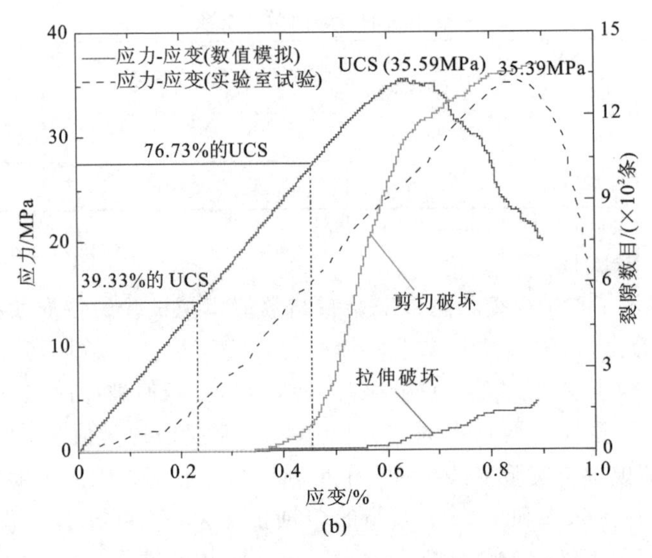

(b)

图 4-10　数值与试验结果对比(单轴压缩试验)

(a)煤;(b)细砂岩

(2)巴西劈裂试验

大量的学者通过单轴压缩和巴西劈裂试验研究了岩体单轴抗压强度与抗拉强度(BTS)之间的关系。Hoek 和 Brown[297] 指出岩体抗拉强度约为单轴抗压强度的 1/20～1/10,当载荷为岩体抗拉强度的 50%～60%时,裂隙开始发育。图 4-11 展示了巴西劈裂状态下实验室与数值模拟试验的校准曲线。巴西劈裂试验中裂隙的主要类型为拉伸破坏,煤和细砂岩的抗拉强度分别为 1.25MPa 和 3.05MPa,裂隙萌生阈值分别为岩体抗拉强度的 42.40%和 43.27%。这与 Hoek 和 Brown 的研究结果也基本相同。

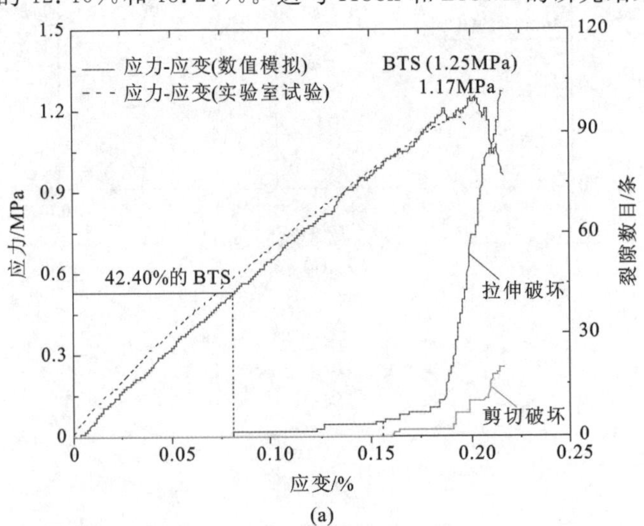

(a)

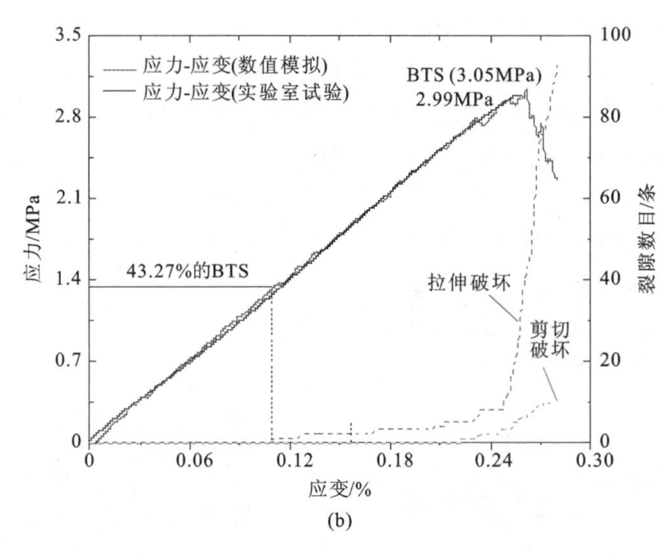

图 4-11　数值与试验结果对比(巴西劈裂试验)

(a)煤;(b)细砂岩

表 4-3 展示了实验室和数值模拟单轴抗压强度及抗拉强度的误差值,煤与细砂岩试样的单轴抗压强度的误差分别为 1.78%和 0.56%,抗拉强度分别为 6.40%和 1.96%,误差相对较小,耦合性较强,能够达到研究目的,说明表 4-1 和表 4-2 标定的微观参数是合理的。

表 4-3　**实验室试验与数值模拟结果比较**

材料	单轴抗压强度/MPa		误差/%	抗拉强度/MPa		误差/%
	试验	数值模拟		试验	数值模拟	
煤	11.76	11.55	1.78	1.25	1.17	6.40
细砂岩	35.59	35.39	0.56	3.05	2.99	1.96

4.4　数值模型及试验方案

4.4.1　数值模型

为了探究卸荷路径下煤矸组合结构的破坏失稳形式,建立了“煤-夹矸-煤”组合结构模型,如图 4-12 所示。基于岩石力学室内试验(ISRM)标准,模型宽度设置为 50mm,高度设置为 100mm。组合模型共分为三部分,上、下部均为煤体,中部为楔形

夹矸体。煤岩体上、下接触面倾角分别设置为 α 和 β，具体参数见表4-4。沿上、下接触面两侧分别设置两个监测点（P_1、P_2 与 P_3、P_4），监测接触面两侧水平及垂直位移变化。顶、底部采用刚性加载板进行夹持。其中，底部加载板固定，顶部加载板可以自由移动。模型两侧采用施加水平压应力的方法来模拟围压效果。模拟运行过程中，通过逐步降低模型两侧水平应力的方法来模拟围压卸荷过程。卸荷围压采用匀速力卸荷的方式，卸荷速度单位为Pa/步。

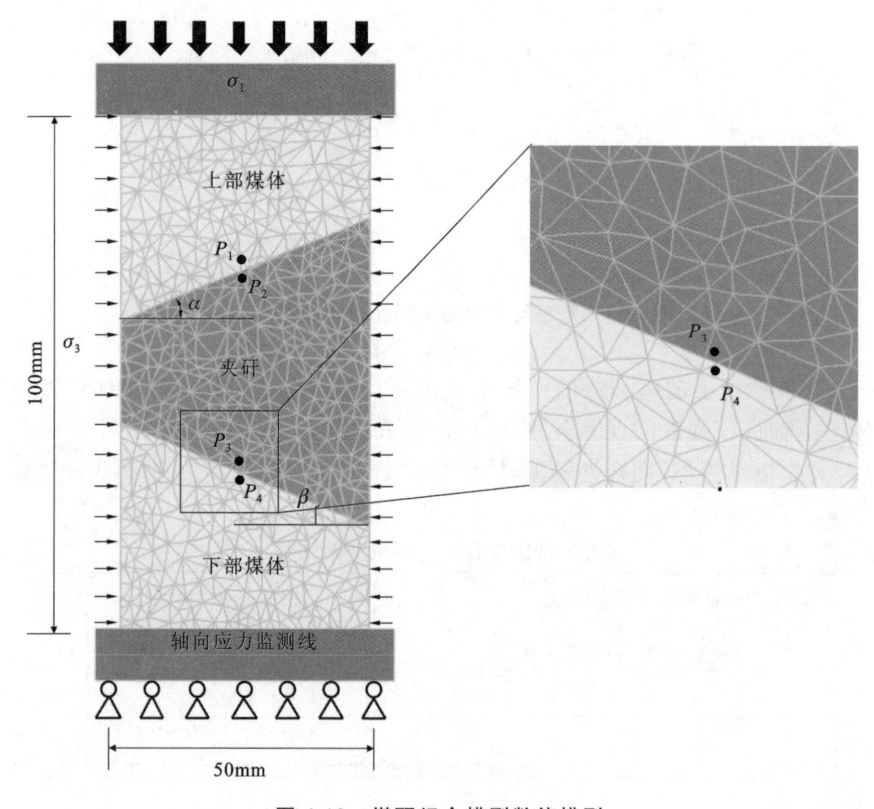

图4-12　煤矸组合模型数值模型

表4-4　　煤矸接触面倾角设置

组合模型	J-1	J-2	J-3	J-4	J-5	J-6	J-7	J-8	J-9
α/(°)	20	25	30	35	35	35	35	15	20
β/(°)	15	15	15	20	25	30	35	30	30

4.4.2　数值试验方案

对煤矸组合结构进行三轴卸荷数值试验，该试验步骤与实验室试验方案基本一致。首先，通过常规三轴加荷试验确定不同失稳形式下组合模型峰值失稳强度，并以此为基础进行三轴卸荷数值试验。受篇幅限制，本章不再对常规三轴加荷试验进行分析。三轴卸荷试验方案示意图如图 4-13 所示。

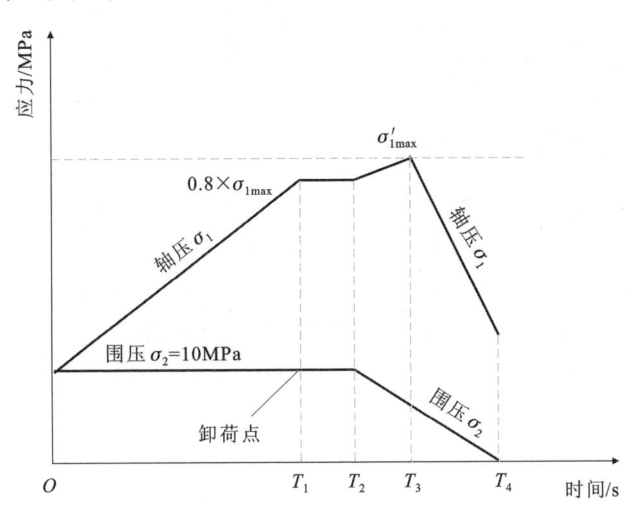

图 4-13 三轴卸荷试验方案示意图

具体试验步骤如下：

①设定初始平衡条件，首先设置初始轴压和围压，并运行至静力平衡；

②保持围压不变，通过位移加载方式控制轴向加载速度为 0.05m/s，加载轴向应力至组合模型峰值应力的 80%位置处，停止轴向加载；

③保持轴向应力稳定在 20000 时步，确保应力处于平衡状态；

④以 0.05m/s 的轴向加载速度继续加载，同时按照 15Pa/步的卸荷速度进行围压卸荷，直至围压完全卸荷。

4.5 卸荷路径下组合结构破坏失稳形式

基于煤岩接触面滑移和破碎失稳条件可知，组合模型破坏失稳形式受煤矸接触面微观参数的影响。当接触面摩擦系数和内摩擦角一定时，受煤矸接触面倾角的影响，组合模型破坏失稳形式可分为破碎失稳(FI)、单一接触面滑移破碎失稳(SSI)和双接触面滑移破碎失稳(DSI)三种形式。不同倾角下组合模型卸荷试验结果如下：模型 J-1、J-2 仅产生了煤岩体破碎现象；模型 J-3、J-4、J-5、J-8、J-9 不仅产生了煤岩体破碎现象，同时还伴随着上或下接触面的滑移失稳；模型 J-6、J-7 产生了煤岩体破碎现象，同时上、下两接触面均产生了滑移失稳。对 9 组数值模型的破坏失稳形式进行

统计归类，结果见表4-5。

表4-5 卸荷路径下组合模型破坏失稳形式

组合模型	J-1	J-2	J-3	J-4	J-5	J-6	J-7	J-8	J-9
失稳形式	FI	FI	SSI	SSI	SSI	DSI	DSI	SSI	SSI

4.5.1 煤岩体破碎失稳

采用“HISTORY”及“FISH”功能对模型J-1的应力-应变曲线、接触面两侧监测点的水平位移差、总裂隙数及裂隙增量等参量进行监测，并绘制出曲线图，如图4-14所示。卸荷路径下组合模型破碎失稳过程可以分为四个阶段，分别为OA、AB、BC和CD阶段。模型J-1破坏失稳过程中的水平位移云图如图4-15所示。模型J-1失稳过程中，两接触面位置均未产生明显的水平位移变化，模型失稳形式表现为破碎失稳。

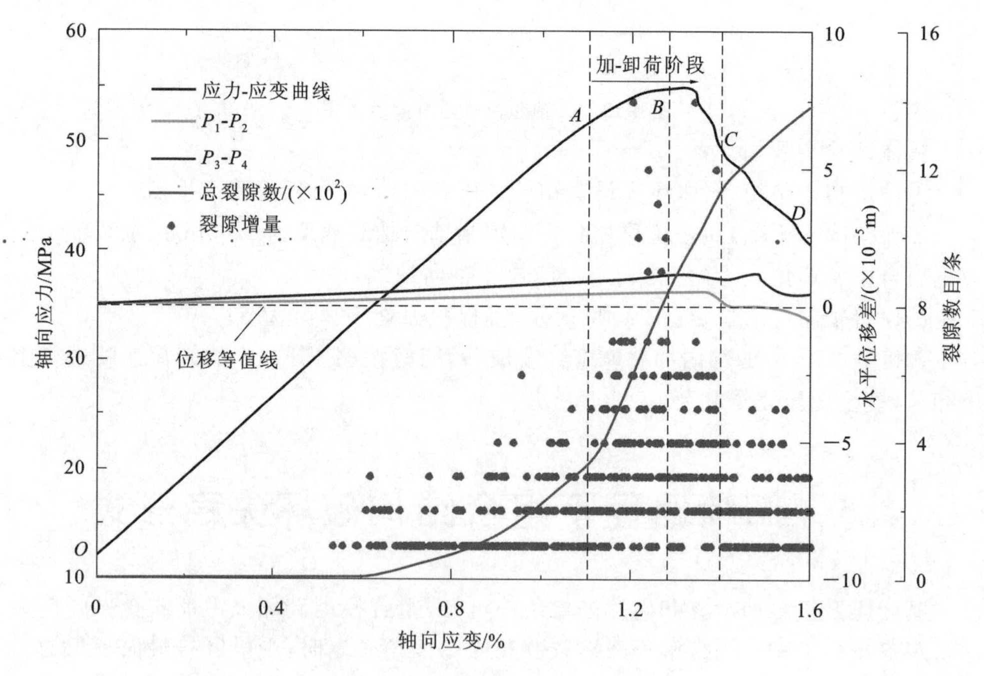

图4-14 模型J-1多参量监测曲线

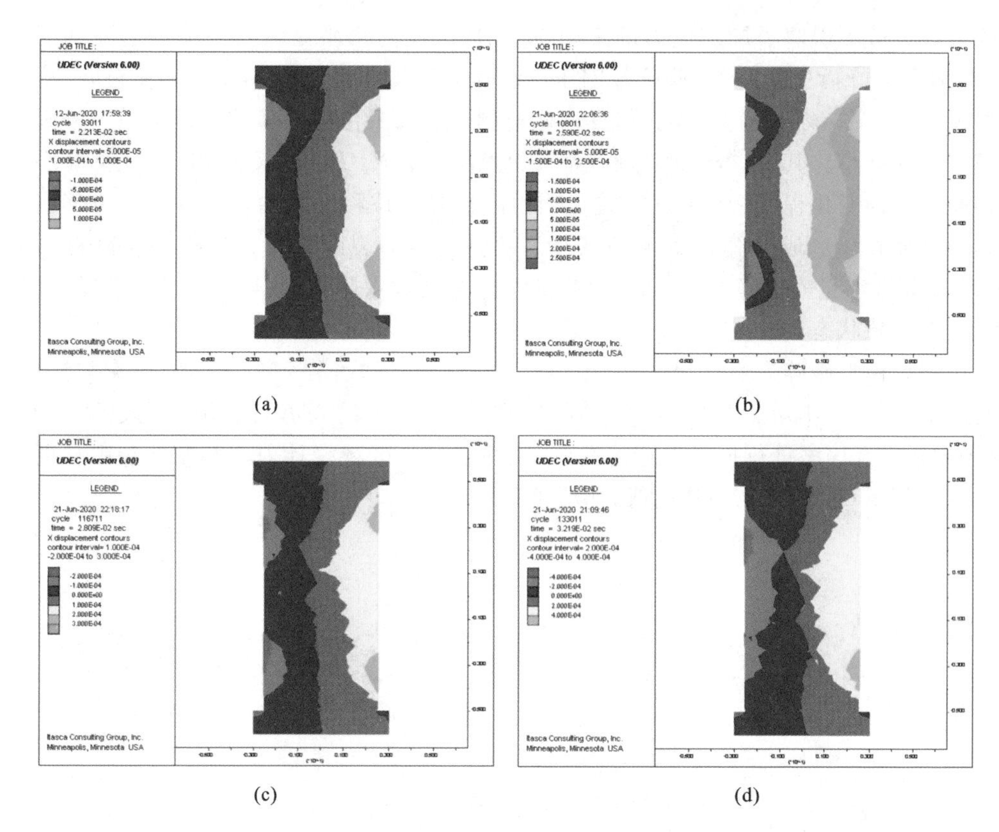

图 4-15　模型 J-1 破坏失稳过程中的水平位移云图

(a)A 时刻;(b)B 时刻;(c)C 时刻;(d)D 时刻

由图 4-14 和图 4-15 可知,OA 阶段为常规三轴加荷阶段,该阶段未进行围压卸荷,径向围压始终保持在 10MPa,模型中裂隙发育程度较低,轴向应力近似直线增长,弹性能迅速积累。AB 阶段为峰前弹性能积聚阶段,此阶段围压逐渐卸荷至 7.75MPa,轴向应力增加至峰值破坏强度 54.94MPa。监测点的水平位移差基本位于位移等值线附近,这说明煤岩体并未沿接触面产生滑移错动现象。模型中裂隙数量急剧增加,每 100 步破坏的裂隙达到增量峰值(14 条),此阶段内增加的裂隙总量约占整个卸荷阶段裂隙损伤总量的 49.86%,该阶段是弹性应变能积累的阶段,外力做功主要用于弹性能积累和节理面破碎耗散。BC 阶段为峰后破碎阶段,此阶段围压卸荷至 6.44MPa,轴向应力也由峰值强度逐渐降低至 49.16MPa,应力降低速度相对较大。该阶段内模型接触面两侧监测点的水平位移差相对 AB 阶段有所增加,但均保持在位移等值线附近,差值约为 1.05×10^{-5}m,并且基本保持同步增加。分析此时接触面两侧煤岩体破坏不明显,两接触面的水平位移差值变化是煤岩体变形差异造成的。总裂隙发育速度相对 AB 阶段减慢,但裂隙增量达到峰值次数增多,分析是煤岩体的破坏引起了局部应力的集中，造成局部应力集中区域煤岩体的迅速破裂。*CD* 阶段为峰后失稳阶段，此阶段围压逐渐降低至 4.0MPa，轴向压力降低至峰值强度的 74.2%。该阶段内模型接触面两侧监测点的水平位移差值首先产生逆向分离，然后逐渐减小。其中，"P_1-P_2"曲线最先开始减小，"P_3-P_4"曲线先增大后逐渐减小，但是两者的变化程度相对较小。这说明引起接触面位移变化的并非接触面滑移，而是煤岩体破坏造成的弹性变形的恢复。此时模型的裂隙发育速度进一步降低，每 100 步裂隙增量峰值降低为 5 条，总裂隙增长速度大大降低，说明模型 J-1 已经达到了完全失稳状态。

组合模型破碎失稳过程也是裂隙萌生、扩展和贯通过程[298]。模型 J-1 裂隙演化特征如图 4-16 所示。其中，红色代表拉伸裂隙，蓝色代表剪切裂隙。通过嵌入的"FISH"语言程序进行损伤裂隙追踪监测，并通过分区域统计剪切和拉伸裂隙长度，确定模型 J-1 裂隙损伤演化曲线，如图 4-17 所示。

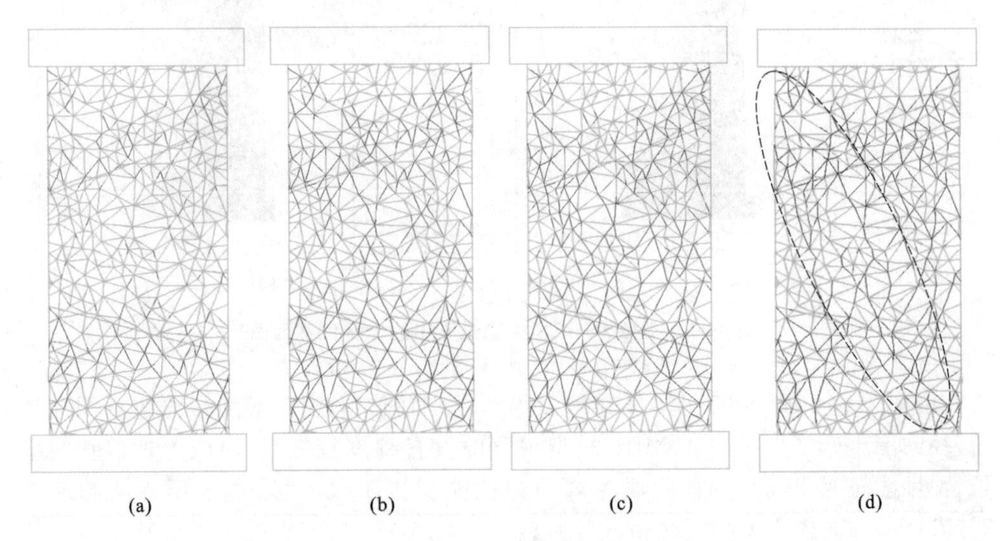

图 4-16　模型 J-1 裂隙演化特征

(a)*A* 时刻；(b)*B* 时刻；(c)*C* 时刻；(d)*D* 时刻

从图 4-16 和图 4-17 可以看出，*A* 时刻，模型处于裂隙发育的初始阶段，裂隙的长度和数量明显较少，裂隙类型为剪切破坏。其中，上、下部煤体中的裂隙损伤率分别为 15.98% 和 11.58%，而中部岩体的损伤率仅为 3.68%，煤体中的裂隙发育程度明显高于岩体，分析是因为煤体强度低于岩体强度，在相同应力条件下，煤体更容易产生破碎现象。*B* 时刻，模型中的裂隙开始扩展、延伸，裂隙的长度和数量较 *A* 时刻明显增加，其中，上、下部煤体中的裂隙损伤率分别增长了 11.15% 和 12.89%，而岩体的损伤率增加了 17.93%，岩体中的裂隙损伤增长速度明显高于煤体。裂隙类型

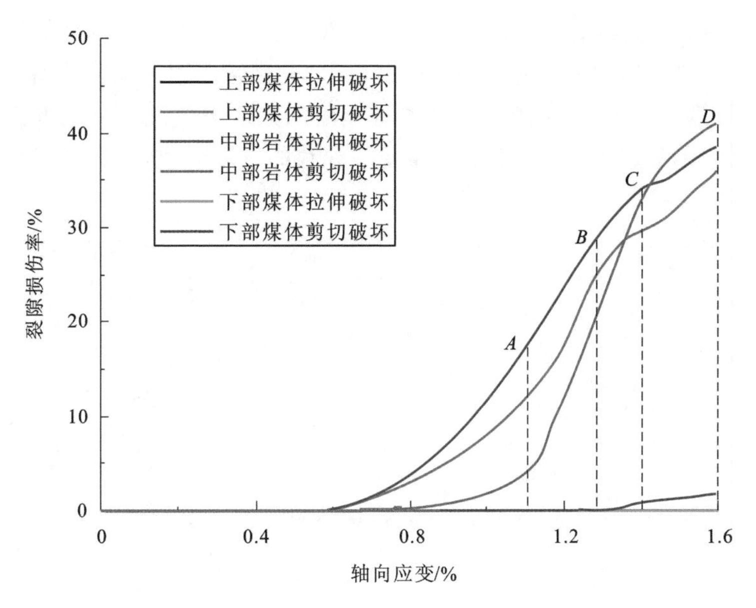

图 4-17 模型 J-1 裂隙损伤演化曲线

仍以剪切裂隙为主，拉伸裂隙数量相对较少，随着拉伸裂隙的发育，组合模型达到了峰值失稳强度，这说明在模型破坏失稳前，岩体中的裂隙会迅速发育，可以将拉伸裂隙发育作为模型失稳前兆特征。C 时刻，岩体中的裂隙损伤程度超过了上、下煤体，同时裂隙之间也开始交汇和贯通，并产生宏观破裂。裂隙发育类型仍以剪切裂隙为主，拉伸裂隙相对较少，拉伸裂隙多集中于剪切裂隙交汇和贯通位置。这说明在模型失稳过程中，剪切裂隙主要起到微观损伤作用，而拉伸裂隙起到贯通剪切裂隙形成宏观破裂的作用。D 时刻，煤岩各分区损伤程度均达到 40%左右，裂隙的交汇和贯通程度进一步增加，模型最终达到了整体失稳，因此，可以将模型损伤程度达到 40%认为是煤岩体的裂隙损伤极限。模型沿左上和右下产生了宏观破坏，宏观破坏面周围的拉伸裂隙发育数量明显较集中，更进一步地验证了拉伸裂隙在模型失稳过程中的贯通效能。

综上所述，卸荷路径下模型破碎失稳过程中接触面位置并未产生明显的裂隙贯通，同时接触面两侧煤岩体也未产生明显的水平位移错动。说明模型失稳过程中煤岩体并未产生沿接触面的滑移失稳，仅产生了破碎失稳。

4.5.2 单一接触面滑移破碎失稳

采用“HISTORY”及“FISH”功能对模型 J-3 的应力-应变曲线、接触面两侧监测点的水平位移差、总裂隙数及裂隙增量等参量进行监测，并绘制出曲线图，如图 4-18 所示。根据模型总裂隙发育数量，单一接触面滑移破碎失稳过程同样可以分为四个

阶段,分别为 *OA*、*AB*、*BC* 和 *CD* 阶段。不同失稳阶段的模型 J-3 水平位移云图如图 4-19 所示。单一接触面滑移破碎失稳过程中,上接触面两侧煤岩体沿着接触面产生明显的水平位移错动,上接触面水平位移差值的数量级为 10^{-4} m,是破碎失稳模型中水平位移差值的 10 倍,明显不是块体变形导致的。因此,模型失稳形式表现为单一接触面滑移破碎失稳。

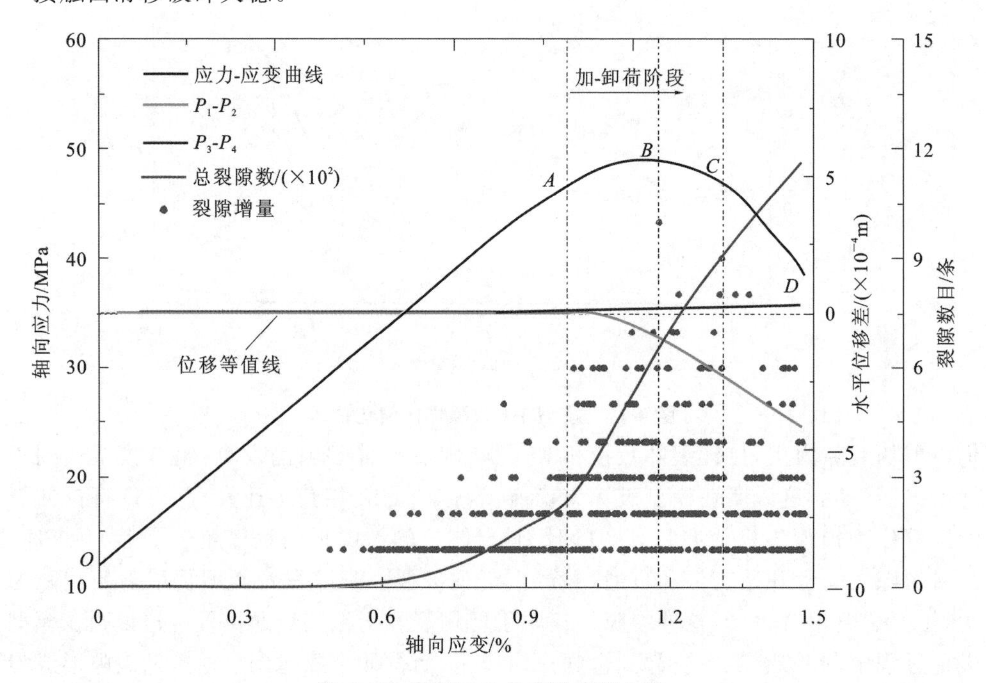

图 4-18　模型 J-3 多参量监测曲线

由图 4-18 和图 4-19 可知,*OA* 阶段为常规三轴加荷阶段,围压未进行卸荷。该阶段上、下接触面均未产生明显的滑移错动,模型中裂隙发育程度也相对较低。*AB* 阶段为峰前阶段,此阶段内围压逐渐减少,轴压逐渐增大。当轴向应变 $\varepsilon=1.06\%$ 时,上接触面两侧的水平位移差值偏离位移等值线并逐渐增大,上接触面产生滑移现象。同时,随着轴向应力的增大,模型中裂隙增量逐渐增多,在峰值位置 $\varepsilon=1.18\%$ 时达到最大,该阶段是弹性应变能的积累阶段,但与破碎失稳模型不同,该阶段内的外力做功除用于弹性能积累以外,还通过破碎和接触面滑移两者共同释放。*BC* 阶段为峰后滑移破碎阶段,该阶段模型裂隙发育速度依然很快,每 100 步裂隙增量峰值虽有所降低,但依然达到 9 条,上接触面的滑移程度进一步增大,而下接触面水平位移差值依然保持不变。这说明卸荷能够促使接触面产生滑移现象。*CD* 阶段为峰后失稳阶段,此阶段内总裂隙增速明显降低,每 100 步的裂隙增量峰值也逐渐降至 8 条,而上接触面水平位移差值却逐渐增大。这说明随着卸荷程度的增加,模型承载能

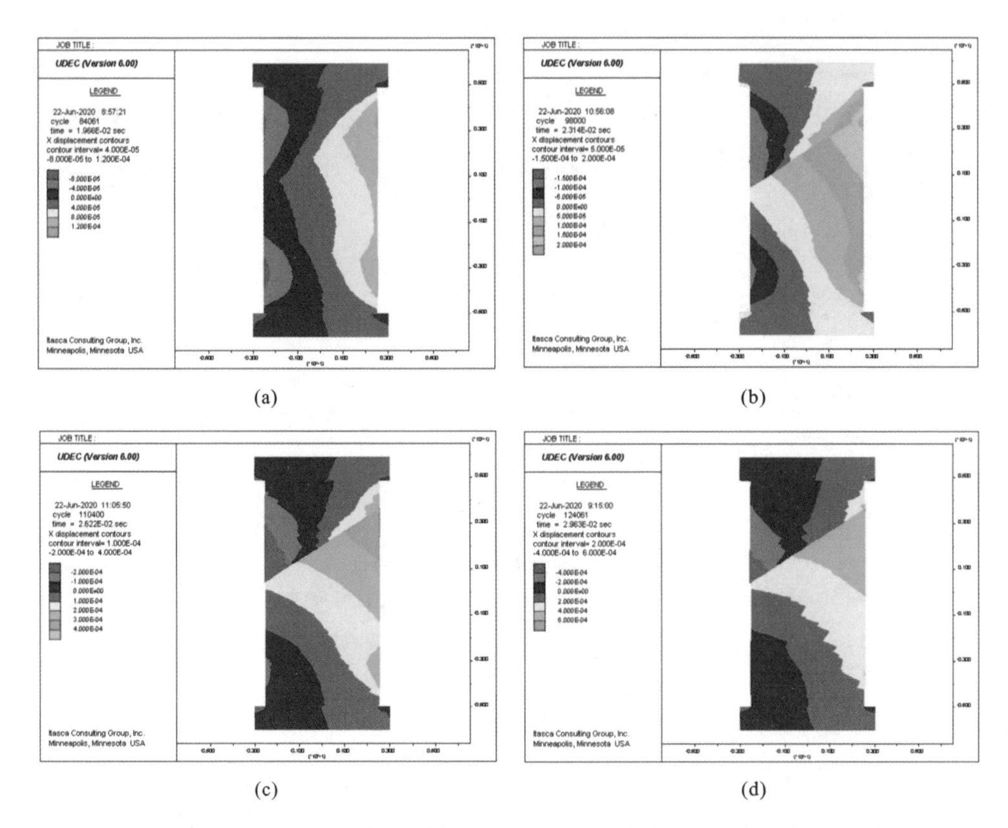

图 4-19 模型 J-3 单一接触面滑移破碎失稳过程中的水平位移云图

(a)A 时刻;(b)B 时刻;(c)C 时刻;(d)D 时刻

力逐渐降低,模型的滑移失稳特征逐渐增强。整个模型失稳过程中伴随着裂隙发育的过程,而接触面滑移仅产生于倾角较大的接触面上。

单一接触面滑移破碎失稳过程也是裂隙萌生、扩展和贯通过程。卸荷路径下模型 J-3 裂隙演化特征如图 4-20 所示。其中,红色代表拉伸裂隙,蓝色代表剪切裂隙。通过嵌入的“FISH”语言程序进行裂隙损伤追踪监测,模型 J-3 裂隙损伤演化曲线如图 4-21 所示。

从图 4-20 和图 4-21 可以看出,A 时刻,围压未进行卸荷,此时裂隙长度较短、数量较少,裂隙发育类型为剪切裂隙。与破碎失稳模型不同,单一接触面滑移破碎失稳过程中裂隙最先在上滑移接触面发育并逐渐扩展、延伸,此时上、下部煤体的损伤程度基本一致,均为 9.8%左右。B 时刻,上接触面裂隙产生了明显的剪切贯通,模型中的裂隙发育程度逐渐升高,特别是上部煤体损伤率达到了 25.22%。上接触面两侧煤岩体的裂隙的方向沿垂直于接触面方向逐渐扩展、延伸,这说明接触面滑移改变了接触面周围煤岩体中的裂隙的发育方向,同时加速了滑移面两侧煤岩体的破碎。

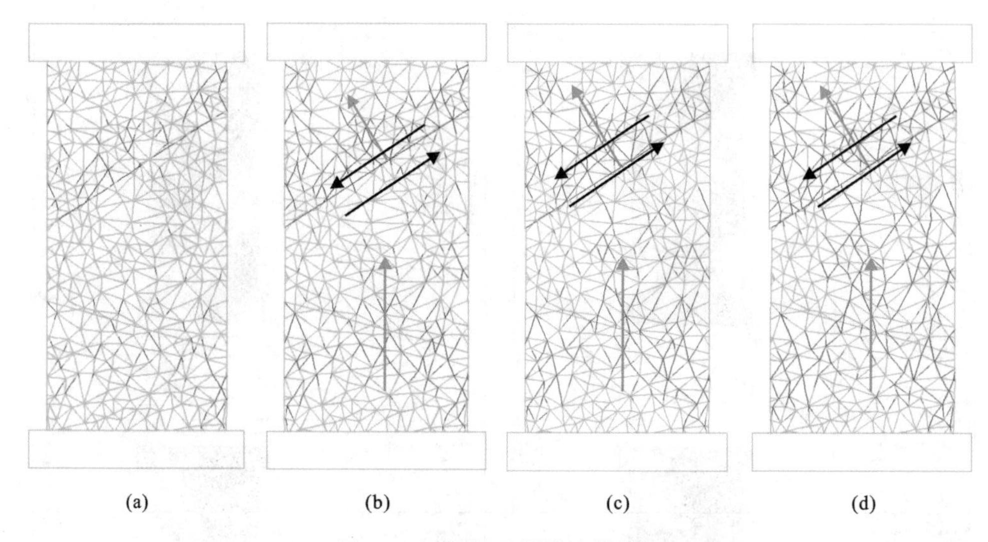

图 4-20　模型 J-3 裂隙演化特征

(a) A 时刻；(b) B 时刻；(c) C 时刻；(d) D 时刻

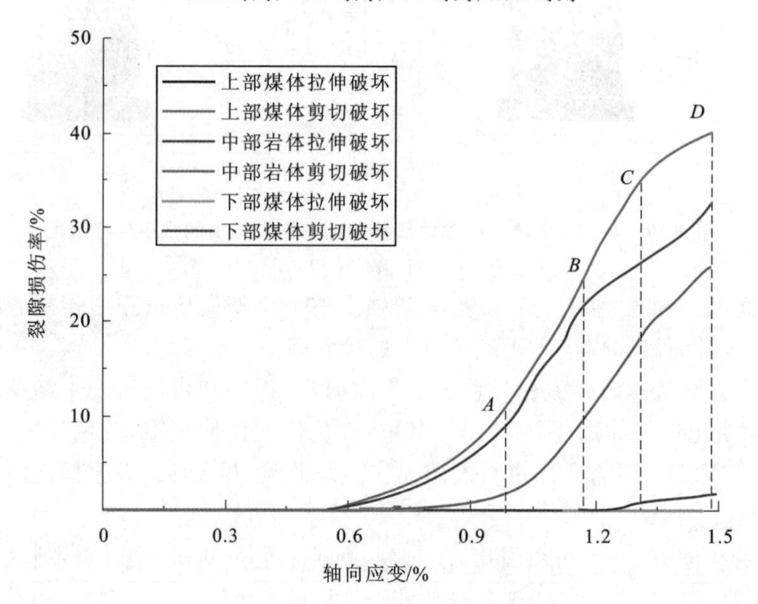

图 4-21　模型 J-3 裂隙损伤演化曲线

C 时刻，接触面上剪切滑移程度进一步增加，剪切裂隙沿接触面两侧逐渐扩展并形成贯通，贯通裂隙多为拉伸裂隙，且主要分布在上部煤体及中部岩体，并最终形成宏观破坏，此阶段上部煤体和中部岩体的损伤速率明显高于下部煤体，说明接触面滑移能够促进煤岩体的破碎失稳。D 时刻，上部煤体裂隙损伤程度达到 40.12%，达到了其损伤极限,模型产生了最终失稳。此阶段裂隙损伤速度明显降低,最终失稳时的损伤程度从高到低依次为上部煤体、下部煤体和中部岩体。这说明单一接触面滑移破碎失稳过程中煤体的损伤程度要高于岩体。

综上所述,单一接触面滑移破碎失稳过程中仅有一侧接触面会产生裂隙扩展、贯通。裂隙贯通后模型沿接触面产生滑移卸荷,同时模型块体之间也伴随着破碎卸荷。因此,该滑移破碎失稳类型是在滑移与破碎二者的共同影响下导致的组合模型失稳。

4.5.3 双接触面滑移破碎失稳

采用“HISTORY”及“FISH”功能对模型 J-6 破碎失稳过程中的应力-应变曲线、接触面两侧监测点的水平位移差、总裂隙数及裂隙增量等参量进行监测,并绘制出曲线图,如图 4-22 所示。从模型中裂隙发育数量可以看出,双接触面滑移破碎失稳过程也可以分为四个阶段,分别为 OA、AB、BC 和 CD 阶段。不同滑移破碎阶段的水平位移云图如图 4-23 所示。与单一接触面滑移破碎失稳不同,双接触面滑移破碎失稳过程中上、下接触面两侧均产生了水平位移错动,水平位移差值的数量级均达到 10^{-4} m。这说明模型 J-6 上、下接触面均产生了滑移现象,模型 J-6 失稳形式为双接触面滑移破碎失稳。

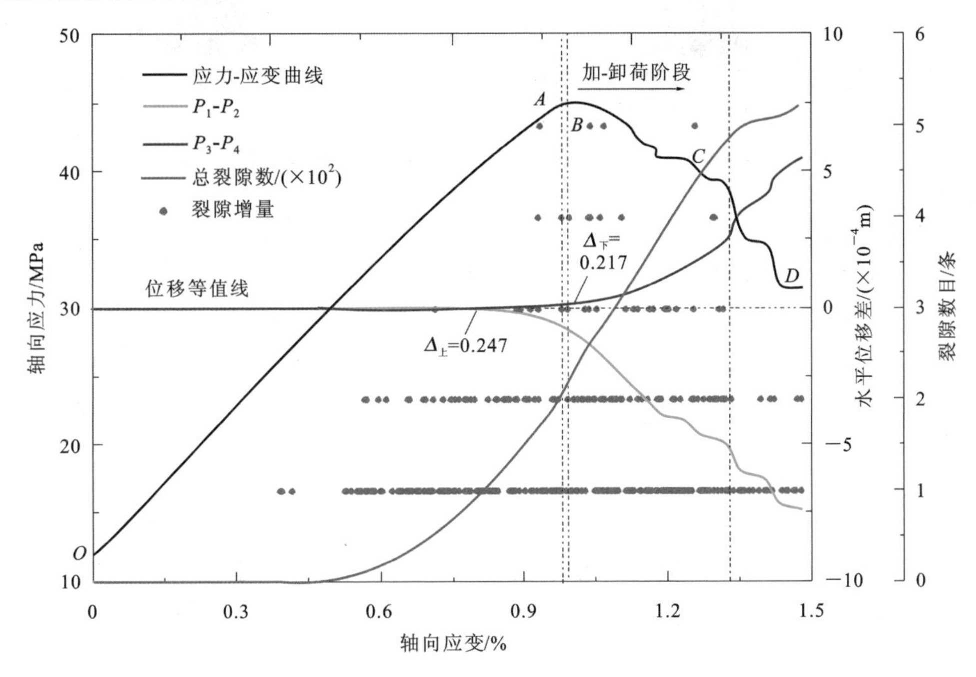

图 4-22 模型 J-6 多参量数据监测曲线

由图 4-22 和图 4-23 可知,OA 阶段为常规三轴加荷阶段,围压未进行卸荷。但

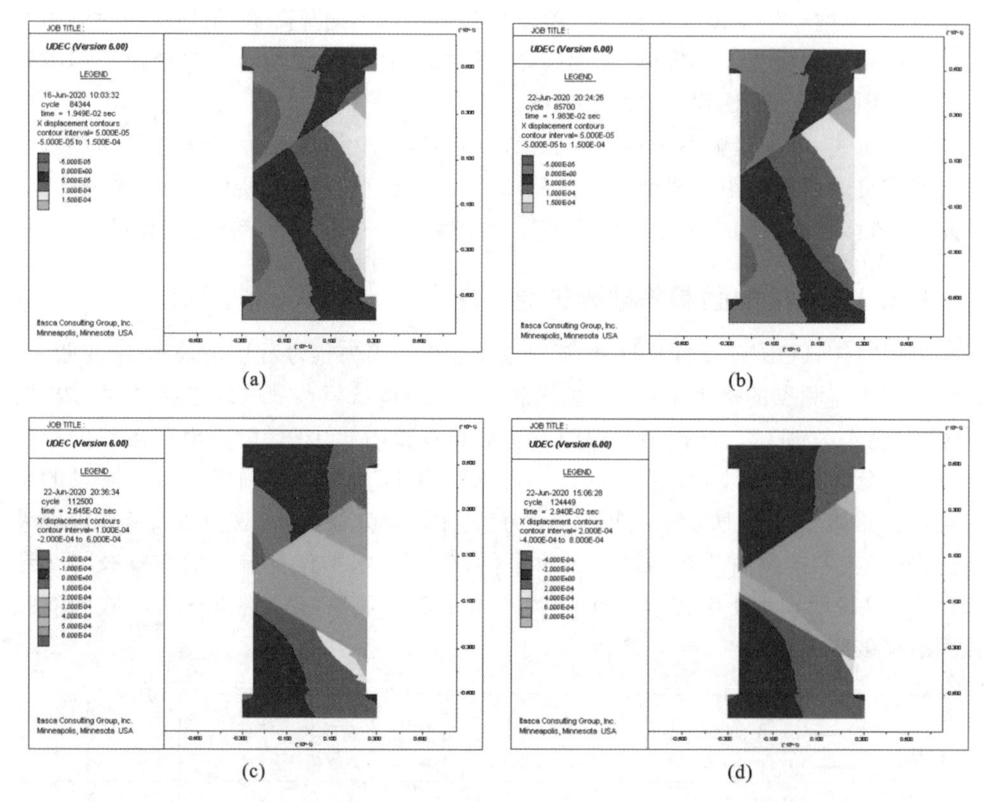

图 4-23　模型 J-6 双接触面滑移破碎失稳过程中的水平位移云图

(a)A 时刻;(b)B 时刻;(c)C 时刻;(d)D 时刻

受上接触面倾角的影响,上接触面首先产生了滑移错动,并且水平位移差值逐渐增大。AB 阶段,模型上接触面相对滑移迅速增加,下接触面保持相对稳定。随着围压逐渐卸荷,模型迅速达到峰值失稳强度。此阶段相较于煤岩体破碎失稳和单一接触面滑移破碎失稳的峰前阶段明显较短。BC 阶段,随着卸围压程度的增加,组合模型逐渐失稳,同时下接触面产生滑移现象。此阶段内模型裂隙增量达到峰值 5 条,与破碎失稳和单一接触面滑移破碎失稳相比,每 100 步的裂隙增量相对减少,裂隙总量也相对较少。这说明接触面的滑移程度增加能够降低模型裂隙损伤程度。CD 阶段,围压卸荷至 4MPa,轴向应力进一步降低,此时模型中裂隙数量基本保持不变,但上、下接触面两侧水平位移差值明显增大,从图 4-23 可以看出,C 时刻和 D 时刻中部岩体水平滑移量明显增多,达到 3.0×10^{-4} m。这说明此阶段轴向应力做功主要用于接触面的滑移。同时对比两接触面的滑移触发值($\Delta_{上}$、$\Delta_{下}$)可以看出,$\Delta_{上}=0.247$ 与理论计算值(当倾角为 35°时,接触面滑移的理论触发值为 0.2518)基本一致,而 $\Delta_{下}=0.217$ 明显大于理论触发值(当倾角为 30°时,接触面滑移的理论触发值为 0.1515)。

受组合模型压缩-扭转变形失稳的影响，上接触面滑移降低了下接触面滑移的难度，从而加剧了组合模型滑移失稳。

双接触面滑移破碎失稳过程也是裂隙萌生、扩展和贯通过程。卸荷路径下模型J-6裂隙演化特征如图4-24所示。其中，红色代表拉伸裂隙，蓝色代表剪切裂隙。通过嵌入的“FISH”语言程序进行损伤裂隙追踪监测，模型J-6裂隙损伤演化曲线如图4-25所示。

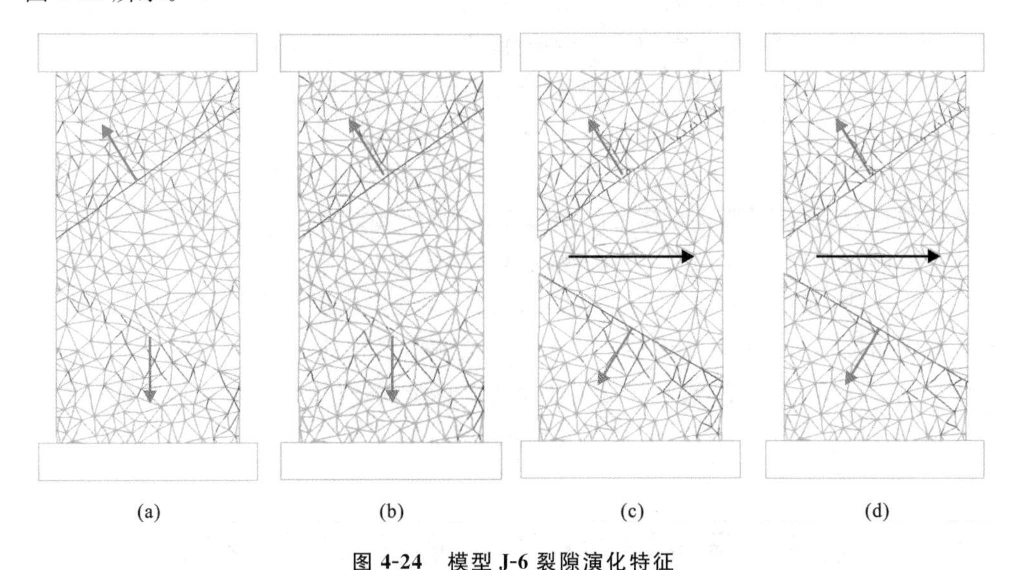

图 4-24 模型 J-6 裂隙演化特征

(a)A时刻；(b)B时刻；(c)C时刻；(d)D时刻

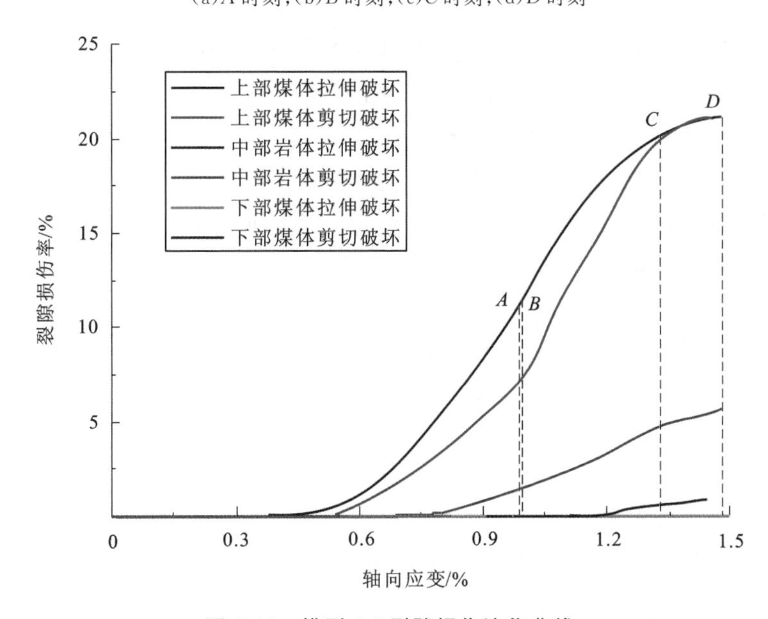

图 4-25 模型 J-6 裂隙损伤演化曲线

相较于模型 J-1 和 J-3，模型 J-6 的裂隙发育长度和数量明显处于较低水平。其中，A 和 B 时刻，上接触面裂隙已经形成了剪切贯通，裂隙在两接触面周围产生并逐渐扩展、贯通，但下接触面并没有裂隙产生。说明此时组合模型处于单一接触面滑移破碎的失稳状态。上、下部煤体中裂隙损伤程度较高，达到 10%左右，而岩体中的裂隙损伤程度明显较低。C 时刻，模型上、下接触面裂隙均形成了剪切贯通，中部岩体沿接触面向右侧滑动，模型失稳形式也由单一接触面滑移破碎失稳转变为双接触面滑移破碎失稳，此时煤体中裂隙迅速沿垂直于接触面方向开始向外延伸，裂隙损伤率由 10%增至 20%，而岩体中裂隙损伤程度相对较低。分析是接触面滑移卸荷降低了岩体中的应力集中程度。D 时刻，煤岩各分区的裂隙损伤率增幅均降低，最终，上、下部煤体中的裂隙损伤率达到 21.05%，中部岩体损伤率达到 5.58%，三者均未达到其破碎损伤极限，这说明煤岩体之间仍保持一定的承载能力，但接触面滑移降低了煤岩体的破碎卸荷程度，从而削弱了模型的整体承载能力。

综上所述，双接触面滑移失稳过程中两接触面均发生了裂隙扩展和贯通。其中，倾角较大的接触面首先产生滑移。受大倾角接触面滑移的影响，煤矸组合结构会产生压缩-扭转变形，从而降低小倾角接触面的滑移难度，进而促使煤岩体不能达到其破碎损伤极限。因此，该失稳过程中接触面滑移是其最终失稳的主要影响因素。

4.6 不同破坏失稳形式对比分析

图 4-26 展示了不同破坏失稳形式下组合模型峰值失稳强度、裂隙损伤率、摩擦力做功和峰值动能等参量的演化特征。从图中可以看出，组合模型失稳形式由破碎失稳向滑移破碎失稳转变时，模型峰值失稳强度、裂隙损伤率和摩擦力做功均逐渐降低，峰值动能逐渐升高。这说明随着煤矸组合结构滑移特征的增强，组合模型破坏失稳所需的外载荷输入能量逐渐减小，但释放的能量逐渐增加，组合模型滑移失稳具有“低强度、高释能”特征。

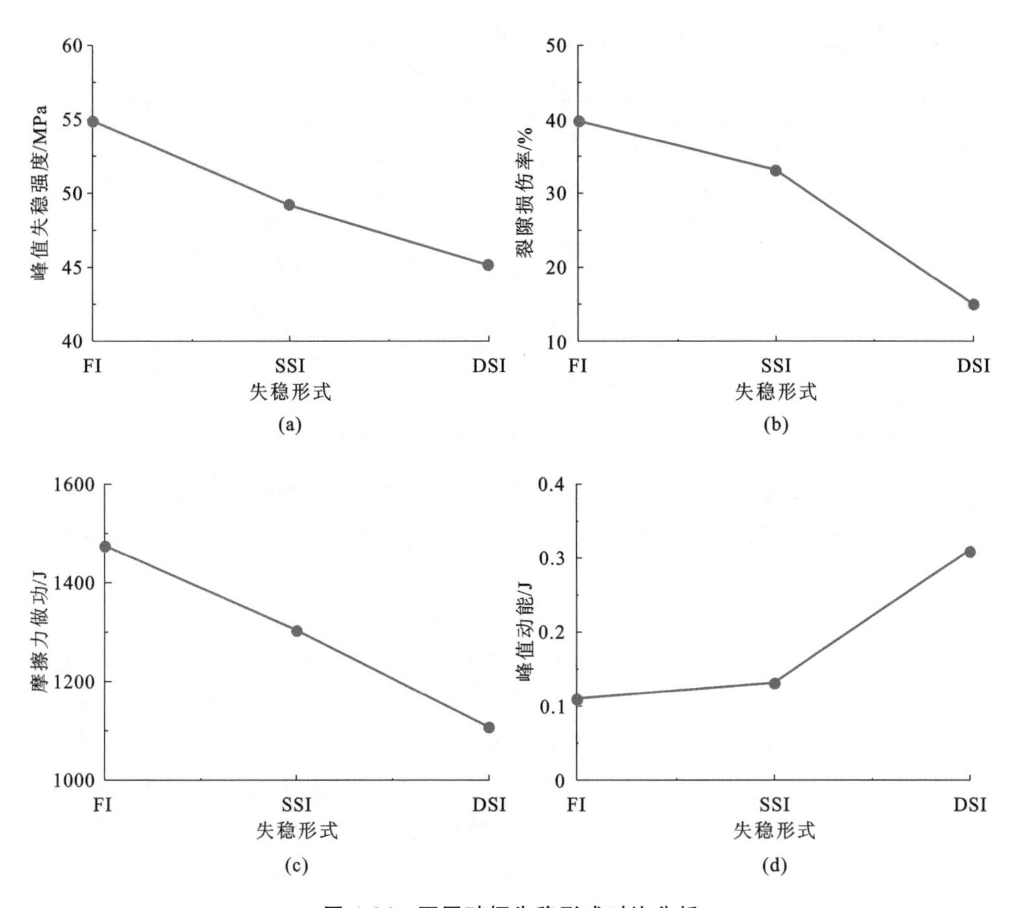

图 4-26　不同破坏失稳形式对比分析

(a)峰值失稳强度;(b)裂隙损伤率;(c)摩擦力做功;(b)峰值动能

4.7　接触面参数的影响

4.7.1　煤岩接触面倾角

为了探究接触面倾角大小对组合结构失稳特征的影响,分别设计了不同倾角的组合结构模型进行数值模拟。模型参数与表 4-1 所标定的微观参数一致。其中模型 T-1、T-2 表现为破碎失稳特征,模型 T-3、T-4 表现为单一接触面滑移破碎失稳特征,模型 T-5、T-6 表现为双接触面滑移破碎失稳特征。模型 T-1、T-2、T-3、T-4 的下接触面倾角保持不变,上接触面倾角逐渐变大,模型 T-5、T-6 上接触面倾角保持不变,下接触面倾角逐渐变大。模型组合形式及失稳特征见表 4-6。

表 4-6　模型组合形式及失稳特征

组合模型	上接触面倾角	下接触面倾角	失稳形式
T-1	20°	15°	破碎失稳
T-2	25°	15°	破碎失稳
T-3	30°	15°	单一接触面滑移破碎失稳
T-4	35°	15°	单一接触面滑移破碎失稳
T-5	35°	30°	双接触面滑移破碎失稳
T-6	35°	35°	双接触面滑移破碎失稳

从表 4-6 可以看出，常规三轴试验条件下，随着接触面倾角的增大，模型失稳特征由破碎失稳向滑移破碎失稳转变，由单一接触面滑移破碎失稳向双接触面滑移破碎失稳转变。

应力-应变曲线是描述轴向应力与应变之间的关系曲线，是揭示材料变形与破坏特征的重要方法。为了分析接触面倾角对模型失稳特征的影响，分别统计了不同倾角组合模型的应力-应变曲线，如图 4-27 所示。不同倾角组合模型失稳的峰值强度，如图 4-28 所示。从图中可看出，随着接触面倾角的增大，组合模型失稳强度逐渐降低，接触面倾角大小与组合模型失稳强度成反比。尤其是对于滑移破碎失稳模型的影响尤为显著。当上接触面倾角由 20°增加至 25°时，模型失稳强度仅下降 0.63MPa；当上接触面倾角由 30°增加至 35°时，模型失稳强度下降 7.38MPa；当下接触面倾角由 30°增加至 35°时，模型失稳强度下降 7.14MPa。可见同等量增加接触面倾角时，破碎失稳模型的失稳强度对接触面倾角增加敏感度低于滑移破碎失稳模型，同等量增加上、下接触面倾角对模型失稳强度的影响效果基本相同。

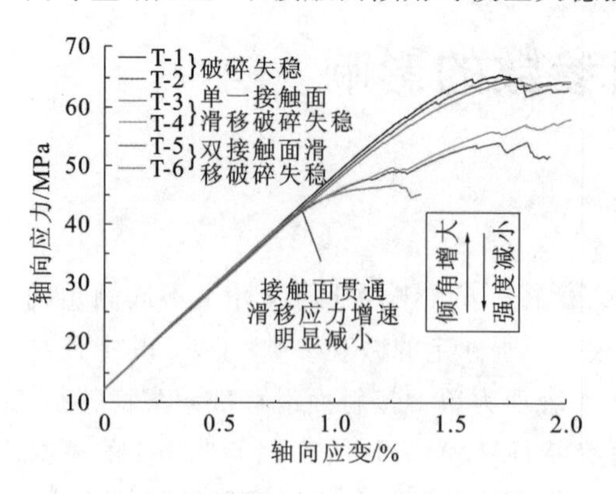

图 4-27　不同倾角组合模型的应力-应变曲线

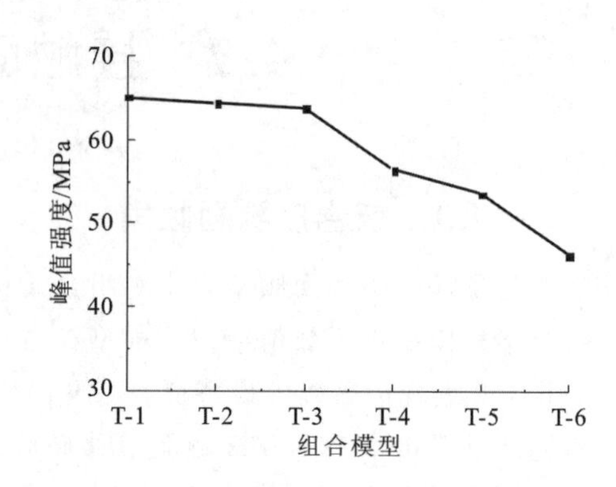

图4-28　不同倾角组合模型失稳的峰值强度

不同倾角组合模型的裂隙发育特征如图 4-29 所示。从图 4-29 可以看出，组合模型 T-1 和 T-2 的失稳过程中，煤岩体中裂隙发育密度较高，煤岩体中产生了大量的拉伸裂隙，拉伸裂隙贯通剪切裂隙促使组合结构产生宏观破坏失稳，在此过程中，接触面上均未产生剪切裂隙或滑移。组合模型 T-3 和 T-4 的失稳过程中仅上接触面产生了剪切滑移，煤岩体裂隙发育密度明显低于破碎失稳，而且随着接触面倾角的增大，接触面滑移程度越明显，裂隙发育密度越低，裂隙发育方向明显沿垂直于滑移接触面方向延伸扩展。组合模型 T-5 和 T-6 的失稳过程中，两接触面均产生了剪切滑移，煤岩体裂隙密度达到最低，仅在接触面周围产生了少量的剪切裂隙。总而言之，当接触面倾角小于或等于接触面内摩擦角时，直至组合模型最终破碎，接触面也未产生剪切裂隙，当接触面倾角大于接触面内摩擦角时，模型失稳过程中伴随着接触面的剪切滑移，这与第 2 章的理论推导结果一致。

对不同倾角组合模型各分区的裂隙损伤程度进行统计，如图 4-30 所示。从图 4-30 可以看出，随着接触面倾角的逐渐增大，模型中裂隙损伤程度逐渐降低，裂隙损伤程度由高到低依次为破碎失稳、单一接触面滑移破碎失稳和双接触面滑移破碎失稳。通过对组合模型各分区裂隙损伤程度统计发现，模型 T-1 破碎失稳状态下中部岩体的损伤率为 41.29%，模型 T-4 单一接触面滑移破碎失稳状态下中部岩体的损伤率为 10.87%，模型 T-6 双接触面滑移破碎失稳状态下中部岩体的损伤率仅分别为 2.73%。然而对于上、下部煤体，裂隙损伤率仅分别由 32.02%、37.22% 下降至 9.67%、9.04%。这说明接触面滑移对中部岩体的损伤影响要明显强于上、下部煤体。同时，倾角增大能够削弱组合模型的破碎失稳，增强滑移失稳现象。

根据第 3 章的理论分析，接触面上行滑移的必要条件为 $\tan\vartheta>\tan\varphi_f$，触发条件为 $0<\Delta<1-\dfrac{1}{\dfrac{\sin 2\vartheta}{2\tan\varphi_f}+\sin^2\vartheta}$。对满足接触面滑移失稳条件的接触面滑移触发值 Δ 进行统计，如图 4-31 所示。从图 4-31 可以看出，当接触面倾角 ϑ 满足 $\varphi_f<\vartheta<45°+\dfrac{\varphi_f}{2}$ 时，随着接触面倾角的增大，接触面滑移的理论触发值 Δ 逐渐升高；当接触面倾角 ϑ 满足 $\vartheta>45°+\dfrac{\varphi_f}{2}$ 时，接触面滑移的理论触发值 Δ 逐渐降低。接触面倾角与临界触发值 Δ 之间的关系为关于 $\vartheta=45°+\dfrac{\varphi_f}{2}$ 对称的“凸”函数。由于 Δ 是模型径向应力与轴向应力之比，因此在围压相同时，接触面滑移所需的轴向应力表现为先逐渐减小后逐渐增大，其中，当接触面倾角 $\vartheta=45°+\dfrac{\varphi_f}{2}$ 时，组合模型最容易产生滑移失稳。同时观察数值与理论结果可以发现，上接触面的数值与理论计算结果相对耦合较好，而下接

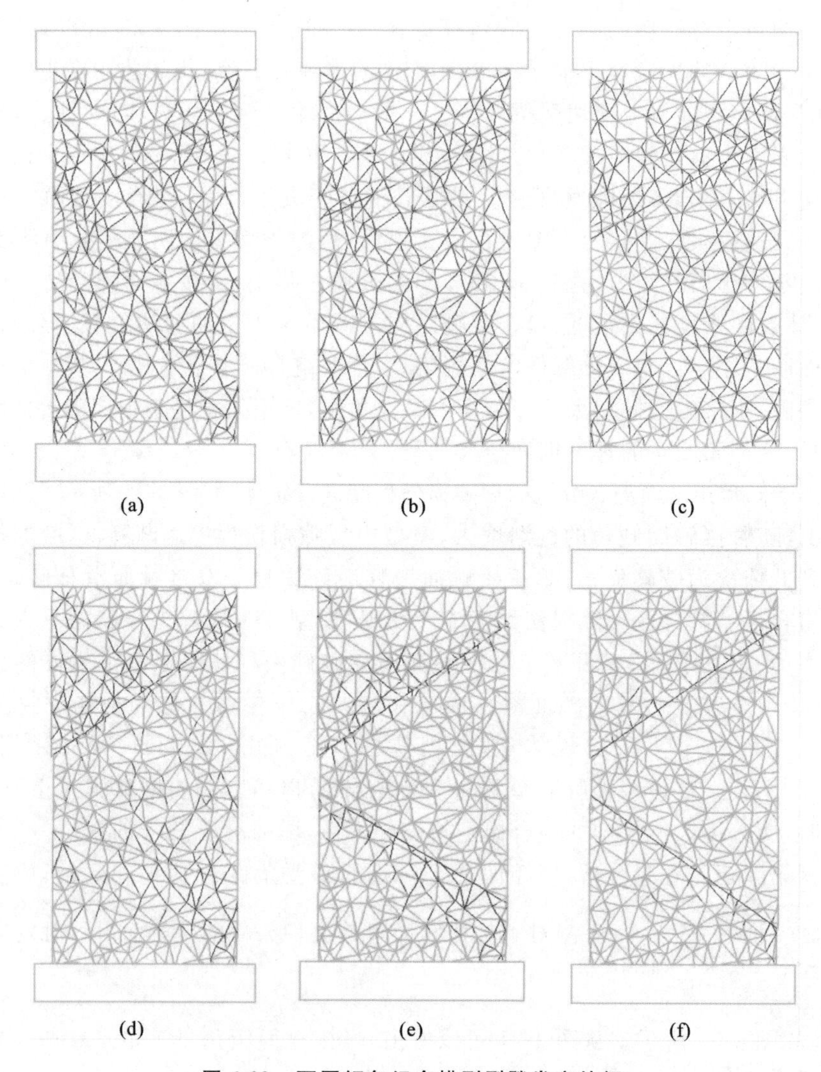

图 4-29 不同倾角组合模型裂隙发育特征

(a) T-1；(b) T-2；(c) T-3；(d) T-4；(e) T-5；(f) T-6

触面试验结果明显高于理论计算值，这说明上接触面滑移能够降低下接触面滑移所需的轴向应力，使其更容易达到滑移触发条件。分析这是模型块体扭转变形导致的。

综上所述，对于不同倾角的组合模型，倾角越大，模型越容易产生滑移失稳，模型失稳强度越小，损伤程度越低，释放总能量越多，这与单轴压缩条件下的组合模型失稳特征一致。

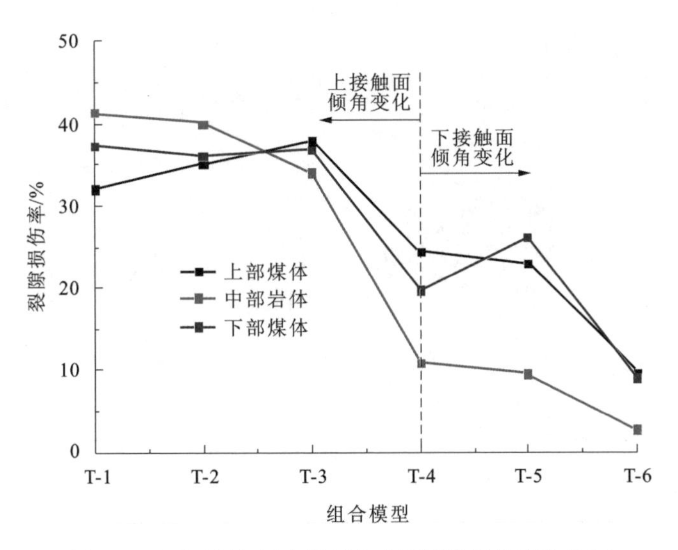

图 4-30　不同倾角组合模型各分区裂隙损伤演化特征

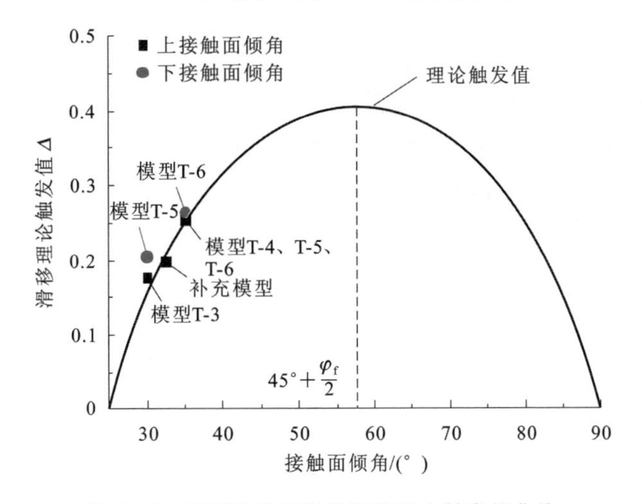

图 4-31　不同接触面倾角滑移理论触发值曲线

4.7.2　接触面内摩擦角

为了探究接触面内摩擦角对模型滑移失稳的影响，以模型 T-7(上接触面倾角为 30°，下接触面倾角为 25°)为研究基础，设计了 4 种不同的接触面内摩擦角进行数值试验，内摩擦角依次为 20°、25°、30°和 35°。不同接触面内摩擦角引起的组合模型失稳状态下的裂隙分布特征如图 4-32 所示。

从图 4-32 可以看出，当接触面内摩擦角小于两接触面倾角时，模型失稳状态表现为双接触面滑移破碎失稳；当接触面内摩擦角大于下接触面倾角，小于上接触面倾

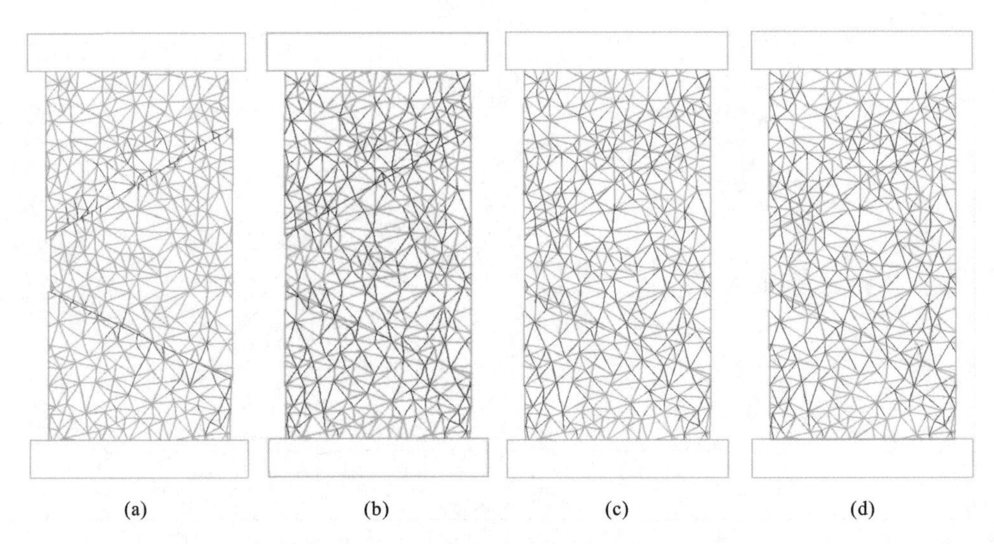

图 4-32 不同内摩擦角的组合模型裂隙分布特征

(a)20°;(b)25°;(c)30°;(d)35°

角时,模型失稳状态表现为单一接触面滑移破碎失稳;当接触面内摩擦角大于或等于两接触面倾角时,模型失稳状态表现为破碎失稳。随着接触面内摩擦角的增大,组合模型的失稳状态由滑移失稳向破碎失稳转化,这恰恰与接触面倾角的影响效果相关。分别对不同内摩擦角的组合模型的应力-应变曲线进行统计,如图 4-33 所示。不同内摩擦角的组合模型失稳的峰值强度如图 4-34 所示。

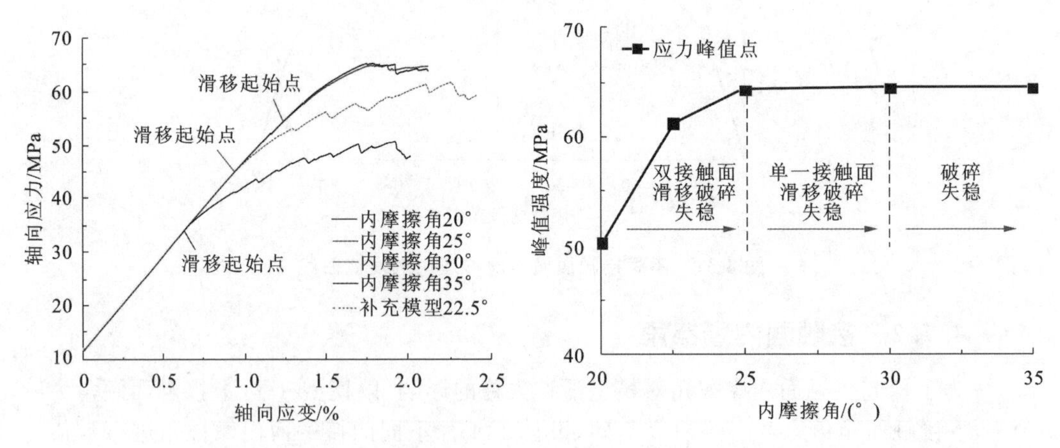

图 4-33 不同内摩擦角组合模型的应力-应变曲线

图 4-34 不同内摩擦角组合模型失稳的峰值强度

从图 4-33 和图 4-34 可以看出,三轴应力状态下,当接触面的内摩擦角小于接触面倾角时,随着接触面倾角的增大,组合模型峰值应力逐渐升高。当接触面内摩擦角大于或等于接触面倾角时，随着接触面倾角的增大，组合模型峰值应力保持不变。随着接触面内摩擦角的增大，接触面的滑移难度逐渐增加，应力增速逐渐加快。例如当内摩擦角为 20°时，组合模型轴向应变率达到 0.67%，接触面即可产生滑移，产生滑移后，轴向应力增速逐渐放缓。而当内摩擦角为 22.5°时，组合模型滑移时的应变率需要达到 0.90%。轴向应力增速明显高于内摩擦角 20°的应力曲线。这说明接触面内摩擦角的变化能够引起接触面的失稳状态的改变，从而影响组合模型的应力集中速度和程度。

不同内摩擦角的组合模型裂隙损伤演化特征如图 4-35 所示，从图 4-35 可以看出，随着内摩擦角的增大，组合模型裂隙损伤程度逐渐增加，但损伤程度增加速率逐渐降低，同等增量地增加接触面内摩擦角时，较小的接触面内摩擦角对其影响要远远大于较大的内摩擦角。当接触面的内摩擦角由 20°增加至 30°时，中部岩体的裂隙损伤率由 6.81%增加至 41.89%，增加约 5 倍，而上、下部煤体的损伤率仅由 20.86%增加至 38.01%，增加约 0.82 倍，远远少于岩体的裂隙扩展程度。这说明接触面的内摩擦角大小能够改变接触面的失稳状态，而接触面的失稳状态直接影响着组合模型的裂隙损伤特征。其中，中部岩体的裂隙损伤程度受内摩擦角的影响最大。因此，可以通过监测中部岩体的裂隙发育程度来预测组合结构的失稳形式。

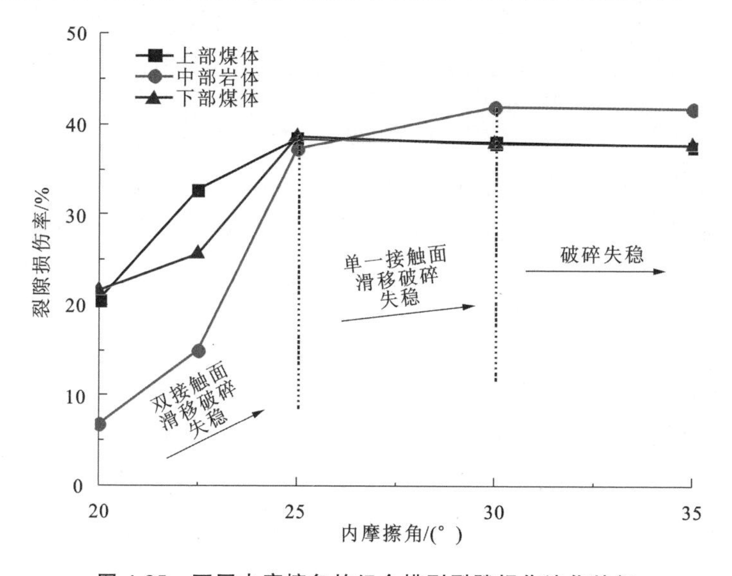

图 4-35 不同内摩擦角的组合模型裂隙损伤演化特征

为了研究内摩擦角对接触面滑移触发条件的影响，统计了滑移失稳阶段的理论和模拟不同内摩擦角的滑移触发值，当接触面内摩擦角大于接触面倾角时，接触面不满足滑移失稳的必要条件，即 $\tan\vartheta > \tan\varphi_f$，对接触面的滑移触发条件的研究没有实际意义。因此，仅统计了组合模型处于滑移破碎失稳状态下的滑移触发值，如图 4-36 所示。从图 4-36 可以看出，接触面滑移的理论触发值随着内摩擦角的增加呈线性降低趋势。接触面内摩擦角越大，接触面滑移所需的轴向应力条件越高，接触面越稳定。上接触面（倾角 30°）试验与理论计算的滑移触发值基本一致，这说明模型下接触面的存在对上接触面滑移触发条件基本无影响。而对于下接触面（倾角 25°）的滑移触发值，数值试验结果明显高于理论计算值，这再次说明了组合模型上接触面的滑移失稳能够增加下接触面的滑移触发值，从而降低下接触面滑移所需的轴向应力值，使其更容易产生滑移。

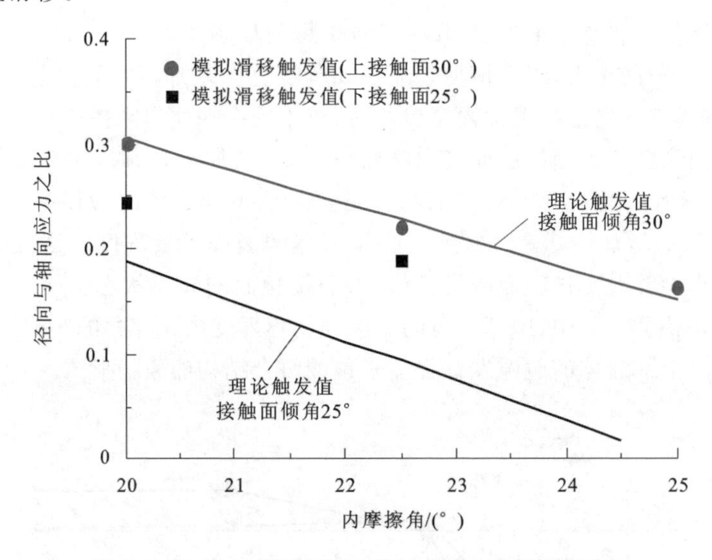

图 4-36 理论和模拟不同内摩擦角的滑移触发值曲线

综上所述，接触面内摩擦角对滑移失稳的影响效果与接触面倾角恰恰相反，随着接触面内摩擦角的增大，模型滑移失稳所需的轴向应力条件逐渐升高，组合模型也由滑移失稳向破碎失稳转化。因此，对于其他参数相同的组合模型，接触面内摩擦角越大，模型越难产生失稳。

4.7.3 接触面粗糙度系数

煤层沉积过程中，煤与夹矸体会相互侵入，煤岩结构面呈现弯曲的咬合结构。基于模型 T-8（上接触面倾角为 30°，下接触面倾角为 20°，接触面内摩擦角设置为 22.5°）为研究基础，通过将模型上接触面光滑节理粗糙化来模拟接触面的粗糙程度，并通过式(3-10)和式(3-11)计算 JRC 值，定量分析结构粗糙度对煤岩组合结构失稳特征的影响。图 4-37 展示了四种粗糙度系数结构面，JRC 值分别为 0、1.25、6.17 和 15.20。从图 4-37 可以看出，随着接触面粗糙度系数的升高，接触面的弯曲程度逐渐增大。

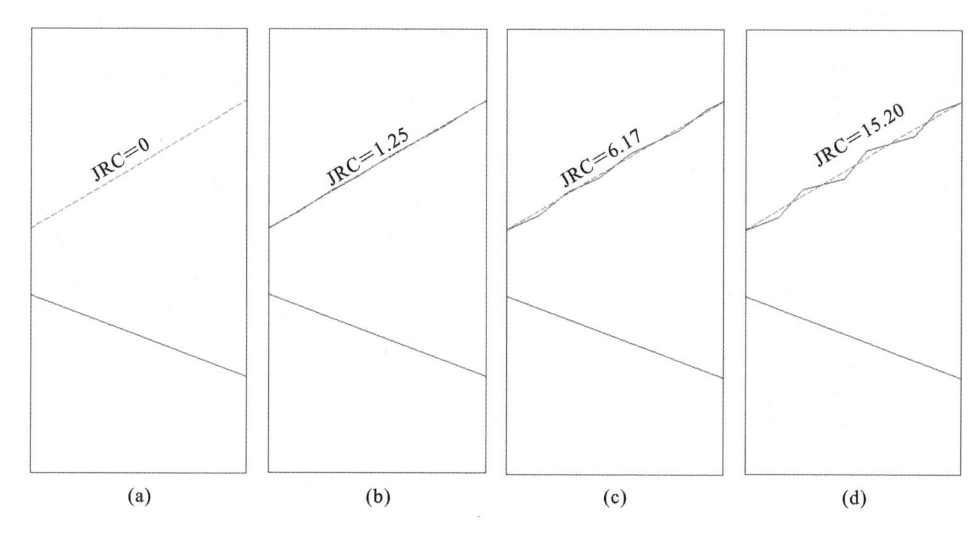

图 4-37 四种不同粗糙度系数的组合模型

(a)JRC=0;(b)JRC=1.25;(c)JRC=6.17;(d)JRC=15.20

不同粗糙度系数的组合模型裂隙分布特征如图 4-38 所示。从图 4-38 可以看出,随着接触面粗糙度系数的增大,接触面上的裂隙发育程度逐渐降低,组合模型失稳形式由滑移失稳向破碎失稳转变,这与接触面内摩擦角的影响效果基本相同。从接触面裂隙分布特征来看,当接触面粗糙度系数较小时,接触面的裂隙多沿垂直于接触面滑移的方向扩展延伸,随着接触面粗糙程度的增大,裂隙的发育方向逐渐转变为向平行于主应力的方向扩展延伸。这是由于接触面粗糙程度的增加,增大了接触面的滑移难度,从而抑制了剪切滑移做功,造成垂直于接触面滑移方向的裂隙减少。这说明接触面粗糙度系数的改变能够引起组合模型的裂隙发育特征的变化。

图 4-39 展示了不同粗糙度系数组合模型的应力-应变关系,图 4-40 展示了不同粗糙度系数组合模型的峰值强度。从图 4-39 可以看出,应力加载初期,轴向应力的变化趋势基本一致,此时接触面未产生滑移现象,模型处于弹性能积累阶段,因此,应力曲线呈现近似直线增长。随着应力加载程度的升高,粗糙度系数较小的接触面首先产生轴向应力偏移,应力增长速度明显降低,接触面开始产生滑移释能,接触面滑移释能并不能引起组合模型的完全失稳,轴向应力逐渐升高。随着应力的进一步加载,粗糙度系数从小到大,轴向应力增速依次降低,接触面均产生滑移释能现象(JRC=15.20 除外)。当接触面粗糙度系数达到 15.20 时,接触面不再产生滑移,组合模型失稳形式由单一接触面滑移破碎失稳转变为破碎失稳。从图 4-40 可以看出,随着接触面粗糙度系数的增大,组合模型失稳所需的峰值强度逐渐升高。这说明接触面的粗糙度系数越小,接触面越光滑,组合模型越容易产生失稳。反之,接触面粗糙度系数越大,接触面越粗糙,组合模型越难产生失稳。

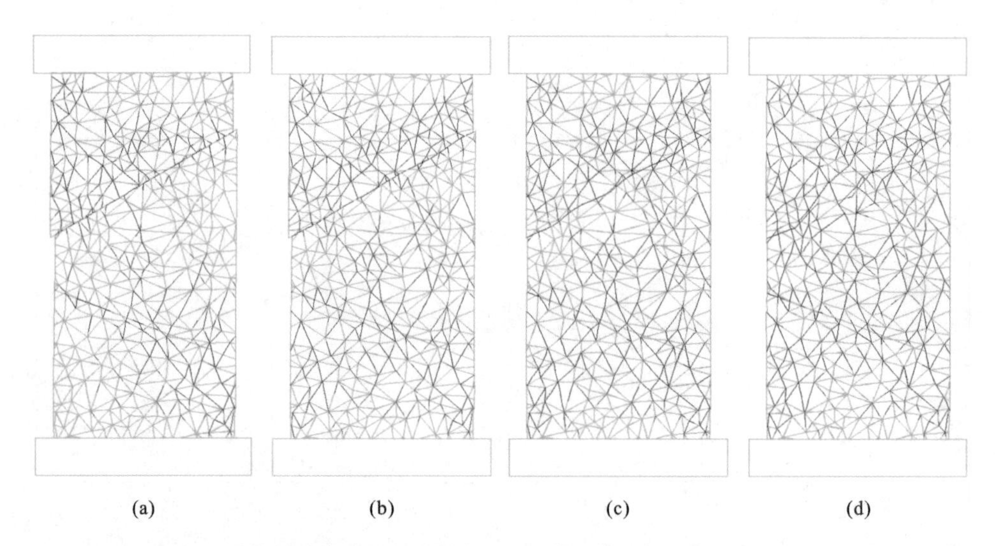

图 4-38　不同粗糙度系数的组合模型裂隙分布特征(蓝色为剪切,红色为拉伸)

(a)JRC=0;(b)JRC=1.25;(c)JRC=6.17;(d)JRC=15.20

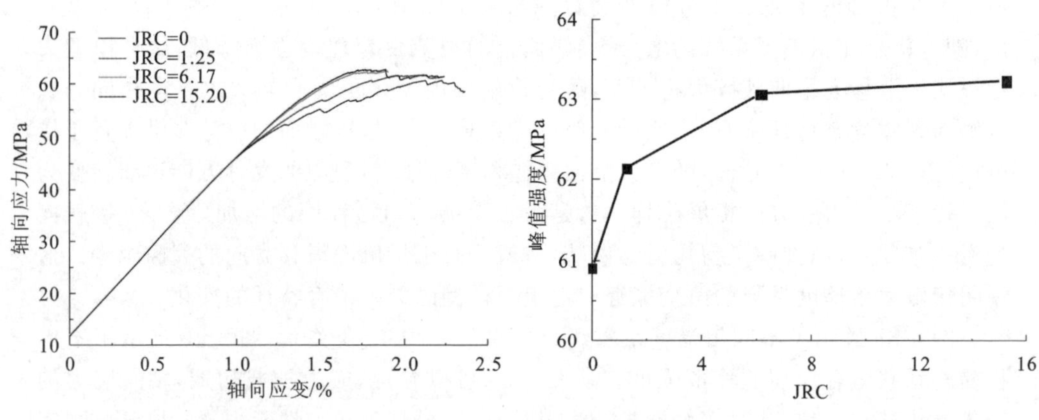

图 4-39　不同粗糙度系数组合模型的应力-应变曲线

图 4-40　不同粗糙度系数组合模型的峰值强度

不同粗糙度系数组合模型的裂隙损伤率如图 4-41 所示,从图 4-41 可以看出,接触面粗糙度系数较小时,组合模型失稳形式为滑移破碎失稳,此时,中部岩体的损伤程度明显较低,裂隙损伤率仅为 25.89%。随着接触面粗糙度系数的增大,中部岩体裂隙的损伤率迅速增大,达到 41.19%,裂隙损伤程度的增长率明显高于上、下部煤体。分析是由于接触面粗糙程度增大,增加了组合模型失稳强度,同时滑移耗散能降低,促使模型积累的弹性能增多而引起了裂隙损伤率增加。这也再次说明了组合模型岩体损伤程度对组合模型的滑移敏感程度要强于上、下部煤体。因此,可以通过监测中部岩体的裂隙发育程度来预测组合结构的失稳形式。

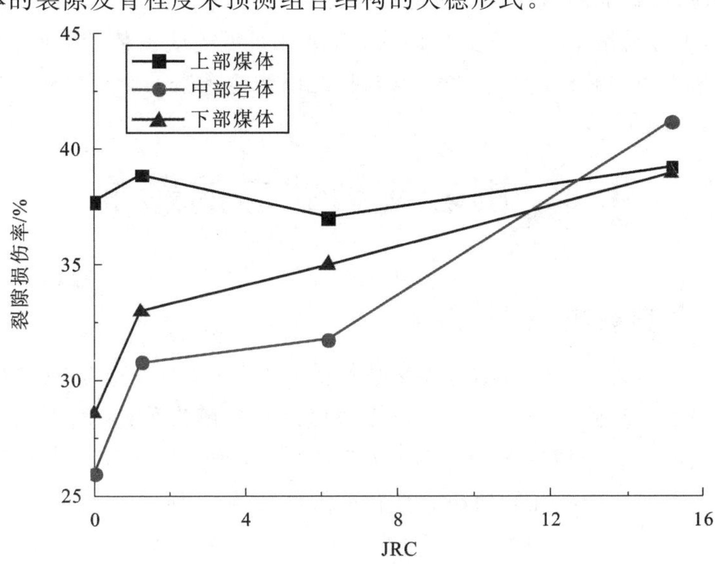

图 4-41 不同粗糙度系数组合模型的裂隙损伤率

不同粗糙度系数组合模型的滑移触发条件变化特征如图 4-42 所示，从图 4-42 可以看出，当接触面为光滑接触面时，组合模型的理论滑移触发值与模拟滑移触发值基本相同，这说明了模拟结果的准确性。同时，对 JRC＝1.25 和 JRC＝6.17 两种组合模型(JRC＝15.20 为破碎失稳)的滑移触发值进行曲线拟合可以发现，接触面滑移触发值随着接触面粗糙度系数的增加呈线性降低的变化趋势，线性拟合系数达到 0.99713。这与接触面摩擦系数的影响效果基本一致。

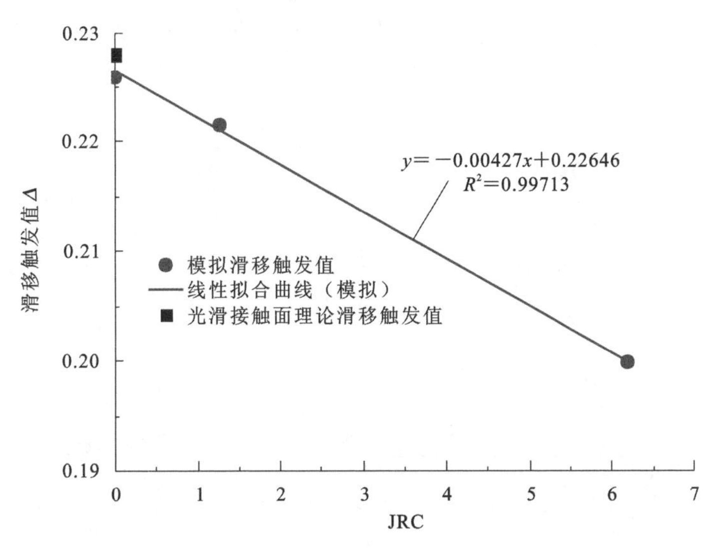

图 4-42 不同粗糙度系数组合模型的滑移触发条件变化特征

综上所述，接触面的粗糙程度也能改变组合模型的失稳形式。当接触面粗糙度系数较小时，组合模型呈现滑移失稳形式；当接触面粗糙度系数较大时，组合模型失稳形式由滑移失稳向破碎失稳转变。这与接触面摩擦系数的影响效果一致。

4.8 围岩应力状态的影响

4.8.1 围压影响

为了探究围压大小对组合结构失稳特征的影响，分别对模型 T-1（破碎失稳）、T-3（单一接触面滑移破碎失稳）和 T-5（双接触面滑移破碎失稳）采用不同围压进行数值模拟。围压设定值分别为 0MPa、1MPa、5MPa、10MPa 和 20MPa。不同围压条件下组合模型应力应变曲线和峰值应力变化曲线如图 4-43 所示。

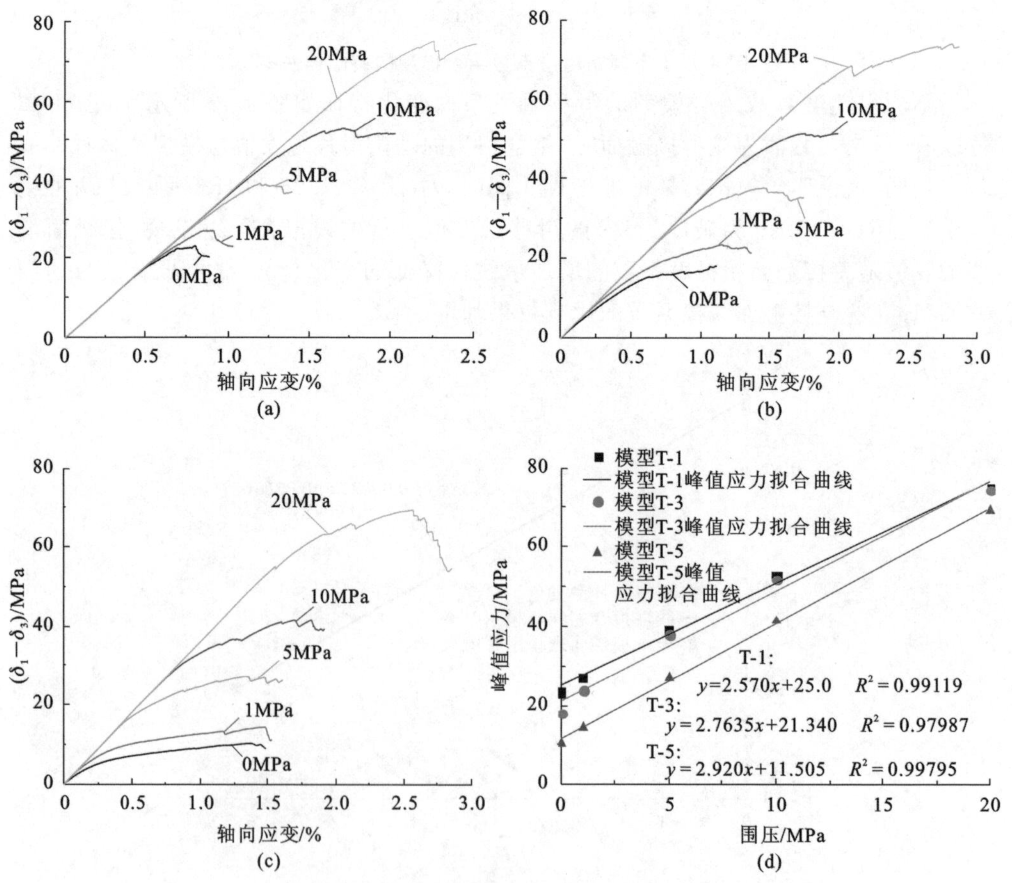

图 4-43 不同围压条件下组合模型应力应变曲线及峰值应力变化曲线

(a) T-1；(b) T-3；(c) T-5；(d) 峰值应力

从图 4-43(a)可以看出,破碎失稳模型中,轴向应力加载初期,不同围压下的应力变化曲线增速基本相同,但随着应力加载程度的增加,应力曲线增速从低围压向高围压逐渐变缓,并最终达到峰值强度。从图 4-43(b)、(c)可以看出,滑移破碎失稳模型中,轴向应力加载初期同样存在相同的应力变化曲线增速段,但该阶段持续时间明显小于破碎失稳模型,模型应力增速段结束后,应力的增加速度逐渐降低,直至模型达到最终失稳。滑移破碎失稳模型的峰值轴向应变率明显高于破碎失稳模型。这说明滑移破碎失稳模型中的弹性能积累速度小于破碎失稳模型,接触面的滑移能够降低组合模型的弹性能积累速度。

不同围压状态下,三种失稳模型的峰值应力均随着围压的增大而逐渐增大,峰值应力随围压变化曲线均满足线性关系,如图 4-43(d)所示。这说明围压的增加能够抑制组合模型的滑移和破碎,从而提高模型的承载能力。相同围压下三种组合模型的失稳强度:破碎失稳>单一接触面滑移破碎失稳>双接触面滑移破碎失稳。这说明接触面滑移能够降低组合模型的承载能力。

三种失稳模型的应力峰后曲线均表现为:低围压状态下模型失稳呈现脆性破坏特征,应力曲线存在明显的应力降,而高围压状态下模型失稳则呈现延性破坏的特征,峰后应力曲线下降不明显。这说明围压能够改变组合模型的峰后破碎失稳状态,使其由脆性破坏向延性破坏转变。

不同围压条件下三种失稳形式裂隙发育特征如图 4-44 所示,从图 4-44 可以看出,随着围压的增大,三种失稳模型裂隙数量逐渐增多,对不同围压条件下三种失稳模型裂隙损伤程度进行统计,如图 4-45 所示。随着围压的增大,模型中剪切裂隙损伤率逐渐增大,拉伸裂隙损伤率逐渐降低。当围压为 0MPa 时,三种失稳模型处于单轴压缩状态,此时模型破坏形式表现为明显的劈裂破坏特征[模型 T-3 和 T-5 接触面产生滑移,但煤(岩)体产生劈裂]。对于模型 T-1,此时拉伸裂隙损伤率为 3.27%,剪切与拉伸裂隙损伤比约为 9∶1,随着围压的增大,剪切裂隙逐渐增多,拉伸裂隙逐渐降低,当围压为 20MPa 时,拉伸裂隙损伤率降至 0.29%,剪切与拉伸裂隙损伤比约为 131∶1。模型 T-3 和 T-5 的剪切、拉伸裂隙损伤演化规律与模型 T-1 基本一致。这说明围压能够限制拉伸裂隙的发育,阻碍裂隙之间的贯通,从而增加组合结构的承载能力。对于同等围压条件下,三种失稳模型的裂隙损伤程度均满足破碎失稳>单一接触面滑移破碎失稳>双接触面滑移破碎失稳,这说明接触面滑移能够降低模型失稳的裂隙损伤程度。对于不同围压条件下,三种失稳模型仍保持原有的失稳状态,这说明围压的改变并不能引起组合模型失稳特征变化。

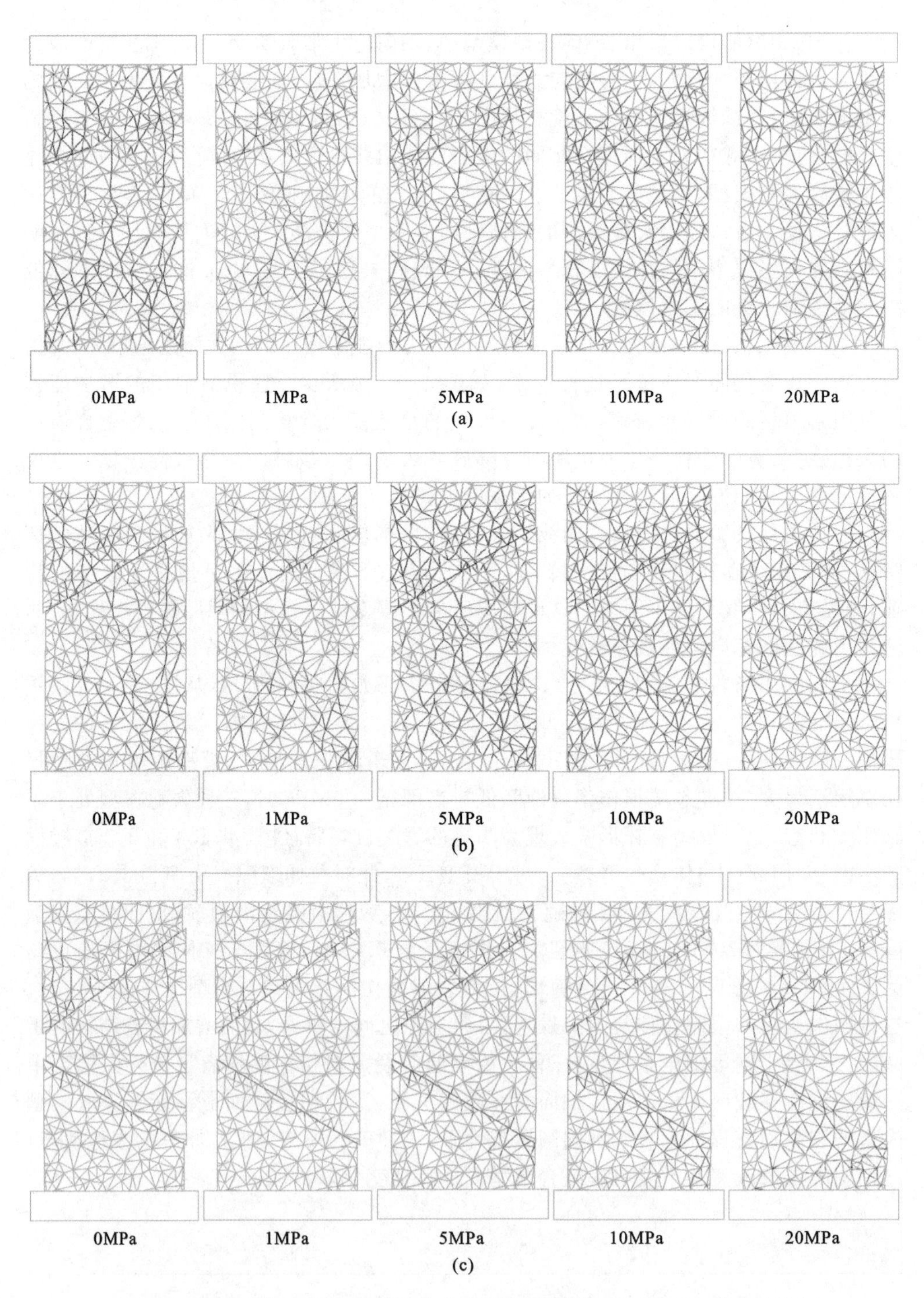

图 4-44　不同围压条件下三种失稳形式裂隙发育(蓝色为剪切,红色为拉伸)

(a)T-1;(b)T-3;(c)T-5

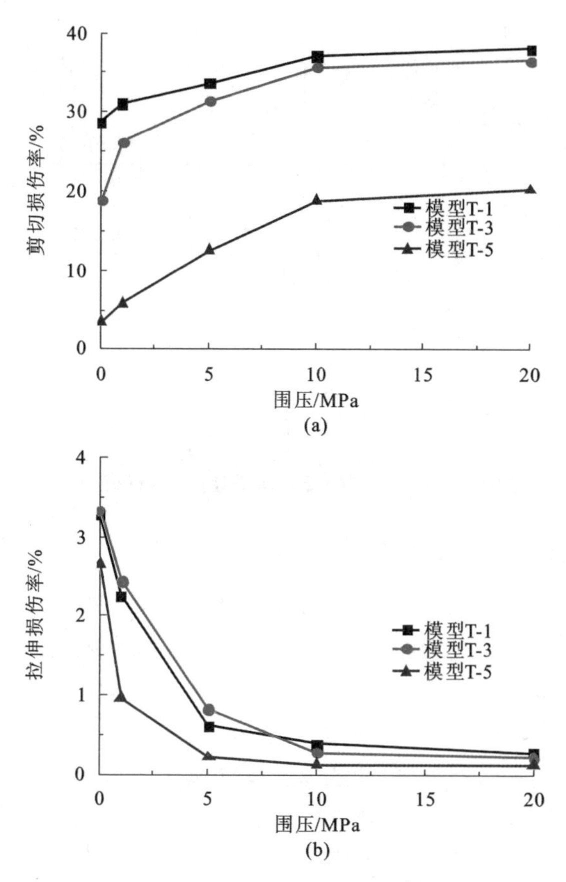

图 4-45 不同围压条件下三种失稳形式裂隙损伤率曲线

(a)剪切裂隙损伤率;(b)拉伸裂隙损伤率

为了研究围压变化对接触面滑移触发值的影响效果,分别对模型 T-3 上接触面和 T-5 上、下两接触面滑移时刻的径向与轴向的应力比进行统计,如图 4-46 所示。从图 4-46 可以看出,接触面理论滑移触发值与围压不存在直接关系,但随着围压的增大,接触面滑移所需的轴压也逐渐增大。而对于数值试验结果,随着围压的增大,接触面滑移触发值逐渐升高,滑移所需的轴压理论值逐渐降低。分析这可能是由于围压的增大,组合模型失稳所引起的裂隙损伤程度增高。因此,围压的大小并不能直接影响接触面的滑移状态,但高围压状态下模型失稳所产生的裂隙增多,破碎煤岩能够加速接触面的滑移失稳。

综上所述,围压的改变并不能改变接触面的滑移触发值,但随着围压的增大,模型滑移失稳所需的轴向应力也逐渐增大。因此,对于其他参数相同的组合模型,围压越高,组合模型越难产生失稳。

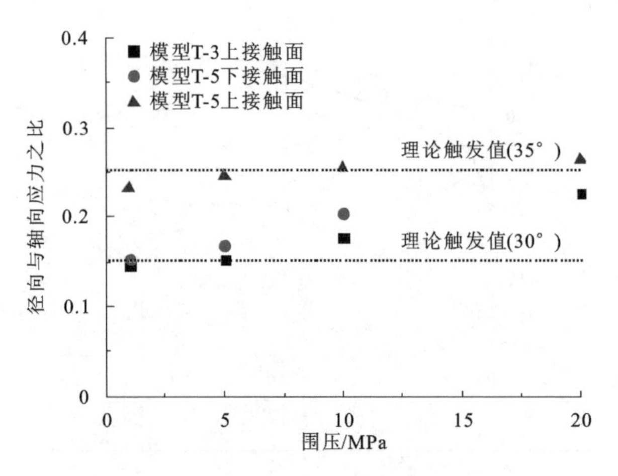

图 4-46　不同围压条件下的接触面滑移触发值(模型 T-3 和 T-5)

4.8.2　初始卸荷应力水平

在不同的初始地应力(静载)作用下,卸荷开挖能够引起围岩的破坏状态及失稳形式发生改变。为了分析初始卸荷应力对煤岩组合结构滑移破碎失稳的影响,基于单一接触面滑移破碎失稳模型(上 30°、下 15°)开展不同初始卸荷应力水平的加卸荷数值模拟,初始卸荷应力水平分别选取为常规三轴峰值应力的 50%、60%、70%和 80%。加轴压方式选择位移加载,加载速度设置为 0.05m/s,卸围压方式选择力卸荷方式,卸荷速度为 15Pa/步,模型均加卸荷 40000 步,最终围压卸荷至初始围压的 40%(初始围压 10MPa)。在不同初始卸荷应力状态下模型失稳的应力-应变曲线如图 4-47 所示;不同初始卸荷应力状态的模型失稳峰值应力-应变曲线如图 4-48 所示。

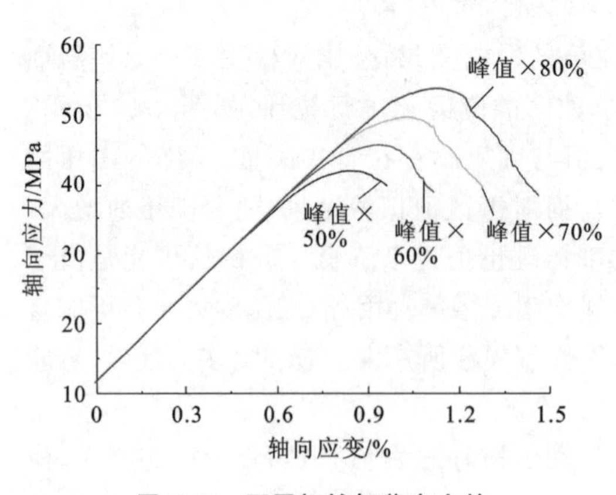

图 4-47　不同初始卸荷应力的应力-应变曲线

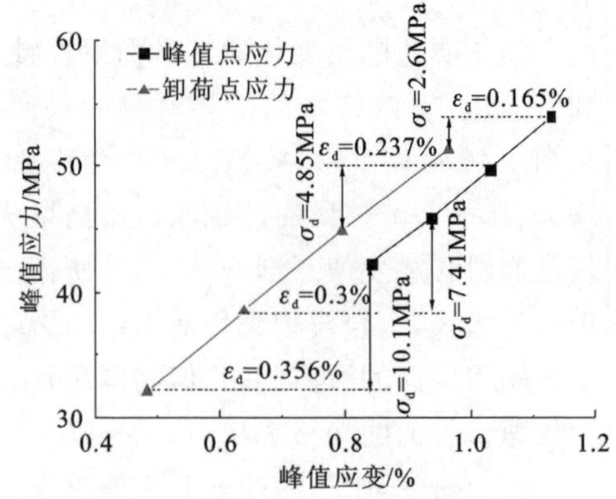

图 4-48　不同初始卸荷应力的峰值应力-应变曲线

从图 4-47 和图 4-48 可以看出，随着初始卸荷应力水平的增加，组合模型峰值应力由 42.18MPa 增加至 53.92MPa，峰值失稳强度逐渐升高，但峰值点与卸荷点之间的应力差由 10.1MPa 降低至 2.6MPa，应变差由 0.356％降低至 0.165％，二者均与初始卸荷应力值成反比。这说明在加卸荷路径下，高初始卸荷应力水平的组合模型更容易产生失稳破坏。分析是由于组合模型初始卸荷应力水平较高时，模型内部积累的弹性应变能相对较大，当采用同等加卸荷条件时，模型更易达到所能积累的弹性应变能峰值。

图 4-49 展示了不同初始卸荷应力水平组合模型失稳的裂隙分布特征。由图 4-49 可知：加卸荷路径下，不同初始卸荷应力水平组合模型失稳形式基本一致，均表现为单一接触面滑移破碎失稳。但模型裂隙发育程度明显不同，尤其是拉伸裂隙数量。这说明加卸荷路径下，初始卸荷应力水平可以改变组合模型的破碎程度，但不能改变模型的失稳形式。图 4-50 展示了不同初始卸荷应力水平组合模型失稳的裂隙分区及整体损伤率。从图 4-50 可以看出，随着初始卸荷应力水平的升高，组合模型失稳的损伤率逐渐升高。其中上、下部煤体的损伤程度明显高于中部岩体。但随着应力水平的升高，上、下部煤体与中部岩体损伤率之间的差值逐渐降低，这说明组合模型初始卸荷应力水平较低时，模型失稳形式为煤体破碎及结构滑移两种形式，而应力水平较高时，岩体达到了其破碎强度，模型失稳形式转变为煤体破碎、岩体破碎及结构滑移三种形式。同时，模型整体损伤率也随着初始卸荷应力水平的升高而逐渐升高，整体损伤率与初始卸荷应力水平满足二次函数关系，其相关系数达到了 0.9994，对平均损伤率变化曲线进行拟合可得函数关系式如下：

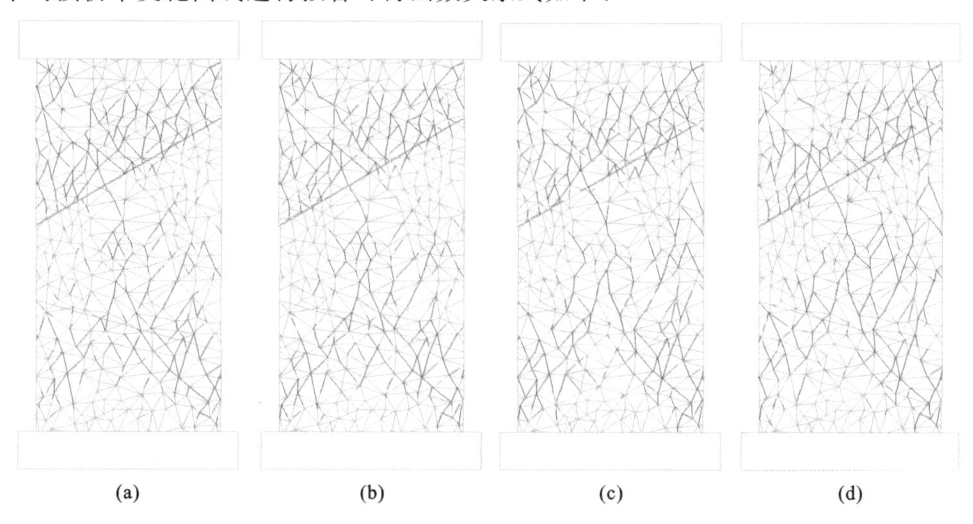

图 4-49　不同初始卸荷应力水平组合模型失稳的裂隙分布特征(蓝色为剪切，红色为拉伸)

(a)50％；(b)60％；(c)70％；(d)80％

$$D = -0.00287x^2 + 0.79005x - 6.1045$$

这说明加卸荷路径下，初始卸荷应力水平的升高能够增加组合模型失稳时的裂隙损伤程度。

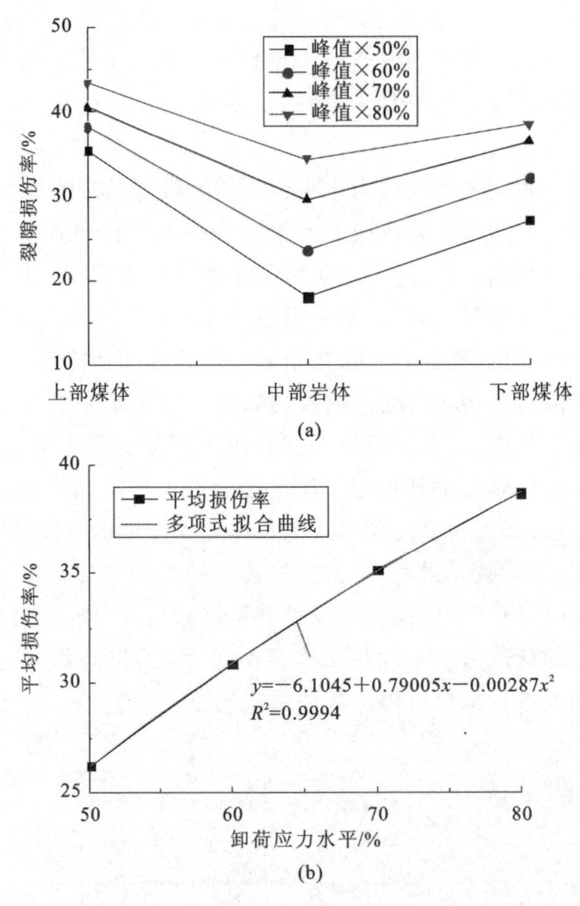

图 4-50　不同初始卸荷应力水平组合模型失稳的裂隙分区及整体损伤率

(a)分区裂隙损伤率；(b)整体裂隙损伤率

图 4-51 展示了组合模型在不同初始卸荷应力水平下接触面滑移失稳的触发条件。从图 4-51 可以看出，随着初始卸荷应力水平的增加，组合模型卸荷滑移点的围压值逐渐增大，围压值越高，说明此时围压卸荷程度越低。因此，卸围压条件下，组合模型初始卸荷应力水平越高，组合模型越容易产生滑移失稳。随着初始卸荷应力水平的升高，组合模型卸荷滑移点的轴压值也逐渐增大，但模拟滑移触发值与理论滑移触发值的差值均保持在 8%以内(初始卸荷应力为峰值 70%时，模拟滑移触发值为 0.1394，理论触发值为 0.15154，此时最大差值为 8%)，模拟与理论结果基本一致。

这说明加卸荷路径下，初始卸荷应力水平的变化可以改变卸荷滑移所需的围压(轴压)值，但不能改变接触面的滑移触发条件，即接触面滑移点的围压与轴压之比始终保持不变。

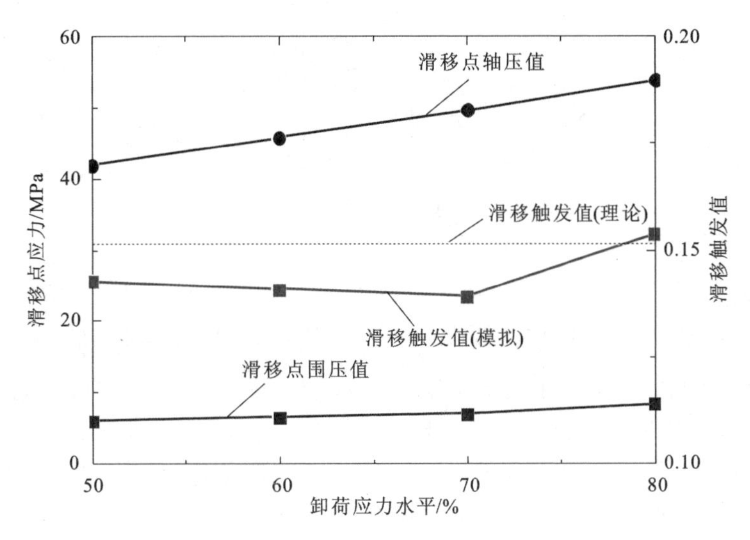

图 4-51 不同初始卸荷应力水平下接触面滑移失稳的触发条件

综上所述，加轴压、卸围压路径下，初始应力水平的大小可以改变组合模型的块体破碎程度，但不会改变接触面的滑移失稳性质。随着初始卸荷应力水平的升高，组合模型卸荷滑移点的围压值和轴压值均会逐渐增大，但二者的比值保持不变，也就是说，组合模型的接触面滑移触发条件与初始卸荷应力水平的大小无关。

4.8.3 轴向加载速度

在同一初始地应力(静载)下，不同轴向加载速度同样能够影响组合结构的失稳状态，为了探究轴向加载速度对煤岩组合结构滑移/破碎失稳的影响，基于单一接触面滑移破碎失稳模型(上 30°、下 15°)开展同一初始地应力、不同加轴压速度的加卸荷数值模拟。初始卸荷应力水平选取常规三轴峰值应力的 80%，加轴压速度分别选取 0m/s、0.02m/s、0.05m/s 和 0.1m/s，卸围压速度选取 15Pa/步。模型均加卸荷 40000 步，最终围压卸荷至初始围压的 40%(初始围压 10MPa)，在不同加轴压速度下模型失稳的应力曲线如图 4-52 所示，不同加轴压速度下的模型失稳峰值应力曲线如图 4-53 所示。

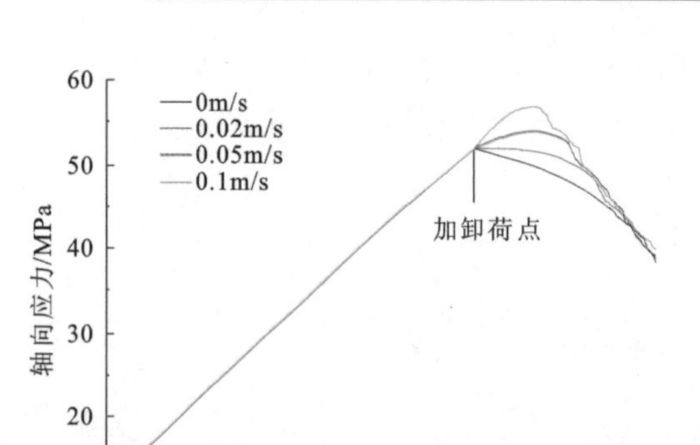

图 4-52　不同加轴压速度的应力曲线

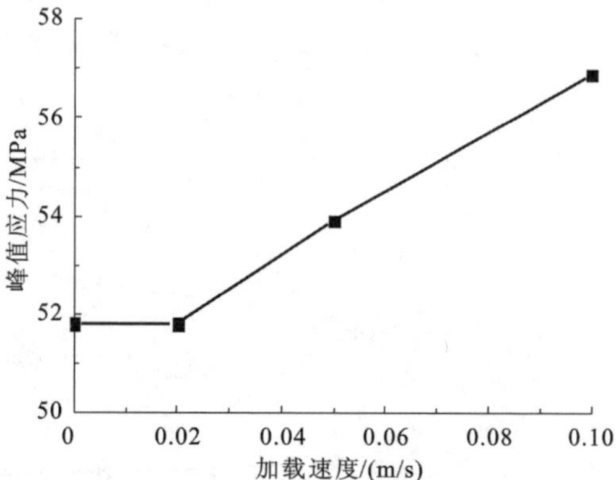

图 4-53　不同加轴压速度的峰值应力曲线

从图 4-52 和图 4-53 可以看出，组合模型进入加卸荷阶段后，当轴向加载速度小于 0.02m/s 时，模型峰值位于初始加卸荷点位置，轴向应力随着轴向加载步数的增加而逐渐降低，同时随着加载速度的增加，轴向应力降低速度逐渐减小。当加载速度为 0.02m/s 时，应力曲线存在一段明显的轴向应力平衡段(基本保持不变)。这说明此时组合模型径向卸荷释放的弹性能与轴向加载积累的弹性能逐渐达到了平衡。当轴向加载速度大于 0.02m/s 时，组合模型峰值强度由 51.8MPa 增加至 56.89MPa，模型峰值强度随着加载速度的增加呈线性增加趋势，但模型达到峰值时的加载步数逐渐减少。这说明随着加载速度的增加，模型失稳所需的加卸荷时间逐渐减小。因此，可以将组合模型加卸荷过程理解为一个动态平衡的过程。轴向加载是模型弹性能积累过程。径向卸荷是一个弹性能释放过程，同时径向卸荷也可以降低组合模型失稳强度。当模型积累的弹性能超过了模型失稳强度时，组合模型即发生失稳破坏。

图 4-54 展示了不同轴向加载速度组合模型失稳的裂隙分布特征。从图 4-54 可以看出，轴向加载速度的变化不会改变煤岩组合结构的失稳形式。但随着轴向加载速度的增加，组合模型中的裂隙发育程度明显增加，特别是中部岩体部分裂隙的增长量明显高于上、下部煤体。图 4-55 统计了不同轴向加载速度组合模型失稳的裂隙分区及整体损伤率。从图 4-55 可以看出，当轴向加载速度为 0m/s 时，组合模型各分区裂隙的损伤程度最低。其中，中部岩体的裂隙损伤率仅为 20.98%，明显小于整体裂隙损伤率 28.47%。随着轴向加载速度的增加，裂隙损伤程度逐渐增加。当轴向加载速度为 0.1m/s 时，模型各分区裂隙损伤程度基本相同，此时组合模型的整体裂隙损伤率达到 43.07%。裂隙损伤率随着轴向加载速度的增加呈递增趋势。裂隙整体损伤率与轴向加载速度满足的二次函数关系如下：

$$D = -1167.07V_{加}^{2} + 262.60V_{加} + 28.478$$

裂隙整体损伤率拟合后的曲线相关系数达到了 0.9999。这说明加卸荷路径下，轴向加载速度的升高能够增加组合模型失稳时的裂隙损伤程度。

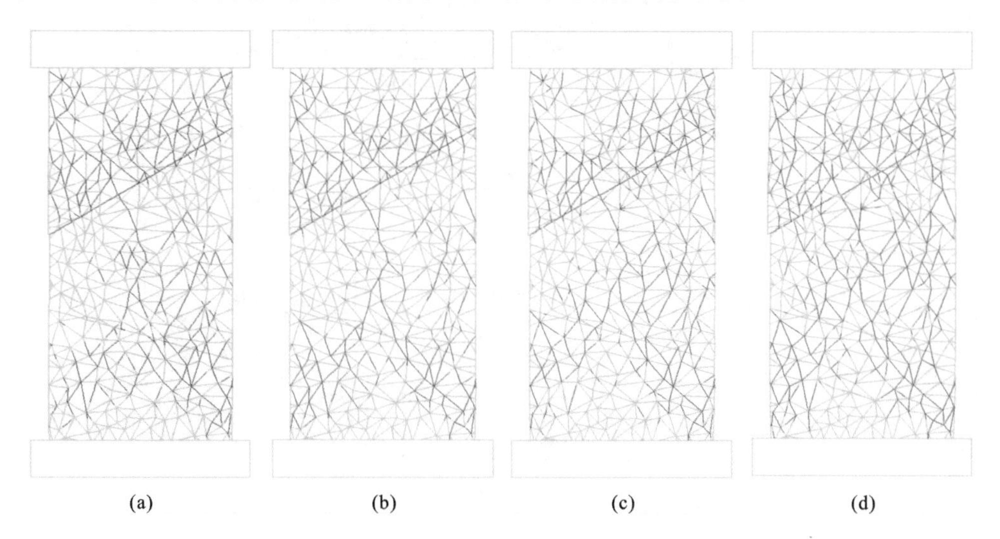

图 4-54　不同轴向加载速度组合模型失稳的裂隙分布特征(蓝色为剪切,红色为拉伸)

(a)0m/s;(b)0.02m/s;(c)0.05m/s;(d)0.1m/s

图 4-56 展示了不同轴向加载速度下接触面滑移失稳的触发条件。从图 4-56 可以看出，随着轴向加载速度的增加，接触面滑移失稳点处的围压值与轴压值均逐渐增大。这说明随着轴向加载速度的增加，组合模型滑移失稳所需的卸荷程度逐渐降低。因此，在加轴压、卸围压条件下，组合模型轴向加载速度越大，组合模型越容易达到其失稳条件。通过计算接触面滑移触发值可以看出，数值模拟的接触面滑移触发值均小于理论触发值，猜测组合模型的损伤能够促进接触面的滑移失稳，但影响不大，二者之间的差值均保持在 7%以内(轴向加载速度为 0.1m/s 时，模拟滑移触发值为 0.14097，理论触发值为 0.15154，此时最大差值为 6.9%)，基本保持不变(除轴向加载速度为 0m/s 时)，这说明轴向加载速度的改变不能改变接触面滑移的滑移触发值。

综上所述，加轴压、卸围压路径下，轴向加载速度的大小同样可以改变组合模型的块体破碎程度，但也不会改变接触面的滑移失稳性质。随着轴向加载速度的增大，组合模型卸荷滑移点的围压值和轴压值均会逐渐增大，但两者之间的比值基本保持不变，也就是说组合模型的接触面滑移触发条件与轴向加载速度无关。

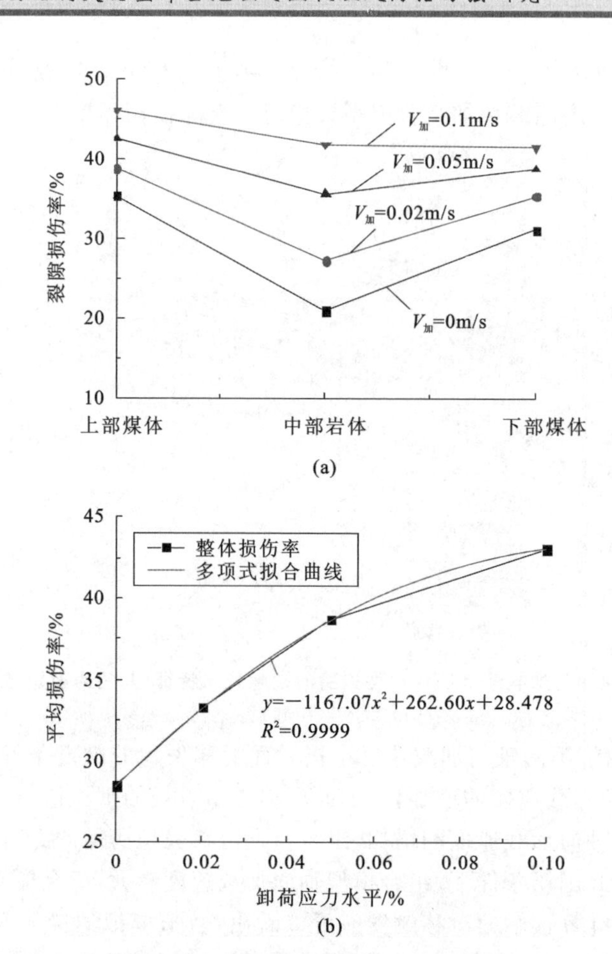

图 4-55　不同轴向加载速度组合模型失稳的裂隙分区及整体损伤率

(a)分区裂隙损伤率;(b)整体裂隙损伤率

4.8.4　卸荷速度

巷道开挖速度不同,围岩体中应力的卸荷速度也不相同。一般来说,开挖速度越快,巷道周围岩体中的应力卸荷速度越快,反之,卸荷速度越慢。为了探究径向卸荷速度对煤岩组合结构失稳过程的影响,基于单一接触面滑移破碎失稳模型(上 30°、下 15°)开展同一初始地应力、不同卸围压速度的加卸荷数值模拟。初始卸荷应力水平选取常规三轴峰值应力的 80%,卸围压速度分别选取 5Pa/步、10Pa/步、15Pa/步和 25Pa/步,轴压加载速度保持 0.5m/s,模型均卸荷 40000 时步。不同卸围压速度下模型失稳的围压和轴压变化曲线如图 4-57 所示。

从图 4-57 可以看出,卸荷速度越快,围压降低速度越快。当卸荷速度为 25Pa/

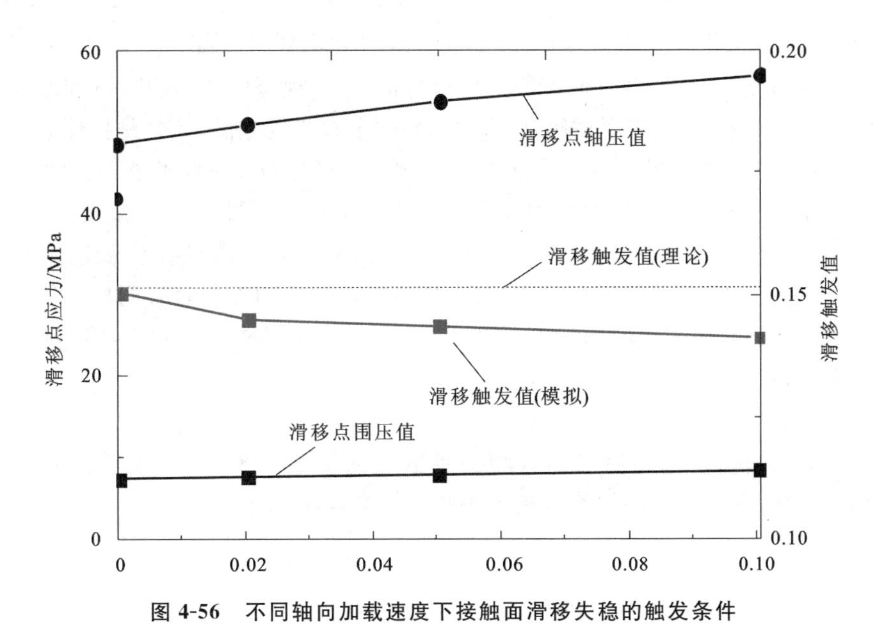

图 4-56 不同轴向加载速度下接触面滑移失稳的触发条件

步，卸荷时步为 40000 时，围压完全卸除，模型处于单轴压缩状态。图 4-58 展示了不同卸荷速度下模型轴向应力变化曲线。当卸荷速度由 5Pa/步增加至 25Pa/步时，模型峰值失稳强度降低了 10.29%，最终失稳程度降低了 61.25%。当卸荷速度较低时，卸荷开始后模型轴向应力先逐渐增大后增速逐渐减小，直至最终达到峰值后降低。当卸荷速度达到 25Pa/步时，模型仅产生了微上扬即达到失稳强度，并且峰后强度迅速降低。卸荷速度越小，组合模型失稳后的强度越高，塑性特征越明显。这说明随着卸荷速度的增加，组合模型失稳的峰值强度和最终承载强度均减小，模型失稳现象越明显。

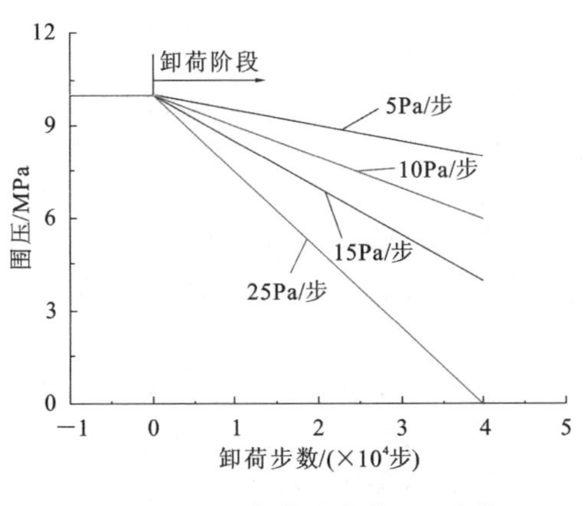

图 4-57 不同卸荷速度的围压变化

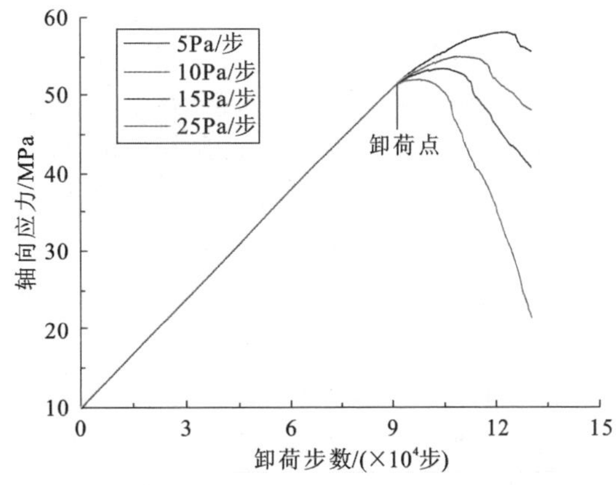

图 4-58 不同卸荷速度的轴向应力变化曲线

图 4-59 展示了不同卸荷速度下模型失稳的裂隙分布特征。从图 4-59 可以看出，卸荷速度的改变并不会改变模型的失稳特征，但是模型中的裂隙发育程度产生了明显的变化。其中，卸荷速度越快，模型中的裂隙发育程度越高，尤其是拉伸裂隙。这说明围压降低能够削弱煤岩体的承载强度，增强组合模型破坏失稳的能力。图 4-60 统计了不同卸荷速度模型失稳的裂隙分区及整体损伤率。从图 4-60 可以看出，无论卸荷速度如何变化，组合模型“煤-岩-煤”三部分分区中岩体部分的损伤程度始终处于最低，这是由于岩体承载能力相对较强，与轴压加载速度的影响效果明显不同。整体裂隙损伤程度随卸荷速度的增加而逐渐增加，裂隙整体损伤率与卸荷速度满足的二次函数关系如下：

$$D = 0.00585V_{卸}^{2} + 0.35292V_{卸} + 31.09755$$

裂隙整体损伤率拟合后的曲线相关系数达到了 0.99863。这说明加卸荷路径下，卸荷速度的升高能够增加组合模型失稳时的裂隙损伤程度。

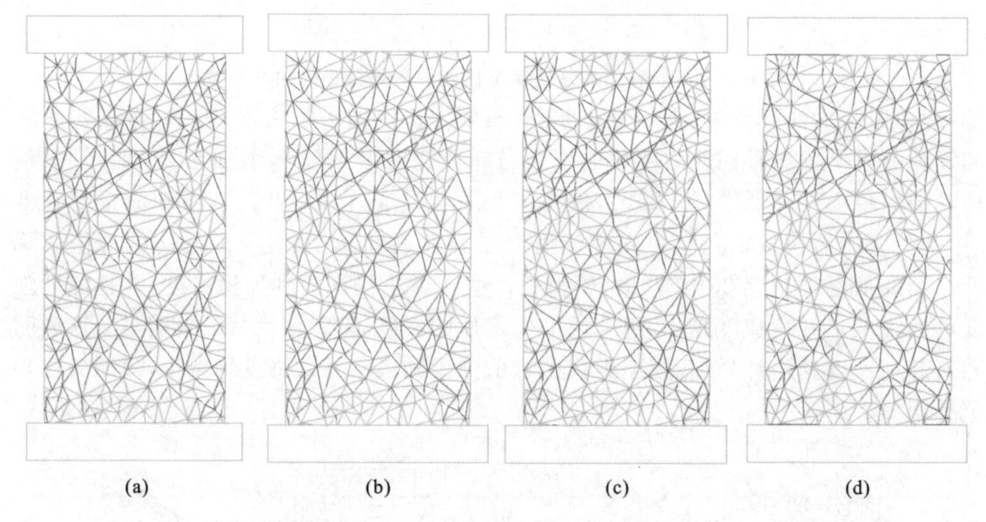

图 4-59 不同卸荷速度下模型失稳的裂隙分布特征(蓝色为剪切，红色为拉伸)

(a)5Pa/步；(b)10Pa/步；(c)15Pa/步；(d)25Pa/步

图 4-61 展示了不同卸荷速度下接触面滑移失稳的触发条件。从图 4-61 可以看出，随着卸荷速度的增加，接触面滑移失稳点处的围压值与轴压值均逐渐减小。与轴向加载速度不同，卸荷速度的增加降低了组合模型的稳定性。因此，在加轴压、卸围压条件下，组合模型卸围压速度越快，组合模型越容易达到其滑移失稳条件。通过计算接触面滑移触发值可以看出，数值模拟的接触面滑移触发值均小于理论触发值，猜测是组合模型的损伤能够促进接触面的滑移失稳，但影响不大，二者之间的差值均保持在 7%以内(卸围压速度为 25Pa/步时，模拟滑移触发值为 0.14171，理论触发值为

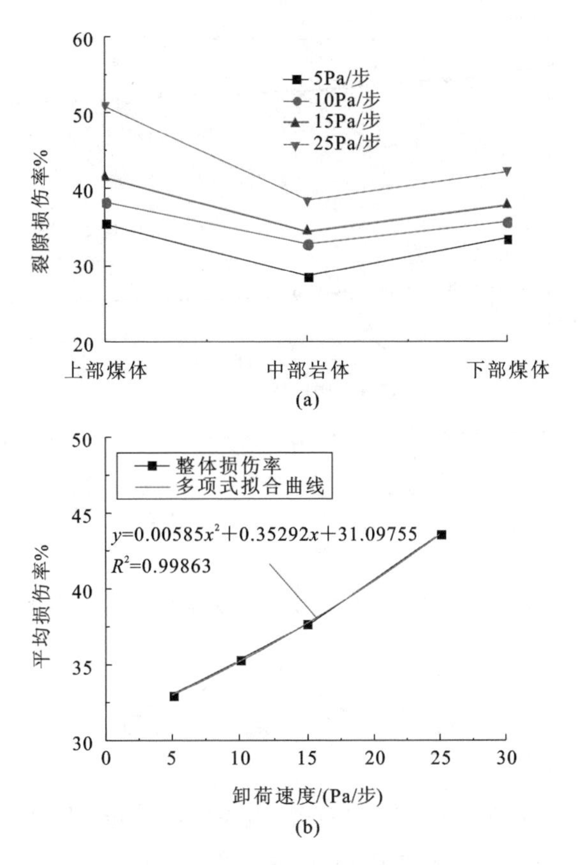

图 4-60 不同卸荷速度模型失稳的裂隙分区及整体损伤率

(a)分区裂隙损伤率;(b)整体裂隙损伤率

0.15154,此时最大差值为 6.48%),基本保持不变,这说明卸荷速度能够改变模型失稳时的轴压和围压值,但不能改变接触面滑移的滑移触发条件。

综上所述,加轴压、卸围压路径下,卸荷速度的大小同样可以改变组合模型的块体破碎程度,但不会改变接触面的滑移失稳性质。随着卸荷速度的增大,组合模型卸荷滑移点的围压值和轴压值均会逐渐减小,但两者之间的比值基本保持不变,也就是说组合模型的接触面滑移触发条件与卸荷速度无关。

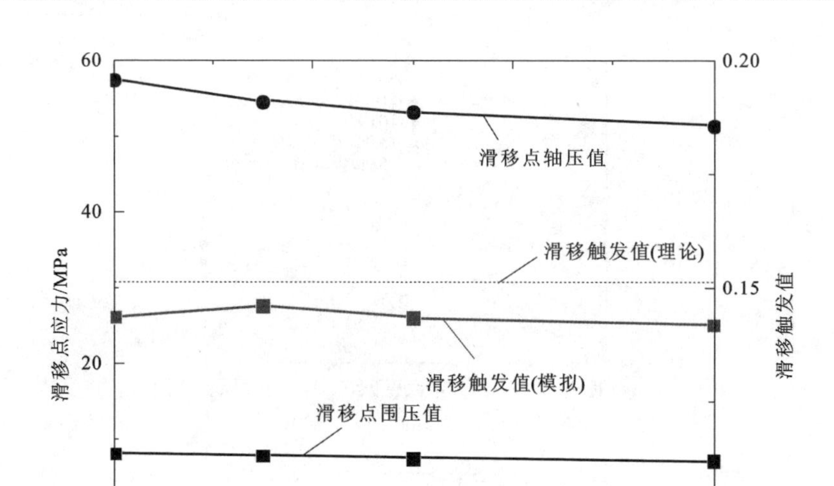

图 4-61　不同卸荷速度下接触面滑移失稳的触发条件

4.9　本章小结

基于块体离散元 UDEC 数值模拟软件,编译了煤岩分区域裂隙追踪及识别的数值方法,构建了煤岩裂隙损伤程度指标,探究了卸荷路径下煤矸组合结构破坏失稳形式,并对不同失稳形式组合模型的峰值强度、裂隙损伤程度及能量释放程度进行了对比分析。得出的主要结论如下。

①利用单轴压缩和巴西劈裂试验校准了数值模型微观力学参数,校准后的数值模型能够很好地展示煤岩体的宏观力学性质。编译了"FISH"语言程序对组合模型失稳过程中的应力-应变曲线、裂隙类型、数量和长度等微观参量进行监测,并在此基础上建立了基于裂隙损伤程度、裂隙萌生和损伤阈值、能量积累和耗散等监测指标的裂隙损伤评价体系。

②基于块体离散元 UDEC 数值模拟软件,建立了"煤-夹矸-煤"组合结构模型。并通过"FISH"语言程序的二次开发,编译了三轴卸荷试验路径和煤岩分区域裂隙追踪识别的数值方法。

③煤矸组合结构破坏失稳形式包含破碎失稳、单一接触面滑移破碎失稳和双接触面滑移破碎失稳三种。破碎失稳形式下峰值失稳强度和裂隙损伤程度较高;单一接触面滑移破碎失稳形式下扭转变形失稳特征更加明显;双接触面滑移破碎失稳形

式下滑移失稳特征更加显著。

④三种失稳形式下，裂隙发育均以剪切裂隙为主、拉伸裂隙为辅，但拉伸裂隙的贯通作用是组合模型宏观失稳的主因。同时，接触面滑移能够改变煤矸组合结构的裂隙演化特征，裂隙发育方向由平行于主应力向垂直于接触面方向转变，组合结构宏观失稳特征也会随之改变。

⑤通过调整组合模型应力状态及接触面参数，研究了常规三轴加载条件下接触面倾角、内摩擦角、粗糙度系数和围压大小对组合模型滑移及破碎失稳的影响。其中，接触面倾角越大，模型失稳强度越小，损伤程度越低，释放总能量越多，模型越容易产生滑移失稳；接触面内摩擦角与接触面倾角的影响效果恰恰相反，接触面内摩擦角越大，模型滑移失稳强度越高，模型越难产生失稳；接触面粗糙度系数与摩擦系数的影响效果一致，当接触面粗糙度系数较小时，组合模型呈现滑移失稳形式，当接触面粗糙度系数较大时，组合模型失稳形式由滑移失稳向破碎失稳转变；围压的改变并不能改变接触面的滑移触发值，但随着围压的增大，模型滑移失稳所需的轴向应力也逐渐增大，组合模型越难产生失稳。

⑥加轴压、卸围压路径下，组合模型滑移及破碎失稳受初始卸荷应力水平、轴向加载速度、卸荷速度等因素的影响。其中，初始卸荷应力水平、轴向加载速度和卸荷速度均可以改变组合模型的块体破碎程度，但不会改变接触面的滑移性质，接触面滑移性质受围压与轴向应力的比值 Δ 和接触面参数的影响。

⑦不同破坏失稳形式下，组合模型峰值失稳强度、裂隙损伤率和摩擦力做功表现为破碎失稳＞单一接触面滑移破碎失稳＞双接触面滑移破碎失稳，而产生的峰值动能表现为双接触面滑移破碎失稳＞单一接触面滑移破碎失稳＞破碎失稳，煤矸组合结构滑移失稳具有“低强度高释能”特征。

5　分岔区煤层结构失稳影响机制研究

前述章节采用实验室试验、理论分析和数值模拟技术对煤矸组合结构破坏失稳的卸荷机制及前兆信息进行了研究，但这些研究都是基于小尺度煤矸组合模型的滑移与破碎失稳，并未涉及现场大尺度条件下煤矸组合结构的破坏失稳过程。本章采用 UDEC 数值模拟软件建立分岔区煤层巷道数值模型，研究卸荷路径下分岔区煤层巷道破坏失稳过程中的裂隙损伤演化规律、应力及位移演化规律以及冲击破坏失稳特征，并分析开采深度、侧压系数、卸荷速度、夹矸强度、煤矸接触面强度以及支护形式等因素对煤矸组合结构破坏失稳的影响。

5.1　采掘卸荷形式

卸荷开挖能够诱发围岩应力的重新分布。重新分布的应力具有时间和空间效应，卸荷时间上应力重新分布表现为初始扰动、调整和平衡的变化过程；卸荷空间上应力重新分布表现为弹性区、塑性区和破碎区的变化特征。围岩应力变化影响煤岩组合结构的滑移破碎失稳特征，对于分岔区煤层工作面，卸荷的时间和空间效应同样影响着夹矸的滑移失稳状态。根据采掘工序方式的不同，可以将卸荷开挖分成两种形式，一种为巷道掘进卸荷，如图 5-1(a)所示；另一种为工作面回采卸荷，如图 5-1(b)所示。两种卸荷形式均能破坏原岩应力的平衡状态，促使周围岩体中的应力重新分布。原岩应力的重新分布能够导致卸荷空间周围岩体形成不同的卸荷破坏分区，由浅到深依次为破碎区、塑性区和弹性区。卸荷开挖的力学模型见图 5-2。

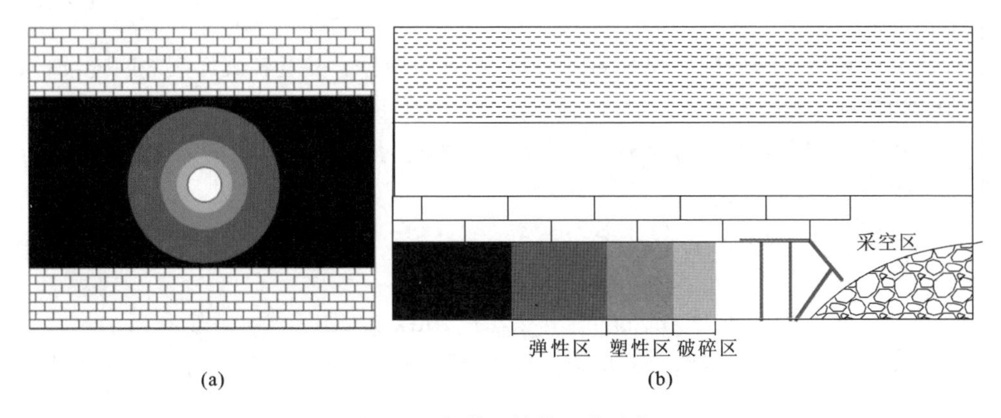

图 5-1 卸荷开挖的两种形式

(a)巷道掘进卸荷;(b)工作面回采卸荷

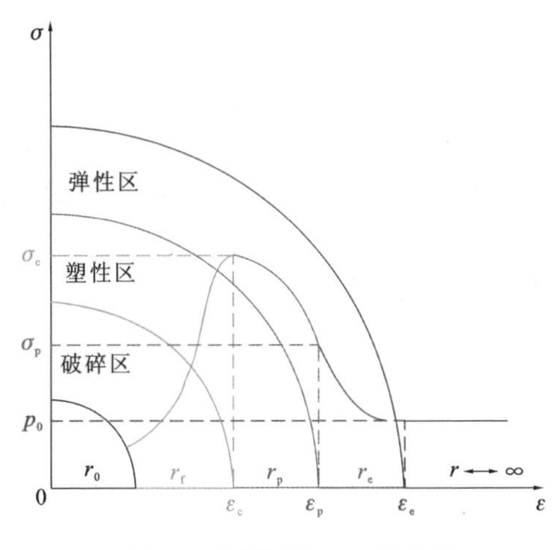

图 5-2 卸荷开挖的力学模型

5.2 准静态力学失稳机制

5.2.1 围岩分区力学模型

实际工程中,岩体周围的应力环境十分复杂,影响因素较多,简单的数学式很难表达岩体周围的应力分布特征,特别是夹矸的影响将会进一步增加其表述难度。因此,需要对模型进行适当的简化和假设。

①假设巷道为圆形巷道,塑性区半径为 r_p,破碎区半径为 r_f,弹性区半径为 r_e,巷

道半径为 r_0。

②假设卸荷空间周围的煤与夹矸为均质、各向同性。并且各破坏区之间连续，未产生结构滑移失稳。

③考虑自重应力和构造应力，其中自重应力 σ_v 为垂向应力，值为 p_0，构造应力 σ_h 假设为水平应力，值为 λp_0。

$$\sigma_v = p_0 = \gamma H$$

$$\sigma_h = \lambda p_0 = \lambda \gamma H$$

式中，γ 为上覆岩层容重，N/m^3；H 为开采深度，m；λ 为侧压系数，一般取 0.5～5.5。

④等效弹性模量。忽略分岔区煤层赋存不稳定的影响，组合结构的等效弹性模量 E_m 可表示为：

$$\begin{cases} E_m \varepsilon_m = E_c \varepsilon_u + E_r \varepsilon_r + E_c \varepsilon_d \\ \varepsilon_m = \varepsilon_u + \varepsilon_r + \varepsilon_d \\ \sigma_m = E_m \varepsilon_m \end{cases}$$

$$E_m = E_c + \frac{\varepsilon_r (E_r - E_c)}{\varepsilon_m}$$

式中，σ_m 为组合煤岩单轴抗压强度；ε_m 为组合结构峰值轴向应变；ε_u 为上部煤体的轴向应变；ε_r 为夹矸体的轴向应变；ε_d 为下部煤体的轴向应变；E_c 为煤体的弹性模量；E_r 为夹矸体的弹性模量。

5.2.2 损伤力学基本理论

(1)损伤因子

煤岩体的损伤是指由于煤岩体内部微观裂隙的发育，煤岩结构强度逐渐弱化的过程。煤岩体的内部损伤对煤岩的物理力学性质具有很大的影响，然而常规的物理力学实验还不能准确地测出这种影响。因此，为了表征煤岩体的损伤程度，苏联科学家 Kachanov 在 1958 年提出了应变等效假说和有效应力的概念，随后 Rabotnov 基于应变等效假说定义了损伤因子 D，表示为：

$$D = 1 - \frac{\sigma}{\bar{\sigma}} \tag{5-1}$$

式中，$\bar{\sigma}$ 为等效应力，MPa。

如图 5-3 所示，损伤因子为一个单调递减的指数函数，当 $D=1$ 时，煤岩体内部没有产生破坏，围岩处于弹性区；当 $D=0$ 时，煤岩体内部发生完全破坏，失去承载能力，围岩处于破碎区；当 $0<D<1$ 时，岩石内部产生破坏，但未完全破碎，围岩处于塑性区。

(2)基于幂函数分布模型的损伤变量

损伤变量在宏观上可以定义为已发生破坏的单元数与总单元数的比，表达式为：

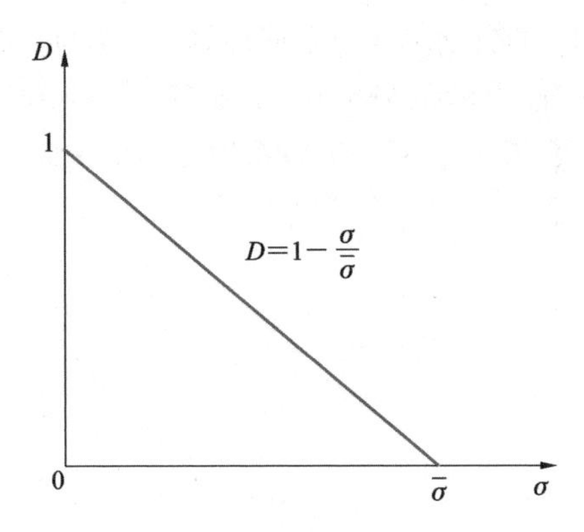

图 5-3 损伤因子变化曲线

$$D=\frac{N_t}{N} \tag{5-2}$$

式中，N_t 为已破坏的单元数；N 为总单元数。

研究发现，采用幂函数分布模型可以表述煤岩体的宏观损伤变量。幂函数分布模型可表示为：

$$f(x)=\frac{m}{F_0}\left(\frac{x}{F_0}\right)^{m-1} \tag{5-3}$$

式中，x 为随机分布变量；m 和 F_0 为幂函数分布参数。

统计过程中，当单元受力达到其屈服强度时，认定其发生了破坏，因此，对损伤单元进行积分，可得：

$$N_t=\int_0^F Nf(x)\mathrm{d}x \tag{5-4}$$

将式(5-2)和式(5-3)代入式(5-4)可得：

$$D=\left(\frac{F}{F_0}\right)^m \tag{5-5}$$

式中，m 为维数，取 1～3。

将轴向应变 ε 引入式(5-5)，并令 $m=1$，损伤变量如下式：

$$D=\frac{\varepsilon}{\varepsilon_c} \tag{5-6}$$

式中，ε_c 为峰值轴向应变。

基于 Lemaitre 应变等价性假说，岩石损伤本构的基本关系式为

$$\sigma=E\varepsilon(1-D) \tag{5-7}$$

对式(5-7)扩展可得：

$$\sigma_i=\begin{cases}E\varepsilon_i & (\varepsilon_i>\varepsilon_p)\\ E\varepsilon_i\left(1-\frac{\varepsilon_i}{\varepsilon_c}\right) & (\varepsilon_i\leqslant\varepsilon_p)\end{cases} \tag{5-8}$$

卸荷开挖能够引起巷道(工作面)的变形破坏,具有明显的煤岩体扩容特征。将巷道扩容系数 η 引入弹塑性力学的研究中,并采用 η^{F}、η^{P} 和 η^{E} 分别表示破碎区、塑性区和弹性区的扩容系数,得到应变与扩容系数之间的关系如下式:

$$\varepsilon_i=\varepsilon_m\left(\frac{r_f}{r}\right)^{\eta+1} \tag{5-9}$$

将式(5-9)代入式(5-8)可得:

$$\sigma_i=\begin{cases}\sigma_m\left(\dfrac{r_f}{r}\right)^{\eta^{E}+1} & (r\geqslant r_p)\\ \sigma_m\left(\dfrac{r_f}{r}\right)^{\eta^{P}+1}\left[1-\left(\dfrac{r_f}{r}\right)^{\eta^{P}+1}\right] & (r_f\leqslant r<r_p)\\ \sigma_m\left(\dfrac{r_f}{r}\right)^{\eta^{F}+1}\left[1-\left(\dfrac{r_f}{r}\right)^{\eta^{F}+1}\right] & (r_0\leqslant r\leqslant r_f)\end{cases} \tag{5-10}$$

5.2.3　弹塑性应力和位移基本方程

在静水压力 P_0 作用下,巷道弹塑性解析可以看作平面解析问题,根据弹塑性基本理论,圆形巷道周围应力的平衡方程满足下式:

$$\frac{d\sigma_r}{dr}+\frac{(\sigma_r-\sigma_\theta)}{r}=0 \tag{5-11}$$

几何方程可表示为:

$$\begin{cases}\varepsilon_r=\dfrac{du}{dr}\\ \varepsilon_\theta=\dfrac{u}{r}\end{cases} \tag{5-12}$$

本构方程可表示为:

$$\begin{cases}\varepsilon_r=\dfrac{\sigma_r-u(\sigma_\theta+\sigma_y)}{E}\\ \varepsilon_\theta=\dfrac{\sigma_\theta-u(\sigma_r+\sigma_y)}{E}\\ \varepsilon_y=\dfrac{\sigma_y-u(\sigma_\theta+\sigma_r)}{E}\end{cases} \tag{5-13}$$

式中,σ_r 为巷道围岩弹性区环向应力;σ_θ 为巷道围岩弹性区径向应力;ε_r 为巷道围岩弹性区环向应变;ε_θ 为巷道围岩弹性区径向应变;u 为环向位移;r 为巷道极径。

5.2.4　围岩分区应力场分布解析解

在平面应变 $\varepsilon_y=0$ 和塑性区体积应变 $\varepsilon_v=0$ 的条件下,轴向应力 σ_y 与 σ_θ、σ_r 之间满足关系式:

$$\begin{cases} \sigma_i = \dfrac{\sqrt{2}}{2}\sqrt{(\sigma_\theta - \sigma_r)^2 + (\sigma_r - \sigma_y)^2 + (\sigma_y - \sigma_\theta)^2} \\ \sigma_y = \dfrac{1}{2}(\sigma_\theta + \sigma_r) \end{cases} \tag{5-14}$$

对方程式(5-14)求解可得

$$\sigma_i = \frac{\sqrt{3}}{2}(\sigma_\theta - \sigma_r) \tag{5-15}$$

(1)弹性区应力分布

当 $r_p \leqslant r < r_e$ 时,围岩弹性区应力关系满足下式:

$$\sigma_i = \sigma_m \left(\frac{r_f}{r}\right)^{\eta^E + 1} \tag{5-16}$$

将式(5-15)与式(5-16)联立求解可得:

$$\sigma_\theta - \sigma_r = \frac{2\sqrt{3}}{3}\sigma_m \left(\frac{r_f}{r}\right)^{\eta^E + 1} \tag{5-17}$$

将式(5-17)与式(5-11)联立可得:

$$\frac{d\sigma_r}{dr} - \frac{2\sqrt{3}\sigma_m \left(\dfrac{r_f}{r}\right)^{\eta^E + 1}}{3r} = 0 \tag{5-18}$$

解微分方程可得:

$$\sigma_r = \frac{-2\sqrt{3}\sigma_m}{3(\eta^E + 1)}\left(\frac{r_f}{r}\right)^{\eta^E + 1} + C_1 \tag{5-19}$$

式中,C_1 为积分常数。

由边界条件可知,当位于弹性区边界 $r = r_e$ 时,此时围岩的环向应力等于原岩应力,即满足 $\sigma_r = p_0$,代入式(5-19)即可求得积分常数 C_1:

$$C_1 = p_0 + \frac{2\sqrt{3}\sigma_m}{3(\eta^E + 1)}\left(\frac{r_f}{r_e}\right)^{\eta^E + 1} \tag{5-20}$$

将式(5-17)、式(5-19)和式(5-20)联立可求得弹性区围岩应力关系:

$$\begin{cases} \sigma_r = \dfrac{2\sqrt{3}\sigma_m}{3(\eta^E + 1)}\left[\left(\dfrac{r_f}{r_e}\right)^{\eta^E + 1} - \left(\dfrac{r_f}{r}\right)^{\eta^E + 1}\right] + p_0 \\ \sigma_\theta = \dfrac{2\sqrt{3}\sigma_m}{3(\eta^E + 1)}\left[\left(\dfrac{r_f}{r_e}\right)^{\eta^E + 1} - \left(\dfrac{r_f}{r}\right)^{\eta^E + 1}\right] + \dfrac{2\sqrt{3}}{3}\sigma_m\left(\dfrac{r_f}{r}\right)^{\eta^E + 1} + p_0 \end{cases} \tag{5-21}$$

(2)塑性区应力分布

当 $r_f \leqslant r < r_p$ 时,围岩塑性区应力关系满足:

$$\sigma_i = \sigma_m \left(\frac{r_f}{r}\right)^{\eta^P + 1}\left[1 - \left(\frac{r_f}{r}\right)^{\eta^P + 1}\right] \tag{5-22}$$

将式(5-22)与式(5-15)联立求解可得：

$$\sigma_\theta - \sigma_r = \frac{2\sqrt{3}}{3}\sigma_{\mathrm{m}}\left(\frac{r_{\mathrm{f}}}{r}\right)^{\eta^{\mathrm{P}}+1}\left[1-\left(\frac{r_{\mathrm{f}}}{r}\right)^{\eta^{\mathrm{P}}+1}\right] \tag{5-23}$$

将式(5-23)与式(5-11)联立可得：

$$\frac{\mathrm{d}\sigma_r}{\mathrm{d}r} - \frac{\dfrac{2\sqrt{3}}{3}\sigma_{\mathrm{m}}\left(\dfrac{r_{\mathrm{f}}}{r}\right)^{\eta^{\mathrm{P}}+1}\left[1-\left(\dfrac{r_{\mathrm{f}}}{r}\right)^{\eta^{\mathrm{P}}+1}\right]}{r} = 0 \tag{5-24}$$

解微分方程可得：

$$\sigma_r = \frac{2\sqrt{3}\sigma_{\mathrm{m}}}{3(\eta^{\mathrm{P}}+1)}\left(\frac{r_{\mathrm{f}}}{r}\right)^{\eta^{\mathrm{P}}+1}\left[1-\frac{1}{2}\left(\frac{r_{\mathrm{f}}}{r}\right)^{\eta^{\mathrm{P}}+1}\right]+C_2 \tag{5-25}$$

式中，C_2 为积分常数。

当位于弹性区与塑性区边界 $r=r_{\mathrm{p}}$ 时，此时围岩的环向应力满足 $\sigma_r=\sigma_{r_{\mathrm{p}}}$，代入式(5-21)可得：

$$\sigma_{r_{\mathrm{p}}} = \frac{2\sqrt{3}\sigma_{\mathrm{m}}}{3(\eta^{\mathrm{E}}+1)}\left[\left(\frac{r_{\mathrm{f}}}{r_{\mathrm{e}}}\right)^{\eta^{\mathrm{E}}+1}-\left(\frac{r_{\mathrm{f}}}{r_{\mathrm{p}}}\right)^{\eta^{\mathrm{E}}+1}\right]+p_0 \tag{5-26}$$

将式(5-26)代入式(5-19)可求得积分常数 C_2：

$$C_2 = \frac{2\sqrt{3}\sigma_{\mathrm{m}}}{3(\eta^{\mathrm{E}}+1)}\left[\left(\frac{r_{\mathrm{f}}}{r_{\mathrm{e}}}\right)^{\eta^{\mathrm{E}}+1}-\left(\frac{r_{\mathrm{f}}}{r_{\mathrm{p}}}\right)^{\eta^{\mathrm{E}}+1}\right]-\frac{2\sqrt{3}\sigma_{\mathrm{m}}}{3(\eta^{\mathrm{P}}+1)}\left(\frac{r_{\mathrm{f}}}{r_{\mathrm{p}}}\right)^{\eta^{\mathrm{P}}+1}\left[1-\frac{1}{2}\left(\frac{r_{\mathrm{f}}}{r_{\mathrm{p}}}\right)^{\eta^{\mathrm{P}}+1}\right]+p_0 \tag{5-27}$$

将式(5-20)、式(5-27)和式(5-21)联立可求得塑性区围岩应力关系：

$$\begin{cases}
\sigma_r = \dfrac{2\sqrt{3}\sigma_{\mathrm{m}}}{3(\eta^{\mathrm{P}}+1)}\left\{\left(\dfrac{r_{\mathrm{f}}}{r}\right)^{\eta^{\mathrm{P}}+1}\left[1-\dfrac{1}{2}\left(\dfrac{r_{\mathrm{f}}}{r}\right)^{\eta^{\mathrm{P}}+1}\right]-\left(\dfrac{r_{\mathrm{f}}}{r_{\mathrm{p}}}\right)^{\eta^{\mathrm{P}}+1}\left[1-\dfrac{1}{2}\left(\dfrac{r_{\mathrm{f}}}{r_{\mathrm{p}}}\right)^{\eta^{\mathrm{P}}+1}\right]\right\}+ \\
\qquad \dfrac{2\sqrt{3}\sigma_{\mathrm{m}}}{3(\eta^{\mathrm{E}}+1)}\left[\left(\dfrac{r_{\mathrm{f}}}{r_{\mathrm{e}}}\right)^{\eta^{\mathrm{E}}+1}-\left(\dfrac{r_{\mathrm{f}}}{r_{\mathrm{p}}}\right)^{\eta^{\mathrm{E}}+1}\right]+p_0 \\
\sigma_\theta = \dfrac{2\sqrt{3}\sigma_{\mathrm{m}}}{3(\eta^{\mathrm{P}}+1)}\left\{\left(\dfrac{r_{\mathrm{f}}}{r}\right)^{\eta^{\mathrm{P}}+1}\left[1-\dfrac{1}{2}\left(\dfrac{r_{\mathrm{f}}}{r}\right)^{\eta^{\mathrm{P}}+1}\right]-\left(\dfrac{r_{\mathrm{f}}}{r_{\mathrm{p}}}\right)^{\eta^{\mathrm{P}}+1}\left[1-\dfrac{1}{2}\left(\dfrac{r_{\mathrm{f}}}{r_{\mathrm{p}}}\right)^{\eta^{\mathrm{P}}+1}\right]\right\}+ \\
\qquad \dfrac{2\sqrt{3}\sigma_{\mathrm{m}}}{3(\eta^{\mathrm{E}}+1)}\left[\left(\dfrac{r_{\mathrm{f}}}{r_{\mathrm{e}}}\right)^{\eta^{\mathrm{E}}+1}-\left(\dfrac{r_{\mathrm{f}}}{r_{\mathrm{p}}}\right)^{\eta^{\mathrm{E}}+1}\right]+\dfrac{2\sqrt{3}}{3}\sigma_{\mathrm{m}}\left(\dfrac{r_{\mathrm{f}}}{r}\right)^{\eta^{\mathrm{P}}+1}\left[1-\left(\dfrac{r_{\mathrm{f}}}{r}\right)^{\eta^{\mathrm{P}}+1}\right]+p_0
\end{cases} \tag{5-28}$$

(3)破碎区应力分布

当 $r_0 \leqslant r < r_{\mathrm{f}}$ 时，围岩破坏区应力关系满足：

$$\sigma_i = \sigma_{\mathrm{m}}\left(\frac{r_{\mathrm{f}}}{r}\right)^{\eta^{\mathrm{F}}+1}\left[1-\left(\frac{r_{\mathrm{f}}}{r}\right)^{\eta^{\mathrm{F}}+1}\right] \tag{5-29}$$

将式(5-29)与式(5-15)联立求解可得：

$$\sigma_\theta - \sigma_r = \frac{2\sqrt{3}}{3}\sigma_m\left(\frac{r_f}{r}\right)^{\eta^F+1}\left[1-\left(\frac{r_f}{r}\right)^{\eta^F+1}\right] \tag{5-30}$$

将式(5-30)与式(5-11)联立可得：

$$\frac{d\sigma_r}{dr} - \frac{\frac{2\sqrt{3}\sigma_m}{3}\left(\frac{r_f}{r}\right)^{\eta^F+1}\left[1-\left(\frac{r_f}{r}\right)^{\eta^F+1}\right]}{r} = 0 \tag{5-31}$$

解微分方程可得：

$$\sigma_r = \frac{2\sqrt{3}\sigma_m}{3(\eta^F+1)}\left(\frac{r_f}{r}\right)^{\eta^F+1}\left[1-\frac{1}{2}\left(\frac{r_f}{r}\right)^{\eta^F+1}\right]+C_3 \tag{5-32}$$

式中，C_3 为积分常数。

当位于破碎区与塑性区边界 $r=r_f$，围岩的环向应力满足 $\sigma_r=\sigma_{r_f}$，代入式(5-32)即可求得围岩应力满足：

$$\sigma_{r_f} = \frac{2\sqrt{3}\sigma_m}{3(\eta^P+1)}\left\{\frac{1}{2}-\left(\frac{r_f}{r_p}\right)^{\eta^P+1}\left[1-\frac{1}{2}\left(\frac{r_f}{r_p}\right)^{\eta^P+1}\right]\right\}+ \frac{2\sqrt{3}\sigma_m}{3(\eta^E+1)}\left[\left(\frac{r_f}{r_e}\right)^{\eta^E+1}-\left(\frac{r_f}{r_p}\right)^{\eta^E+1}\right]+p_0 \tag{5-33}$$

将式(5-33)代入式(5-32)可求得积分常数 C_3：

$$C_3 = \frac{2\sqrt{3}\sigma_m}{3(\eta^P+1)}\left\{\frac{1}{2}-\left(\frac{r_f}{r_p}\right)^{\eta^P+1}\left[1-\frac{1}{2}\left(\frac{r_f}{r_p}\right)^{\eta^P+1}\right]\right\}+ \frac{2\sqrt{3}\sigma_m}{3(\eta^E+1)}\left[\left(\frac{r_f}{r_e}\right)^{\eta^E+1}-\left(\frac{r_f}{r_p}\right)^{\eta^E+1}\right]-\frac{\sqrt{3}\sigma_m}{3(\eta^F+1)}+p_0 \tag{5-34}$$

将式(5-20)、式(5-27)和式(5-34)联立可求得破碎区围岩应力关系：

$$\begin{cases} \sigma_r = \frac{2\sqrt{3}\sigma_m}{3(\eta^F+1)}\left(\frac{r_f}{r}\right)^{\eta^F+1}\left[1-\frac{1}{2}\left(\frac{r_f}{r}\right)^{\eta^F+1}\right]+\frac{2\sqrt{3}\sigma_m}{3(\eta^P+1)}\left\{\frac{1}{2}-\left(\frac{r_f}{r_p}\right)^{\eta^P+1}\left[1-\frac{1}{2}\left(\frac{r_f}{r_p}\right)^{\eta^P+1}\right]\right\}- \\ \quad \frac{\sqrt{3}\sigma_m}{3(\eta^F+1)}+\frac{2\sqrt{3}\sigma_m}{3(\eta^E+1)}\left[\left(\frac{r_f}{r_e}\right)^{\eta^E+1}-\left(\frac{r_f}{r_p}\right)^{\eta^E+1}\right]+p_0 \\ \sigma_\theta = \frac{2\sqrt{3}\sigma_m}{3(\eta^F+1)}\left(\frac{r_f}{r}\right)^{\eta^F+1}\left[1-\frac{1}{2}\left(\frac{r_f}{r}\right)^{\eta^F+1}\right]+\frac{2\sqrt{3}}{3}\sigma_m\left(\frac{r_f}{r}\right)^{\eta^F+1}\left[1-\left(\frac{r_f}{r}\right)^{\eta^F+1}\right]- \\ \quad \frac{\sqrt{3}\sigma_m}{3(\eta^F+1)}+\frac{2\sqrt{3}\sigma_m}{3(\eta^P+1)}\left\{\frac{1}{2}-\left(\frac{r_f}{r_p}\right)^{\eta^P+1}\left[1-\frac{1}{2}\left(\frac{r_f}{r_p}\right)^{\eta^P+1}\right]\right\}+ \\ \quad \frac{2\sqrt{3}\sigma_m}{3(\eta^E+1)}\left[\left(\frac{r_f}{r_e}\right)^{\eta^E+1}-\left(\frac{r_f}{r_p}\right)^{\eta^E+1}\right]+p_0 \end{cases} \tag{5-35}$$

5.2.5 准静态力学条件下煤岩接触面滑移失稳判别式

工程实践中，结构面角度和摩擦系数均能从现场和实验室直接测得，且性质不会随着应力场的变化而改变。因此，根据式(5-35)可以看出，煤岩组合结构的滑移失稳只能通过改变应力条件达到。卸荷开挖能够改变巷道周围的原岩应力分布规律，不同的围岩分区对应着不同的应力场解析方程。因此，如果将卸荷应力场的应力解析解引入结构面滑移失稳的判别公式，就可得到卸荷开挖过程中不同围岩分区的煤岩接触面滑移失稳的判别式。

(1)弹性区接触面滑移失稳判别式

将滑移判别式和式(5-17)联立可得：

$$\begin{cases} F_{(\sigma_r,\sigma_\theta,\vartheta)} = \dfrac{(\sigma_r-\sigma_\theta)\sin\vartheta\cos\vartheta}{\sigma_\theta\sin^2\vartheta+\sigma_r\cos^2\vartheta} \\ \sigma_\theta-\sigma_r = \dfrac{2\sqrt{3}\sigma_m}{3}\left(\dfrac{r_f}{r}\right)^{\eta^E+1} \end{cases} \tag{5-36}$$

解方程组得：

$$F_E = \left| \frac{-\dfrac{2\sqrt{3}\sigma_m}{3}\left(\dfrac{r_f}{r}\right)^{\eta^E+1}\sin\vartheta\cos\vartheta}{\sigma_r+\dfrac{2\sqrt{3}\sigma_m}{3}\left(\dfrac{r_f}{r}\right)^{\eta^E+1}\sin^2\vartheta} \right| \tag{5-37}$$

将式(5-21)代入式(5-37)即可得弹性区接触面滑移失稳的判别式：

$$F_E = \frac{-\left(\dfrac{r_f}{r}\right)^{\eta^E+1}\sin\vartheta\cos\vartheta}{\left(\sin^2\vartheta-\dfrac{1}{\eta^E+1}\right)\left(\dfrac{r_f}{r}\right)^{\eta^E+1}+\dfrac{1}{\eta^E+1}\left(\dfrac{r_f}{r_e}\right)^{\eta^E+1}+\dfrac{\sqrt{3}p_0}{2\sigma_m}} \tag{5-38}$$

(2)塑性区接触面滑移失稳判别式

将滑移判别式和式(5-36)联立解得：

$$F_P = \frac{-\dfrac{2\sqrt{3}\sigma_m}{3}\left(\dfrac{r_f}{r}\right)^{\eta^P+1}\left[1-\left(\dfrac{r_f}{r}\right)^{\eta^P+1}\right]\sin\vartheta\cos\vartheta}{\sigma_r+\dfrac{2\sqrt{3}\sigma_m}{3}\left(\dfrac{r_f}{r}\right)^{\eta^P+1}\left[1-\left(\dfrac{r_f}{r}\right)^{\eta^P+1}\right]\sin^2\vartheta} \tag{5-39}$$

将式(5-28)代入式(5-39)即可得塑性区接触面的滑移失稳判别式：

$$F_{\mathrm{P}}=\frac{-\left(\frac{r_{\mathrm{f}}}{r}\right)^{\eta^{\mathrm{P}}+1}\left[1-\left(\frac{r_{\mathrm{f}}}{r}\right)^{\eta^{\mathrm{P}}+1}\right]\sin\vartheta\cos\vartheta}{\frac{1}{(\eta^{\mathrm{P}}+1)}\left\{\left(\frac{r_{\mathrm{f}}}{r}\right)^{\eta^{\mathrm{P}}+1}\left[1-\frac{1}{2}\left(\frac{r_{\mathrm{f}}}{r}\right)^{\eta^{\mathrm{P}}+1}\right]-\left(\frac{r_{\mathrm{f}}}{r_{\mathrm{p}}}\right)^{\eta^{\mathrm{P}}+1}\left[1-\frac{1}{2}\left(\frac{r_{\mathrm{f}}}{r_{\mathrm{p}}}\right)^{\eta^{\mathrm{P}}+1}\right]\right\}+\left(\frac{r_{\mathrm{f}}}{r}\right)^{\eta^{\mathrm{P}}+1}\left[1-\left(\frac{r_{\mathrm{f}}}{r}\right)^{\eta^{\mathrm{P}}+1}\right]\sin^{2}\vartheta\,\frac{1}{(\eta^{\mathrm{E}}+1)}\left[\left(\frac{r_{\mathrm{f}}}{r_{\mathrm{e}}}\right)^{\eta^{\mathrm{E}}+1}-\left(\frac{r_{\mathrm{f}}}{r_{\mathrm{p}}}\right)^{\eta^{\mathrm{E}}+1}\right]+\frac{\sqrt{3}p_{0}}{2\sigma_{\mathrm{m}}}}\tag{5-40}$$

(3)破碎区接触面滑移失稳判别式

将滑移判别式和式(5-36)联立解得：

$$F_{\mathrm{F}}=\frac{-\frac{2\sqrt{3}\sigma_{\mathrm{m}}}{3}\left(\frac{r_{\mathrm{f}}}{r}\right)^{\eta^{\mathrm{F}}+1}\left[1-\left(\frac{r_{\mathrm{f}}}{r}\right)^{\eta^{\mathrm{F}}+1}\right]\sin\vartheta\cos\vartheta}{\sigma_{r}+\frac{2\sqrt{3}\sigma_{\mathrm{m}}}{3}\left(\frac{r_{\mathrm{f}}}{r}\right)^{\eta^{\mathrm{F}}+1}\left[1-\left(\frac{r_{\mathrm{f}}}{r}\right)^{\eta^{\mathrm{F}}+1}\right]\sin^{2}\vartheta}\tag{5-41}$$

将式(5-35)代入式(5-41)即可得破碎区接触面滑移失稳的判别式：

$$F_{\mathrm{F}}=\frac{-\left(\frac{r_{\mathrm{f}}}{r}\right)^{\eta^{\mathrm{F}}+1}\left[1-\left(\frac{r_{\mathrm{f}}}{r}\right)^{\eta^{\mathrm{F}}+1}\right]\sin\vartheta\cos\vartheta}{\frac{1}{(\eta^{\mathrm{F}}+1)}\left(\frac{r_{\mathrm{f}}}{r}\right)^{\eta^{\mathrm{F}}+1}\left[1-\frac{1}{2}\left(\frac{r_{\mathrm{f}}}{r}\right)^{\eta^{\mathrm{F}}+1}\right]+\frac{1}{(\eta^{\mathrm{P}}+1)}\left\{\frac{1}{2}-\left(\frac{r_{\mathrm{f}}}{r_{\mathrm{p}}}\right)^{\eta^{\mathrm{P}}+1}\left[1-\frac{1}{2}\left(\frac{r_{\mathrm{f}}}{r_{\mathrm{p}}}\right)^{\eta^{\mathrm{P}}+1}\right]\right\}+\frac{1}{(\eta^{\mathrm{E}}+1)}\left[\left(\frac{r_{\mathrm{f}}}{r_{\mathrm{e}}}\right)^{\eta^{\mathrm{E}}+1}-\left(\frac{r_{\mathrm{f}}}{r_{\mathrm{p}}}\right)^{\eta^{\mathrm{E}}+1}\right]+\frac{\sqrt{3}p_{0}}{2\sigma_{\mathrm{m}}}-\frac{2}{(\eta^{\mathrm{F}}+1)}+\left(\frac{r_{\mathrm{f}}}{r}\right)^{\eta^{\mathrm{F}}+1}\left[1-\left(\frac{r_{\mathrm{f}}}{r}\right)^{\eta^{\mathrm{F}}+1}\right]\sin^{2}\vartheta}\tag{5-42}$$

准静态力学条件下，当分岔区煤层的倾角和摩擦系数一定时，组合结构滑移失稳的判别条件与距卸荷面的距离 r、扩容系数 η 和围岩分区半径 r_{ε} 有关。通过数学计算已经求出了围岩分区半径的解析解，该解析解与煤岩性质和原岩应力有关，而扩容系数 η 也与煤岩性质有关，这些数据均可以通过实验室数据进行计算得出具体值。因此，准静态力学条件下煤岩组合结构滑移失稳的判别条件与距卸荷面的距离 r 有直接联系，这说明卸荷诱发夹矸滑移失稳具有空间效应特征。

5.2.6 卸荷诱发夹矸滑移失稳的空间效应特征

为了探究卸荷诱发夹矸滑移失稳的空间效应特征，以赵楼煤矿"11·20"夹矸赋存区域强矿震事件为研究背景，建立不同空间位置的夹矸滑移失稳模型，如图 5-4(a)所示。其中，模型左、右边界固定水平位移，下边界固定水平和垂直位移，上边界为自由边界。X、Y 和 Z 三个方向的初始地应力分别设置为 32MPa、25MPa 和 32MPa，与赵楼煤矿一采区地应力的测试结果基本一致。顶板设置为中砂岩，底板设置为细砂岩，夹矸设置为泥岩。巷道沿煤层底板掘进，宽度为 5m，高度为 4m，夹矸异常变化区

与巷帮的距离分别设置为 0m、2.0m 和 4.0m，对夹矸异常变化区域分别设置速度和位移监测点，如图 5-4(b)～(d)所示。模型块体采用完全弹性体，节理服从具有残余强度的库仑滑移模型。块体与节理的微观力学参数见表 5-1 和表 5-2。

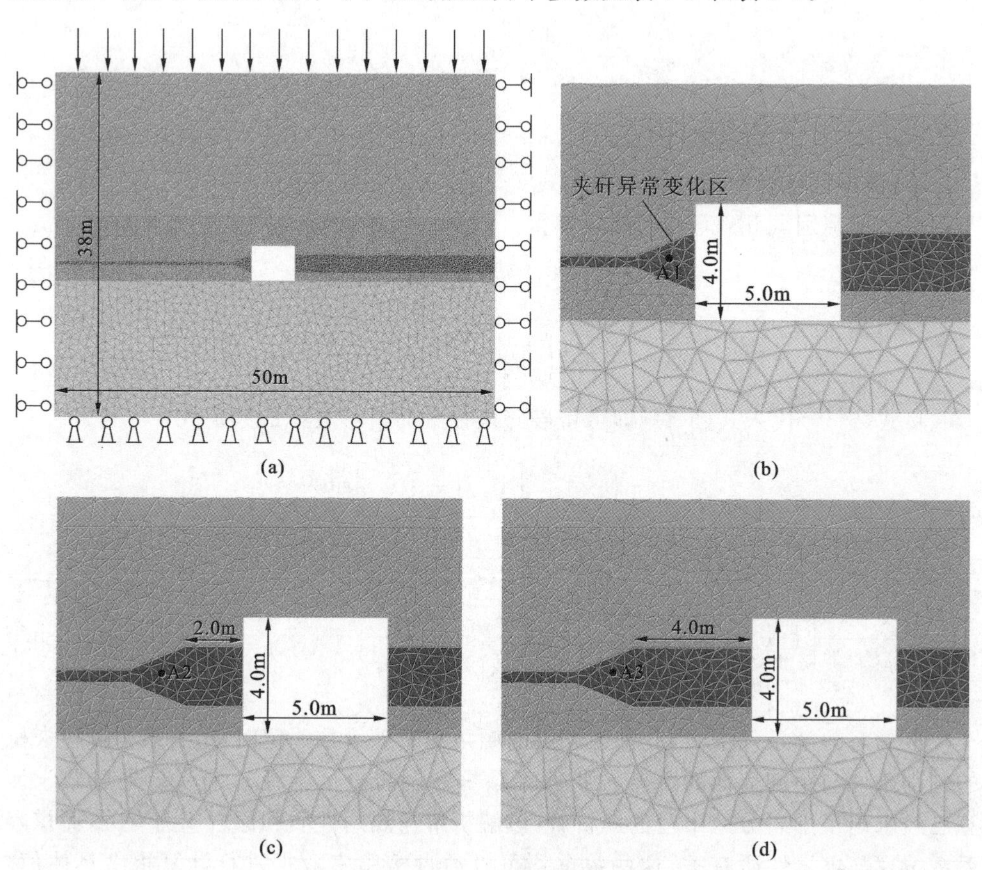

图 5-4　夹矸滑移空间效应数值模型

表 5-1　　**校准后的顶底板以及煤和夹矸的微观力学参数**

材料类型	密度/(kg/m³)	体积模型/GPa	剪切模量/GPa
中砂岩	2600	15	8.95
煤	1400	5	3
细砂岩	2600	10	5.96
夹矸	2300	6.33	4

表 5-2 **模型的节理微观力学参数**

材料类型	法向刚度/(GPa/m)	切向刚度/(GPa/m)	内聚力/MPa	摩擦角/(°)	抗拉强度/MPa	残余内聚力/MPa	残余摩擦角/(°)	残余抗拉强度/MPa
中砂岩	72	28.8	14	42	11.2	0	32	0
煤	24.4	9.76	4	36	2.5	0	25	0
细砂岩	48	19.2	20	42	14	0	30	0
夹矸	28	11.2	3	30	1.5	0	25	0
接触面	24.4	9.76	0.5	25	0.5	0	20	0

卸荷诱发不同空间位置的夹矸滑移失稳特征如图 5-5 所示。从图 5-5 可以看出，随着夹矸异常变化区与巷帮距离的逐渐增大，巷道破坏形式由滑移失稳向破碎失稳转变。当夹矸异常变化区与巷帮距离为 0m 时，夹矸沿煤岩接触面向巷道临空区

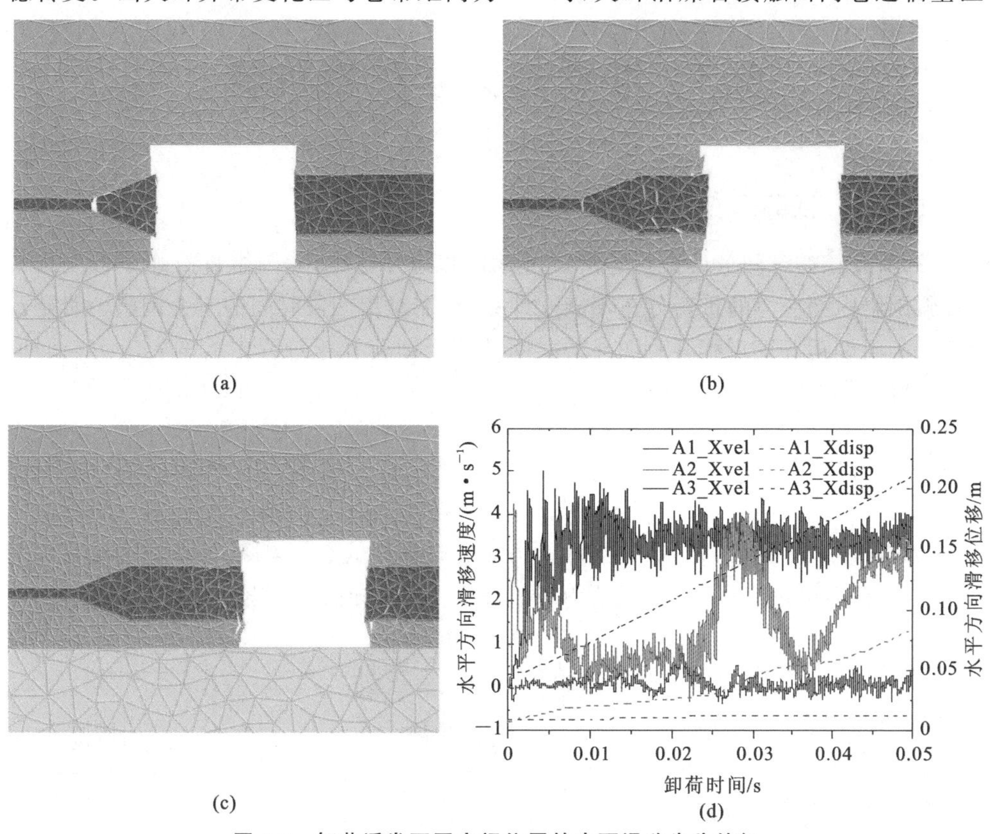

图 5-5 卸荷诱发不同空间位置的夹矸滑移失稳特征

(a)夹矸异常变化区与巷帮距离为 0m;(b)夹矸异常变化区与巷帮距离为 2.0m;

(c)夹矸异常变化区与巷帮距离为 4.0m;(d)水平方向滑移速度及位移随卸荷时间的变化曲线

域滑移，X 方向的滑移位移(A1_Xdisp)为 0.21m，巷帮左侧破坏失稳形式为夹矸滑移失稳，夹矸滑移速度(A1_Xvel)在 3.5m/s 附近波动。当夹矸异常变化区与巷帮距离为 2.0m 时，夹矸仍沿煤岩接触面向巷道临空区域滑移，X 方向的滑移位移(A2_Xdisp)为 0.083m，夹矸整体破碎程度相对较低，巷帮左侧破坏失稳形式为夹矸滑移及破碎失稳，夹矸滑移速度(A2_Xvel)在 2.0m/s 附近波动，滑移程度明显减小。当夹矸异常变化区与巷帮距离为 4.0m 时，夹矸沿 X 方向的滑移位移(A3_Xdisp)仅为 0.012m，巷帮左侧破坏失稳形式为夹矸破碎失稳，夹矸滑移峰值速度(A3_Xvel)在 0m/s 附近波动，基本未产生滑移现象。这说明夹矸滑移具有空间效应特征。

综上所述，卸荷诱发的夹矸滑移失稳具有空间效应特征，距离卸荷面越远时，夹矸滑移对巷道破坏的影响越小。在工程实践中，合理选择巷道位置有利于降低夹矸滑移失稳型冲击地压发生的可能性。

5.3 准动态力学失稳机制

5.3.1 卸荷开挖的时间效应

卸荷开挖的时间效应是指巷道(工作面)卸荷开挖后，受围岩自身弹塑性变形的限制，围岩内部应力的重新分布不能立即完成，需经历一段时间的应力调整。肖建清等[299]指出卸荷开挖过程具有明显的时间效应。卸荷开挖过程中的围岩应力与时间应满足以下关系：

$$F(t)=\begin{cases}\sigma_0-\dfrac{\sigma_0}{t_0}t & (0<t<t_0)\\ 0 & (t\geqslant t_0)\end{cases} \tag{5-43}$$

肖建清等[300]通过对卸荷开挖的应力场分布规律的研究发现，卸荷应力场可以分为初始静压力场和反向的拉伸动应力场的叠加。动态卸荷应力模型如图 5-6 所示。

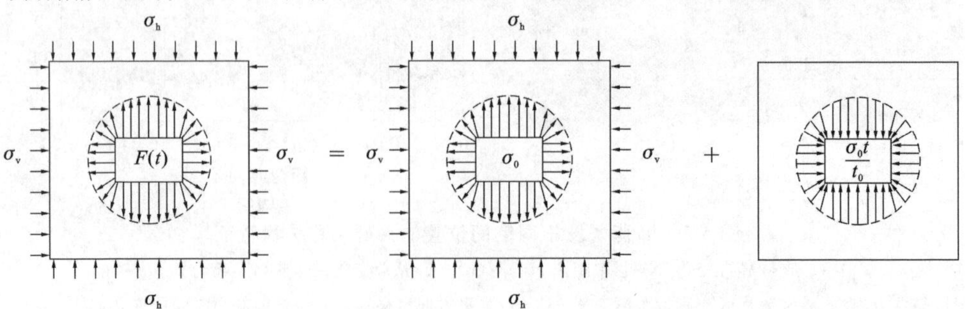

图 5-6　动态卸荷应力模型

5.3.2 卸荷开挖的动态应力学基本方程

在不考虑重力影响作用下，假设巷道为均匀应力状态下的圆形巷道，两侧符合轴对称关系。那么三维问题就可以简化为平面轴对称问题，并可列出以下几个基本方程。

(1)位移场方程

对于非零位移量仅有 $u_r = u(r,t)$，同时有 $u_z = u_\theta = \frac{\partial}{\partial_z} = \frac{\partial}{\partial_\theta} = 0$，从而位移场的 Lame 分解可简化为：

$$u_r = \frac{\partial \varphi}{\partial r} \tag{5-44}$$

式中，φ 为标量势函数；r 为围岩中计算质点到圆形巷道中心的距离。

(2)位移势方程

根据弹性动力学方程，卸荷状态下巷道围岩的位移势方程为：

$$\frac{\partial^2 \varphi}{\partial r^2} + \frac{1}{r} \cdot \frac{\partial \varphi}{\partial r} = \frac{1}{c_{\mathrm{d}}^2} \cdot \frac{\partial^2 \varphi}{\partial t^2} \tag{5-45}$$

其中，

$$c_{\mathrm{d}} = \sqrt{\frac{\lambda + 2\mu}{\rho}}$$

式中，c_{d} 为纵波波速；λ 和 μ 为 Lame 常数。

同时，还可把位移势方程归纳为圆形巷道波动定解的问题：

$$\begin{cases} \frac{\partial^2 \varphi}{\partial r^2} + \frac{1}{r} \cdot \frac{\partial \varphi}{\partial r} = \frac{1}{c_{\mathrm{d}}^2} \cdot \frac{\partial^2 \varphi}{\partial t^2} \quad (r > a, t > 0) \\ \varphi(r,0) = \varphi(r,0) = 0 \quad (r \geqslant a) \\ \sigma_r(a,t) = p(t) \quad (t > 0) \\ \lim\limits_{r \to \infty} \varphi(r,t) = 0 \quad (t > 0) \end{cases} \tag{5-46}$$

式中，a 为巷道半径。

其应力解用 φ 表示为：

$$\begin{cases} \sigma_r = (r + 2\mu) \frac{\partial^2 \varphi}{\partial r^2} + \frac{\lambda}{r} \cdot \frac{\partial \varphi}{\partial r} \\ \sigma_\theta = r \frac{\partial^2 \varphi}{\partial r^2} + \frac{\lambda + 2\mu}{r} \cdot \frac{\partial \varphi}{\partial r} \end{cases} \tag{5-47}$$

5.3.3 卸荷开挖的动态应力场解析解

根据动态力学基本方程，肖建清等[299]基于 Laplace 变换及留数定理对卸荷开挖的动态应力场进行求解,并通过加荷载结果进行正确性验证。卸荷开挖的环向应力和径向应力是关于距卸荷面的距离 r 和卸荷时间 t 的解析式,具体解析式如下[299]:

$$\begin{cases} \delta_r(r,t) = \dfrac{\lambda+6\mu}{ar^2}[A_1(E_1\cos\alpha - E_2\cos\beta) + B_1(E_1\sin\alpha - E_2\sin\beta) + C_1] \\ \delta_\theta(r,t) = \dfrac{1}{ar^2}[A_2(E_1\cos\alpha - E_2\cos\beta) + B_2(E_1\sin\alpha - E_2\sin\beta) + C_2] \end{cases} \tag{5-48}$$

式中,A_i、B_i、C_i 和 E_i 均为参数($i=1,2$)。

5.3.4 准动态力学条件下煤岩接触面滑移失稳判别式

由动态力学研究可知,卸荷空间处的应力是随时间变化形成的动态应力场。将式(5-48)与接触面滑移失稳的判别式联立即可求得准动态力学下煤岩接触面的滑移失稳判别公式:

$$F_{(\Delta,\vartheta)} = \frac{\sin\vartheta\cos\vartheta}{\dfrac{(\lambda+6\mu)[A_2(E_1\cos\alpha - E_2\cos\beta) + B_2(E_1\sin\alpha - E_2\sin\beta) + C_2]}{(E_1\cos\alpha - E_2\cos\beta)[A_2(\lambda+6\mu) - A_3] + (E_1\sin\alpha - E_2\sin\beta)[B_2(\lambda+6\mu) - B_3] + [C_2(\lambda+6\mu) - C_3]} - \sin^2\vartheta} \tag{5-49}$$

从式(5-48)和式(5-49)可以看出,对于特定倾角和内摩擦角的接触面,接触面滑移失稳的判别条件与距卸荷面的距离 r 和卸荷时间 t 有关。

卸荷开挖速度不同,围岩体应力重新分布的卸荷时间 t 也不相同。张均等指出卸荷开挖释放荷载的时间满足:

$$p(t) = \sigma_0(1 - 0.7e^{-\frac{3.15Vt}{R}}) \tag{5-50}$$

式中,V 为卸荷开挖速度;R 为巷道等效半径。

假设初始应力 $\sigma_0 = 20$MPa,等效半径 $R = 4.0$m,对式(5-50)进行数值化处理,如图 5-7 所示。

从图 5-7 可以看出,卸荷开挖瞬间能够产生瞬时卸荷效应,瞬时卸荷量约为初始应力的 30%。随着卸荷时间的增加,卸荷应力也逐渐增大,直至初始应力完全卸除。当 $V=2$m/d、$t=1$d 时,卸荷应力为 13.63MPa,当 $V=4$m/d、$t=1$d 时,卸荷应力为 17.10MPa,卸荷应力大小与卸荷速度 V 呈负相关;当 $V=3$m/d、$t=1$d 时,卸荷应力为 15.70MPa,当 $V=3$m/d、$t=5$d 时,卸荷应力为 19.96MPa,卸荷应力大小与卸荷时间也呈负相关。因此,卸荷开挖速度越快,巷道周围岩体中的应力卸荷速度 V 越快,卸荷时间越短;反之,卸荷时间越长。

综上所述,在准动态力学影响下,应力重新分布需要有足够的时间进行调整。在应力的调整过程中,接触面失稳状态由稳定闭锁逐渐向滑移解锁过渡。

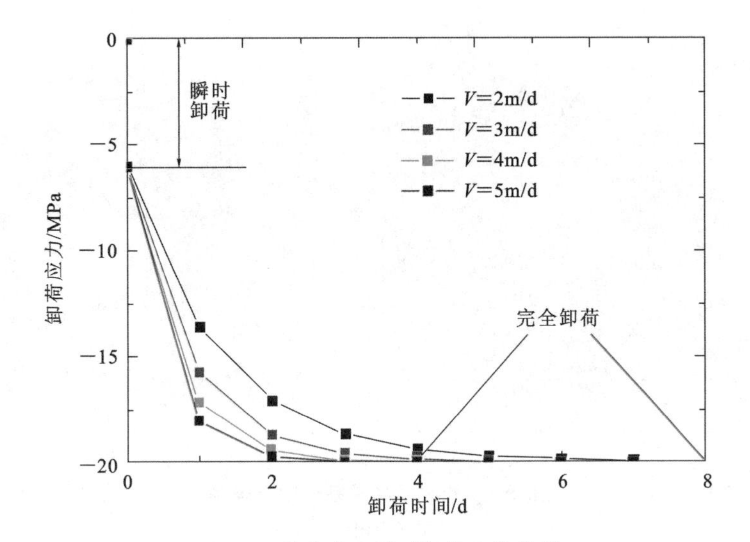

图 5-7　拉伸应力随时间的变化曲线

注：负号仅代表方向，不代表大小(压应力为正，拉应力为负)

5.3.5　卸荷诱发夹矸滑移失稳的时间效应特征

5.3.5.1　数值模型建立

为了探究分岔区煤层巷道破坏失稳的影响机制，以赵楼煤矿 1305 工作面夹矸赋存特征为研究背景，采用 UDEC-Trigon 方法建立分岔区煤层巷道的数值模型，如图 5-8(a)所示。

模型尺寸为 50m×38m，巷道尺寸为 5.0m×4.0m。采用 Crack 命令将模型划分为三层，其中上层顶板为中砂岩，块体边长为 1.0m，中层为煤体，块体平均边长为 0.4m，下层底板为细砂岩，块体平均边长为 1.0m。图 5-8(b)展示了楔形夹矸的赋存特征。采用 Table 命令定义楔形夹矸区域，将夹矸岩性设置为砂质泥岩，夹矸区域的块体边长与煤体设置一致，以消除块体大小变化对应力传递的影响。

5.3.5.2　微观参数选取

UDEC 数值模型参数选取包含块体和节理两部分。其中，块体模型选用线弹性本构模型。模拟过程中，块体积累的弹性能会以动能的方式进行释放，并将块体抛出。线弹性本构模型可以不考虑材料的塑性变形，从而消除了塑性变形能对材料应变能积累和释放的影响。节理模型选用库仑滑移本构模型，该模型可以描述节理面破碎后的残余强度，更符合现场煤岩破碎的实际情况。模型选取的块体及节理微观力学参数见表 5-1 和表 5-2。

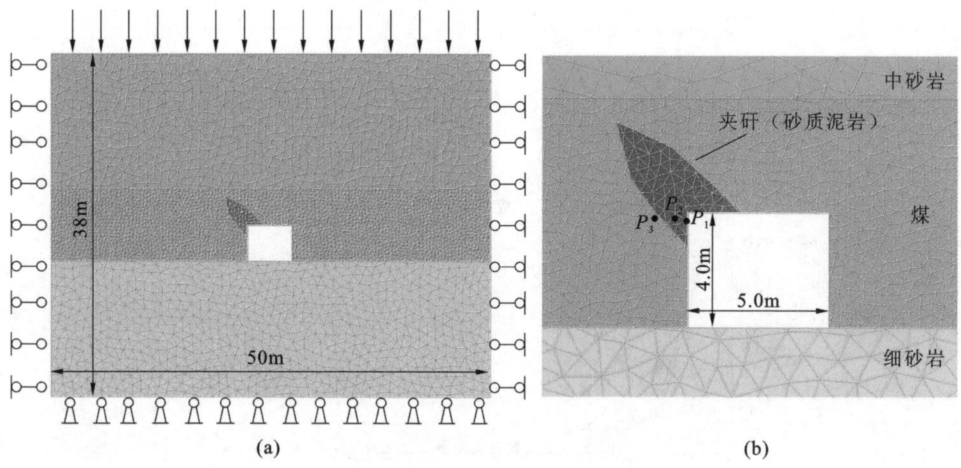

图 5-8　分岔区煤层巷道数值模型

(a)模型图;(b)楔形夹矸赋存

5.3.5.3　边界条件设置

模型左、右边界固定水平位移,下边界固定水平和垂直位移,上边界施加垂直应力来模拟上覆岩层的自重应力,水平应力根据经验取自重应力的相应倍数。针对分岔区煤层巷道破坏失稳过程研究,采用赵楼煤矿一采区的实际地应力测试结果进行数值计算,X、Y 和 Z 三个方向的初始地应力分别设置为 32MPa、25MPa 和 25MPa。

5.3.5.4　数值试验方案

巷道卸荷开挖后,首先会经历一个应力缓慢释放的过程,该过程中巷道近场煤岩体对远场煤岩体的弹性能释放是一个约束的过程。随着卸荷时间的增加,近场巷道约束载荷逐渐减小,直至最终完全卸荷。应力完全卸除后,巷道在煤矸接触面滑移动载作用下产生冲击失稳。因此,可以将卸荷诱发的煤矸组合结构破坏失稳过程分为两个阶段:第一阶段为初始应力卸荷阶段,第二阶段为滑移动载扰动阶段。

①初始应力卸荷阶段:通过编译“FISH”语言程序监测和控制应力的缓慢释放过程。模拟运行过程中,每 3000 时步卸荷 10%的初始原岩应力,直至最终巷道周围的原岩应力卸荷至 0。该阶段主要模拟巷道开挖后,卸荷诱发煤矸接触面由稳定闭锁到滑移解锁的过程。

②滑移动载扰动阶段:采用 UDEC 程序的动力分析模式,模拟煤矸滑移动载作用下煤矸组合结构冲击失稳的演化过程。模拟运行过程中,阻尼系数设置为 0,以消除节理面对动载传递的阻隔作用。需特别注意的是,为了减少动载作用下边界反射波的影响,模型边界条件设置为黏性,以模拟无穷远处边界。

5.3.5.5 分岔区煤层巷道破坏失稳过程

(1)初始应力卸荷阶段

图 5-9 展示了分岔区煤层巷道初始应力卸荷阶段的最大主应力演化云图。从图 5-9 可以看出，当应力卸荷 40%时，巷道周围最大主应力明显集中在巷道四个拐角位置。夹矸未产生滑移，接触面处于闭锁状态，最大主应力呈对角式分布，巷道两帮位置产生明显的“拱形”低应力区。当应力卸荷 60%时，夹矸外缘产生滑移解锁，最大主应力由巷道拐角向煤矸接触面转移，巷道顶底板及两帮低应力区范围进一步扩大。当应力卸荷 80%时，巷道左侧的最大主应力完全转移至煤矸接触面附近，接触面两侧出现局部应力集中，同时夹矸外缘产生低应力集中区。当应力卸荷 100%时，巷道外缘的作用力完全卸除，夹矸周围的最大主应力由夹矸体外缘向内缘逐渐转移，巷道顶底板及两帮产生了明显的低应力集中区，滑移破碎现象明显，巷道拐角处的应力集中程度明显增加。这说明卸荷能够诱发分岔区煤层巷道的最大主应力由巷道拐角向煤矸接触面附近转移。

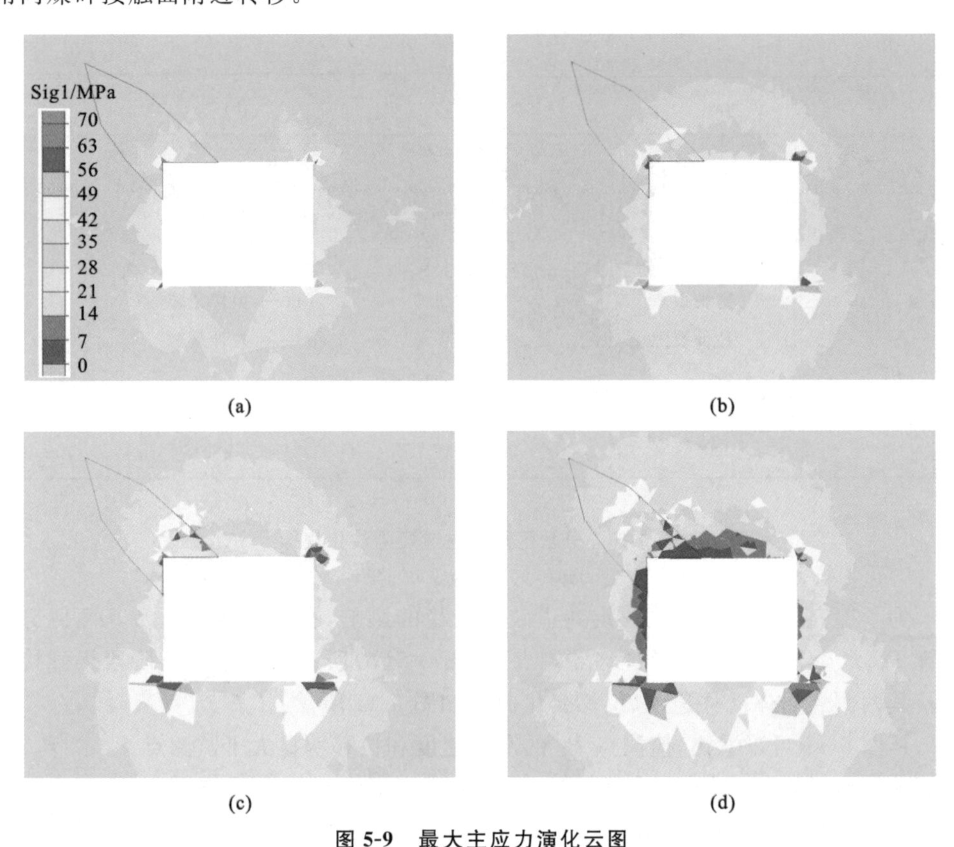

图 5-9 最大主应力演化云图

(a)应力卸荷 40%；(b)应力卸荷 60%；(c)应力卸荷 80%；(d)应力卸荷 100%

巷道周围的裂隙演化规律如图 5-10 所示。从图 5-10 可以看出，围岩应力卸荷过程伴随着裂隙的产生、扩展和贯通。裂隙最先在煤矸接触面上产生，裂隙类型为剪切裂隙，并逐渐向夹矸外缘扩展、延伸，最终在拉伸裂隙的作用下，裂隙贯通产生夹矸破碎现象。在拉伸裂隙贯通夹矸外缘的破碎过程中，剪切裂隙向夹矸内部延伸，引起内部夹矸块体滑移。与图 5-9 对比可以看出，应力集中区域的剪切裂隙集中程度较高，应力降低区域的拉伸裂隙集中程度较高，这说明局部应力集中(剪应力)是煤矸组合结构沿接触面产生滑移失稳的主要原因。

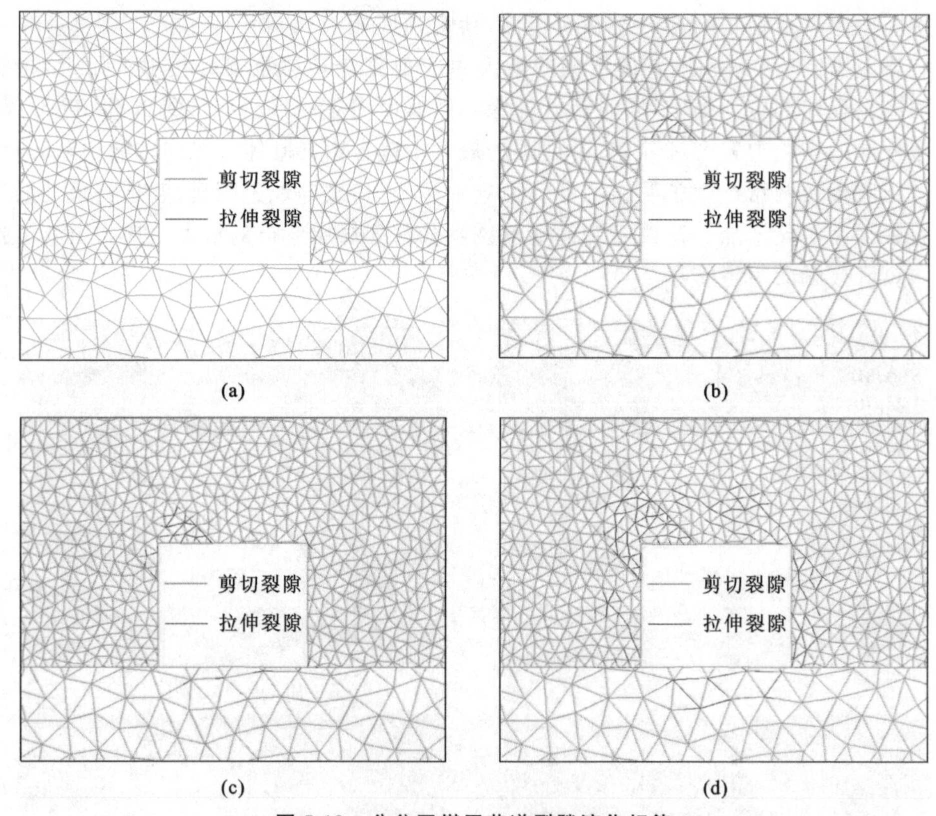

图 5-10　分岔区煤层巷道裂隙演化规律

(a)应力卸荷 40%；(b)应力卸荷 60%；(c)应力卸荷 80%；(d)应力卸荷 100%

为了探究卸荷对分岔区煤层巷道破坏失稳的影响，在煤矸接触面及其两侧分别设置 P_1、P_2、P_3 三个速度及位移监测点，如图 5-8(b)所示。初始卸荷阶段煤矸接触面及其两侧煤岩体滑移速度、位移变化曲线如图 5-11 所示。

从图 5-11 可以看出，监测点 P_1 的滑移速度和位移明显大于监测点 P_2 和 P_3，并且随着卸荷时间的增加，三个监测点的监测差值逐渐增大。当卸荷时间小于 0.8s 时，三个监测点的滑移速度和位移变化较为稳定，此时监测点附近的煤矸接触面处于

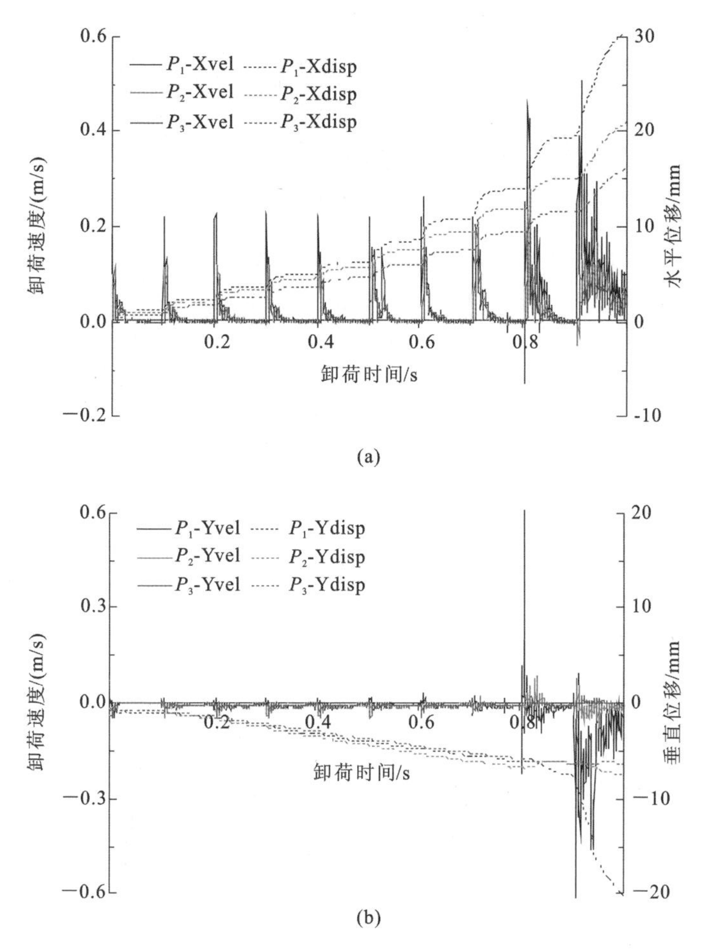

图 5-11 煤矸体滑移速度及位移变化曲线

(a)水平方向;(b)垂直方向

稳定闭锁状态。当卸荷时间超过 0.8s、应力卸荷程度超过 90%时,监测点 P_2 和 P_3 的滑移速度和位移变化相对稳定,而监测点 P_1 的监测数值异常增加,这说明监测点 P_1 附近的夹矸体产生了明显的滑移破碎现象。

(2)滑移动载扰动阶段

夹矸滑移过程中会产生滑移动载荷,动载荷作用能够进一步加剧煤矸沿接触面的滑移失稳,甚至诱发冲击地压事故。图 5-12 展示了卸荷诱发分岔区煤层巷道冲击失稳的演化过程。

从图 5-12 可以看出,当动态破坏时间(ET)为 0.01s 时,夹矸沿接触面产生滑移错动,夹矸产生滑移突出现象。当 ET=0.02s 时,夹矸岩体开始产生微裂隙,同时夹矸外缘产生了剥离。当 ET=0.03s 时,夹矸岩体微裂隙开始延伸、汇聚、连接和贯

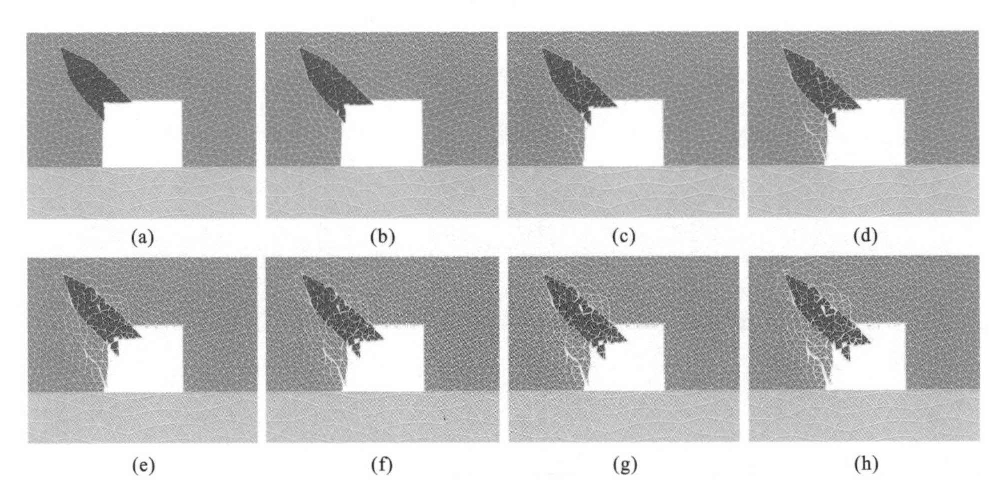

图 5-12 卸荷诱发分岔区煤层巷道冲击失稳的演化过程

(a)0.01s;(b)0.02s;(c)0.03s;(d)0.04s;(e)0.05s;(f)0.06s;(g)0.07s;(h)0.08s

通，并逐渐形成宏观裂隙。同时，夹矸岩体出现明显破坏，并出现了明显的不稳定滑移。当 ET＝0.04s 时，夹矸破碎体整体向巷道内滑动，并伴有明显的破碎现象。特别地，部分破碎体脱离夹矸块体，并向巷道中心弹射，同时，煤矸接触面滑移还引起了煤壁的剥落。当 ET＝0.05s 时，伴随着煤矸接触面的进一步滑移，巷道左帮破碎，煤壁剥落范围进一步扩大。当 ET＝0.06s 时，破碎体滑移及煤壁剥落现象进一步加剧，巷道变形破坏主要发生在巷道左侧夹矸附近区域。当 ET＝0.07s 时，巷道顶板位置微裂隙逐渐贯通，局部破碎煤块冒落。同时，巷道左帮破坏程度加剧、破坏范围进一步扩大，夹矸及巷道内侧微裂纹进一步增多。当 ET＝0.08s 时，大量破碎体碎片剧烈喷出，巷道左帮剥离煤体也向巷道中心弹射，顶板破坏进一步加剧。同时，组合模型微裂隙扩展、汇聚、贯通，并进一步切割块体。

图 5-13 展示了夹矸区域剪切及拉伸裂隙演化规律。从图 5-13 可以看出，当动态破坏时间为 0～0.008s 时，剪切裂隙数目明显大于拉伸裂隙数目，并且剪切裂隙数目迅速增加，表明受滑移动载的影响，夹矸内部的微裂隙迅速发育。当动态破坏时间为 0.008～0.013s 时，夹矸区域的剪切裂隙发育速度逐渐变缓，最终达到剪切裂隙峰值 450 条，而拉伸裂隙则快速增长，峰值数目由 23 条增长至 47 条，增长了 1 倍。这说明在夹矸滑移失稳过程中，剪切裂隙的发育要早于拉伸裂隙，并且剪切裂隙对拉伸裂隙的发育有一定的促进作用。当动态破坏时间为 0.013～0.033s 时，剪切裂隙逐渐减少，拉伸裂隙维持在峰值不变，表明夹矸块体开始分离，并逐渐从巷帮被抛出。当动态破坏时间为 0.033～0.08s 时，剪切裂隙和拉伸裂隙数目均随着破坏失稳程度的增加而逐渐减少，其中剪切裂隙减小尤为明显。

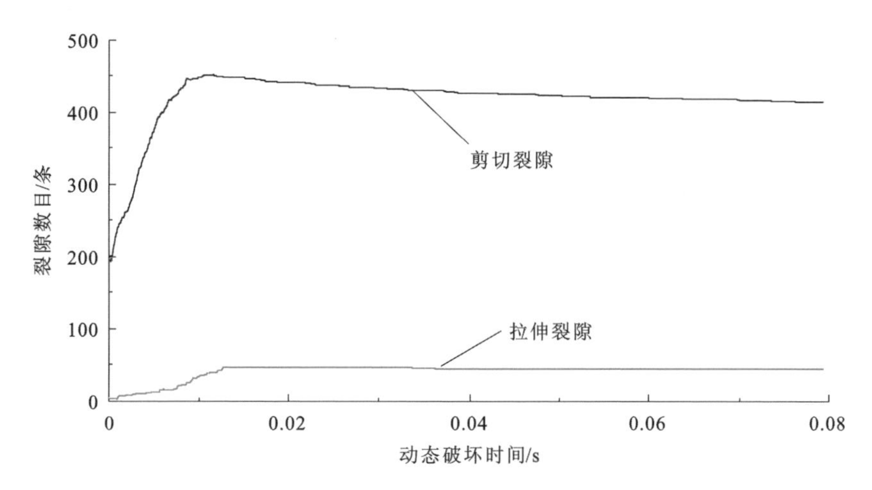

图 5-13　夹矸区域剪切及拉伸裂隙演化规律

图 5-14 展示了滑移动载作用下监测点 P_1、P_2 和 P_3 的水平及垂直应力演化曲线，图 5-15 展示了滑移动载作用下监测点 P_1、P_2 和 P_3 的水平及垂直振动速度演化曲线。从图中可以看出，随着动态破坏时间的增加，各监测点应力均逐渐降低，振动速度逐渐增大。最终，各监测点的水平及垂直应力在 0MPa 附近波动，块体从巷帮被抛出。监测点 P_1 的水平振动速度由 0m/s 逐渐增加至 13.8m/s，垂直振动速度由 0m/s 逐渐增加至 15m/s，最后，水平和垂直振动速度分别在 13.8m/s 和 15m/s 附近波动，波动状态下块体的水平及垂直振动速度均大于冲击临界速度(10m/s)[13]。监测点 P_2 受煤矸接触面不连续滑动的影响，水平和垂直振动速度产生剧烈波动，之后逐渐趋向稳定。监测点 P_3 与监测点 P_2 的结果相似，但由于 P_3 距离煤矸接触面较远，受接触面不连续滑动的影响相对较小，水平和垂直振动速度最终均在 0m/s 附近波动。

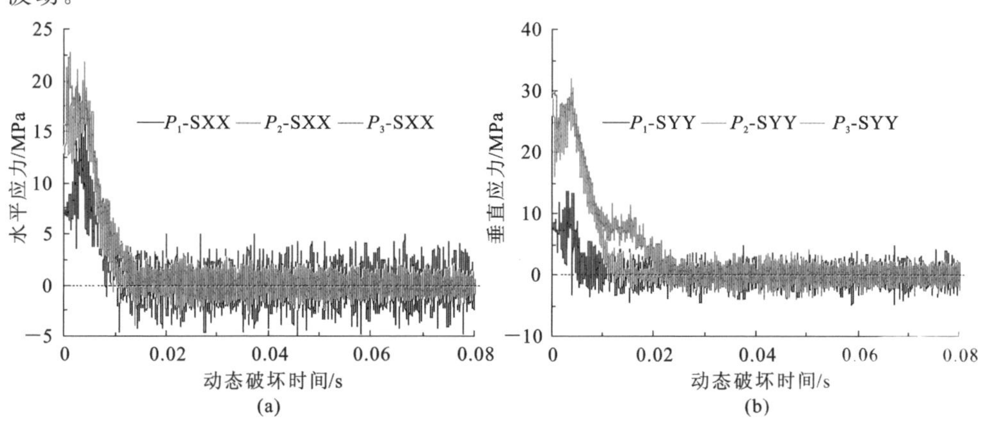

图 5-14　监测点 P_1、P_2 和 P_3 的水平及垂直应力演化曲线

(a)水平应力；(b)垂直应力

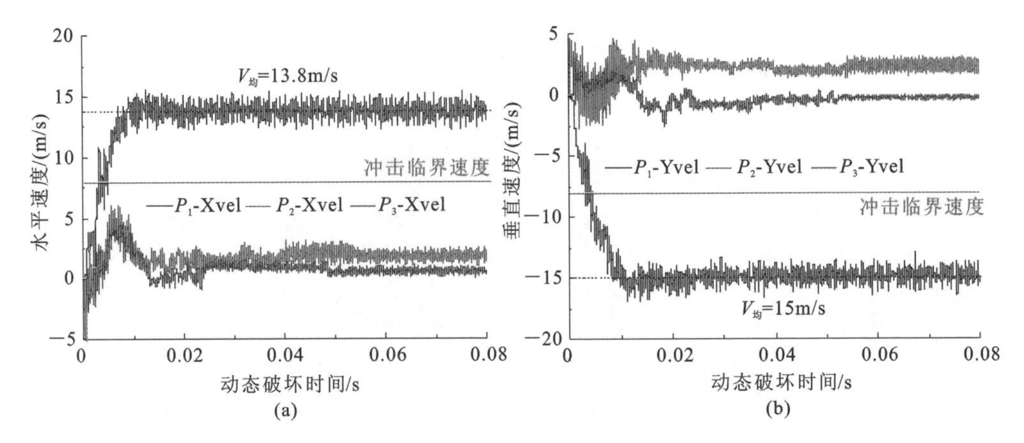

图 5-15　监测点 P_1、P_2 和 P_3 的水平及垂直振动速度演化曲线

(a)水平振动速度;(b)垂直振动速度

综上所述,初始应力卸荷阶段,裂隙周围煤矸体会形成局部应力集中,相应的应力分布出现动态演化,煤矸接触面会经历稳定闭锁到滑移解锁的失稳过程。滑移动载扰动阶段,煤矸组合结构在滑移动载的作用下,接触面迅速滑移和破碎,大量破碎煤岩体向外高速喷射,直至形成冲击地压灾害事故。因此,卸荷诱发夹矸滑移失稳过程具有明显的时间效应特征。

5.4　分岔区煤层结构失稳影响因素分析

5.4.1　开采深度影响

随着煤层开采深度的增加,上覆岩体的自重应力也逐渐增大,煤层开采深度决定了巷道开挖卸荷的初始应力水平。根据试验结果可知,卸荷初始应力水平越高,煤岩破碎失稳现象越严重。因此,研究开采深度对分岔区煤层巷道破坏失稳的影响具有重要意义。为了说明煤矸组合结构破坏失稳受巷道埋深的影响,分别设置 400m、600m、800m 和 1000m 四种不同深度的数值模型。假设不同开采深度下,煤层及顶底板岩层性质相同,并且上覆岩层的平均容重均为 2500kN/m^3。最大主应力为水平应力,侧压系数取 1.28,且侧压系数不随巷道深度的变化而改变。同时,最大主应力方向与巷道轴线方向保持平行[301]。不同开采深度下自重应力和构造应力的取值见表 5-3。

表 5-3　　不同开采深度下自重应力和构造应力取值

开采深度 h/m	自重应力/MPa	构造应力/MPa	侧压系数
400	10	12.8	1.28
600	15	19.2	1.28
800	20	25.6	1.28
1000	25	32.0	1.28

不同开采深度时分岔区煤层巷道滑移动载扰动阶段的宏观破坏特征、最大主应力分布云图、位移分布云图及夹矸块体抛出速度分别如图 5-16～图 5-19 所示。

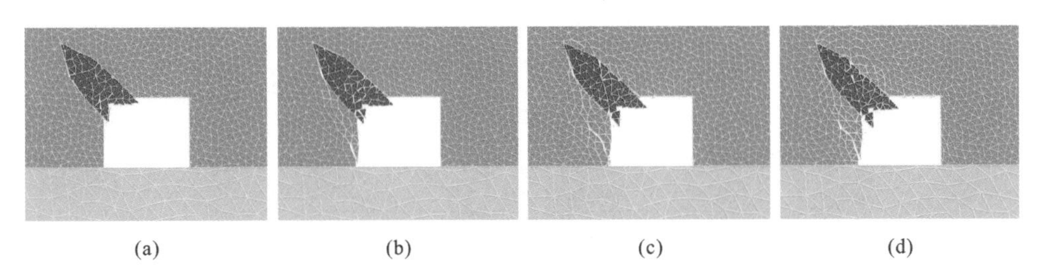

图 5-16　不同开采深度时巷道宏观破坏特征

(a)h=400m;(b)h=600m;(c)h=800m;(d)h=1000m

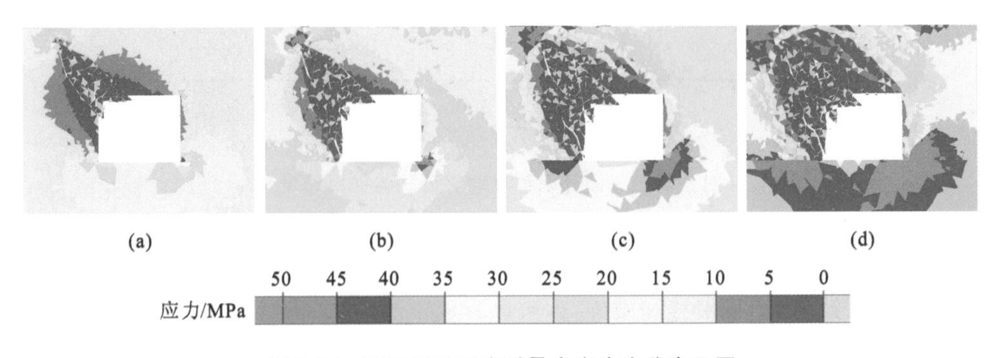

图 5-17　不同开采深度时最大主应力分布云图

(a)h=400m;(b)h=600m;(c)h=800m;(d)h=1000m

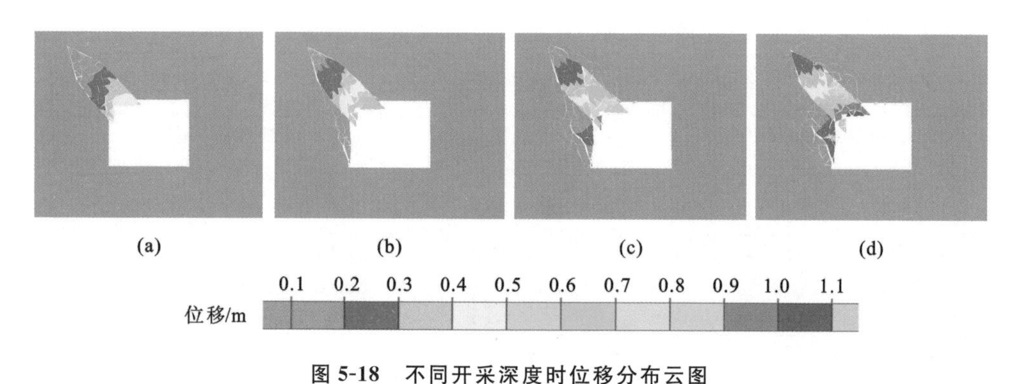

图 5-18　不同开采深度时位移分布云图

(a)h=400m；(b)h=600m；(c)h=800m；(d)h=1000m

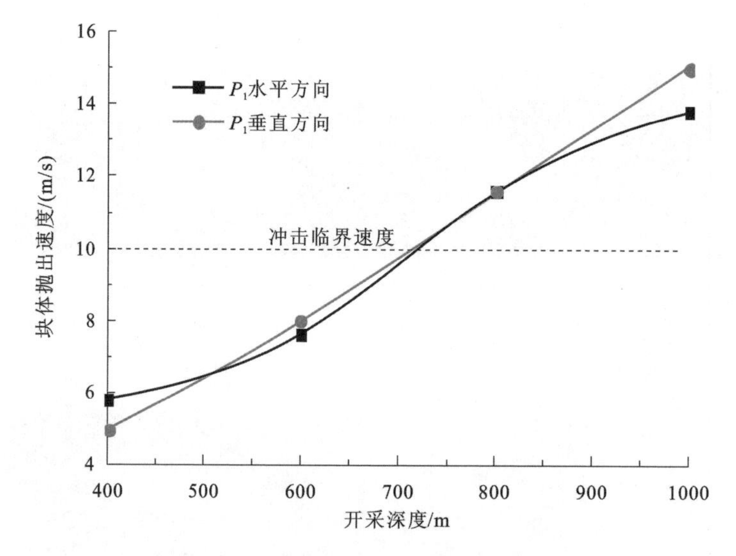

图 5-19　不同开采深度时夹矸块体抛出速度

由图 5-16～图 5-19 可以得出以下规律。

①随着开采深度的增加，分岔区煤层巷道冲击失稳现象加剧。当 h=400m 时，夹矸沿煤矸接触面产生滑移和破碎，但破碎程度不高，巷帮未产生明显破碎现象。当 h=600m 时，夹矸逐渐向外抛出，巷道左帮煤体沿底角产生了倾斜裂隙，这说明夹矸滑移诱发了煤体剪切破坏。当 h=800m 或 1000m 时，巷道受夹矸滑移的影响，巷道左帮和顶板产生明显的煤体破碎现象，同时夹矸也被抛出，巷道冲击破坏现象明显。从图 5-16 可以看出，煤矸组合结构滑移引起的巷道破坏现象主要集中在夹矸周围区域，且破坏形式以剪切破坏为主。

②随着开采深度的增加，巷道周围远场应力集中程度明显升高，但夹矸附近的应力集中程度明显降低。受夹矸滑移和破碎卸荷的影响，巷道周围的最大主应力沿夹

矸与巷道右侧底角呈对角式分布；受煤层开采深度的影响，巷道周围的最大主应力值逐渐增大，同时夹矸周围的应力降低区范围也逐渐扩大。

③随着开采深度的增加，夹矸破碎程度逐渐增加，块体抛出位移逐渐增大。当 $h=400$m 时，夹矸抛出最大位移为 0.5m；当 $h=1000$m 时，抛出的最大位移达到了 1.1m，同时夹矸破碎程度也逐渐增大。当 $h=400$m 时，深部夹矸体仍与煤体保持结构稳定，夹矸体的最大位移基本为 0；而当 $h=1000$m 时，夹矸体与煤体完全脱离。这是由于开采深度的增加，夹矸体和煤矸接触面中积累的弹性能相对较多，卸荷开挖引起的弹性能释放量增多会促使夹矸进一步破碎和滑移。

④随着开采深度的增加，夹矸块体抛出速度逐渐增大，冲击危险性逐渐增大。当开采深度较浅时，夹矸块体抛出速度较小，平均速度小于 10m/s，不能引起冲击地压事故。随着开采深度的增加，当 $h\geqslant800$m 时，水平和垂直抛出速度均超过 10m/s，满足了冲击地压事故的发生条件。

综上所述，卸荷诱发分岔区煤层巷道破坏失稳与煤层开采深度有直接联系。开采深度越大，分岔区煤层巷道冲击危险性越强。当煤层开采深度大于等于 800m 时，卸荷开挖分岔区煤层巷道能够诱发冲击地压灾害。

5.4.2 侧压系数影响

侧压系数是指某点最大水平应力与垂直主应力之比。在煤层沉积过程中，受水平应力挤压和拉伸作用的影响，相同开采深度下的构造应力场也有很大的差别。根据以往的研究发现，水平方向上的最大主应力一般为垂直应力的 $\frac{1}{2}\sim\frac{11}{2}$[302]，大部分集中在 $\frac{4}{5}\sim\frac{3}{2}$ 之间[303]。为了探究侧压系数对分岔区煤层巷道破坏失稳的影响，本节数值模拟以开采深度 800m 为研究背景，分别设置侧压系数 λ 为 0.5、1.0、1.5 和 2.0 四种数值模型。模型假设煤层及顶底板岩层性质相同，并且上覆岩层的平均容重均为 2500kN/m^3，即垂直应力为 20MPa。水平应力随侧压系数的改变而逐渐变化。不同侧压系数下自重应力和构造应力的取值见表 5-4。

表 5-4　　不同侧压系数下自重应力和构造应力取值

侧压系数 λ	自重应力/MPa	构造应力/MPa	开采深度/m
0.5	20	10	800
1.0	20	20	800
1.5	20	30	800
2.0	20	40	800

不同侧压系数时分岔区煤层巷道滑移动载扰动阶段的宏观破坏特征、最大主应力分布云图、位移分布云图及夹矸块体抛出速度分别如图 5-20～图 5-23 所示。

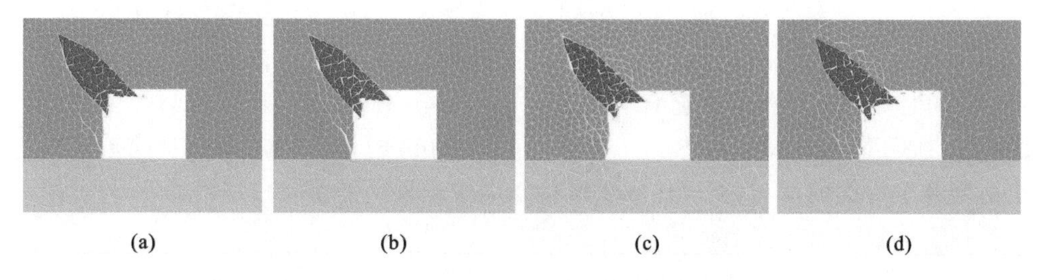

图 5-20　不同侧压系数时巷道宏观破坏特征

(a)$\lambda=0.5$;(b)$\lambda=1.0$;(c)$\lambda=1.5$;(d)$\lambda=2.0$

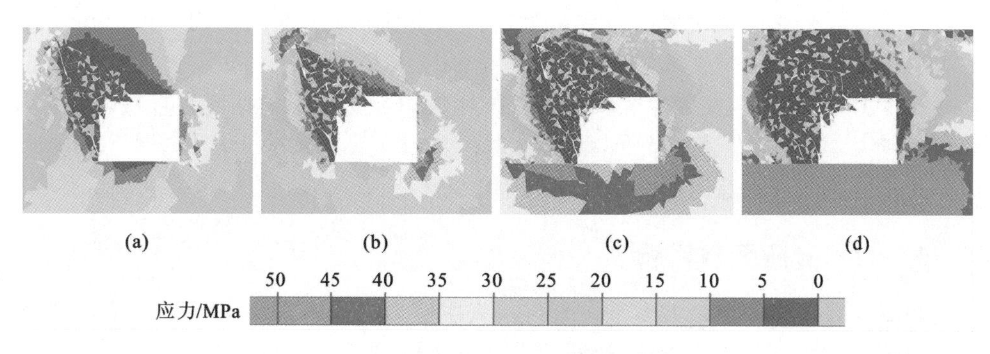

图 5-21　不同侧压系数时最大主应力分布云图

(a)$\lambda=0.5$;(b)$\lambda=1.0$;(c)$\lambda=1.5$;(d)$\lambda=2.0$

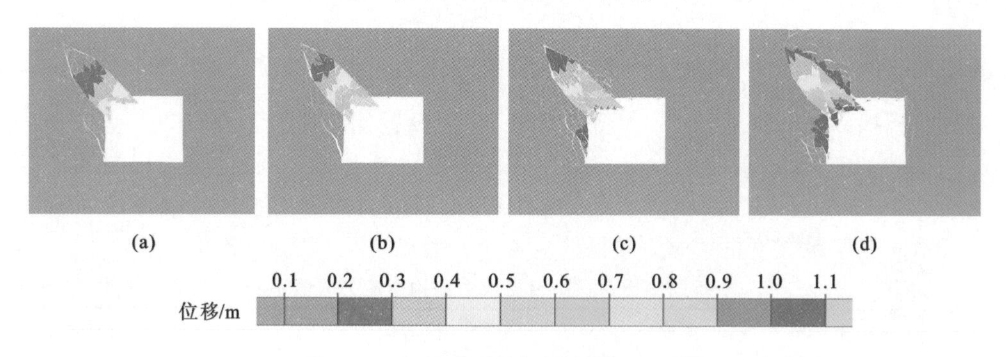

图 5-22　不同侧压系数时位移分布云图

(a)$\lambda=0.5$;(b)$\lambda=1.0$;(c)$\lambda=1.5$;(d)$\lambda=2.0$

由图 5-20～图 5-23 可以得出以下规律。

①随着侧压系数的增加，分岔区煤层巷道冲击失稳现象加剧。当 $\lambda=0.5$ 或 1.0 时，最大主应力为垂直应力，巷道破坏失稳特征呈现为夹矸块体的滑移和左帮煤体的破碎现象，巷道右帮和顶板位置基本无块体破坏现象。当 $\lambda=1.5$ 或 2.0 时，最大主

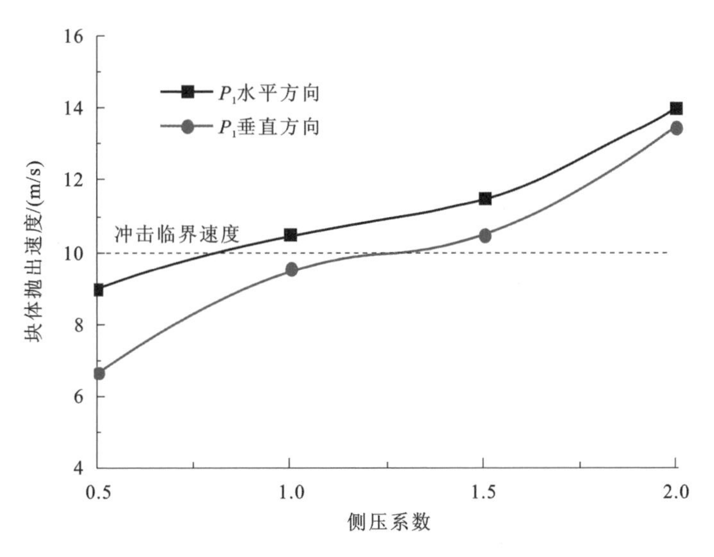

图 5-23 不同侧压系数时夹矸块体抛出速度

应力为水平应力，巷道两帮的煤矸体破碎程度明显增加。特别是当 $\lambda=2.0$[图 5-20(d)]时，巷道顶板和右帮产生了明显的块体抛出，冲击失稳现象明显。

②随着侧压系数的增加，巷道周围远场应力集中程度增加，近场应力集中程度降低。当侧压系数较小时，巷道初始应力水平较低，远场应力集中程度也相对较小，如当 $\lambda=0.5$ 时，远场最大应力仅为 40MPa，巷道破坏主要集中在夹矸区域。随着侧压系数的增加，煤矸体的破坏范围也逐渐增大，如当 $\lambda=1.5$ 时，巷道右帮和顶板均产生了应力降低区，这是由于煤矸体的破坏引起积累在煤矸体中的初始弹性能迅速释放，引起破坏区域应力集中程度降低。巷道近场应力的转移也促使了远场应力的迅速集中，如当 $\lambda=2.0$ 时，煤层底板最大应力超过了 50MPa，且应力集中范围明显增大。

③随着侧压系数的增加，夹矸滑移程度逐渐增加，巷道周围的煤体破碎程度也越严重。从图 5-22 可以看出，四种不同侧压系数下夹矸抛出的最大位移分别为 0.6m、0.7m、0.9m 和 1.1m，夹矸抛出最大位移随侧压系数的增大而逐渐增大。同时，受夹矸滑移动载的影响，夹矸赋存区域周围煤体的破碎程度也随侧压系数的增大而逐渐增加。

④随着侧压系数的增加，夹矸块体的水平和垂直抛出速度均逐渐增大。当 $\lambda=0.5$ 时，夹矸块体抛出的水平速度为 9.0m/s，垂直速度为 6.7m/s，未达到冲击失稳临界速度条件。当 $\lambda=2.0$ 时，夹矸块体抛出的水平速度为 14m/s，垂直速度为 13.5m/s，巷道产生了明显的冲击破坏现象。

综上所述，卸荷诱发分岔区煤层巷道破坏失稳与侧压系数也有直接联系。侧压系数越大，分岔区煤层巷道冲击危险性越强。因此，在断层、褶皱等地质构造附近，卸荷开挖容易诱发分岔区煤层巷道冲击灾害事故。如赵楼煤矿 1307 工作面夹矸赋存区的“11·20”强矿震事件即发生在 F1715、FX23-2 和 FX16 断层附近[8]。

5.4.3 卸荷速度影响

卸荷开挖后，巷道围岩周围的应力变化是一个逐渐调整的过程。基于室内试验可知，卸荷速度变化能够影响煤矸组合结构的破坏失稳状态。为了探究卸荷速度变化对分岔区煤层巷道破坏失稳的影响，卸荷时步分别设置为 1000 时步、2000 时步、4000 时步和 6000 时步，采用相同卸荷程度、不同卸荷时步的四种数值模型进行研究。卸荷时步越长，说明卸荷相同应力所需的时间越长，即卸荷速度越慢。模型基本假设：开采深度设置为 800m，上覆岩层的平均容重均为 $2500kN/m^3$。最大主应力为水平应力，侧压系数取 1.25，且侧压系数不随巷道深度的变化而改变。同时，最大主应力方向与巷道轴线方向保持平行。

不同卸荷时步时分岔区煤层巷道破坏失稳的裂隙损伤分布特征（红色为拉伸裂隙，蓝色为剪切裂隙）、最大主应力分布云图、位移分布云图及监测点 P_1 滑移速度分别如图 5-24～图 5-27 所示。对不同卸荷时步时夹矸冲击失稳速度和裂隙损伤程度进行统计，如图 5-28 所示。

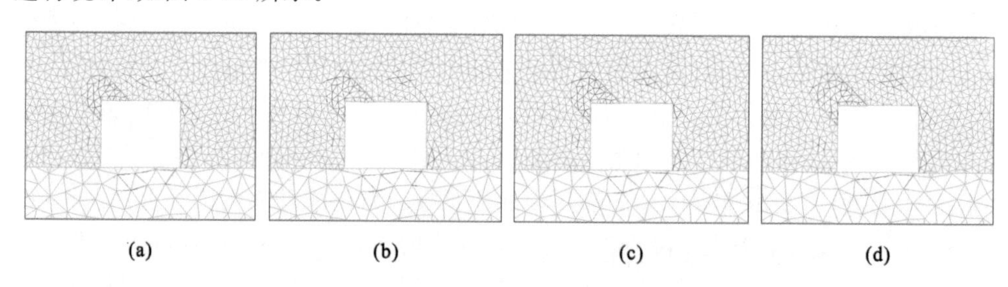

图 5-24　不同卸荷时步时裂隙损伤分布特征

(a)1000 时步；(b)2000 时步；(c)4000 时步；(d)6000 时步

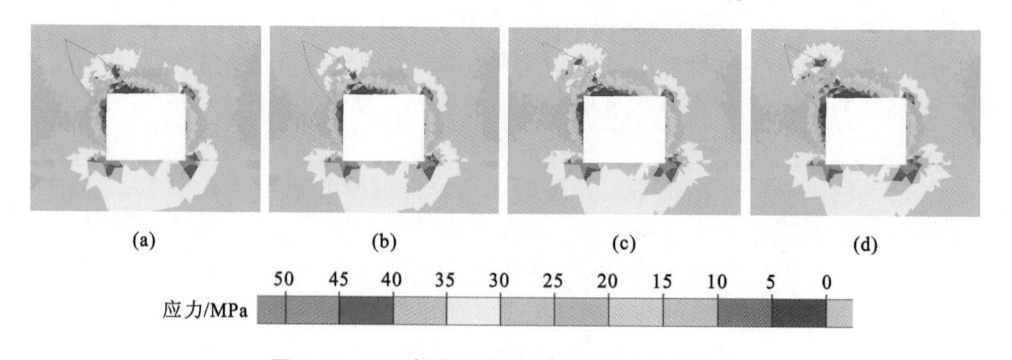

图 5-25　不同卸荷时步时最大主应力分布云图

(a)1000 时步；(b)2000 时步；(c)4000 时步；(d)6000 时步

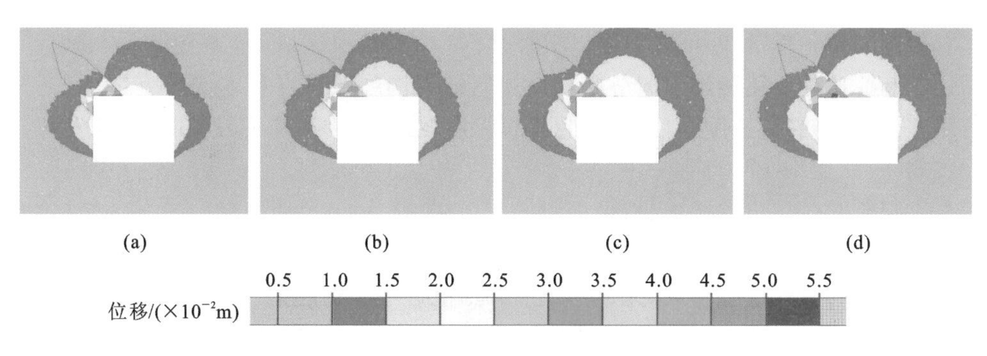

图 5-26　不同卸荷时步时位移分布云图

(a)1000 时步；(b)2000 时步；(c)4000 时步；(d)6000 时步

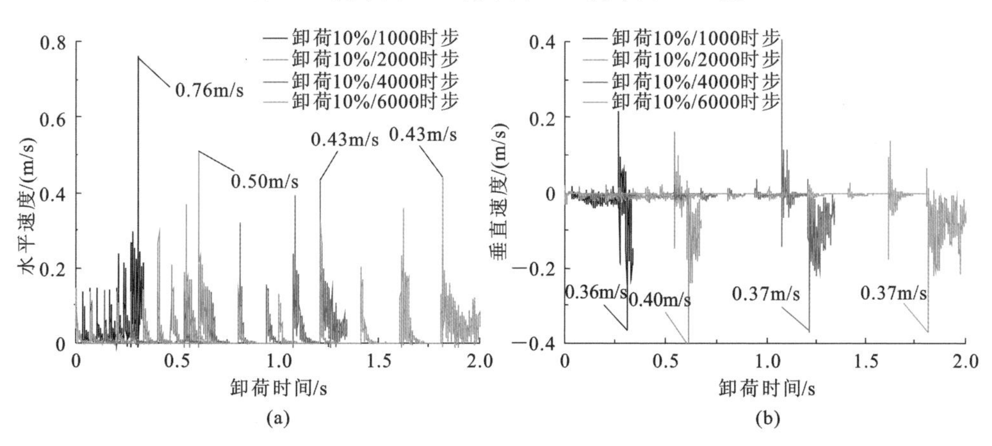

图 5-27　不同卸荷时步时监测点 P_1 滑移速度

(a)水平方向；(b)垂直方向

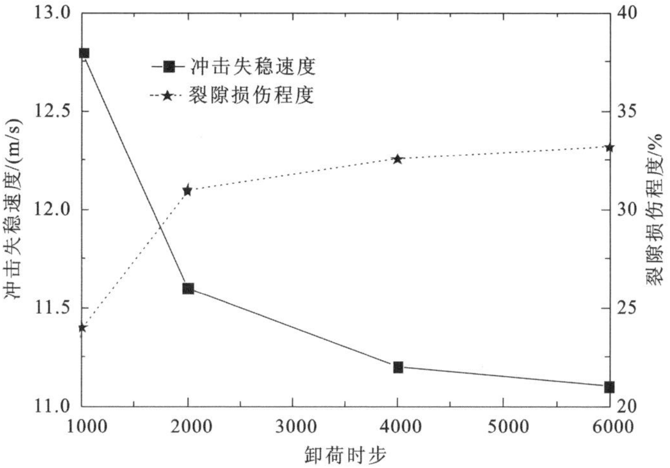

图 5-28　不同卸荷时步时夹矸冲击失稳速度及裂隙损伤程度

由图 5-24～图 5-28 可以得出以下规律。

①卸荷速度变化能够引起分岔区煤层巷道周围裂隙发育程度的改变，尤其是夹矸赋存区域，当卸荷速度较快时，裂隙发育程度较低；当卸荷速度较慢时，裂隙发育程度较高。

②随着卸荷时步的增加，巷道周围的应力集中区由巷帮近场向巷道远场转移，应力降低区范围逐渐扩大。分析是由于卸荷速度降低，积累在巷道周围煤矸体中的弹性能有充足的时间进行释放，充分释放的弹性能进一步引起煤矸体破碎，从而使巷道近场的应力降低区范围增大，进而促使应力集中区向远场巷道转移。

③随着卸荷时步的增加，夹矸块体的滑移程度逐渐增加。当卸荷时步为 1000 时步时，夹矸滑移的峰值位移为 3.5×10^{-2} m；当卸荷时步降至 6000 时步时，夹矸滑移的峰值位移达到 5.5×10^{-2} m，滑移程度增长了约 57%。分析是卸荷速度降低导致卸荷时间增长，夹矸有了更充足的滑动时间和空间。

④随着卸荷时步的增加，夹矸滑移速度逐渐减小，但夹矸滑移速度的变化并非随着卸荷速度的减小而一直减小。当卸荷速度超过 4000 时步时，夹矸滑移速度基本保持不变，水平方向的峰值滑移速度维持在 0.43m/s 附近。这说明卸荷速度引起的分岔区煤层巷道破坏失稳存在极限值。

⑤随着卸荷时步的增加，夹矸块体的裂隙损伤程度逐渐增加，冲击失稳强度逐渐降低。当卸荷时步增加时，夹矸能够充分破坏，块体中积累的弹性能会随着块体破碎进行释放，引起夹矸区域的裂隙损伤程度增加。而当卸荷时步减小时，夹矸内部块体破碎释能减小，弹性能会积累在煤矸接触面附近，引起夹矸沿煤矸接触面进行滑移释能，这将会引起夹矸滑移速度的增加。

综上所述，卸荷速度能够影响分岔区煤层巷道破坏失稳特征。卸荷速度越快，分岔区煤层巷道滑移失稳型冲击问题越严重，卸荷速度越慢，分岔区煤层巷道破碎失稳型冲击问题越严重，但卸荷速度的影响并不是完全没有极限的。因此，合理控制巷道周围的应力卸荷速度，能够有效预防冲击地压灾害的发生。

5.4.4 夹矸强度影响

夹矸强度决定了夹矸块体在失稳过程中的破碎程度。为了探究夹矸强度对分岔区煤层巷道破坏失稳的影响，设计了四种不同夹矸强度的数值模型进行研究。根据 4.3 节微观力学参数校准试验可知，夹矸的强度受节理面微观参数影响，主要包括内聚力、摩擦角、抗拉强度、残余内聚力、残余摩擦角及残余抗拉强度等参数，四种数值模型的节理面微观参数取值如表 5-5 所示。模型开采深度设置为 800m，上覆岩层的平均容重取 2500kN/m^3，侧压系数取 1.25，最大主应力方向与巷道轴线方向保持平行。除夹矸强度变化外，四种模型的夹矸形态、空间方位及应力条件均保持一致。

表 5-5　　夹矸内部节理面微观参数

模型	内聚力/MPa	摩擦角/(°)	抗拉强度/MPa	残余内聚力/MPa	残余摩擦角/(°)	残余抗拉强度/MPa
S-1	2.0	25	1.0	0	20	0
S-2	3.0	30	1.5	0	25	0
S-3	4.0	35	2.0	0	30	0
S-4	5.0	40	2.5	0	35	0

不同夹矸强度时分岔区煤层巷道破坏失稳的裂隙损伤分布特征(红色为拉伸裂隙,蓝色为剪切裂隙)、最大主应力分布云图、位移分布云图及监测点 P_1 滑移速度分别如图 5-29～图 5-32 所示。不同夹矸强度时夹矸冲击失稳速度和裂隙损伤程度的统计结果如图 5-33 所示。

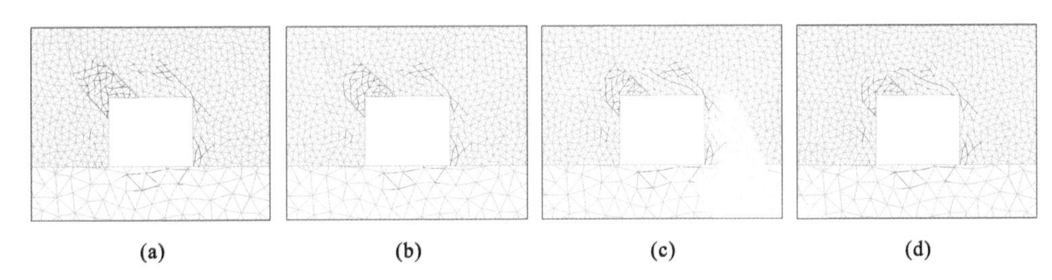

(a)　(b)　(c)　(d)

图 5-29　不同夹矸强度时裂隙损伤分布特征

(a)S-1;(b)S-2;(c)S-3;(d)S-4

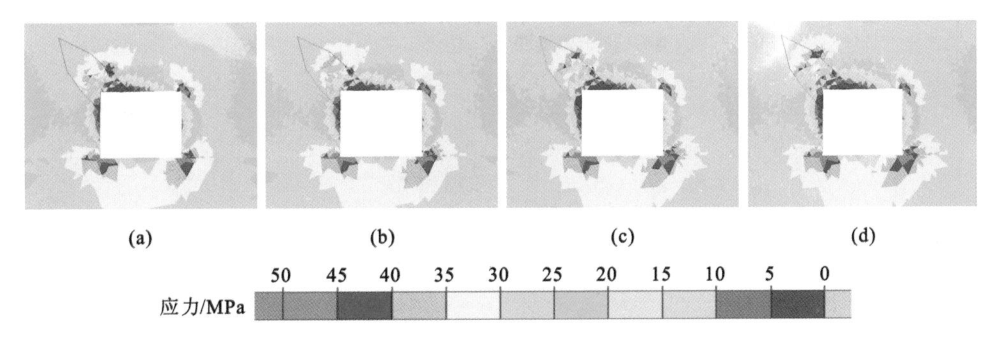

图 5-30　不同夹矸强度时最大主应力分布云图

(a)S-1;(b)S-2;(c)S-3;(d)S-4

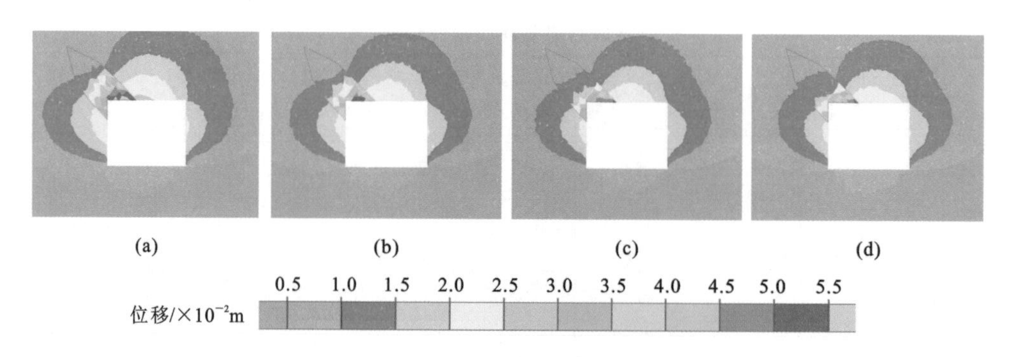

图 5-31　不同夹矸强度时位移分布云图

(a)S-1;(b)S-2;(c)S-3;(d)S-4

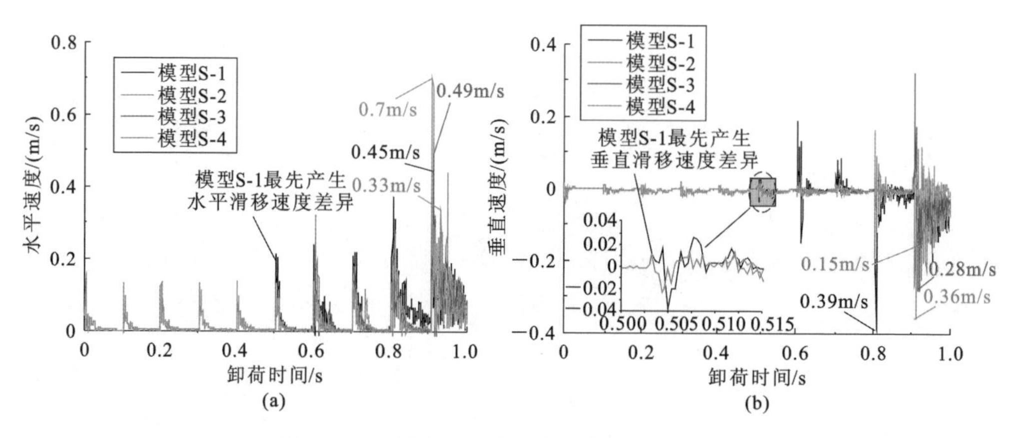

图 5-32　不同夹矸强度时监测点 P_1 滑移速度

(a)水平方向;(b)垂直方向

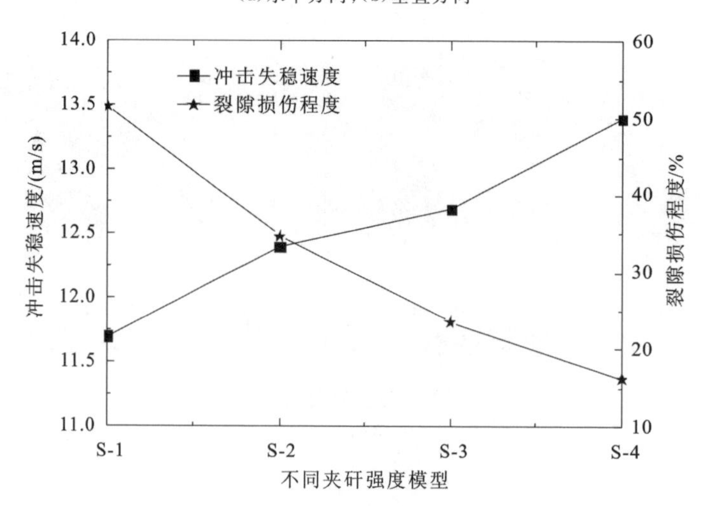

图 5-33　不同夹矸强度时夹矸冲击失稳速度及裂隙损伤程度

由图 5-29～图 5-33 可以得出以下规律。

①受夹矸强度的影响，夹矸块体内部的裂隙发育程度明显高于巷帮煤体。随着夹矸强度的增加，夹矸块体内部的裂隙发育向巷道近场转移，且裂隙发育程度逐渐降低。

②随着夹矸强度的增加，夹矸区域的最大主应力分布也由巷道远场向近场逐渐转移，夹矸滑动产生的最大位移逐渐减小。如模型 S-1，夹矸滑移的最大位移超过了 5.5×10^{-2}m；而模型 S-4，夹矸滑移的最大位移仅为 5.0×10^{-2}m，且应力峰值集中分布在煤矸接触面附近。这是由于夹矸强度增加导致夹矸块体破碎程度降低，近场夹矸也能够承载一定支承压力，从而削弱了向夹矸深部转移和接触面滑动的应力。

③相同卸荷路径下，模型 S-1 最先产生滑移速度差异。当卸荷时间为 0.05s 时，模型卸荷了原岩应力的 60%，此时模型 S-1 与其他三个模型产生了滑移速度差异，模型 S-1 的滑移速度明显大于其他三个模型。这说明模型 S-1 的夹矸块体最先产生破碎现象。

④初始应力卸荷阶段，随着夹矸强度的增加，夹矸滑移速度逐渐降低(模型 S-1 水平滑移峰值速度异常，但平均滑移速度较大)，裂隙损伤程度也逐渐降低，冲击失稳速度逐渐增大。这是由于夹矸强度增加降低了夹矸块体积累的弹性能释放程度。滑移动载扰动阶段，随着夹矸强度的增加，夹矸滑移速度明显增大。从图 5-33 可以看出，模型 S-4 中夹矸块体冲击失稳速度达到了 13.4m/s，远远超过了冲击地压发生的临界速度条件。

综上所述，夹矸强度增加不仅能够改变夹矸赋存区域的应力分布特征，也能改变其破碎失稳形式，增加分岔区煤层巷道发生冲击灾害的可能性。反之，夹矸强度降低也能削弱其发生冲击灾害的危险性。

5.4.5 接触面强度影响

为了探究接触面强度对分岔区煤层巷道破坏失稳的影响，设计了四种不同接触面强度的数值模型。模型参数设置与夹矸强度控制方法一致，具体参数选取见表 5-6。模型假设：开采深度为 800m，上覆岩层的平均容重取 2500kN/m^3，侧压系数取 1.25，最大主应力方向与巷道轴线方向保持平行。试验过程中，除煤矸接触面参数改变外，其余参数均保持不变。

表 5-6 煤矸接触面参数

模型	内聚力/MPa	摩擦角/(°)	抗拉强度/MPa	残余内聚力/MPa	残余摩擦角/(°)	残余抗拉强度/MPa
F-1	0.0	25	0.0	0	20	0

续表

模型	内聚力/MPa	摩擦角/(°)	抗拉强度/MPa	残余内聚力/MPa	残余摩擦角/(°)	残余抗拉强度/MPa
F-2	0.5	30	0.5	0	25	0
F-3	1.0	35	1.0	0	30	0
F-4	2.0	40	2.0	0	35	0

不同煤矸接触面强度时分岔区煤层巷道破坏失稳的裂隙损伤分布特征(红色为拉伸裂隙,蓝色为剪切裂隙)、最大主应力分布云图、位移分布云图及监测点 P_1 滑移位移分别如图 5-34～图 5-37 所示。对不同煤矸接触面强度时夹矸冲击失稳速度和裂隙损伤程度进行统计,结果如图 5-38 所示。

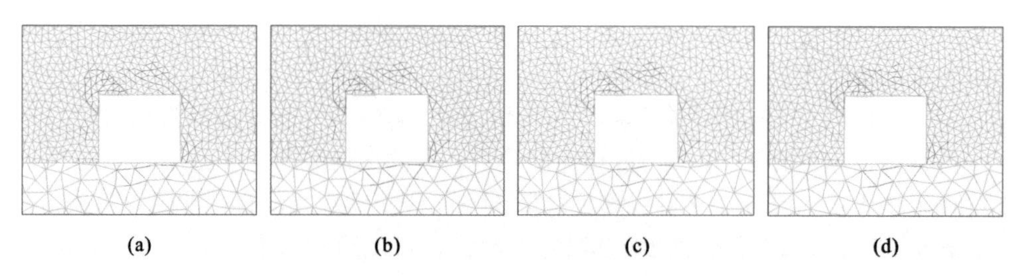

图 5-34 不同煤矸接触面强度时裂隙损伤分布特征

(a)F-1;(b)F-2;(c)F-3;(d)F-4

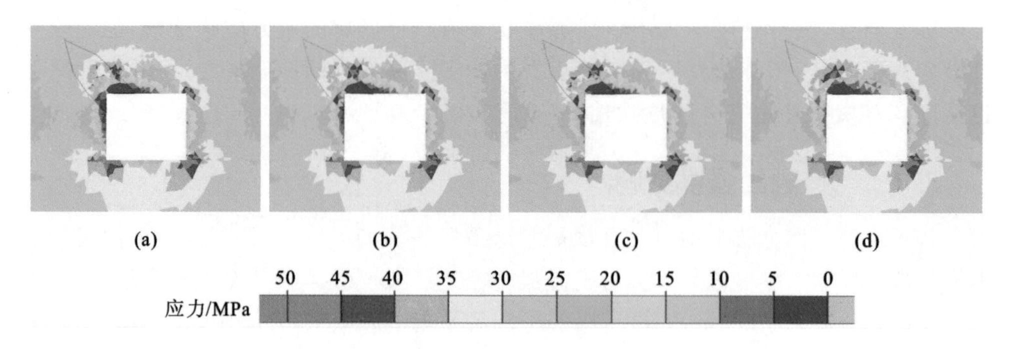

图 5-35 不同煤矸接触面强度时最大主应力分布云图

(a)F-1;(b)F-2;(c)F-3;(d)F-4

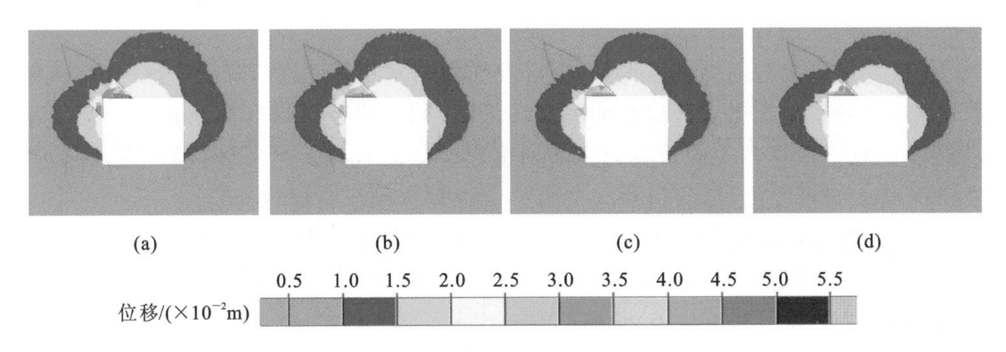

图 5-36　不同煤矸接触面强度时位移分布云图

(a)F-1;(b)F-2;(c)F-3;(d)F-4

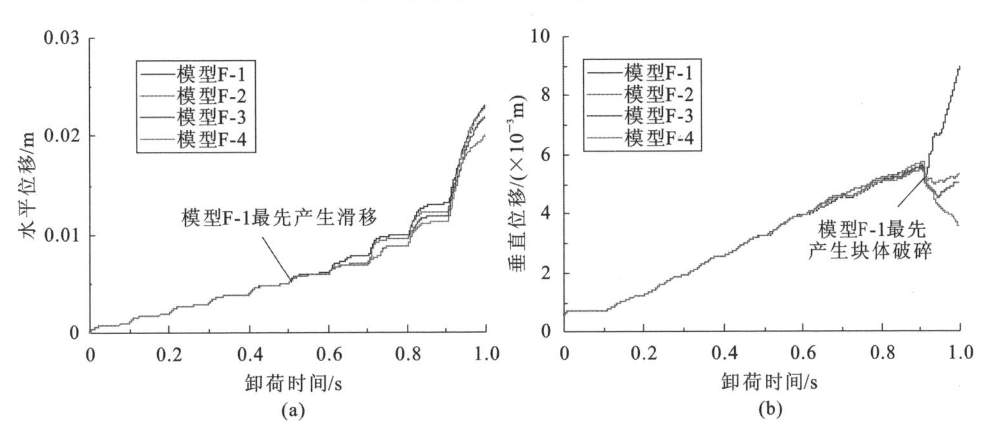

图 5-37　不同煤矸接触面强度时监测点 P_1 滑移位移

(a)水平方向;(b)垂直方向

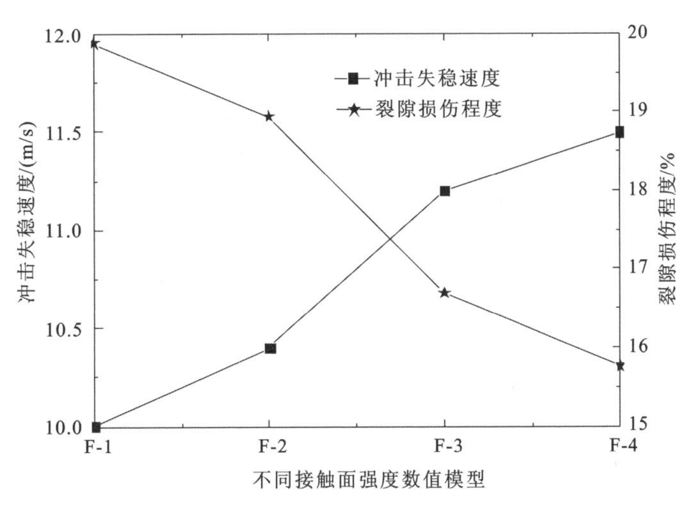

图 5-38　不同煤矸接触面强度时夹矸冲击失稳速度及裂隙损伤程度

由图5-34～图5-38可以得出以下规律。

①随着煤矸接触面强度的增加，夹矸块体裂隙发育程度逐渐降低，分析是受接触面滑移难度的影响。当煤矸接触面强度较低时，卸荷路径下煤矸体易沿接触面产生滑移错动，煤矸滑移产生的剪应力能够加速煤矸体的破碎。当煤矸接触面强度较高时，煤矸体较难产生滑移，夹矸块体内部的裂隙发育程度也相对较低。

②随着煤矸接触面强度的增加，夹矸周围的最大主应力分布由巷道远场向近场逐渐转移，并且煤矸接触面的应力集中程度也逐渐升高。如模型F-1，煤矸接触面上的最大主应力集中系数为2.0，而模型F-3和F-4，最大主应力集中系数增加至2.5，并且应力集中范围逐渐增大。

③随着煤矸接触面强度的增加，夹矸滑移的程度逐渐降低。结合图5-36和图5-37，模型F-1～F-4监测点P_1的水平位移依次为2.35cm、2.33cm、2.21cm和2.05cm，垂直位移依次为0.89cm、0.53cm、0.50cm和0.36cm，水平及垂直位移依次减小，同时，煤矸接触面强度较低的模型最先产生位移差异。这说明煤矸接触面强度越高，煤矸结构越稳定，滑移现象越不明显。

④随着煤矸接触面强度的增加，夹矸冲击失稳速度逐渐增加。如模型F-1，夹矸冲击失稳速度为10m/s，而模型F-4，冲击失稳速度达到11.5m/s，冲击失稳程度逐渐增加。这是由于煤矸接触面强度较高时，煤矸接触面的应力集中程度也相对较高。当煤矸接触面发生冲击失稳时，接触面附近的煤矸体释放的弹性能也相对较大。

综上所述，煤矸接触面强度能够影响分岔区煤层巷道的破坏失稳。当煤矸接触面强度较高时，煤矸接触面滑移现象不明显，但应力集中程度较高，一旦煤矸接触面发生冲击，冲击失稳速度也相对较大。因此，煤矸接触面强度增大在一定程度上有利于分岔区煤层巷道的稳定，但对于发生冲击地压灾害的巷道，冲击破坏性也会相对增强。

5.4.6 支护形式影响

巷道支护能够在很大程度上改善巷道周围围岩的稳定性，但支护形式的不同对围岩稳定性的控制也不尽相同。为了探究支护形式对分岔区煤层巷道破坏失稳的影响效果，分别设计了无支护、锚杆(索)、单体支柱和补砌四种支护形式进行数值研究。四种支护形式的数值模型如图5-39所示。模型假设：开采深度为800m，上覆岩层的平均容重取2500kN/m^3，侧压系数取1.25，最大主应力方向与巷道轴线方向保持平行。

不同支护形式时分岔区煤层巷道冲击失稳的宏观破坏特征、最大主应力分布云图、位移分布云图和夹矸块体抛出速度分别如图5-40～图5-43所示。

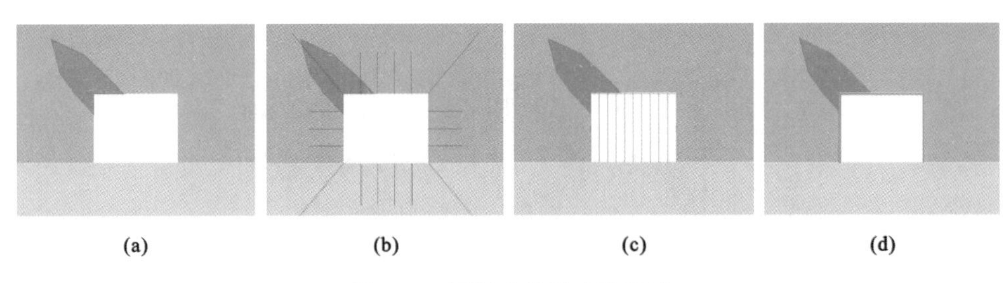

图 5-39 不同支护形式示意图

(a)无支护;(b)锚杆(索);(c)单体支柱;(d)补砌

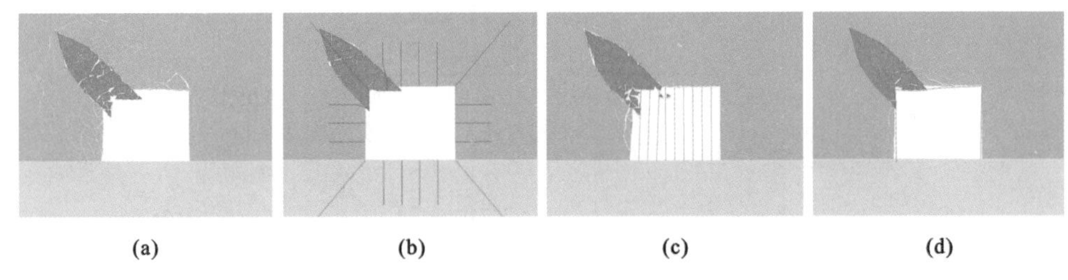

图 5-40 不同支护形式时巷道宏观破坏特征

(a)无支护;(b)锚杆(索);(c)单体支柱;(d)补砌

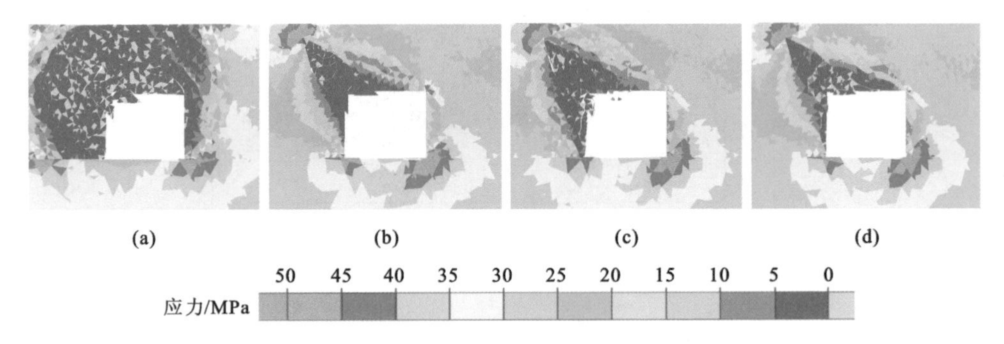

图 5-41 不同支护形式时最大主应力分布云图

(a)无支护;(b)锚杆(索);(c)单体支柱;(d)补砌

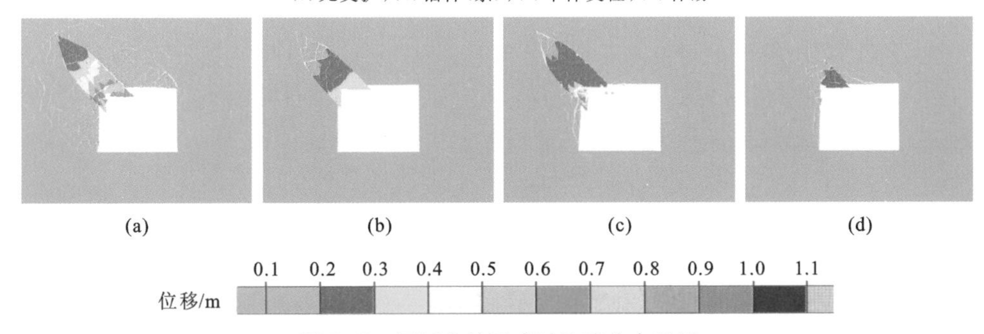

图 5-42 不同支护形式时位移分布云图

(a)无支护;(b)锚杆(索);(c)单体支柱;(d)补砌

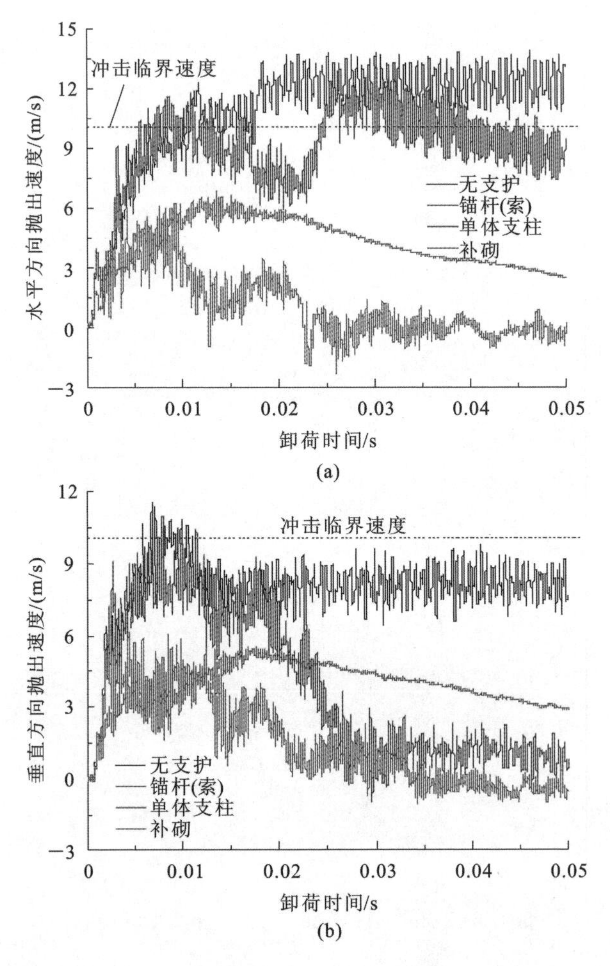

图 5-43　不同支护形式时夹矸块体抛出速度

(a)水平方向;(b)垂直方向

由图 5-40～图 5-43 可以得出以下规律。

①无支护时,夹矸及巷道右上拐角位置产生了明显的块体抛出现象,巷道冲击破坏现象明显。锚杆(索)支护时,夹矸的滑移剪应力促使了锚杆(索)弯曲变形,受锚杆(索)的约束影响,巷道变形破坏现象不明显。单体支柱支护时,巷道顶板完整性较好,但受夹矸滑移产生的剪应力影响,巷道左侧的单体支护产生了明显的向右倾倒现象,同时,左侧巷帮也产生了明显的破坏现象。补砌支护时,补砌可以主动承载一定的夹矸滑移和变形,夹矸的破碎程度相较于其他支护形式均较小;但补砌是一种整体支护形式,受补砌变形的影响,补砌体支撑能力逐渐降低,巷道顶板和左帮煤体产生了块体破坏现象。

②无支护时，应力降低区的范围较大，巷道周围煤矸体破碎严重，尤其是夹矸影响侧的巷帮及顶板位置，煤矸体几乎完全失去了承载能力。锚杆(索)支护时，应力降低区集中在夹矸周围及巷道顶板位置，应力集中区位于夹矸远场边界及巷道拐角处，巷道变形破坏较小，稳定性得到明显增强。单体支柱支护时，应力降低区集中在夹矸周围及巷道左帮位置，应力集中区位于夹矸远场边界及右下侧巷道拐角处，分析是由于单体支柱不能进行水平方向约束，巷帮支护能力欠缺引起巷道片帮现象。补砌支护时，巷道近场应力相较于锚杆(索)和单体支柱支护明显较小，而巷道远场应力降低区的最大应力明显较高，这说明补砌支护时，巷道近场破坏较其他支护形式破坏严重，而远场巷道稳定性较好。

③巷道处于无支护状态时，夹矸块体抛出的水平速度达到了 12m/s，超过了冲击临界速度，说明在无支护情况下，巷道具有冲击失稳的风险。当采用锚杆(索)、单体支柱和补砌支护时，夹矸块体的抛出速度均明显减小。其中，补砌支护对夹矸抛出速度的削弱最明显，单体支柱的削弱效果最差。说明采取三种支护形式均能降低分岔区煤层巷道冲击失稳的风险，补砌支护效果最优，锚杆(索)次之，单体支柱效果最差。

综上所述，合理的支护形式对预防卸荷诱发的分岔区煤层巷道冲击地压灾害有重要作用。在对分岔区煤层巷道支护形式进行选择时，应首选锚杆(索)和补砌支护形式。

5.5 数值模拟与现场冲击事故对比

2015 年 7 月 29 日 2 时 49 分，赵楼煤矿 1305 工作面发生一起冲击地压事故，该事故认定为孤岛煤柱工作面高静载应力作用下的夹矸滑移失稳事故[304]。2018 年 10 月 20 日 22 时 37 分，山东龙郓煤业有限公司 1303 工作面泄水巷及 3 号联络巷发生冲击地压事故，该事故的发生也与夹矸赋存有关[9]。选取两次事故的现场照片与数值模拟结果进行对比分析，如图 5-44 所示。

图 5-44(a)为单体支柱弯曲歪斜。1305 工作面轨顺侧煤壁向外 15m 以内，巷高 4.0m 左右，两帮变形量不明显，顶板出现网兜，并有部分漏冒，部分单体支柱歪斜。15～60m 范围两帮移近量大，最大移近量 3.0m 左右，且工作面侧移近量较大，超前支护单体支柱部分弯曲歪斜，底鼓量 0.5～1m。

图 5-44(b)为大块煤矸体抛出。1305 工作面以 65 号支架为界，向上下方向冲击，60～65 号支架间存在大块煤矸体冲出现象。数值试验过程中同样产生了夹矸飞出的现象，与现场实际情况基本一致。

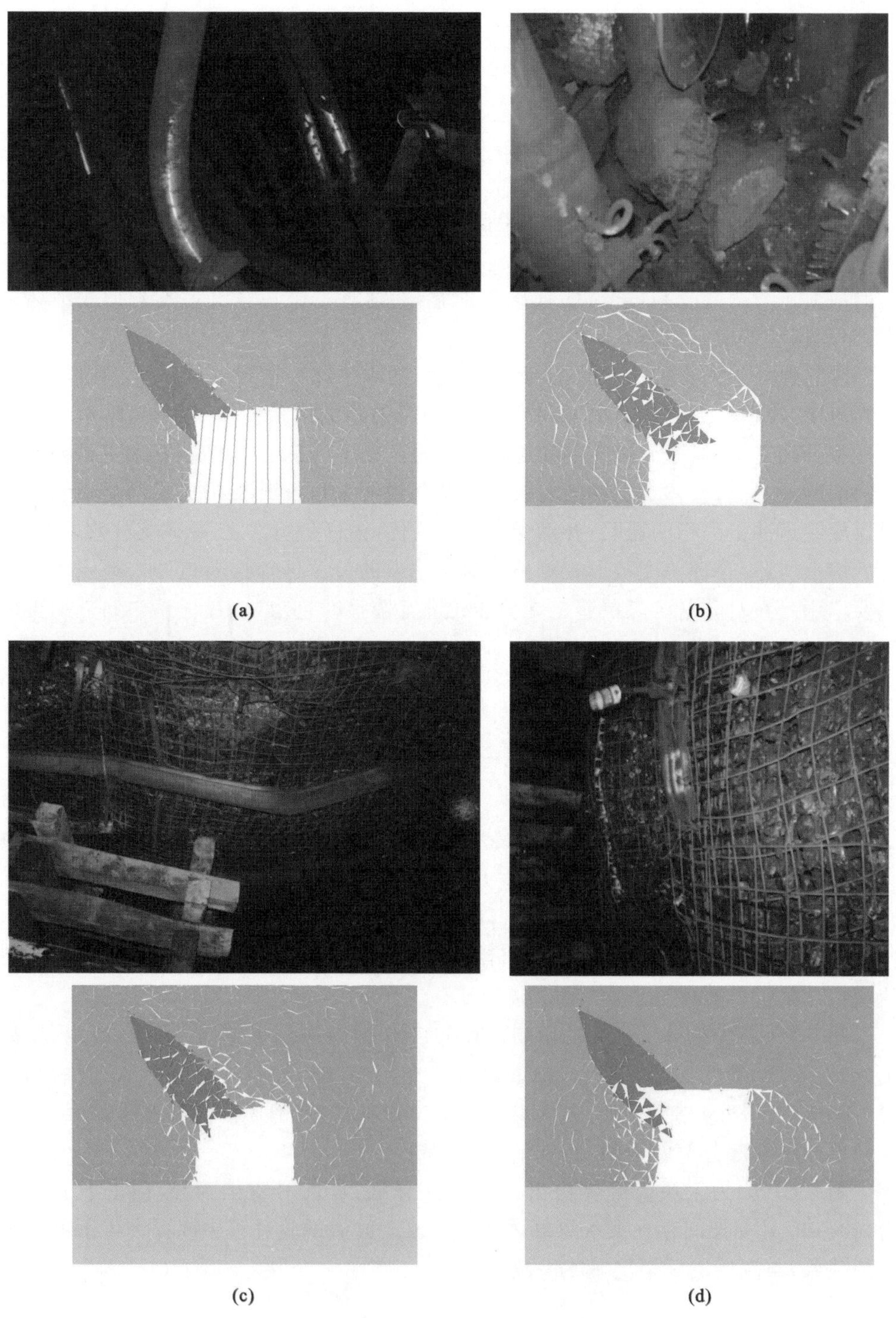

图 5-44　现场冲击情况与数值模拟结果对比

(a)单体支柱弯曲歪斜;(b)大块煤矸体抛出;(c)顶板弯曲下沉;(d)煤体变形和片帮

图 5-44(c)为顶板弯曲下沉。3 号联络巷贯通点往上 84m,巷道顶板明显下沉,两帮移近收缩,顶板锚索梁呈现不同形式的扭曲变形且开裂显现,个别的锚索拉断、锚索梁开裂,锚杆存在弯曲悬吊但无拉断现象,个别锚杆被勒入顶板煤体。

图 5-44(d)为煤体变形和片帮。3 号联络巷拐点往上到贯通点 74m,巷道两帮内收 1.5～2.0m,部分顶板锚索梁弯曲悬吊,巷道变形破坏严重。数值试验过程中含夹矸侧煤帮变形和破坏现象同样较严重。

通过对比分析可知,数值模拟结果与现场实际破坏特征耦合性较好,说明卸荷能够诱发分岔区煤层巷道产生冲击地压事故,同时也验证了本次数值研究结果的准确性。

5.6 本章小结

基于 UDEC 数值模拟技术研究了分岔区煤层巷道破坏失稳的过程及其影响因素。首先,通过数值软件建立了分岔区煤层巷道破坏失稳的数值模型,并采用应力逐级卸荷和滑移动载扰动的方式,研究了卸荷诱发分岔区煤层巷道冲击失稳的演化过程。其次,对分岔区煤层巷道破坏失稳的影响因素进行了详细分析。最后,将数值模拟结果与现场冲击破坏现象进行对比,验证了数值模拟结果的准确性。主要结论如下。

①基于损伤力学和卸荷扩容理论,利用弹塑性力学知识研究了卸荷引起的围岩应力变化的空间分布特征,利用动态力学知识研究了卸荷引起的围岩应力变化的时间分布特征。

②基于围岩应力空间分布公式、时间分布公式和煤岩组合结构滑移失稳的判别条件,推导了准静态和准动态条件下卸荷诱发分岔区煤层工作面滑移失稳的判别公式。

③基于卸荷诱发夹矸滑移失稳的空间和时间效应特征,采用 UDEC 数值模拟技术再现了夹矸滑移失稳过程。在空间上,夹矸异常变化区域距离卸荷面的位置越远时,夹矸滑移对巷道破坏的影响越小。在时间上,初始应力卸荷阶段,裂隙周围煤岩体会形成局部应力集中,相应的应力分布出现动态演化,煤矸接触面经历稳定闭锁到滑移解锁的失稳过程。滑移动载扰动阶段,分岔区煤层巷道在滑移动载的作用下接触面迅速滑移和破断,大量破碎煤岩体向外高速喷射。总之,夹矸滑移失稳会经历“局部应力集中—接触面滑移—煤岩结构破碎—冲击失稳”的演化过程。

④分岔区煤层巷道破坏失稳过程受多种因素的影响。开采深度越大、侧压系数越大、卸荷速度越快、夹矸强度越高、煤矸接触面强度越高，巷道的冲击危险性越高；反之，冲击危险性越低。合理的支护形式能够有效降低分岔区煤层巷道的冲击危险性，在对分岔区煤层巷道支护形式进行选择时，应首选锚杆（索）和补砌两种支护形式。

⑤通过赵楼煤矿"7・29"和龙郓煤矿"10・20"冲击地压事故现场照片与数值模拟结果对比分析，说明卸荷能够诱发分岔区煤层巷道产生冲击失稳，验证了数值模拟结果的准确性。

6　分岔区煤层结构失稳型冲击地压的现场实测

由于沉积年代或沉积区域地质条件不同，煤层中往往会形成一层或多层的夹矸层，夹矸赋存区域易发生冲击地压事故。例如，兖煤菏泽能化有限公司赵楼煤矿一采区 1305 工作面"7・29"冲击地压事故[152,165]和 1307 工作面"11・20"强矿震事件[8]，甚至山东龙郓煤业有限公司"10・20"冲击地压事故也可能与夹矸赋存有关。为了进一步探究煤矸组合结构破坏失稳的卸荷机制及前兆信号规律，本章以赵楼煤矿 5310 工作面为研究背景，利用冲击倾向性鉴定、冲击危险性评价、冲击危险区域划分和矿震三维定位和频谱分析技术，研究了现场分岔区煤层巷道滑移破碎失稳的前兆信号特征。同时，结合卸荷路径下煤矸组合结构滑移破碎失稳理论，探讨了分岔区煤层巷道破坏失稳的防控方法。

6.1　赵楼煤矿 5310 工作面概况

6.1.1　工作面开采条件

5310 工作面位于矿井中南部，北距省道 S339 730m，南距智庄村 1109m，东距南赵楼镇 732m，西距户东南村 789m。地表为农田覆盖，无高压线路及其他设施敷设。西邻五采(Ⅰ)区边界，北邻五采区及十采区边界，南邻南部 2# 辅助运输大巷，东部为未设计 5309 工作面。工作面的两顺槽相互平行，东侧的顺槽作为运顺，西侧的顺槽作为轨顺，切眼运顺侧相对轨顺侧向南调斜 9.5m，工作面设计轨顺长 642m，运顺长 632.3m，平均走向长 637.2m，倾斜宽 250m。工作面标高为－873～－777m，平均－825m。工作面布置图如图 6-1(a)所示。

6.1.2 煤层赋存特征及顶底板状况

5310 工作面开采山西组 3# 煤，煤层厚度为 2.5～8.2m，平均厚度为 5.9m，煤层倾角为 3.6°～18.4°，平均为 9.5°，煤层普氏系数 f 为 0.8～2.3。工作面内存在一处分岔区域，局部分岔为 $3_上$、$3_下$ 煤层，煤层最大分岔间距 2.4m，平均 1.6m。夹矸为泥岩、碳质泥岩。基本顶为灰白色细砂岩，厚度 6.2～11.7m，平均 9.65m，普氏系数为 6～10。直接顶为灰白色、浅灰绿色中砂岩，局部含粗砂岩，厚度 6.04～15.95m，平均 10.32m，普氏系数为 6～10。伪顶为黑色泥岩，普氏系数为 3～5。直接底为灰绿色砂质泥岩，厚度 0.85～2.4m，平均 1.51m，普氏系数为 6～8。基本底为灰黑色粉砂岩，厚度 5.1～17.0m，平均 14.73m，普氏系数为 6～8。综合钻孔柱状图如图 6-1(b) 所示。5310 工作面顶底板特性见表 6-1。

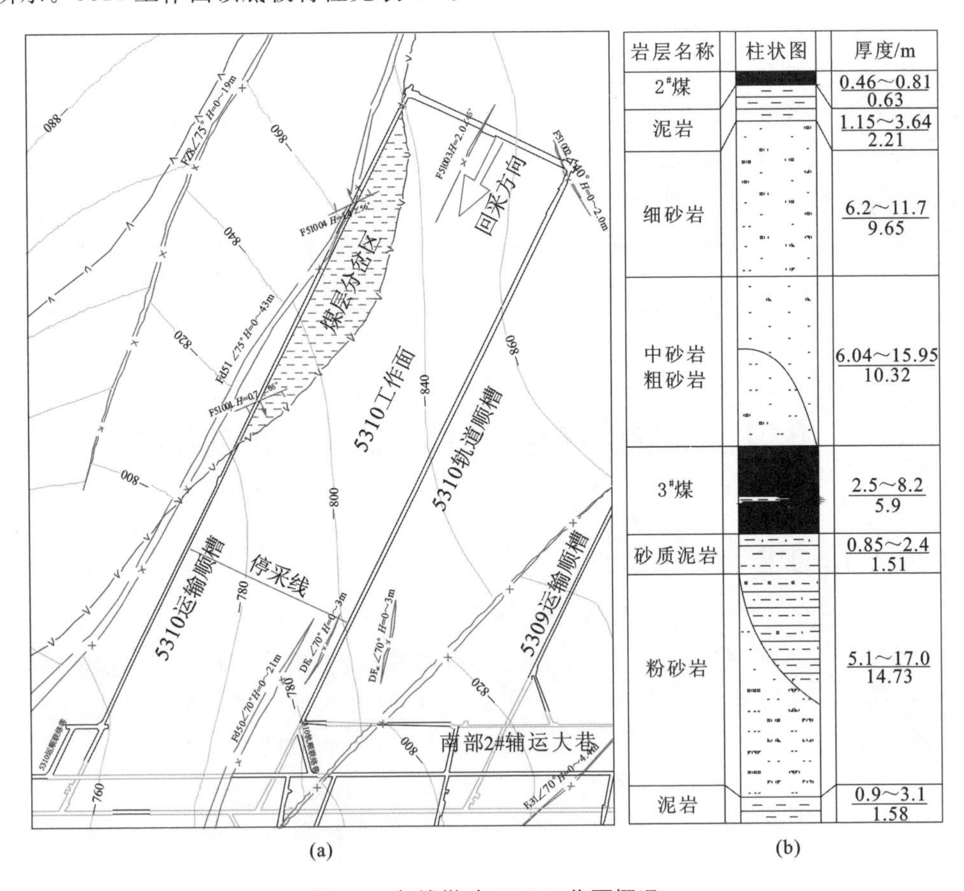

图 6-1 赵楼煤矿 5310 工作面概况

(a)工作面布置图；(b)综合钻孔柱状图

表 6-1　**5310 工作面顶底板特性一览表**

名称	岩石名称	厚度/m	岩性及物理力学性质
基本顶	细砂岩	$\frac{6.2\sim11.7}{9.65}$	灰白色细砂岩，成分以石英为主，次为长石，上部含大量泥质条带，含大量黄铁矿晶粒，局部裂隙发育，充填方解石脉。普氏系数 f 为 6～10
直接顶	中砂岩、粗砂岩	$\frac{6.04\sim15.95}{10.32}$	灰白色中砂岩，成分以石英为主，次为长石，上部含大量泥质条带，含大量黄铁矿晶粒，局部裂隙发育，充填方解石脉。普氏系数 f 为 6～10 黑色泥岩，伪顶，局部存在，质较纯，含大量植物碎屑化石及黄铁矿晶粒，局部具滑面，岩石较破碎。伪底不发育。整体普氏系数 f 为 3～5
直接底	砂质泥岩	$\frac{0.85\sim2.4}{1.51}$	灰绿色砂质泥岩，局部夹薄层砂岩，质软。普氏系数 f 为 6～8
基本底	粉砂岩	$\frac{5.1\sim17.0}{14.73}$	灰黑色粉砂岩，上部为粉细砂岩过渡，成分以石英为主，次为长石，局部发育张裂隙，充填方解石，局部较为破碎。普氏系数 f 为 6～8

6.1.3　工作面地质构造

该工作面煤层北部起伏变化较小，南部区域煤层起伏变化较大，煤层走向以 SE、SSE 为主，整体趋势南高北低，宽缓褶曲发育。影响该工作面生产的地质因素主要为断层及煤层分岔，其他地质因素对工作面生产的影响较小。

断层发育情况：根据已有的地质资料分析，设计工作面附近主要发育 F_{01}^{510}、Fd51、F_{04}^{510}、F_{02}^{510}（轨顺）、F_{03}^{510}、F_{02}^{510}（切眼）六条正断层。工作面揭露断层主要集中在北部区域，Fd51 正断层整体靠近运顺侧，其余断层面内落差均在 5m 以下，整体对工作面回采影响程度相对较小，Fd50 与 DF45 断层位于工作面设计停采线附近，将对工作面停采造成一定影响。断层带附近煤岩裂隙发育，整体破碎，运输顺槽掘进初期将会受到一定影响。

对顺槽掘进及工作面回采具有影响的断层情况见表 6-2。

表 6-2　**断层产状参数表**

断层名称	倾角/(°)	性质	落差/m	对掘进的影响程度	对回采的影响程度
F_{01}^{510}	65	正	0～0.7	一定影响	一定影响
Fd51	56	正	30～43	一定影响	一定影响

续表

断层名称	倾角/(°)	性质	落差/m	对掘进的影响程度	对回采的影响程度
F_{04}^{510}	56	正	0～1.4	一定影响	无
F_{02}^{510}(轨顺)	40	正	2.5～2.6	一定影响	无
F_{03}^{510}	45	正	0～2.0	一定影响	无
F_{02}^{510}(切眼)	40	正	2.5～2.6	一定影响	无
Fd50	70	正	0～21	无	一定影响
DF45	70	正	0～3	一定影响	一定影响

6.1.4 水文地质情况

(1)含、隔水层特征

5310 工作面标高为－861.1～－748.4m,直接充水含水层为 3# 煤层顶、底板砂岩,间接充水含水层为太原组三灰含水层。对其含水层的分析如下。

①3# 煤层顶、底板砂岩:顶板砂岩平均厚 19.97m,底板砂岩平均厚 14.73m,顶板以中砂岩、细砂岩为主,底板以粉砂岩为主。根据矿井该层资料分析,三砂富水性弱,富水性不均,属裂隙承压含水层。据与该水文区域条件相近的三采区 ZS-4 孔 3# 煤顶板砂岩抽水试验,单位涌水量为 0.00165276L/(s·m)(S=10m,Φ=91mm),其富水性弱。

②太原组三灰含水层:三灰上距 3# 煤层 53.82～71.0m,平均 61.37m,厚 5.9～7.1m,平均 6.73m。根据矿井该层资料分析,三灰富水性差异较大,断层附近裂隙发育,富水性中等,深部裂隙不发育,富水性弱,补给条件较差,属岩溶裂隙含水层,以静储量为主。据与该水文区域条件相近的三采区 ZS-4 孔三灰含水层抽水试验,单位涌水量为 0.134L/(s·m)(S=10m,Φ=91mm),其富水性中等。

(2)断层富、导水性

根据三维地震资料和附近区域揭露情况分析,工作面施工不会揭露断层;根据资料分析,预计断层富水、导水的可能性较小,对施工影响较小。

(3)相邻采面涌、积水情况及涌水形式分析

5130 工作面为首采工作面,附近无其他采掘活动,不受采空积水影响。

6.1.5 面内及周围钻孔封孔质量

工作面内存在 Z-8 地质钻孔,钻孔用水泥砂浆封闭,封孔质量合格。钻孔设计切眼 140m,距离轨道顺槽 40m 的位置;工作面外 100m 内无其他钻孔分布。

6.1.6 5310工作面及顺槽支护情况

掘进期间，5310 轨道顺槽采用梯形断面，锚网索支护。巷道断面上净宽4800mm，下净宽 5200mm，净高 4100mm。顶板支护采用ϕ22×2400mm 高强度螺纹钢锚杆配合长 4800mmT 形钢带，锚杆间排距为 850mm×800mm。巷道两帮部支护采用ϕ20×2500mm 高强度全螺纹锚杆配合 1800mm 窄钢带(搭接使用)。巷道顶部锚索规格为ϕ22×6200mm，间排距 2000mm×1600mm。5310 运输顺槽采用梯形断面，锚网索支护。巷道断面上净宽 4800mm，下净宽 5200mm，净高 4100mm。顶板支护采用ϕ22×2400mm 高强度螺纹钢锚杆配合长 4800mmT 形钢带，锚杆间排距为850mm×800mm。巷道两帮部支护采用ϕ20×2500mm 高强度全螺纹锚杆配合1800mm 窄钢带(搭接使用)。巷道顶部锚索规格为ϕ22×6200mm，间排距 2000mm×1600mm。顶板使用 KMG500 ϕ22×2400mm 左旋无纵筋螺纹钢高强锚杆，帮部使用KMG400 ϕ20×2500mm 左旋无纵筋全螺纹钢高强锚杆，锚固剂为每孔使用一块CK25100 锚固剂，煤巷顶锚杆锚固力为 150kN，帮锚杆锚固力为 120kN。煤巷顶锚杆预紧力不小于 200N·m；帮锚杆预紧力不小于 200N·m。锚索支护每孔使用两块 CK25100 锚固剂，锚固力不小于 180kN，预紧力不小于 150kN。

回采期间，5310 运顺采用 3 组 ZT45000/24/45 型顺槽支架配合单体液压支柱支护顶板，支护距离 120m；轨顺采用 5 组 ZT115200/23.5/42 型顺槽支架配合单体支护顶板，支护距离 120m。

6.1.7 生产能力及采煤工艺

(1)采煤方法

设计 5310 工作面采用倾斜长壁后退式采煤方法，综采放顶煤采煤工艺，全部垮落法管理顶板，煤层分岔区 $3_{上}$、$3_{下}$ 煤层合并开采。

(2)工作面几何尺寸及回采率计算

①工作面几何尺寸。

工作面 $3^{\#}$ 煤分岔区内 $3_{上}$ 煤厚 4.8～5.9m，平均 5.0m；$3_{下}$ 煤厚 0.8～1.8m，平均1.3m；合并区内 $3^{\#}$ 煤厚 4.0m。工作面推进长度 640m，净面长 230m，平均煤厚 5.47m。

②工作面回采率计算。

工作面设计可采煤量：

$$
\begin{aligned}
Q &= L \times (Z - L_t) \times (M - h) \times \gamma \times C_g + L \times Z \times h \times \gamma \times C_z \\
&= [230 \times (640 - 10) \times (5.47 - 3.5) \times 1.36 \times 80\% + \\
&\quad 230 \times 640 \times 3.5 \times 1.36 \times 95\%] \times 10^{-4} \\
&= 97.6(\text{万 t})
\end{aligned}
$$

$$C_f = \frac{Q}{Q_f} \times 100\% = \frac{97.6}{109.5} \times 100\% = 89.1\%$$

式中,Q 为工作面设计可采煤量,万 t;L 为工作面长度,取 230m;Z 为工作面推进方向的长度,取 640m;L_t 为停采损失长度,即工作面停采时由于铺网造成不能放顶煤的推进距离,取 10m;M 为煤层厚度,取平均厚度 5.47m;h 为工作面采高,取 3.5m;γ 为煤的容重,取 1.36t/m^3;C_g 为放顶煤工作面顶煤回收率,取 80%;C_z 为割煤回采率,取 95%;C_f 为综放工作面回采率,%;Q_f 为工作面基础储量,取 109.5 万 t。

6.1.8 作业制度、生产能力及可采期计算

(1)作业制度

根据矿井生产实际情况,矿井年工作日为 276d,每天净提升时间 18h,工作面采用“三八”工作制,两班生产、一班检修。

(2)工作面生产能力计算

①工作面日生产能力按照下式计算:

$$\begin{aligned} Q_r &= L \times M \times N \times B \times \gamma \times C_f \\ &= 230 \times 5.47 \times 6 \times 0.75 \times 1.36 \times 89.1\% \\ &= 6860(\text{t}) \end{aligned}$$

式中,Q_r 为工作面日产量,t;L 为工作面长度,取 230m;M 为煤层平均厚度,取5.47m;N 为日循环个数,取 6 个;B 为循环进尺,取 0.75m;γ 为煤的容重,取 1.36t/m^3;C_f 为综放工作面回采率,取 89.1%。

②工作面月生产能力按下式计算:

$$Q_y = Q_r \times D_z \times 10^{-4} = 6860 \times 23 \times 10^{-4} = 15.8(\text{万 t})$$

式中,Q_y 为工作面月产量,万 t;Q_r 为工作面日产量,t;D_z 为工作面月生产天数,按每月 23 天计算。

③工作面年生产能力:

$$Q_a = Q_y \times 12 = 15.8 \times 12 = 189.6(\text{万 t})$$

因此,工作面年生产能力为 189.6 万 t,设计考虑掘进出煤,采区年生产能力能够达到 200 万 t,满足采区设计生产能力要求。

(3)可采期计算

$$T_k = \frac{Z}{B \cdot N \cdot D_z} = \frac{640}{0.75 \times 6 \times 23} = 6.1(\text{月})$$

式中,T_k 为工作面可采期,月。

6.1.9 生产工艺

(1)采放比

本工作面设计采高暂定为3.5m,放煤平均高度1.97m,平均采放比1∶0.563,在生产过程中应根据煤厚变化及时调整采放比。

(2)放煤步距

选择“一刀一放”的放煤方法,放煤步距为0.75m。

(3)放煤方式

根据工作面煤层赋存条件,采用双轮顺序多头放煤方式。

(4)回采工艺

工作面回采工艺为:采煤机割煤→移架→推前部刮板输送机→放煤→拉后部刮板输送机。

(5)放煤工艺要求

①采用双轮顺序多头放煤方式,第一轮放出顶煤的2/3,第二轮放到见全矸方可关门。

②放煤步距严格执行“一刀一放”。

③当放煤口遇大块煤堵塞时,可伸缩插板、上下摆动尾梁,以便大块煤放出,放煤结束后应关好放煤口。

6.2 开采煤层冲击性鉴定

6.2.1 冲击倾向性测定工作的内容

(1)将所取煤岩试样加工成标准试样

现场所取煤岩块形状均不规则,不符合冲击倾向性试验规程要求,所以试验试样都要通过实验室加工得到。试样的加工遵照《煤和岩石物理力学性质测定方法 第1部分:采样一般规定》(GB/T 23561.1—2024)的规定执行。

①块体密度标准试样:制备边长约4~5cm近似立方体有代表性的试样3个,修平棱角。

②抗拉标准试样:直径48~54mm的圆柱体,厚度为直径的0.25~0.75倍,含水状态为自然含水状态,试样加工完成后需进行加工精度检测。

③弹性模量标准试样:标准试样宜采用直径为48~55mm,高径比为2±0.2的圆柱体,含水状态为自然含水状态,试样加工完成后需进行加工精度检测。

④冲击倾向性测定标准试样：标准试样宜采用直径为48～55mm，高径比为2±0.2的圆柱体，如果没有条件加工圆柱体试样，可采用50mm×50mm×100mm的立方体试样，含水状态为自然含水状态，试样加工完成后需进行加工精度检测。

⑤精度检测要求：不平行度不应大于0.05mm，把试样放在水平检测台上，边移动边用千分表测定试样的高度，其最大值和最小值的偏差应控制在0.05mm以内，把试样上下颠倒，重复以上操作。上下端直径偏差不应大于0.3mm，试样表面光滑，轴向偏差不应大于0.25°，将试样立放在水平检测台上，用万能角度尺紧贴试样垂直侧边，测定其轴向偏斜角度，最大值应小于0.25°。

(2)煤岩标准试样冲击倾向性测定

按照《冲击地压测定、监测与防治方法　第1部分：顶板岩层冲击倾向性分类及指数的测定方法》(GB/T 25217.1—2010)、《冲击地压测定、监测与防治方法　第2部分：煤的冲击倾向性分类及指数的测定方法》(GB/T 25217.2—2010)，对煤岩标准试样的各个冲击倾向性指标进行研究，最终确定煤岩试样的冲击倾向性。

如图6-2和图6-3所示为煤岩标准试样加工设备和冲击倾向性测试试验机。

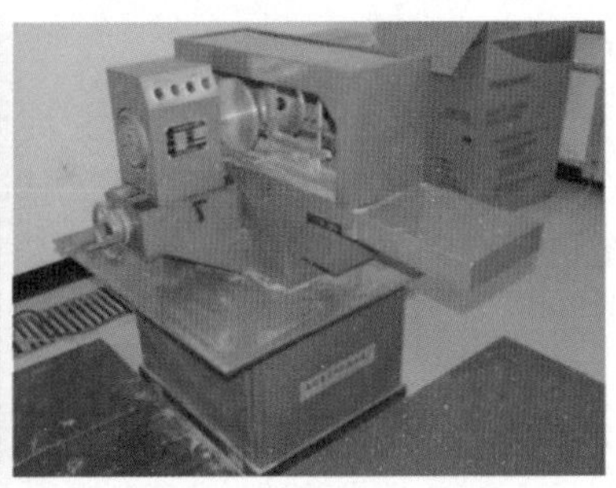

图6-2　岩石试样加工设备

注：从左到右依次为自动取芯机SHM-200、自动切石机SC-300、双端面磨石机SCQ-A。

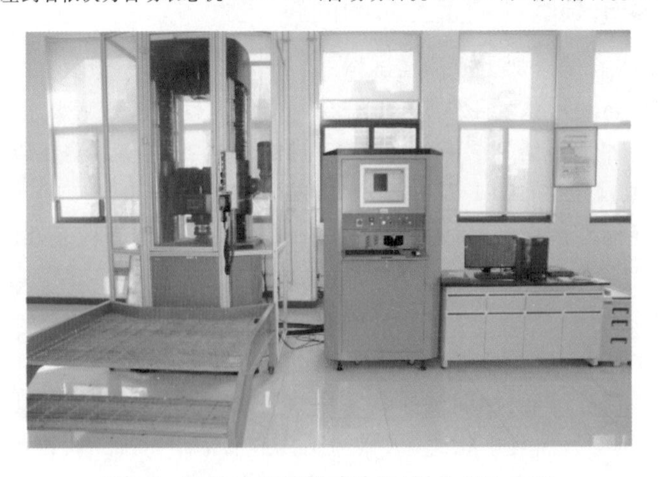

图6-3　MTS电液伺服试验机(型号C46.106)

6.2.2 冲击倾向性测定的相关标准

(1)煤岩冲击倾向性测定依据的主要标准

①《冲击地压测定、监测与防治方法　第1部分:顶板岩层冲击倾向性分类及指数的测定方法》(GB/T 25217.1—2010);

②《冲击地压测定、监测与防治方法　第2部分:煤的冲击倾向性分类及指数的测定方法》(GB/T 25217.2—2010);

③《煤和岩石物理力学性质测定方法　第1部分:采样一般规定》(GB/T 23561.1—2024);

④《煤和岩石物理力学性质测定方法　第3部分:煤和岩石块体密度测定方法》(GB/T23561.3—2009);

⑤《煤和岩石物理力学性质测定方法　第7部分:单轴抗压强度测定及软化系数计算方法》(GB/T 23561.7—2009);

⑥《煤和岩石物理力学性质测定方法　第8部分:煤和岩石变形参数测定方法》(GB/T23561.8—2024);

⑦《煤和岩石物理力学性质测定方法　第10部分:煤和岩石抗拉强度测定方法》(GB/T23561.10—2010)。

(2)煤岩冲击倾向性测定的具体标准

①煤层冲击倾向性测定标准。

煤层冲击倾向性为煤体所具有的积蓄变形能并产生冲击式破坏的性质。煤层冲击倾向性的强弱可用四个指数来衡量,即动态破坏时间 D_T、弹性能量指数 W_{ET}、冲击能量指数 K_E 和单轴抗压强度 R_c。煤层冲击倾向性分类评判标准见表6-3。

表6-3　**煤层冲击倾向性分类评判标准**

类别		Ⅰ类	Ⅱ类	Ⅲ类
冲击倾向		无	弱	强
指数	动态破坏时间/ms	$D_T>500$	$50<D_T\leqslant 500$	$D_T\leqslant 50$
	弹性能量指数/kJ	$W_{ET}<2$	$2\leqslant W_{ET}<5$	$W_{ET}\geqslant 5$
	冲击能量指数/kJ	$K_E<1.5$	$1.5\leqslant K_E<5$	$K_E\geqslant 5$
	单轴抗压强度/MPa	$R_c<7$	$7\leqslant R_c<14$	$R_c\geqslant 14$

②岩石冲击倾向性测定标准。

弯曲能量指数是在均布载荷作用下,单位宽的悬臂岩梁达到极限跨度积蓄的弯曲能量,单位kJ,用 U_{WQ} 表示。该指数作为岩石冲击倾向性的判断标准,分为强冲击

倾向性、弱冲击倾向性、无冲击倾向性。岩石冲击倾向性分类评判标准见表 6-4。

表 6-4　岩石冲击倾向性分类评判标准

类别	Ⅰ类	Ⅱ类	Ⅲ类
冲击倾向	无	弱	强
弯曲能量指数/kJ	$U_{WQ} \leqslant 15$	$15 < U_{WQ} \leqslant 120$	$U_{WQ} > 120$

6.2.3　3# 煤层冲击倾向性鉴定

测试内容包括煤样的动态破坏时间、弹性能量指数、冲击能量指数和单轴抗压强度。

(1)3# 煤层煤样动态破坏时间

赵楼煤矿 3# 煤层煤样的动态破坏时间测定结果见表 6-5，代表试样动态破坏时间测试曲线如图 6-4～图 6-8 所示。

表 6-5　3# 煤层煤样动态破坏时间测定结果

煤样	试样编号	取样地点	试样尺寸 边长×边长×高度/ (mm×mm×mm)	截面面积/ cm^2	破坏时间/ms	平均破坏 时间/ms
3# 煤	1	三采区	52.09×52.43×101.94	27.310	39	82.4
	2	三采区	52.31×51.93×103.02	27.164	82	
	3	五采区	50.05×50.51×100.09	25.280	98	
	4	五采区	49.92×49.93×99.67	24.925	53	
	5	七采区	51.02×50.17×99.70	25.597	140	

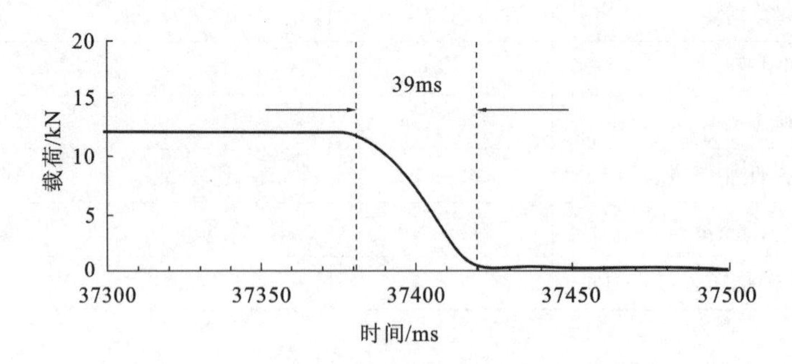

图 6-4　3# 煤层煤样动态破坏时间测试曲线 1

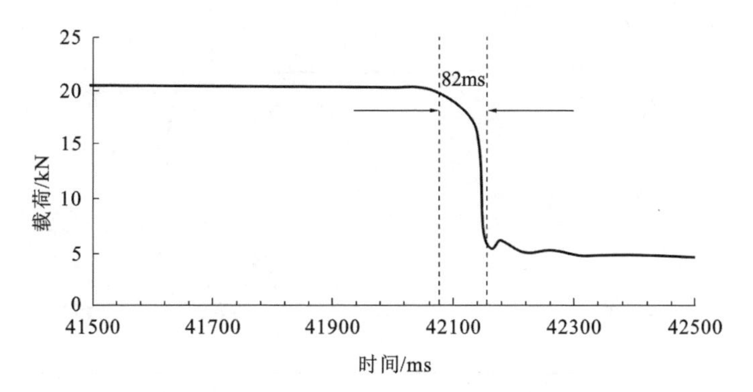

图 6-5　3# 煤层煤样动态破坏时间测试曲线 2

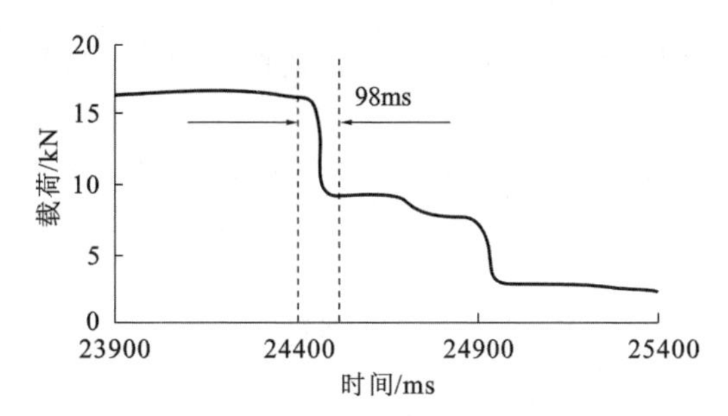

图 6-6　3# 煤层煤样动态破坏时间测试曲线 3

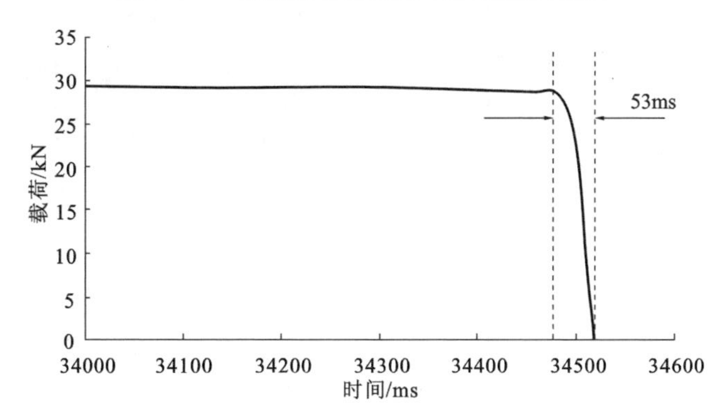

图 6-7　3# 煤层煤样动态破坏时间测试曲线 4

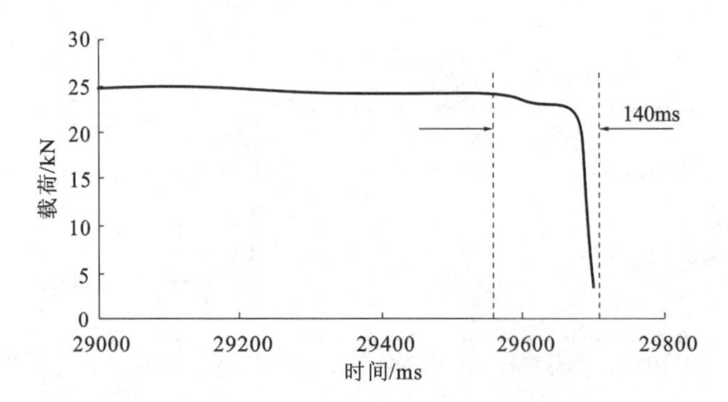

图 6-8　3# 煤层煤样动态破坏时间测试曲线 5

(2)3# 煤层煤样弹性能量指数

赵楼煤矿 3# 煤层煤样的弹性能量指数测定结果见表 6-6,代表试样弹性能量指数测试曲线如图 6-9～图 6-13 所示。

表 6-6　3# 煤层煤样弹性能量指数测定结果

煤样	试样编号	取样地点	试样尺寸 边长×边长×高度/ (mm×mm×mm)	截面面积/cm^2	卸荷值/kN	塑性变形能 Φ_{SE}	弹性变形能 Φ_{SP}	弹性能量指数 W_{ETi}	平均弹性能量指数 W_{ET}
3# 煤	6	五采区	52.49×51.47×99.54	27.017	10.02	0.003	0.006	2.000	2.567
	7	五采区	50.23×50.02×100.12	25.125	12.02	0.004	0.010	2.500	
	8	七采区	51.89×51.14×99.56	26.537	28.09	0.012	0.029	2.417	
	9	七采区	52.92×52.20×103.04	27.624	14.02	0.009	0.002	3.290	
	10	三采区	52.83×51.93×102.35	27.434	14.72	0.011	0.004	2.629	

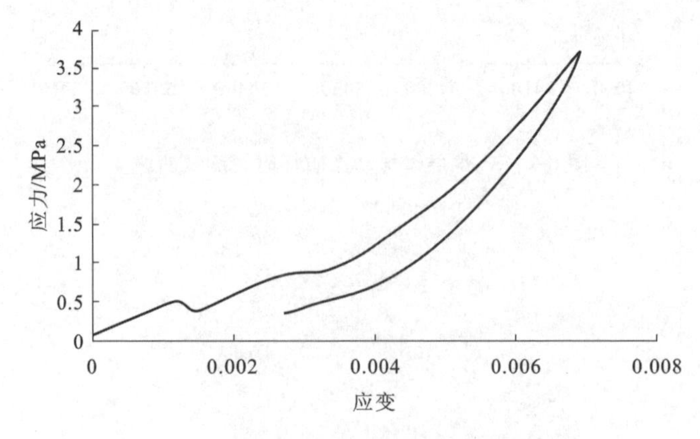

图 6-9　3# 煤层煤样弹性能量指数测试曲线 1

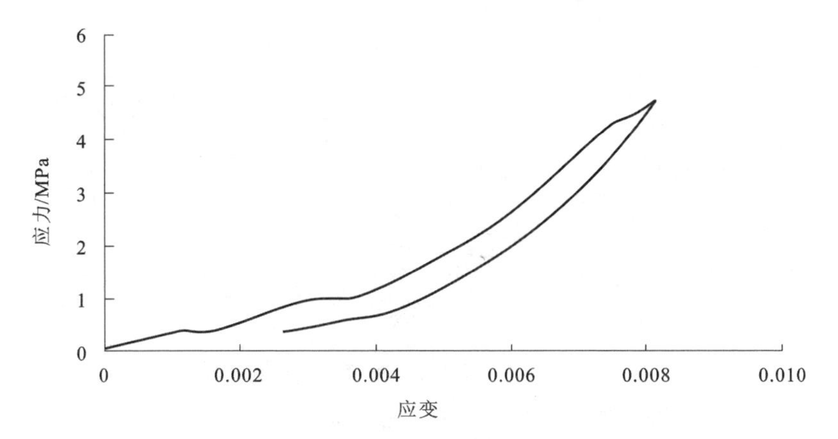

图 6-10 3# 煤层煤样弹性能量指数测试曲线 2

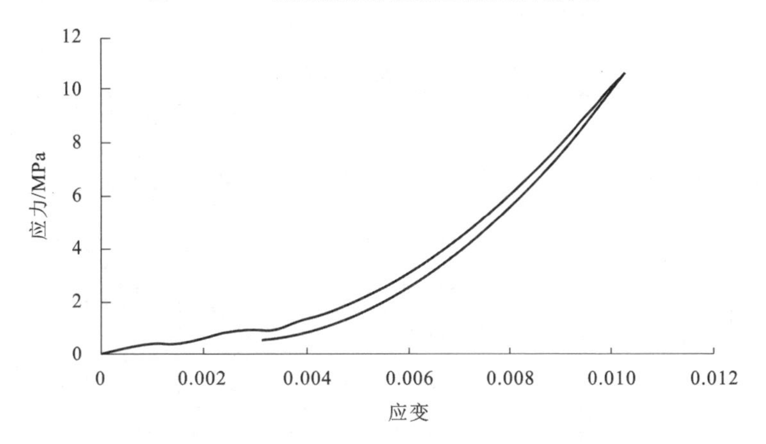

图 6-11 3# 煤层煤样弹性能量指数测试曲线 3

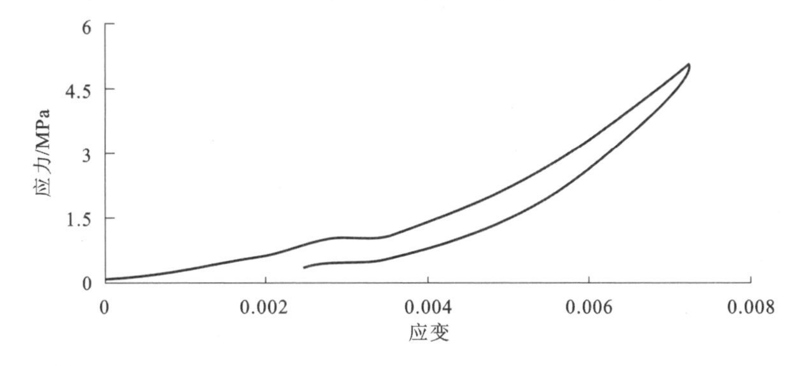

图 6-12 3# 煤层煤样弹性能量指数测试曲线 4

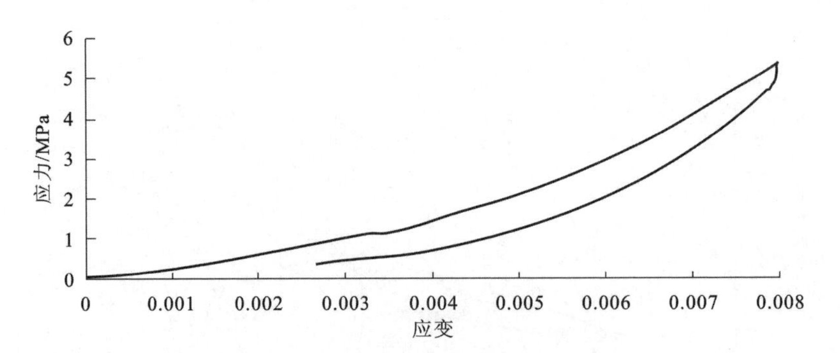

图 6-13　3# 煤层煤样弹性能量指数测试曲线 5

(3)3# 煤层煤样冲击能量指数

赵楼煤矿 3# 煤层煤样的冲击能量指数测定结果见表 6-7，代表试样冲击能量指数测试曲线见图 6-14～图 6-18。

表 6-7　　**3# 煤层煤样冲击能量指数测定结果**

煤样	试样编号	取样地点	试样尺寸 边长×边长×高度/(mm×mm×mm)	截面面积/cm^2	峰值前积聚的变形能 A_S	峰值后耗损的变形能 A_X	冲击能量指数 K_{Ei}	平均冲击能量指数 K_E
3# 煤	11	七采区	52.49×50.91×100.63	26.723	0.030	0.018	1.667	3.235
	12	七采区	50.92×51.12×98.88	26.030	0.028	0.008	3.500	
	13	三采区	51.98×51.23×100.42	26.629	0.032	0.007	4.571	
	14	三采区	51.99×51.90×103.19	27.029	0.039	0.016	2.438	
	15	五采区	51.74×52.43×103.07	26.982	0.028	0.004	4.000	

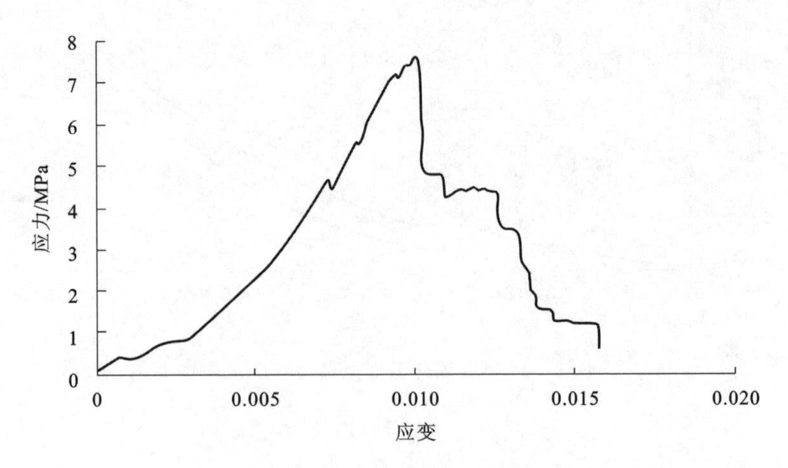

图 6-14　3# 煤层煤样冲击能量指数测试曲线 1

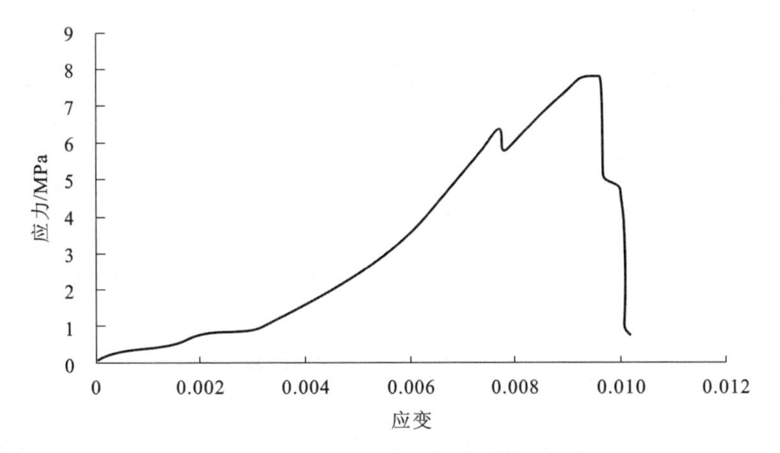

图 6-15　3# 煤层煤样冲击能量指数测试曲线 2

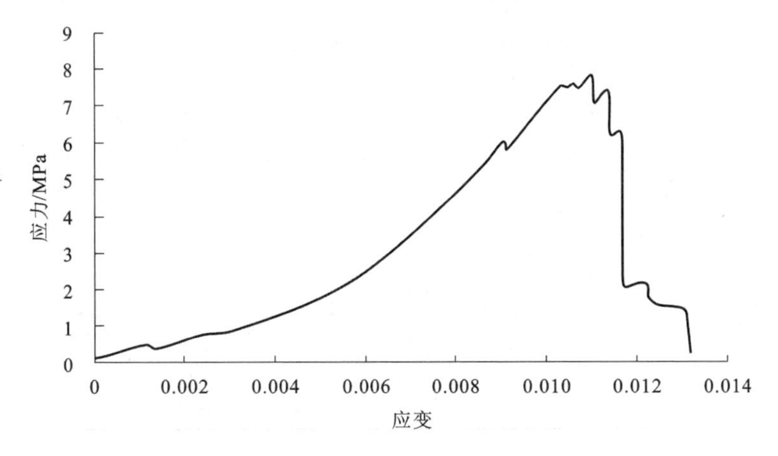

图 6-16　3# 煤层煤样冲击能量指数测试曲线 3

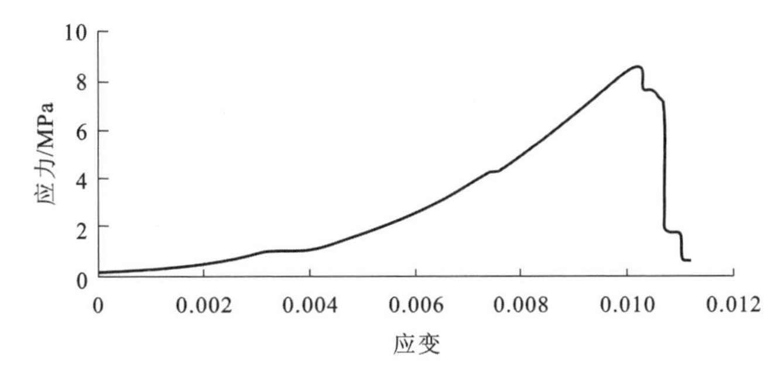

图 6-17　3# 煤层煤样冲击能量指数测试曲线 4

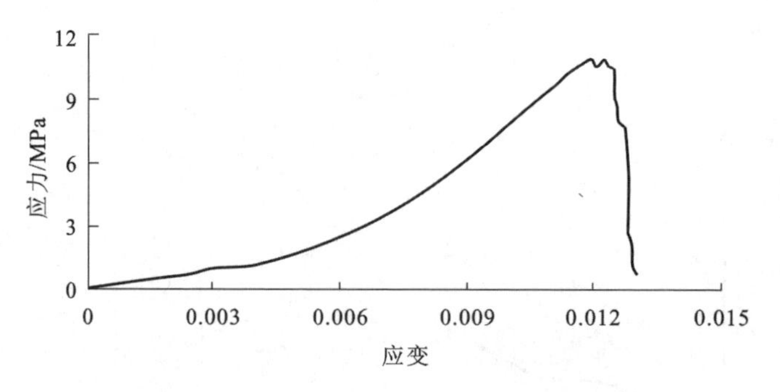

图 6-18　3# 煤层煤样冲击能量指数测试曲线 5

(4)3# 煤层煤样单轴抗压强度

赵楼煤矿 3# 煤层煤样的单轴抗压强度测定结果见表 6-8，代表试样单轴抗压强度测试曲线见图 6-19～图 6-23。

表 6-8　3# 煤层煤样单轴抗压强度测定结果

煤样	试样编号	取样地点	试样尺寸 边长×边长×高度/ (mm×mm×mm)	截面面积/ (cm^2)	破坏载荷/ kN	抗压强度/ MPa	平均抗压强度/MPa
3# 煤	16	三采区	51.71×51.41×100.76	26.584	17.290	6.504	8.134
	17	五采区	51.65×51.42×100.41	26.558	25.079	9.443	
	18	三采区	51.59×51.73×101.44	26.688	21.980	8.236	
	19	五采区	52.47×51.72×102.62	24.030	17.511	8.855	
	20	七采区	51.64×50.76×102.92	26.212	20.000	7.630	

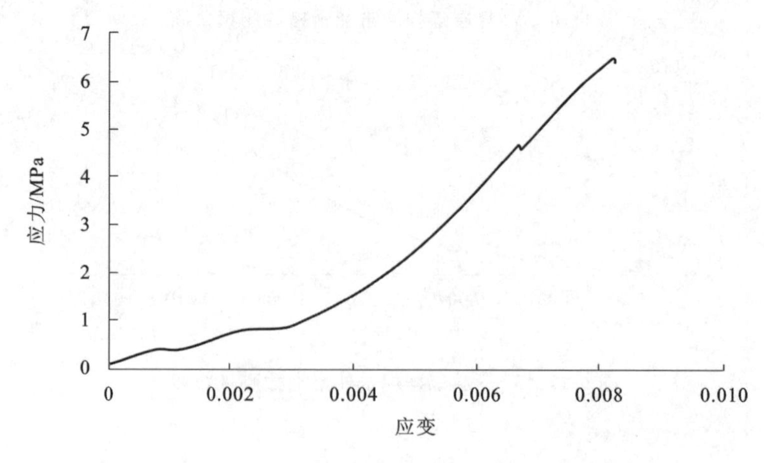

图 6-19　3# 煤层煤样单轴抗压强度测试曲线 1

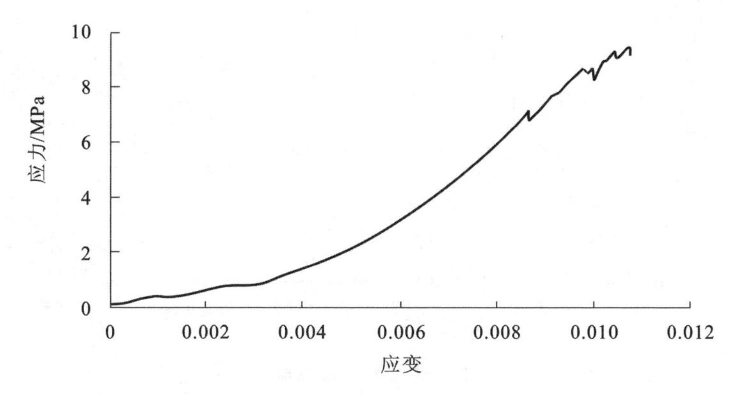

图 6-20　3# 煤层煤样单轴抗压强度测试曲线 2

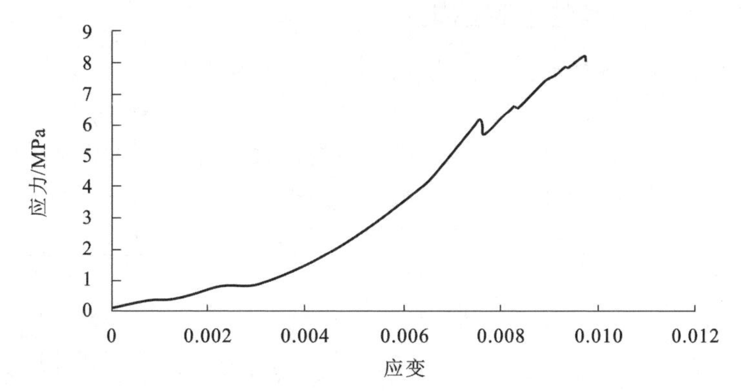

图 6-21　3# 煤层煤样单轴抗压强度测试曲线 3

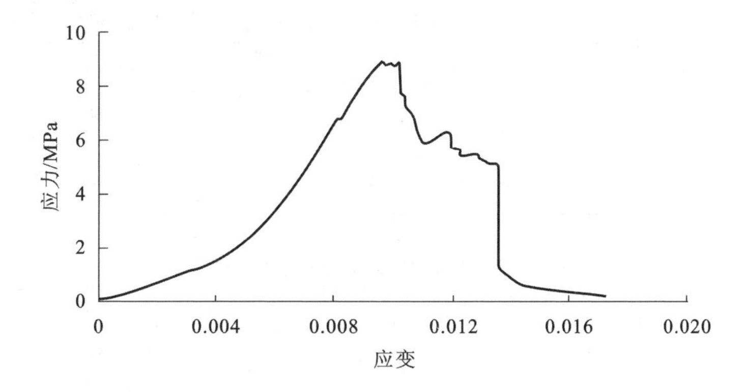

图 6-22　3# 煤层煤样单轴抗压强度测试曲线 4

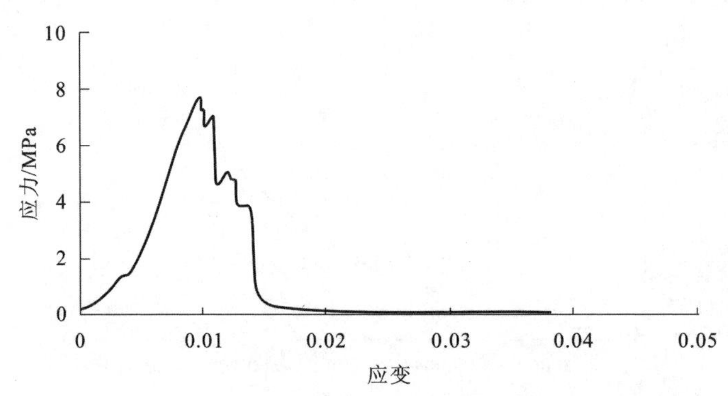

图 6-23　3# 煤层煤样单轴抗压强度测试曲线 5

6.2.4　冲击倾向性鉴定结果

对赵楼煤矿所送煤样冲击倾向性进行鉴定，结果如下(表 6-9～表 6-11)：

①赵楼煤矿 3# 煤层冲击倾向性类别为Ⅱ类，即弱冲击倾向性；

②赵楼煤矿 3# 煤层顶板岩层冲击倾向性类别为Ⅱ类，即弱冲击倾向性；

③赵楼煤矿 3# 煤层底板岩层冲击倾向性类别为Ⅱ类，即弱冲击倾向性。

表 6-9　3# 煤层冲击倾向性鉴定结果

煤层	指数				鉴定结果	
	D_T/ms	W_{ET}	K_E	R_c/MPa	类别	名称
3# 煤层	82.4	2.567	3.235	8.134	Ⅱ类	弱冲击倾向性

表 6-10　3# 煤层顶板岩层冲击倾向性鉴定结果

煤层分类	顶板岩层岩性	岩层厚度/m	抗拉强度/MPa	弹性模量/GPa	单位宽度上覆岩层载荷/MPa	弯曲能量指数/kJ	鉴定结果	
							类型	名称
3# 煤顶板	细砂岩	12.92	7.9	13.317	0.275	117.8	Ⅱ类	弱冲击倾向性

表 6-11　3# 煤层底板岩层冲击倾向性鉴定结果

煤层分类	顶板岩层岩性	岩层厚度/m	抗拉强度/MPa	弹性模量/GPa	单位宽度上覆岩层载荷/MPa	弯曲能量指数/kJ	鉴定结果	
							类型	名称
3# 煤底板	粉细砂岩互层	10.48	6.864	10.766	0.266	103.325	Ⅱ类	弱冲击倾向性

综上所述，赵楼煤矿 3# 煤层冲击倾向性类别为Ⅱ类，弱冲击倾向性；3# 煤层顶、底板岩层冲击倾向性类别均为Ⅱ类，弱冲击倾向性。

6.3 5310 工作面防冲论证评价

6.3.1 评价方法确定和评价流程

对 5310 工作面冲击危险的评价及防治必须具有针对性，首先，从宏观方面评价工作面冲击危险性，主要采用综合指数法来评价。其次，找出产生动力危害的影响因素，然后对不同的因素采用不同的评价方法，划定危险区域。最后，根据多因素耦合，划分不同危险程度的区域。

5310 工作面主要影响因素有开采深度、煤岩结构、地质构造、采动应力与覆岩结构等。主要的评价方法有矿山压力与岩层控制方法、工程类比法、理论分析法等。

对 5310 工作面冲击危险性评价的流程如图 6-24 所示。

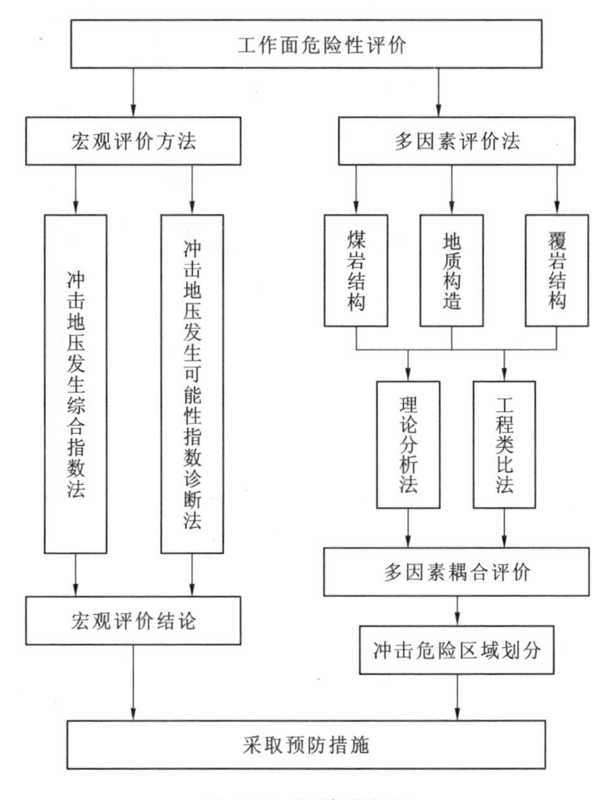

图 6-24　评价流程图

6.3.2 宏观评价方法

综合指数法在已发生的冲击地压灾害的基础上，分析各种采矿地质因素对冲击地压发生的影响，确定各种因素的影响权重，然后将其综合起来，建立冲击地压危险性评价和预测方法。这是一种早期的评价方法，也是一种宏观的评价方法。可用于工作面冲击地压危险性评价，以便正确地认识冲击地压对矿井生产的威胁。其核心表达式为：

$$W_t = \max\{W_{t1}, W_{t2}\} \tag{6-1}$$

式中，W_t 为某采掘工作面的冲击地压危险状态等级评定综合指数，可以以此圈定冲击地压危险程度；W_{t1} 为地质因素对冲击地压的影响程度及冲击地压危险状态等级评定的指数，考虑开采深度等 7 项指标；W_{t2} 为采矿技术因素对冲击地压的影响程度及冲击地压危险状态等级评定的指数，考虑工作面距残采线或停采线的垂直距离等 11 项指标。

$$W_{t1} = \frac{\sum_{i=1}^{n_1} W_i}{\sum_{i=1}^{n_1} W_{i\max}} \tag{6-2}$$

$$W_{t2} = \frac{\sum_{i=1}^{n_2} W_i}{\sum_{i=1}^{n_2} W_{i\max}} \tag{6-3}$$

冲击危险性是煤岩体可能发生冲击地压的危险程度，它不仅受矿山地质因素影响，而且受矿山开采条件影响。冲击地压的危险程度可以按冲击地压危险状态等级评定分为四个等级，对于不同的危险状态，应采取一定的防治对策，如表 6-12 所示。

表 6-12　**冲击地压危险状态分级表**

危险等级	危险状态	危险指数	采取对策
A	无冲击	≤0.25	所有的采矿工作可按作业规程进行
B	弱冲击	0.25～0.5	①所有的采矿工作可按作业规程进行。 ②作业中加强对冲击地压危害危险状态的观察
C	中等冲击	0.5～0.75	下一步的采矿工作应与该危险状态下的冲击地压危害防治措施一起进行，且通过预测预报确保危险程度不再上升
D	强冲击	>0.75	①应当停止采矿作业，不必要的人员撤离危险地点。 ②矿山主管领导确定控制冲击地压危害的方法、措施，以及控制措施的检查方法，确定参加防治措施的人员

表 6-13 为评价地质条件对冲击地压危险状态的影响因素与指数。根据工作面地质条件，采用式(6-2)可以确定地质因素影响下的冲击地压危险指数 W_{t1}。

表 6-13 地质条件影响冲击地压危险状态的因素及指数

序号	影响因素	因素说明	因素分类	冲击地压危险指数
1	W_1	同一水平煤层冲击地压发生历史(次数 n)	$n=0$	0
			$n=1$	1
			$2\leqslant n<3$	2
			$n\geqslant 3$	3
2	W_2	开采深度 h	$h\leqslant 400$m	0
			400m$<h\leqslant$600m	1
			600m$<h\leqslant$800m	2
			$h>800$m	3
3	W_3	顶板中坚硬厚岩层距煤层的距离 d	$d>100$m	0
			50m$<d\leqslant$100m	1
			20m$<d\leqslant$50m	2
			$d\leqslant 20$m	3
4	W_4	开采区域内构造引起的应力增量与正常应力值之比 $\gamma=(\sigma_g-\sigma)/\sigma$	$\gamma\leqslant 10\%$	0
			$10\%<\gamma\leqslant 20\%$	1
			$20\%<\gamma\leqslant 30\%$	2
			$\gamma>30\%$	3
5	W_5	顶板岩层厚度特征参数 L_{st}	$L_{st}<50$m	0
			50m$<L_{st}\leqslant$70m	1
			70m$<L_{st}\leqslant$90m	2
			$L_{st}>90$m	3
6	W_6	煤的单轴抗压强度 R_c	$R_c\leqslant 10$MPa	0
			10MPa$<R_c\leqslant$14MPa	1
			14MPa$<R_c\leqslant$20MPa	2
			$R_c>20$MPa	3

续表

序号	影响因素	因素说明	因素分类	冲击地压危险指数
7	W_7	煤的弹性能量指数 W_{ET}	$W_{ET}<2$	0
			$2\leqslant W_{ET}<3.5$	1
			$3.5\leqslant W_{ET}<5$	2
			$W_{ET}\geqslant 5$	3

表 6-14 为采掘工作面周围的开采技术条件对冲击地压的影响因素及指数。根据实际开采技术条件评价地质条件对冲击地压危险状态的影响因素与指数。根据工作面实际开采技术条件，采用式(6-3)可以确定采矿技术因素对冲击地压的影响程度及冲击地压危险状态等级评定的指数 W_{t2}。

表 6-14　**开采技术条件影响冲击地压危险状态的因素及指数**

序号	影响因素	因素说明	因素分类	冲击地压危险指数
1	W_1	保护层的卸压程度	好	0
			中等	1
			一般	2
			很差	3
2	W_2	工作面距上保护层开采遗留的煤柱的水平距离 h_z	$h_z\geqslant 60$m	0
			$30\text{m}\leqslant h_z<60$m	1
			$0\text{m}\leqslant h_z<30$m	2
			$h_z<0$m(煤柱下方)	3
3	W_3	工作面与邻近采空区的关系	实体煤工作面	0
			一侧采空	1
			两侧采空	2
			三侧及以上采空	3
4	W_4	工作面长度 L_m	$L_m>300$m	0
			$150\text{m}\leqslant L_m<300$m	1
			$100\text{m}\leqslant L_m<150$m	2
			$L_m<100$m	3

续表

序号	影响因素	因素说明	因素分类	冲击地压危险指数
5	W_5	区段煤柱宽度 d	$d\leqslant3m$ 或 $d\geqslant50m$	0
			$3m<d\leqslant6m$	1
			$6m<d\leqslant10m$	2
			$10m<d<50m$	3
6	W_6	留底煤厚度 t_d	$t_d=0m$	0
			$0m<t_d\leqslant1m$	1
			$1m<t_d\leqslant2m$	2
			$t_d>2m$	3
7	W_7	向采空区掘进的巷道，停掘位置与采空区的距离 L_{jc}	$L_{jc}\geqslant150m$	0
			$100m\leqslant L_{jc}<150m$	1
			$50m\leqslant L_{jc}<100m$	2
			$L_{jc}<50m$	3
8	W_8	向采空区推进的工作面，停采线与采空区的距离 L_{mc}	$L_{mc}\geqslant300m$	0
			$200m\leqslant L_{mc}<300m$	1
			$100m\leqslant L_{mc}<200m$	2
			$L_{mc}<100m$	3
9	W_9	向落差大于3m的断层推进的工作面或巷道，工作面或迎头与断层的距离 L_d	$L_d\geqslant100m$	0
			$50m\leqslant L_d<100m$	1
			$20m\leqslant L_d<50m$	2
			$L_d<20m$	3
10	W_{10}	向煤层倾角剧烈变化(>15°)的向斜或背斜推进的工作面或巷道,工作面或迎头与之的距离 L_z	$L_z\geqslant50m$	0
			$20m\leqslant L_z<50m$	1
			$10m\leqslant L_z<20m$	2
			$L_z<10m$	3
11	W_{11}	向煤层侵蚀、合层或厚度变化部分推进的工作面或巷道,接近煤层变化部分的距离 L_b	$L_b\geqslant50m$	0
			$20m\leqslant L_b<50m$	1
			$10m\leqslant L_b<20m$	2
			$L_b<10m$	3

6.3.3 冲击危险综合指数法评价

根据5310工作面地质及开采技术条件，采用综合指数法评定其冲击危险性指数。

(1)赵楼煤矿发生冲击地压情况

根据赵楼煤矿开采历史记录情况，3#煤层开采过程发生过一次强冲击动力显现现象。

(2)开采深度的影响

5310工作面采深范围为821～917m，平均深度为869.38m。统计分析表明，开采深度越大，发生冲击地压的可能性越大。开采深度与冲击地压发生的概率呈正相关关系，考虑到安全界限，可以确定，当开采深度 $h\leqslant350$m 时，冲击地压发生的概率很小；当开采深度 $350\text{m}\leqslant h\leqslant500$m 时，冲击地压发生的概率将随开采深度的增加而逐渐增加；从500m开始，随着开采深度的增加，冲击地压的危险性急剧增加。5310工作面采深范围远大于临界采深，具备了发生冲击地压的深度。

(3)煤岩的物理力学性质及特征

冲击倾向性是煤岩体产生冲击破坏的固有属性，是冲击地压发生的必要条件。对煤的冲击倾向性评价主要采用煤的动态破坏时间 D_T、弹性能量指数 W_{ET}、冲击能量指数 K_E 和单轴抗压强度 R_c 四项指标鉴定；对岩层的冲击倾向性评价主要采用弯曲能量指数鉴定。

5310工作面煤岩体冲击倾向性根据中华人民共和国行业标准中提供的评判标准(见表6-3、表6-4)进行评定。

根据前期赵楼煤矿3#煤层冲击倾向性的鉴定资料，所有煤层试样测定结果的平均值均为强冲击倾向，如表6-15、表6-16所示。在开采过程中是否会发生冲击还与开采深度和地应力状况等其他因素有关，应具体问题具体分析。

表6-15　**赵楼煤矿3#煤层试样冲击倾向性各项指数测定结果**

项目	动态破坏时间 D_T/ms	冲击能量指数 K_E/kJ	弹性能量指数 W_{ET}/kJ
第一批3#煤层上分层($3_{上}$)平均值	42	5.67	7.39
冲击倾向性判定结果	强冲击倾向性	强冲击倾向性	强冲击倾向性
第一批3#煤层中分层($3_{中}$)平均值	45	4.96	5.24
冲击倾向性判定结果	强冲击倾向性	弱冲击倾向性	强冲击倾向性
第一批3#煤层下分层($3_{下}$)平均值	46	10.63	8.12

续表

项目	动态破坏时间 D_T/ms	冲击能量指数 K_E/kJ	弹性能量指数 W_{ET}/kJ
冲击倾向性判定结果	强冲击倾向性	强冲击倾向性	强冲击倾向性
第一批煤样冲击倾向性综合判定结果	强冲击倾向性	强冲击倾向性	强冲击倾向性
第二三批煤样平均值	30	4.19	5.03
第二三批煤样冲击倾向性判定结果	强冲击倾向性	弱冲击倾向性	强冲击倾向性
第二三批煤样冲击倾向性判定结果	强冲击倾向性	弱冲击倾向性	强冲击倾向性

表 6-16　**赵楼煤矿 3# 煤层顶板各分岩层的弯曲能量**

项目	深度应力/($\times 10^3$kg·m^{-1})	弹性模量/($\times 10^3$MPa)	抗拉强度/MPa	弯曲能量指数/kJ
直接顶 1	2182	175.67	26.17	19.21
直接顶 2	2282	151.39	24.84	19.14
3# 煤层复合顶板弯曲能量/kJ				38.35

通过综合判定，赵楼煤矿 3# 煤层具有强冲击倾向性；赵楼煤矿 3# 煤层复合顶板弯曲能量为 38.35kJ，大于 15kJ，小于 120kJ，因此判定 3# 煤层顶板具有弱冲击倾向性。

赵楼煤矿 3# 煤层的力学特性如表 6-17 所示。3# 煤层的单向抗压强度平均值在 20MPa 以上，强度较高，诱发冲击地压所需应力条件较低。

表 6-17　**赵楼煤矿 3# 煤层试样力学性质测试结果**

项目	单向抗压强度/MPa	单向抗拉强度/MPa	弹性模量/GPa	泊松比	内聚力/MPa	内摩擦角/(°)	强度公式
3# 煤层上分层($3_上$)平均值	20.50	0.84	4.80	0.44	4.8	30	$\tau=4.8+\sigma\cdot\tan 30°$
3# 煤层中分层($3_中$)平均值	18.54	0.75	4.43	0.45	4.9	25	$\tau=4.9+\sigma\cdot\tan 25°$
3# 煤层下分层($3_下$)平均值	23.39	0.97	4.80	0.42	3.7	32.4	$\tau=3.7+\sigma\cdot\tan 32.4°$
3# 煤层二三批煤样平均值	22.36	1.20	4.32	0.40	6.4	25.2	$\tau=6.4+\sigma\cdot\tan 25.2°$

(4)煤层厚度变化(分岔)影响

由赵楼煤矿资料可知,5310 工作面存在一处分岔区,分岔区内 $3_{上}$ 煤层厚度 4.8~5.9m,平均 5.0m;$3_{下}$ 煤层厚度 0.8~1.8m,平均 1.3m;夹矸为泥岩、碳质泥岩,分岔最大间距 2.4m,平均 1.6m。煤层的厚度变化较大,在煤层厚度变化剧烈区域存在发生冲击地压的危险性。煤层分岔处位置如图 6-25 所示。

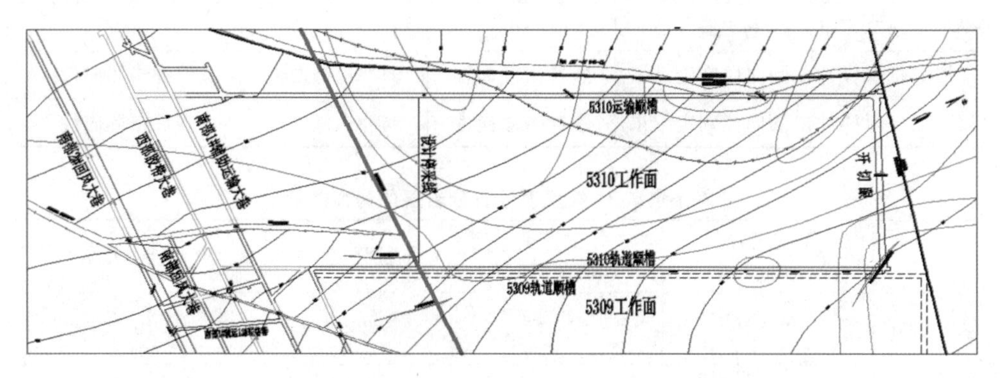

图 6-25　煤层厚度变化(分岔)区域示意图

(5)顶板活动的影响

5310 工作面直接顶为平均厚度 10.32m 的中砂岩泥岩互层,采空区冒落充填高度不高。基本顶为平均厚度 9.65m 的中砂岩,强度高,厚度大,见表 6-1。由于硬厚顶板易形成悬顶,积聚大量的弹性能量,其发生破断时有可能诱发冲击地压,故 5310 工作面开采过程中存在硬厚顶板断裂诱发冲击地压的危险。

(6)断层地质构造的影响

地质构造区常常是冲击地压多发地段,因地质构造区常形成局部高应力区域,如向斜的轴部、断层附近等。另外,工作面推至构造区域时,由于构造的特殊性,矿压显现常出现异常。影响 5310 工作面生产的地质因素主要为断层,其他地质因素对工作面生产影响较小。

实践表明冲击地压经常发生在断层附近。当巷道或者工作面接近断层时,冲击地压发生的次数明显上升,而且强度加大。图 6-26 为冲击地压次数和巷道与断层之间距离的关系。

由于 5310 工作面轨道顺槽在掘进过程中靠近 Fd51 断层(落差 43m),保护煤柱宽度 0~80m,局部区域过断层。根据断层对应力的影响规律,在断层附近具有冲击危险,应注意巷道掘进期间的防冲问题。

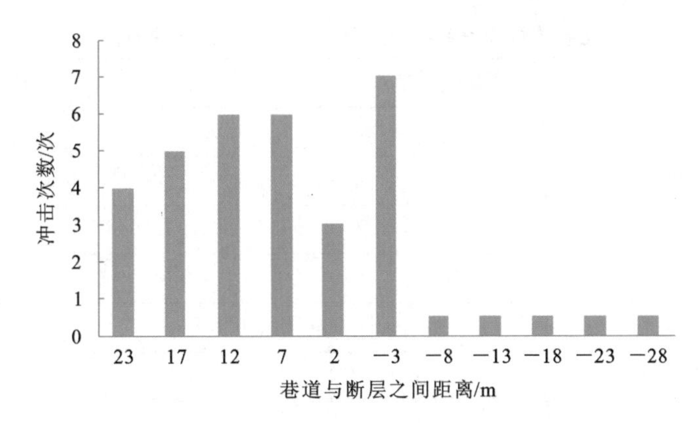

图 6-26 冲击地压次数和巷道与断层之间距离的关系

(7)巷道交叉的影响

巷道交叉位置容易形成应力集中,是矿震与冲击地压的易发区域。5310 工作面两顺槽与大巷和联络巷等存在交叉,采掘过程中易形成应力集中,冲击危险性较高。

(8)上覆岩层结构的影响

根据研究,影响冲击地压发生的岩层为煤层上方 100m 范围内的岩层,其中强度高、厚度大的砂岩层起主要作用。以砂岩为标准的岩层厚度特征参数:

$$L_{st} = \sum h_i \cdot r_i \tag{6-4}$$

式中,h_i 为在 100m 范围内第 i 层岩层的总厚度,m;r_i 为第 i 层的弱面递减系数比。

若定义砾岩的强度系数和弱面系数为 1.0,则煤系地层各岩层的强度比和弱面递减系数比如表 6-18 所示。

从统计分析结果看,冲击地压经常发生在具有坚硬岩层的条件下,且其上覆岩层厚度参数值为 $L_{st} \geqslant 50$。

表 6-18　**煤系地层岩层的强度比和弱面递减系数比**

岩层	砾岩	砂岩	泥岩	煤	采空区冒矸
强度比	1.0	1.0	0.82	0.34	0.2
弱面递减系数比	1.0	1.0	0.62	0.31	0.04

根据 5310 工作面综合柱状图,可以得出上覆岩层厚度特征参数值 L_{st},计算如表 6-19所示。最后得出覆岩厚度特征参数值为:

$$L_{st} = \sum h_i \cdot r_i = 90 > 70 \tag{6-5}$$

故 3# 煤的上覆岩层结构对工作面回采期间冲击危险性有重大影响。

表 6-19　**上覆岩层厚度特征参数值 L_{st} 计算(综合柱状图)**

序号	岩性	各岩层总厚度 h_i/m	弱面递减系数比 r_i	各分层特征参数 $h_i \cdot r_i$
16	中砂岩	10.32	1.00	10.32
15	细砂岩	9.65	1.00	9.65
14	泥岩	2.21	1.00	2.21
13	2[#]煤	0.63	0.31	0.20
12	泥岩	1.81	0.62	1.12
11	粉、中砂岩	9.65	1.00	9.65
10	中砂岩	5.85	1.00	5.85
9	砂质泥岩	1.85	0.62	1.15
8	粉、中砂岩	20.4	1.00	20.4
7	砂质泥岩	3.03	0.62	1.88
6	粉砂岩	4.55	1.00	4.55
5	细砂岩	4.3	1.00	4.3
4	砂纸泥岩	16.6	0.62	10.29
3	中砂岩	6.43	1.00	6.43
2	铝土矿	2.28	0.62	1.41
1	粉砂岩	2.28	1.00	2.28
合计		101.84		91.69
上覆岩层厚度特征参数 $L_{st}=\sum h_i \cdot r_i$				90

(9)工作面停采线的影响

5310 工作面停采线基本垂直于两顺槽，布置在大巷保护煤柱线边缘，前方为实体煤，在前方一定范围内具有冲击危险。

6.3.4　影响冲击地压危险状态的地质因素及其指数

根据上述分析，依据 5310 工作面地质条件，可以确定地质因素影响下的冲击地压危险指数。用地质因素确定的冲击地压危险状态等级评定的综合指数见表 6-20。

表 6-20　　地质条件确定的冲击地压危险状态评定指数

<table>
<tr><th>序号</th><th>影响因素</th><th colspan="2">冲击地压危险状态影响因素</th><th>冲击危险指数评价指数</th></tr>
<tr><td>1</td><td>W_1</td><td colspan="2">该煤层发生过 1 次冲击地压</td><td>1</td></tr>
<tr><td>2</td><td>W_2</td><td colspan="2">工作面平均开采深度约 869.38m</td><td>3</td></tr>
<tr><td>3</td><td>W_3</td><td colspan="2">工作面上方 20～50m 范围内存在坚硬顶板</td><td>2</td></tr>
<tr><td>4</td><td>W_4</td><td colspan="2">断层附近有局部构造应力</td><td>1</td></tr>
<tr><td>5</td><td>W_5</td><td colspan="2">煤层顶底板岩层厚度特征参数 $L_{st}=90$</td><td>2</td></tr>
<tr><td>6</td><td>W_6</td><td colspan="2">煤层单轴抗压强度为 22.36MPa</td><td>3</td></tr>
<tr><td>7</td><td>W_7</td><td colspan="2">煤层弹性能量指数为 5.97</td><td>3</td></tr>
<tr><td rowspan="4">危险等级评价</td><td rowspan="4">$W_{t1}=\frac{\sum_{i=1}^{n}W_i}{\sum_{i=1}^{n}W_{i\max}}$</td><td>$W_{t1}\leqslant 0.25$</td><td>无冲击</td><td rowspan="4">$W_{t1}=0.71$
中等冲击危险性</td></tr>
<tr><td>$0.25<W_{t1}\leqslant 0.5$</td><td>弱冲击</td></tr>
<tr><td>$0.5<W_{t1}\leqslant 0.75$</td><td>中等冲击</td></tr>
<tr><td>$W_{t1}>0.75$</td><td>强冲击</td></tr>
</table>

5310 工作面地质因素影响下的冲击危险指数 $W_{t1}=0.71$，具有中等冲击危险性。

6.3.5 影响冲击地压危险状态的开采技术因素及其指数

根据 5310 工作面开采技术条件，以确定开采技术因素影响下的冲击地压危险指数。用开采技术因素确定的冲击地压危险状态等级评定的综合指数如表 6-21 所示。

表 6-21　　开采技术条件确定的冲击地压危险状态评定指数

<table>
<tr><th>序号</th><th>影响因素</th><th colspan="2">冲击地压危险状态影响因素</th><th>冲击危险指数评价指数</th></tr>
<tr><td>1</td><td>W_1</td><td colspan="2">实体煤工作面</td><td>0</td></tr>
<tr><td>2</td><td>W_2</td><td colspan="2">工作面长度为 230m</td><td>1</td></tr>
<tr><td>3</td><td>W_3</td><td colspan="2">向煤层侵蚀、合层或厚度变化部分推进的工作面或巷道，接近煤层变化部分的距离 $L_b<10$m</td><td>3</td></tr>
<tr><td>4</td><td>W_4</td><td colspan="2">留底煤厚度 $t_d=0$m</td><td>0</td></tr>
<tr><td>5</td><td>W_5</td><td colspan="2">巷道与 Fd51 断层距 0～80m</td><td>3</td></tr>
<tr><td rowspan="4">危险等级评价</td><td rowspan="4">$W_{t2}=\frac{\sum_{i=1}^{n}W_i}{\sum_{i=1}^{n}W_{i\max}}$</td><td>$W_{t2}\leqslant 0.25$</td><td>无冲击</td><td rowspan="4">$W_{t2}=0.47$
中等冲击危险</td></tr>
<tr><td>$0.25<W_{t2}\leqslant 0.5$</td><td>弱冲击</td></tr>
<tr><td>$0.5<W_{t2}\leqslant 0.75$</td><td>中等冲击</td></tr>
<tr><td>$W_{t2}>0.75$</td><td>强冲击</td></tr>
</table>

综合以上地质因素与采矿技术因素对冲击地压的影响程度及冲击地压危险状态等级评定，可得出综合指数为：

$$W_t = \max\{W_{t1}, W_{t2}\} = \max\{0.71, 0.47\} = 0.71$$

因此，5310 工作面的冲击危险性指数 $W_t = 0.71$，冲击危险状态等级评定为中等冲击危险。整体来讲，在对该工作面进行采掘的过程中需要提高警惕，回采过程中产生的扰动使工作面前方煤体应力得到进一步叠加，增大了发生冲击地压的可能性。

6.3.6　5310 工作面采动应力场演化规律数值模拟研究

(1)FLAC3D 数值模拟软件简介

FLAC3D 是二维有限差分程序 FLAC2D 的扩展，能够进行土质、岩石和其他材料的三维结构受力特性模拟和塑性流动分析。调整三维网格中的多面体单元来拟合实际的结构。单元材料可采用线性或非线性本构模型，在外力作用下，当材料发生屈服流动后，网格能够相应发生变形和移动(大变形模式)。FLAC3D 采用的显式拉格朗日算法和混合-离散分区技术能够非常准确地模拟材料的塑性破坏和流动。无须形成刚度矩阵，因此，基于较小内存空间就能够求解大范围的三维问题。FLAC3D 采用 ANSI C++语言编写，具有强大的前后处理功能，能很好地模拟地质材料在达到强度极限或屈服极限时发生的破坏或塑性流动的非线性力学行为，尤其在材料的弹塑性分析、大变形分析以及模拟施工过程等领域有其独到的优点。它包含 10 种弹塑性材料本构模型，有静力、动力、蠕变、渗流、温度 5 种计算模式，各种模式间可以互相耦合，可以模拟多种结构形式(如岩体、土体或其他材料实体)，梁、锚杆、桩、壳以及人工结构(如支护、衬砌、锚索、岩栓、土工织物、摩擦桩、板桩、界面单元等)，可以模拟复杂的岩土工程或力学问题。鉴于此，使用 FLAC3D 对工作面应力场演化特征进行分析。

(2)数值计算本构模型的选取

采用数值模拟软件进行岩土工程、采矿工程系统稳定性和力学行为计算时，第一步须将工程实际结构简化为力学模型。力学模型的建立是工程结构稳定性计算中至关重要的问题。三维数值计算中具有更客观、更准确、更形象等诸多优点，是模拟空间结构受力及变形的重要手段。

本构模型决定了岩石介质的力学响应特性，根据 5310 工作面开采的特点，从整体来看大范围区域内砂岩居多，强度高，可近似认为是弹性模型，局部范围属塑性屈服破坏，因此可按弹塑性模型处理，即在进行计算时选择莫尔-库仑模型。物理模型定为弹塑性模型。其力学模型为：

$$\frac{\sigma_1 - \sigma_3}{2} = \frac{\sigma_1 + \sigma_3}{2}\sin\varphi + C\cos\varphi \tag{6-6}$$

式中，σ_1 为最小主应力，MPa；σ_3 为最大主应力，MPa；C 为黏聚力，MPa；φ 为内摩擦角。

(3)计算模型

采用 FLAC3D 软件针对 5310 工作面开采过程中的应力场演化规律进行了模拟研究，为冲击危险区预测提供依据。

在数值模型中，根据 z8 钻孔柱状图参数，煤层开采高度即按柱状图显示的平均值给定，直接顶、基本顶等岩层均按实际平均厚度给定。模型范围：640m(长)×784m(宽)×166m(高)，模型网格如图 6-27 所示，煤岩物理力学参数见表 6-22。

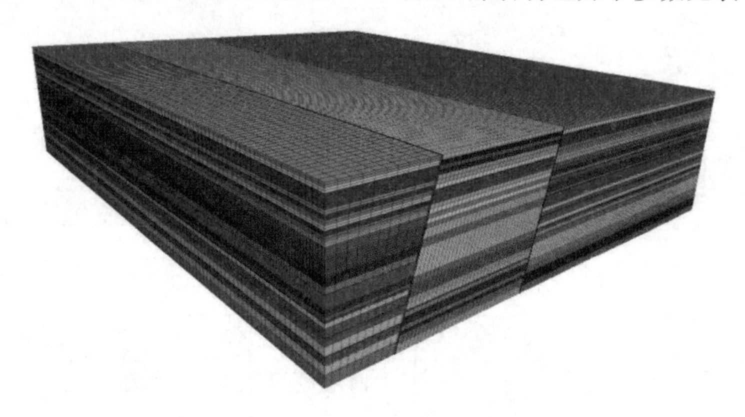

图 6-27 计算模型网格划分

表 6-22 煤岩物理力学参数表

岩性	密度/($kg \cdot m^{-3}$)	体积模量/($\times 10^{10}$ Pa)	剪切模量/($\times 10^{10}$ Pa)	抗拉强度/($\times 10^{6}$ Pa)	内聚力/($\times 10^{6}$ Pa)	内摩擦角/(°)
泥岩	2340	0.5	0.3	2.15	2.5	25
粉砂岩	2750	0.51	0.484	4.47	2.3	30
中砂岩	2700	0.687	0.338	4.19	4.26	28
煤	1350	0.45	0.3	1.20	1.4	25.2
细砂岩	2700	0.587	0.438	2.15	2.5	28

计算模型边界条件如下：

①模型左右前后边界施加水平约束，即边界水平位移量为零；

②模型底部边界固定，即底部边界水平、垂直位移量均为零；

③模型顶部为自由边界，对顶部施加 19.42MPa 的均布载荷。

(4)模拟方案

根据 5310 工作面的实际开采方案，模拟分以下步骤进行：

①掘进 5310 运输顺槽、5310 轨道顺槽；

②开采 5310 工作面，从开切眼推进到停采线。

(5)5310 工作面开采过程中的应力演化特征

随着 5310 工作面的开采，研究并分析典型推进度下工作面采动应力分布及演化规律，如图 6-28～图 6-38 所示。

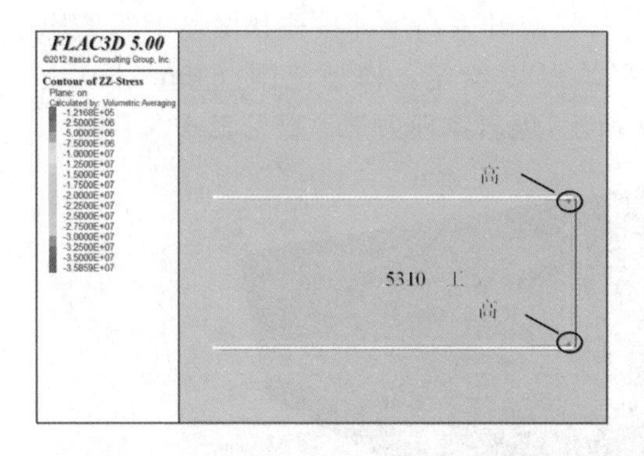

图 6-28　工作面推进 8m 应力分布云图

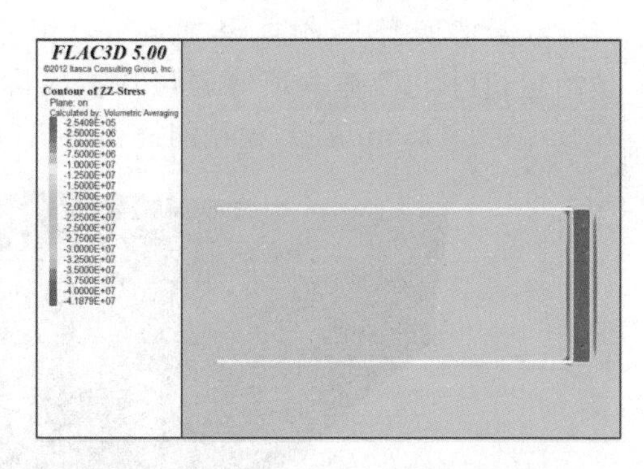

图 6-29　工作面推进 32m 应力分布云图

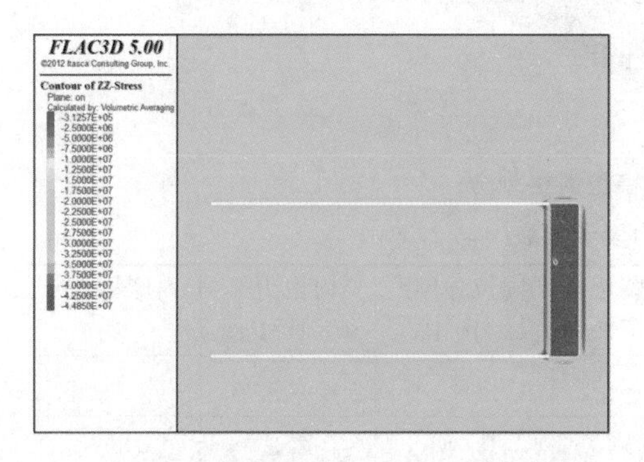

图 6-30　工作面推进 52m 应力分布云图

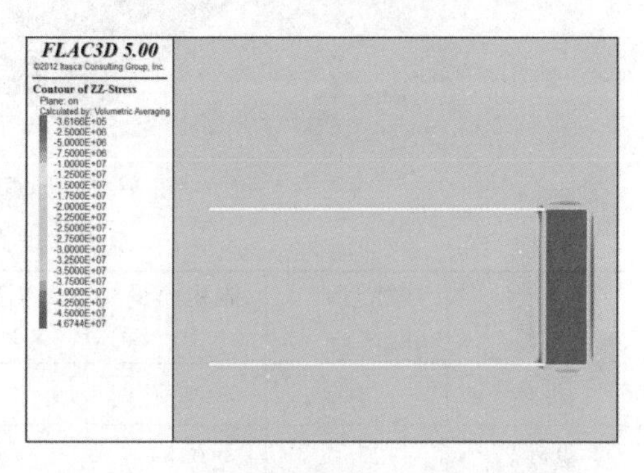

图 6-31　工作面推进 72m 应力分布云图

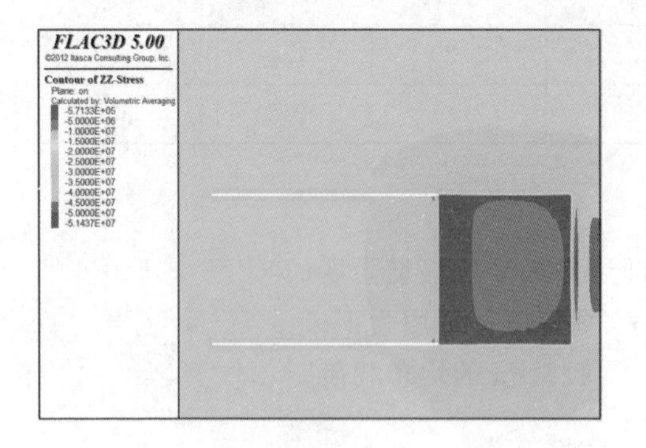

图 6-32　工作面推进 232m 应力分布云图

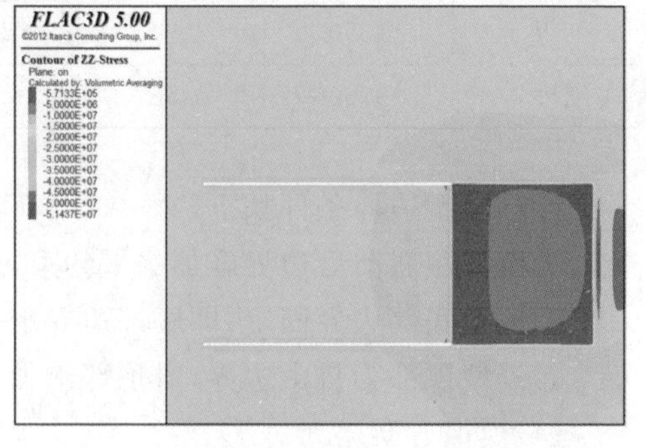

图 6-33　工作面推进 242m 应力分布云图

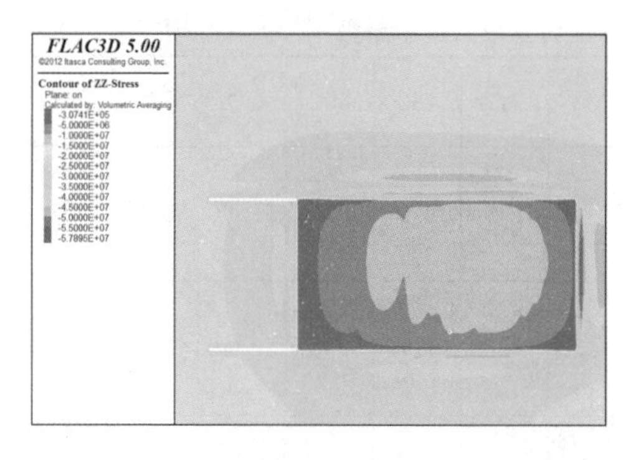

图 6-34　工作面推进 482m 应力分布云图

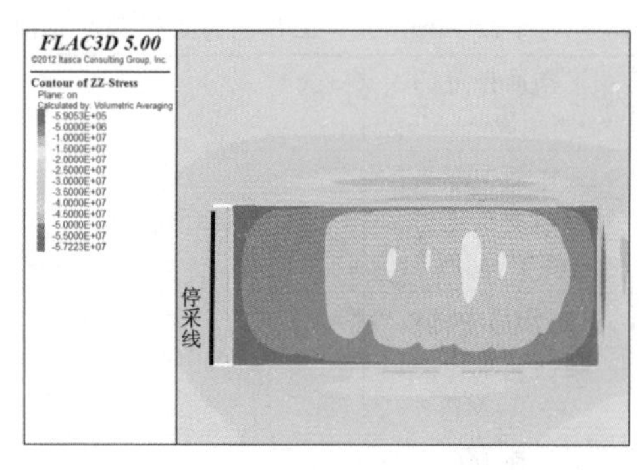

图 6-35　工作面推进 602m 应力分布云图

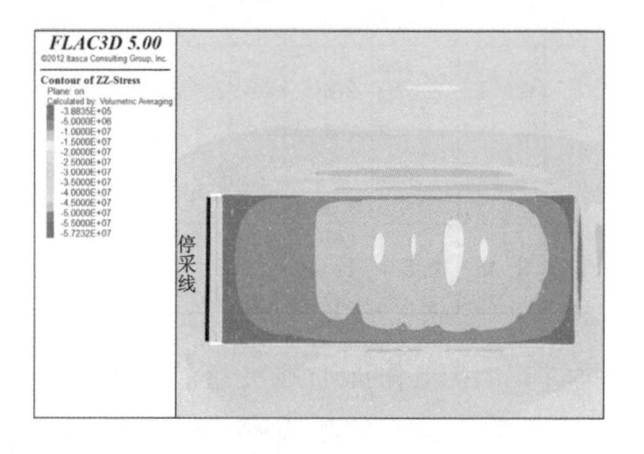

图 6-36　工作面推进 612m 应力分布云图

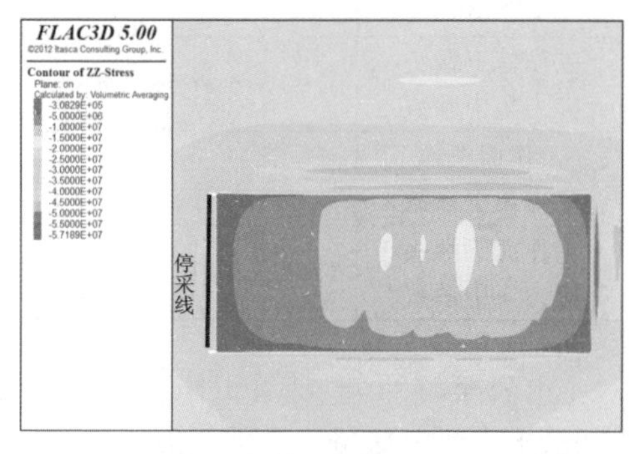

图 6-37　工作面推进 622m 应力分布云图

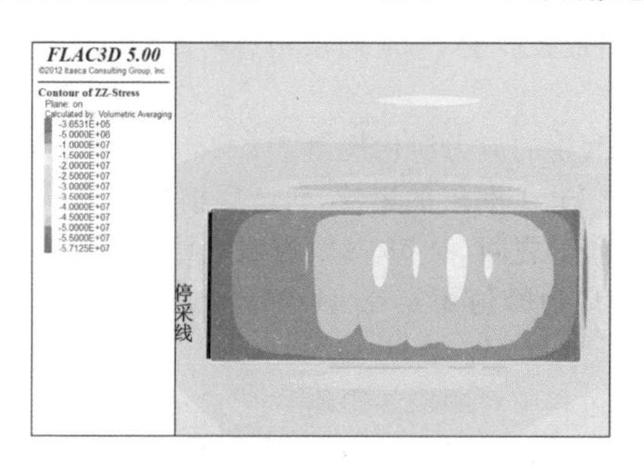

图 6-38　工作面推进 632m 应力分布云图

由图 6-28～图 6-38 可知，工作面推进至不同距离时，工作面上端头超前支承压力峰值、应力集中系数，工作面中部超前支承压力峰值、应力集中系数，以及工作面下端头超前支承压力峰值、应力集中系数如表 6-23 所示。

表 6-23 工作面开采过程中超前支承压力及应力集中系数

工作面推进的距离/m	8	32	52	72	232	242	482	602	612	622	632
工作面上端头超前支承压力峰值/MPa	42.18	50.26	54.74	56.38	58.40	57.64	58.99	59.68	61.90	58.27	51.36
工作面中部超前支承压力峰值/MPa	34.52	47.95	51.14	50.28	51.30	41.29	41.73	39.87	56.40	42.86	54.72
工作面下端头超前支承压力峰值/MPa	35.72	46.89	50.45	52.62	55.48	52.69	53.85	54.72	57.96	50.46	43.90
工作面上端头应力集中系数	1.99	2.37	2.58	2.66	2.75	2.72	2.78	2.81	2.92	2.27	2.42
工作面中部应力集中系数	1.62	2.26	2.41	2.37	2.42	1.94	1.97	1.88	2.66	2.02	2.58
工作面下端头应力集中系数	1.68	2.21	2.38	2.23	2.61	2.48	2.54	2.58	2.73	2.38	2.07

由表 6-23 可知，随着工作面向停采线的推进，5310 工作面上端头超前支承压力峰值、工作面中部超前支承压力峰值及工作面下端头超前支承压力峰值呈现先增大后减小的趋势。在工作面推进 612m 时，工作面上端头超前支承压力峰值及工作面中部超前支承压力峰值最大。受 Fd51 断层构造的影响，上端头处于高应力状态，应加强监测与防范。

(6)顺槽在掘进过程中的应力演化规律

由图 6-39 可知，受 Fd51 断层的影响，轨道顺槽围岩处于高应力状态，应力峰值稳定在 28.76～29.81MPa 之间，对 5310 轨道顺槽具有一定的影响，应加强冲击危险监测与预警；运输顺槽应力峰值稳定在 24.06～24.95MPa 之间，运输顺槽受 Fd51 断层的影响相对较小。

(7)工作面在回采过程中对顺槽的影响

由图 6-40 可知，受 Fd51 断层的影响，5310 工作面上端头处于高应力状态，超前支承应力峰值稳定在 42.18～61.90MPa 之间，对 5310 运输顺槽维护存在较大的影响，应加强冲击危险监测与预警；工作面下端头的超前支承应力峰值稳定在 35.72～57.96MPa 之间，轨道顺槽受 Fd51 断层的影响相对较小。

6.3.7 冲击地压发生的可能性指数诊断法评价

发生冲击地压区域的危险程度受到很多因素的影响，其中应力状态和煤岩体的

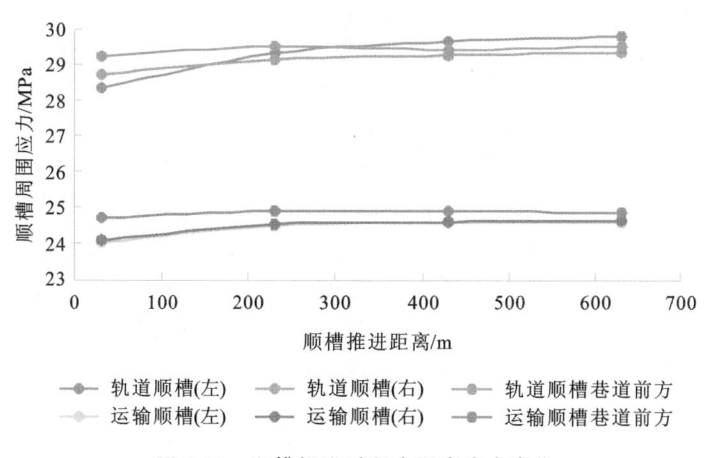

图 6-39　顺槽掘进过程中围岩应力变化

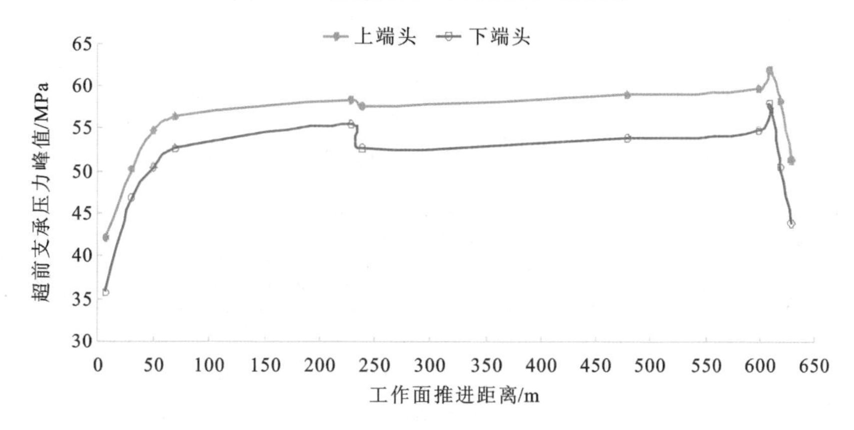

图 6-40　工作面上端头及下端头超前支承压力峰值与推进距离的关系

性质是最主要的因素。因此，采用冲击地压发生的可能性指数诊断法为基本方法，以构造分析法、工程类比法等为辅助方法进行综合研究。

冲击地压发生的可能性指数诊断法的基本内容和步骤如下。

(1)测试和计算煤岩体的冲击倾向性

煤层的弹性能量指数 $W_{ET}=5.97$，煤层具有强冲击倾向性。

(2)计算应力和冲击倾向性各自对“发生冲击地压”事件的隶属度

应力对“发生冲击地压”事件的隶属度计算公式为：

$$U_{I_c}=\begin{cases}0.5I_c & (I_c\leqslant 1.0)\\ I_c-0.5 & (1.0<I_c<1.5)\\ 1.0 & (I_c\geqslant 1.5)\end{cases}\tag{6-7}$$

式中，$I_c=k\gamma H/\sigma_c$，由上述数值模拟结果可知5310工作面应力集中区域集中系数$k=$

1.99～2.92，I_c=61.59MPa/22.36MPa=2.75。

即采动应力对“发生冲击地压”事件的隶属度为：

$$U_{I_c} = 1.0$$

冲击倾向性对“发生冲击地压”事件的隶属度计算公式为：

$$U_{W_{ET}} = \begin{cases} 0.5W_{ET} & (W_{ET} \leqslant 2.0) \\ 0.133W_{ET} + 0.333 & (2.0 < W_{ET} < 5.0) \\ 1.0 & (W_{ET} \geqslant 5.0) \end{cases} \tag{6-8}$$

式中，W_{ET}为弹性能量指数。工作面W_{ET}为5.97(取实验结果的平均值)。

即冲击倾向性对“发生冲击地压”事件的隶属度为：

$$U_{W_{ET}} = 1.0$$

(3)计算冲击地压发生的可能性指数

可能性指数为：

$$U = (U_{I_c} + U_{W_{ET}})/2 = 1.0$$

(4)诊断某一点冲击地压发生的可能性

根据表6-24，初步确定某一点冲击地压发生的可能性。

表6-24　冲击地压发生可能性评价指标

U	0～0.6	0.6～0.8	0.8～0.9	0.9～1.0
可能性	不可能	可能	很可能	能够

工作面冲击地压发生的可能性指数U=1.0，具备能够发生冲击地压的应力条件，特别是在受到断层、基本顶运动、巷道交叉等影响时，需提前采取防治措施，以防发生冲击地压。

6.4　5310工作面掘进期间冲击危险区划分

根据5310工作面掘进区域内煤层赋存及地质条件，影响冲击危险性的主要因素有开采深度、断层、煤层厚度变化(分岔)、巷道交叉等。

首先对这些因素的冲击危险区进行划分，然后利用多因素叠加法将冲击危险区进行叠加。

在划分危险区时，将危险区分为三个等级，即强冲击危险区、中等冲击危险区和弱冲击危险区。其中，强冲击危险区用红色表示，中等冲击危险区用黄色表示，弱冲击危险区用绿色表示。

6.4.1 开采深度影响

根据5310工作面地质资料，5310工作面平均采深约869.38m。统计分析表明，煤层开采深度越大，煤岩所承受的上覆岩层的压力越大，应力越高，积聚的弹性能随之增加，冲击地压发生的可能性也越大。开采深度与冲击地压发生的概率呈正相关，大量的冲击地压灾害统计表明，我国冲击地压始发开采深度在200～400m，考虑到安全界限，在开采深度 $h \leqslant 350$m 时，冲击地压发生的概率很低；在 $350\text{m} < h \leqslant 500$m 时，冲击地压发生的概率将逐步增加；在 $h > 500$m 时，随着开采深度的增加，冲击地压的危险性急剧增加；在开采深度达到1000m时，冲击指数（$W_t = 0.68$）比在开采深度为500m（$W_t = 0.04$）时增加了16倍；在开采深度非常大（1200～1500m）时，冲击地压发生的强度以及频度的递增梯度将会相对减小，但此时的值非常大，如图6-41所示。

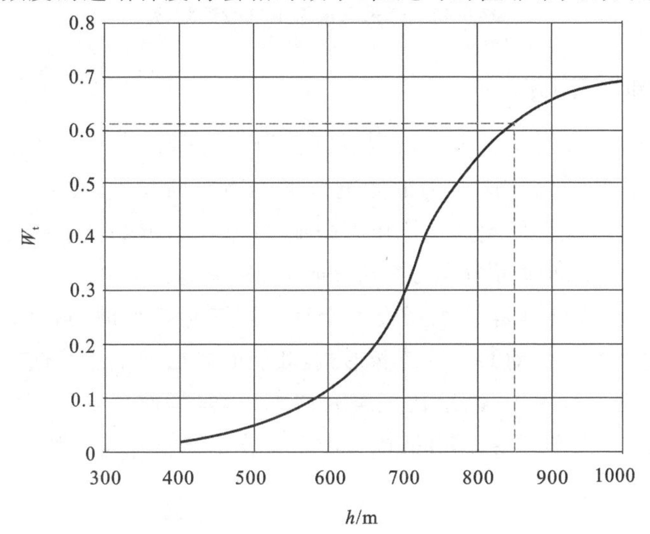

图6-41 开采深度与冲击指数的关系

如图6-41所示，5310工作面开采深度约869.38m时，冲击指数 W_t 约为0.62，处于冲击地压危险程度较高阶段，开采深度对5310工作面冲击地压危害具有一定的影响，具体划分范围见表6-25，危险区划分如图6-42所示。

表6-25 开采深度对工作面冲击影响范围

序号	位置		距离/m	危险程度
1	运顺	距开门口	62～1036	弱冲击危险区
2	轨顺	距开门口	120～927	弱冲击危险区
3	切眼	距轨顺	0～230	弱冲击危险区

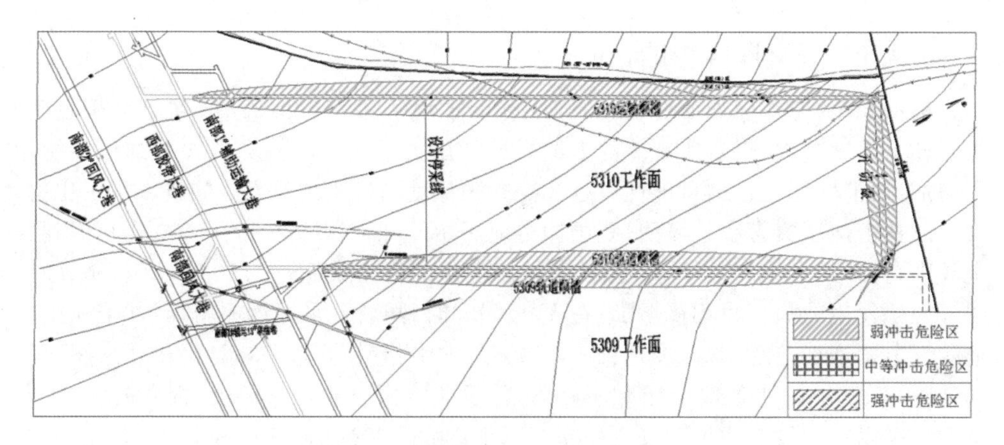

图 6-42　开采深度影响危险区划分

6.4.2　断层影响

生产实践表明,断层是诱发冲击地压危害的主要因素之一。如图 6-43 所示,随着掘进头的推进,其超前支承压力的影响范围不断向前发展,在到达断层影响区域后,断层附加应力与工作面超前支承压力叠加,使断层附近的支承应力增高并重新分布。断层与工作面中间位置为应力叠加高峰区,如果断层本身能够积聚能量,则叠加后的应力高峰区位置同样容易积聚较大能量。当满足条件时,可能诱发冲击地压。另外,断层活化是岩层运动的一种特殊形式,断层处岩层的不连续性导致断层本身的不稳定性,在高应力作用下,断层比完整岩层先运动,释放能量,易诱发冲击动力响应。因此,在 5310 工作面掘进期间,断层将对工作面冲击危险性产生重要影响。

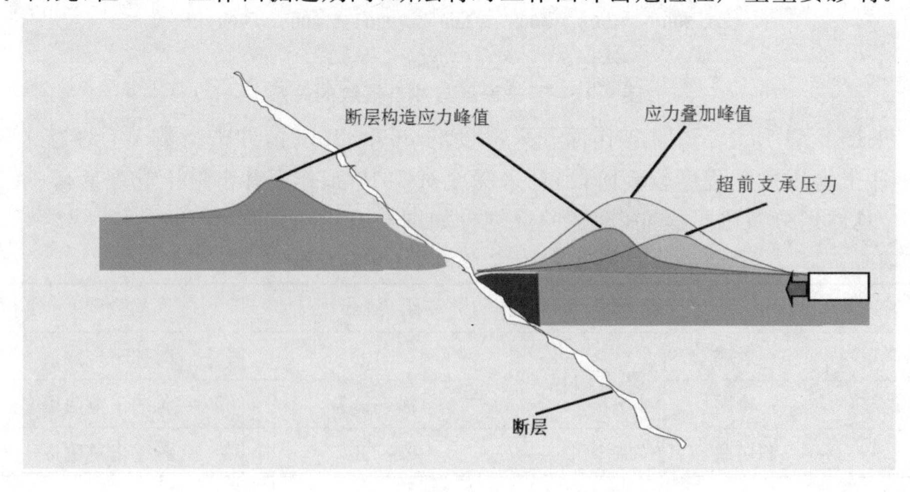

图 6-43　工作面掘进时超前支承压力与断层构造应力叠加

因此，根据5310工作面断层赋存位置及其落差，将Fd51断层0～50m范围巷道划分为中等冲击危险区；将DF46、DF45、Fd50、F51002四条断层0～50m划分为弱冲击危险区，具体划分范围见表6-26，危险区划分见图6-44。

表6-26　断层对工作面冲击影响范围

序号	位置		距离/m	危险程度
1	运顺	距开门口	227～1036	中等冲击危险区
2	轨顺		120～330	弱冲击危险区
3	轨顺	距开切眼	0～50	弱冲击危险区
4	开切眼	距轨顺	0～50	弱冲击危险区

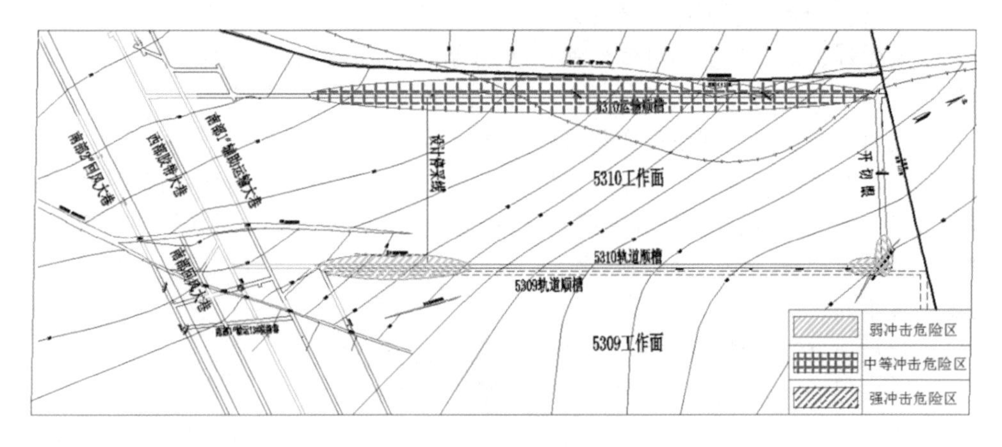

图6-44　断层影响危险区划分

6.4.3　煤层厚度变化(分岔)影响

根据大量的现场观测和地应力测量发现，在煤层厚度局部变化的区域，地应力场及煤层弹性能将发生异常，即发生明显的应力及弹性应变能集中现象，如图6-45所示，从而引发强度较大的冲击地压。例如，对四川天池煤矿37次冲击地压的统计结果中，就有15次发生在煤层厚度突然变化区域，比例高达40.5%。

在煤层厚度变薄区域，其弹性应变能增加，煤层变得越薄，其增加的程度就越大；但当煤层厚度变化趋于稳定时，其弹性应变能的变化又趋于一致。在煤岩体初始状态下，弹性应变能在煤层厚度局部变化范围内急剧增大，并处于亚稳定状态储存在煤岩体之中。与此同时，在高弹性应变能的作用下，煤岩体系统赋存条件及构造条件的复杂性进一步加大了煤岩体中裂隙的发育程度，并使煤层的破坏范围扩大。根据能量理论可知，高弹性应变能的积聚大大增加了冲击危险发生的可能性和灾害性。

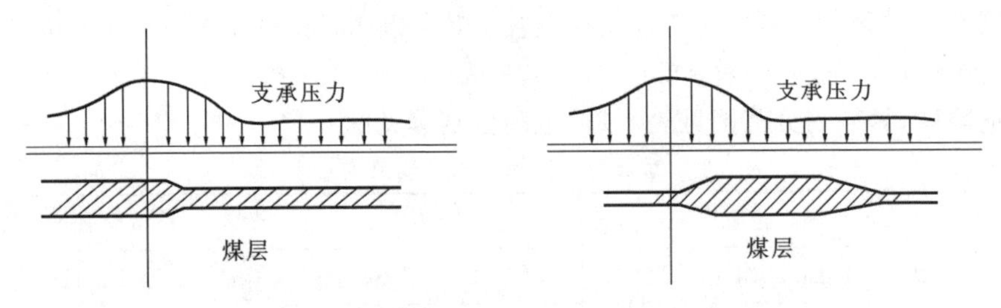

图 6-45　煤层厚度变化(分岔)对工作面支承压力的影响

煤层厚度变化和工作面开采的共同作用促使煤壁前方局部区域总体能量大幅度增加。煤岩体系统为了保持平衡,自动处于能量较低状态,系统就会自动寻找其中薄弱的环节释放能量。因此,煤体处于该状态时发生冲击地压的危险性较高,严重威胁矿井的正常生产和井下工作人员的人身安全。工作面推进越靠近煤层厚度变化处,工作面发生冲击地压危险的可能性就越高,工作面过煤层厚度变化区期间需加强煤壁附近的冲击地压的监测和预防工作。

因此可总结煤层局部厚度变化对应力场的影响规律如下。

①煤层厚度局部变薄和变厚所产生的影响不同。煤层厚度局部变薄时,该处铅垂地应力会增大;煤层厚度局部变厚时,该处铅垂地应力会减小,而在煤层变厚处两侧的正常厚度部分,铅垂地应力会增大。并且煤层局部变薄和变厚对应产生的应力集中程度不同。

②煤层厚度变化越剧烈,应力集中的程度越高。

③当煤层变薄时,变薄部分越短,应力集中系数越大。

④煤层厚度局部变化区域应力集中的程度与煤层和顶、底板的弹性模量差值有关,差值越大,应力集中程度越高。

因此,当 5310 工作面推进至煤层分岔厚度变化处时,在坚硬顶底板的夹持作用下,煤层弹性应变能主要分布在煤层变薄处;在开采扰动和煤层厚度变化引起的弹性应变能叠加作用下,煤厚变化区域附近弹性能大大增加并集中,促使煤岩系统结构总体自由能升高。对处于该阶段的煤岩体而言,次生裂纹扩展量高于裂纹闭合量使煤壁稳定性程度进一步降低,易发生冲击地压,煤层厚度变化(分岔)区前后各 40m。因此,运顺和轨顺煤层厚度变化区域划分为弱冲击危险区,具体划分范围见表 6-27,危险区划分见图 6-46。

表 6-27　　　　煤层厚度变化对工作面冲击影响范围

5310 工作面	冲击危险区(距开门口水平距离)
运顺	弱冲击危险区(478～558m)
	弱冲击危险区(966～1036m)

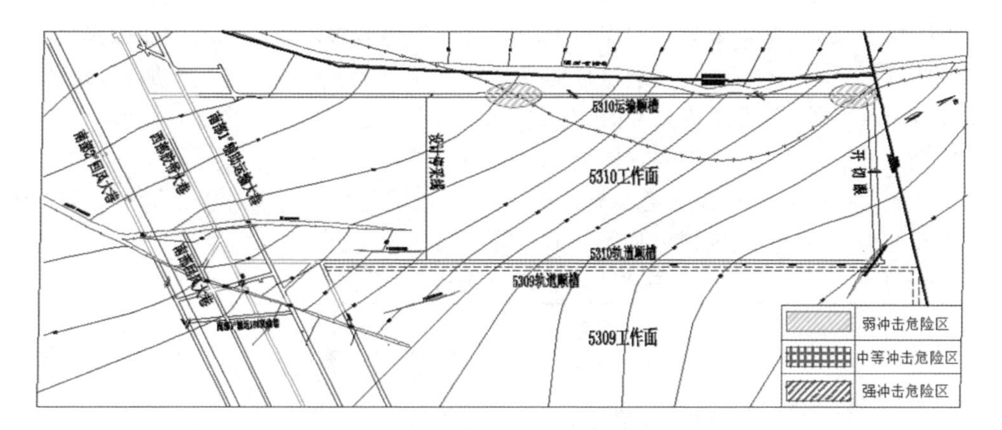

图 6-46　煤层厚度变化(分岔)影响危险区划分

6.4.4　巷道交叉影响

根据所提供的地质资料，5310 工作面两顺槽与南部 1# 辅助运输大巷、西部胶带大巷和南部 2# 回风大巷等存在交叉，采掘过程中易形成应力集中，冲击危险性较高。

工作面巷道开挖后，巷道围岩由最初三向受力状态转变为开挖后的两向受力状态或单向受力状态，初始应力会重新分布，在巷道的两帮会形成应力集中，巷道顶板会形成卸荷区，如图 6-47(a)所示。当掘进支巷时，在交叉段附近两条巷道的支承压力区和顶板卸荷区相互叠加，巷道交叉形成一定角度，区域应力集中程度显著，围岩承载能力降低，更易发生塑性破坏，当应力超过岩体的极限强度时，围岩发生破裂、失稳现象，易诱发冲击地压灾害。交叉点处围岩的稳定性与交叉角度的大小密切相关，交叉角度越大，围岩稳定性越好，当交叉角度达到 90°时，巷道围岩稳定性达到理想值。图 6-47(a)表示单巷掘进时的支承分布，图中 K 为压力集中系数。图 6-47(b)表示支巷掘进后的支承压力变化，在交叉点拐角处应力集中系数会进一步升高。K、K_1、K_2 的关系为：$K_2>K_1>K$。

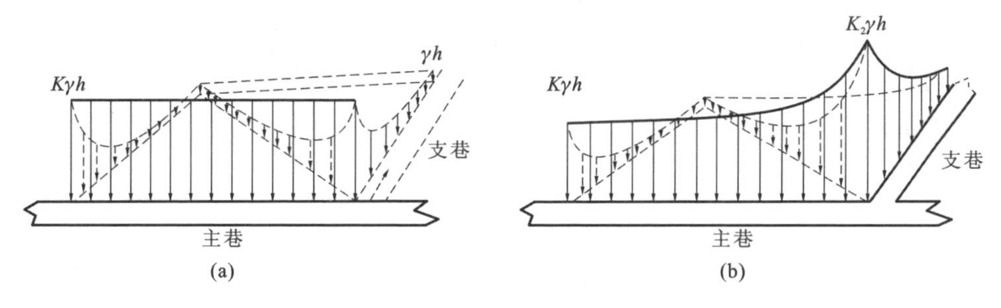

图 6-47　分岔巷道支承应力分布示意图

(a)单巷掘进时；(b)支巷掘进后

与常规巷道对比，5310工作面中交叉处巷道顶板悬露面积较大，巷道两帮内应力集中程度较高，在集中应力的作用下围岩所受的应力可能大于煤岩的屈服强度，变形破坏较严重，导致围岩对巷道顶板的支承能力下降，巷道失稳进一步加剧，易诱发冲击地压。另外，巷道立体交叉时，在交叉点，上下巷道围岩应力叠加，将会增大巷道立体交叉处的应力，从而增大立体交叉处的冲击危险性。

因此，将5310工作面巷道交界处前后30m范围内划分为弱冲击危险区，具体划分范围见表6-28，危险区划分见图6-48。

表6-28　**巷道交叉对工作面冲击影响范围**

序号	位置		距离/m	危险程度
1	运输顺槽	距开门口	68～98	弱冲击危险区
2	南部1#辅助运输大巷和 5310运输顺槽之间联络巷		整段	弱冲击危险区
3	轨道顺槽	距开门口	120～150	弱冲击危险区

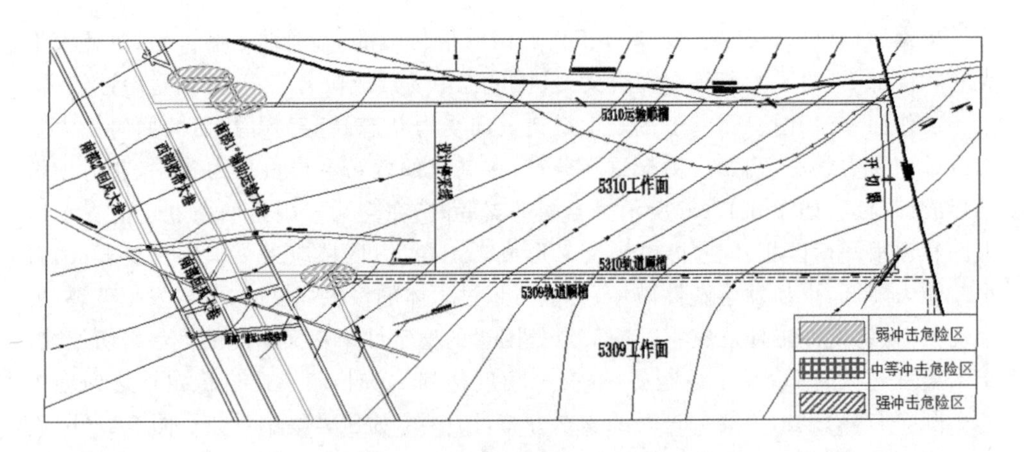

图6-48　巷道交叉影响危险区划分

根据以上对冲击地压危险性的多因素评价，对危险区域位置、危险程度进行叠加。通过单个因素影响范围的叠加，并结合每类因素所造成的危险水平，将这些危险区域划分为三类，如图6-49所示：弱冲击危险区4个，中等冲击危险区2个。具体划分范围见表6-29。

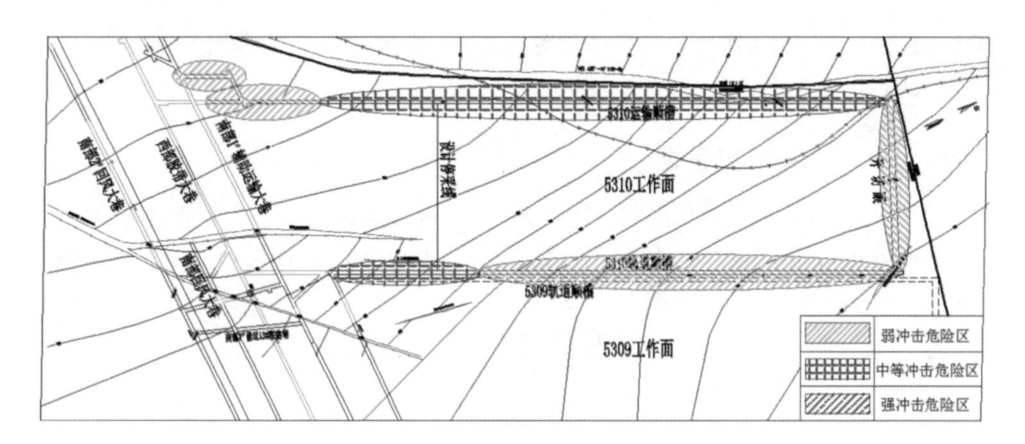

图 6-49 掘进期间危险区划分

表 6-29 5310 工作面冲击危险区具体位置参数表

序号	位置		距离/m	冲击危险的主要原因	危险程度
1	运顺	距开门口	62～227	开采深度、巷道交叉	中等冲击危险区
2	运顺		227～1036	开采深度、Fd51 断层、分岔	弱冲击危险区
3	轨顺		120～330	开采深度、断层、巷道交叉	中等冲击危险区
4	轨顺		330～927	开采深度、小断层	弱冲击危险区
5	开切眼	距运顺	0～230	开采深度、小断层	弱冲击危险区
6	南部 1# 辅助运输大巷和 5310 运输顺槽之间联络巷		全巷	巷道交叉	弱冲击危险区

6.5 5310 工作面回采期间冲击危险区划分

根据 5310 工作面回采区域内煤层赋存及地质条件，影响冲击危险性的主要因素有开采深度、煤岩结构、断层、煤层厚度变化(分岔)、巷道交叉、停采线等。

在明确了冲击危险的影响因素后，对这些因素的分布区域进行划分，并利用多因素叠加法进行叠加，然后对危险区域进行防冲优化，并及时采取相应的冲击危险防治措施。

在划分危险区时，将危险区分为三个等级，即强冲击危险区、中等冲击危险区和弱冲击危险区。其中,强冲击危险区用红色表示,中等冲击危险区用黄色表示,弱冲击危险区用绿色表示。

6.5.1 开采深度影响

5310 工作面平均开采深度约 869m,根据 5310 工作面掘进期间开采深度对冲击地压影响分析,开采深度对 5310 工作面回采冲击危险性同样具有一定的影响,见表 6-30,因此危险区域划分如图 6-50 所示。

表 6-30　　开采深度对工作面冲击影响范围

序号	位置		距离/m	危险程度
1	运顺	距开门口	62～1036	弱冲击危险区
2	轨顺		120～927	弱冲击危险区

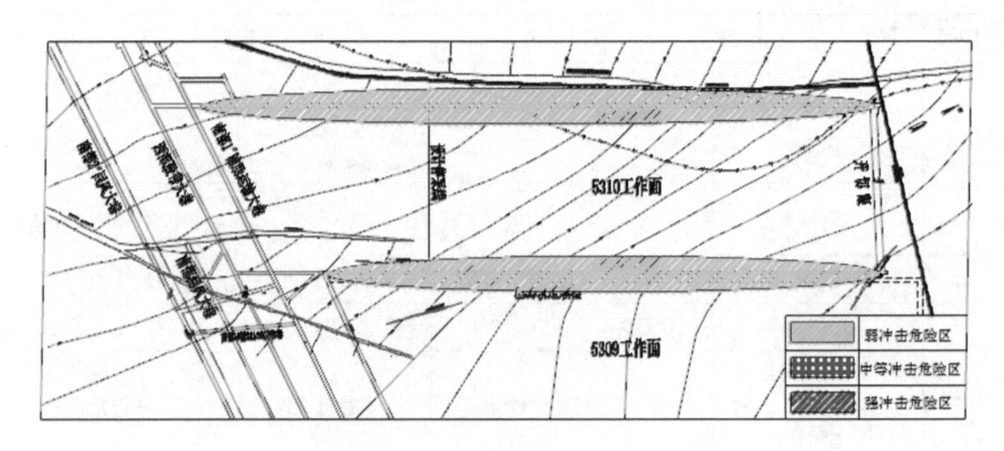

图 6-50　开采深度影响危险区划分

6.5.2 煤岩结构影响

(1)基本顶的初次破断阶段

由综合柱状图可知,5310 工作面煤层平均厚度为 5.47m,直接顶厚度为 10.32m,基本顶平均厚度为 9.65m,强度高,厚度大,整体性好。基本顶初次破断来压期间,考虑最不利因素,理论状况下的岩层垮落带厚(高)度为:

$$h_K' = \frac{MC}{K_K - 1} = \frac{5.47 \times 87\%}{1.3 - 1} = 15.86(\text{m})$$

式中,h_K'为理论状况下的岩层垮落带厚(高)度,m;K_K 为上覆煤岩层平均碎胀系数,取 1.3;M 为煤层厚度,m;C 为综放面采出率。

根据计算结果,直接顶厚度远小于理论垮落带高度,直接顶冒落后无法充满采空区。此时需考虑基本顶运动的影响。

工作面开采后，直接顶逐渐垮落，5310 工作面 9.65m 厚中砂岩基本顶大面积悬空，将在其下方煤岩体支承下发生弯曲、下沉和破断，根据其赋存状态及下方煤岩层的结构特征，将其简化为两端固支岩梁，如图 6-51 所示。强度高、厚度大的中砂岩在采空区上方大面积悬空后，围岩应力集中程度较高，当采动应力超过煤岩体的极限强度或受岩体内断裂结构的影响时，将引起硬厚岩层的大步距破断、大面积运移和围岩积聚能量释放等强矿压显现，极易诱发冲击地压。

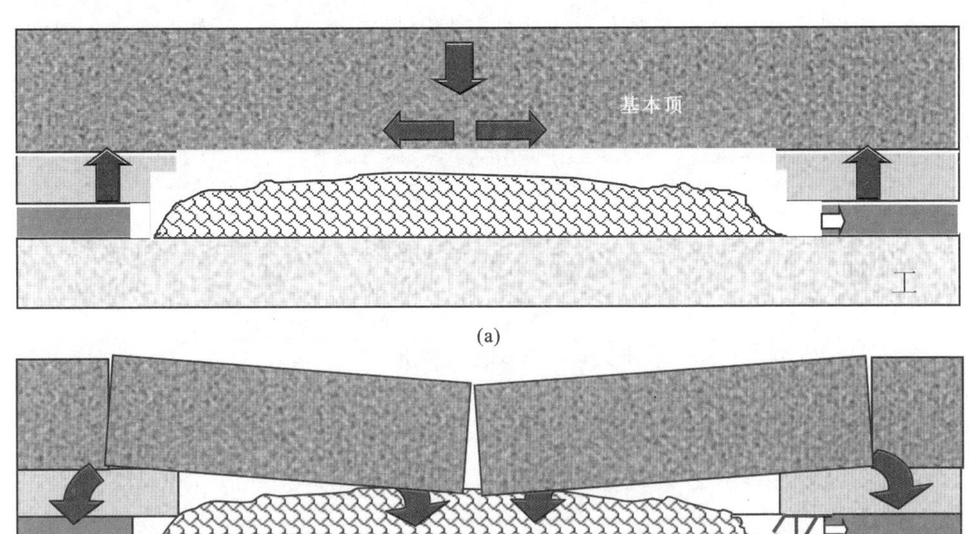

图 6-51 基本顶初次来压的力学分析结构图

(a)岩梁断裂前；(b)岩梁断裂后

根据 6.3.6 节中的数值模拟结果，工作面推进约 50m 时，工作面中部超前支承压力峰值达到 51.14MPa，应力集中系数为 2.41，顺槽端头出现了显著的应力集中区，增大了工作面冲击危险性。

(2)工作面“见方”阶段

通常，当工作面上覆岩层中存在硬厚岩层或开采深度较大、非充分采动时，工作面开采初期，采空区范围较小，一般不会引起硬厚岩层或高位岩层运动，上覆岩层易形成稳定的空间结构。随着开采范围的增大，当推进长度与工作面长度相同，即“见方”阶段时，将会出现剧烈的覆岩运动。一般情况下，将硬厚岩层或高位岩层视为矩形薄板，建立薄板力学模型进行覆岩空间结构运动的力学分析。

图 6-52 是工作面开采过程采空区应力计算简化模型。横轴 $2a$ 为工作面推进距离，纵轴 $2b$ 为工作面长度，w_0 为煤层厚度。

力学模型如下：

$$\tau_{xz} = \tau_{yz} = 0 \quad (\text{对 } z = 0 \text{ 全平面})$$

$$u_z(x,y,0) = \begin{cases} -w_0 & (|x| \leqslant a, |y| \leqslant b) \\ 0 & (\text{其他区域}) \end{cases}$$

Berry 和 Wales(1962)将采场岩体视为横观各向同性岩体，利用弹性模型研究了横观各向同性岩体内的三维位移状态，如果对称轴与 z 轴重合，则对于横观各向同性岩体，根据胡克定律有以下形式：

$$\begin{cases} \sigma_x = C_{11}\varepsilon_x + C_{12}\varepsilon_y + C_{13}\varepsilon_z, & \tau_{yz} = C_{44}\gamma_{yz} \\ \sigma_y = C_{12}\varepsilon_x + C_{11}\varepsilon_y + C_{13}\varepsilon_z, & \tau_{xz} = C_{44}\gamma_{xz} \\ \sigma_z = C_{13}\varepsilon_x + C_{13}\varepsilon_y + C_{33}\varepsilon_z, & \tau_{xy} = \dfrac{1}{2}(C_{11} - C_{12})\gamma_{xy} \end{cases} \tag{6-9}$$

方程(6-9)中的系数可用拉梅常数表示为

$$\begin{cases} C_{11} = 2G + \lambda, \quad C_{12} = \lambda, \quad C_{13} = \lambda', \quad C_{33} = 2G' + \lambda \\ C_{44} = G', \quad \dfrac{1}{2}(C_{11} - C_{12}) = G \end{cases} \tag{6-10}$$

式中带“$'$”的常数指参照过轴的任意平面，其余的常数表示参照平面(x,y)。

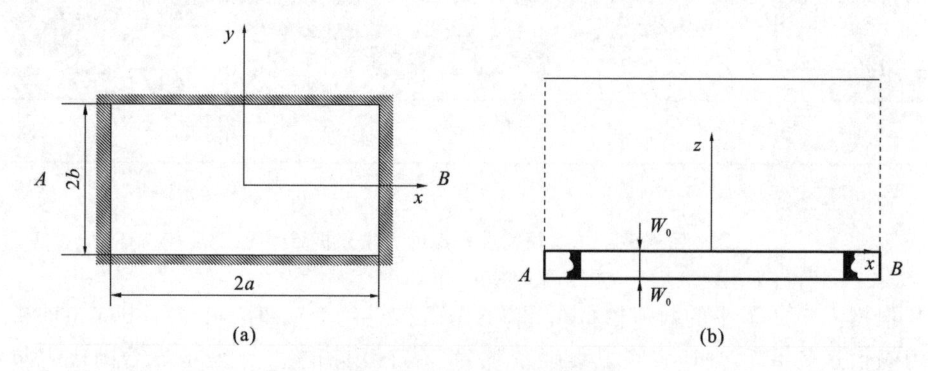

图 6-52　矩形采场的力学模型

Shields 和 Tumbull(1949)已经证明，满足平衡方程以及平面 $z=0$ 上剪应力为零这些条件的位移场可表示为以下形式：

$$u_1 = \frac{\partial}{\partial x}(\varphi_1 + \varphi_2), \quad u_2 = \frac{\partial}{\partial y}(\varphi_1 + \varphi_2), \quad u_3 = \frac{\partial}{\partial z}(q_1\varphi_1 + q_2\varphi_2) \tag{6-11}$$

函数 $\varphi_1(x,y,z)$和 $\varphi_2(x,y,z)$可用同一个调和函数表示

$$\varphi_1 = \frac{\alpha_1}{1+q_1}\varphi(x,y,z_1), \quad \varphi_2 = -\frac{\alpha_2}{1+q_2}\varphi(x,y,z_2) \tag{6-12}$$

式中，$z_j = z/\alpha_j$；α_1、α_2 是以下四次方程的两个根

$$C_{11}C_{44}\alpha^4 + [C_{13}(2C_{44}+C_{13}) - C_{11}C_{33}]\alpha^2 + C_{33}C_{44} = 0 \tag{6-13}$$

这些根的实部为正，且

$$q_j = \frac{C_{11}\alpha_j^2 - C_{44}}{C_{13}+C_{44}} \tag{6-14}$$

函数 $\varphi(x,y,z)$ 满足拉普拉斯方程

$$\nabla^2\varphi(x,y,z) = 0 \tag{6-15}$$

像式(6-11)那样，将位移分量的导数代入方程(6-9)中，则应力张量分量可以由函数 $\varphi(x,y,z)$ 表达。经进一步研究，易求出沿 z 轴的应力和位移分量

$$u_z = \frac{q_1}{1+q_1\partial z_1}\varphi(x,y,z_1) - \frac{q_2}{1+q_2\partial z_2}\varphi(x,y,z_2) \tag{6-16}$$

$$\sigma_z = C_{44}\left[\alpha_1\frac{\partial^2}{\partial z_1}\varphi(x,y,z_1) - \alpha_2\frac{\partial^2}{\partial z_2}\varphi(x,y,z_2)\right] \tag{6-17}$$

边界条件如下：

$$\begin{cases} u_z(x,y,0) = -w_0, & |x| \leqslant a,\ |y| \leqslant b \\ u_z(x,y,0) = 0, & \text{平面 } z=0 \text{ 的其余部分} \\ \tau_{xz} = \tau_{yz} = 0, & z=0 \text{ 全平面} \end{cases} \tag{6-18}$$

可求出调和函数 $\varphi(x,y,z)$。最终求出 $z=0$ 时的应力分量 σ_z：

$$\sigma_z(x,y,0) = \frac{w_0C_{44}(\alpha_1-\alpha_2)}{2\pi}\cdot\frac{(1+q_1)(1+q_2)}{q_1-q_2}\left\{\frac{\sqrt{(a-x)^2+(y+b)^2}}{(y+b)(a-x)} - \frac{\sqrt{(a-x)^2+(y-b)^2}}{(y-b)(a-x)} + \frac{\sqrt{(a+x)^2+(y+b)^2}}{(y+b)(a+x)} - \frac{\sqrt{(a+x)^2+(y-b)^2}}{(y-b)(a+x)}\right\}$$

对于矩形采场，当 $a=b$，即当工作面“见方”时，σ_z 有最大值。当工作面推进至“见方”时，采场的支承压力达到最大。

因此，从力学计算的角度得到了工作面“见方”时来压明显的依据。

根据 5310 工作面地质资料可知，工作面宽度为 230m，当工作面回采至 230m 左右时，采空区达到工作面“见方”。在工作面“见方”阶段，采空区上覆岩层悬空面积更大，受力发生变化，造成岩层的剧烈破坏，释放大量的弹性能，大大增加了工作面的冲击危险性。当工作面推进到 232m 时，煤壁中部超前支承压力峰值达到了 51.30MPa，应力集中系数为 2.42，工作面两端头附近出现应力集中，见表 6-31。

因此，5310 工作面基本顶初次来压步距约为 40～50m，将基本顶初次来压前后 20m 范围内划为弱冲击危险区；工作面“见方”期间工作面前方 60m、后 20m 范围内划分为中等冲击危险区。划定危险区域如图 6-53 所示。

表 6-31　　煤岩结构(初次来压、见方)对工作面冲击影响范围

5310 工作面	与切眼水平距离(冲击危险区)
轨顺	30～70m(初次来压、弱冲击危险区)
	190～290m(见方、中等冲击危险区)
运顺	20～60m(初次来压、弱冲击危险区)
	180～280m(见方、中等冲击危险区)

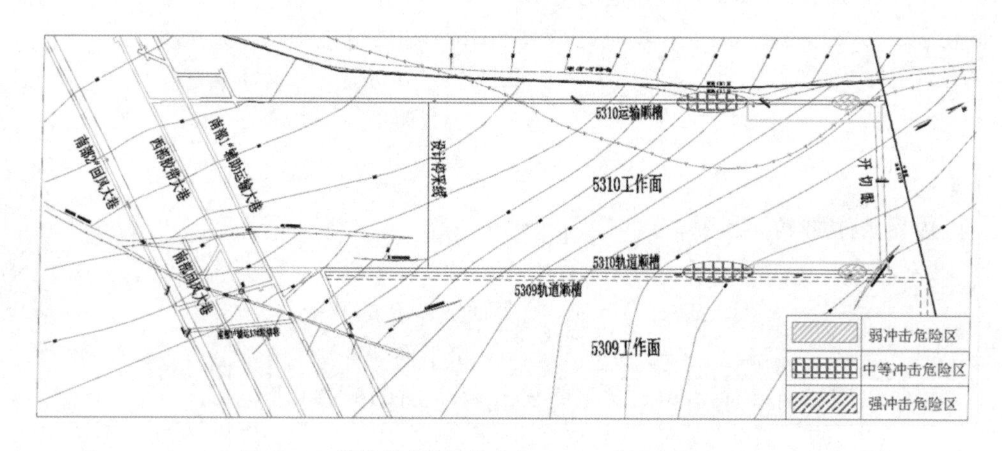

图 6-53　煤岩结构(初次来压、见方)影响危险区划分

6.5.3　断层影响

根据 5310 工作面地质资料可知,5310 工作面回采地质构造影响主要为断层。工作面内揭露 Fd51、DF46、DF45、Fd50、沈庄五条正断层,落差分别为 16～43m、0～3m、0～3m、0～21m、0～10m。根据断层影响冲击危险性机理及掘进期间危险区划分分析可知,将 Fd51 断层 0～30m 范围巷道划分为强冲击危险区,30～50m 划分为中等冲击危险区;将沈庄、DF46、DF45、Fd50 四条断层 0～50m 划分为弱冲击危险区,具体划分范围见表 6-32,危险区划分范围见图 6-54。

表 6-32　　断层对工作面冲击影响范围

序号	位置		距离/m	危险程度
1	运顺	距开门口	227～1036	中等冲击危险区
2	轨顺		120～330	弱冲击危险区
3	轨顺	距开切眼	0～50	弱冲击危险区

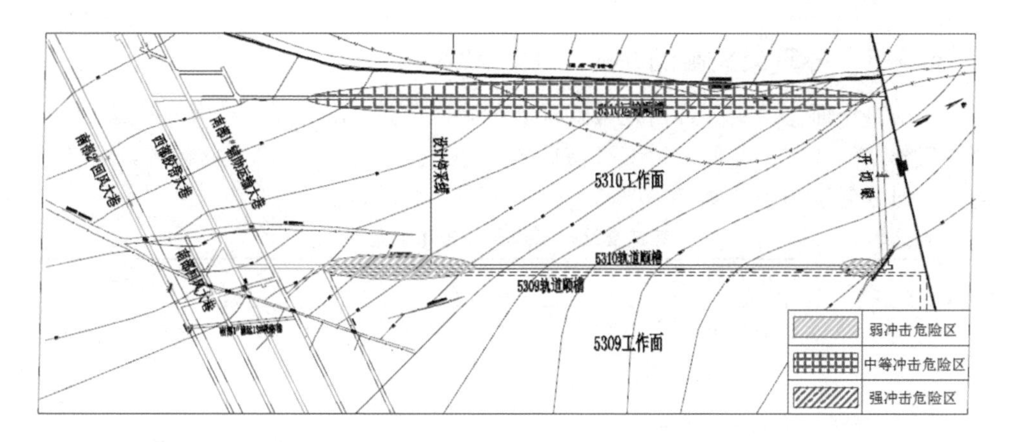

图 6-54　断层影响危险区划分

6.5.4　煤层厚度变化(分岔)影响

根据5310工作面煤层厚度变化(分岔)冲击危险机理分析,5310工作面煤层分岔将对回采期间巷道冲击危险性产生一定影响,因此,根据掘进期间煤层分岔对冲击危险的影响分析,将5310工作面回采期间煤层分岔前后各30m范围内划分为弱冲击危险区,具体划分范围见表6-33,危险区划分范围见图6-55。

表6-33　煤层厚度变化(分岔)对工作面冲击影响范围

5310工作面	冲击危险区域(距开切眼水平距离)
运顺	弱冲击危险区(0～70m)
	弱冲击危险区(478～558m)

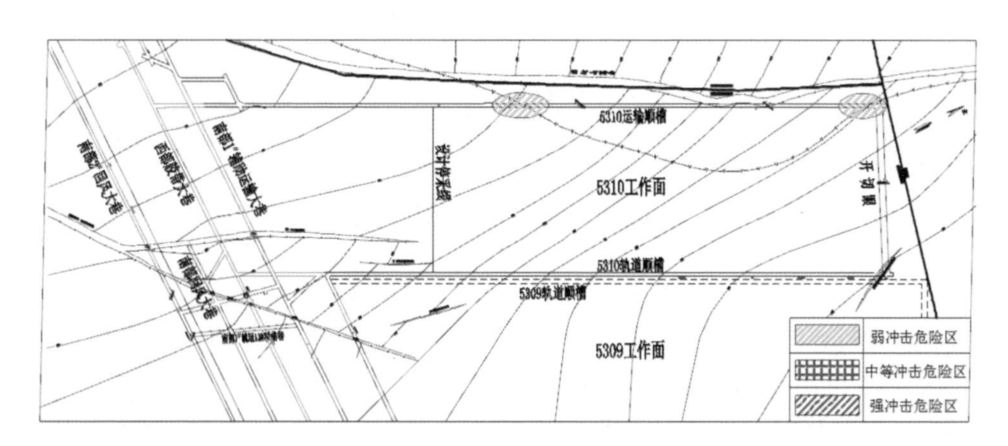

图 6-55　煤层厚度变化影响危险区划分

6.5.5 巷道交叉影响

根据工作面巷道交叉冲击危险机理和危险区分析，结合5310工作面掘进期间危险区划分，将5310工作面巷道交叉前后30m范围内划分为弱冲击危险区，危险区域范围及划分分别如表6-34和图6-56所示。

表6-34 巷道交叉对工作面冲击影响范围

位置	距离		危险程度
运输顺槽	距开门口	68～98m	弱冲击危险区
轨道顺槽		120～150m	弱冲击危险区
南部1#辅助运输大巷和5310运输顺槽之间联络巷		整段	弱冲击危险区
西部胶带大巷与南部1#辅助运输大巷之间联络巷(5310轨顺附近)		交叉点周围30m	弱冲击危险区

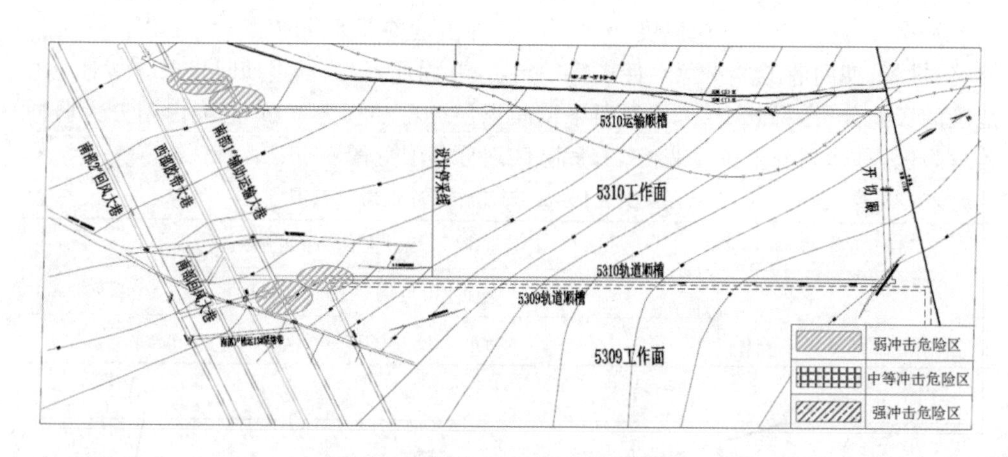

图6-56 巷道交叉影响危险区划分

6.5.6 停采线影响

回采工作面收尾时，工序复杂，推进缓慢。工作面停采线外侧区域受超前支承压力影响，易诱发顶板及其他次生事故。同时，5310工作面南为永久保护煤柱线，且前方掘有南部1#辅助运输大巷、西部胶带大巷、南部回风大巷和南部2#回风大巷，在工作面推进过程中易受采动影响。

另外，在5310工作面开采过程中，随工作面距停采线距离的减小，受5310工作面超前支承压力影响，南部1#辅助运输大巷、西部胶带大巷、南部回风大巷和南部2#回风大巷支承压力峰值不断增大，其冲击危险性逐渐增大，应加强监测与防范。

据此将5310工作面停采线外侧及工作面影响的南部集中巷划分为弱冲击危险区。危险区域范围及划分如图6-57所示。

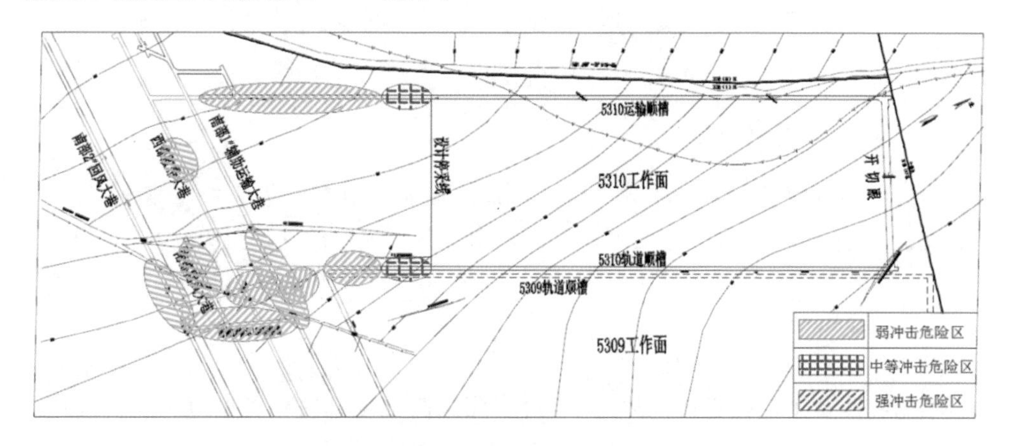

图6-57 停采线影响危险区划分

根据以上对冲击地压危险性的多因素评价，对危险区域位置、危险程度进行叠加。通过单个因素影响范围的叠加，并结合每类因素所造成的危险水平，将这些危险区域划分为三类，如图6-58所示：弱冲击危险区8个，中等冲击危险区5个，强冲击危险区2个。

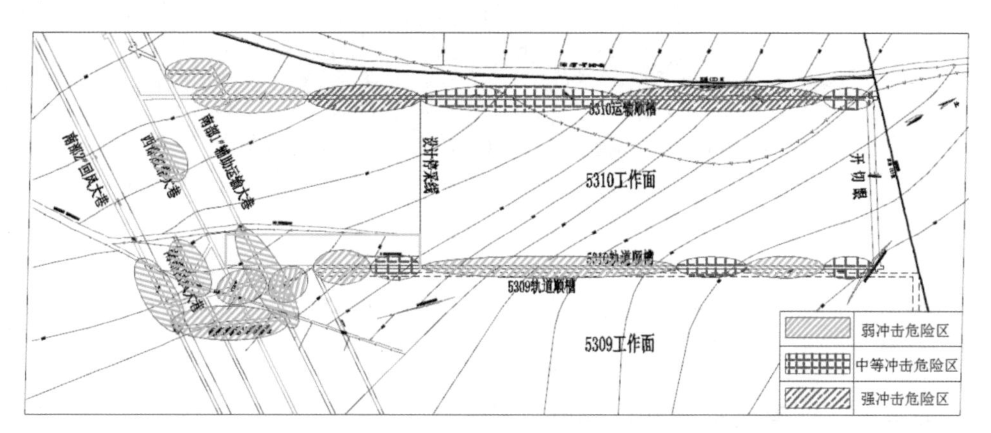

图6-58 回采期间危险区划分

6.6 支护系统抗冲能力分析

6.6.1 支护阻力

顶板中锚杆间排距为 850mm×800mm，顶板支护中有 6 根锚杆，2 条锚索。锚杆的支护力为 150kN，锚索每根支护阻力为 180kN。提供的支护力为：

$$F_{支}=6\times150\times(1000/800)+2\times180\times(1000/1600)=1350(\text{kN})$$

6.6.2 变形量

根据我国常用锚杆材料拉伸力学特性，我国高强度螺纹锚杆的延伸率为 18%，因此巷道中顶板升缩量应小于(2400－2314.8)×18%＝15.3(mm)。

6.6.3 静安全系数

根据上述，顶板锚杆和锚索提供的支护力为 $F_{支}=1350\text{kN}$，而顶板需要支护的厚度为 $F_{顶}=340\text{kN}$。因此静安全系数为：

$$K_{静}=F_{支}/F_{顶}=1350/340=3.97$$

6.6.4 动安全系数

当上覆岩层产生运动时，上覆岩层的动压将为顶板岩层重量的 2～2.5 倍，因此动安全系数为：

$$K_{动}=\frac{F_{支}}{(2\sim2.5)\times F_{顶}}=\frac{1350}{(2\sim2.5)\times340}=1.59\sim1.99$$

相比轨道顺槽，运输顺槽顶板多支护一根锚索，可以满足要求。因此，赵楼煤矿 5310 工作面巷道支护强度能够满足防冲要求。

6.6.5 巷道支护防冲适用性评价

5310 工作面轨顺和运顺支护形式及参数均按照巷道的实际条件进行了针对性设计，两巷采用的锚杆长度分别为 2400mm(顶板)、2500mm(帮部)，锚索长 6.2m，由于煤层顶板主要为砂岩，局部存在泥岩，该锚杆和锚索支护基本能够贯穿巷道塑性区，深入稳定区进行固定，配合 T 形钢带、菱形网、钢筋梯加强支护效果，能够抵抗一定强度的矿震并护住破碎煤体，同时考虑到 5310 工作面为首采工作面，无邻近采空区，再通过采取其他加强支护及防冲措施，该支护设计基本满足防冲要求。

6.6.6 巷道支护防冲建议

①当两顺槽矿压显现明显而导致顺槽断面缩小，影响正常通行和运输时，需另外编制放顶或扩帮卧底的专项补充措施。每天安排专人观察顶板离层仪，发现离层仪指示标志进入红区时及时支设单体支柱加强支护。

②发生较强矿震后，及时检查支护及巷道围岩破碎情况，并及时修护。

③回采过程中，根据该工作面的生产实践及上、下端头和出口的实际情况，及时修改、补充加强工作面上、下端头和出口的支护方式、范围及相关措施，报请矿总工程师批准，以确保安全生产。

6.7 5310 工作面监测数据分析

6.7.1 微震监测系统及拾震器的布置

赵楼煤矿采用 SOS 微震监测系统对全矿井进行实时、动态和自动监测[305]。该系统最远监测距离能达到 10km，同时配备 16 个监测频率为 0.1～600Hz 的拾震器，均匀布置在矿井及采掘工作面周围。其中 5310 工作面附近的拾震器编号为 1#、5#、13# 和 15#，4 个拾震器对工作面进行了有效的覆盖。5310 工作面布置的拾震器空间位置坐标见表 6-35。

表 6-35 **5310 工作面回采期间拾震器布置位置表**

5310 工作面回采期间 1# 拾震器安装位置				
安装时间	地点	X(坐标)	Y(坐标)	Z(坐标)
2018-7-14	5310 轨顺 10G11 导线点向里 57.2m	20400401.02	3918703.10	−833.6
2019-6-4	5310 轨顺 10G6 导线点向里 11.4m	20400210.90	3918330.40	−784.3
5310 工作面回采期间 5# 拾震器安装位置				
安装时间	地点	X(坐标)	Y(坐标)	Z(坐标)
2018-7-14	5310 轨顺 10G8 导线点里 2.8m	20400284.26	3918474.12	−809
2018-12-7	5310 轨顺 10G13 导线点里 42.6m	20400492.86	3918874.52	−865.1
2019-1-29	5310 轨顺 10G8 导线点里 2.8m	20400284.26	3918474.12	−809
5310 工作面回采期间 13# 拾震器安装位置				
安装时间	地点	X(坐标)	Y(坐标)	Z(坐标)
2018-7-14	5310 运顺 10Y7 导线点里 118m	20400009.61	3918452.80	−771
2018-12-24	5310 运顺 10Y12 导线点里 11.6m	20400211.62	3918849.21	−803.3
2019-5-8	5310 运顺 10Y7 导线点里 118m	20400009.61	3918452.80	−771

续表

5310 工作面回采期间 15# 拾震器安装位置				
安装时间	地点	X(坐标)	Y(坐标)	Z(坐标)
2018-7-14	5310 运顺 10Y10 导线点外 5.9m	20400104.61	3918638.40	−780
2019-10-27	5310 运顺联络巷门口	20399863.61	3918234.38	−750.8

6.7.2 震源时空分布及演化规律

微震事件是煤岩体中的应力超过其强度所引发的破裂，微震事件的时空分布可以反映应力的分布转移规律。图 6-59 展示了 2019 年 7—12 月 5310 工作面微震事件的空间演化规律，不同颜色的圆形表示不同强度的地震矩。

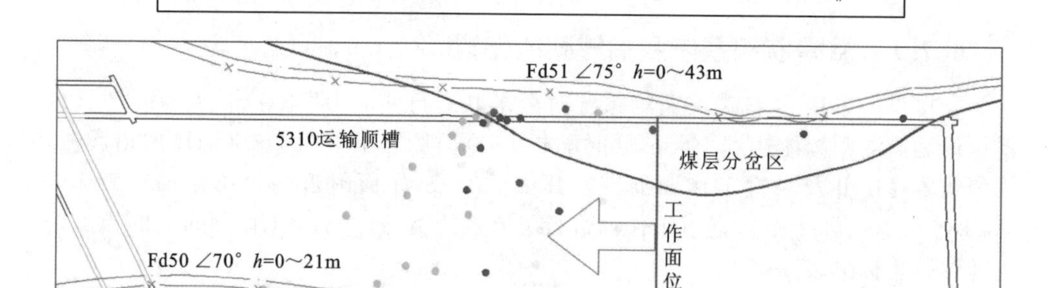

(a)

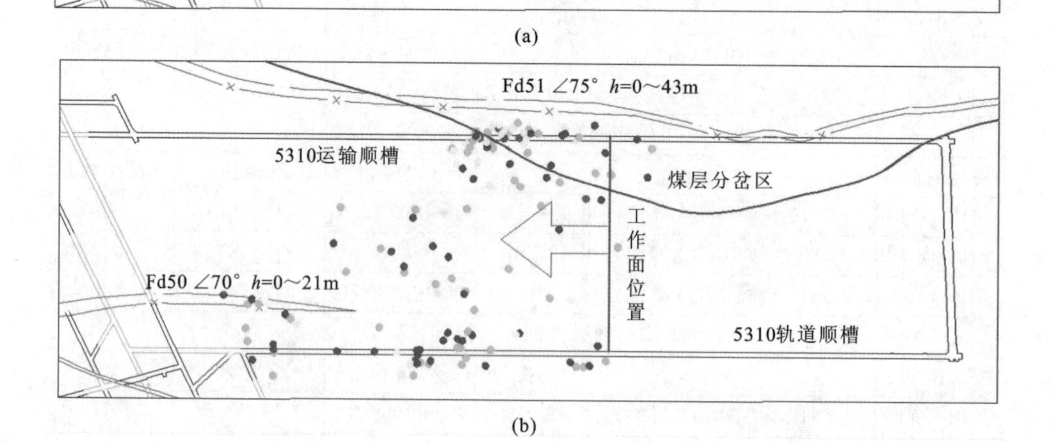

(b)

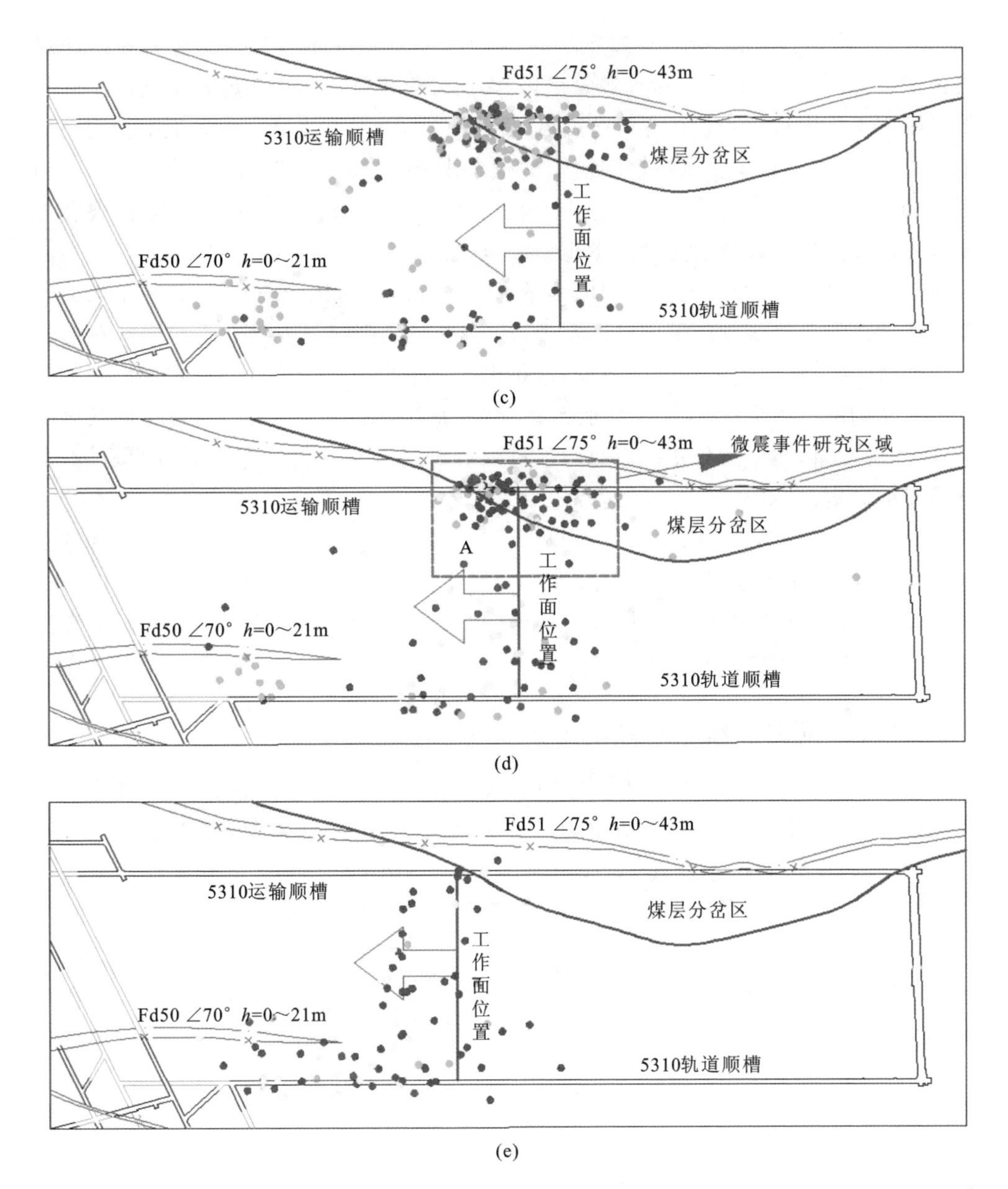

图 6-59　2019 年 7—12 月震源分布演化图

(a)7—8 月；(b)8—9 月；(c)9—10 月；(d)10—11 月；(e)11—12 月

从图 6-59 可以看出，当工作面距煤矸分岔区较远[图 6-59(a)]时，煤壁前方区域的应力分布相对均匀，微震事件主要由较高的原岩应力引起，分布相对分散，矩震级大小主要为－0.5～0，强度不高，以微破裂为主。随着工作面逐渐接近煤矸分岔区

[图 6-59(b)],回采扰动导致煤壁前方区域的应力重新分布、转移,高应力容易向煤岩体中裂隙、弱面和不连续的接触面积累,因而微震事件出现向煤矸接触面聚集的趋势。随着工作面进一步接近煤矸分岔区[图 6-59(c)、(d)],夹矸区应力集中程度急剧地增加,可以看出自煤壁到运输顺槽侧的整个煤矸分岔线均被微震事件包围。采动形成的支承压力使夹矸区上方垂直应力成倍增加,强度较低的煤体和接触面很有可能首先发生了破裂或滑动失稳。微震矩的震级由以−0.5～0 为主到 1～1.5 的事件大量出现,表明微裂隙贯通及接触面逐渐滑动失稳。同时比较图 6-59(c)中工作面内和运输顺槽侧分岔区微震事件可以发现,1～1.5 级的高能量事件几乎均聚集在运输顺槽侧,而在工作面内的夹矸区较少,这是由于巷道形成后侧向的卸荷作用增加了煤矸组合结构的不稳定性。当工作面推过煤矸分岔区[图 6-59(e)]后,微震事件数量明显减少且沿工作面分散分布。表明回采过煤矸分岔区后应力又重新分布均匀,不再有明显的聚集。

以上震源分布演化规律可以说明两点:①随着工作面位置的逐渐接近,煤矸分岔区会明显聚集高应力,形成应力集中区,从而促进接触面的滑动及煤矸体的破碎;②运输顺槽侧形成的煤矸组合结构由三向受力转为二向受力,卸荷作用降低了分岔区煤矸组合结构的稳定性。

6.7.3 应力在线监测系统

在工作面的冲击危险区域安装应力在线系统监测系统,对危险区域应力的实时变化情况进行监测。5310 运顺及轨顺采帮侧各安装 10 组应力计,每 1 组有 2 个应力计,分别为深孔 14m 与浅孔 8m,两孔间距为 1m,两组间距为 25m。实现冲击地压危险区和危险程度的实时监测和预报预警(红色预警值为 12MPa,黄色警示值为 10MPa)。

监测分析情况如表 6-36 所示。

表 6-36　**5310 工作面回采期间应力值变化统计表**

测点与工作面距离/m	200	180	160	140	120	100	80	60	40	20
5310 轨顺应力值/MPa	4.3	4.5	4.6	4.5	4.7	4.8	4.8	4.9	6.7	7.9
5310 运顺应力值/MPa	4.6	4.8	4.8	4.7	4.9	5.0	5.0	5.2	7.5	8.7

工作面两顺槽均为实体煤,应力变化规律基本一致,超前压力最大影响范围 50m,影响显著区域煤壁前 30m,峰值区域煤壁前 0～20m。由应力在线数据分析可得,5310 轨顺超前应力影响区域为 48m 左右,运顺超前应力影响区域为 59m 左右,应力增幅最大区域为 30m 左右。

6.7.4 5310工作面冲击地压防治情况

根据5310工作面冲击危险性评价与防冲设计，在5310工作面掘进期间，按照掘进期间防冲设计要求，弱冲击危险区以监测为主，中等冲击危险区卸压孔直径2m；回采期间按照强、中等、弱冲击危险区划分，卸压孔施工间距分别为0.8m、1.6m、2.4m，两帮施工，且预卸压施工距离始终超前工作面200m。

切眼掘进期间按照两帮2.4m间距施工预卸压钻孔，切眼全长230m，共施工预卸压钻孔192个。

运顺卸压孔施工情况：70～360m、640～800m，对运顺采帮施工大直径预卸压钻孔，钻孔直径150mm，钻孔深度20m，钻孔间距0.8m。0～70m、360～640m对运顺采帮施工大直径预卸压钻孔，钻孔直径150mm，钻孔深度20m，钻孔间距1.6m。800～970m对运顺采帮施工大直径预卸压钻孔，钻孔直径150mm，钻孔深度20m，钻孔间距2.4m。运顺累计施工预卸压钻孔1700个。

轨顺卸压孔施工情况：0～70m、180～280m、651～721m，对轨顺采帮施工大直径预卸压钻孔，钻孔直径150mm，钻孔深度20m，钻孔间距1.6m。70～180m、180～651m、721～804m对轨顺采帮施工大直径预卸压钻孔，钻孔直径150mm，钻孔深度20m，钻孔间距2.4m。轨顺累计施工预卸压钻孔852个。

钻孔单排布置在煤层中，钻孔垂直于巷帮，距巷道底板高度1.2m左右。工作面累计施工2744个。

6.7.5 分岔区煤层结构失稳前兆预警

(1)主频及最大振幅

大量现场调查发现，在冲击地压发生前，微震波形的最大振幅与主频会发生明显的改变。7月1日—12月1日共有695个事件位于煤矸分岔区。为减小计算量，只选取每日最大能量，共计149个微震事件，利用快速傅立叶变换求取每个事件的波形的主频与最大振幅随日期的变化，如图6-60所示。

正如大量室内单轴、三轴压缩试验所观察到的那样，岩石在由初始加载到逐渐达到峰值强度以及峰后破坏的过程中伴随着裂纹的萌生、扩张以及最终大尺度破裂的形成，所产生的声发射信号能量、频率、振幅也随之发生显著变化。随着加载应力逐渐接近试样的强度峰值，波形的主频会由高频向低频转移；破裂强度与释放的能量会加大，而在弹性波传播过程中，能量一般与振幅的平方成正比，因而最大振幅也逐渐增加。因此，“低频高幅”事件预示高强度的破裂，宏观裂隙的形成。从图6-60可以看出，7—9月夹矸区微震事件的主频普遍在25～80Hz之间，对应的最大振幅均小于3×10^{-5}m/s，表明夹矸区域微裂隙的萌生，主要是区域内的煤矸体及接触面上应力

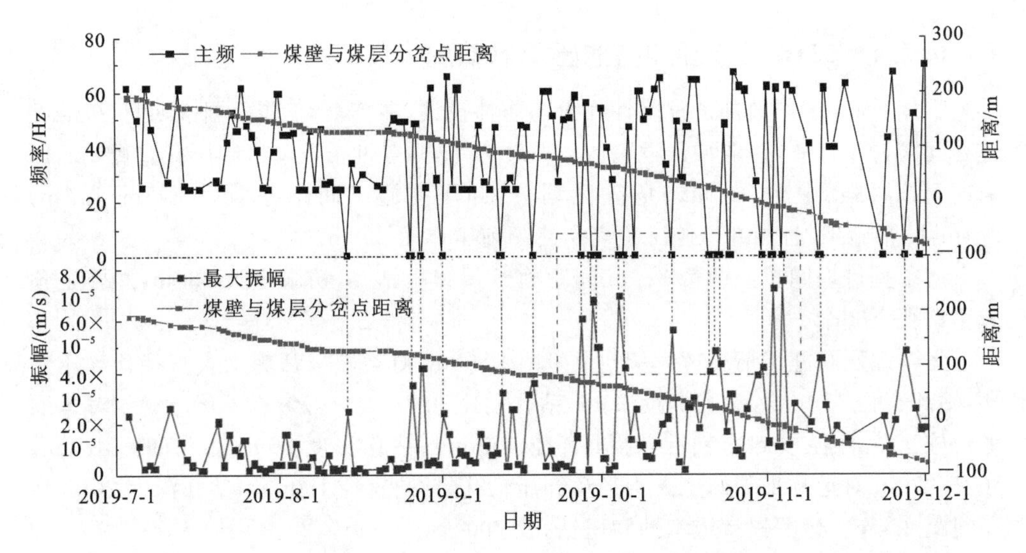

图 6-60　2019 年 7—12 月主频及最大振幅变化

与能量的不断累积。8 月底、9 月初出现三个频率接近 0Hz 的低频事件，相应的振幅也达到了峰值，可能是煤体发生了破裂或者接触面发生了滑动；9 月 12 日、9 月 18 日又出现了两个“低频高幅”事件，表明微破裂与滑动间隔出现；进入 10 月，低频事件数明显增加，同时相应的振幅也在该阶段达到最高值，这表明煤矸组合结构中大量的宏观裂缝已经形成，其承载强度已经达到极限并伴随着稳定性的急剧下降。11 月之后，“低频高幅”事件普遍减少，表明组合结构在强度达到峰后状态时只有微破裂发生。

综上可知，“低频高幅”事件从开始少量出现到大量急剧增加与分岔区煤矸体从裂隙发育到宏观断裂的变化过程对应良好。“低频高幅”事件的增加意味着煤矸组合结构趋于破坏失稳。

为了进一步挖掘一些表明接触面滑动或者宏观破裂的信息，依据第 2 章试验部分得到的结论，对图 6-60 中“低频高幅”事件的波形进行频谱特征分析，处理结果如图 6-61 所示。

由图 6-61 可知，从波形及频谱分布相似性来看，图 6-61(a)、(b)可分为一组，图 6-61(c)、(d)可归为一组。图 6-61(a)、(b)最大振幅突出且持续时间短，能量分布主要集中在 30～60Hz，而图 6-61(c)、(d)最大振幅持续时间长，即达到最大振幅后保持一段时间再开始下降，并且达到最大振幅之前波形上升前兆不明显，存在振幅突变的现象。与图 6-61(a)、(b)相比，图 6-61(c)、(d)波形的能量分布集中在 0～30Hz，明显有向低频转移的趋势，是典型的宏观断裂诱发的微震信号特征。

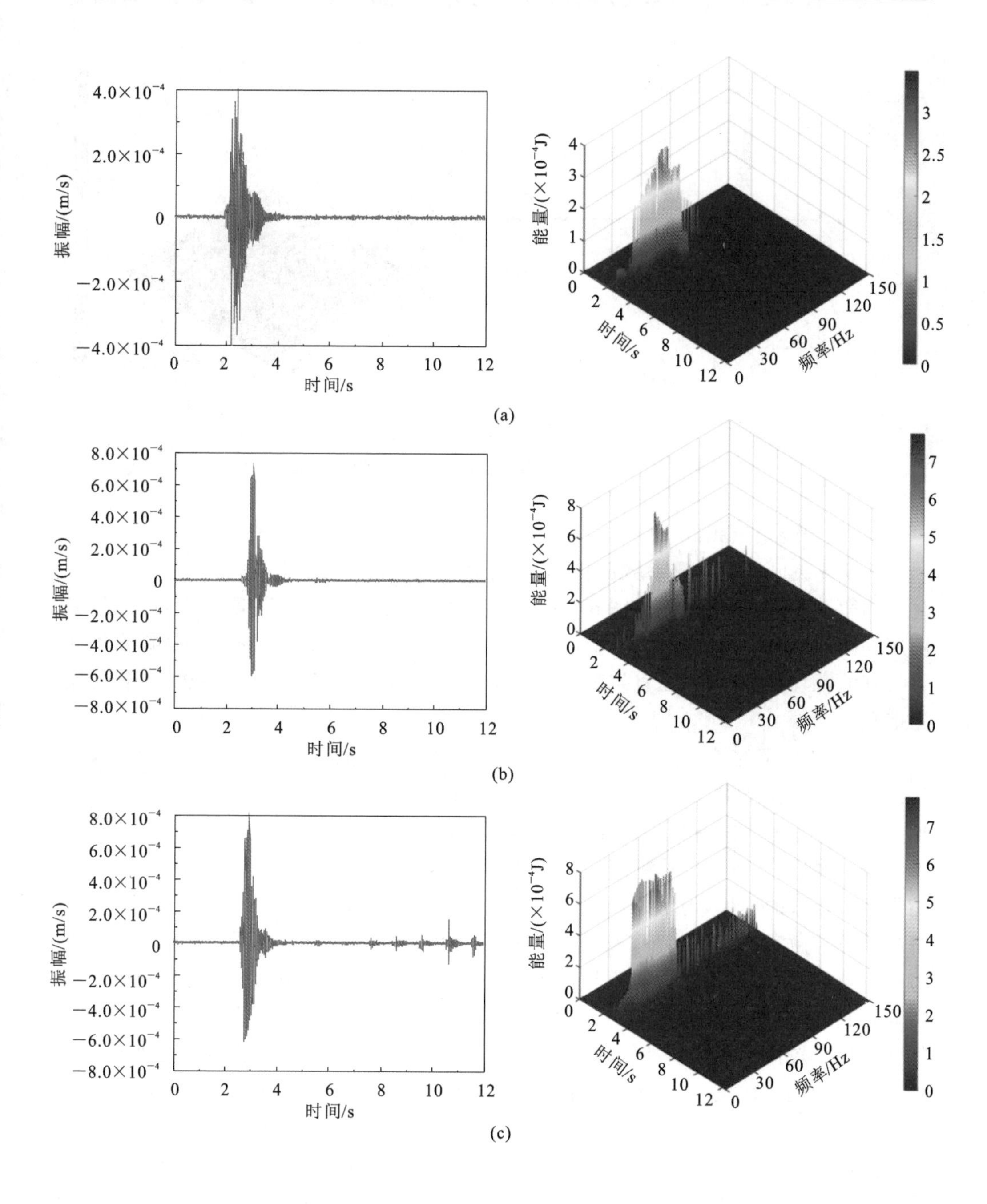
振幅/(m/s)
时间/s
能量/(×10⁻⁴J)
频率/Hz
(a)
(b)
(c)

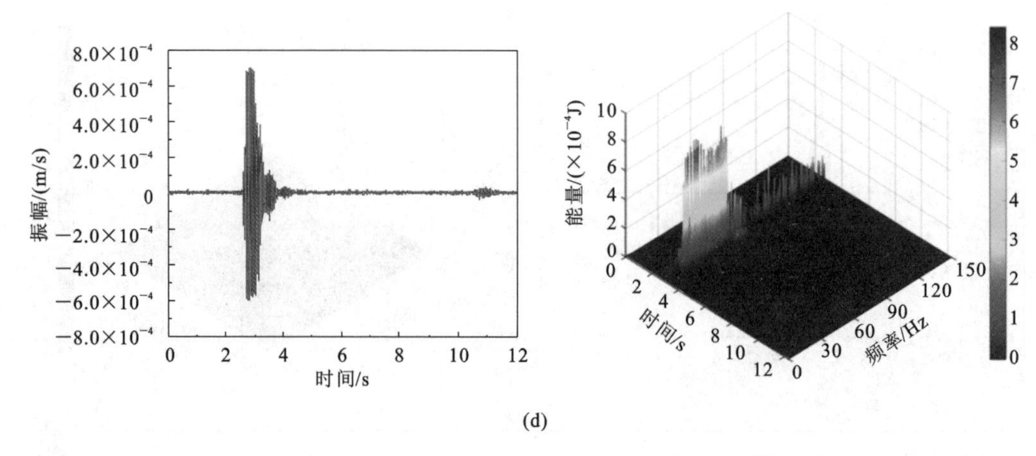

图 6-61　5310 工作面"低频高幅"事件波形频谱特征

(a)9 月 1 日;(b)9 月 12 日;(c)10 月 22 日;(d)10 月 25 日

(2)累积能量及频次

为研究夹矸区的微震参数演化规律,通过微震定位分区,筛选了 695 个位于夹矸区域的微震事件,筛选区域如图 6-59(d)红色虚线框所示。需要说明的是,后文研究所用到能量、频次、累计视体积、能量指数、频率振幅等均是根据该区域的微震事件计算得到的,因此它们可以更直接地反映分岔区煤岩体应力变形、能量释放、围岩劣化等信息。

图 6-62 显示的是分岔区 2019 年 7—12 月每日的微震累积能量与频次变化及工作面位置。总体来看,随着工作面逐渐接近分岔区,微震频次与能量活跃性均大大增加。7 月 1 日—8 月 24 日工作面距离分岔区较远(180～110m),采动应力对分岔区影响较小,能量与频次整体处于较低水平。8 月 24 日后微震频次急剧增加,但累积能量只有轻微的增加,说明了煤矸体中微裂隙不断扩展及接触面发生微小错动,而能量的释放与微震频次不同步,表明煤矸体及接触面的应力、能量在不断积聚。这种趋势一直持续到 10 月 18 日,能量与频次均达到了异常低值,说明微裂隙已经充分扩张贯通,煤岩体中的积聚能量已达到承载极限。10 月 18—28 日,释放能量达到峰值,但频次处于较低水平,这表明煤矸体中大尺度破裂形成,组合结构整体强度急剧下降处于峰后阶段。10 月 28 日后,工作面已推过夹矸区 12m,工作面前方应力场又分布均匀,能量与频次又恢复到较低水平。这说明煤矸组合结构滑移表现为低能量高频次的震源信号特征,而煤矸组合结构整体失稳表现为高能量低频次的震源信号特征,并且其整体失稳前存在异常的能量与频次低值前兆,这与实验室试验和数值结果基本一致。

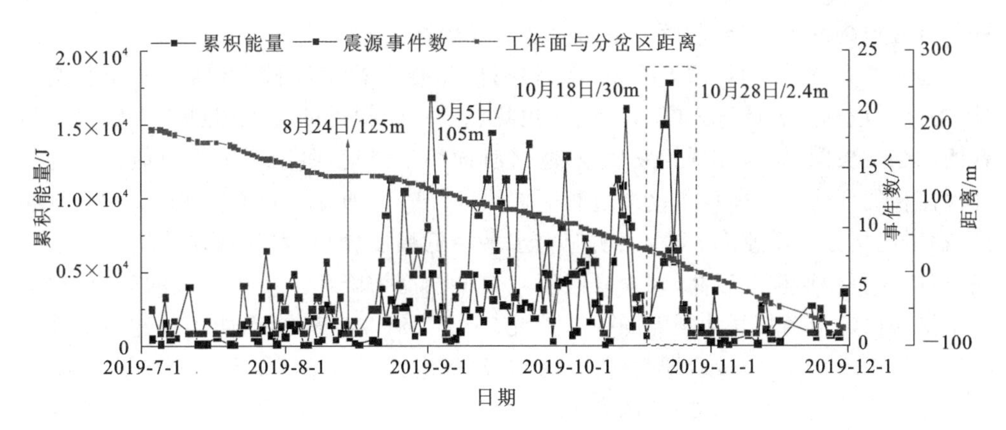

图 6-62 2019 年 7—12 月累积能量与频次变化

(3)辐射能指数及累计视体积

与上文试验部分处理过程类似,首先对各事件的波形进行基线矫正、滤波,之后对波形进行快速傅立叶变换得到频谱分布图,最终通过粒子群算法拟合频谱曲线得到求取各震源参数的两个基本参数(拐角频率和拐角幅值)。辐射能指数与累计视体积的计算方法与试验部分一致,其变化趋势如图 6-63 所示。

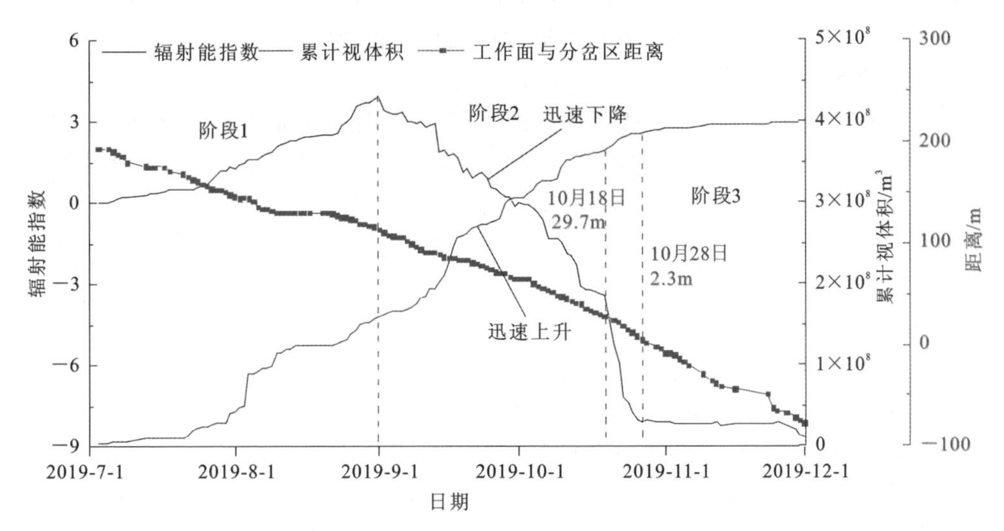

图 6-63 2019 年 7—12 月辐射能指数与累计视体积变化

从图 6-63 可以看出,辐射能指数与累计视体积的变化过程明显可分为以下 3 个阶段。

①阶段 1:7 月 1 日—9 月 1 日,累计视体积与辐射能指数均呈现逐渐增长的趋势,这是典型的岩石峰前硬化特征,表明夹矸区域能量与应力不断积累。回采引起煤

壁前方应力场的重新分布，应力逐渐向夹矸区积累。

②阶段2:9月1日—10月28日，辐射能指数大幅度降低，累计视体积急剧增长，夹矸区域的煤岩体进入峰后应变软化状态。由于积累的应力超过了接触面及煤岩体的强度极限，煤岩体开始发生破裂，接触面趋于滑动，阶段2中辐射能指数与累计视体积的变化趋势体现了这个过程。9月1日—10月18日与10月18—28日相比，辐射能指数降低速率较小，表明应力水平降低幅度较小，累计视体积增长速度较快，表明岩石变形程度较高，即夹矸区发生较低的应力降而产生了较大的变形，这类似于接触面的滑动与岩体裂隙的快速扩展；10月18—28日，辐射能指数迅速下降而累计视体积增加速度减小，即夹矸区发生较高的应力降而塑性变形速率减小，这类似于岩体宏观破裂的发生。同时图6-62中10月18—28日的间释放辐射能达到峰值而频次却处于较低水平也可表明大尺度破裂的形成。

③阶段3:10月28日—12月1日，辐射能指数与累计视体积相对稳定，几乎呈直线，表明工作面推过夹矸区后，应力场分布均匀，各震源区的应力、位移均保持相对稳定。

经过以上分析可知，阶段1为应力积累阶段，阶段2为应力释放阶段，阶段3为应力重新分布平衡阶段。为避免夹矸区的能量积累诱发冲击地压，可以选择在应力累积达到峰值前(9月1日前)，在夹矸赋存区进行钻孔卸压，释放应力。

(4)微震活动度 S 值及 b 值

微震活动度 S 值是对冲击灾害预测的一种评价方法，它能够定量分析一个区域内的微震活动水平[306]。研究表明[307]，微震活动度 S 值越高，煤岩体应力集中程度越高，冲击危险程度也越高。其计算公式为：

$$S = 0.117\lg(N_i + 1) + 0.029\lg \frac{1}{N_i}\sum_{i=1}^{N} 10^{1.5\times M_i} + 0.015 \times M_{\max} \tag{6-19}$$

式中，N_i 为震源总数；M_i 为微震震级；$M_{\max}$ 为最大震级。

为了探究夹矸赋存区域煤矸体滑移和破碎失稳的前兆特征，统计了图6-58(b)中A区域2019年7月3日—12月1日的微震活动度 S 值和 b 值，如图6-64所示。其中，S 值和 b 值的统计均以20d为时间窗口，10d为滑动步长。

从图6-64可以看出，7月3日—8月21日，工作面距离A区域较远，此时微震活动度 S 值和 b 值均逐渐增大，应力逐渐积累。8月21日—9月20日，工作面超前压力影响A区域，此时微震活动度 S 值增加，b 值逐渐减小，煤矸体产生了沿接触面滑移和微破裂。9月20日—10月10日，微震活动度 S 值减少，b 值先增大后减小。受接触面滑移和微破裂的卸荷影响，煤矸体内部仍储存着一部分能量。10月10—30日，微震活动度 S 值再次增加，b 值迅速减小至最低值，分析是煤矸体产生了宏观破坏。10月30日以后，微震活动度 S 值迅速降低，b 值迅速升高，两者最终均保持稳定

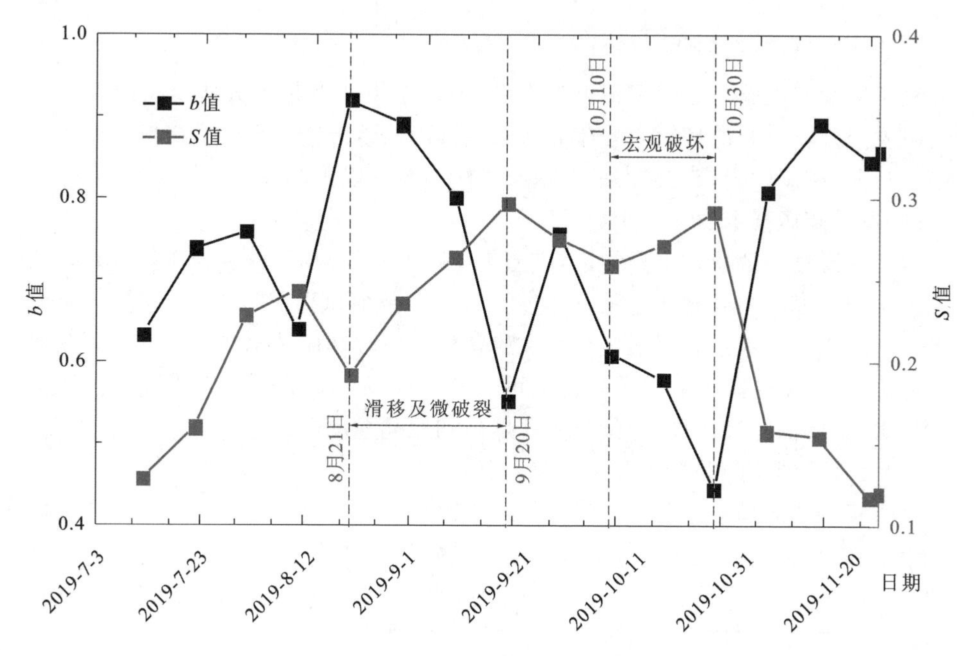

图 6-64　夹矸赋存区域的微震活动度 S 值和 b 值

状态，煤岩体失去承载能力。从微震活动度 S 值和 b 值的演化规律可以看出，煤矸组合结构滑移和整体失稳均会产生 S 值增加、b 值降低的前兆信号特征，与实验室试验结果基本一致。

总而言之，煤矸体之间的接触面具有不连续的特点。受采掘卸荷作用影响，煤壁前方应力会逐渐向分岔区转移积累。当累积的剪应力超过煤矸接触面抗剪强度时，接触面会产生不稳定的滑移错动现象。滑移错动会进一步加剧煤矸体的破碎，从而造成累积应变能剧烈释放，同时伴随着微震事件数增加、辐射能指数升高、累计视体积增长、低频事件数增多、微震活动度 S 值升高和 b 值降低的前兆特征。

6.8　分岔区煤层结构失稳防治方法探讨

由煤矸组合结构滑移破碎失稳判别式可知，煤矸组合结构破坏失稳与围岩应力状态和接触面性质有关。因此，分岔区煤层巷道的冲击灾害防治工作需从控制围岩应力状态和弱化接触面参数两方面进行研究。

6.8.1 控制围岩应力状态

基于实验室试验与数值模拟可以看出，围岩应力状态是煤矸体沿接触面滑移失稳的触发条件。有效的控制围岩应力状态即可确保组合结构不会沿接触面产生滑移失稳。目前，控制围岩应力状态的技术及方法主要有以下几种。

(1)爆破卸压技术

含夹矸区域为地质构造异常区，应力集中程度往往较高，爆破卸压技术是降低围岩应力集中程度的主要技术方法。通过实验室和数值试验可以看出，高静载应力作用下组合煤岩更容易达到接触面滑移失稳条件。爆破卸压技术能够降低夹矸赋存区域的应力集中程度，降低其滑移失稳的可能性。现场常用的爆破卸压方法包括顶板预裂爆破、煤层深孔卸压爆破、底板深孔爆破和浅孔松动爆破等。

(2)大直径钻孔卸压技术

大直径钻孔卸压技术是基于煤体卸荷破碎机理的一种卸压方法。钻孔会促使煤壁产生局部弱化区，弱化区周围的煤体受压破碎贯通形成一个弱化带，起到卸压降冲的效果。同时，大直径钻孔卸压技术也能促使巷道周围的高应力区向煤体深部转移，从而使巷道周围形成应力降低区。

(3)降低回采速度

回采速度增加会引起顶板垮落不及时，造成采空区顶板悬顶面积增大，从而引起煤壁前方的支承压力增加。根据接触面滑移判别条件可知：围压不变，轴向应力越大时，接触面越容易产生滑移解锁。同时，回采速度增加也会造成应力加载速度的增加，引起煤矸组合结构失稳强度增大，从而增加分岔区煤层巷道的冲击危险性。

(4)及时支护

及时支护是指巷道掘进或工作面回采后，立即对巷帮或煤壁进行支护的方法。由围岩应力卸荷的时效性可知，巷道掘进或工作面回采后，环向应力会随着时间的增加而逐渐卸荷减小。及时支护能够降低环向应力的卸荷速度，削弱瞬时卸荷诱发煤矸结构滑移的可能性。

(5)加强支护

由接触面滑移触发条件可知，围压越大，接触面滑移所需的轴向应力也越大。加强支护能够增加残余环向应力，削弱围岩应力重新分布程度，从而增强煤矸组合结构的稳定性。

6.8.2 弱化接触面参数

基于理论分析与数值模拟可以看出，接触面性质决定了分岔区煤层巷道滑移失稳的难易程度。弱化接触面参数主要包含三个方面：减小接触面倾角、降低接触面摩擦系数和增加接触面粗糙程度。生产过程中可采用以下技术及措施对接触面参数进行弱化。

(1)优化巷道布置

由接触滑移失稳判别条件可知,接触面倾角大小决定了接触面能否产生滑移失稳。一般来说,煤矸接触面倾角越大,煤矸组合结构越容易产生滑移失稳。因此,巷道布置时应避免布置夹矸尖灭、起始分岔区和夹矸异常增厚或变薄等煤矸接触面倾角异常变化区。

(2)煤层注水软化

煤层注水是通过水压力的作用促使煤矸接触面上的原始裂隙发育扩展和贯通,从而起到弱化其摩擦系数的效果。由第5章数值计算结果可知,该方法能够有效降低分岔区煤层巷道滑移失稳的强度。同时,煤层注水还能软化煤矸体,减弱煤矸体内部积累的弹性能密度,从而达到降低组合结构破坏失稳强度的效果。

(3)煤矸接触面爆破

煤矸接触面爆破方法与煤层爆破方法原理基本一致,但不同的是该方法主要爆破煤矸接触面附近的煤岩体。该方法能够增加煤矸接触面的粗糙程度、破坏煤矸结构的连续性,从而预防煤矸整体滑移诱发冲击地压灾害。同时,煤矸接触面爆破也能降低接触面附近的应力集中程度,起到爆破卸压的效果。

6.9 本章小结

通过对赵楼煤矿5310工作面冲击倾向性鉴定、冲击危险性评价及夹矸赋存区域监测数据进行分析,得到与室内试验相似的结论,包括夹矸区应力重新分布、转移过程及接触面滑动、宏观破裂前兆信息。同时,结合卸荷路径下煤矸组合结构的滑移破碎失稳理论,探讨了分岔区煤层巷道破坏失稳的防控方法,主要结论总结如下。

①赵楼煤矿3#煤层冲击倾向性类别为Ⅱ类,即弱冲击倾向性;煤层顶板岩层冲击倾向性类别为Ⅱ类,即弱冲击倾向性;煤层底板岩层冲击倾向性类别为Ⅱ类,即弱冲击倾向性。

②5310工作面冲击地压的主要地质因素包括:a.煤层开采深度;b.煤岩的物理力学性质及特征;c.煤层厚度变化(分岔);d.断层(地质构造);e.上覆岩层结构。主要开采因素包括:a.巷道交叉;b.基本顶中砂岩初次来压及工作面“见方”;c.停采线。

③根据5310工作面地质因素和开采因素,该工作面冲击地压危险状态等级评定综合指数$W_t=0.71$,属于中等冲击危险等级。根据可能性指数诊断法评价,5310工作面冲击地压发生的可能性指数$U=1.0$,具备了发生冲击地压的应力条件,特别是

断层、顶板来压、相邻采空区、巷道交叉、停采前后等影响期间，如果不提前采取防治措施，就具有发生冲击地压的危险性。

④根据冲击地压危险的综合评价，将 5310 工作面冲击危险性程度划分为弱、中等、强三个等级。根据冲击地压危险性的多因素耦合分析划定危险区域。掘进期间共划分弱冲击危险区 4 个，中等冲击危险区 2 个；回采期间共划分弱冲击危险区 8 个，中等冲击危险区 5 个，强冲击危险区 2 个。

⑤由 5310 现场微震监测数据分析可知，随着工作面逐渐向夹矸区推进，在回采扰动下夹矸区域的应力会重新分布，应力会明显向分岔线区域接触面转移积累，同时支承压力会使煤矸组合结构上方垂直应力成倍增加，促进接触面的分离、滑移及煤岩体的破碎。由于巷道形成过程中经历过侧向卸荷作用，与工作面中部的夹矸区相比，巷道侧的夹矸区积聚更多的高震级的微震事件、稳定性更差，煤矸接触面滑动诱发冲击地压的可能性会更大。

⑥煤矸分岔区累积能量与频次的不同步变化，辐射能指数急剧下降及累计视体积的急剧增加，大量低频高振幅事件的出现以及微震活动度 S 值升高、b 值降低，均预示着接触面发生滑动及煤岩体中裂隙贯通宏观破裂的形成。基于室内试验的研究结果及现场验证，波形和频谱分布特征可作为区分煤矸接触面滑动或宏观破裂的一种手段。

7　分岔区煤层结构失稳型冲击地压防治方法实践

冲击灾害的发生具有瞬时性高、破坏性大及难以预测等特点，这些特点成为制约我国煤矿业发展的关键点。研究冲击地压产生的前兆信息主要是为了消除冲击灾害隐患，确保煤矿安全、高效开采。基于赵楼煤矿5310工作面危险性分析及前兆特征的研究发现，分岔区煤层冲击失稳过程中蕴含着一系列前兆特征，这些前兆特征能够为冲击灾害预警和防治提供帮助。本章仍以赵楼煤矿为例，选取同采区5304工作面进行分岔区煤层的冲击地压灾害防治实践，将理论研究应用于工程现场，从而验证理论结果的准确性。

7.1　赵楼煤矿5304工作面概况

7.1.1　工作面基本情况

(1)工作面位置及相邻工作面开采情况

5304综放工作面是五采区南翼第四个工作面，井下东邻5303采空区，北邻南部2#回风大巷，南邻五采区与七采区边界，西部为规划的5305工作面。该工作面布置如图7-1所示。

(2)工作面的地表位置及周围建筑物情况

5304综放工作面位于矿井南部，西距东刘三村156m，北距沈庄1268m，南距井田边界1285m，东部及地表范围为空旷农田。

(3)工作面几何参数

工作面轨道顺槽长1416.9m，运输顺槽长1415.5m，平均推进长度1416.2m，工作面长度为199m，煤层埋深约777～865m，采用综放采煤方法，工作面煤层底板标高：－821.0～－733.0m，地面标高：＋44.38m，如图7-2(a)所示。工作面采用倾斜

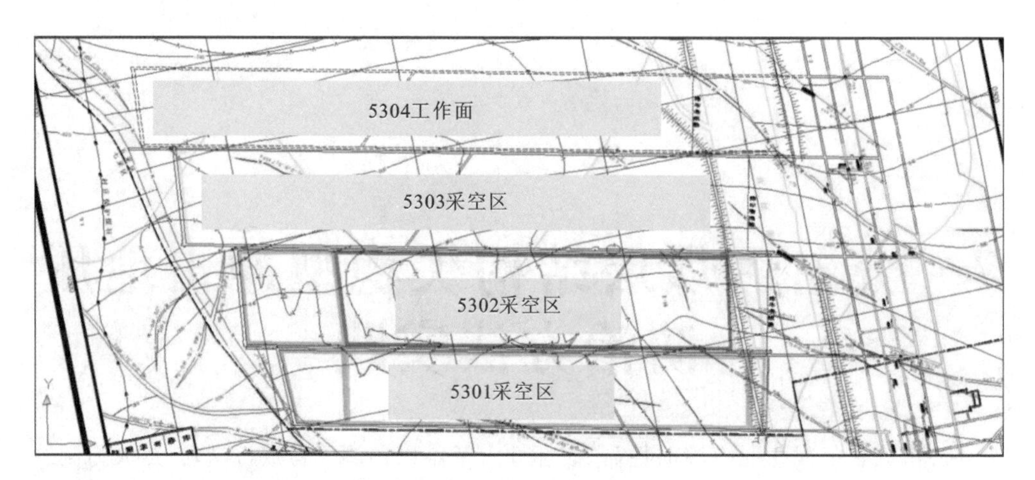

图 7-1　5304 工作面位置关系图

长壁后退式采煤方法，综采放顶煤采煤工艺，采用全部垮落法管理顶板。

7.1.2　煤层赋存特征

工作面设计开采的煤层为 3# 煤，黑色，条痕呈褐黑色。半光亮型，条带状结构，块状，主要由亮煤及暗煤组成，夹镜煤，内生裂隙发育，局部充填黄铁矿，具有阶梯状或棱角状断口，亦见贝壳状断口。煤层厚度为 2.4～8.3m，平均厚度 6.1m，煤层倾角为 0°～8°，平均为 2°，煤层普氏系数 f 为 0.8～2.3。直接顶为粗砂岩和中砂岩，厚度 8.2～19.79m，平均 12.1m，普氏系数为 6～7。基本顶为细砂岩，厚度为 3.78～7.37m，平均 5.15m，普氏系数为 6～7。直接底为泥岩，厚度 0.5～1.95m，平均 1.08m，普氏系数为 3～4。基本底为细砂岩和粉砂岩，厚度 2.8～12.6m，平均 7.7m，普氏系数为 6～7。综合钻孔柱状图如图 7-2(b)所示。

7.1.3　工作面地质构造

(1)断层情况

工作面顺槽掘进过程中自北向南依次揭露 Fs31、F5401、Fd47、F5303、F5304、F5305 共 6 条正断层，揭露落差分别为 3.5m、1.6m、20.5m、1.8m、1.0m、0.8m。

工作面回采过程中主要受 F5303、F5304、F5305 断层影响，落差分别为 0～1.8m、0～1.0m、0～0.8m。断层都位于轨道顺槽侧，整体对工作面回采影响程度相对较小，面内落差均在 3m 以下。另外，工作面停采线附近发育 Fd47 断层，落差 20.5m，将对工作面停采造成一定影响。

工作面切眼靠近 FZ14 逆断层(落差 0～70m)，断层带附近煤岩应力集中，整体破碎，会对工作面生产造成一定影响。

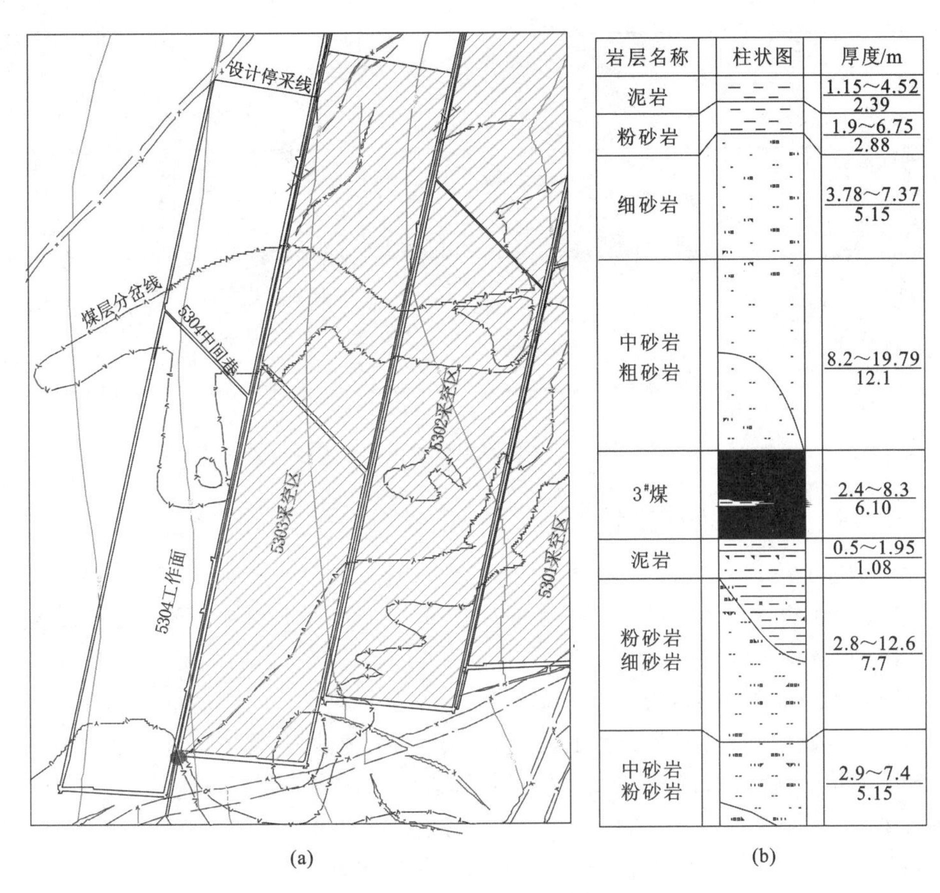

图 7-2　赵楼煤矿 5304 工作面概况

(a)工作面布置图;(b)综合钻孔柱状图

(2)煤层分岔情况

工作面内共存在两处煤层分岔区,煤层最大分岔间距 3.5m,平均 1.9m,分岔区域面积 191717.5m^2,夹矸为泥岩、碳质泥岩。煤层第一分岔区内 $3_上$ 煤层厚度 2.6~4.7m,平均 3.6m;$3_下$ 煤层厚度 1.8~2.6m,平均 2.1m;工作面内煤层第二分岔间距较小,一般为 0.7~2.2m,局部范围分岔间距较大(2.2~3.5m,平均分岔间距 2.1m)。分岔区域夹矸为泥岩、碳质泥岩。5304 工作面附近同样布置了 4 个拾震器,编号分别为 9#、11#、17# 和 18#。5304 工作面煤层分岔区及拾震器的位置如图 7-3 所示。

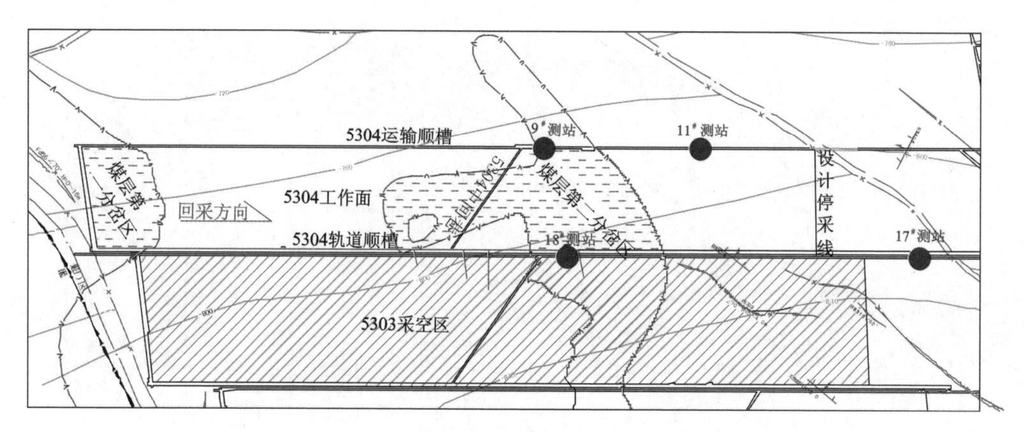

图 7-3　5304 工作面煤层分岔区及拾震器位置

7.1.4　水文地质情况

(1)含水层

直接充水含水层为 3# 煤层顶、底板砂岩,间接充水含水层为太原组三灰含水层、石盒子组砂岩。

①煤层顶、底板砂岩,统称为三砂。顶板砂岩平均厚 21.88m,底板砂岩平均厚 14.4m,顶板以中砂岩、细砂岩为主,底板以粉砂岩、细砂岩、泥岩为主。根据矿井该层资料分析,三砂富水性弱,富水性不均,属裂隙承压含水层。5-1 孔位于工作面西 192m 处,2012 年 1 月 24 日竣工,根据注水试验数据,单位涌水量 0.000523L/(s・m),渗透系数 0.001513m/d,富水性弱,2018 年 9 月启封前观测水位标高为－628.37m。

②太原组三灰含水层。三灰上距 3# 煤层 53.1～63.18m,平均 58.14m,厚 6.36～7.8m,平均 7.09m。根据矿井该层资料分析,三灰富水性差异较大,断层附近裂隙发育,富水性中等,深部裂隙不发育,富水性弱,补给条件较差,属岩溶裂隙含水层,以静储量为主。井下三灰长观孔 L3-1 孔距离工作面 1217m,于 2012 年 1 月 4 日成孔,水压 6MPa,换算水位标高为－328.70m;2019 年 9 月观测水压 2.5MPa,换算水位标高为－686.02m。

③石盒子组砂岩。石盒子组砂岩含水层距 3# 煤层顶板 34.07～65.03m,该层厚 5.1～20.0m,平均 11.3m。灰白色、浅灰绿色粗砂岩,中厚层状,成分以石英、长石为主,颗粒次圆状,分选性中等;灰白色、灰绿色中砂岩,成分以石英为主,长石次之,局部夹大量泥质条带及泥质包体,局部发育张裂隙,无充填,分选性差;灰白色细砂岩,薄层状,波状水平节理,钙质胶结,局部发育张裂隙,无充填,分选性差。根据矿井部分巷道揭露,该层局部裂隙发育部位有较大淋涌水。

(2)隔水层

①石盒子组下部隔水层组。石盒子组下部以厚层状泥岩、砂质泥岩或粉砂岩为主,间夹砂岩1～2层,泥质岩类占58%～69%,隔水性能良好。

②山西组上部隔水层组。3#煤层顶板砂岩以上至山西组顶界间,岩性以粉砂岩、泥岩及砂质泥岩为主,其累计厚11.95～36.31m。隔水性能良好,进一步阻隔了上部含水层向直接充水含水层的补给。3#煤层至三灰间隔水层组,3#煤层底板至三灰平均58.14m,其间粉砂岩、泥岩累厚41.03～55.33m,占该段厚度的91.6%～93.9%。

③工作面回采期间正常涌水量25～50m³/h,最大涌水量为90m³/h。

7.1.5 工作面开采技术条件

①地压:地压来自大地静力场型,造成发育区、轨顺沿空侧及切眼等处应力集中。
②瓦斯:低瓦斯矿井。
③煤尘:有煤尘爆炸性,爆炸指数37.88%。
④煤的自燃:属Ⅱ类自燃煤层。
⑤工作面地温:37～45℃。

7.1.6 巷道支护基本参数

两顺槽及切眼采用锚网索带联合支护,5304轨道顺槽设计为梯形断面,巷道上净宽4.8m,下净宽5.2m,净高3.8m。巷道顶板采用KMG500 ϕ22×2400mm高强度螺纹钢锚杆,帮部使用KMG500 ϕ20×3000mm左旋无纵筋全螺纹锚杆,采用4600mm×140mm×10mm T形钢带、80mm×1800mm帮钢带及4000mm×1000mm的菱形网联合支护,锚杆托盘规格为150mm×150mm×10mm。巷道顶板施工29U型钢锚索梁,选用ϕ22×6200mm锚索,4.5m长U型钢,每排4根锚索,间排距1200mm×1600mm。巷道沿空侧帮部施工18#B槽钢锚索梁,选用ϕ22×3500/6200mm锚索及3.0m槽钢,排距1600mm。

5304运输顺槽设计为梯形断面,巷道上净宽4.8m,下净宽5.2m,净高4.0m。巷道顶板采用KMG500 ϕ22×2400mm高强度螺纹钢锚杆,帮部使用KMG500 ϕ20×2500mm左旋无纵筋全螺纹锚杆,采用4600mm×140mm×10mm T形钢带、80mm×1800mm帮钢带及4000mm×1000mm的菱形网联合支护,锚杆托盘规格为150mm×150mm×10mm。巷道顶板施工选用ϕ22×6200mm锚索,采用“3-0-3型”布置,排距1600mm;其中采帮侧施工为锚索钢带梁形式。

5304切眼采用先掘导硐后刷阔的方式掘进施工。切眼导硐为矩形断面,净宽5.0m,净高3.5m。切眼总体断面尺寸为净宽8.8m,净高3.5m。采用锚网索带联合支护，并支设两路液压单体 π 形钢梁加强支护。巷道顶板锚杆间排距为 850mm×800mm，巷道帮部锚杆间排距为 800mm×800mm，锚索排距 1600mm。

锚杆支护：巷帮锚杆最上一根距离顶板最大距离不得超过 300mm，最下一根锚杆距离底板最大距离不得超过 500mm。顶板使用 KMG500 ϕ22×2400mm 高强度螺纹钢锚杆，帮部使用 KMG500 ϕ20×2500mm 左旋无纵筋全螺纹钢高强锚杆。锚杆支护每孔使用两块 CK2550 锚固剂，煤巷顶锚杆锚固力为 150kN，帮锚杆锚固力为 120kN。顶锚杆预紧力不小于 200N·m，帮锚杆预紧力不小于 200N·m。

锚索支护：锚索规格为ϕ22×6200mm，锚索必须锚固于顶板内坚固岩层中长度不小于 1.0m 处，否则应加长锚索到 10.0m，如果仍解决不了锚固问题，则采用架设工字钢棚等方式加固支护。锚索支护每孔使用四块 CK2550 锚固剂，锚固力不小于 200kN，预紧力不小于 150kN。

5304 中间巷设计为矩形断面，巷道净宽 4.2m，净高 4.0m。巷道顶板采用 KMG500 ϕ22×2400mm 高强度螺纹钢锚杆，帮部使用 KMG500 ϕ20×3000mm 左旋无纵筋全螺纹锚杆，采用 3800mm×140mm×10mm T 形钢带、80mm×1800mm 帮钢带及 4000mm×1000mm 的菱形网联合支护，锚杆托盘规格为 150mm×150mm×10mm。巷道顶板施工选用ϕ22×6200mm 锚索，采用“3-2-3 型”布置，排距 800mm。

另外，在顶板破碎、3# 煤分岔、压力显现及过断层等特殊地点，根据现场实际采取加强支护措施。

5304 工作面回采巷道均采用锚网索支护方式，支护参数合理，如表 7-1 所示，支护强度能够满足工作面正常生产期间的支护和防冲要求。

表 7-1 **巷道的几何参数及支护形式一览表**

序号	巷道名称	断面形状	净宽/m	净高/m	净断面面积/m^2	掘进断面面积/m^2	支护形式
1	5304 轨道顺槽	梯形	5.0	3.8	19.00	20.28	锚网
2	5304 运输顺槽	梯形	5.0	4.0	20.00	21.32	锚网
3	5304 切眼	矩形	8.8	3.5	30.80	32.40	锚网
4	5304 中间巷	矩形	4.2	4.0	16.80	18.04	锚网

7.1.7 五采区地表沉陷情况

5304 工作面开采煤层为山西组 $3_上$、$3_下$ 煤，煤层厚度为 3.4～7.2m，平均厚度为 5.9m；煤层倾角为 0°～8°，平均为 2°。5304 工作面周围的 5301 和 5302 工作面都已经开采完毕。

截至 2017 年 6 月 15 日，五采区地表沿走向和倾向的沉降情况分别如图 7-4、图 7-5所示。由图可知，五采区地表走向最大下沉量为 J12 测站的 4750mm，倾向最大下沉量为 N42 测站的 3463mm。

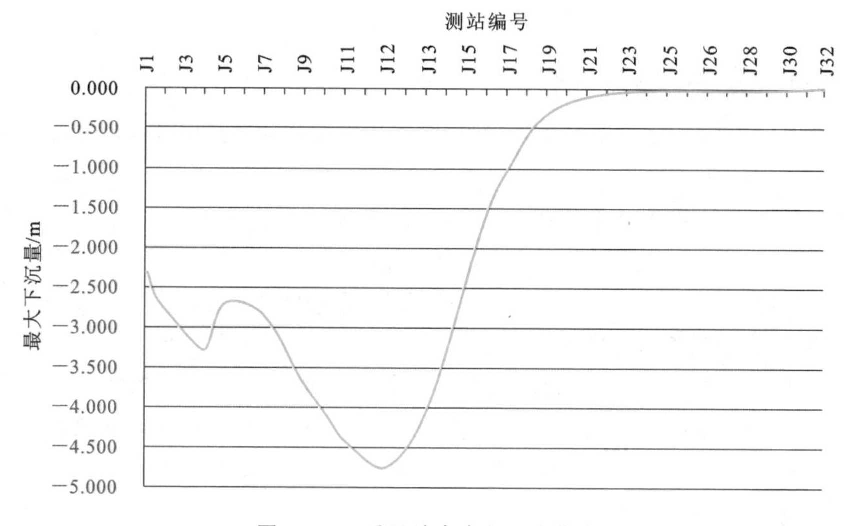

图 7-4　五采区地表走向沉降曲线

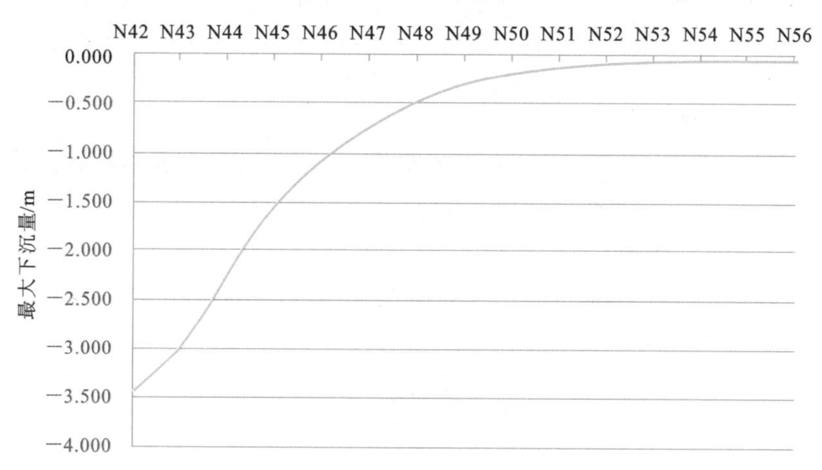

图 7-5　五采区地表倾向沉降曲线

由于五采区开采煤层平均厚度为 5.9m，地表最大下沉量达到了 4750mm，下沉系数为 0.8，可认为五采区地表已进入充分采动阶段。因此 5304 工作面开采期间主要受单采空区见方（5304）、双采空区见方（5303 和 5304）影响较大，受三采空区见方（5302～5304）影响较小，基本不受四采空区见方（5301～5304）影响。

7.2 冲击危险性评价

7.2.1 综合指数法评价

根据5304工作面地质及开采技术条件,采用综合指数法评定其冲击危险性指数。

(1)开采深度的影响

5304工作面的平均开采深度为826m,最大开采深度为864m。据统计,当开采深度$h \leqslant 350$m时,一般不会发生冲击地压,当350m$< h <$500m时,冲击地压危险在一定程度上逐步增加。5304工作面开采深度已超过冲击地压发生的深度条件。

(2)顶板岩层结构特征影响

5304工作面直接顶属于不稳定顶板,不会造成冲击威胁。老顶为17.7m厚的中砂岩,由于坚硬顶板易形成悬顶并积聚大量弹性能,其发生破断时有可能诱发冲击地压,故5304工作面开采过程中存在坚硬厚顶板断裂诱发冲击地压的危险。

(3)煤的冲击倾向性影响

煤的冲击倾向性是煤体本身固有的一种物理属性,可以以此评定煤体发生冲击破坏的可能性,在相同条件下,冲击倾向性高的煤体发生冲击的可能性要大于冲击倾向性低的煤体。5304工作面煤体抗压强度R_c=22.36MPa,煤体较坚硬,具有强冲击倾向性。

(4)煤层构造影响

5304综放工作面煤层埋藏较稳定,地质构造相对简单。工作面在掘进和回采过程中揭露断层5条。在工作面回采过程中,可能会受到影响。

(5)开采因素的影响

该工作面回采初期运输顺槽将受到5303、5304等工作面采空区的影响,该条件下,回采过程中易发生冲击地压。

①地质因素影响下的工作面冲击危险指数。

根据5304工作面地质条件,可以确定地质因素影响下的冲击地压危险指数。用地质条件确定的冲击地压危险状态等级评定的综合指数见表7-2。

表7-2 地质条件确定的冲击地压危险状态评定指数

序号	因素	冲击地压危险状态影响因素	冲击地压危险指数
1	W_1	同一水平冲击地压发生历史(次数n)	1
2	W_2	开采深度h	3

续表

序号	因素	冲击地压危险状态影响因素	冲击地压危险指数
3	W_3	上覆裂隙带内坚硬厚层岩层距煤层的距离 d	3
4	W_4	煤层上方 100m 范围内顶板岩层厚度特征参数 L_{st}	0
5	W_5	开采区域内构造引起的应力增量与正常应力值之比 $\gamma=(\sigma_\beta-\sigma)/\sigma$	1
6	W_6	煤的单轴抗压强度 $R_c=22.36\text{MPa}$	3
7	W_7	煤的弹性能量指数 $W_{ET}=5.03$	3
$W_{t1}=\sum W_i/\sum W_{i\max}$			0.67

5304 工作面地质因素影响下的冲击地压危险指数 $W_{t1}=0.67$，具有中等冲击危险性，主要影响因素为开采深度、煤层的冲击倾向性和坚硬顶板岩层等。

②开采技术条件影响下的掘进工作面冲击危险指数。

根据 5304 工作面开采技术条件确定开采技术因素影响下的冲击地压危险指数。用开采技术因素确定的掘进工作面冲击地压危险状态等级评定的综合指数如表 7-3 所示。

表 7-3　**掘进工作面开采技术条件确定的冲击地压危险状态评定指数**

序号	因素	冲击地压危险状态影响因素	冲击地压危险指数
1	W_1	保护层卸压程度	—
2	W_2	工作面距上保护层开采遗留的煤柱的水平距离 h_s	—
3	W_3	工作面与邻近采空区的关系	1
4	W_4	工作面长度 L_m	1
5	W_5	区段煤柱宽度 d	1
6	W_6	留底煤厚度 t_d/底煤均已处理	0
7	W_7	向采空区掘进的巷道，停掘位置与采空区的距离 L_{jc}	—
8	W_8	向采空区推进的工作面，终采线与采空区的距离 L_{mc}	0
9	W_9	向落差大于 3m 的断层推进的工作面或巷道，工作面或迎头与断层的距离 L_d	3
10	W_{10}	向煤层倾角剧烈变化（>15°）的向斜或背斜推进的工作面或巷道，工作面或迎头与之的距离 L_s	—
11	W_{11}	向煤层侵蚀、合层或厚度变化部分推进的工作面或巷道，接近煤层变化部分的距离 L_b	3
$W_{t2}=\sum W_i/\sum W_{i\max}$			0.43

开采技术因素影响下的掘进工作面冲击地压危险指数 $W_{t2}=0.43$，具有弱冲击危险性，主要影响因素为相邻采空区及采空区处理方式等。

通过对地质因素和掘进工作面开采技术因素进行比较分析，将5304工作面回采冲击地压危险状态等级评定为中等冲击危险性，冲击危险指数 $W_t=0.67$。其中，地质因素的影响高于掘进工作面开采技术因素的影响，开采深度、顶板坚硬岩层、煤的冲击倾向性等起主要作用。

③开采技术条件影响下的回采工作面冲击危险指数。

根据5304工作面开采技术条件确定开采技术因素影响下的冲击地压危险指数。用开采技术因素确定的回采工作面冲击地压危险状态等级评定的综合指数如表7-4所示。

表7-4　**回采工作面开采技术条件确定的冲击地压危险状态评定指数**

序号	因素	冲击地压危险状态影响因素	冲击地压危险指数
1	W_1	保护层卸压程度	—
2	W_2	工作面距上保护层开采遗留的煤柱的水平距离 h_s	—
3	W_3	工作面与邻近采空区的关系	1
4	W_4	工作面长度 L_m	1
5	W_5	区段煤柱宽度 d	1
6	W_6	留底煤厚度 t_d/底煤均已处理	0
7	W_7	向采空区掘进的巷道，停掘位置与采空区的距离 L_{jc}	—
8	W_8	向采空区推进的工作面，终采线与采空区的距离 L_{mc}	0
9	W_9	向落差大于3m的断层推进的工作面或巷道，工作面或迎头与断层的距离 L_d	3
10	W_{10}	向煤层倾角剧烈变化（>15°）的向斜或背斜推进的工作面或巷道，工作面或迎头与之的距离 L_s	—
11	W_{11}	向煤层侵蚀、合层或厚度变化部分推进的工作面或巷道，接近煤层变化部分的距离 L_b	3
$W_{t3}=\sum W_i/\sum W_{i\max}$			0.43

开采技术因素影响下的回采工作面冲击地压危险指数 $W_{t3}=0.43$，具有弱冲击危险性，主要影响因素为相邻采空区及采空区处理方式等。

通过对地质因素和回采工作面开采技术因素进行比较分析，将5304工作面回采冲击地压危险状态等级评定为中等冲击危险性，冲击危险指数 $W_t=0.67$。其中，地质因素的影响高于回采工作面开采技术因素的影响，开采深度、顶板坚硬岩层、煤的冲击倾向性等起主要作用。

整体来讲，5304 工作面在掘进和回采过程中需要提高警惕，掘进和回采过程中会产生扰动，使工作面前方煤体应力得到进一步叠加，这会增大发生冲击地压的可能性。

7.2.2 可能性指数诊断法评价

冲击地压危险区的危险程度受到很多因素的影响，但是，应力状态和煤岩体的性质是最主要的因素，因此，评价中拟以冲击地压发生的可能性指数诊断法为基本方法，以构造分析、工程类比等为辅助方法进行综合研究。

(1)冲击危险性评价的可能性指数诊断法

具体计算方法见本书第 6 章。

(2)采动应力场分布规律

根据经验和矿山压力分布的一般规律，在 5304 工作面开采条件下，这一阶段开采深度取 826m，综合考虑采空区转移应力、超前支承压力和构造应力，煤层上应力集中系数按照 $k=2.0$ 来估算，则最大应力为 41.3MPa，而煤层单向抗压强度为 22.36MPa，应力比达到了 1.84，超过了发生冲击地压的基本应力水平。

根据计算取 $I_c=1.84$。

(3)测试和计算煤岩体的冲击倾向性

由第 6 章的冲击倾向性测试可知，煤层的弹性能量指数 $W_{ET}=5.03$。

(4)应力和冲击倾向性对“发生冲击地压”事件的隶属度

将 $I_c=1.6$ 代入式(6-10)得

$$U_{I_c}=1$$

即应力对“发生冲击地压”事件的隶属度为 1。

将 $W_{ET}=5.03$ 代入式(6-11)得

$$U_{W_{ET}}=1$$

即冲击倾向性对“发生冲击地压”事件的隶属度为 1。

(5)计算冲击地压发生的可能性指数

可能性指数 $U=(U_{I_c}+U_{W_{ET}})/2=1$。

(6)诊断某一点冲击地压发生的可能性

在 5304 工作面，$U=1$，即具备了发生冲击地压的应力条件，特别是在遇到煤层构造、工作面“见方”时，容易诱发冲击地压。

一般认为 $I_c\geqslant1.5$ 是发生冲击地压的临界点，针对 5304 工作面的条件，煤层的单轴抗压强度$[\sigma_c]$为 22.36MPa，在不考虑特殊的应力集中条件下，则发生冲击地压的临界开采深度 $H=I_c[\sigma_c]/\gamma=1.5\times22.36/(0.025\times2)=670(\text{m})$。目前 5304 工作面最小开采深度约 789m，最大开采深度近 864m，已经超过临界开采深度，因此，正常开采时可能发生冲击地压。

7.3 掘进工作面冲击地压危险性多因素耦合评价与危险区划分

7.3.1 掘进工作面冲击地压可能性分析

一般地，应力分为自重应力和构造应力。在采矿工程中，地应力是围岩变形、破坏的根本作用力，人类活动扰动初始的地应力场，产生的采动应力影响了围岩的稳定性。在围岩稳定性分析中，根据地质力学、岩石力学等地质与力学理论，对具体工程所在地区地应力场进行充分研究。例如，对于断层两盘的受力，根据断层的实际情况，可建立三种断层的受力模型，如图 7-6 所示。

采矿工程的任务之一是研究在地应力受到采动影响的条件下采掘空间围岩的应力、变形和破坏机理，并从中寻求围岩稳定规律，保障人们在施工场所的安全。

7.3.2 掘进工作面地质力学环境分析

地应力的空间变化程度，就小的范围而言，如在一个矿山，可以知道它的大小和轴向从一个地段到另一个地段的变化。地层经受过地质史上的地质构造运动作用，所以具有断裂、褶曲、层间错动等构造现象；某些地层经受过或正经受着新的构造运动的作用，这种作用引起地层升降、褶曲或断裂。因此，地层内部存在着构造上的残余应力，即古应力。新老构造体系既相互联系又相互区别，新的构造体系对于较老的构造体系具有继承性，同时又表现出新生的作用，产生新的构造形迹，同一构造体系的不同地段，其活动性也不同。矿山地下工程处在古老的构造体系和新的活动构造体系地带，这些地带对矿山地下工程围岩稳定性的影响是不能忽视的。

7.3.3 构造型冲击地压危险区划分

在同一构造单元体内，被断层或其他大结构面切割的各个大块体中的地应力，其大小和方向均较一致，而靠近断裂或其他分离面处，特别是拐弯处、交叉处及两端，都是应力集中的地方，应力的大小和方向有较大差异。受采动影响，在断层两盘附近区域，地应力大小和方向都有较大变化，区域内巷道围岩应力集中，围岩变形量大，是发生动力显现的区段。5304 工作面掘进时附近有 4 条断层，而且断层较近，因此，5304 工作面构造型冲击地压会有断层型冲击地压。

根据 5304 工作面巷道布置设计的情况、宏观力学分析和理论实践经验，分别圈定冲击地压可能发生的区域。

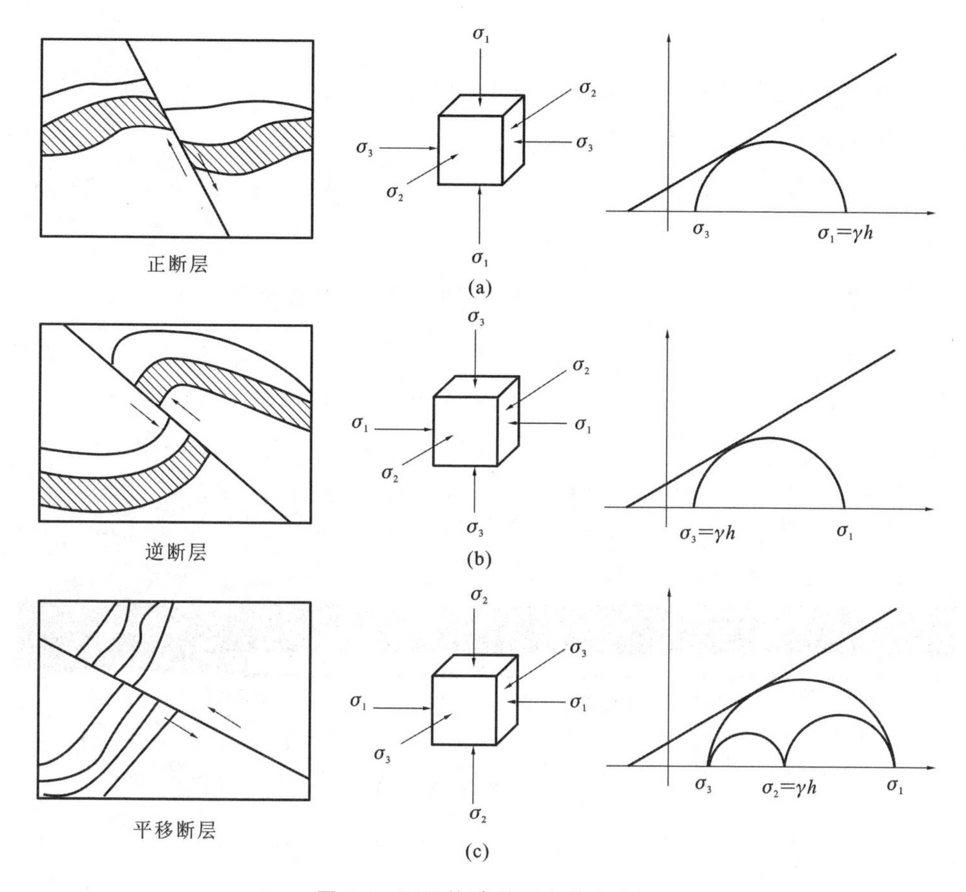

图 7-6 不同构造断层主应力分析

断层活化是岩层运动的一种特殊形式，断层处岩层的不连续性导致断层本身的不稳定性，在高应力作用下，断层比完整岩层先行运动。随着掘进头的推进，其超前支承压力的影响范围不断向前扩大，当到达断层影响区域后，断层本身构造应力与工作面超前支承压力叠加，使断层附近的支承压力增高，重新分布。断层与工作面中间位置为应力叠加高峰区，如果断层本身能够积聚能量，则叠加后的应力高峰区位置同样容易积聚较大能量。当满足冲击条件时，可能诱发冲击地压。

7.3.4 力学理论计算与工程近似计算

可能发生冲击危险的构造应力和采动(掘进)应力共同影响区域：

$$\sigma' = k'\gamma h = 2.0 \times 0.025 \times 826 = 41.3(\text{MPa}) \tag{7-1}$$

式中，k'为应力集中系数，工作面周围无采掘活动，掘进工作主要受断层构造、褶曲构造和采空区等因素影响，此处取 2.0；γ 为上覆岩层的平均容重，取 0.025；h 为开采深度，取平均值 800m。

煤体所受压力形成的应力集中系数 $k=\frac{\sigma'}{[\sigma_c]}=\frac{41.3}{22.36}=1.85>1.5$，煤体受力情况满足将要发生冲击地压的力学条件。

综上所述，5304 工作面局部存在断层、煤层分岔等构造，具备发生冲击地压的力学条件。

7.3.5 基于动态力学分析掘进面围岩冲击危险区域

由岩石力学理论可知，巷道在掘进过程中，掘进迎头位置的围岩应力为 0MPa，一般沿巷道掘进方向迎头前方 4～6m 处为应力峰值位置，厚煤层则达到 7～9m，如图 7-7 所示。

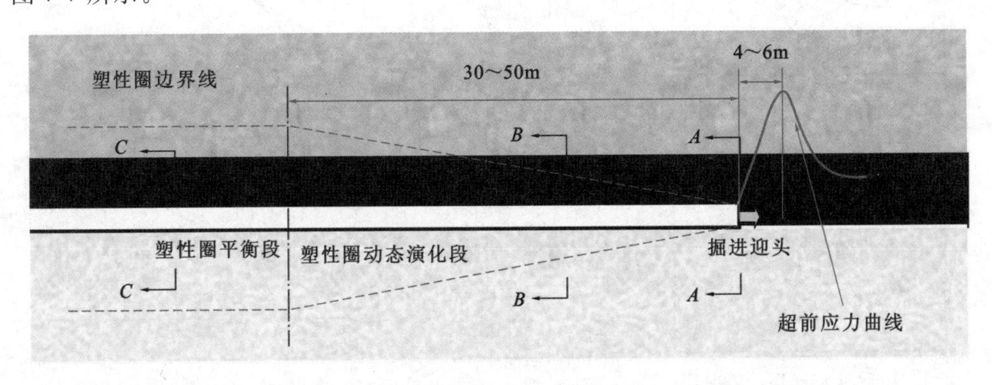

图 7-7 掘进迎头超前应力分布巷道剖面图

正常情况下的超前峰值应力为：

$$\sigma' = k''\gamma H = 1.5 \times 0.025 \times 826 = 30.975(\text{MPa}) \tag{7-2}$$

式中，k''为应力集中系数，取 1.5；其余符号意义同前。

巷道掘进时破坏了采场煤岩体的三向应力状态，当掘进工作面经过褶曲、断层等构造复杂区域时，迎头的超前应力峰值在部分区域将大于煤体的单轴抗压强度，致使采场具备发生冲击地压的力学条件。

巷道在掘进过程中，掘进迎头位置的巷道塑性圈还未出现，如图 7-8 中 A—A 剖面；随着掘进迎头的前进，距离掘进迎头 30～50m 范围内的巷道围岩出现塑性圈，且塑性圈处于动态发展演化状态，塑性圈断面范围不断扩大、围岩应力持续调整，如图 7-8中 B—B 剖面；当迎头前进一定距离后，距离掘进迎头 30～50m 范围之外的巷道塑性圈断面范围趋于稳定，巷道围岩处于动态平衡状态，如图 7-8 中 C—C 剖面。

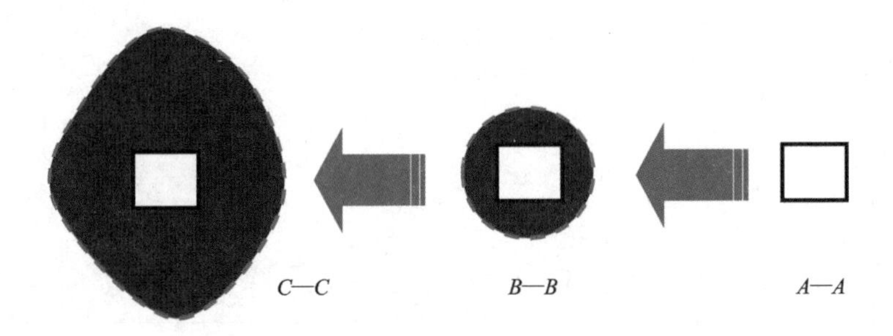

图 7-8 巷道断面塑性圈动态发展演化过程

7.3.6 掘进工作面冲击危险性定量分析及危险区划分

掘进工作面冲击危险性定量分析方法如下。

①自重应力。

目前 5304 工作面最小开采深度约 744m，最大开采深度近 820m。分别以 5304 工作面运输顺槽、轨道顺槽与切眼交点为坐标原点建立直角坐标系，根据工作面煤层走向及地质构造情况将运输顺槽划分为 4 段 5 个节点，轨道顺槽划分为 4 段 5 个节点，各节点标高及间距如表 7-5 所示。

表 7-5 5304 工作面各节点的标高及距离 （单位：m）

5304 运输顺槽	1	−740	2	−785	3	−795	4	−788	5	−788
	1↔2	1535	2↔3	0	3↔4	271	4↔5	44	5↔1	1850
5304 轨道顺槽	1	−770	2	−790	3	−805	4	−820	5	−830
	1↔2	639	2↔3	535	3↔4	521	4↔5	178	5↔1	1873

注：地表标高取 44m。

根据各节点坐标及煤层走向情况，运输顺槽、轨道顺槽垂直应力分布状态分别可用如下分段函数表示：

$$\sigma_{运输}=\begin{cases}0.00073x+19.6 & (0,1535)\\ -0.000646x+21.97 & (1535,1806)\\ 20.8 & (1806,1850)\end{cases} \tag{7-3}$$

$$\sigma_{轨道}=\begin{cases}0.00078x+20.35 & (0,639)\\ 0.0007x+20.4 & (639,1174)\\ 0.00072x+20.38 & (1174,1695)\\ 0.00146x+19.125 & (1695,1873)\end{cases} \tag{7-4}$$

5304 工作面运输顺槽、轨道顺槽应力分布状态如图 7-9 所示。

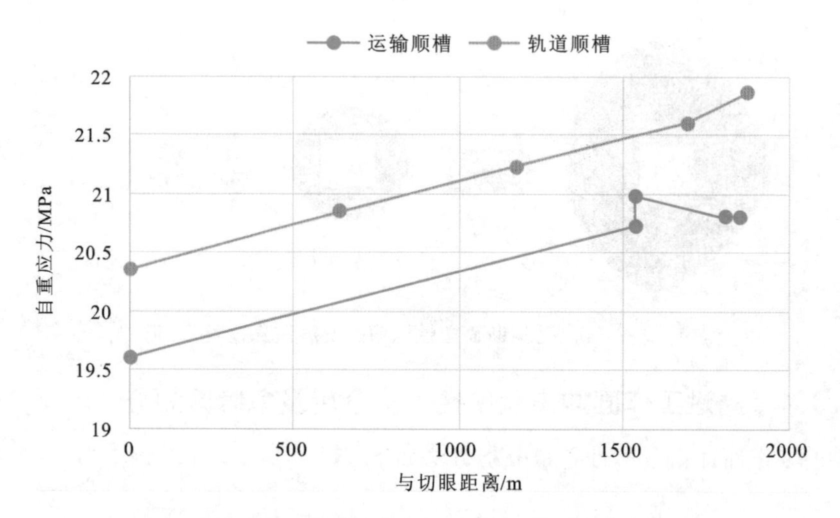

图 7-9　5304 工作面运输顺槽、轨道顺槽应力分布状态

②断层影响。

5304 综放工作面煤层埋藏较稳定，地质构造简单，为单斜构造。根据运输顺槽、轨道顺槽揭露煤层情况，预计工作面在掘进过程中将揭露断层 4 条，在工作面掘进过程中，构造应力与工作面超前支承压力形成应力叠加区，有形成冲击地压的可能。

为了定量分析断层两侧应力的分布状态，将断层两侧应力分布情况近似为等腰三角形分布，如图 7-10 所示，并对断层上盘应力分布状态进行分析，结果如表 7-6 所示。

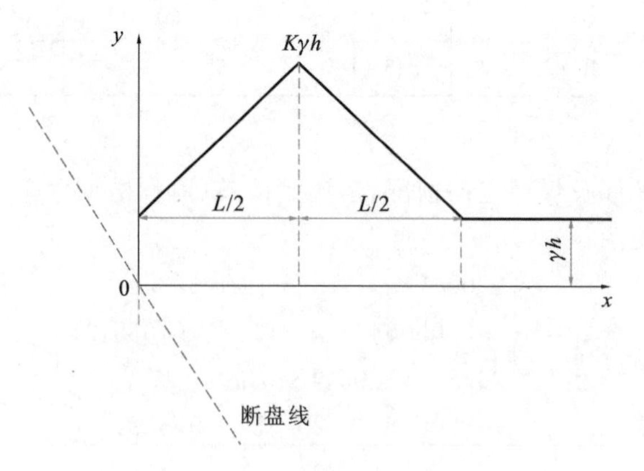

图 7-10　断层上盘应力分布状态图

表 7-6 **断层落差与应力集中系数和影响范围的关系**

断层落差/m	应力集中系数 k	单侧影响范围/m
0～5	1.2	40
5～10	1.3	60
10～30	1.4	80
>30	1.5	100

则断层上盘附近应力状态可用如下分段函数表示：

$$\sigma_y = \begin{cases} \dfrac{2(k-1)\gamma h}{L}x + \gamma h & (0 < x \leqslant L/2) \\ \dfrac{2(1-k)\gamma h}{L}x + (2k-1)\gamma h & (L/2 < x \leqslant L) \\ \gamma h & (x \geqslant L) \end{cases} \tag{7-5}$$

断层下盘附近的应力分布状态与上盘类似。

工作面运输顺槽依次揭露 Fs31、Fd47 正断层，落差分别为 2.2m、11m；轨道顺槽掘进过程中自北向南依次揭露 F5303、F5304、F5305 共 3 条正断层，落差分别为 1.4m、2.5m、0.5m。

Fd47 靠近运输顺槽侧设计停采线，该断层落差较大，预计掘进过程中局部范围将全岩掘进，对顺槽掘进影响较大。

根据三维地震勘探资料，设计工作面内无隐伏断层；工作面设计切眼靠近 FZ14 逆断层（落差 0～70m），断层带附近煤岩应力集中，整体破碎，会对工作面生产造成一定影响。

断层情况如表 7-7 所示。

表 7-7 **5304 工作面断层情况表**

断层名称	走向/(°)	倾向/(°)	倾角/(°)	落差/m	对掘进的影响程度
Fs31	40	310	70	2.2	较小
Fd47	41	311	60	11	大
F5303	135	225	70	1.4	较小
F5304	49	319	70	2.5	较小
F5305	116	26	70	0.5	小

根据建立的坐标系，各断层的节点坐标、应力集中系数和单侧影响范围如表 7-8 所示。

表 7-8　　**5304 工作面断层坐标及垂直应力**

位置	断层名称	x/m	y/m	应力集中系数 k	σ_y/MPa	$k\cdot\sigma_y$/MPa	单侧影响范围/m
运输顺槽	Fd47	1520	−785	1.4	20.7	28.98	80
轨道顺槽	FZ14	0	−770	1.5	20.35	30.525	100
	F5303	1175	−805	1.2	21.226	25.47	40
	F5304	1295	−805	1.2	21.312	25.57	40
	F5305	1425	−815	1.2	21.406	25.687	40

将表 7-8 的数据代入式(7-5)，则各断层附近的应力分布状态可用如下分段函数表示。

运输顺槽断层的应力表示为：

$$\sigma_{\mathrm{Fd47}}=\begin{cases}0.104x-129.1 & (1440,1520)\\ -0.1x+180.98 & (1520,1600)\end{cases} \tag{7-6}$$

图 7-11 为运输顺槽揭露断层两侧应力分布状态图。

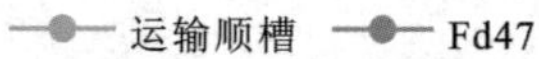

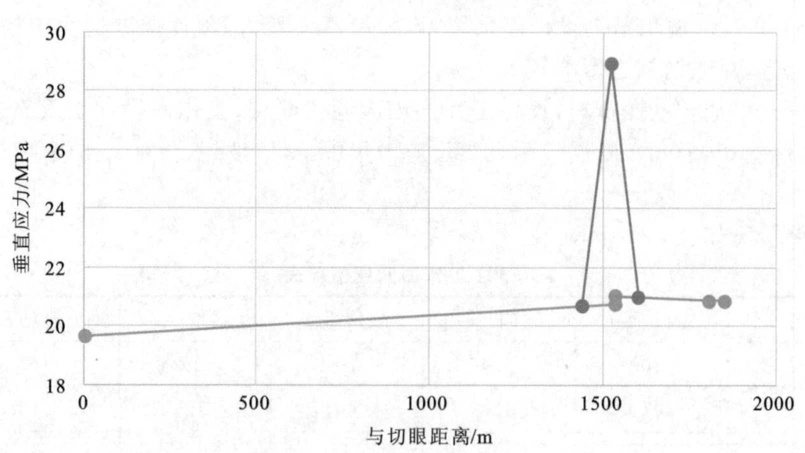

图 7-11　运输顺槽揭露断层两侧应力分布状态图

轨道顺槽断层的应力分别表示为：

$$\sigma_{\mathrm{FZ14}}=-0.101x+30.525 \quad (0,100) \tag{7-7}$$

$$\sigma_{\mathrm{F5303}}=\begin{cases}0.107x-100.25 & (1135,1175)\\ -0.1054x+149.3 & (1175,1215)\end{cases} \tag{7-8}$$

$$\sigma_{F5304}=\begin{cases}0.107x-113 & (1255,1295)\\ -0.106x+162.85 & (1295,1335)\end{cases} \tag{7-9}$$

$$\sigma_{F5305}=\begin{cases}0.108x-128.22 & (1385,1425)\\ -0.106x+176.7 & (1425,1465)\end{cases} \tag{7-10}$$

图 7-12 为轨道顺槽揭露断层两侧应力分布状态图。

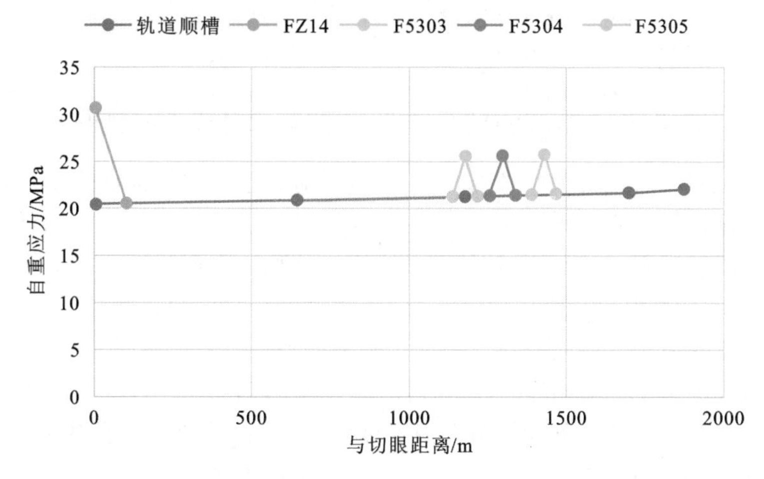

图 7-12　轨道顺槽揭露断层两侧应力分布状态图

③开切眼冲击危险性分析。

切眼布置在断层附近，且开采深度较大，综合考虑将开切眼划分为强冲击危险区。

④煤层分岔带影响。

轨道顺槽附近存在煤层分岔线，工作面受煤层分岔影响，增大了煤体应力集中系数和冲击危险性。

煤层分岔对运输顺槽冲击地压的影响程度和范围用下式表示：

$$\sigma_{运输}=\begin{cases}0.00147x+39.2 & (50,540)\\ 0.00147x+39.2 & (1024,1124)\end{cases} \tag{7-11}$$

煤层分岔对轨道顺槽冲击地压的影响程度和范围用下式表示：

$$\sigma_{轨道}=\begin{cases}0.00156x+40.7 & (56,639)\\ 0.0014x+40.8 & (639,918)\\ 0.0014x+40.8 & (1088,1174)\\ 0.00144x+40.76 & (1174,1188)\end{cases} \tag{7-12}$$

⑤煤种相变带影响。

轨道顺槽附近存在 1/3 焦煤与气煤煤种分界线，工作面向煤种相变带推进时，增大了煤体应力集中系数和冲击危险性。

煤种相变带对运输顺槽冲击地压的影响程度和范围用下式表示：

$$\sigma_{运输} = 0.00147x + 39.2 \quad (1327,1427) \tag{7-13}$$

煤种相变带对轨道顺槽冲击地压的影响程度和范围用下式表示：

$$\sigma_{轨道} = \begin{cases} 0.00156x + 40.7 & (105,205) \\ 0.00156x + 40.7 & (331,431) \\ 0.00144x + 40.76 & (1198,1298) \end{cases} \tag{7-14}$$

7.3.7 掘进工作面应力状态定量计算及冲击危险区划分

根据以上对冲击地压危险性的多因素评价，对各个影响因素下的应力进行叠加。应力叠加遵循以下原则。

①只取增量原则，即不重复计算垂直应力。例如工作面采动应力为 $1.5\gamma h$，褶曲构造应力为 $1.3\gamma h$，则两者叠加后的应力为 $1.5\gamma h+(1.3-1)\gamma h=1.8\gamma h$。

②构造优先原则，即存在构造应力时，则不计垂直应力。例如工作面垂直应力为 $1.0\gamma h$，构造应力为 $1.5\gamma h$，则两者叠加后的应力为 $1.5\gamma h$。

根据以上对冲击地压危险性的多因素评价，以及各因素对诱发冲击地压能力的影响，对危险区域位置、危险程度进行叠加，在定量评价的基础上，通过定性分析修正定量评价结果，如图 7-13、图 7-14 所示。将图 7-13、图 7-14 分别投影到工作面平面图上，如图 7-15 所示。5304 工作面共划分 4 个强冲击危险区、5 个中等冲击危险区和 5 个弱冲击危险区，具体如表 7-9 所示。

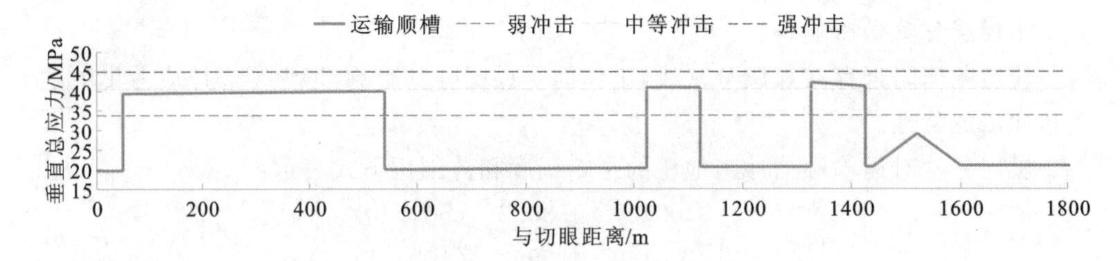

图 7-13　5304 工作面运输顺槽各影响因素应力叠加图

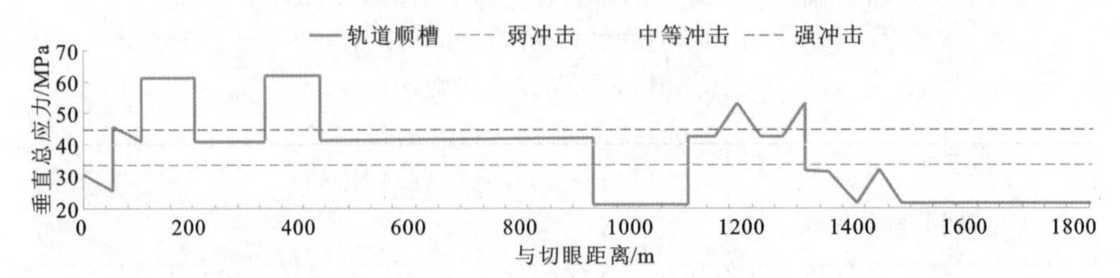

图 7-14　5304 工作面轨道顺槽各影响因素应力叠加图

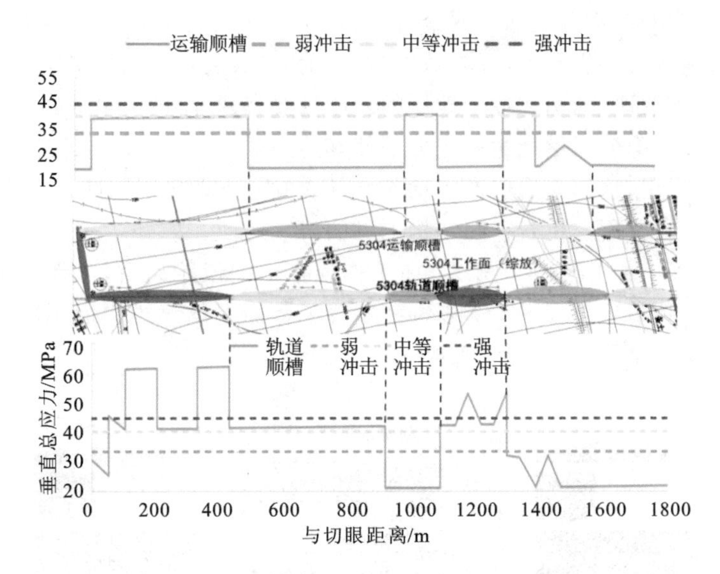

图 7-15　5304 工作面运输、轨道顺槽掘进冲击危险性划分图

表 7-9　　5304 工作面掘进冲击危险区划分表

	强冲击危险区	中等冲击危险区	弱冲击危险区
运输顺槽	—	(0,540) (1024,1124) (1327,1520)	(540,1024) (1124,1327) (1520,1850)
轨道顺槽	(0,431) (1088,1295)	(431,918) (1673,1873)	(918,1088) (1295,1637)
开切眼和中间巷	均为强冲击危险区		

7.4　回采工作面冲击地压危险性多因素耦合评价与危险区划分

7.4.1　工作面冲击地压危险性评价与危险区划分方法

5304 工作面平均开采深度达 826m，此时决定工作面周围矿山压力显现程度的岩层运动范围已经超出了直接顶和老顶的范围，老顶上方岩层状况决定了关键岩层的运动，从而决定了矿山压力的显现程度，即覆岩以空间结构的形式影响采场矿山压力的显现。因此，基于覆岩空间结构的观点，可以进行冲击地压的宏观预测。

采场覆岩空间结构的概念有两个含义:一是指采场周围岩体破裂边缘的形状特征;二是指破裂区内部岩层形成的运动结构。前者(破裂)是后者(结构)形成的基础。

对于冲击地压而言,引起冲击地压的岩层主要有两部分:一是覆岩空间结构上部至地表的岩层,这部分岩层产生高应力并使其达到诱发冲击地压的水平;二是覆岩空间结构内部的岩层,这部分岩层产生动应力并诱发冲击地压。因此,除了研究直接顶和老顶岩层,还需要研究覆岩空间结构上方的岩层运动。

5304 工作面一侧沿空留巷开采,在工作面推采一段距离后,工作面采空区会形成典型的"S"形覆岩空间结构,该结构会随着工作面的继续推进而不断移动。典型的"S"形覆岩空间结构如图 7-16 所示。

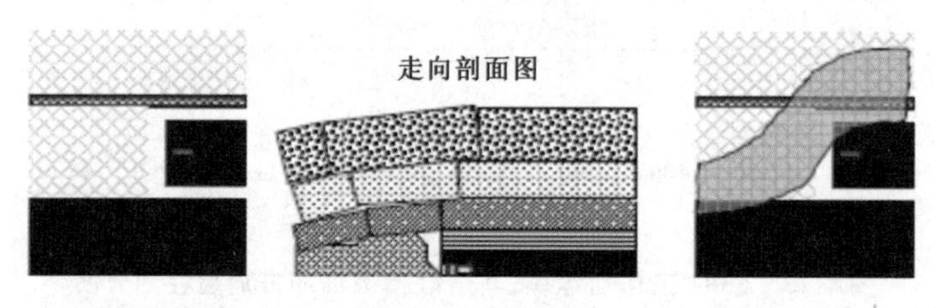

图 7-16 "S"形覆岩空间结构示意图

冲击地压的发生主要取决于煤岩体的冲击倾向性、开采区域的应力水平、关键岩层的运动以及构造活化等因素的综合作用。而具有冲击倾向性的岩层是否发生冲击地压,则主要取决于下列因素。

①冲击应力场机理:应力是否达到能够发生冲击地压的应力水平、高应力差水平以及是否符合能够发生冲击地压的分布规律。

②关键岩层运动机理:这里的关键岩层是指其运动可能引发冲击地压的岩层或岩层组,也可称其为冲击性岩层;冲击性岩层分为单一岩层和组合岩层两类,因此,需要研究单一冲击性岩层和组合岩层空间结构的运动效应。

③冲击性构造活化机理:构造活化是诱发冲击地压的重要因素,例如,相邻的煤矿发生矿震与向斜构造和断层关系密切,工作面接近这些构造时,必须提前做好卸压和防范工作。

综合上述①～③的研究结果,可以对冲击地压发生的可能性做出初步的评价。

具体评价时,首先采用岩层运动与矿山压力理论,结合 5304 工作面的开采条件,确定冲击地压的潜在危险区,然后采用应力分析、矿山压力与地质评价、工程类比等方法,对潜在危险区的危险程度进行评价。

7.4.2 工作面"见方"时采场应力场分析

工作面自开切眼推进,采空区面积逐渐增大,在平面投影图上看,是两短边长度不变、两长边不断增大的矩形发展过程。煤层上方的顶板岩层结构也可以看作一个不断变化的矩形板，分析此矩形板作用下煤体应力的分布形态，对研究工作面“见方”动压的本质、深入理解覆岩空间结构对煤体应力演化的作用有着重要的意义。

因此，从力学计算的角度得到了工作面“见方”时来压明显的依据。图 7-17 为工作面“见方”时支承压力分布特征。从图 7-17 可以看出，工作面“见方”时，沿空顺槽附近出现较大的应力集中，从而证明了工作面“见方”时来压明显的结论。

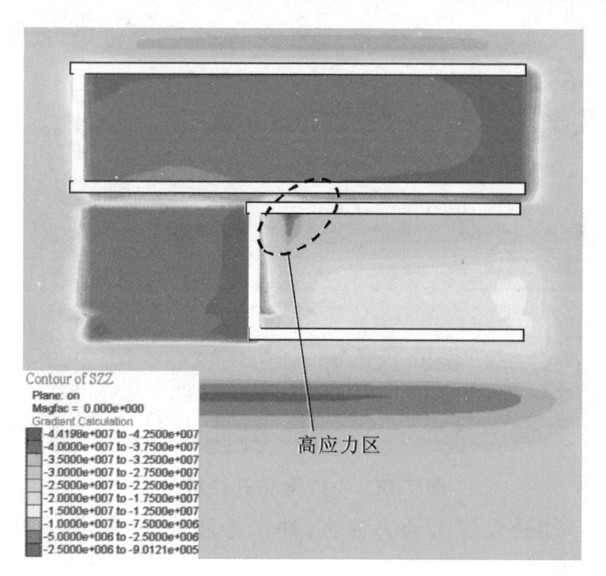

图 7-17　数值模拟揭示的工作面“见方”时支承压力分布特征

7.4.3　煤岩结构与动力灾害关系评价

以 5304 工作面附近的钻孔柱状图(图 7-18)为依据，分析煤层顶板中能够诱发冲击危险的关键岩层。

①矿震：工作面顶板岩层中没有巨厚坚硬岩层的存在，与 3# 煤层垂直距离较远的顶板岩层主要为黏土层，因此不存在巨厚坚硬岩层断裂诱发矿震的条件。

②冲击地压：3# 煤老顶为厚 17.7m 的中砂岩，故工作面在回采过程中坚硬岩层易形成悬顶，聚积大量弹性能，在坚硬顶板破断或滑移过程中，突然释放的大量弹性能易诱发冲击灾害。

7.4.4　覆岩空间结构运动与动力灾害关系评价

5304 工作面平均开采深度为 826m，此时决定工作面周围矿山压力显现程度的是覆岩空间结构。工作面推进过程中，随着覆岩空间结构的变化，若出现应力叠加而

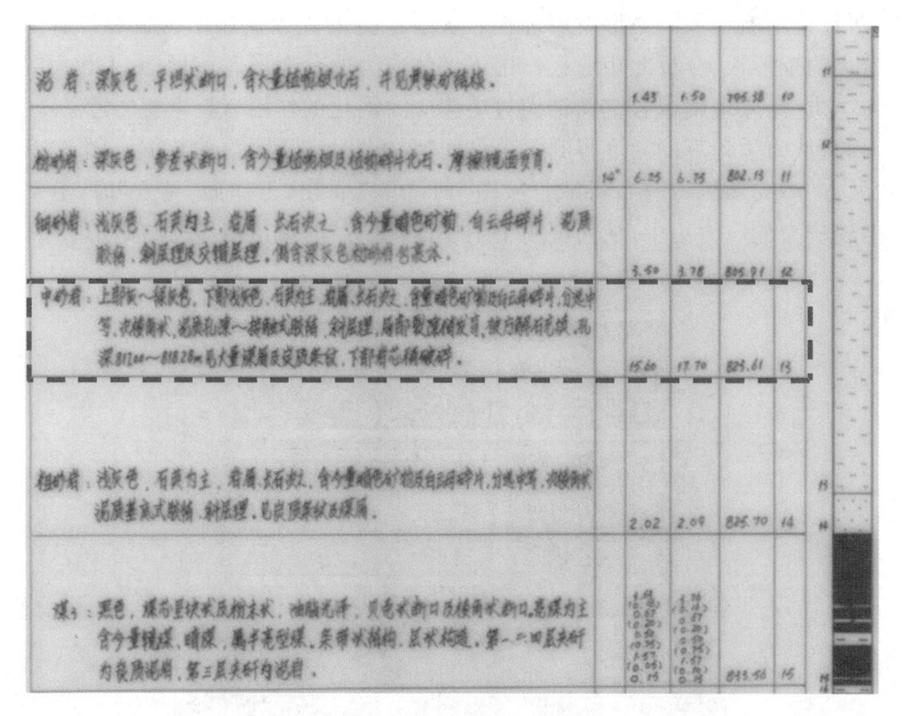

图 7-18　Z-17 号钻孔柱状图

产生应力集中，就可能诱发煤岩动力灾害(冲击地压或矿震)。下面运用覆岩空间结构的观点进行冲击地压的宏观预测。

5304 工作面回采形成的覆岩空间结构为“S”形，随着工作面的不断推进，“S”形覆岩空间结构会周期性地破坏、形成，覆岩空间结构的运动将产生较大的矿压影响。

(1)直接顶、老顶厚度计算

5304 工作面开采后，首先冒落的是 2.09m 的粗砂岩直接顶，老顶为 17.7m 厚的中砂岩。

(2)老顶初次来压和周期来压步距

根据本矿井其他工作面的开采经验，预计 5304 工作面老顶的初次来压步距为 40～50m，周期来压步距为 15～20m。

(3)坚硬顶板动压分析

泥岩直接顶垮落之后，工作面上方 17.7m 厚的细砂岩老顶随着工作面的推进，悬露面积继续增大，细砂岩逐渐形成支点分别位于工作面前方和切眼后方煤体的支撑结构，如图 7-19 所示。这种结构首先在两个支撑点上表面拉坏，然后在岩梁中部下表面拉坏后断裂。对于 5304 工作面，坚硬直接顶、老顶岩梁厚度大，且为坚硬的细砂岩。因此，认为坚硬直接顶和老顶初次破断时强度较大，有可能诱发冲击地压。

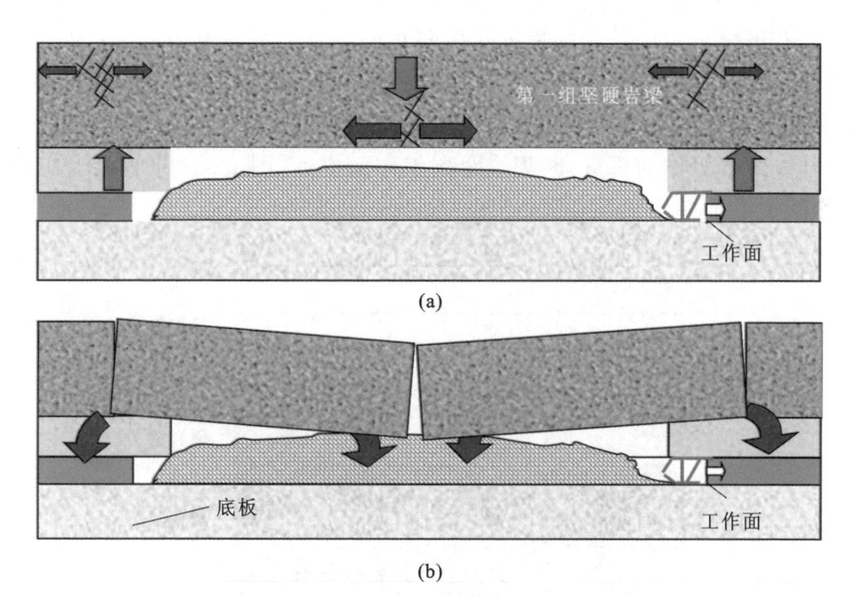

图 7-19 坚硬顶板初次破断时的力学分析

(a)工作面上方第一组坚硬岩梁断裂前的受力分析;(b)工作面上方第一组坚硬岩梁断裂后的应力转移

参考本矿井其他工作面的开采经验,老顶初次来压时的超前影响距离约 40m,老顶来压时的应力集中系数取 1.2。

(4)覆岩空间结构运动分析

①"S"形覆岩空间结构的组成特征。

"S"形覆岩空间结构在平面上具有不对称性(图 7-20),靠近沿空顺槽一侧是"S"形覆岩空间结构主要分布区域,"S"形覆岩空间结构各岩梁的支承点在采空区侧,而岩梁的断裂线在实体煤侧。

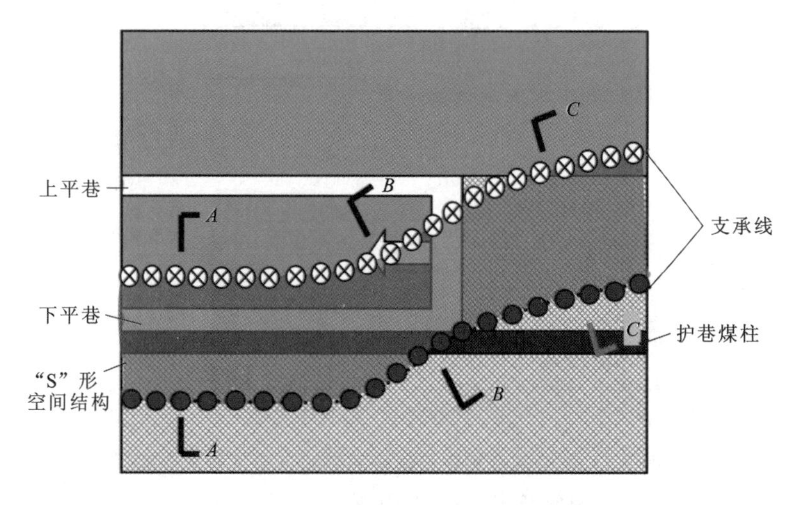

图 7-20 "S"形覆岩空间结构示意图

形成“S”形覆岩空间结构的岩梁在不同平面位置的形态是不同的(图 7-21)。在工作面前方,坚硬岩梁的长度按照自下而上的顺序逐渐增加,触矸线和断裂线的位置自下而上逐步远离上平巷[图 7-21(a)];在工作面附近,坚硬岩梁的分布形态基本同前,但触矸线距离工作面更近,断裂线距离工作面更远[图 7-21(b)];在工作面后方,触矸线和断裂线全都位于采空区内[图 7-21(c)]。

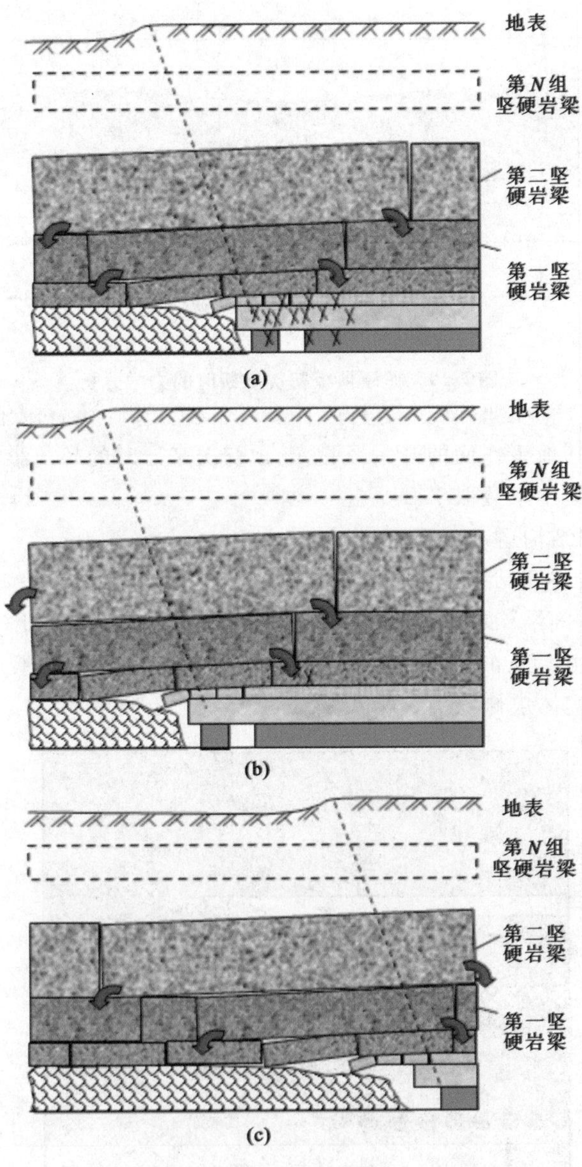

图 7-21 “S”形覆岩空间结构的不同平面位置剖面图

(a)A—A 剖面;(b)B—B 剖面;(c)C—C 剖面

②“S”形覆岩空间结构的应力分布特征。

a. 静压分析：对于某一特定的坚硬岩梁 N，在采空区侧的触矸线附近和实体煤侧的断裂线附近，都必然存在一个应力集中区。对比“S”形覆岩空间结构的剖面[图 7-21(a)]，岩梁的全部重量是由触矸线及断裂线下方的岩石支撑的，即坚硬岩梁的重量向触矸线及断裂线下方的岩体转移，进而可以转移到实体煤及采空区矸石上。因此，便形成了两个应力集中区。

“S”形覆岩空间结构由多组坚硬岩梁组成，前面分析了第 N 组坚硬岩梁的静态应力集中区，对于 $N+1$ 组坚硬岩梁，随着其岩梁的长度增加，其形成的应力集中区更远离轨道顺槽(图 7-22)。

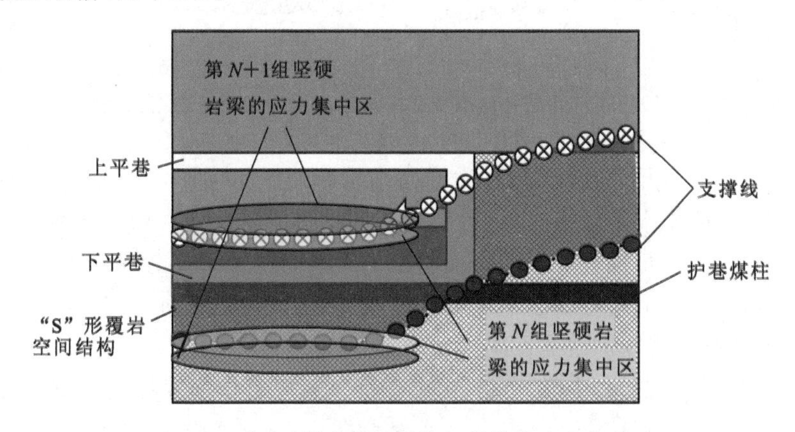

图 7-22 “S”形覆岩空间结构下的静态应力集中区

b. 动压分析：随着工作面不断向前推进，与老顶周期断裂相似，高位岩梁在达到一定跨度后也发生规律性断裂，“S”形覆岩空间结构亦不断向前发展，高位岩层的断裂产生动压，是诱发冲击地压的关键因素。尤其是在静态的“S”形覆岩空间结构作用于高应力峰值位置，即下平巷及工作面下部时，动压会形成高于静压数倍的应力，使煤体瞬间变形，形成冲击地压(图 7-23)。

工作面推进至见方(一个工作面斜长)后，老顶上方的高位岩梁逐渐形成“S”形覆岩空间结构，称为第一次形成的“S”形覆岩空间结构[图 7-23(a)]，此时的覆岩空间结构在采场的应力分布主要是静压。当工作面继续推进后，第一次形成的“S”形覆岩空间结构的下位岩梁逐渐断裂沉降，导致结构的支承点不断迁移，支承点(支承面积较大时可以称为支撑区)的支撑面积减小，进而使“S”形覆岩空间结构岩梁的边界应力集中，其结果一方面使采场下平巷两侧及工作面下端头附近的煤体应力动态增加，另一方面使形成“S”形覆岩空间结构的岩层边界逐渐达到其极限强度(一般是极限拉伸强度)。当推进至 2 倍的工作面斜长距离后，第一次形成的“S”形覆岩空间结构岩梁断裂，在采场产生动压，同时，同层的前方岩层形成第二次“S”形覆岩空间

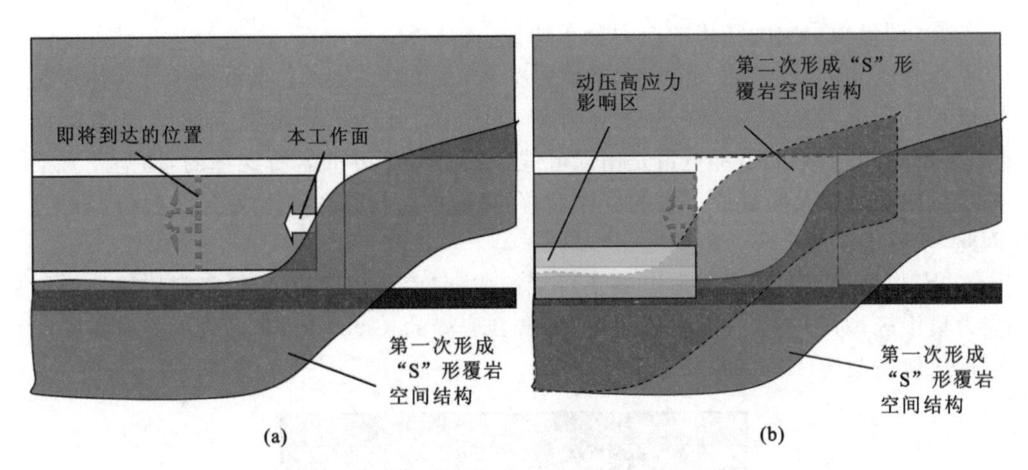

图 7-23 "S"形覆岩空间结构动态变化形成动压的原理及冲击地压危险区分析

(a)工作面顶板形成第一个"S"形覆岩空间结构;(b)工作面顶板形成第二个"S"形覆岩空间结构

结构[图 7-23(b)]。第一次"S"形覆岩空间结构断裂产生动压,当煤层本身具有强烈冲击倾向性,且静压水平较高时,这种覆岩空间结构的变化就会诱发冲击地压。

一般来讲,采场每推进一个工作面斜长的距离,"S"形覆岩空间结构就会规律性地断裂一次,采场及下平巷就会产生较大的动压,因此可以从时间和空间的角度用覆岩空间结构理论预测冲击地压发生的时间和地点。

2012 年 3 月 7 日 22 时 08 分左右,山东某矿综放工作面煤机割完下三角准备上行,下巷超前 50～60m 发生微震事件。经测定,该微震事件震源位于工作面超前 40.5m、下巷以上 90.8m,顶板破裂高度为 50m。震级 1.77 级,能量为 42703.51J。事件发生时,工作面平均采出 496.4m,采空区与 1301N 工作面形成双见方空间,如图 7-24 所示。

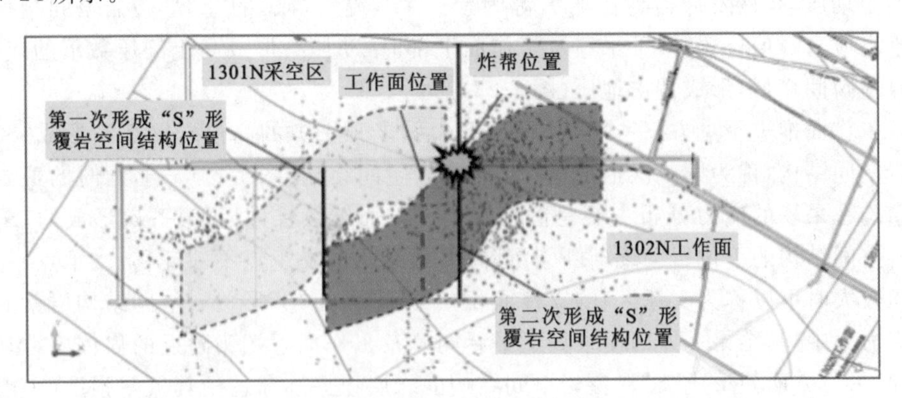

图 7-24 山东某矿综放工作面"S"形覆岩空间结构运动导致炸帮示意图

5304 工作面斜长约 199m。当工作面距切眼 199m 时,工作面"单见方",采场覆岩将形成"S"形覆岩空间结构。覆岩空间结构运动易造成工作面来压剧烈,并诱发两侧顺槽附近区域发生冲击地压。沿空顺槽超前影响距离约为 100m,实体顺槽超前影响距离约为 80m,工作面第一次见方时煤体应力集中系数取 1.5。

根据以上分析,工作面受采空区见方影响的冲击危险程度和范围可用下式表示:

$$\sigma_{运输顺槽} = 1.5\gamma h \quad (119,279)$$

$$\sigma_{运输顺槽} = 1.8\gamma h \quad (472,632)$$

$$\sigma_{运输顺槽} = 2.0\gamma h \quad (915,1075)$$

$$\sigma_{轨道顺槽} = 1.5\gamma h \quad (119,299)$$

$$\sigma_{轨道顺槽} = 1.8\gamma h \quad (472,652)$$

$$\sigma_{轨道顺槽} = 2.0\gamma h \quad (915,1095)$$

(5)开采后地表沉陷规律

根据赵楼煤矿 2017 年 6 月的测量,地表最大下沉量已达到 5m,煤层平均厚度为 5.9m,地表下沉系数已超过 50%,可认为地表已经进入充分采动阶段。在 5304 工作面开采完毕之后,地表下沉范围进一步增大,因此 5304 工作面开采期间仅需考虑三采空区见方影响。

7.4.5 其他因素诱发冲击可能性分析

(1)停采线位置影响

图 7-25 为相邻矿井 T 形煤柱监测系统应力测站布置平面图。有 Y2#、Y10#、Y19#、Y20#、Y26# 测站应力增幅超过 1MPa,增幅分别为 1.51MPa、1.23MPa、1.05MPa、1.01MPa、1.29MPa,其中:①各测站中 Y10# 应力最大,达到了 5.18MPa;②各测站中 Y2# 应力增幅最大,为 1.51MPa,一直处于缓慢增长状态;③Y9# 测站应力达到 5.90MPa,2015 年 8 月 6 日中班在应力计左右侧各施工 1 个卸压钻孔,应力值下降至 1.40MPa。

由 T 形煤柱监测结果可知,2301N 工作面留设停采线煤柱宽度为 250m,其采动影响已导致 T 形煤柱区多个测站应力值增加。图 7-26 为赵楼煤矿 5301 工作面开采结束后,2015 年 3 月—8 月 25 日,5301 采空区和二集下山区域(距离二集进风巷道约 255m)发生的微震事件平面投影图。其间共发生大于 1.0 级以上微震事件 463 个,最大能量发生在 2015 年 8 月 19 日,震级为 2.11 级,能量为 $6.34\times10e^{5}$J。

因大断层影响,赵楼煤矿 5304 工作面设计停采线距离南部 2# 回风大巷最近距离为 310m(图 7-27),预计 5304 工作面停采后对南部大巷的影响较小。由于相邻梁宝寺煤矿在距离工作面 300m 以外区域大巷发生多次冲击,建议 5304 工作面末采期间加强微震和应力监测,确保停采线外巷道群的稳定性。

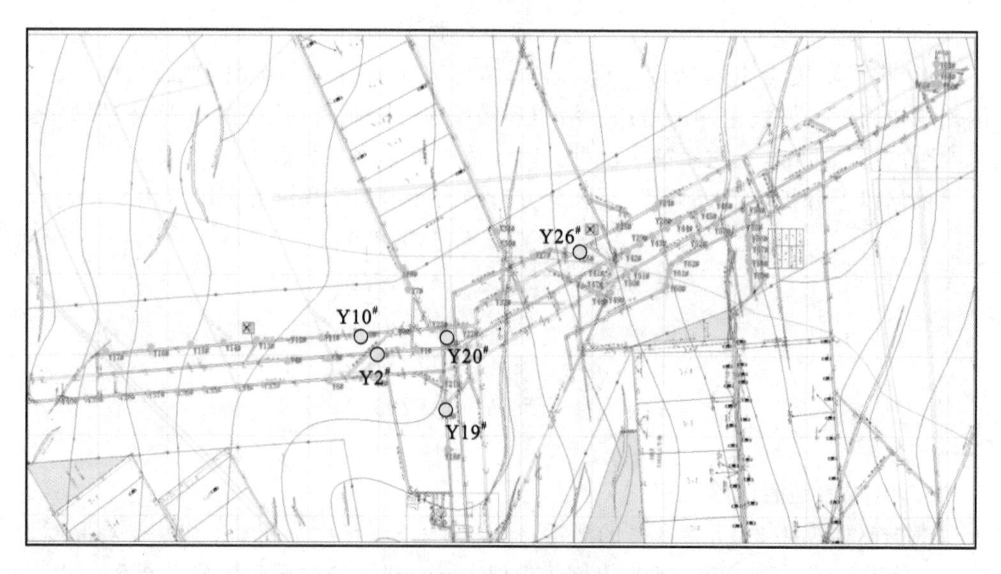

图 7-25　T 形煤柱监测系统应力测站布置平面图

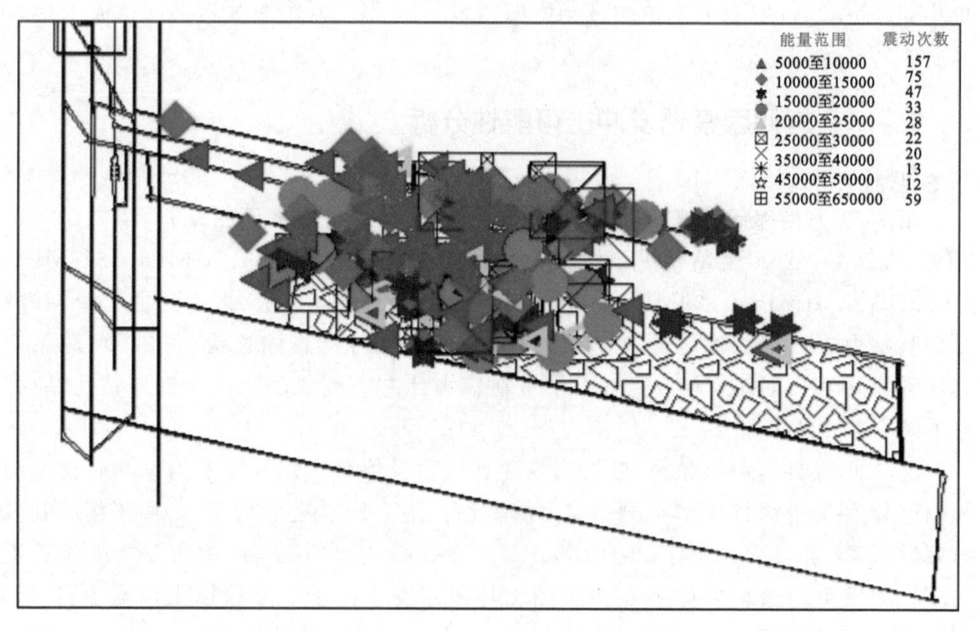

图 7-26　5301 采空区及二集下山区域微震事件平面投影图(2015 年 3—8 月)

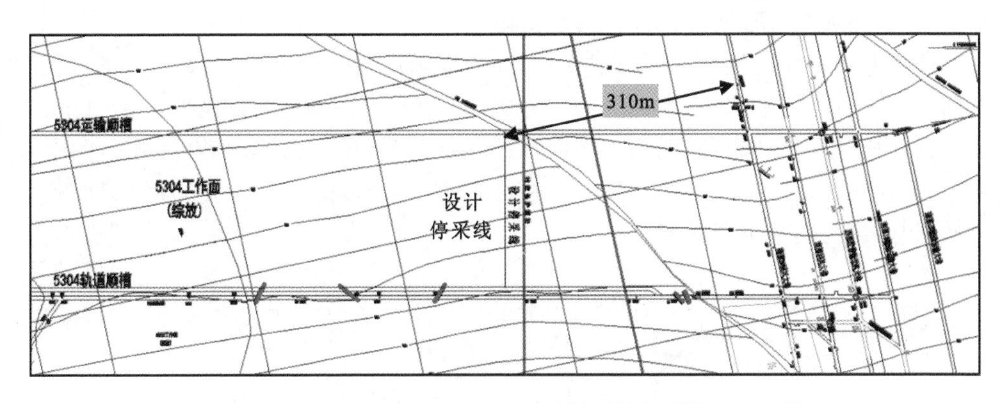

图 7-27　5304 工作面设计停采线位置图

以下为合理停采线设计工程案例。

2301N 工作面于 2013 年 7 月 5 日初采，至 2014 年 6 月 1 日，工作面已推进 1348m，距离矿井设计停采线 263m。矿井设计 2301N 工作面停采线位置距离-950 辅二下山大巷仅 160m。

为分析工作面采动影响范围，对 2014 年 6 月 1—18 日期间监测到的微震事件进行"固定"工作面投影，如图 7-28 所示。从图 7-28 可以看出，微震监测得到工作面开采超前影响范围约为 220m，参考理论计算得到支承压力影响范围为 244m，最终确定工作面停采线位置距离-950 辅二下山大巷 250m，将工作面原设计停采线位置后移 90m。2301N 工作面已于 2014 年 7 月 29 日推进至最终停采线位置，至 2015 年 5 月 31 日，-950 辅二下山大巷未发生冲击地压和巷道大变形灾害，有效避免了 2301N 采空区的影响，验证了停采线位置设计的合理性。

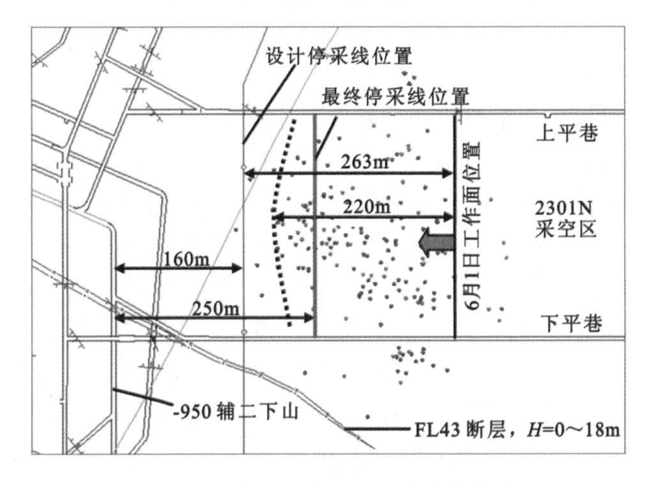

图 7-28　2301N 工作面合理停采线位置图

(2)联络巷对工作面开采冲击地压的影响

联络巷将工作面煤层切割形成煤柱，当工作面向联络巷推进时[图 7-29(a)]，两者间的煤柱宽度逐渐减小，煤柱上的应力集中程度不断增加，容易诱发冲击地压、采场支架动压和联络巷风暴；而当工作面接近联络巷时，煤柱已非常破碎，几乎无承载能力，此时工作面支架控顶距由 L_K 突变至(L_K+a+b)[图 7-29(b)]，导致支架载荷突然增加，容易诱发采场压架。

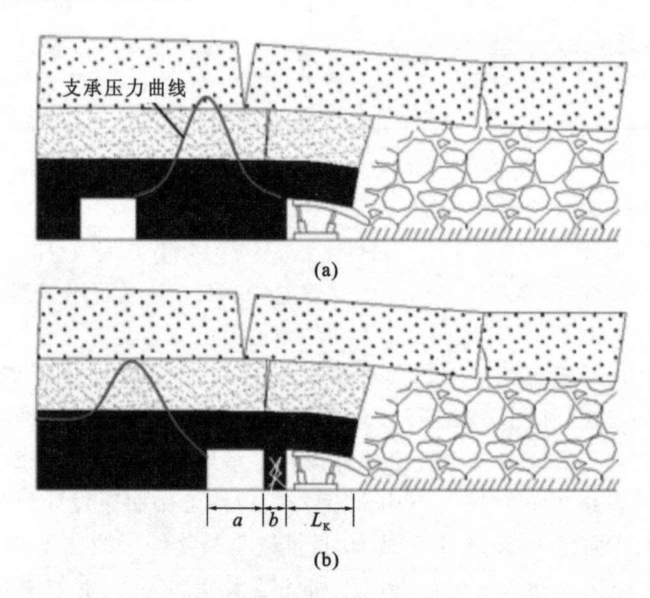

图 7-29　工作面向联络巷推进过程中煤柱宽度变化示意图

(a)工作面向联络巷推进；(b)工作面接近联络巷

L_K—支架控顶距，m；a—破碎煤柱宽度，m；b—联络巷宽度，m

①联络巷诱发动力灾害的数值模拟。

以相邻矿井 2302S 工作面的地质条件为基础，采用 FLAC3D 模拟分析工作面过联络巷时对煤体的影响(图 7-30)。2302S 工作面倾向宽 250m，走向长 600m，煤层厚度 8m，右侧为宽 240m 的 2301S 采空区，沿空巷道宽 5m，并留有 5m 的护巷煤柱。模型尺寸为 700m×700m×120m(长×宽×高)，四侧和底部为位移边界，上部 800m 岩层采用均布载荷代替，模型计算采用莫尔-库仑准则，岩层的物理力学参数取自试验矿井的地质报告及钻孔资料。

图 7-31 为工作面推进到不同位置时煤体支承压力云图，由于联络巷两侧煤柱支承压力分布规律不一致，将联络巷两侧煤柱分别命名为 A 和 B[图 7-31(a)]。图 7-32为工作面推进过程中 A、B 煤柱支承压力峰值变化曲线图。由图 7-32 可知，工作面开采初期，B 煤柱区域支承压力峰值要稍大于 A 煤柱，其主要原因在于锐角

图 7-30 工作面回采模型

煤柱比钝角煤柱的应力集中程度更高。工作面回采对联络巷的超前影响距离约为100～150m，此时工作面开始进入冲击危险区。当工作面距离联络巷50～75m时，A煤柱的支承压力达到最大值65MPa，此时工作面冲击危险性最高。当工作面距联络巷25m时，A煤柱的应力开始出现快速下降，说明煤体已经开始屈服，煤柱承载能力也逐渐降低，此时工作面开始进入压架危险区。当工作面距联络巷100～150m时，B煤柱的支承压力峰值呈持续上升趋势，此时工作面极易发生冲击地压灾害。

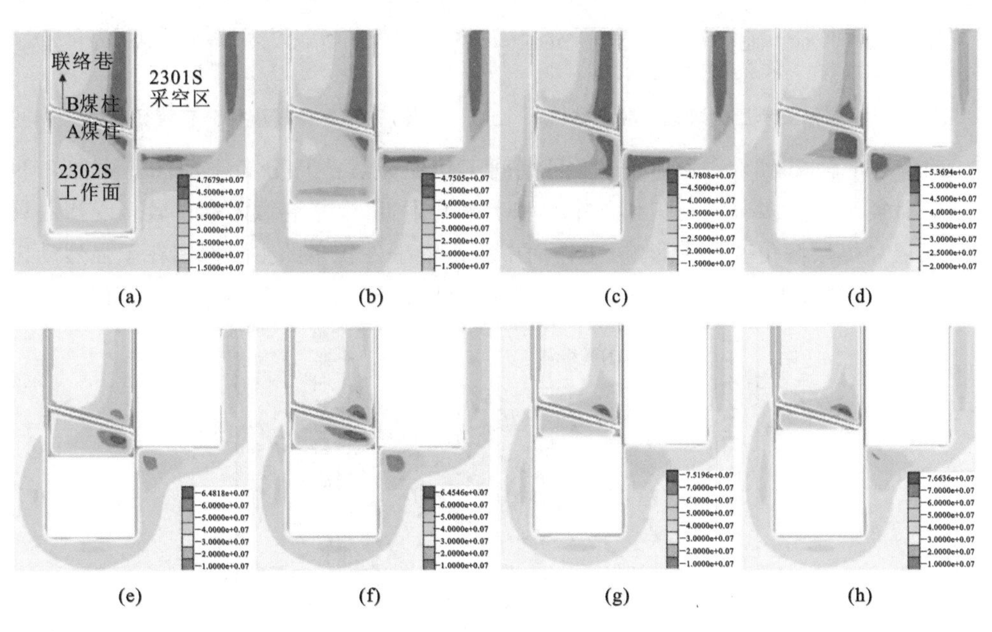

图 7-31 煤体支承压力云图

(a)距联络巷300m；(b)距联络巷200m；(c)距联络巷150m；(d)距联络巷100m；(e)距联络巷75m；(f)距联络巷50m；(g)距联络巷25m；(h)距联络巷0m

②工作面过联络巷现场实测。

根据2301N工作面开采初期的经验，工作面微震事件数量一般在10～20个/d。图7-33为2013年12月3—12日期间工作面微震事件分布特征曲线。由图7-33可知，自12月4日（距联络巷165m）开始，工作面微震事件数量和总能量开始缓慢增加，至12月8日（距联络巷147m），微震事件数量突增至58个，总能量达到4.2×10^4J。在工作面推进速度变化不大的情况下，微震事件数量和总能量的异常增大说明工作面开始进入强烈动压影响区。

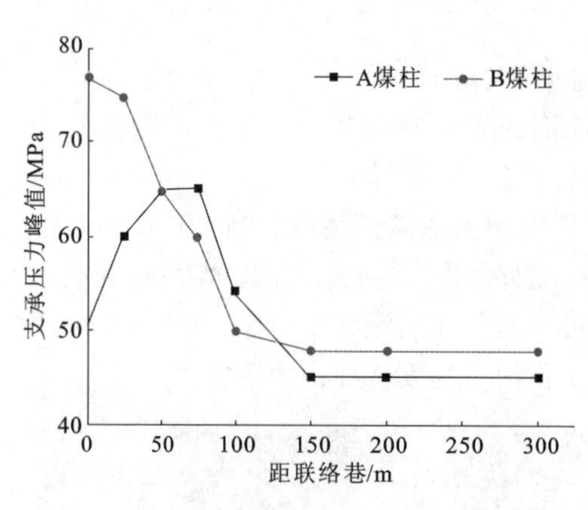

图7-32　煤体支承压力峰值变化曲线

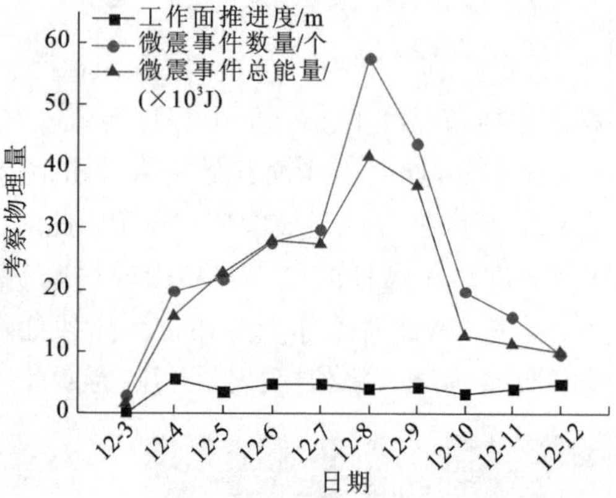

图7-33　微震事件分布特征曲线

图7-34为2013年12月3—12日期间工作面微震事件分布平面图。由图7-34可知，微震事件大多分布在工作面中部和上平巷附近，上平巷微震事件较多受褶曲翼部、断层和煤层倾角变化带影响；工作面中部微震事件较多的主要原因在于强烈动压区联络巷两帮和上、下平巷均采取钻孔卸压措施，使支承压力向煤体深部转移。

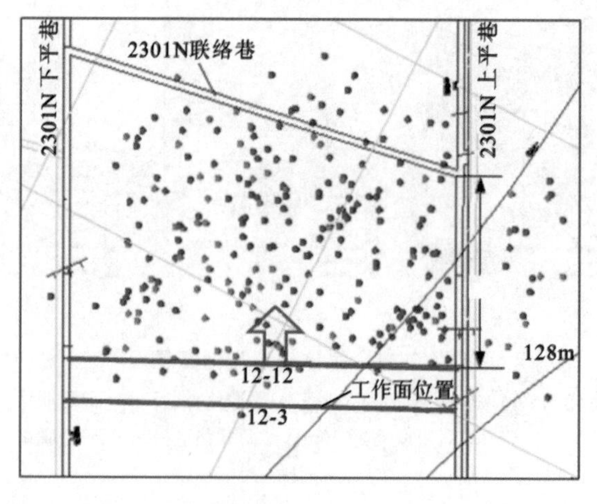

图7-34　联络巷附近微震事件分布平面图

根据上述分析可知，工作面经过联络巷时存在煤柱冲击和采场压架两类动力灾害。5304 工作面中部存在 1 条联络巷(中间巷)，如图 7-35 所示。

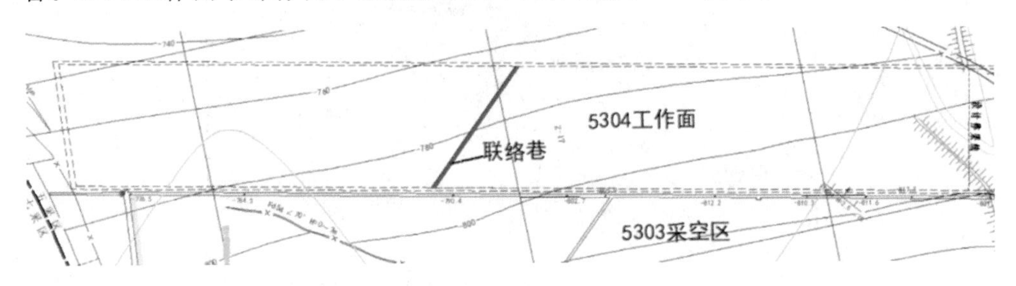

图 7-35 5304 工作面中间巷布置平面图

根据赵楼煤矿和相邻矿井开采经验，工作面向联巷推进过程中，中间巷附近为高应力区和高度冲击危险区，应在工作面超前影响范围之外封闭巷道并做好防冲措施。据此，划定工作面中间巷里侧 200m 和外侧 50m 区域为冲击危险区，应力集中系数取 2.0。

$$\sigma_{运输顺槽} = 2.0\gamma h \quad (563,813)$$

$$\sigma_{轨道顺槽} = 2.0\gamma h \quad (394,644)$$

(3)底煤对巷道冲击地压的影响

根据 5304 工作面地质条件，工作面巷道留底煤区域主要集中在断层附近、煤层分岔带、岩浆岩冲刷带和煤岩交界面，以上因素均有可能引起巷道发生底板冲击。图 7-36 为相邻矿井 1302N 工作面超前 75～100m 范围内底煤鼓起开裂现象。因此，应在 5304 工作面回采前对运输、轨道顺槽及受采动影响范围内巷道进行排查，将所有留底煤(≥1m)或底煤上覆岩柱厚度小于 3m 的区域进行断底处理，达到防冲要求后方可实施开采。

7.4.6 冲击地压危险性的多因素耦合评价与危险区划分

分别绘制应力分布图，如图 7-37、图 7-38 所示。5304 工作面运输顺槽和轨道顺槽各影响因素应力叠加曲线图如图 7-39、图 7-40 所示。根据 3# 煤层煤的冲击倾向性鉴定结果，得到 3# 煤的单轴抗压强度平均值为 22.36MPa。图 7-34～图 7-36 中的绿、黄、红分别是冲击地压危险性程度的判定线，判定依据分别是煤体单轴抗压强度的 1.5 倍、1.8 倍和 2.0 倍。

根据以上对冲击地压危险性的多因素评价，以及各因素对诱发冲击地压能力的影响，对危险区域位置、危险程度进行叠加，在定量评价的基础上，通过定性分析修正定量评价结果。将图 7-39、图 7-40 分别投影到工作面平面图上，如图 7-41 所示。5304 工作面共划分为 14 个冲击危险区：4 个弱冲击危险区，4 个中等冲击危险区，6 个强冲击危险区。具体情况见表 7-10。

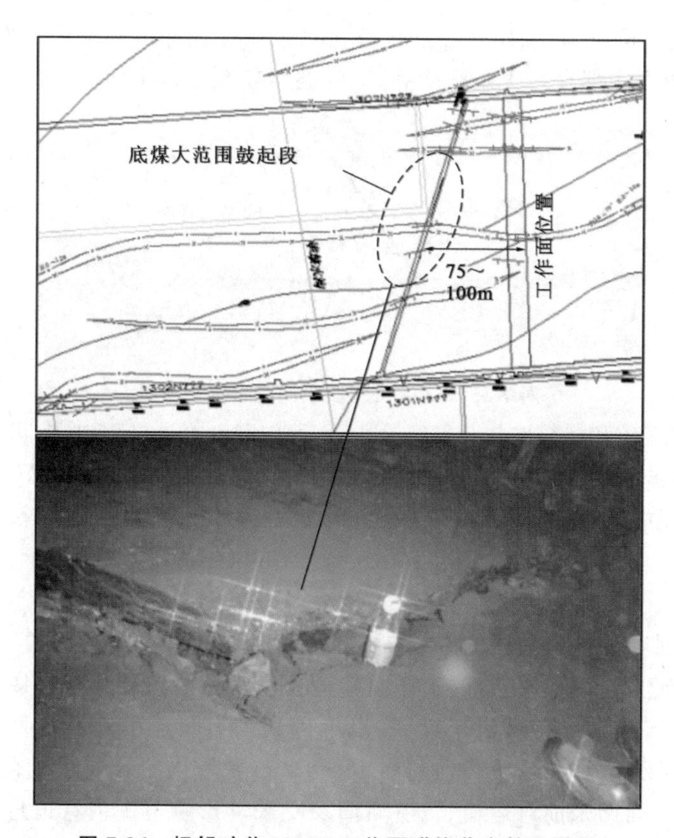

图 7-36　相邻矿井 1302N 工作面联络巷底鼓开裂图

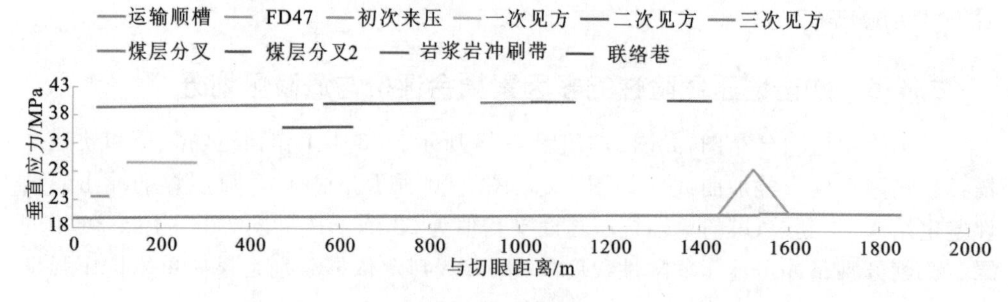

图 7-37　5304 工作面运输顺槽各影响因素应力分布图

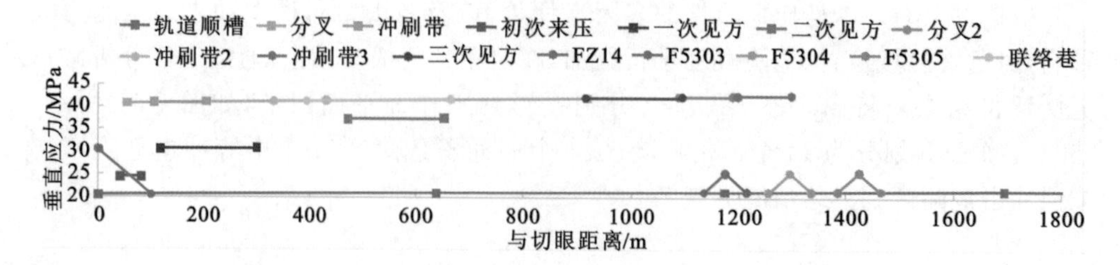

图 7-38　5304 工作面轨道顺槽各影响因素应力分布图

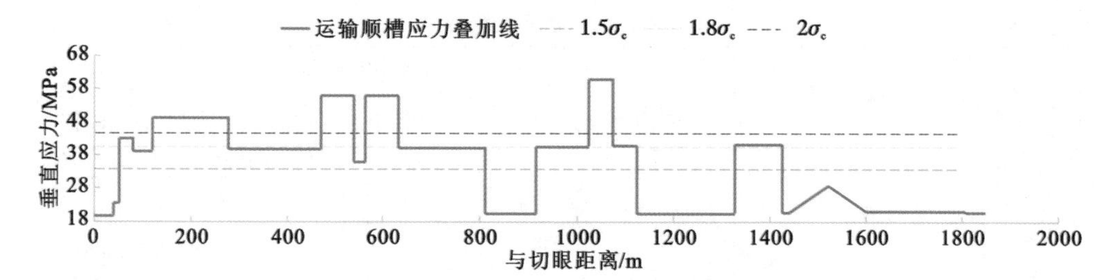

图 7-39　5304 工作面运输顺槽各影响因素应力叠加曲线图

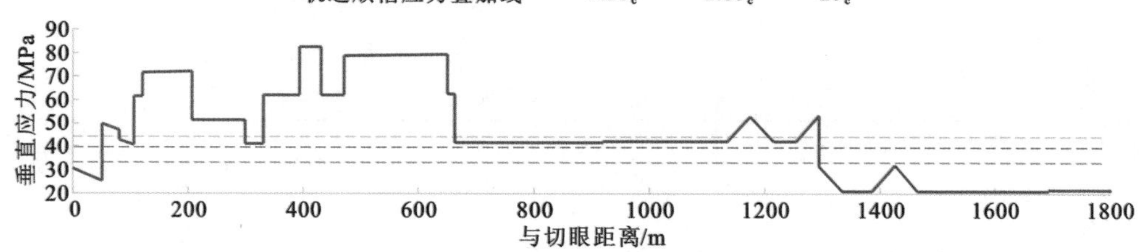

图 7-40　5304 工作面轨道顺槽各影响因素应力叠加曲线图

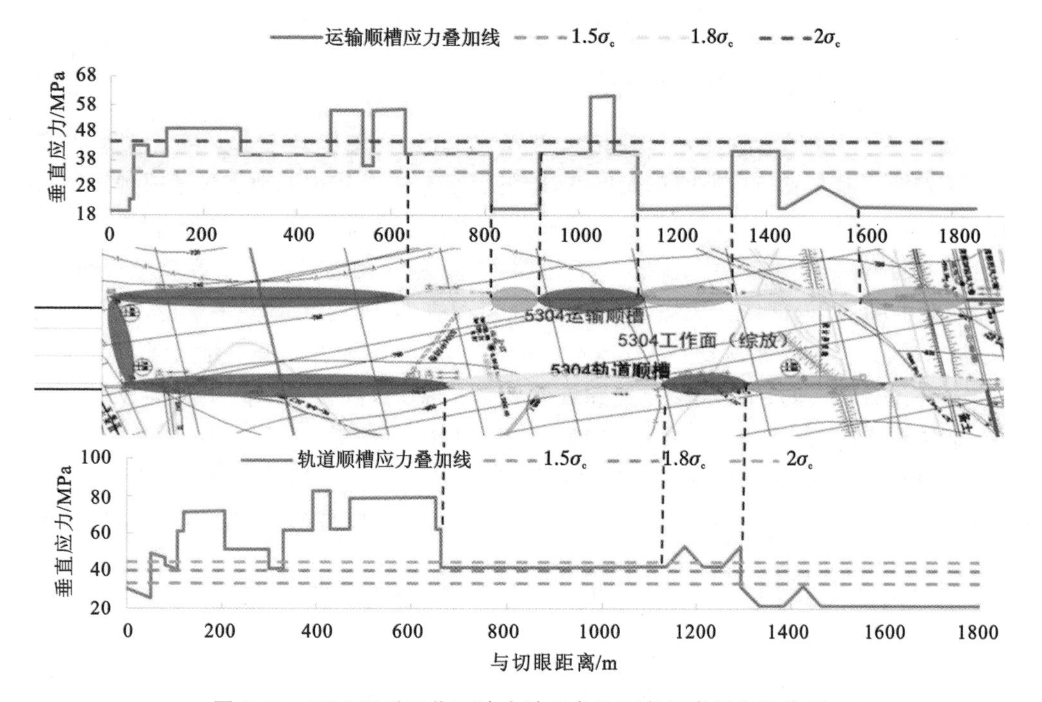

图 7-41　5304 回采工作面冲击地压危险区多因素耦合评价图

表 7-10　　**5304 工作面危险区综合表**

<table>
<tr><th rowspan="2">危险区域</th><th colspan="3">危险程度</th></tr>
<tr><th>强冲击危险区</th><th>中等冲击危险区</th><th>弱冲击危险区</th></tr>
<tr><td>运输顺槽</td><td>(0,632)
(915,1124)</td><td>(632,813)
(1327,1600)</td><td>(813,915)
(1124,1327)
(1600,1850)</td></tr>
<tr><td>轨道顺槽</td><td>(0,664)
(1088,1295)</td><td>(664,1088)
(1673,1873)</td><td>(1295,1673)</td></tr>
<tr><td>开切眼和中间巷</td><td colspan="3">均为强冲击危险</td></tr>
<tr><td>停采线外 350m 范围内煤层巷道</td><td colspan="3">按照具有冲击危险巷道进行管理
(提前处理底煤/薄岩柱并进行实时监测预警)</td></tr>
</table>

7.5　分岔区煤层冲击危险性探测

7.5.1　地震 CT 基本原理

地震 CT 技术(地震计算机辅助层析成像技术)以地质体本身作为主要研究对象,通过地震波穿越该介质时的走时或能量变化,获得介质内部地震波速或地震波衰减系数分布图像,根据该图像信息与地质体应力及结构特征的对应关系,识别探测区域内相关特性的分布规律。该技术自 20 世纪 80 年代初进入地学研究领域以来,被广泛应用于地球内部结构成像,并逐步拓展到石油、金属矿产、地热等资源勘探,以及土木建筑、灾害防治等领域。我国于 20 世纪 80 年代中期开始开展地震波 CT 研究工作,并先后在大同、平顶山、北票和铁法等矿区应用,取得了令人满意的成果。目前,地震波走时 CT 技术发展较为成熟,应用相对广泛。

在地震走时成像的情况下,假设地震波以射线的形式在探测区内部介质中传播。当把介质划分为一系列小矩形网格时,可以通过一个高频近似,沿着震波传播射线的走时成像公式可表示为:

$$t_i = \sum_{j=1}^{N} s_j d_{ij} \quad (i = 1,2,3,\cdots,M) \tag{7-15}$$

该式表示第 i 条射线的观测走时 t_i 与第 j 个网格的慢度 s_j 之间的关系,其中 d_{ij} 表示第 j 条射线在第 i 个网格中的射线路径长度,M 为射线的条数,即在不同的接收点取得的观测数据个数,N 为网格的个数。

如果有 M 条射线，N 个网格，式(7-15)可以写成矩阵方程的形式：

$$\begin{Bmatrix} t_1 \\ t_2 \\ \vdots \\ t_M \end{Bmatrix} = \begin{vmatrix} d_{11} & d_{12} & d_{13} & \cdots & d_{1N} \\ d_{21} & d_{22} & d_{23} & \cdots & d_{2N} \\ \vdots & \vdots & \vdots & & \vdots \\ d_{M1} & d_{M2} & d_{M3} & \cdots & d_{MN} \end{vmatrix} \begin{Bmatrix} S_1 \\ S_2 \\ \vdots \\ S_N \end{Bmatrix} \tag{7-16}$$

或者写成

$$\boldsymbol{T} = \boldsymbol{AS} \tag{7-17}$$

式中，$\boldsymbol{T}$ 表示地震波走时向量，是观测值；$\boldsymbol{A}$ 表示射线的几何路径矩阵；$\boldsymbol{S}$ 表示慢度向量，为待求量。因此在波速层析成像中要对下式求解。

$$\boldsymbol{S} = \boldsymbol{A}^{-1}\boldsymbol{T} \tag{7-18}$$

根据 M 与 N 的大小关系，式(7-18)有可能为超定、正定或欠定。若 $\boldsymbol{T}$ 是一个完全投影，$\boldsymbol{A}$ 为已知，则可求得 $\boldsymbol{S}$ 的精确值。但是在地震层析成像的实际应用中，式(7-18)通常是不完全投影，因此，通常使用迭代的方法反演速度场。

7.5.2 地震波 CT 评价冲击危险性理论基础及方法

(1)煤岩波速结构参量与冲击危险性相关性

①波速大小。

实验室煤岩样加载试验表明，煤岩波速大小与加载大小表现出良好的正相关性。同时，煤矿冲击地压统计表明，工作面支承压力、残留煤柱、褶曲等因素导致的应力集中区是冲击地压发生的主要区域。因此，对同一性质的岩石来说，震动波波速越高，表明其承受的静载荷水平越高，冲击危险性就越高。

②波速梯度。

天然地震、矿山地震的发生规律均表明，高波速梯度区为震源集中区之一。在煤矿中，受地质构造及开采条件影响，工作面不同区域煤岩层的结构或应力分布往往具有较大的差异性。在结构或应力剧烈变化区，均表现出高波速梯度特征。相对于均波速区，高波速梯度区煤岩层更易发生冲击破坏，且梯度越大，发生冲击破坏的可能性越大。

③波速异常区最小临巷距。

如图 7-42 所示，受地质及开采因素影响，工作面范围内存在众多波速异常区，其在成因、范围、能量积聚水平等方面有一定差异性。在采掘巷道支承压力影响的工作面范围，主要表现为波速大小异常；而在结构剧变区(裂隙密度、煤层厚度等剧烈变化)，则表现为波速梯度异常。在一定条件下，以上波速异常区均可成为动力破坏潜在启动位置，但并非所有异常区煤岩破坏都将造成巷道冲击地压显现。动力破坏区与邻近采掘巷道之间的煤岩体将使冲击能量产生耗散，显然，波速异常区距离邻近巷道越近，造成冲击显现的可能性越大。

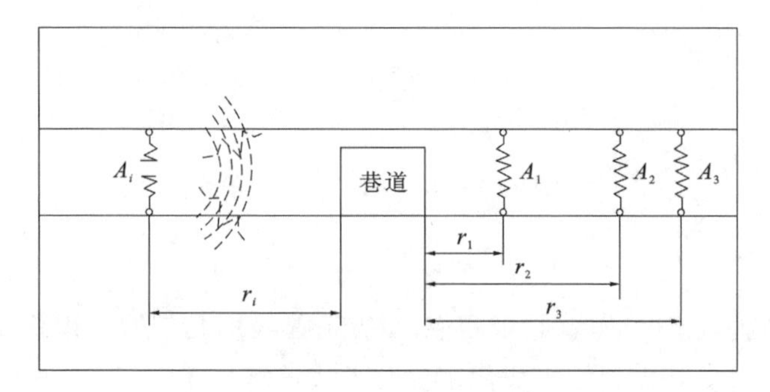

图 7-42　煤岩层波速异常区与动力破坏区相关性示意图

(2)冲击危险性评价模型

①波速异常系数。

为利用震动波波速对围岩冲击危险性进行评价，引入波速异常系数的概念，即

$$AC = \frac{V_P - V_P^0}{V_P^c - V_P^0} \tag{7-19}$$

式中，V_P^0 为测区内围岩纵波波速平均值(m/ms)；V_P^c 为测区内围岩极限纵波波速值(岩层临界破坏时)(m/ms)。

波速异常系数为波速异常值与波速最大异常值的比值，从震波波速角度表征围岩潜在动力破坏的可能性，其值可为正值或负值。若 AC 为正值，则表明该处岩层可能处于应力集中状态，该值越大，冲击破坏的可能性越大；若 AC 为负值，可视为无冲击危险，解释为应力释放区或地质破碎带等。

②波速梯度系数。

为评价波速梯度对冲击危险性的影响，引入波速梯度系数的概念。波速梯度系数 GC 主要从震波波速梯度角度表征围岩潜在动力破坏的可能性，其表达式为

$$GC = \frac{G_P}{G_P^c} \tag{7-20}$$

式中，G_P 为测区内围岩某点的纵波波速梯度(s^{-1})；G_P^c 为现场条件下测区内围岩极限纵波波速梯度(围岩临界破坏时)(s^{-1})。

速度场中的梯度 G_P 为波速变化率最大的方向上的波速变化率。在离散数据中，一般先对周围 8 个节点求取一阶方向导数，最后取其中最大值，如图 7-43 所示，中心网格(m,n)的波速梯度可表示为

$$G_P(m,n) = \max \frac{V_P(m,n) - V_P(x,y)}{d\sqrt{(m-x)^2 + (n-y)^2}} \tag{7-21}$$

式中，d 为网格边长；x，y 分别为周围每一个网格的纵、横向编号。

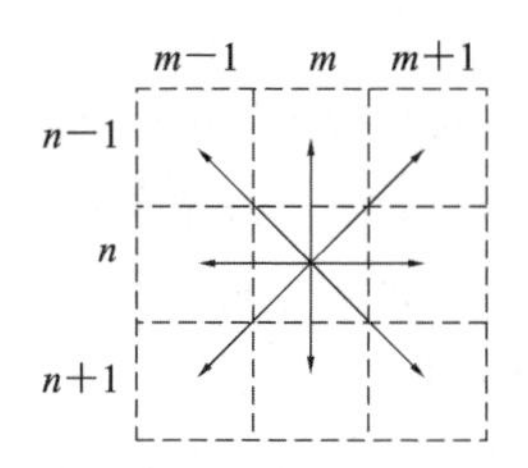

图 7-43　离散数据梯度计算示意图

③评价模型。

为综合反映波速大小和波速梯度对围岩冲击危险性的影响，最终的冲击地压危险性评价模型为

$$C = aAC + bGC = a\frac{V_{\mathrm{P}} - V_{\mathrm{P}}^{0}}{V_{\mathrm{P}}^{\mathrm{c}} - V_{\mathrm{P}}^{0}} + b\frac{G_{\mathrm{P}}}{G_{\mathrm{P}}^{\mathrm{c}}} \tag{7-22}$$

式中，C 为冲击地压危险性指数；a、b 分别为两因子的权重系数，均取 0.5；V_{P} 可通过地震 CT 技术反演获取；G_{P} 则通过式(7-21)计算得出；为便于操作，$V_{\mathrm{P}}^{\mathrm{c}}$、$G_{\mathrm{P}}^{\mathrm{c}}$ 可通过测区的地震 CT 反演结果进行估算：对于无明显动力现象煤岩层，$V_{\mathrm{P}}^{\mathrm{c}}$、$G_{\mathrm{P}}^{\mathrm{c}}$ 分别取 $1.2\max V_{\mathrm{P}}$、$1.2\max G_{\mathrm{P}}$，对于有弱动力现象(未造成采掘空间明显破坏)煤岩层，分别取 $1.1\max V_{\mathrm{P}}$、$1.1\max G_{\mathrm{P}}$，对于有强烈动力现象煤岩层，分别取 $\max V_{\mathrm{P}}$、$\max G_{\mathrm{P}}$，其中 $\max V_{\mathrm{P}}$ 为反演出的波速 CT 图像中最大波速值，$\max G_{\mathrm{P}}$ 为依据波速 CT 图像计算得出的最大波速梯度。

该模型 C 值最大为 1，最小值则取决于实测数据。若 C 为负值，表明该区域处于卸压状态，且 C 值越小，卸压程度越大。C 值与冲击危险等级对应标准如表 7-11 所示。

表 7-11　**煤岩层冲击危险等级分类**

类别	冲击危险等级	C 值	表征图例
Ⅰ	无	<0.25	无
Ⅱ	弱	$0.25 \leqslant C < 0.5$	
Ⅲ	中	$0.5 \leqslant C < 0.75$	
Ⅳ	强	$0.75 \leqslant C \leqslant 1$	

(3)回采巷道冲击危险等级划分

在煤岩层冲击危险评价结论的基础上,引入异常区最小临巷距的影响,对工作面回采巷道进行冲击危险性等级划分,划分依据包括:①巷道周边煤岩层冲击危险等级;②危险区域最小临巷距 r。巷道冲击危险等级分类如表 7-12 所示,参照区域不同时,以得出的巷道最高危险等级为准。

表 7-12 巷道冲击危险等级分类

类别	巷道冲击危险等级	r 值	表征图例
Ⅰ	无	—	—
Ⅱ	弱	$r_{弱}<3b$, 或 $3b<r_{中}<5b$ 或 $5b<r_{强}<7b$	
Ⅲ	中	$r_{中}<3b$, 或 $3b<r_{强}<5b$	
Ⅳ	强	$r_{强}<3b$	

注:$r_{弱}$ 为巷道至弱冲击危险区域的最小距离,$r_{中}$ 为巷道至中等冲击危险区域的最小距离,$r_{强}$ 为巷道至强冲击危险区域的最小距离;b 为巷道宽度。

当探测区域处于Ⅰ类时,无须处理;当探测区域处于Ⅱ类时,若危险区将受采掘扰动影响,则需立即进行预卸压;当探测区域处于Ⅲ类时,需停止工作面生产,立即采取针对性局部解危措施,验证解危有效后重新生产;当探测区域处于Ⅳ类时,需立即停止生产,并撤离工作面所有人员,可利用爆破诱发冲击的方式降低或消除冲击危险性。

图 7-44 给出了巷道冲击危险等级划分示意图。

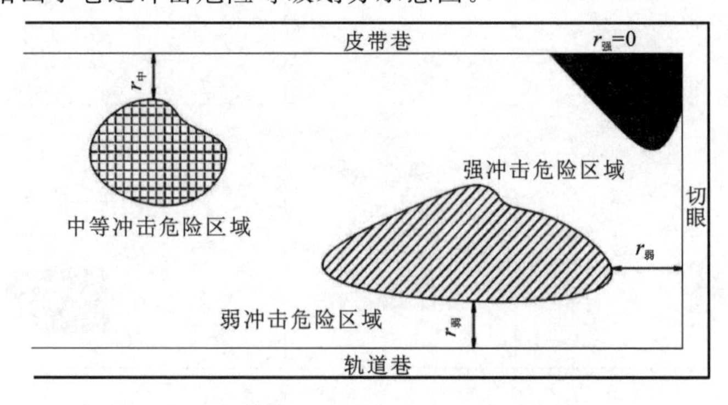

图 7-44 巷道冲击危险等级划分示意图

7.5.3 CT 探测仪器简介

本次探测工作所采用的设备为从波兰 eMAG 公司引进的 24 通道 PASAT-M 型便携式微震探测系统,实物如图 7-45 所示。该系统具有体积小、重量轻、安装方便、所需配套工程量小等特点。配备检波器采用压电式原理,具有精度高、响应频谱宽(5～10000Hz)等优点,避免了其他类型检波器因响应频率过窄而导致震波数据丢失的问题;内部检波系统采取两分量接收(X/Y),可根据不同类型有效波在两分量上的响应特征进行优选、分离、提取等后处理。

图 7-45 PASAT-M 型便携式微震探测系统

7.5.4 地震波 CT 实施方案

(1)探测方案设计

根据工作面周围开采环境,在 5304 工作面中间巷前后强冲击危险区域进行 CT 扫描探测,探测共实施爆破震源 88 个,探测在 1 个班时间内完成。观测系统布置如图 7-46 所示。

放炮端、接收端分别设计在 5304 工作面轨道顺槽和 5304 工作面运输顺槽,信号线穿过工作面中间联络巷连接接收端和放炮端,采用从巷口向工作面方向的放炮顺序。观测系统参数为:每放 1 炮全道接收,道间距(探头间距)18m,炮间距 7m。信号线一端在接收端 1# 位置,另一端在放炮端 106# 位置,此次实验需要信号线 1000m。

注:如打炮孔过程中遇到断层等构造无法打孔,可向后顺移,做好现场记录。

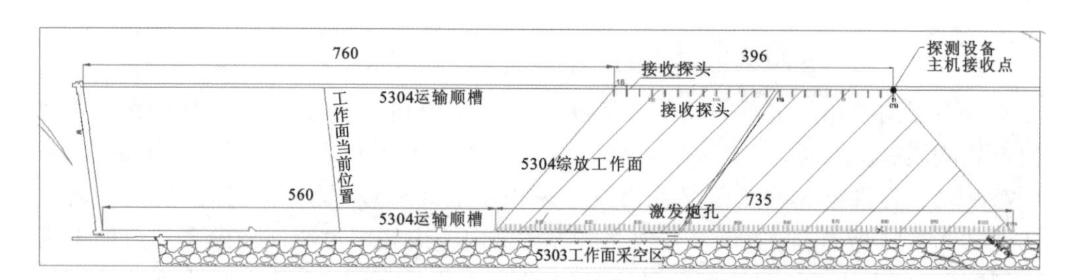

图 7-46　5304 工作面 CT 探测观测系统布置图(单位:m)

(2)激发炮及炮孔、接收端参数要求

①激发炮及炮孔参数要求。

a. 炮孔孔深 2m,孔径以矿用炸药直径能顺利放入为准。钻孔完毕后,用标签对每个炮孔位置做标识牌。

b. 炮孔距底板 1.2～1.5m,要求炮孔平行于煤层顶底板,并垂直于巷帮,不同炮孔需处在同一平面上。

c. 每孔炸药量 150g,炸药需装入炮孔孔底,外用炮泥封堵至孔口。

d. 震波收集启动方法为短断触发。每次装药时,需将细导线缠绕于炸药端,用胶带缠绕结实,保证炸药爆炸时将细导线炸断,将细导线的两端引出炮孔口与信号线的两端连接,如图 7-47 所示。

e. 按照方案设计炮孔编号顺序进行放炮,一炮一放,放完一炮后需要 1～2min 左右的接收时间。若有哑炮,必须由放炮人员进行专门处理。

注:所有炮孔的炸药型号及炸药量都必须保持一致。

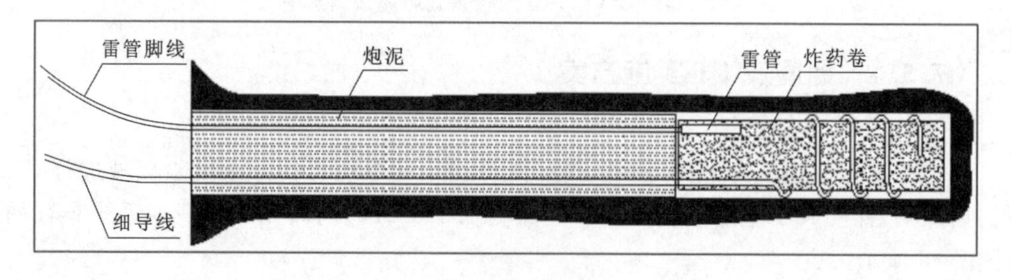

图 7-47　装药结构示意图

②接收端参数要求。

a. 要求锚杆为直径 20mm 的全螺纹锚杆,通过变头与接收器连接。

b. 受现场条件影响,接收器设计位置与现场位置不能对应时,选取最靠近的锚杆,误差不得超过 1m。

c. 要求锚杆平行于煤层顶底板,并垂直于巷帮,高度约 1.2～1.5m,不同锚杆尽量处在同一平面上。

③现场环境要求。

为保证收集数据的准确性，在探测过程中，需停止工作面所有机械振动和噪声较大的工作，确保巷道无大的噪声干扰。探测设备安装完毕并调试后，现场人员不得随意触碰，以免对探测结果产生影响。

(3)探测设备及所需材料

①PASAT-M 型便携式微震探测系统 1 套(图 7-48)。

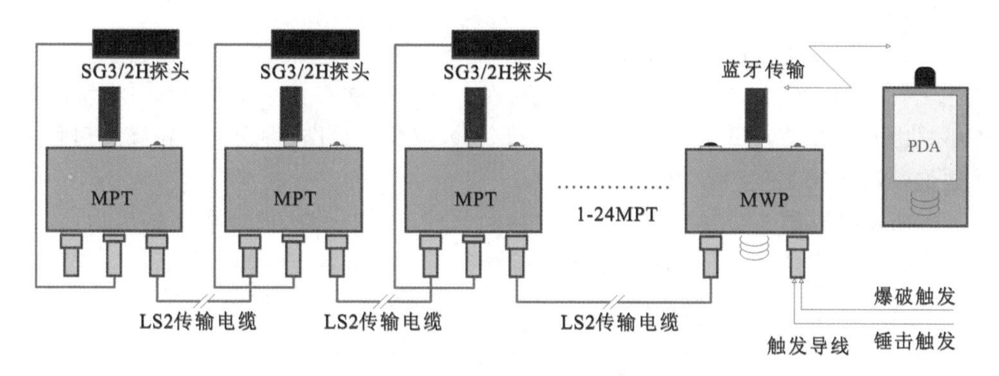

图 7-48 PASAT-M 型便携式微震探测系统示意图

②通信电话 1 对，用于放炮端与接收端之间的人员联系(如果探测区域两巷道合适位置有固定电话机，优先使用)。

③移动电话 1 对，用于放炮人员与装药人员联系。

④爆破材料：炸药 106 节，每节 150g；同型号雷管 106 发(为处理可能产生的哑炮应多准备 5 发)；炮泥若干。

⑤信号缆线：两芯导线 1000m，用于连接激发端和探测主机端，要求单芯 750m，电阻在 1000Ω 内，一般工作面用两芯通信电缆或电话线即可。

⑥细导线：106×5＝530(m)(雷管放炮连接线)，用于连接信号线，炸药起爆时起触发作用。

⑦直径 20mm 的细螺纹探头 22 件，与接收端巷帮锚杆相连，如井下无此规格锚杆，需另制作变头，变头数目 22 件。

7.5.5 实施步骤

(1)准备阶段

①根据探测方案要求，探测前提前确定接收端位置，间距误差不大于 2m，按照方案图顺序对各测点的位置编号并在锚杆牌做好标记，测量各测点的间距并做好记录。用白色自喷漆做好标记，并根据现场条件完善方案。

②严格按照设计要求在放炮端钻取炮孔。量取准确位置，按照设计要求制作标识牌进行编号并将炮间距做好记录，施工炮孔过程中需保证炮孔布置在煤层中，遇到断层构造无法打孔时，可向后顺移。

③在现场安装设备及钻取炮孔时，若难以完全按照设计间距实施，为保证试验质量，炮间距误差应不大于1m。

④提前布设信号线，起始点从运输顺槽1#炮点开始，向工作面推进方向布设，绕过联络巷直到接收主机位置，长度750m左右。

(2)试验阶段

①将探测设备运送至各接收端锚杆处，设备共4箱，按照1#～4#的顺序分别放置在1#、7#、13#、19#探测点锚杆的位置，在1#～23#锚杆上安装并调试；将所需爆破材料由专业爆破人员运至放炮端，并做好放炮前准备工作；将通信线路绕过切眼连接放炮端(106号)和接收端(1#)。

②听从接收端人员发出的放炮信号指示，进行一炮一放，放炮顺序依次为：106、105、104、…、2、1，共106炮，每次放炮后都将有1～2min数据传输时间。

③放炮完毕后，拆除设备，整理装箱，放至井下安全地点或运至地面。

7.5.6 冲击危险源地震波CT探测报告

(1)实际探测情况

地震波探测利用的是振动信号，巷道中的排水管道、信号线等对物探信号的影响一般较小，本次探测期间没有产生较大的振动干扰因素，这为震波数据的采集提供了良好的背景环境。炮孔的激发和接收锚杆的安装严格按照相关规定施工，为地震波的激发和接收创造有利条件。

根据矿方需求及周围开采环境、现场实际情况和设备探测能力，本次探测区域如图7-49所示，共计实施激发震源88个，接收到有效震源80个，接收分站21个，获得震波数据1680道，5304工作面轨道顺槽探测范围约为644m，5304工作面运输顺槽探测范围约为403m，工作面切眼宽度199m，探测面积约104176.5m²。试验过程中设定采样频率为2000Hz，检波器工作频段5～10000Hz，增益40dB，采样长度为0.6s，激发孔内每孔150g炸药，短断触发。

区域探测工作于2020年6月19日开展，现场探测时，放炮端布置在5304工作面轨道顺槽，接收端布置在5304工作面运输顺槽。该区域探测放炮按照从5304工作面轨道顺槽从里往外的放炮顺序。信号线穿过中间联络巷连接放炮端和接收端。观测系统布置方式为：5304轨道顺槽炮眼间距约为7m，5304运输顺槽间距约为19m。5304工作面探测区域射线模拟效果如图7-50所示。

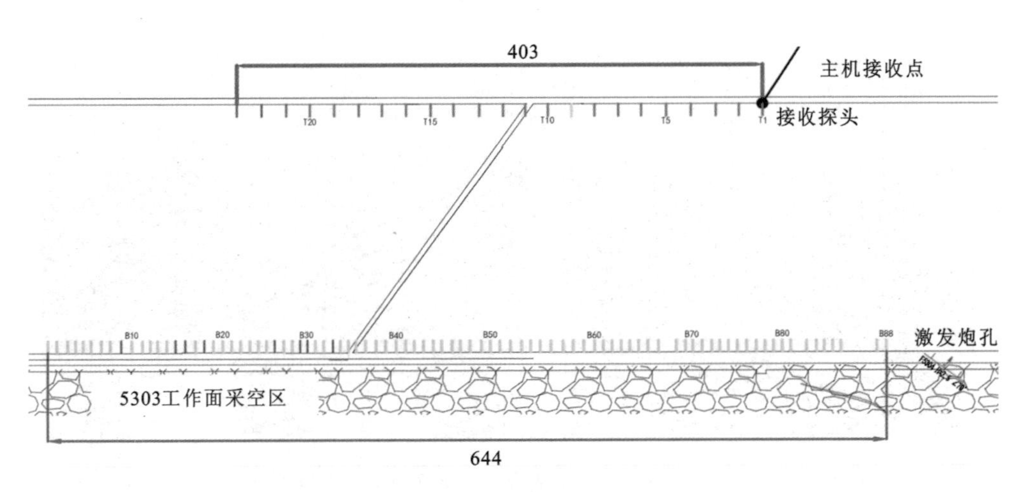

图 7-49　5304 工作面探测区域(单位:m)

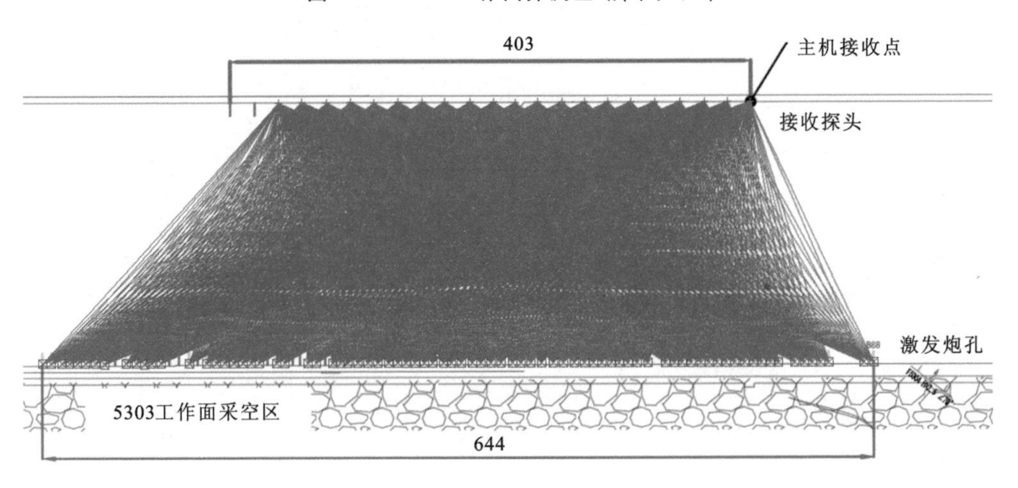

图 7-50　5304 工作面探测区域射线模拟效果(单位:m)

(2)数据质量评价

图 7-51 为本次 5304 工作面探测区域部分实测地震波形数据。从波形上看,波形同相轴连续性较好,数据波形初至位置明显,初至条件基本满足初至拾取的要求。

图 7-52 为 5304 工作面探测区域震波数据散点图,从图中可以看出散点拟合度较高,可决系数 R^2 约为 0.81,表明整体上煤岩体完整性高,顶底板纵波平均波速约为 3.61m/ms。

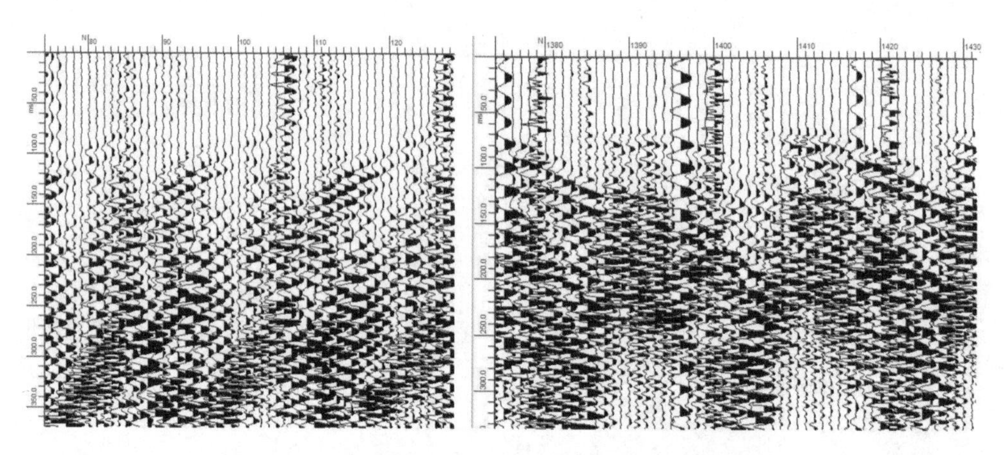

图 7-51　5304 工作面探测区域部分实测地震数据波形

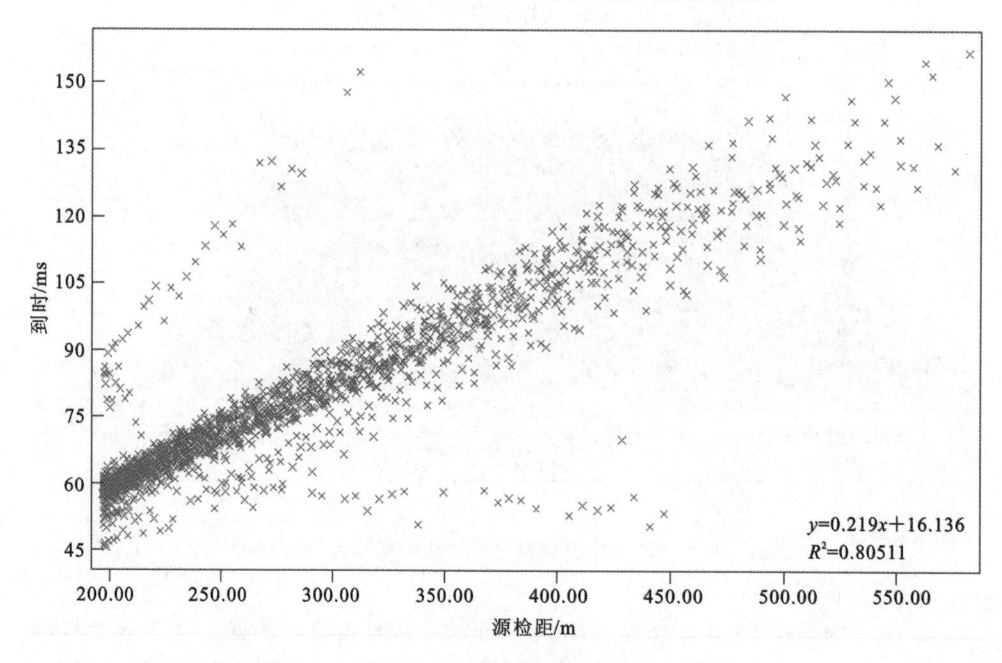

图 7-52　5304 工作面探测区域震波数据散点图

(3)工作面探测区域冲击危险性分析

①总体分析。

图 7-53 为 5304 工作面探测区域冲击危险性指数 C 分布图,图中以蓝色到红色来代表探测区域内冲击危险性指数,区域内 C 最大值为 1.00,最小值为 0。根据图 7-53 中冲击危险性指数分布情况划分 5304 工作面探测区域煤岩层冲击危险区域,结果如图 7-54 所示,分别用红色、洋红色、蓝色阴影线表示具有强、中等、弱冲击

危险区域,并标出尺寸。

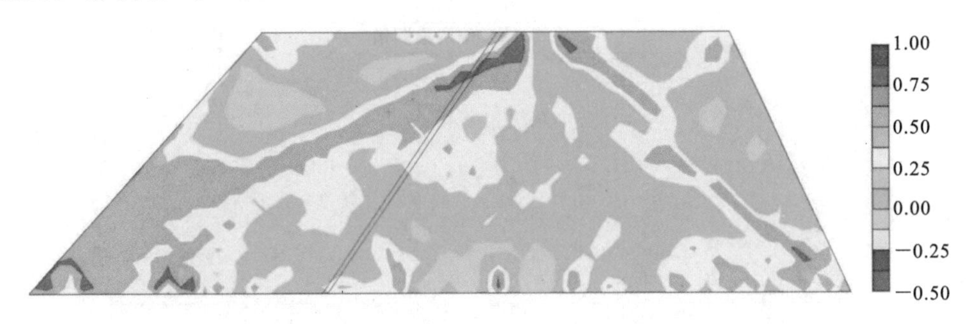

图 7-53 5304 工作面探测区域冲击危险性指数 C 分布图

②煤层冲击危险区域划定。

5304 运输顺槽附近存在 2 处强冲击危险区域、4 处中等冲击危险区域、7 处弱冲击危险区域;5304 轨道顺槽附近存在 4 处强冲击危险区域、8 处中等冲击危险区域、10 处弱冲击危险区域;5304 中间巷附近存在 1 处强冲击危险区域、1 处中等冲击危险区域、3 处弱冲击危险区域;5304 工作面煤体内部存在 1 处强冲击危险区域、1 处中等冲击危险区域、3 处弱冲击危险区域。

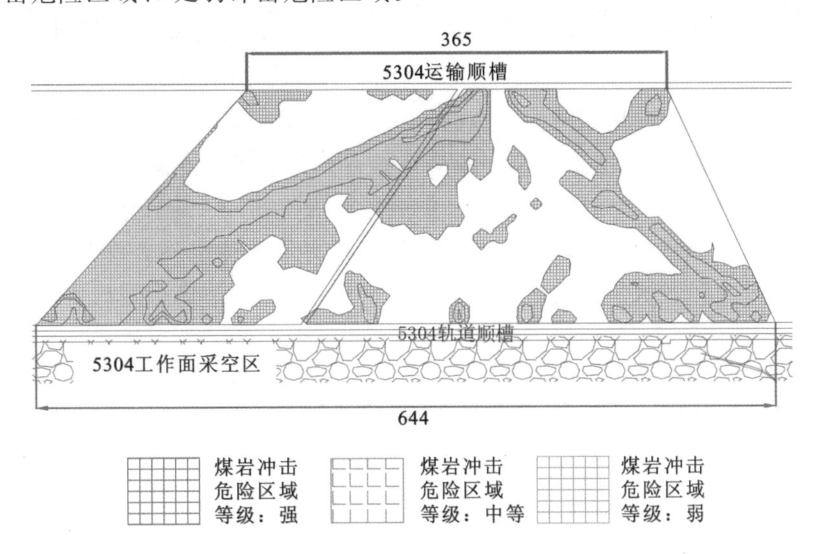

图 7-54 5304 工作面探测区域煤层冲击危险区范围(单位:m)

③巷道冲击危险区域划定。

采掘空间冲击危险性的判定是冲击地压危险性评价的重点。根据实测煤岩层冲击危险区域分布范围及其至巷帮的距离,初步划定 5304 工作面探测区域巷道冲击危险区域,如图 7-55 所示。

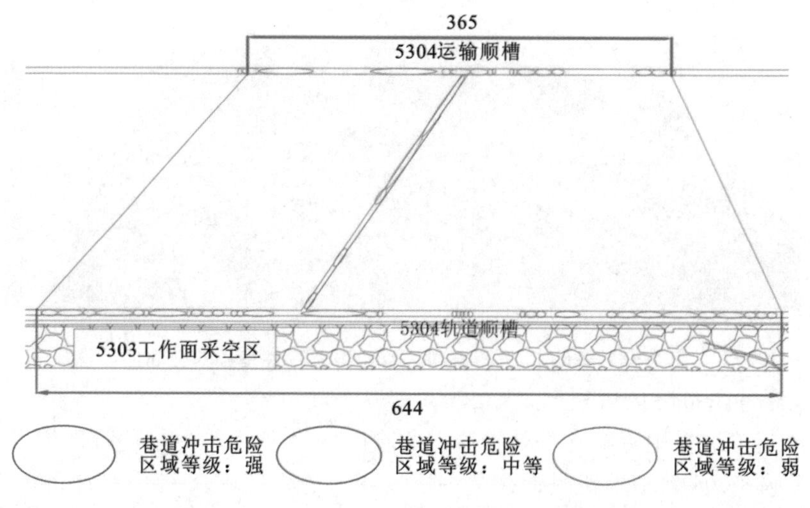

图 7-55　5304 工作面探测区域巷道冲击危险区范围(单位:m)

7.6　5304 工作面冲击地压防治技术与措施

监测与预警是冲击地压防治工作的重要组成部分,对及时采取区域性防范措施和局部解危措施、避免冲击地压事故发生等具有十分重要的意义。目前已有多种方法对冲击地压进行监测,如微震监测法、电磁辐射法、钻屑法、地音法等。冲击地压监测预警的难点在于监测预警指标的选取和指标临界值的确定。实践表明,采用多种方法在时间纵向和区域横向上对冲击地压进行监测预警,是提高监测预警准确性的有效途径。

7.6.1　5304 工作面冲击地压防治技术体系

冲击地压的发生主要与煤层的冲击属性和支承压力分布特征有关。其中,冲击倾向性是煤体的固有属性,可通过试验测定;而支承压力是冲击地压发生的动力因素,其形成是一个动态过程,与工作面推进距离、采煤方法、地质构造、覆岩空间结构特征等有关,实践上很难通过理论计算、数值模拟、物理试验准确得到其分布特征。现场实测是掌握煤层支承压力动态分布的有效手段。但考虑到该方法耗费的劳力、财力较大,开展现场实测前应该判定监测的重点区域。鉴于此,提出矿井动力灾害监测技术体系,如图 7-56 所示。

图 7-56 中横轴表示时间,纵轴表示监测范围。具体实施方案如下:

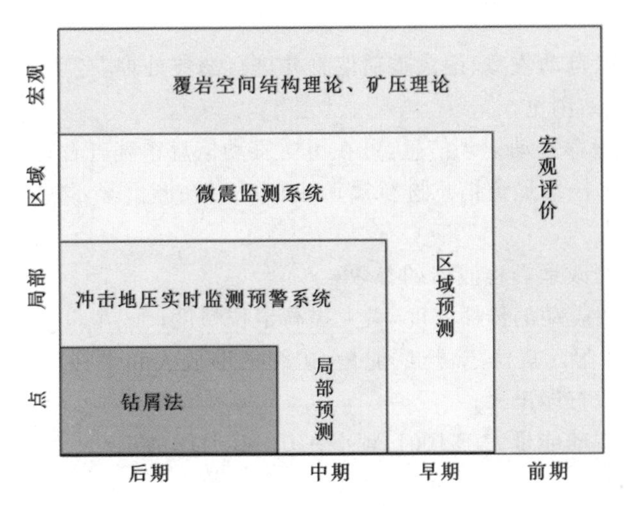

图 7-56 矿井动力灾害监测技术体系

①在工作面回采之前，采用覆岩空间结构理论、矿压理论对工作面冲击地压危险性进行宏观评价和预测，确定监测预警的重点区域。

②根据前期评价结果，采用微震监测系统监测危险区域围岩破裂情况，判定卸压区及应力集中区；然后，根据应力集中区的位置，对下一区域进行预测。微震监测系统能够实现矿井动力灾害的区域预测，即某一时间区域横向上的预测。

③在工作面上、下平巷的内侧煤体布置钻孔应力计，采用冲击地压实时监测预警系统实时监测应力的变化，一旦应力值达到临界值，该系统会及时报警。冲击地压实时监测预警系统能够实现矿井动力灾害的局部预测，即某一区域时间纵向上的预测。

④冲击地压实时监测预警系统报警后，组织人员在报警区域施工钻屑孔，检验煤粉量，若煤粉量超标，应立即进入解危程序。钻屑法能够实现矿井动力灾害的逐点检验，即某一区域某一时间上的检验。

7.6.2 5304 工作面冲击地压监测预警措施

(1)工作面掘进期间冲击地压监测预警

①掘进工作面微震监测预警系统。

赵楼煤矿 5304 掘进工作面建议采用 SOS 微震监测系统，两顺槽周围布置的拾震器不得少于 4 个。

SOS 微震监测系统是波兰矿山研究总院采矿地震研究所设计、制造的新一代微震监测仪。该微震监测仪主要由井下安装的 DLM 2001 检波测量探头、地面安装的通道 DLM-SO 信号采集站和信号记录器等组成。

SOS 微震监测系统能够监测矿山井下开采引起的冲击矿压及微震事件并具有

以下功能：

a. 即时、连续、自动收集、记录震动信息并进行滤波处理，自动生成震动信号图并自动保存，可在主站浏览；

b. 定期打包保存震动记录信息，可在历史震动信息系统查看；

c. 手动（自动）捡取通道信息进行震源定位并可在图上显示震源的位置，自动计算震动能量；

d. 可输入和修改地震检波器的参数；

e. 确定岩层中震动的传播速度，大大提高定位精度；

f. 可在矿图中显示震源定位点、能量，矿图能够放大和平移以便观察震动源点，并可以文件的方式打印出来；

g. 可以监测震动能量大于100J、频率在0～600Hz的震动。

②钻屑法监测。

钻屑法是通过在煤层中打直径42～50mm的钻孔，根据排出的煤粉量及其变化规律和有关动力效应，鉴别冲击危险的一种方法。相关试验结果表明，钻出煤粉量和煤体应力状态具有定量的关系，即在其他条件相同的煤体中，应力状态不同，排出的煤粉量也不同。当单位长度的排粉率增大或超过临界值时，表示应力集中程度增加和冲击危险性增高。

《冲击地压测定、监测与防治方法 第6部分：钻屑监测方法》(GB/T 25217.6—2019)规定，用钻粉率指数判别工作地点冲击危险性指标时，需要结合实际情况执行。表7-13所列的钻孔深度/煤层开采厚度内，实际钻粉量达到相应指标或出现钻杆卡死现象，可判别为所测地点有冲击危险。

表7-13 **判别工作地点冲击地压危险性的钻粉率指数**

钻孔深度/煤层开采厚度	<1.5	1.5～3	>3
钻粉率指数	≥1.5	2～3	≥3

注：钻粉率指数＝每米实际钻粉量/每米正常钻粉量。

钻粉率指数应折算成容易测量的指标，一般以测量煤粉的体积更为方便。正常钻屑量是在支承压力影响带范围以外测得的煤粉量，选择不受采动影响的煤体中的巷道，测定5个钻孔并取各钻孔煤粉量的平均值作为正常煤粉量。

最大钻屑量G(kg/m)与其峰值位置距工作面煤壁距离l之间的关系，可用下述近似公式（等式两端的数值成近似关系）来描述：

$$G=-0.0022l^2+0.678l+1.66$$

由于各矿的情况不同，各自的评价参数只适用于本矿。但在测定了本矿的正常排屑量后，根据上式反算，可以得出适用于本矿的评价指标。

根据统计结果，最大钻屑量出现在 2～5m 范围的占 70%左右，6m 左右的占 15%左右，7m 以后的仅为 2%，这个统计结果也有一定的参考意义。

必须注意的是，由于煤壁处已经形成了破裂区，加之开钻时钻头的摇动，钻屑量难以控制。同时考虑到该处煤壁的支承能力已经下降，弹性能随煤体破坏而逐渐释放，一般已失去冲击能力。所以第 1m 的钻屑量不能作为检测指标，但可以作为估计煤壁破坏情况和稳定性的参考。

钻进过程中，孔壁有可能突然炸裂，冲击钻杆造成钻杆跳动，并伴有声响，严重时可能使钻杆外推，因此，冲击声响可以作为判断冲击危险的指标之一。钻进过程中，钻孔周围煤体在高应力作用下可能会突然崩塌，卡住钻杆，严重时可能卡死钻杆。钻杆卡死是钻孔周围煤体应力高度集中或突然变化的标志，因此，也将钻杆卡死作为鉴别冲击危险的一个指标。但是必须注意，钻杆卡死除与煤体压力有关外，还受施工钻具、施工方法和施工经验的影响，所以要由专职人员采取正确的施工方法并凭借经验确认、鉴别冲击危险。其他动力效应，如推进力变化、纯钻进时间变化、钻孔冲击等，也可作为鉴别冲击危险的参考指标。以上监测指标要组合鉴定，具体组合形式因矿而异。

5304 工作面掘进过程中，当监测判定该区域煤体应力集中时，采取钻屑法煤粉监测手段进行验证。根据实际煤粉量、标准煤粉量和危险煤粉量指标的大小关系，结合检测实际煤粉量达到或超过极限（危险）煤粉量、颗粒直径大于 3mm 煤粉含量超过每米实际煤粉量 30%、孔内冲击、卡钻、煤炮等强烈动力效应及指标，进行冲击地压危险程度评价和预警，当判定煤体具有冲击危险时，立即停止作业，实施卸压解危措施。

钻屑法煤粉监测设计孔深 15.0m（不小于 3 倍巷道高度），在掘进工作面迎头及迎头后方 10m，回采帮每天监测 1 次（沿空巷道煤柱侧不用施工），监测到有冲击危险时增加对非回采帮煤粉监测，钻孔水平布置，孔口距底板 0.5～1.5m。当现场遇断层、煤层分岔无法按参数施工时，可结合现场具体情况变更施工参数。

煤粉钻孔布置时，钻孔水平布置，孔口距底板 0.5～1.5m，五采区钻屑法临界指标如表 7-14 所示。

表 7-14 **五采区钻屑法临界指标**

钻孔深度/m	1～5	6～10	11～15
正常平均煤粉量/(kg/m)	1.484	2.016	2.544
临界值/(kg/m)	2.23	3.02	5.09

(2)工作面回采期间冲击地压监测预警

①微震监测系统。

微震监测系统预测冲击地压危险时，主要采用矿震时释放能量的大小来确定冲击地压发生的危险程度。微震监测系统主要记录震动发生的三维位置和震动释放的能量。当矿井的某个区域监测到矿震释放的能量大于发生冲击地压的所需的最小能量时，该区域在当前时间内有发生冲击地压的危险。同时冲击地压的危险性也可通过分析震动的位置规律性来判断。如果矿井的某个区域在一定时间内已进行了微震监测，根据观测到的微震能量水平、震动位置变化规律就可以捕捉到冲击地压危险信息，并进行冲击地压预测。

采用微震监测系统监测冲击地压危险时，应基于区域内发生的矿震活动情况，以每日震动活动为基本单元，对比分析 3～7d 内震动发生的频次、能量及分布特征，根据矿震活动的变化、震源方位和活动趋势预测冲击地压危险等级和状态。

赵楼煤矿已经安装 SOS 微震监测系统，5304 工作面开采前在两侧顺槽安装不少于 4 个微震探头，可以对不同等级冲击危险区域，进行分级监测。对中等冲击及强冲击危险区域，可以通过调整探头的位置进行重点监测。利用该系统对不同冲击危险区域进行全局性微震监测，以实时掌握矿震情况和冲击危险的发展趋势。微震监测预警指标如表 7-15 所示。

表 7-15　**微震监测预警指标**

监测区域	单一事件能量/J	单班能量/J	单日能量/J
弱冲击危险区域	＜10000	＜25000	＜75000
中等冲击危险区域	10000～20000	25000～30000	75000～100000
强冲击危险区域	＞20000	＞30000	＞100000

②冲击地压实时监测预警系统。

冲击地压实时监测预警系统是基于当量钻屑量原理和多因素耦合的冲击地压危险性确定方法研制的，能够实现准确连续监测和实时预警冲击地压危险性和危险程度的监测系统。冲击地压实时监测预警的基本原理是岩层运动、支承压力、钻屑量与钻孔围岩应力之间的内在关系。通过实时在线监测工作面前方采动应力场的变化规律，找到高应力区及其变化趋势，实现冲击地压危险区及其危险程度的实时监测预警和预报。该系统由北京科技大学矿山微地震监测研究中心研发，可以在工作面开采期间进行冲击地压的临场预报。目前，该系统已经在十多个煤矿成功应用，赵楼煤矿 1304、1306、1307、5301、5302 等工作面采用该系统监测工作面围岩应力演化特征，获得了良好效果和丰富的数据。该系统结构如图 7-57 所示。

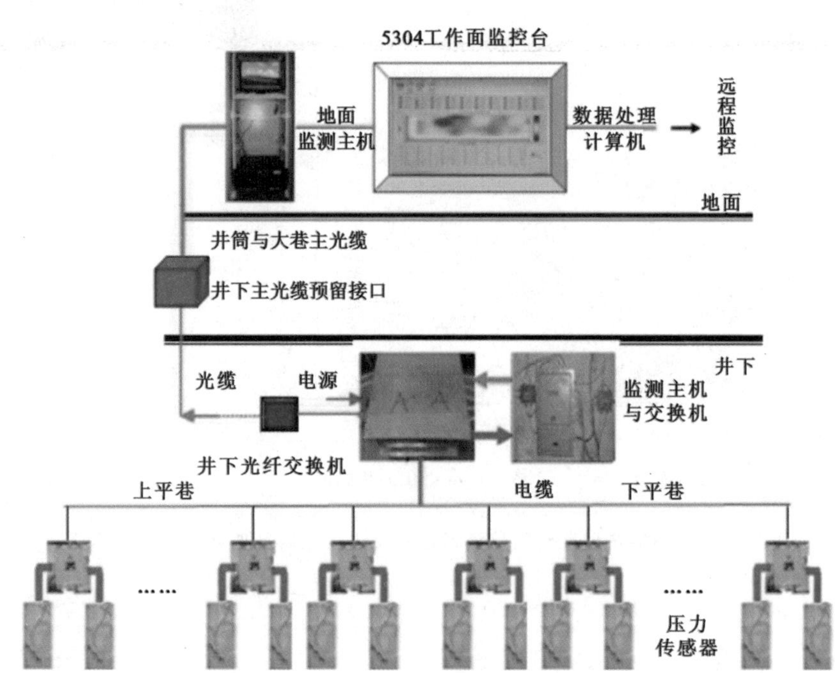

图 7-57 冲击地压实时监测预警系统结构

图 7-58 为采用冲击地压实时监测预警系统进行危险区监测预报的示意图，图 7-59是依据钻孔应力变化规律判断巷帮灾害形式图，如果钻孔应力计在工作面前方一定距离出现应力升高，此后应力急剧下降，说明煤体破裂，工作面前方存在大范围塑性区，可能出现大变形。若钻孔应力计在工作面前方出现单调应力升高，几乎没有下降，说明煤体未破裂，工作面前方不存在大范围塑性区，而此时应力值已经非常高，极易发生灾害性冲击地压。危险区形成的全过程可以在地面监测主机屏幕上直观显示。

冲击地压实时监测预警系统既可以用来监测工作面前方煤体的应力，也可以通过应力计的应力变化情况进行卸压效果检验。

监测系统自动读取压力数据，并实时传输到地面控制室，显示冲击危险性云图（图 7-60）。也可以采用数据处理软件处理各应力计的数据，作为评价顶板运动规律和冲击地压危险性的依据。

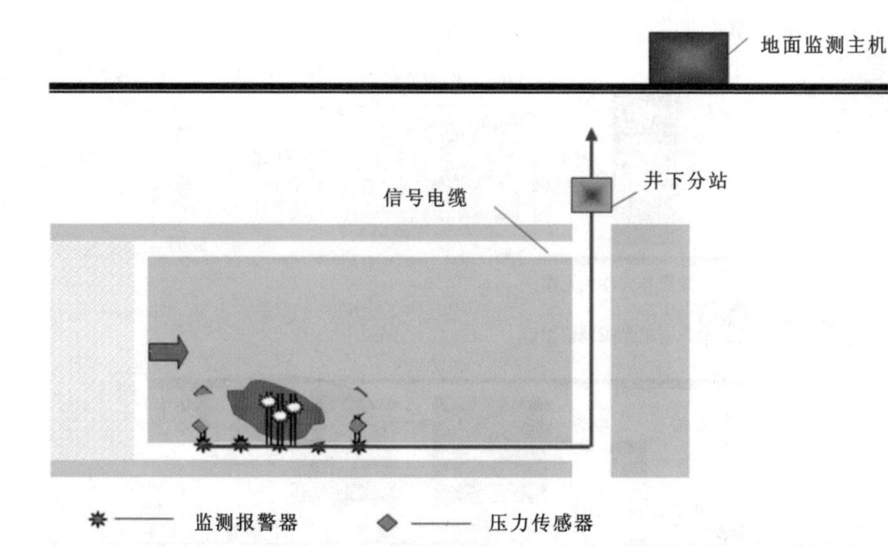

图 7-58 利用冲击地压实时监测预警系统进行危险区监测及处理示意图

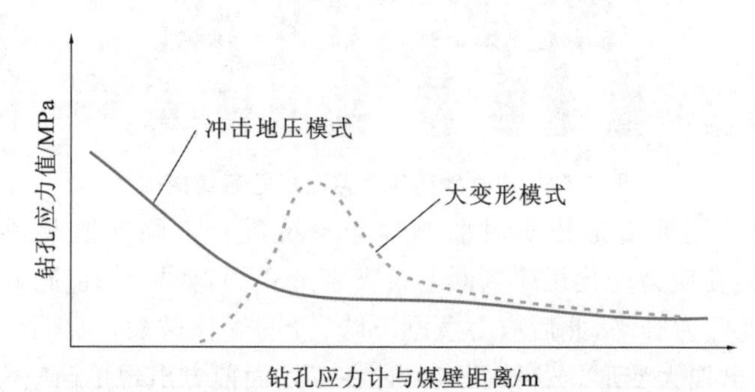

图 7-59 依据钻孔应力变化规律判断巷帮灾害形式图

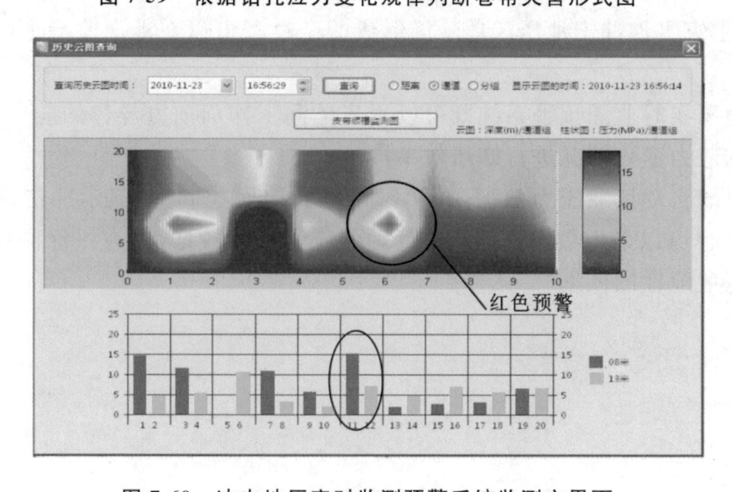

图 7-60 冲击地压实时监测预警系统监测主界面

计划在 5304 工作面安装一套冲击地压实时监测预警系统，该系统的钻孔应力计分别安装在上下平巷的待采煤层中，测站间距为 25m，随着工作面的推进，对工作面超前影响区进行冲击地压实时监测预警，应力在线监测预警指标如表 7-16 所示。

测站布置如图 7-61 所示，距 5304 切眼 25m 布置 1 号测站，依次向外间隔 25m 布置 1 个测站(允许误差±5m)，每个测站布置 2 个测点，钻孔应力计安装深度分别为 14m 和 8m，间隔 1～1.5m。随着工作面推进及时拆卸前移，保证监测范围不小于 200m。

表 7-16　　**应力在线监测预警指标**

测点深度/m	预警级别	预警阈值/MPa	其他预警信息
8	黄色预报	8～10	每小时应力增幅超过 1MPa 时，按照黄色预报级别采取相应防冲措施
	红色预警	>10	
14	黄色预报	10～13	
	红色预警	>13	

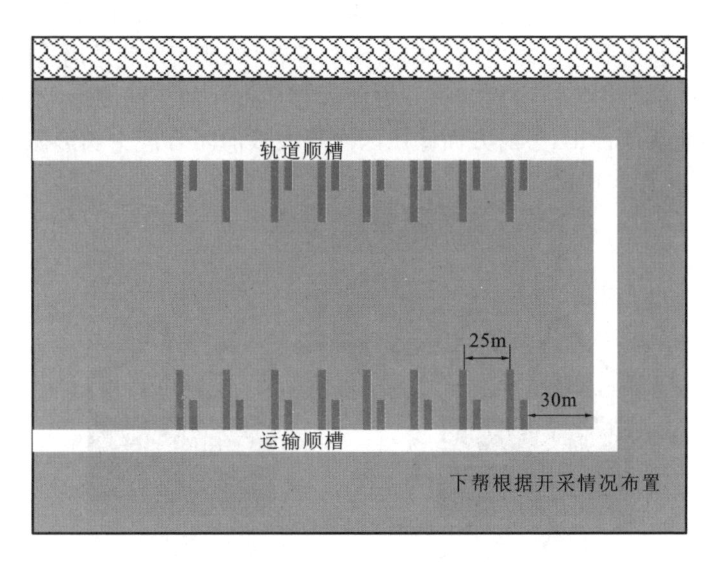

图 7-61　5304 工作面超前测点布置示意图

③钻屑法煤粉监测。

5304 工作面开采过程中，当冲击地压实时监测预警系统或其他监测判定该区域煤体应力集中时，采取钻屑法煤粉监测手段进行验证。根据实际煤粉量、标准煤粉量和危险煤粉量指标的大小关系，结合检测实际煤粉量达到或超过极限(危险)煤粉量、颗粒直径大于 3mm 煤粉含量超过每米实际煤粉量 30%、孔内冲击、卡钻、煤炮等强烈动力效应及指标，进行冲击地压危险程度评价和预警，当判定煤体具有冲击危险时，立即停止作业，实施卸压解危措施。

钻屑法煤粉监测设计孔深15.0m(不小于3倍巷道高度)，在工作面运输顺槽和轨道顺槽回采帮超前60m范围内进行煤粉监测，孔间距20m，两侧顺槽每隔1天交替监测1次，或根据应力在线监测到的预警区域进行检验。

煤粉钻孔布置在工作面两侧顺槽回采帮，钻孔水平布置，孔口距底板0.5～1.5m。

7.6.3 5304工作面冲击地压卸压解危措施

煤矸接触面上的应力分布不均匀易使煤岩体形成剪切活化区域，增加冲击灾害的危险性。根据冲击危险区域划分的等级及位置，5304工作面制定了针对性预卸压和解危卸压的防治技术措施，具体措施如下：

(1)大直径钻孔预卸压

根据应力三向化转移原理(图7-62)，对具有冲击地压危险的局部区域采用大直径钻孔进行卸压。通过实施大直径钻孔，巷道一定深度围岩发生结构性破坏，形成一个弱化带，引起巷道周边围岩内的高应力向深部转移，从而使巷道周边附近围岩处于低应力区(图7-63)。当发生冲击时，一方面大直径钻孔的空间能够吸收冲出的煤粉(图7-64)，防止煤体冲出，另一方面卸压区内顶底板的闭合产生楔形阻力带，能够在一定程度上阻止煤体冲出。

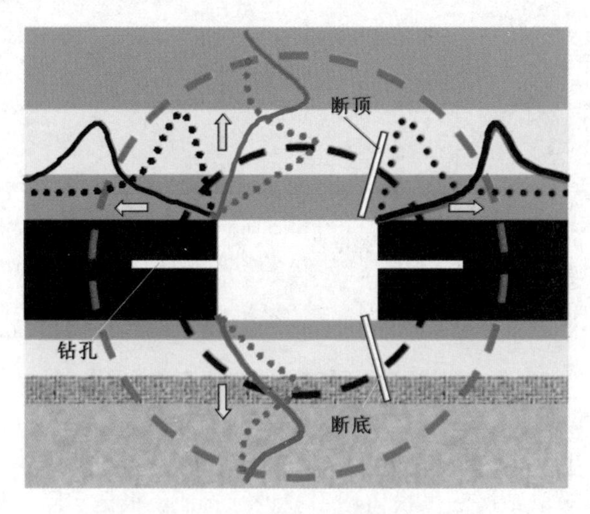

图7-62 应力三向化转移原理示意图

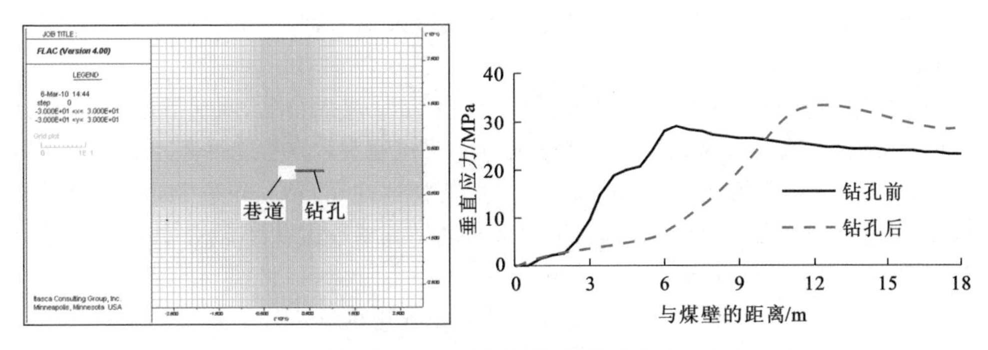

图 7-63　大直径钻孔效果的数值模拟(模拟钻孔深度为 6m)

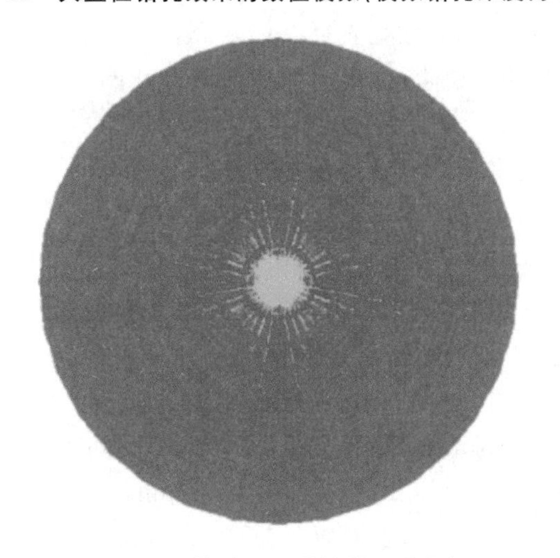

图 7-64　钻孔周围煤体的运动特征

①掘进迎头卸压措施。

巷道掘进至地质构造危险区时采用大直径深孔卸压方法。

大直径钻孔施工位置:掘进迎头。

大直径钻孔施工要求:钻孔直径不小于 150mm,钻孔深度不小于 20m,确保迎头卸压保护带宽度不低于 10m,进行循环施工。

弱冲击危险区,孔深 20m,钻孔直径≥150mm,1 个钻孔;中等冲击和强冲击危险区,孔深 20m,钻孔直径≥150mm,预设 2 个钻孔,掘进过程中出现冲击危险预警时加密施工钻孔。

注:掘进期间实施大直径预卸压钻孔过程中出现煤粉量超标、煤粉颗粒大或动压显现强烈等情况时,应继续实施大直径卸压钻孔至无冲击危险为止,下同。

②掘进迎头后方卸压及支护建议。

特别是在危险区掘进迎头后方巷帮处于塑性变化阶段,应采用大直径深孔卸压方法及时卸压，当现场遇断层、煤层分岔无法按参数施工时，可结合现场具体情况变更施工参数。

由于5304工作面运输顺槽部分区域非回采帮受煤层分岔、断层等影响，局部区域冲击危险性较高，因此要求大直径钻孔施工在掘进迎头后方巷道两帮(非回采帮可降一个等级进行卸压)，依据两帮的危险程度可选择性卸压，钻孔距离巷道底板0.5～1.8m，掘进期间动力显现较强烈时，两帮大直径钻孔滞后迎头不超过5m施工；动力显现不明显时，可滞后迎头不超过50m施工：

弱冲击危险区，孔深20m，钻孔直径≥150mm，孔间距3m；

中等冲击危险区，孔深20m，钻孔直径≥150mm，孔间距2～2.5m；

强冲击危险区，孔深20m，钻孔直径≥150mm，孔间距1.5～2m。

在5304工作面弱冲击危险区，由于受到地质构造的影响，掘进过程中要进行卸压预防。

③回采期间煤层大直径钻孔设计及参数。

煤层大直径深孔卸压参数主要包括钻孔深度、孔口高度、孔间距和钻孔直径。钻孔深度应保证卸压后煤层处于近乎三向应力状态且煤体不易冲出(阻力大于冲出力)；孔口高度一般距巷道底板0.5～1.8m；孔间距需根据煤层埋藏深度、煤层硬度、冲击危险程度等确定，当现场遇断层、煤层分岔无法按参数施工时，可结合现场具体情况变更施工参数。根据5304工作面的开采条件：

弱冲击危险区，孔深为20m，钻孔直径≥150mm，孔间距3m；

中等冲击危险区，孔深为20m，钻孔直径≥150mm，孔间距2m；

强冲击危险区，孔深为20m，钻孔直径≥150mm，孔间距1m。

建议在运输顺槽非采帮按照降一个等级实施大直径钻孔预卸压工作。垂直巷道走向、平行于煤层层面进行施工。采用气动架柱式卸压钻机或履带式钻机进行施工，如图7-65所示。

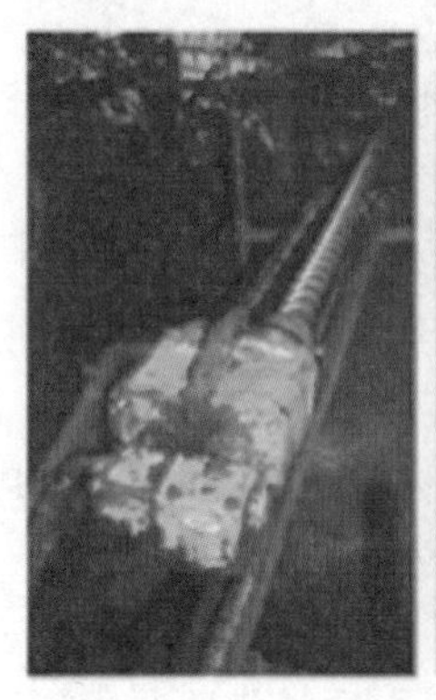  

图7-65　大直径钻机

对于无冲击或弱冲击危险区，要经常打直径 42mm 的煤粉钻孔，抽检危险区的应力状况。

④动态危险区卸压解危措施。

对于动态危险区，首先利用钻屑法进行检验。如果煤粉超标，说明该区域有发生冲击地压的危险，应对危险区域进行冲击地压解危处理。采用大直径钻孔进行卸压。钻孔参数：钻孔直径≥150mm，孔深 20m，孔间距 1m，垂直巷道走向、平行于煤层层面进行施工。一般情况下，危险区采取煤体深孔卸压后，均能够实现安全开采。卸压孔打完后，在工作面推进过程中，需要经常监测和检验卸压区的冲击地压危险性，特别要注意卸压后，应力能够恢复。如果钻孔卸压效果不理想，则在钻孔中进行爆破卸压（需制订专门的措施），直到符合防冲要求为止。

(2)深孔卸压

工作面回采至中间巷附近时，工作面与中间巷之间会形成不规则煤柱，受超前支承压力影响，应力集中程度相对较高。同时，受中间巷的影响，煤矸组合结构会在中间巷区域形成卸荷滑移空间。在高垂直、低水平应力作用下，煤矸组合结构容易产生滑移失稳。因此，为了防止煤矸组合结构滑移造成分岔区煤层工作面冲击失稳，应在中间巷靠工作面侧提前施工深孔卸压孔，如图 7-66 所示。卸压孔间距 5m，孔径不小于 150mm，孔深 60m，钻孔垂直于煤壁施工，距运输顺槽 40m 范围内卸压钻孔与运输顺槽贯通。轨道顺槽、运输顺槽锐角区域施工贯通钻孔，范围为 30m，距中间巷 5m 开始施工，间距 3m，钻孔直径不小于 150mm，钻孔垂直于轨道顺槽或运输顺槽，给中间巷靠工作面侧切割煤柱形成一个 60m 卸压保护带，降低不规则煤柱区域的应力积聚程度。

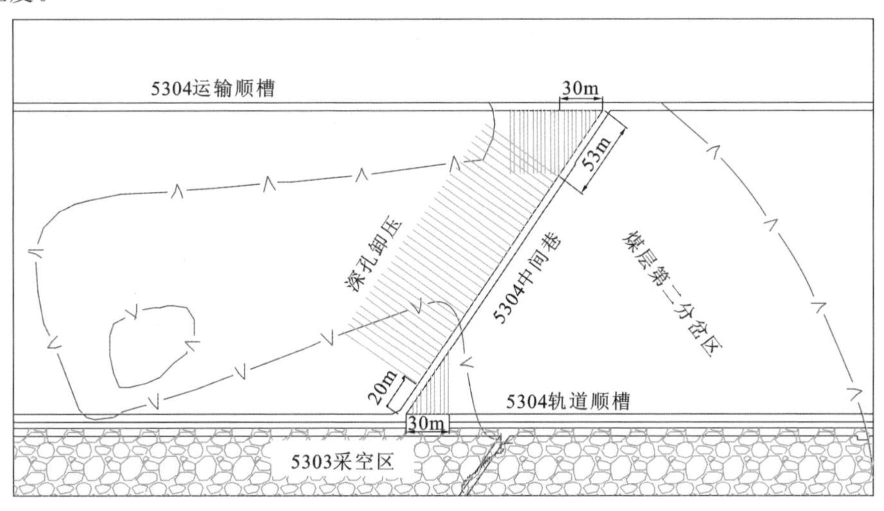

图 7-66　中间巷深孔卸压孔布置图

(3)控制回采速度

工作面回采速度较大时,采空区顶板垮落不及时,会造成顶板悬顶面积增大,从而增强来压强度。通过将回采速度控制在合理的范围,就能够降低来压强度。5304工作面设计回采速度:强冲击和矿压显现剧烈区域应不大于4m/d,中等及以下危险区域及矿压显现不明显区域应不大于5.1m/d。为了降低煤层分岔区域回采期间的冲击危险性,工作面回采速度降为2.4m/d,同时,保证工作面稳定推进。

(4)施工隔离墙

提前在中间巷距运顺采帮煤壁5m位置安设调节风窗,中间巷运顺侧靠近调节风窗位置施工隔离墙;在中间巷距轨道顺槽5m位置安设调节风窗,设置方式与运输顺槽侧相同,在调节风窗外施工隔离墙,厚度5m。轨道顺槽侧距密闭0.2m位置均匀支设5根单体支柱,提高对顶板的支护强度。

(5)施工注意事项

工作面中间巷封闭施工示意图见图7-67,施工注意事项如下:

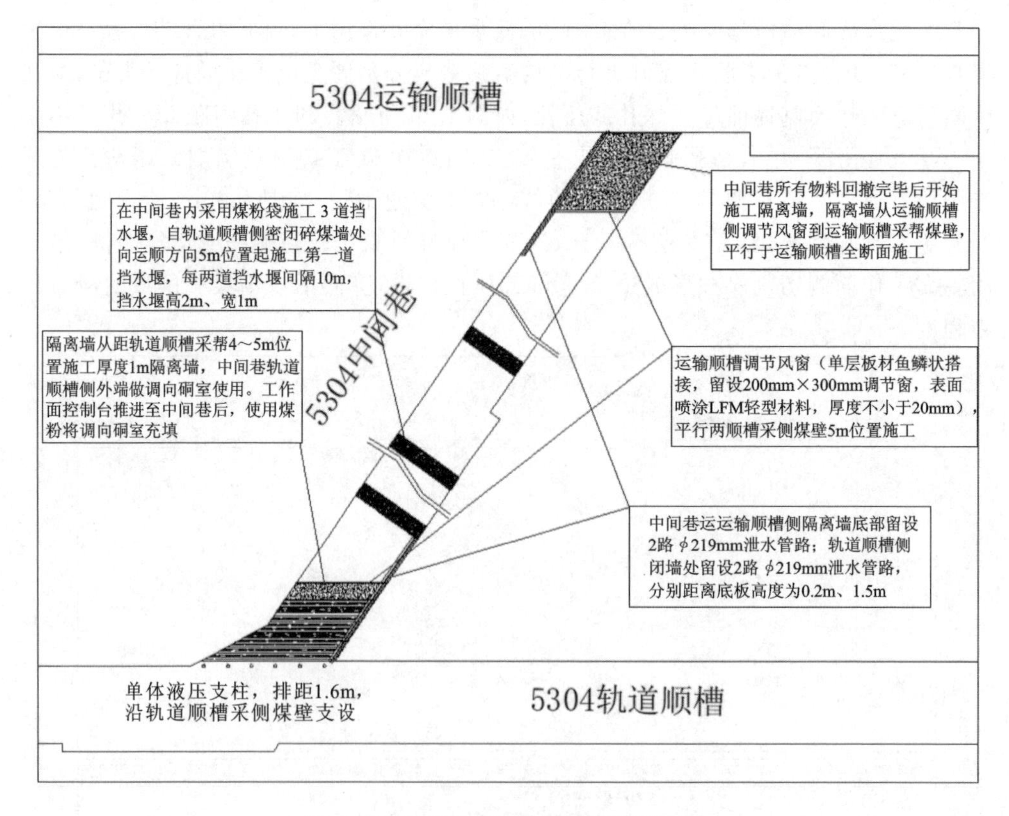

图7-67 工作面中间巷封闭施工示意图

①中间巷与工作面推进方向夹角 55°，工作面轨道顺槽低于运输顺槽约 35m，按 15～20m 调斜计算，工作面同时揭露中间巷长度约 8.2m，同时揭露顶板钢带数约为 12 根。

②为避免采煤机切割顶板钢带及锚杆、锚索，工作面推进至中间巷前应及时飘刹刀，确保工作面沿顶板推进。

③中间巷揭露处前后 15 组支架(尤其是三角煤位置)时，应及时拉移超前支架，并调整好支架的状态，防止相邻支架出现错茬及歪架现象。工作面片帮严重时必须拉移超前支架，防止冒顶事故发生。

④生产时，中间巷门口处 3～5 组支架常开，给中间巷内除尘，同时每刀采煤机割至中间巷前向中间巷内部(5～10m)进行冲尘，防止煤尘积聚。

⑤工作面揭露中间巷期间，必须加强工作面两端头支护强度。

⑥工作面揭露中间巷口处严禁人员进入。

⑦工作面过中间巷期间，加强支架初撑力管理。

(6)爆破断顶卸压技术

①施工方案。

截至 2020 年 5 月 18 日，工作面平均推进长度为 341.5m，接近工作面二次见方区域，因此，决定对 5304 工作面轨道顺槽采取顶板深孔预致裂措施。

②钻探施工流程。

敲帮问顶→安装、固定钻机→校正倾角→开钻窝→开孔钻进→钻进至设计孔深→做好原始记录→装药定炮→爆破孔封孔→爆破。

③顶板卸压爆破的范围。

为保证工作面安全生产，本次顶板预致裂范围定为轨道顺槽 400m 处至停采线范围内，如图 7-68 所示。5304 工作面轨道顺槽受 5303 工作面采空区影响，随着工作面推进逐段采取爆破措施，同时结合爆破效果检验，优化爆破参数后对剩余区域继续实施爆破预致裂。

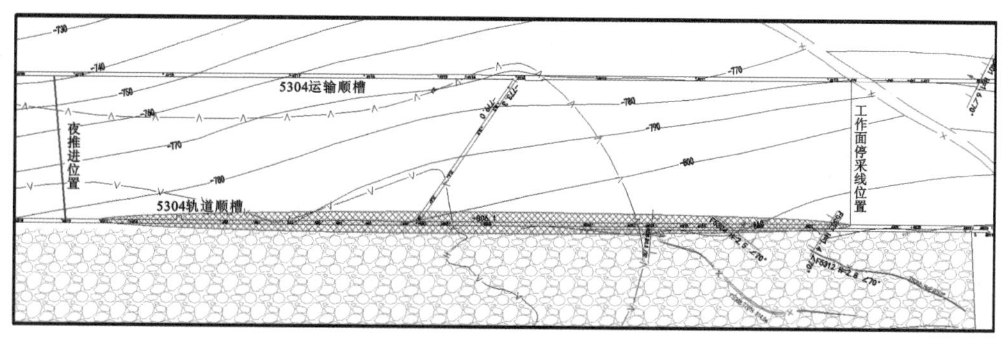

图 7-68　顶板卸压爆破区域

④钻孔施工参数。

设计钻孔直径为76mm，采用单株装药方式，炸药选用ϕ27mm矿用乳胶炸药，每卷长度0.4m，质量0.3kg。

a.炮眼深度。

炮眼深度的选取需根据煤层上方坚硬顶板的厚度以及炮眼的倾角来计算，但受施工机具的限制。如果坚硬顶板的厚度在30～35m以内，可以一次成孔，打穿整个顶板岩层，如果厚度大于35m甚至达到100m以上，则只能打穿一部分顶板，爆破效果也会受到影响。炮眼深度的计算如下：

$$L=\frac{h_2+h_1}{\sin\alpha} \tag{7-23}$$

式中，L为炮眼深度；h_2为直接顶的厚度（包括顶煤的厚度）；h_1为坚硬顶板的厚度，α为钻孔的倾角。

根据钻孔地质资料，5304工作面轨道顺槽内直接顶及基本顶砂岩平均厚度为20.13m（直接顶和基本顶平均厚度分别为12.1m和8.03m），巷道顶煤厚度约为2m，因此，为了同时预裂5303采空区上覆直接顶和基本顶，设计轨道顺槽爆破高度为18m，每排设计2个预裂钻孔，倾角分别为90°、75°，朝向5303采空区一侧。

b.炮眼间距。

炸药爆炸后，从爆源向外依次形成压碎区、裂隙区和震动区。计算爆破作用下产生的裂隙区范围，可以确定合理的炮孔间距。爆破是在无自由面情况下进行的，不耦合装药时，按爆炸应力波计算卸压爆破的裂隙区范围。

不耦合装药爆破，作用于孔壁上的径向应力峰值，即初始冲击压力P_r为：

$$P_r=\frac{1}{8}\rho_e D^2\left[\frac{d_c}{d_b}\right]^6 n \tag{7-24}$$

式中，ρ_e、D分别为炸药密度和爆速，$\rho_e=1200\text{kg/m}^3$，$D=4400\text{m/s}$；d_c、d_b分别为炸药和炮孔直径，分别为58mm（3个药卷捆绑在一起）和76mm；n为爆生气体碰撞岩壁时产生的应力增大倍数，$n=8\sim12$，取$n=12$。

经计算，作用于炮孔孔壁上的初始冲击压力P_r的大小为：

$$P_r=\frac{1}{8}\times1200\times4400^2\times\left[\frac{58\times10^{-3}}{76\times10^{-3}}\right]^6\times12=6884(\text{MPa})$$

在爆炸冲击压力作用下，沿炮孔切向的最大拉应力$\sigma_{\theta\max}$分布特征为：

$$\sigma_{\theta\max}=\frac{bp_r}{r^a} \tag{7-25}$$

$$b=\frac{v}{1-v} \tag{7-26}$$

$$a=2-b \tag{7-27}$$

式中，b 为波速比；P_r 为炸药爆炸时对孔壁产生的初始冲击压力值；$\bar{r}$ 为比例距离 r/r_c，即炮孔周围任一点至药包中心距离与装药半径之比；v 为岩体的泊松比，取 $v=0.25$；a 为应力波衰减系数。

由于径向裂隙由拉应力引起，因此，可以用岩体的抗拉强度代替其切向拉应力峰值，即 $\sigma_{\theta\max}=\sigma_t$。根据弹性理论，由式(7-25)和式(7-27)求得炮孔周围爆破后岩层的裂隙区半径为：

$$R=\left(\frac{bP_r}{\sigma_t}\right)^{\frac{1}{a}}r_b \tag{7-28}$$

式中，σ_t 为岩体的抗拉强度，取 7.5MPa(根据《赵楼煤矿 3# 煤层煤岩冲击倾向性鉴定报告》五采区顶板岩层抗拉强度实测平均值选取)；r_b 为炮孔半径。

经计算，炮孔周围爆破后岩层的裂隙区半径为：

$$R=\left(\frac{bP_r}{\sigma_t}\right)^{\frac{1}{a}}r_b=\left(\frac{0.33\times 6884}{7.5}\right)^{\frac{1}{1.67}}\times 38=1163(\text{mm})$$

在炮孔直径为 76mm，炸药直径为 58mm 的情况下，炸药爆炸后形成的裂隙区半径为 1163mm，直径为 2.33m。由于上述计算过程中忽略了爆生气体的准静态膨胀作用，同时由爆破引起的岩体完整性下降和强度损失也不仅仅局限于裂隙区范围内，裂隙区以外应力波的损伤作用及振动效应同样可以弱化岩体的完整性和强度，特别是岩体的抗拉强度明显小于岩石试样的抗拉强度。所以实际的裂隙区半径可能大于 1163mm。同时，对 5304 工作面轨道顺槽顶板进行深孔爆破的目的是对临近 5303 采空侧上覆坚硬顶板进行预裂，从而促进采空侧顶板的垮落。另外，考虑到爆破后巷道的支护效果，实际爆破效果应避免造成爆破裂缝的贯通，可将炮孔间距按照贯通裂隙所需间距(2.33mm)的 3～5 倍进行设计，因此，建议爆破孔间距设置为 10m。

c. 装药量。

装药量对于卸压爆破的效果起到非常关键的作用，同时也是一个非常敏感的爆破参数。如果装药量设计不合理，就起不到应有的卸压效果，或者破坏巷道现有的支护系统，甚至有可能诱发冲击地压。

已知空气不耦合装药条件下，炮孔壁上产生的冲击压力 P_c 为：

$$P_c=\frac{1}{8}\rho_e D^2\left[\frac{d_c}{d_b}\right]^6 n\left(\frac{L_c}{L_c+L_a}\right) \tag{7-29}$$

式中，L_c 为炮孔装药长度；L_a 为炮孔中封孔长度。

当 $P_c\leqslant K_bS_c$ 时，且充分考虑到初始爆炸冲击波压力在煤体破碎区的衰减，由式(7-29)可求得每米炮孔的装药长度为：

$$L_c=\frac{8K_bS_c}{n\rho_e D^2}\left(\frac{d_b}{d_c}\right)^6\left(\frac{d_b}{d_c}\right)^{\partial} \tag{7-30}$$

式中，∂ 为爆炸冲击波在破碎区的衰减指数，一般取值 $\partial=2.5$；K_b 为体积应力状态下煤体抗压强度增大系数，取 $K_b=6$；S_c 为岩体的单轴抗压强度，取 $S_c=104$MPa（根据《赵楼煤矿 3# 煤层煤岩冲击倾向性鉴定报告》五采区顶板岩层抗压强度选取）。

根据 J. R. 布里克曼利用套管分离爆炸冲击波和爆生气体分析研究爆破能量的分区情况，得出的结论是冲击波能占炸药总能量的 10%～20%，爆生气体膨胀能量占炸药总能量的 50%～60%，而其余 20%～30%的爆炸能量损失变成无用能。

考虑到爆炸冲击波用于煤体裂隙区的形成和扩展，其能量只占爆炸总能量的 10%～20%，取平均值 15%。经计算，则每米炮孔需要的装药长度约为：

$$L_c=\frac{8\times 6\times 104\times 10^6}{12\times 1200\times 4400^2}\times\left(\frac{76}{58}\right)^{8.5}/0.15\times 3=0.4(\mathrm{m})$$

根据煤层顶底板状况表，5304 工作面煤层顶板砂岩平均厚度为 20.13m，因此，考虑巷道顶煤高度为 2m，钻孔垂直深度设计 18m。为满足爆破要求，设计重点断顶区域每个断面 2 个爆破孔，倾角为 90°和 75°（钻孔向 5303 采空区倾斜，根据现场施工条件，角度可以适当调整），钻孔深度为 18m 和 18.6m，其余地点设计 1 个钻孔（钻孔向 5303 采空区倾斜，根据现场施工条件，角度可以适当调整），炸药选用 ϕ 27mm 矿用乳胶炸药，每卷长度 0.4m，质量 0.3kg。表 7-17 为 5304 工作面运输顺槽顶板卸压爆破参数表。

表 7-17　**5304 工作面运输顺槽顶板卸压爆破参数**

项目	参数及说明	项目	参数及说明
爆破位置	轨顺 450～1416m 范围	装药长度	7.2m/7.6m
钻孔间距	10m	封孔长度及封孔方式	10.8m/11m，炮泥封孔
钻孔深度	18m/18.6m	装药方式	正向装药
钻孔角度	90°/75°	联线方式	孔内并联，孔间串联
钻孔数量	133 个	爆破方式	2 孔一组爆破

⑤施工所需工具及施工顺序。

采用 ZDY4000LP 型矿用履带式全液压坑道钻机、ϕ 76mm 地质钻头及配套钻杆、管钳等相关爆破材料。

钻孔施工顺序：自 5304 轨道顺槽 450m 向外逐个进行施工，钻孔爆破按照自轨道顺槽向里的顺序进行爆破。钻孔布置如图 7-69 所示。

⑥爆破施工所需材料、工具及工艺流程。

a. 爆破施工所需材料、工具。

专用定向被筒、矿用二级水胶炸药（ϕ 27mm×400mm×300g）（3 卷捆绑）、同段

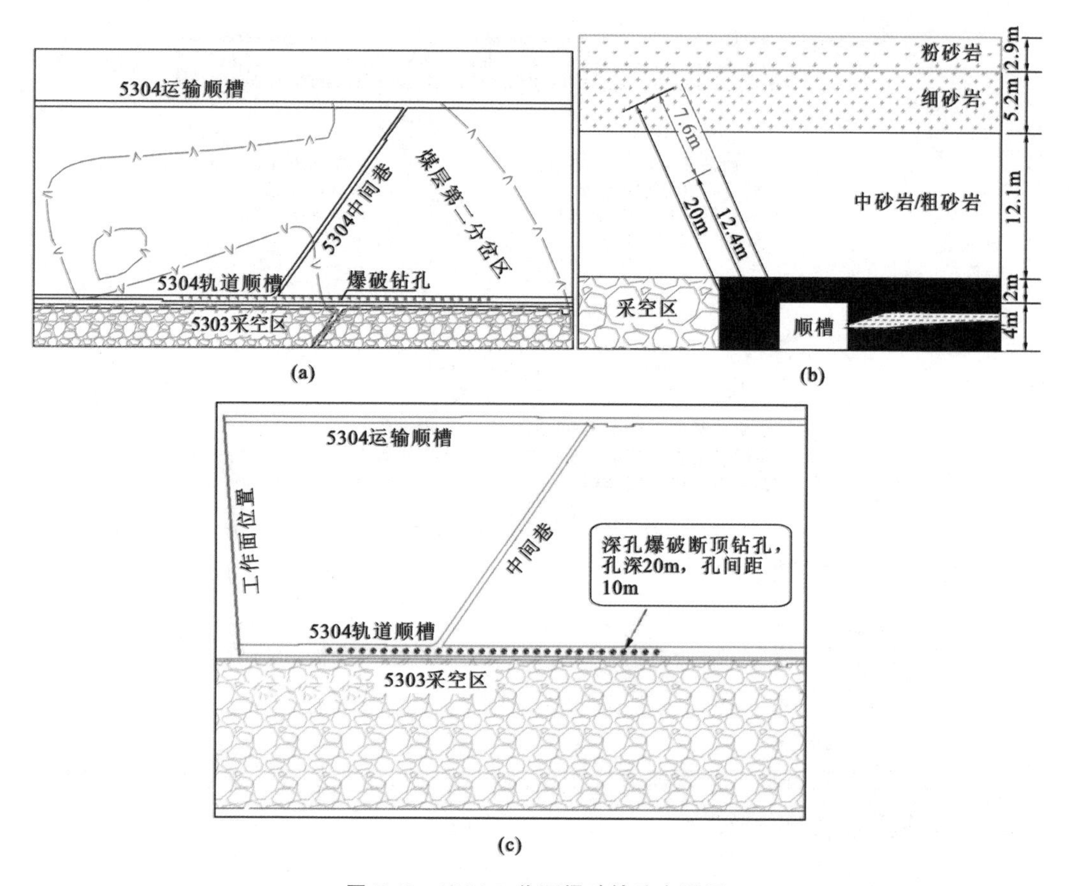

图 7-69　5304 工作面爆破钻孔布置图

(a)平面图；(b)剖面图；(c)钻孔布置平剖面图

毫秒延期电雷管、发爆器、电源引线、爆破母线、水泥锚固剂、炮泥等。

b. 爆破施工工艺流程。

采取超前打眼、集中爆破的工艺，即提前施工爆破断顶钻孔，集中一个班次逐个爆破。

爆破流程：准备爆破孔，并确保孔内无堵塞→准备定向 PE 装药筒、炸药、雷管等材料及专用工具→定炮、安装雷管，固定电源引线→将装满炸药的专用 PE 装药筒依次送入孔底→依次填入水泥锚固剂或黏土炮泥，将炮眼封实→连线、起爆。炸药装药效果图如图 7-70 所示。

爆破工作以及躲炮要求严格按照《煤矿安全规程》《防治煤矿冲击地压细则》《山东省防治煤矿冲击地压办法》《5304 工作面冲击危险性评价及防冲设计》等执行。

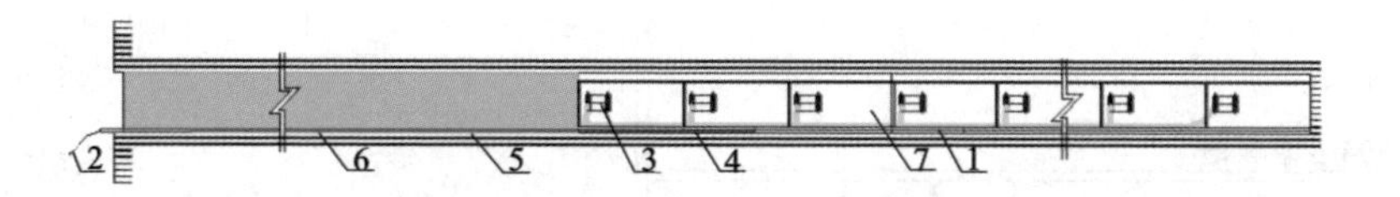

注：1-定向被筒（ϕ63×150mm）　　2-爆破母线
3-同段毫秒延期电雷管　　4-雷管脚线
5-水泥锚固剂、炮泥　　6-电源线
7-矿用二级水胶炸药

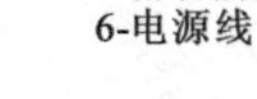

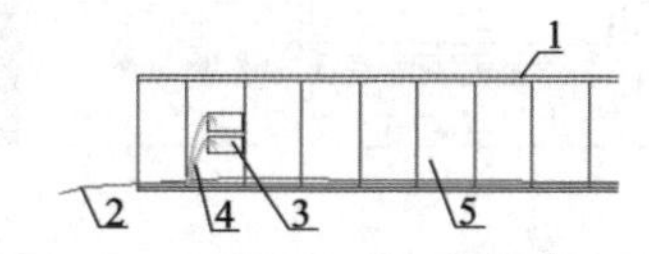

注：1-定向被筒（ϕ63×150mm）　　2-电源线
3-同段毫秒延期电雷管　　4-雷管脚线
5-矿用二级水胶炸药

图 7-70　炸药装药效果图

⑦卸压爆破效果检验。

a. 检验方法。

卸压爆破之后，必须及时对卸压解危效果做出准确的评估和检验，才能确保工作面下一步的安全回采。检验的方法包括以下四种：

(a)钻屑法检验。

主要考察卸压爆破前后煤粉量的变化，如果爆破后实测的煤粉量明显降低，说明卸压爆破取得了明显的效果。

(b)应力在线监测系统。

主要考察卸压爆破前后钻孔应力值的变化，如果爆破后钻孔应力值明显降低，说明卸压爆破取得了明显的效果。

(c)微震监测系统检验。

主要考察卸压爆破前后微震震源、事件数以及能量的变化，如果顶板爆破区域出现较多的小能量震源(没有明显的大能量事件)，说明卸压爆破取得了明显的效果。

(d)顶板钻孔窥视仪检验。

用于检测巷道顶板离层及工作面顶板岩层构造，可以通过显示器直观、清晰地显示出来。通过数码记录仪，保存在计算机中，供工程技术人员分析，及时做出客观判断和决策。

图 7-71 为巷道卸压爆破后的钻孔窥视结果，检验钻孔位置距爆破孔 2.5m。检测结果表明，在与爆破孔相邻的钻孔内，纵向裂缝很多，约有 4～5 条。

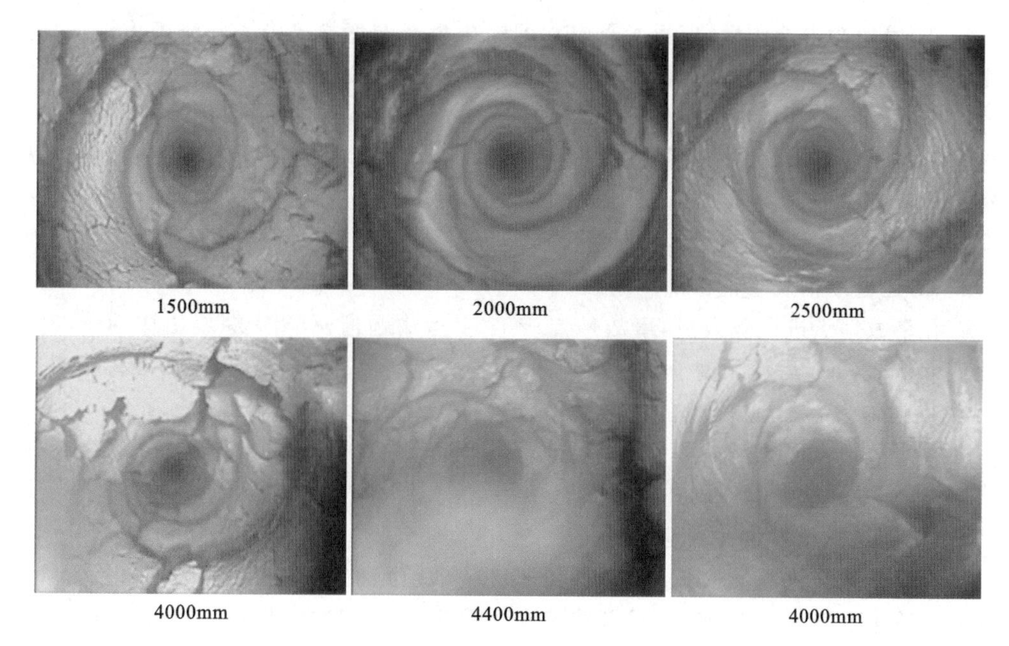

图 7-71 爆破钻孔相邻孔中的裂隙分布

b. 检验步骤。

顶板卸压爆破后，首先采用钻孔窥视仪查看爆破孔相邻窥视钻孔中的岩层破坏情况，并对爆破效果进行评估。若未达到顶板破碎效果，则需要进行二次爆破；若岩层破碎达到预期爆破效果，则利用钻孔应力在线监测系统实时监测卸压爆破区域的应力变化，并对监测数据进行分析。当某一地点的应力值接近或超过临界预警值时，利用钻屑法对该地点的煤粉量进行检测，如果发现其超过正常区域煤粉量指标，或检测过程中钻孔动力现象明显，且出现孔内冲击等异常显现，则认定该地点存在冲击危险，必须再次进行卸压解危。同时应对卸压爆破后该区域所能定位的微震事件进行统计分析，如果微震事件数量明显减少，振幅降低，也可以对微震事件的频谱进行分析（频谱是否向高频段移动）。只有当三者的检测指标均出现明显降低时，才认为卸压爆破实现了很好的卸压效果，冲击危险得到解除。

⑧冲击地压避灾原则及路线。

a. 避灾原则。

（a）如果冲击地压灾害发生后瓦斯浓度较高，煤尘较大，遇险人员应迅速戴好自救器，先行自保，待看清行动路线后自行撤离。

（b）当发生冲击地压且无法撤离时，遇险人员应立即到最近压风自救系统进行自救。

(c)发生冲击地压后,现场人员应立即向矿生产调度指挥中心和防冲科汇报,并由生产调度指挥中心启动冲击地压应急预案,进行事故处理。

(d)防冲科及时对冲击地压现场进行检测分析,判断该区域或地段的冲击危险性是否减弱或升高,如有所升高,立即撤出所有人员,待采取相应措施后,方可继续从事其他抢险作业。

b. 避灾路线。

(a)运输顺槽发生冲击地压时。

在事故地点进风侧人员:事故地点→5304 运输顺槽→5304 综放工作面→5304 轨道顺槽→5303 运输顺槽→南部 1# 辅助运输大巷→南部 2# 辅运 6# 联络巷→南部 2# 辅助运输大巷→副井→地面。

在事故地点回风侧人员:事故地点→5304 运输顺槽→南部 2# 辅运 7# 联络巷→南部 2# 辅助运输大巷→副井→地面。

(b)轨道顺槽发生冲击地压时。

在事故地点进风侧人员:事故地点→5304 轨道顺槽→5303 运输顺槽→南部 1# 辅助运输大巷→南部 2# 辅运 6# 联络巷→南部 2# 辅助运输大巷→副井→地面。

在事故地点回风侧人员:事故地点→5304 轨道顺槽→5304 综放工作面→5304 运输顺槽→南部 2# 辅运 7# 联络巷→南部 2# 辅助运输大巷→副井→地面。

(c)工作面发生冲击地压时。

在事故地点进风侧人员:事故地点→5304 轨道顺槽→5303 运输顺槽→南部 1# 辅助运输大巷→南部 2# 辅运 6# 联络巷→南部 2# 辅助运输大巷→副井→地面。

在事故地点回风侧人员:事故地点→5304 运输顺槽→南部 2# 辅运 7# 联络巷→南部 2# 辅助运输大巷→副井→地面。

7.7 5304 工作面防冲效果检验

本节采用微震监测系统、冲击地压实时监测预警系统和钻屑法监测等手段,对煤层分岔区实施防冲技术措施前后效果进行检验。其中,微震监测系统是区域性监测手段,可以监测整个工作面的整体冲击危险性;冲击地压实时监测预警系统和钻屑法监测是局部监测手段,可以对某一点进行针对性监测,弥补了微震监测系统的不足。

7.7.1 微震监测系统

利用SOS微震监测系统,监测5304工作面回采期间的微震事件。其中,2020年8月12日—12月11日的震源定位时空演化分布如图7-72所示。图中绿色圆球代表能量为 0～10^3J，蓝色圆球代表能量为 10^3～10^4J，红色圆球代表能量为 10^4～10^5J。

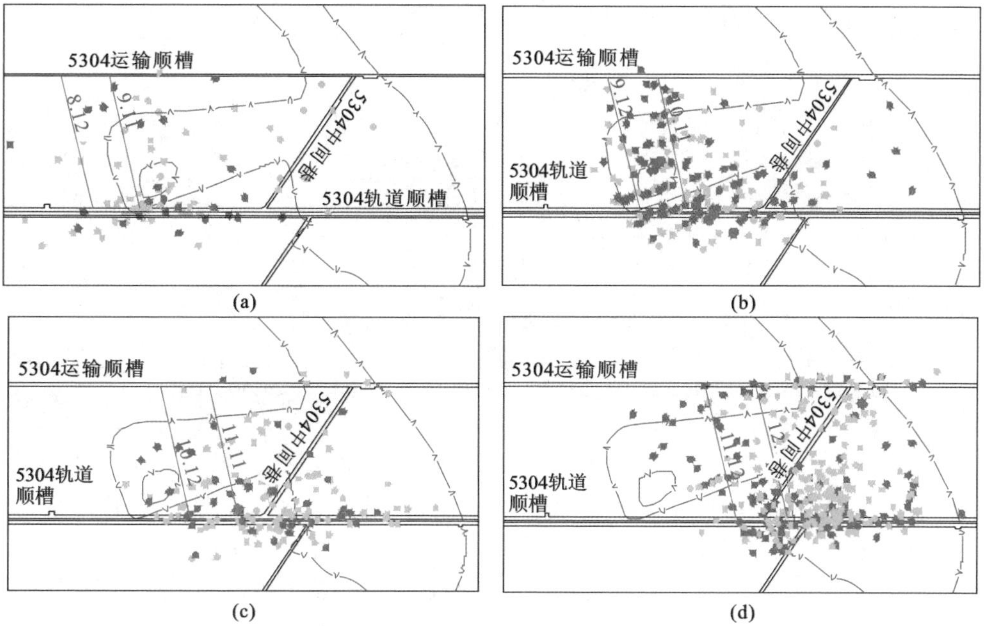

图 7-72　5304 工作面震源定位时空演化分布

(a)8 月 12 日—9 月 11 日；(b)9 月 12 日—10 月 11 日；(c)10 月 12 日—11 月 11 日；(d)11 月 12 日—12 月 11 日

从图中可以看出，工作面在夹矸赋存区域回采过程中，微震事件发生位置随着工作面的推进不断向前移动。在 8 月 12 日—9 月 11 日期间，5304 轨道顺槽夹矸临空区域产生了小能量事件集中的现象，分析是超前支承压力影响下煤矸接触面发生了滑移卸荷。在 9 月 12 日—10 月 11 日期间，工作面内的夹矸分岔线和轨道顺槽附近产生大能量事件，震源数集聚增多，且震源能量相对较大，分析是周期来压影响下煤矸组合结构发生了破坏失稳和 5303 工作面采空区顶板垮落。在 10 月 12 日—11 月 11 日期间，震源集中程度相对较低，震源也以小能量事件为主，分析是爆破断顶技术降低了工作面应力集中程度，从而减小组合结构滑移失稳的风险。在 11 月 12 日—12 月 11 日回采期间，工作面进入 5304 中间巷和夹矸共同影响区域，震源事件数相对升高，但夹矸变化区域震源集中程度不高，且能量也相对较低。对 2020 年 8 月 12 日—12 月 11 日的震源参数进行统计，如图 7-73 所示。

从图中可以看出，5304 工作面在 8 月 12 日—12 月 11 日回采期间共分为 3 个阶段。第一阶段为工作面回采未进入煤层分岔区时(8 月 12—31 日)，该阶段工作面震源最大能量、平均能量、总能量及振动频次相对较低。第二阶段为工作面回采进入仅实施了大直径钻孔预卸压措施的煤层分岔区时(9 月 1 日—10 月 26 日)，该阶段工作

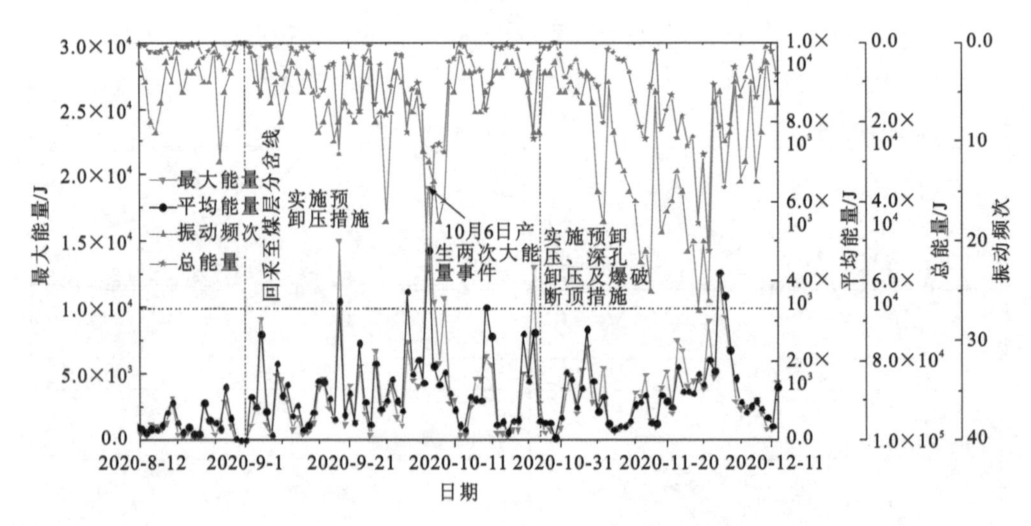

图 7-73　5304 工作面震源参数演化曲线

面震源最大能量、平均能量、总能量及振动频次相对较高。其中，仅在 10 月 6 日，工作面附近连续产生了两次 10^4J 的大能量事件，当天的总能量更是达到了 5.7×10^4J。说明受夹矸的影响，5304 工作面冲击危险性明显升高。第三阶段为工作面回采进入深孔卸压和爆破断顶的煤层分岔区时，10 月 27 日后，该阶段工作面受中间巷和夹矸共同影响，工作面震源总能量和振动频次相对较高，但最大能量和平均能量相对较低。说明增加深孔卸压和爆破断顶技术措施后，工作面冲击危险性明显降低。

7.7.2　冲击地压实时监测预警系统

冲击地压实时监测预警系统由深孔和浅孔两种钻孔应力计组成。通过安装在 5304 轨道顺槽的冲击地压实时监测预警系统，分别提取 2020 年 8 月 12 日至 2020 年 12 月 11 日回采期间钻孔峰值应力及位置，并绘制煤壁前方钻孔应力计峰值及峰值所在位置变化曲线，如图 7-74 所示。

从图中可以看出，超前支承压力影响未进入夹矸区域时，浅孔和深孔应力值均未超过预警值，应力集中程度较低。2020 年 8 月 23 日后，超前支承压力影响至夹矸赋存区域，浅孔应力值迅速升高并超过预警值(10MPa)。随着工作面进入夹矸赋存区域，浅孔和深孔应力计分别在轨道巷 689m 和 710m 处达到峰值，峰值分别为 16.7MPa和 14.8MPa，并且浅孔应力值频繁超过预警值。说明受夹矸影响工作面应力集中程度增加。2020 年 10 月 8 日后，超前支承压力影响至实施爆破断顶和深孔卸压防治区域，钻孔应力计的应力值逐渐减小。其中，浅孔应力值的减小尤为明显，分析是爆破断顶和深孔卸压措施降低了巷道周围的应力集中程度。值得注意的是，11 月 8—26 日，轨道顺槽 811m 深孔、841m 和 885m 浅孔应力值频繁出现高值，最大

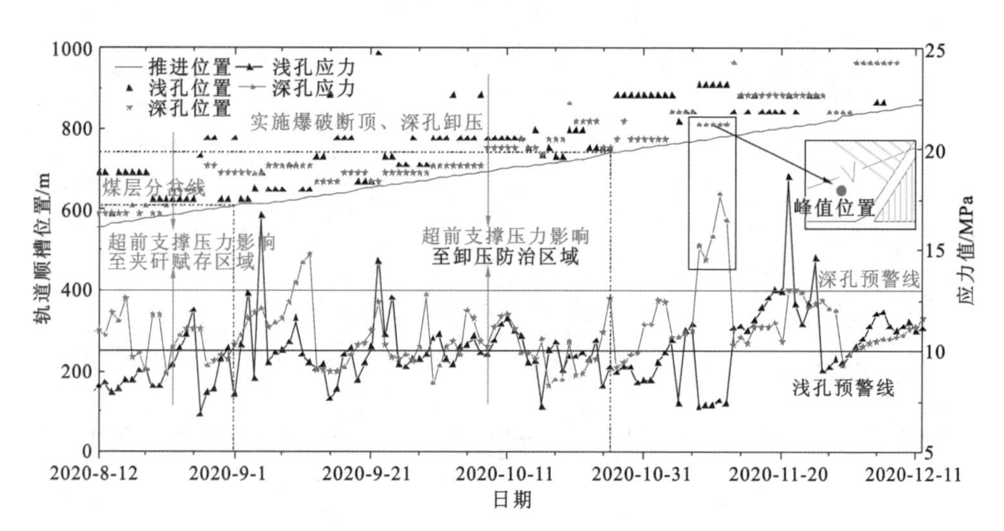

图 7-74　5304 工作面钻孔应力计峰值及峰值位置

应力达到 18.6MPa,分析是受中间巷切割煤柱和未实施深孔卸压的影响。随着超前支承压力峰值影响越过此区域,深孔和浅孔应力值均再次减小。

7.7.3　钻屑法监测

钻屑法监测原理是通过测量钻孔煤粉量来确定煤体应力状态。5304 工作面在轨道顺槽回采帮超前 60m 范围内进行钻屑法监测,2020 年 8 月 12 日—12 月 11 日回采期间的钻屑法监测的钻孔位置及最大煤粉量如图 7-75 所示。

从图中可以看出,超前支承压力分别在 8 月 23 日和 10 月 6 日影响至煤层分岔区和卸压防治区。8 月 23 日后,超前支承压力影响至夹矸赋存区域,钻孔 5～10m 和 10～15m 范围内的最大煤粉量明显增多。10 月 6 日后,超前压力影响至大直径钻孔预卸压、爆破断顶和深孔卸压防治区域,钻孔最大煤粉量均相对减少。11 月 13 日后,受中间巷切割煤柱和未实施深孔卸压的影响,轨道顺槽 815～877m 的钻孔最大煤粉量频繁超标,监测结果与应力在线监测结果基本一致。这再次说明了实施大直径钻孔预卸压、爆破断顶和深孔卸压综合防治技术措施能够降低夹矸区域的应力集中程度,增强夹矸赋存区域煤矸组合结构的稳定性。

总的来说,受煤层分岔区影响,5304 工作面产生了明显应力集中现象。采用大直径钻孔预卸压、爆破断顶和深孔卸压综合防治技术措施后,夹矸区域的煤矸组合结构稳定性明显增强,冲击危险性得到有效降低。

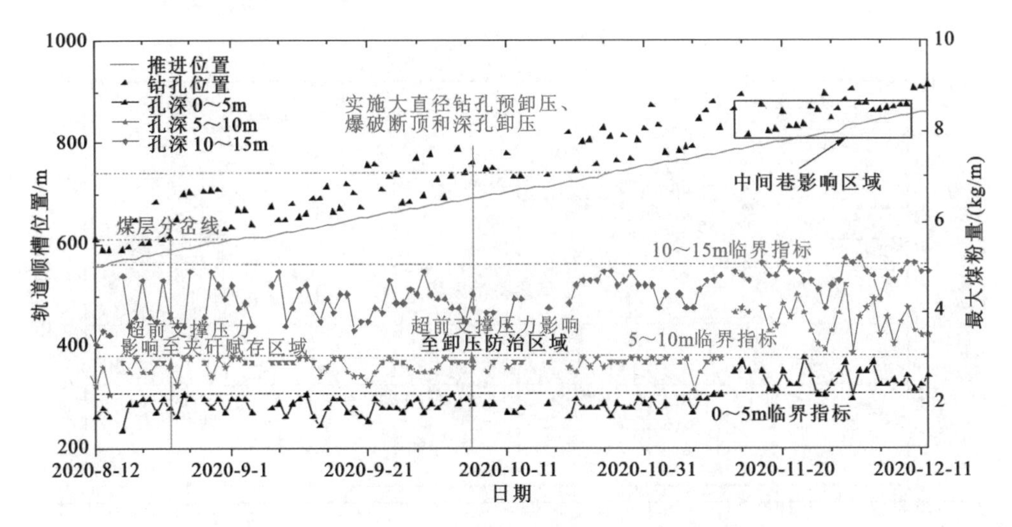

图 7-75　5304 工作面钻孔位置及最大煤粉量

7.8　冲击地压防护及管理措施

7.8.1　冲击地压防护措施

①工作面必须加强端头支护和超前支护，提高上下端头和切顶线的支护强度，扩大两巷超前支护范围。

②有冲击地压危险的采煤工作面沿空顺槽煤壁向外 200m 范围内，禁止存放钢性材料和设备，正在使用的设备要生根联牢，支柱要与顶网连接或连为一体防倒。

③在冲击地压特别危险区段进行爆破作业时，必须保证躲炮距离和躲炮时间，躲炮半径不小于 300m，躲炮时间不小于 30min。

④工作面处于冲击危险区停产 3d 以上，在恢复生产的前一班，要进行包括煤粉监测在内的冲击危险监测，监测无危险时，方可正常生产，否则，要采取解危措施。

⑤在工作面冲击地压危险区段，必须悬挂冲击危险警示牌，以提醒危险区域内行走或作业人员，尽量减少行走和作业人员在危险区域内的停留时间，防止出现人身事故。

⑥当割煤、放煤、移架在具有冲击危险的顺槽端头范围内作业时，必须及时悬挂警戒牌，严禁任何人员在具有冲击危险的顺槽内工作或行走。

⑦冲击地压的治理施工必须制定并执行专项措施。需要注意的事项如下：

A. 特别注意事项。

a. 对重点危险区应加强冲击地压监测预警及卸压解危工作，发现异常及时处理，如特别构造影响地段、初次来压地段、工作面见方地段、煤层厚度变化(分岔)地段、巷道交叉地段、工作面末采期间等。

b. 回采期间工作面两顺槽应加强超前支护，轨道顺槽超前支护距离不小于60m，运输顺槽超前支护距离不小于60m，支护选用顺槽支架，同时加强支护强度，提高支护质量，防止巷道大变形。

c. 5310工作面初次来压、见方期间，应严格控制工作面推进速度，推进速度不超过6m/d。

d. 加强工作面煤层厚度变化(分岔)监测，及时做好煤厚剧烈变化(分岔)区域冲击危险监测及防治工作，并对煤层剧烈变化区加强支护及人员管理。

e. 检修班工作时，要及时监测巷道和工作面冲击危险性，发现有冲击危险，及时采取必要的解危措施。

f. 工作面停采前后，加强工作面、两顺槽和五采区集中巷的冲击危险性监测，若发现冲击危险，及时采取解危措施，并严格做好限员管理。

B. 一般注意事项。

a. 工作面掘进、回采期间，提前采取冲击地压防治措施，并根据实时监测数据综合分析冲击危险并采取有针对性的防治措施。

b. 建立人员躲避制度。为了保证人员的安全，需要降低两顺槽的人员密度。

c. 为了保证人员的安全，采煤班与巷修班应分开作业，降低运输顺槽转载段的人员密度。当工作面生产时，巷修人员不得进入工作面前100m内的顺槽进行作业，而应在工作面100m外提前进行巷修工作。工作面端头30m范围内的作业人员要符合定员要求，工作面割煤时，无关人员要撤离到安全位置。

d. 避免采掘相互干扰。2个掘进迎头相距150m时，采煤工作面与掘进工作面之间的距离小于350m时，必须停止其中一个工作面。停掘的迎头要加固，并对掘进头前方贯通区域提前进行深孔大直径钻孔卸压，继续掘进的迎头除加强支护外，冲击危险严重时，还必须采取解危措施。

e. 当工作面矿压防治与回采生产发生冲突时，应停止生产，生产为安全让步，抓紧时间进行矿压防治，确保安全生产。同时，当工作面生产与上下口巷道维修发生冲突时，也应停止生产，确保巷修人员的安全。总之，必须做到“先治理后生产，不治理、不解危、不落实防冲措施、不确保安全不生产”。

f. 制定冲击地压危险区域挂警示牌制度。在工作面及两巷各悬挂钻屑法监测牌板，并在上面注明“冲击地压危险区域，请勿逗留!”。

g. 建立冲击地压汇报制度。现场有重大隐患、发生冲击危险指标超限情况时，立即停产并向矿调度室汇报。

h. 采煤机司机、架间清煤工等工作面工作人员应加强自我保护意识，严防工作面矿压显现时煤壁大面积片帮。

i. 应避免在支承压力峰值区的煤层中掘进巷道，必要时应采取卸压措施。

j. 工作面向采空区、断层带、向斜轴、应力集中区回采时，应先进行冲击危险性监测，有冲击危险时必须先采取卸压措施，解危后方准回采。

k. 工作面的生产计划安排应考虑防治冲击地压措施的影响，合理确定产量、进尺等指标。

l. 考虑冲击地压影响因素进行设计，合理选择巷道及硐室布置方案、工作面接替顺序；优化主要巷道及硐室的技术参数、支护方式、掘进速度、采煤工作面超前支护距离及方式等。

m. 回采期间，冲击地压预测以 SOS 微震系统及应力在线监测系统为主，监测到异常时采用钻屑法检测。建立预测预报制度，发现隐患及时采取解危措施，冲击危险解除后方可组织生产。

n. 检测区域有冲击危险时，应积极组织实施大直径钻孔卸压、深孔爆破卸压。实施深孔爆破卸压时，施工人员必须按规定进行装药、连线、爆破等作业，防止出现拒爆、残爆等情况，留下事故隐患。

o. 实施深孔爆破后，要对深孔爆破的卸压情况进行验证，采用钻屑法对冲击危险性进行进一步的检测，发现有冲击危险时，再实施深孔爆破、验证，直至消除冲击危险。

p. 检测区域无冲击危险时，工作面方可生产。检测区域有冲击危险时，严禁无关人员在冲击危险区域内进行作业。

q. 冲击危险区域的采掘工作面作业规程必须注明防冲避灾路线。

r. 防止诱发孔内冲击伤人的专门措施：严禁与卸压无关的人员在冲击危险区域内逗留，卸压现场只保留卸压钻司机 1 人、更换钻杆人员 2 人、防冲中心跟班 1 人；施工卸压孔前，必须先将施工位置处的支护锚杆盘、锚索盘使用铁丝或金属网进行防冲固定；施工卸压孔期间，出现顶钻现象时，应立即停止钻进，退出钻杆，在距离 0.5m 的位置重新施工卸压孔，以此反复，直到压力正常。

7.8.2 冲击地压管理措施

(1)设立防冲机构，完善规章制度

①建立专门的防冲机构。

为对矿井采掘过程中可能发生的冲击地压事件进行监测和管理，成立防冲机构，配备专职技术人员，在矿长和矿总工程师的领导下，开展具体的预测预报和冲击地压治理措施的实施等工作。

为使采掘工作面冲击地压事故发生后能够得到及时有效的处理，制定紧急冲击地压事故处理预案，对事故发生后现场的汇报、通风系统的恢复、堵塞物的清理、事故现场的洒水除尘及协助救护队员抢救被困人员等细节作详细规定。

加强冲击地压预测及防治人员的管理，对从事开采冲击地压煤层的有关人员进行防治冲击地压的基本知识教育，使他们熟悉冲击地压发生的原因、条件、前兆、防治措施和避灾路线，提高工作人员辨别、处理冲击地压事故的能力。

②制定技术管理规定。

应严格落实执行冲击地压防治技术管理规定，内容如下：

a. 冲击地压防治实施细则的执行；

b. 防冲例会制度；

c. 冲击危险的预测预报；

d. 冲击地压记录；

e. 冲击地压事故及冲击危险汇报；

f. 冲击地压的现场治理；

g. 防冲资料分析总结及存档；

h. 冲击危险区封闭管理；

i. 防冲措施的监督检查。

(2)加强技术人员培训，充分利用先进仪器

加强对相关人员的培训，提高防治冲击地压的能力，避免“见多不怪”的现象，提高警惕性和防范能力。如开设冲击地压专业知识培训班、知识讲座等。

充分利用先进的监测仪器，特别是微震和冲击地压监测系统，加强监测预警。

(3)构建防冲技术体系，提高防范能力

冲击地压是一个“灰色”事件，具有极大的隐蔽性、突发性和危害性。做好冲击地压防治工作，需要具备先进的监测设备、可靠的卸压机具、专业的管理机构、成熟的施工队伍以及畅通的信息反馈渠道，而这些工作的顺利开展依赖严格的管理规定与制度。

矿井冲击地压防治技术体系的构建是一个漫长的过程，是一个设备完善、人员培养、经验总结的过程。目前，赵楼煤矿已经形成完备、成熟的矿井冲击地压防治技术体系。根据赵楼煤矿冲击地压的管理发展过程，其冲击地压防治技术体系的建立经历了 3 个阶段，如图 7-76 所示。

一是探索阶段，在采区的首采面开采过程中，通过煤岩冲击倾向性鉴定，了解煤层的冲击属性，通过开展钻屑法施工，确定准确的煤粉临界指标，通过试验不同的卸压方法，掌握各种卸压方法的卸压效果、可靠度、施工规范，初步制定了冲击地压防治的相关规程、措施及管理规定，培养了防冲施工人员。

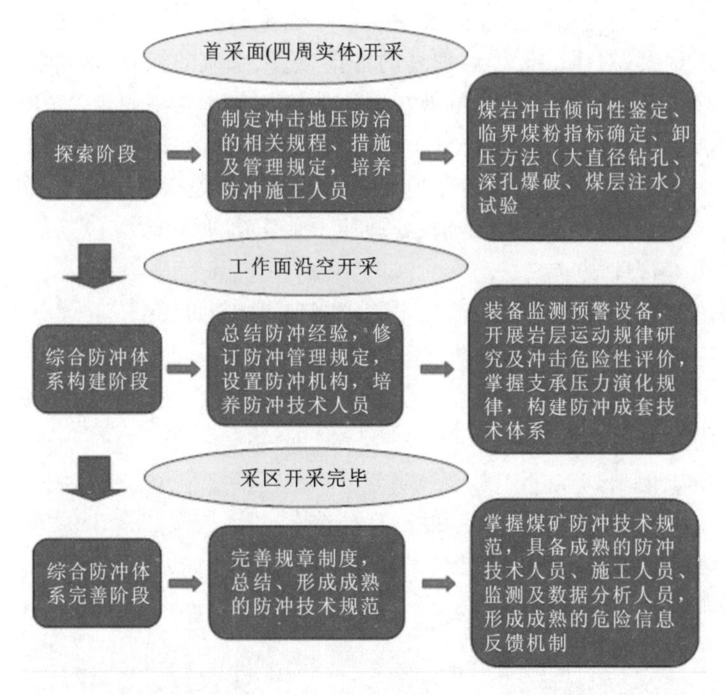

图 7-76　赵楼煤矿冲击地压防治技术体系构建进程

二是综合防冲体系构建阶段，在工作面沿空开采（冲击地压防治实战）过程中，基于安装的监测设备，研究了工作面围岩运动规律，开展冲击危险程度评估，掌握了支承压力演化规律，检验了卸压方法的卸压效果，培养出成熟的防冲技术人员和数据分析人员，建立了防冲机构，总结出防冲经验。

三是综合防冲体系完善阶段，通过防冲实战，总结、形成了成熟的赵楼煤矿防冲技术规范，具备成熟的防冲技术人员、施工人员、监测及数据分析人员，以及畅通的危险信息反馈机制。

在技术管理上始终坚持实行“预测—监测—危险区卸压—检验—推采—再预测”的技术“闭环”，同时做好冲击地压工作面的安全管理工作。

7.9　本章小结

通过对赵楼煤矿 5310 工作面进行冲击地压预测、冲击灾害防治及效果检验，得到与室内试验相似的结论，包括夹矸区应力重新分布、转移过程及接触面滑动、宏观破裂前兆信息。同时，结合卸荷路径下煤矸组合结构的滑移破碎失稳理论，探讨了分岔区煤层巷道破坏失稳的防控方法，并在5304工作面进行工程实践，取得了良好的卸压防冲效果。主要结论总结如下：

①通过掘进工作面冲击危险性评价，5304工作面在掘进期间共划分14个冲击危险区域，其中：强冲击危险区域4个、中等冲击危险区域5个、弱冲击危险区5个。工作面掘进期间诱发冲击地压的主要影响因素有：a.断层影响；b.煤层分岔和相变影响；c.采空区影响；d.煤层的强冲击倾向性等。

②通过回采工作面冲击危险性评价，5304工作面在回采期间共划分14个冲击危险区域，其中：强冲击危险区域6个、中等冲击危险区域4个、弱冲击危险区4个。工作面回采期间诱发冲击地压的主要影响因素有：a.断层影响；b.煤层分岔和相变影响；c.采空区影响；d.覆岩空间结构运动；e.煤层的强冲击倾向性等。

③根据5310现场微震监测数据分析可知，随着工作面逐渐向夹矸区推进，在回采扰动下夹矸区域的应力会重新分布，应力会明显向分岔线区域接触面转移积累，同时支承压力会使煤矸组合结构上方垂直应力成倍增加，促进接触面的分离、滑移及煤岩体的破碎。由于巷道形成过程中经受过侧向卸荷作用，与工作面中部的夹矸区相比，巷道侧的夹矸区积聚更多的高震级微震事件，稳定性更差，煤矸接触面滑动诱发冲击地压的可能性更大。

④在煤矸分岔区累计能量与频次的不同步变化，辐射能指数急剧下降及累计视体积的急剧增加，大量低频高振幅事件的出现以及微震活动度S值升高、b值降低，预示着接触面发生滑动及煤岩体中裂隙贯通宏观破裂的形成。基于室内试验的研究结果及现场验证，波形和频谱分布特征可作为区分煤矸接触面滑动或宏观破裂的一种手段。

⑤基于卸荷诱发煤矸组合结构破坏失稳理论，针对性地提出了预防煤矸结构滑移和破碎诱发冲击灾害的技术方法，并在5304工作面夹矸赋存区域进行了工程实践。实践结果表明，采用大直径钻孔预卸压、爆破断顶和深孔卸压等联合防冲技术措施后，煤矸组合结构稳定性明显增强，冲击危险性得到有效降低。

8 结论及研究展望

8.1 主要结论

本书以分岔区煤层巷道破坏失稳现象为工程背景，以“煤-夹矸-煤”组合结构为研究对象，紧紧围绕“分岔区煤层结构失稳型冲击地压衍生机理及防治方法研究”这一主题，采用理论分析、实验室试验、数值模拟及工程实践等手段，对煤矸组合结构破坏失稳形式、前兆信号特征及影响因素进行了深入的研究，并将研究成果应用于工程实践，提出了预防分岔区煤层巷道冲击失稳的防控方法。取得的主要成果与结论如下。

(1)煤矸组合结构破坏失稳受围岩应力状态及煤矸接触面性质的影响

基于莫尔-库仑准则，接触面滑移判据为：

$$F_{(\Delta,\vartheta)} = \frac{\sin\vartheta\cos\vartheta}{\dfrac{1}{1-\Delta} - \sin^2\vartheta}$$

当 $F_{(\Delta,\vartheta)} > \tan\varphi_f$ 时，接触面的剪应力超过其极限抗剪强度，接触面会产生下行滑移解锁；当 $-\tan\varphi_f \leqslant F_{(\Delta,\vartheta)} \leqslant \tan\varphi_f$ 时，接触面的剪应力小于或等于其极限抗剪强度，接触面保持相对稳定，产生稳定闭锁；当 $F_{(\Delta,\vartheta)} < -\tan\varphi_f$ 时，接触面的剪应力超过其极限抗剪强度，接触面会产生上行滑移解锁。

接触面下行滑移解锁触发条件为：

$$0 < \Delta < 1 - \frac{1}{\dfrac{\sin 2\vartheta}{2\tan\varphi_f} + \sin^2\vartheta}$$

接触面上行滑移解锁触发条件为：

$$\Delta > 1 - \frac{1}{\sin^2\vartheta - \dfrac{\sin 2\vartheta}{2\tan\varphi_f}}$$

(2)卸荷路径下煤矸组合结构破坏失稳形式和特征具有多样性

煤矸组合结构破坏失稳形式包含破碎失稳、单一接触面滑移破碎失稳和双接触面滑移破碎失稳三种。不同失稳形式下煤矸组合结构破坏失稳特征不完全相同。破碎失稳形式下模型峰值失稳强度和裂隙损伤程度较高,单一接触面滑移破碎失稳形式下模型扭转变形失稳特征更加明显,双接触面滑移破碎失稳形式下模型滑移失稳特征更加显著。

不同应力路径下煤矸组合结构破坏失稳特征也不尽相同。卸荷路径下煤矸组合结构破坏失稳具有“低强度高释能”以及脆性增强、破碎现象更加明显的特征,卸荷更容易诱发煤矸组合结构破坏失稳。

(3)卸荷路径下煤矸组合结构滑移和整体失稳的前兆信号特征具有明显的差异性

煤矸组合结构破坏失稳会经历煤矸接触面滑移和结构整体失稳两个过程。接触面滑移所产生的震源能量相对较低,而组合结构整体失稳所产生的震源能量相对较高。

在接触面即将滑移时,声发射事件的最大振幅升高,主频相对较高,波形最大振幅段持续时间短,能量集中在100～200kHz相对高频段;在组合结构即将整体失稳时,声发射事件的最大振幅达到最大,主频降低,波形最大振幅段持续时间较长,能量集中在50～100kHz相对低频段。宏观破裂事件的最大振幅要大于接触面滑动,同时主频要小于接触面滑动。

另外,无论是接触面发生滑动还是组合结构整体失稳,均会伴随能量指数急剧下降、累计视体积急剧上升和b值降低的现象,这种趋势在组合结构整体失稳时更加明显。

(4)卸荷诱发分岔区煤层巷道破坏失稳过程受多种因素共同影响

卸荷诱发分岔区煤层巷道破坏失稳过程分为两个阶段:①初始应力卸荷阶段,煤矸接触面周围会产生局部应力集中,应力分布出现动态演化,接触面经历稳定闭锁到滑移解锁的失稳过程;②滑移动载扰动阶段,在滑移动载的作用下,分岔区煤层巷道的煤岩接触面迅速滑移和破断,大量破碎煤岩体向外高速喷射。

分岔区煤层巷道破坏失稳过程受地质因素和开采技术因素的共同影响。开采深度越大、侧压系数越大、卸荷速度越快、夹矸强度和煤矸接触面强度越高,巷道的冲击危险性越高。反之,冲击危险性越低。合理的支护形式能够有效降低分岔区煤层巷道的冲击危险性,在对分岔区煤层巷道支护形式进行选择时,应首选锚杆(索)和补砌两种支护形式。

(5)工程实践验证了煤矸组合结构破坏失稳的卸荷机制及防控方法的科学性

微震监测数据证实了赵楼煤矿5310工作面夹矸赋存区域的滑移和破碎耦合失

稳特征，指出了煤矸分岔区累计能量与频次的不同步变化，辐射能指数急剧下降及累计视体积的急剧增加，大量低频高振幅事件的出现，预示着接触面发生滑动及煤岩体中裂隙贯通宏观破裂的形成，验证了室内试验和数值结果的准确性。并针对性地提出了预防煤矸组合结构破坏失稳诱发冲击灾害的技术方法，在5304工作面进行了工程实践，取得了良好的防冲卸压效果。

8.2 创新点

①构建了基于分岔区煤层地质结构特征的"煤-夹矸-煤"三元体串联结构模型，揭示了不同应力条件下煤矸组合结构破坏失稳形式及特征，推导了接触面滑移的判别公式及解锁条件。

②构建了基于裂隙损伤程度、裂隙萌生和损伤阈值、能量积累和耗散等监测指标的煤岩体裂隙损伤评价体系。并通过二次开发"FISH"语言程序，编译了三轴卸荷数值试验路径及煤岩分区域裂隙追踪识别方法。

③提出了基于波形和频谱分布特征的煤矸接触面滑移和组合结构整体失稳的辨识方法，指出了主频和最大振幅的变化可以用于预测接触面滑移和组合结构整体失稳，为分岔区煤层工作面冲击灾害的预警提供了新思路。

8.3 研究展望

本书针对分岔区煤层结构失稳型冲击地压衍生机理及防治方法这一课题，通过理论分析、实验室试验、数值模拟和工程实践等方法，研究了卸荷诱发煤矸组合结构破坏失稳的判别机制、失稳特征及其影响因素等关键性科学问题。但由于煤矸组合形式的多样性及煤层地质条件的复杂性，许多方面的研究内容还不够完善，后续还需进行更加深入的研究。

(1)复杂应力条件下煤矸组合结构破坏失稳机理

借助真三轴扰动卸荷岩石测试系统，采用红外热像、数字散斑和声发射监测技术，研究真三轴单面卸荷路径下煤矸组合结构破坏失稳过程中的应力场、位移场、变形场及能量场演化规律。并通过三维块体离散元数值模拟软件(3DEC)，研究真三轴单面卸荷路径下卸荷应力水平、卸荷速度、煤岩体强度及接触面性质等因素对组合结构破坏失稳的影响，最终揭示复杂应力条件下的煤矸组合结构破坏失稳机理。

(2)构建非均质性煤矸组合模型,丰富其破坏失稳机理

受煤层沉积条件和地质条件变化影响,煤矸体多由非均质性块体构成。以现场收集的煤矸体为研究基础,利用CT扫描和图像处理技术,构建非均质性煤矸组合结构数值模型,研究块体尺寸、节理和空洞等因素对煤矸组合结构破坏失稳的影响。

(3)构建分岔区煤层工作面冲击失稳的多参量前兆预警体系

基于现场夹矸赋存区域钻屑法、冲击地压实时监测预警系统和微震监测系统监测数据,并综合利用FFT频谱分析技术、HHT信号处理技术和地震波CT反演技术,研究夹矸赋存区域的应力场、位移场、能量场及频谱演化规律,构建分岔区煤层工作面冲击失稳的多参量前兆预警体系。

参考文献

［1］ 秦勇，易同生，周永锋，等．煤炭地下气化碳减排技术研究进展与未来探索［J］．煤炭学报，2024，49（1）：495-512．

［2］ 刘峰，郭林峰，张建明，等．煤炭工业数字智能绿色三化协同模式与新质生产力建设路径［J］．煤炭学报，2024，49（1）：1-15．

［3］ 庞军，梁宇超，孙可可，等．中国经济增长与煤炭消费脱钩及影响因素分析［J］．中国环境科学，2024，44（2）：1144-1157．

［4］ 王双明，刘浪，朱梦博，等．"双碳"目标下煤炭绿色低碳发展新思路［J］．煤炭学报，2024，49（1）：152-171．

［5］ 王双明，申艳军，宋世杰，等．"双碳"目标下煤炭能源地位变化与绿色低碳开发［J］．煤炭学报，2023，48（7）：2599-2612．

［6］ 刘琪，苏伟，张瑞瑛，等．深部矿井煤炭-地热协同开采系统研究［J］．煤炭科学技术，2024，52（3）：87-94．

［7］ 张俊文，宋治祥，刘金亮，等．煤矿深部开采冲击地压灾害结构调控技术架构［J］．煤炭科学技术，2022，50（2）：27-36．

［8］ 袁亮．深部采动响应与灾害防控研究进展［J］．煤炭学报，2021，46（3）：716-725．

［9］ 何满潮．深部建井力学研究进展［J］．煤炭学报，2021，46（3）：726-746．

［10］ 张建民，李全生，张勇，等．煤炭深部开采界定及采动响应分析［J］．煤炭学报，2019，44（5）：1314-1325．

［11］ 谢和平．深部岩体力学与开采理论研究进展［J］．煤炭学报，2019，44（5）：1283-1305．

［12］ 何满潮，谢和平，彭苏萍，等．深部开采岩体力学研究［J］．岩石力学与工程学报，2005（16）：2803-2813．

［13］ 姜耀东，潘一山，姜福兴，等．我国煤炭开采中的冲击地压机理和防治［J］．煤炭学报，2014，39（2）：205-213．

［14］ 姜耀东，赵毅鑫. 我国煤矿冲击地压的研究现状：机制、预警与控制［J］. 岩石力学与工程学报，2015，34(11)：2188-2204.

［15］ 窦林名，牟宗龙，李振雷，等. 煤矿冲击矿压监测预警与防治研究进展［J］. 煤矿支护，2015(2)：17-26.

［16］ 齐庆新，李一哲，赵善坤，等. 我国煤矿冲击地压发展 70 年：理论与技术体系的建立与思考［J］. 煤炭科学技术，2019，47(9)：1-40.

［17］ 王兆会，陈明振，李强，等. 冲击地压矿井充填工作面超前采动应力对充填体充实率的反馈机制［J］. 煤炭学报，2024，49(4)：1804-1818.

［18］ 张志刚，张庆华，刘军. 我国煤与瓦斯突出及复合动力灾害预警系统研究进展及展望［J/OL］. 煤炭学报：1-13 ［2024-06-01］. https://doi.org/10.13225/j.cnki.jccs.2023.1079.

［19］ 潘俊锋，夏永学，王书文，等. 我国深部冲击地压防控工程技术难题及发展方向［J］. 煤炭学报，2024，49(3)：1291-1302.

［20］ 潘一山. 煤矿冲击地压扰动响应失稳理论及应用［J］. 煤炭学报，2018，43(8)：2091-2098.

［21］ 侯德建，薛冰. W1143 综采工作面冲击地压发生机理分析［J］. 神华科技，2012，10(4)：24-27，44.

［22］ 刘洋. 夹矸-煤组合结构破坏失稳机理研究［D］. 徐州：中国矿业大学，2019.

［23］ 煤炭资讯网. 山东省政府对山东龙郓煤业“10·20”重大冲击地压事故调查报告作出批复［R/OL］.(2019-04-17)［2023-11-24］. http://www.cwestc.com/newshtml/2019-4-17/556499.shtml.

［24］ BANDOPADHYAY C，SHEOREY P R，SINGH B，et al. Stability of parting rock between level contiguous coal pillar workings［J］. International Journal of Rock Mechanics and Mining Sciences，1988，25(5)：307-320.

［25］ 王志强，王朋飞，仲启尧，等. 极近距煤层(群)间夹矸层处理与利用［J］. 采矿与安全工程学报，2018，35(5)：960-968.

［26］ 吴基文. 层滑构造及其对煤层的影响［J］. 太原理工大学学报，1998(6)：93-95，98.

［27］ LU C P，LIU G J，LIU Y，et al. Mechanisms of rockburst triggered by slip and fracture of coal-parting-coal structure discontinuities［J］. Rock Mechanics and Rock Engineering，2019，52：3279-3292.

［28］ LIU Y，LU C P，ZHANG H，et al. Numerical investigation of slip and fracture instability mechanism of coal-rock parting-coal structure(CRCS)［J］. Journal of Structural Geology,2019,118:265-278.

[29] NIE B S,HE X Q,ZHU C W. Study on mechanical property and electromagnetic emission during the fracture process of combined coal-rock[J]. Procedia Earth Planetary Science,2009,1(1):281-287.

[30] ZUO J P,WANG Z F,ZHOU H W,et al. Failure behavior of a rock-coal-rock combined body with a weak coal interlayer[J]. International Journal of Mining Science and Technology,2013,23(6):907-912.

[31] JIN P J,WANG E Y,LIU X F,et al. Damage evolution law of coal-rock under uniaxial compression based on the electromagnetic radiation characteristics [J]. International Journal of Mining Science and Technology, 2013, 23 (2): 213-219.

[32] LIU X S,TAN Y L,NING J G,et al. Mechanical properties and damage constitutive model of coal in coal-rock combined body[J]. International Journal of Rock Mechanics and Mining Sciences,2018,110:140-150.

[33] 窦林名,陆菜平,牟宗龙,等.组合煤岩冲击倾向性特性试验研究[J].采矿与安全工程学报,2006(1):43-46.

[34] ZHAO Z H,WANG W M,DAI C Q,et al. Failure characteristics of three-body model composed of rock and coal with different strength and stiffness [J]. Transactions of Nonferrous Metals Society of China,2014,24(5):1538-1546.

[35] 王晨,师启龙,胡俊,等.含单一夹矸组合煤岩试样的失稳机理研究[J].中国石油和化工标准与质量,2017,37(15):124-126.

[36] WANG T,JIANG Y D,ZHAN S J,et al. Frictional sliding tests on combined coal-rock samples[J]. Journal of Rock Mechanics and Geotechnical Engineering,2014,6(3):280-286.

[37] ZHAO T B,GUO W Y,LU C P,et al. Failure characteristics of combined coal-rock with different interfacial angles[J]. Geomechanics and Engineering,2016,11(3):345-359.

[38] ZHAO Z H,WANG W M,WANG L H,et al. Compression-shear strength criterion of coal-rock combination model considering interface effect[J]. Tunnelling and Underground Space Technology,2015,47:193-199.

[39] LIU Y,LU C P,LIU B,et al. Slip and instability mechanisms of coal-rock parting-coal structure (CRCS) under coupled dynamic and static loading[J]. Energy Science and Engineering,2019,7(6):2703-2719.

[40] 赵鹏翔,何永琛,李树刚,等.类煤岩材料煤岩组合体力学及能量特征的煤

厚效应分析[J].采矿与安全工程学报,2020,37(5):1067-1076.

[41] 左建平,陈岩,崔凡.不同煤岩组合体力学特性差异及冲击倾向性分析[J].中国矿业大学学报,2018,47(1):81-87.

[42] 张泽天,刘建锋,王璐,等. 组合方式对煤岩组合体力学特性和破坏特征影响的试验研究[J]. 煤炭学报,2012,37(10): 1677-1681.

[43] 陆菜平,窦林名,王耀峰,等. 坚硬顶板诱发煤体冲击破坏的微震效应[J]. 地球物理学报,2010,53(2): 450-456.

[44] 梁良,李奥博,李杨杨,等. 单轴压缩状态下煤岩组合结构破坏失稳的力学特性研究[J].现代矿业,2024,40(2): 143-147.

[45] 许文松,赵光明,孟祥瑞,等.大理岩真三轴单面卸荷条件下加卸荷试验研究[J].西南交通大学学报,2019,54(3):526-534.

[46] 蔡永博,王凯,袁亮,等.深部煤岩体卸荷损伤变形演化特征数值模拟及验证[J].煤炭学报,2019,44(5):1527-1535.

[47] 丛宇,王在泉,郑颖人,等.不同卸荷路径下大理岩破坏过程能量演化规律[J].中南大学学报(自然科学版),2016,47(9):3140-3147.

[48] 刘志芳,杨舜,王志,等. 降雨入渗与采动卸荷耦合下裂隙岩体力学特性及裂隙演化规律研究[J].有色金属科学与工程,2024,15(4):588-597.

[49] 范浩,王磊,罗勇,等. 卸荷损伤砂岩的分级加载三轴蠕变力学特性试验研究[J/OL]. 岩土力学,2024(S1): 1-12[2024-06-01]. https://doi. org/10. 16285/j. rsm. 2023. 1915.

[50] 周训乾,刘建锋,姜海波,等. 深埋高温硐室围岩开挖损伤规律研究[J]. 采矿与岩层控制工程学报,2024,6(3): 128-139.

[51] 张恒. 煤矸组合结构破坏失稳的卸荷机制及前兆规律研究[D]. 徐州:中国矿业大学,2022.

[52] COOK N G W. The seismic location of rockbursts[C]// Proceedings of the 5th Rock Mechanics Symposium, 1963.

[53] COOK N G W. The application of seismic techniques to problems in rock mechanics[J]. International Journal of Rock Mechanics and Mining Sciences & Geomechanics Abstracts,1964,1(2): 169-179.

[54] VARDOULAKIS I. Rock bursting as a surface instability phenomenon [J]. International Journal of Rock Mechanics and Mining Sciences & Geomechanics Abstracts,1984,21(3): 137-144.

[55] DYSKIN A V,GERMANOVICH L N. Model of rockburst caused by crack growing near free surface[C]// Rockbursts and Seismicity in Mines. Roter-

dam：Balkema，1993：169-174.

[56] 张黎明，王在泉，张晓娟，等. 岩体动力失稳的折迭突变模型[J]. 岩土工程学报，2009，31(4)：552-557.

[57] HUANG G，YIN G Z，GANG W，et al. A review on rockburst mechanisms [J]. Disaster Advances，2010，3(4)：467-472.

[58] 程骋. 应变岩爆的岩体刚度效应研究[D]. 北京：中国矿业大学(北京)，2013.

[59] 潘俊锋. 冲击地压的冲击启动机理及其应用[D]. 北京：煤炭科学研究总院，2016.

[60] YANG Z Q，LIU C，TANG S C，et al. Rock burst mechanism analysis in an advanced segment of gob-side entry under different dip angles of the seam and prevention technology[J]. International Journal of Mining Science and Technology，2018，28(6)：891-899.

[61] 宋大钊. 冲击地压演化过程及能量耗散特征研究[D]. 徐州：中国矿业大学，2012.

[62] 顾士坦，毛文涛，韩传磊，等. 倾斜工作面面向断层开采煤柱失稳机制及稳定性控制[J]. 煤炭技术，2024，43(5)：34-39.

[63] 唐龙，屠世浩，屠洪盛，等. 褶曲构造区围岩采动应力演化规律及控制技术[J/OL]. 采矿与安全工程学报：1-11[2024-06-01]. http://kns.cnki.net/kcms/details/32.1760.TD.20240412.1751.002.html.

[64] 彭守建，许庆峰，许江，等. 深部煤岩冲击地压多功能物理模拟试验系统研制与应用[J/OL]. 煤炭学报：1-13[2024-06-01]. https://doi.org/10.13225/j.cnki.jccs.2023.1304.

[65] 窦林名，何学秋. 冲击矿压防治理论与技术[M]. 徐州：中国矿业大学出版社，2001.

[66] 金立平. 冲击地压的发生条件及预测方法研究[D]. 重庆：重庆大学，1993.

[67] COOK N G W. The failure of rock[J]. International Journal of Rock Mechanics and Mining Sciences & Geomechanics Abstracts，1965，2(4)：389-403.

[68] COOK N G W. A note on rockbursts considered as a problem of stability[J]. Journal of the Southern African Institute of Mining and Metallurgy，1965，65(10)：437-446.

[69] COOK N G W，HOEK E，PRETORIUS J P G，et al. Rock mechanics applied to the study of rockbursts[J]. Journal of the Southern African Institute of

Mining and Metallurgy,1966,66(10): 435-528.

[70] BIENIAWSKI Z T. Mechanism of brittle fracture of rocks: Part I,II and III[J]. International Journal of Rock Mechanics and Mining Sciences & Geomechanics Abstracts,1967,4(4): 395-430.

[71] BIENIAWSKI Z T,DENKHAUS H G,VOGLER U W. Failure of fracture rock[J]. International Journal of Rock Mechanics and Mining Sciences & Geomechanics Abstracts,1969,6(3): 323-341.

[72] 齐庆新,彭永伟,李宏艳,等.煤岩冲击倾向性研究[J].岩石力学与工程学报,2011,30(S1):2736-2742.

[73] 李玉生.冲击地压机理探讨[J].煤炭学报,1984,9(3):1-10.

[74] 李玉生.冲击地压机理及其初步应用[J].中国矿业学院学报,1985,14(3):42-48.

[75] 章梦涛.冲击地压失稳理论与数值模拟计算[J].岩石力学与工程学报,1987(3):197-204.

[76] 章梦涛,徐曾和,潘一山,等.冲击地压和突出的统一失稳理论[J].煤炭学报,1991(4):48-53.

[77] 齐庆新,刘天泉,史元伟,等.冲击地压的摩擦滑动失稳机理[J].矿山压力与顶板管理,1995(Z1):174-177,200.

[78] 齐庆新,史元伟,刘天泉.冲击地压粘滑失稳机理的实验研究[J].煤炭学报,1997(2):34-38.

[79] 齐庆新,高作志,王升.层状煤岩体结构破坏的冲击矿压理论[J].煤矿开采,1998(2):14-17,64.

[80] 潘俊锋,宁宇,毛德兵,等.煤矿开采冲击地压启动理论[J].岩石力学与工程学报,2012,31(3):586-596.

[81] 潘俊锋,宁宇,秦子晗,等.基于冲击启动理论的深孔区间爆破疏压技术[J].岩石力学与工程学报,2012,31(7):1414-1421.

[82] 潘一山,宋义敏,朱晨利,等. 冲击地压预测的煤岩变形局部化方法[J].煤炭学报,2023,48(1): 185-198.

[83] 潘一山,高学鹏,王伟,等. 冲击地压矿井综采工作面两巷超前支护液压支架研究[J]. 煤炭科学技术,2021,49(6): 1-12.

[84] 潘一山. 煤与瓦斯突出、冲击地压复合动力灾害一体化研究[J]. 煤炭学报,2016,41(1): 105-112.

[85] NIE B S,HE X Q,ZHU C W. Study on mechanical property and electromagnetic emission during the fracture process of combined coal-rock [J]. Proce-

dia Earth and Planetary Science,2009,1(1): 281-287.

[86] 陈岩,左建平,宋洪强,等.煤岩组合体循环加卸荷变形及裂纹演化规律研究[J].采矿与安全工程学报,2018,35(4):826-833.

[87] 李成杰,徐颖,叶洲元.冲击荷载下类煤岩组合体能量耗散与破碎特性分析[J].岩土工程学报,2020,42(5):981-988.

[88] 苗磊刚.动载作用下煤岩组合体力学及损伤特性试验研究[D].淮南:安徽理工大学,2018.

[89] HUANG B X,LIU J W. The effect of loading rate on the behavior of samples composed of coal and rock[J]. International Journal of Rock Mechanics and Mining Sciences,2013,61: 23-30.

[90] 陈光波,李元,李谭,等. 循环水岩作用下煤岩组合体力学响应及劣化机制[J]. 工程地质学报,2024,32(1): 108-119.

[91] 石伟. 循环荷载下煤岩组合破坏模式及能量演化研究[J]. 矿业装备,2024(2): 152-154.

[92] 李利萍,李明会,潘一山. 动载扰动下倾斜煤岩组合块体超低摩擦效应研究[J]. 自然灾害学报,2023,32(5): 208-217.

[93] 解北京,栾铮,刘天乐,等. 静水压下原生组合煤岩动力学破坏特征[J]. 煤炭学报,2023,48(5): 2153-2167.

[94] 孙思洋. 冷加载作用下煤岩渗透特性研究[D].阜新:辽宁工程技术大学,2023.

[95] 郑建伟,王书文,李海涛,等. 层面数量对煤岩组合体抗压特性影响的实验研究[J]. 煤田地质与勘探,2023,51(5): 11-22.

[96] 樊玉峰,肖晓春,丁鑫,等. 岩煤接触面力学性质对组合煤岩力学行为影响机制[J]. 煤炭学报,2023,48(4): 1487-1501.

[97] 张雪媛,马昊宾,许健飞,等. 尺寸与形状效应下煤岩组合体力学特性与声发射特征分析[J]. 煤矿安全,2022,53(7): 45-51.

[98] 滕鹏程. 受载裂隙煤岩组合体力学特性及失稳机制[D]. 包头:内蒙古科技大学,2023.

[99] 于炜博. 预静载与循环扰动荷载作用下煤岩组合体力学及声发射特征[D]. 包头:内蒙古科技大学,2023.

[100] 左建平,宋洪强. 煤岩组合体的能量演化规律及差能失稳模型[J]. 煤炭学报,2022,47(8): 3037-3051.

[101] 宋洪强. 采动应力下煤岩组合体破坏行为及差能失稳模型研究[D]. 北京:中国矿业大学(北京),2024.

[102] 朱传杰,马聪,周靖轩,等. 动静载荷耦合作用下复合煤岩体的力学特性及破坏特征[J]. 煤炭学报,2021,46(S2):817-829.

[103] 王正义,窦林名,何江. 动静组合加载下急倾斜特厚煤层开采煤岩冲击破坏特征研究[J]. 采矿与安全工程学报,2021,38(5):886-894.

[104] 曹吉胜,戴前伟,周岩,等.考虑界面倾角及分形特性的组合煤岩体强度及破坏机制分析[J].中南大学学报(自然科学版),2018,49(1):175-182.

[105] 郭东明,左建平,张毅,等.不同倾角组合煤岩体的强度与破坏机制研究[J].岩土力学,2011,32(5):1333-1339.

[106] 沈文兵,余伟健,潘豹. 不同倾角煤岩组合岩石力学试验及破坏特征[J]. 矿业工程研究,2021,36(1):1-8.

[107] 王晨,师启龙,胡俊,等. 含单一夹矸组合煤岩试样的失稳机理研究[J]. 中国石油和化工标准与质量,2017,37(15):124-126.

[108] 王宁. 坚硬煤岩组合条件下冲击地压致灾机理及防治研究[D]. 北京:中国矿业大学(北京),2018.

[109] 王普. 工作面正断层采动效应及煤岩冲击失稳机理研究[D]. 青岛:山东科技大学,2020.

[110] 梁冰,章梦涛.矿震发生的粘滑失稳机理及其数值模拟[J].阜新矿业学院学报(自然科学版),1997(5):521-524.

[111] 黄滚,尹光志.冲击地压粘滑失稳的混沌特性[J].重庆大学学报,2009,32(6):633-637,662.

[112] FULTON P M,RATHBUN A P. Experimental constraints on energy partitioning during stick-slip and stable sliding within analog fault gouge[J]. Earth and Planetary Science Letters,2011,308(1-2):185-192.

[113] 冯小军,丁增,王恩元,等. 预制裂纹煤体静载黏滑亚失稳及声电信号响应特征[J]. 煤炭科学技术,2023,51(5):72-81.

[114] 宋义敏. 基于摩擦的冲击地压发生过程探讨[C]//中国煤炭学会(China Coal Society),山东省科学技术协会. 全国煤矿动力灾害防治学术研讨会(2019)会议报告. 2019:14.

[115] 杨武松. 不同含水量花岗岩-玄武岩界面粘滑剪切破坏机理研究[D]. 重庆:重庆大学,2023.

[116] 朱斌忠. 深埋隧道断裂滑移型岩爆机理及灾变过程分析[D]. 焦作:河南理工大学,2024.

[117] 何满潮,胡江春,熊伟,等. 沉积岩破裂面的摩擦特性试验研究[J]. 中国矿业,2005(5):59-62.

[118] 王鹏博. 采动诱发断层活化动力响应研究[D]. 阜新：辽宁工程技术大学，2023.

[119] 孔朋. 采动影响下断层滑移动力响应及诱冲机制研究[D]. 青岛：山东科技大学，2021.

[120] 姜耀东，王涛，宋义敏，等. 煤岩组合结构失稳滑动过程的实验研究[J]. 煤炭学报，2013，38(2)：177-182.

[121] 闫永敢，冯国瑞，翟英达，等. 煤体粘滑冲击的发生条件及动力学分析[J]. 煤炭学报，2010，35(S1)：19-21.

[122] 李振雷，窦林名，蔡武，等. 深部厚煤层断层煤柱型冲击矿压机制研究[J]. 岩石力学与工程学报，2013，32(2)：333-342.

[123] 朱广安，蒋启鹏，伍永平，等. 应力波扰动作用下断层滑移失稳的数值反演[J]. 采矿与安全工程学报，2021，38(2)：370-379.

[124] 尤明庆，华安增. 岩石试样破坏过程的能量分析[J]. 岩石力学与工程学报，2002(6)：778-781.

[125] 哈秋舲. 加载岩体力学与卸荷岩体力学[J]. 岩土工程学报，1998，20(1)：114.

[126] 哈秋舲，李建林，张永兴，等. 节理岩体卸荷非线性岩体力学[M]. 北京：中国建筑工业出版社，1998.

[127] 李建林，熊俊华，杨学堂. 岩体卸荷力学特性的试验研究[J]. 水利水电技术，2001，32(5)：48-51.

[128] SHIMAMOTO T. Confining pressure reduction experiments: a new method for measuring frictional strength over a wide range of normal stress[J]. International Journal of Rock Mechanics & Mining Sciences and Geomechanics Abstracts，1985，22(4): 227-236.

[129] HE M C. Rock mechanics and hazard control in deep mining engineering in China[C]//Rock Mechanics in Underground Construction-The ISRM International Symposium 2006 and the 4th Asian Rock Mechanics Symposium，November 8-10, 2006，Singapore.

[130] 何满潮，苗金丽，李德建，等. 深部花岗岩试样岩爆过程实验研究[J]. 岩石力学与工程学报，2007(5)：865-876.

[131] 黄达，黄润秋. 卸荷条件下裂隙岩体变形破坏及裂纹扩展演化的物理模型试验[J]. 岩石力学与工程学报，2010，29(3)：502-512.

[132] 姚旭朋. 围压卸荷诱发岩石破坏机理研究[D]. 沈阳：东北大学，2005.

[133] 丛怡，丛宇，张黎明，等. 大理岩加、卸荷破坏过程的三维颗粒流模拟[J].

岩土力学,2019,40(3):1179-1186,1212.

[134] 张培森,许大强,颜伟,等.应力-渗流耦合作用下不同卸荷路径对砂岩损伤特性及能量演化规律的影响研究[J].岩土力学,2024,45(2):325-339.

[135] 王乐华,徐健文,陈灿,等.非贯通双节理砂质板岩加卸荷力学特性及裂纹扩展机制[J/OL].土木与环境工程学报(中英文):1-10.[2024-11-8].http://kns.cnki.net/kcms/details/50.1218.TU.20240118.1059.002.html.

[136] 刘家顺,朱开新,左建平,等.巷道开挖应力旋转路径下弱胶结软岩剪应力-应变及非共轴特性研究[J].岩石力学与工程学报,2024,43(4):934-950.

[137] 王璐,阚子威,唐时美,等.卸荷破裂岩体非定常分数阶蠕变模型[J].地下空间与工程学报,2023,19(4):1106-1114,1133.

[138] 侯公羽,邵耀华,刘春雷,等.节理巷道围岩卸荷变形试验研究[J].岩土工程学报,2024,46(3):616-623.

[139] 刘崇岩.高应力巷道卸荷围岩开裂破坏机理及分级控制[D].淮南:安徽理工大学,2024.

[140] 贺安.加卸荷破裂花岗岩蠕变力学行为及细观损伤特征研究[D].成都:西华大学,2023.

[141] 解北京,栾铮,李晓旭,等.三维动静加载下煤的本构模型及卸荷破坏特征[J].哈尔滨工业大学学报,2024,56(4):61-72.

[142] 范浩,王磊,王连国.不同应力路径下层理煤体力学特性试验研究[J].岩土力学,2024,45(2):385-395.

[143] 张晨阳,潘俊锋,夏永学,等.真三轴加卸荷条件下组合煤岩冲击破坏特征研究[J].岩石力学与工程学报,2020,39(8):1522-1533.

[144] 肖晓春,刘海燕,丁鑫,等.单向卸荷条件下组合煤岩力学特性及声发射演化规律[J].煤炭科学技术,2023,51(11):71-83.

[145] 茹文凯,胡善超,李地元,等.煤岩组合体卸围压能量演化规律及耗散能损伤本构模型研究[J].岩土力学,2023,44(12):3448-3458.

[146] 陈曦,刘广建,滕杰田,等.卸荷作用下煤岩异性结构面失稳机制研究[J].工矿自动化,2023,49(5):139-146.

[147] 李春元,雷国荣,何团,等.深部开采原生煤岩组合体围压卸荷致裂特征及破裂模式[J].煤炭学报,2023,48(2):678-692.

[148] 李鑫,宋重霄,杨桢,等.复合煤岩循环加卸荷红外辐射及能量演化特征[J].安全与环境学报,2022,22(4):1812-1820.

[149] 杨科,刘文杰,马衍坤,等.真三轴单面临空下煤岩组合体冲击破坏特征试验研究[J].岩土力学,2022,43(1):15-27.

[150] 李鑫,李昊,杨桢,等. 基于 FLAC^{3D}的复合煤岩卸荷破裂数值模拟[J]. 安全与环境学报,2020,20(6):2187-2195.

[151] YAMADA I,MASUDA K,MIZUTANI H. Electromagnetic and acoustic emission associated with rock fracture[J]. Physics of the Earth and Planetary Interiors,1989,57(1-2):157-168.

[152] FRID V I,SHABAROV A N,PROSKURJAKOV V A. Formation of electromagnetic radiation in coal stratum[J]. Journal of Mining Science,1992,28:139-145.

[153] BRADY B T,LEIGHTON F W. Seismicity anomaly prior to a moderate rock burst: a case study[J]. International Journal of Rock Mechanics and Mining Sciences & Geomechanics Abstracts,1977,14(3):127-132.

[154] WANG H L,GE M C. Acoustic emission/microseismic source location analysis for a limestone mine exhibiting high horizontal stresses[J]. International Journal of Rock Mechanics and Mining Sciences,2008,45(5):720-728.

[155] 吴立新.煤岩强度机制及矿压红外探测基础实验研究[D].徐州:中国矿业大学,1997.

[156] 刘立,邱贤德,黄木坤,等.层状复合岩石损伤破坏的实验研究[J].重庆大学学报(自然科学版),1999,22(4):28-32.

[157] 刘立,邱贤德,黄木坤,等.复合岩石损伤本构方程与实验[J].重庆大学学报(自然科学版),2000(3):57-61.

[158] 刘立,邱贤德.复合岩石微空隙与演化及加载实验研究[J].岩土力学,2003(S2):163-166.

[159] 肖晓春,樊玉峰,吴迪,等.组合煤岩力学性质与声-电荷信号关系研究[J].中国安全生产科学技术,2018,14(2):126-132.

[160] 赵毅鑫,姜耀东,祝捷,等.煤岩组合体变形破坏前兆信息的试验研究[J].岩石力学与工程学报,2008(2):339-346.

[161] QIN S Q,JIAO J J,TANG C A,et al. Instability leading to coal bumps and nonlinear evolutionary mechanisms for a coal-pillar-and-roof system[J]. International Journal of Solids and Structures,2006,43(25-26):7407-7423.

[162] CHEN Z H,TANG C A,HUANG R Q. A double rock sample model for rockbursts[J]. International Journal of Rock Mechanics and Mining Sciences,1997,34(6):991-1000.

[163] 陆菜平,窦林名,吴兴荣.组合煤岩冲击倾向性演化及声电效应的试验研究[J].岩石力学与工程学报,2007(12):2549-2555.

[164] 王晓南,陆菜平,薛俊华,等.煤岩组合体冲击破坏的声发射及微震效应规律试验研究[J].岩土力学,2013,34(9):2569-2575.

[165] 窦林名,田京城,陆菜平,等. 组合煤岩冲击破坏电磁辐射规律研究[J].岩石力学与工程学报,2005(19): 143-146.

[166] 陆菜平,窦林名,吴兴荣,等. 煤岩冲击前兆微震频谱演变规律的试验与实证研究[J].岩石力学与工程学报,2008(3): 519-525.

[167] 付京斌. 受载组合煤岩电磁辐射规律及其应用研究[D]. 北京:中国矿业大学(北京),2009.

[168] 张飞,仉小祥,董金勇,等. 受载组合煤岩声发射效应研究[J]. 煤矿安全,2010,41(1): 66-68.

[169] 陆菜平,窦林名. 煤矿冲击矿压强度的弱化控制机理[C]//中国煤炭工业协会.全国煤矿千米深井开采技术. 徐州:中国矿业大学出版社(China University of Mining and Technology Press),2013: 11.

[170] 周元超,刘传孝,马德鹏,等. 不同组合方式煤岩组合体强度及声发射特征分析[J]. 煤矿安全,2019,50(2): 232-236.

[171] 谢海洋,苏礼,李志鹏. 河西矿煤岩组合冲击倾向性及声发射特征试验分析[J].煤,2017,26(12): 16-19.

[172] 肖晓春,金晨,潘一山,等. 组合煤岩破裂声发射特性和冲击倾向性试验研究[J]. 中国安全科学学报,2016,26(4): 102-107.

[173] BLAKE W,LEIGHTON F,DUVALL W I. Microseismic techniques for monitoring the behavior of rock structures[J]. International Journal of Rock Mechanics and Mining Sciences & Geomechanics Abstracts,1975,12(4): 69.

[174] SPETZLER H,SONDERGELD C,SOBOLEV G,et al. Seismic and strain studies on large laboratory rock samples being stressed to failure[J]. Tectonophysics,1987,144(1-3): 55-68.

[175] 刘倩颖,张茹,高明忠,等.煤卸荷过程中声发射特征及综合破坏前兆分析[J].四川大学学报(工程科学版),2016,48(S2):67-74.

[176] 丛宇,王在泉,郑颖人,等.卸围压路径下大理岩破坏过程的声发射特性试验研究[J].西南交通大学学报,2014,49(1):97-104.

[177] 张艳博,杨震,梁鹏,等.花岗岩卸荷损伤演化及破裂前兆试验研究[J].矿业研究与开发,2016,36(6):18-24.

[178] 何满潮,赵菲,杜帅,等.不同卸荷速率下岩爆破坏特征试验分析[J].岩土力学,2014,35(10):2737-2747,2793.

[179] HE M C,MIAO J L,FENG J L. Rock burst process of limestone and

its acoustic emission characteristics under true-triaxial unloading conditions[J]. International Journal of Rock Mechanics and Mining Sciences,2010,47(2): 286-298.

[180] 杨永杰,马德鹏,周岩. 煤岩三轴卸围压破坏声发射本征频谱特征试验研究[J]. 采矿与安全工程学报,2019,36(5):1002-1008.

[181] 赵菲,何满潮,李德建,等. 真三轴卸荷煤爆实验破坏特征演化分析[J]. 地下空间与工程学报,2019,15(1):142-150.

[182] 许文涛,成云海. 易弹射煤体力学特性及能量演化机制[J]. 煤炭科学技术,2024,52(6): 51-66.

[183] 丁鑫,高梓瑞,肖晓春,等. 单面卸荷路径下含瓦斯煤岩力学特性与声发射试验研究[J]. 煤炭学报,2023,48(5): 2194-2206.

[184] 彭岩岩,秦奇,宋南,等. 基于真三轴卸荷试验的煤岩力学及损伤特性研究[J]. 矿业研究与开发,2023,43(4): 95-102.

[185] 唐心宝. 加锚组合岩体卸荷破坏规律及声发射特征研究[D]. 泰安:山东农业大学,2022.

[186] 张冉. 真三轴加卸荷含瓦斯煤力学特性与破坏前兆特征研究[D]. 青岛:青岛理工大学,2021.

[187] 霍小旭. 煤岩卸荷破坏声学特性及变形破坏机理[J]. 矿业工程研究,2020,35(1): 65-68.

[188] 李建红. 不同卸荷速率下岩石的声发射及损伤特性研究[J]. 矿业研究与开发,2018,38(1): 91-95.

[189] 秦虎,黄滚,贾泉敏. 含瓦斯煤岩卸围压声发射特性及能量特征分析[J]. 煤田地质与勘探,2015,43(5): 86-89,94.

[190] 麻晓东. 煤矿巷道围岩卸荷变形及破坏规律试验研究[J]. 山东煤炭科技,2023,41(6): 53-55.

[191] 王书文. 掘进巷道冲击地压时滞性特征及机理研究[D]. 北京:中国矿业大学(北京),2022.

[192] 刘源. 当代煤矿掘进工作面巷道围岩应力分布规律的仿真研究[J]. 矿业装备,2020(3): 32-33.

[193] 赵庆冲,涂敏,付宝杰,等. 采动影响下底板岩体及巷道破坏时空演化特征分析[J]. 煤炭科学技术,2024,52(4): 302-313.

[194] 朱永建,李鹏,王平,等. 深部高应力煤巷围岩径向梯度损伤特征试验研究[J]. 岩石力学与工程学报,2023,42(11): 2643-2654.

[195] 李志强. 卸荷及瓦斯作用下煤体冲击倾向性特征试验研究[J]. 煤矿安全,2024,55(4): 55-65.

［196］ 王泽，李文璞，杜佳慧，等. 真三轴条件下卸荷速率对砂岩力学行为和能量演化的影响研究［J］. 矿业研究与开发，2023，43(9)：158-163.

［197］ 王磊，邹鹏，谢广祥，等. 深部原位应力煤岩卸荷力学特性试验研究［J］. 岩石力学与工程学报，2023，42(12)：2876-2887.

［198］ 原旭峰，张朝鹏，凌伟强，等. 基于不同开采方式的煤岩采动力学特性实验研究［J］. 实验科学与技术，2023，21(2)：19-27.

［199］ 高明忠，王明耀，谢晶，等. 不同卸荷速率下煤岩采动力学响应试验研究［J］. 工程科学与技术，2021，53(6)：54-63.

［200］ 李宏国. 岩石加-卸荷破裂特性试验研究及理论分析［D］. 合肥：合肥工业大学，2019.

［201］ 朱明政. 卸荷条件下煤岩变形破坏机理研究［D］. 徐州：中国矿业大学，2019.

［202］ 杨永杰，马德鹏. 煤样三轴卸荷破坏的能量演化特征试验分析［J］. 采矿与安全工程学报，2018，35(6)：1208-1216.

［203］ 王述红，徐源，张航，等. 岩体损伤破坏过程三维定位声发射试验分析［J］. 工程与试验，2010，50(3)：19-23，48.

［204］ 贾蓬，王茵，王琦伟，等. 循环加卸荷条件下红砂岩电阻率及声发射响应试验研究［J］. 岩石力学与工程学报，2024，43(S1)：3333-3341.

［205］ 陈美玲，郭红光，董治，等. 单轴荷载下含层理页岩损伤破坏过程及破坏模式研究［J］. 重庆大学学报，2024，47(8)：152-166.

［206］ 汪振众. 含水红层软岩单轴压缩破坏的声发射试验研究［J］. 建筑机械，2024(5)：207-211.

［207］ 顾义磊，王泽鹏，李清淼，等. 页岩声发射 RA 值及其分形特征的试验研究［J］. 重庆大学学报，2018，41(2)：78-86.

［208］ 王聚贤，梁鹏，张艳博，等. 基于声发射 RA-AF 值与 kneedle 算法的岩石拉剪破裂分类研究［J］. 岩石力学与工程学报，2024，43(S1)：3267-3279.

［209］ 李江哲，南博文. 基于声发射 RA-AF 值岩石破裂细观裂纹动态演化特征试验研究［J］. 吉林水利，2023(11)：1-6.

［210］ 常新科，吴顺川，程海勇，等. 深部灰岩劈裂破坏的声发射损伤表征［J］. 科学技术与工程，2023，23(31)：13525-13532.

［211］ SENATORSKI P. Apparent stress scaling and statistical trends［J］. Physics of the Earth and Planetary Interiors，2007，160(3-4)：230-244.

［212］ 李芳，李宇彤，刘友富. 视应力方法在震群性质判定中的应用研究［J］. 地震，2006，26(4)：45-51.

[213] 刘红桂，王培玲，杨彩霞，等. 地震视应力在地震预测中的应用[J]. 地震学报，2007，29(4)：437-445.

[214] 陈栋，王恩元，李楠. 千秋煤矿微震震源参数特征以及震源机制分析[J]. 煤炭学报，2019，44(7)：2011-2019.

[215] 李小英. 点震源场地一致危险性位移谱模型研究[D]. 雅安：四川农业大学，2021.

[216] 郑现，赵翠萍. 典型区域震源参数时空演化过程跟踪分析[J]. 国际地震动态，2018(8)：71-72.

[217] LIU J P，WANG R，LEI G，et al. Studies of stress and displacement distribution and the evolution law during rock failure process based on acoustic emission and microseismic monitoring[J]. International Journal of Rock Mechanics and Mining Sciences，2020，132：104384.

[218] 彭关灵，孔德育，孙楠，等. 2014 年景谷 M_S6.6 和 2018 年墨江 M_S5.9 地震前视应力、视体积异常特征研究[J]. 地震研究，2020，43(2)：355-362.

[219] 唐礼忠. 深井矿山地震活动与岩爆监测及预测研究[D]. 长沙：中南大学，2008.

[220] MENDECKI A J. Seismic Monitoring in Mines[M]. London：Chapman & Hall，1997.

[221] MOYA A，AGUIRRE J，IRIKURA K. Inversion of source parameters and site effects from strong ground motions records using genetic algorithms[J]. Bulletin of the Seismological Society of America，2000，90(4)：977-992.

[222] 周硕，王嘉琦，王向亮，等. 承德地区摆式仪器观测背景功率谱密度特征分析[J]. 山西地震，2024(1)：44-50.

[223] 张丽晓，闫俊岗，李艳娥，等. 晋冀鲁豫交界地区中小地震视应力特征研究[J]. 地震，2018，38(1)：117-127.

[224] 胡维云，刘文邦，余娜，等. 2016 年门源 M_S6.4 地震序列视应力特征研究[J]. 地震地磁观测与研究，2023，44(3)：10-17.

[225] 陈丽娟，陈学忠，龚丽文，等. 2021 年泸县 M_S6.0 地震前视应力和 b 值以及中小地震与地球自转相关性分析[J]. 大地测量与地球动力学，2022，42(11)：1133-1137.

[226] WYSS M，BRUNE J N. Seismic moment，stress，and source dimensions for earthquakes in the California-Nevada region[J]. Journal of Geophysical Research：Atmospheres，1968，73(14)：4681-4694.

[227] AKI K. Generation and propagation of G waves from the Niigata

earthquake of June 16,1964. 2. Estimation of earthquake movement,released energy,and stress-strained drop from G wave spectrum[J]. Bulletin of the Earthquake Research Institute,1966,44: 73-88.

[228] SHEARER P M. Introduction to seismology[M]. Cambridge: Cambridge University Press,1999: 56-58.

[229] MENDECKI D A J. Real time quantitative seismicity in mines[C]//Proceedings of the 3rd International Symposium on Rockbursts and Seismicity in Mines. 1993.

[230] 刘启旺,杨正权,刘小生,等. 超深厚覆盖层中深埋细粒土地震残余变形特性振动三轴试验研究[J]. 地震工程学报,2015,37(1): 21-26.

[231] ASWEGEN V G,BUTLER A G. Applications of quantitative seismology in SA gold mines[C]//Proceedings of the 3rd International Symposium on Rockbursts and Seismicity in Mine, 1993.

[232] 张伯虎,邓建辉,高明忠,等.基于微震监测的水电站地下厂房安全性评价研究[J].岩石力学与工程学报,2012,31(5):937-944.

[233] 李凌飞.基于微震监测的某矿地压活动规律与岩爆预警模式研究[D].赣州:江西理工大学,2017.

[234] 赵周能.基于微震信息的深埋隧洞岩爆孕育成因研究[D].沈阳:东北大学,2014.

[235] 张黎明,马绍琼,任明远,等.不同围压下岩石破坏过程的声发射频率及b值特征[J].岩石力学与工程学报,2015,34(10):2057-2063.

[236] 刘希灵,潘梦成,李夕兵,等.动静加载条件下花岗岩声发射b值特征的研究[J].岩石力学与工程学报,2017,36(S1):3148-3155.

[237] 宋义敏,邓琳琳,吕祥锋,等.岩石摩擦滑动变形演化及声发射特征研究[J].岩土力学,2019,40(8):2899-2906,2913.

[238] GUTENBERG B,RICHTER C F. Frequency of earthquakes in California[J]. Bulletin of the Seismological Society of America,1944,34(4): 185-188.

[239] BARTON N. Review of a new shear strength criterion for rock joints [J]. Engineering Geology,1973,7(4): 287-332.

[240] TSE R,CRUDEN D M. Estimating joint roughness coefficients[J]. International Journal of Rock Mechanics and Mining Sciences & Geomechanics Abstracts,1979,16(5): 303-307.

[241] 赵延林,万文,王卫军,等.随机形貌岩石节理剪切数值模拟和非线性剪胀模型[J].岩石力学与工程学报,2013,32(8):1666-1676.

[242] 江郑. 层状粗糙节理岩体剪切特性及锚固机理研究[D]. 徐州：中国矿业大学，2023.

[243] 靳天伟. 规则锯齿节理面剪切特性研究[D]. 北京：北京建筑大学，2021.

[244] 张宁博，欧阳振华，赵善坤，等. 基于粘滑理论的断层冲击地压发生机理研究[J]. 地下空间与工程学报，2016，12(S2)：894-898.

[245] 代高飞，尹光志，皮文丽，等. 用滑块模型对冲击地压的研究(Ⅰ)[J]. 岩土力学，2004(8)：1263-1266，1282.

[246] 代高飞. 岩石非线性动力学特征及冲击地压的研究[D]. 重庆：重庆大学，2002.

[247] 杨圣奇，陆家炜，田文岭，等. 不同节理粗糙度类岩石材料三轴压缩力学特性试验研究[J]. 岩土力学，2018，39(S1)：21-32.

[248] 高福洲，张俊云，罗晓龙，等. 充填岩石节理剪切力学特性及强度经验公式研究[J/OL]. 岩土工程学报：1-11[2024-06-03]. http://kns.cnki.net/kcms/detail/32.1124.TU.20240506.0904.022.html.

[249] 吴俊哲，史振宁，魏笑. 考虑方向性与应力状态的粉砂质泥岩节理面粗糙度系数研究[J/OL]. 长沙理工大学学报(自然科学版)：1-8[2024-06-03]. https://doi.org/10.19951/j.cnki.1672.9331.20231008001.

[250] 冯友良. 大断面煤巷开挖卸荷帮部破坏机制与控制技术研究[D]. 北京：中国矿业大学(北京)，2017.

[251] 刘建伟. 循环载荷作用下含水煤岩组合体损伤特性及裂纹扩展规律[J]. 矿业研究与开发，2024，44(4)：213-221.

[252] 赵怡晴，秦文静，金爱兵，等. 煤岩孔裂隙结构特征对其损伤演化规律影响研究[J/OL]. 煤炭科学技术：1-12[2024-06-03]. http://kns.cnki.net/kcms/detail/11.2402.TD.20240530.1533.005.html.

[253] 鲍新平，何勇. 煤炭综采工程煤岩裂隙变形多尺度视觉特征提取算法[J]. 矿冶，2024，33(2)：197-202.

[254] 谭云亮，张强. 深部巷道围岩热-固耦合条件下的变形破坏数值分析[J]. 山东科技大学学报(自然科学版)，2016，35(2)：29-37.

[255] 孙卓恒，侯哲生，张爱萍. 锦屏二级水电站深埋完整大理岩破坏机制的断裂力学分析[J]. 水利与建筑工程学报，2012，10(1)：36-38，42.

[256] 朱珍德，黄强，王剑波，等. 岩石变形劣化全过程细观试验与细观损伤力学模型研究[J]. 岩石力学与工程学报，2013，32(6)：1167-1175.

[257] Itasca. UDEC User's Manual [CP]. Itasca consulting group

inc, 2014.

[258] 任凯. 深部煤岩组合体变形破坏与裂纹演化规律研究[D]. 哈尔滨:黑龙江科技大学,2023.

[259] 谢小平,刘晓宁,梁敏富. 基于 UDEC 数值模拟实验的保护层无煤柱全面卸压开采分析[J]. 煤矿安全,2020,51(2): 208-212.

[260] 蔡武.断层型冲击矿压的动静载叠加诱发原理及其监测预警研究[D]. 徐州:中国矿业大学,2015.

[261] 种化省. 煤-岩层倾角对沿空留巷非对称变形破坏的影响研究[J]. 矿业研究与开发,2024,44(2): 74-80.

[262] 贾冬旭. 煤体滑移型冲击地压机理研究[D]. 阜新:辽宁工程技术大学,2023.

[263] 王晓,张学朋,李文鑫,等. 应力波作用下煤岩层面超低摩擦特征解析理论研究[J/OL]. 煤炭学报: 1-13[2024-06-03]. https://doi. org/10. 13225/j. cnki. jccs. 2023. 1197.

[264] 曹建涛,来兴平,崔峰,等.复杂煤岩体结构动力失稳多参量预报方法研究[J].西安科技大学学报,2016,36(3):301-307.

[265] 朱志洁,姚振华,陈昆,等. 宽高比对煤柱型冲击地压影响规律的实验研究[J]. 煤炭学报,2024,49(3): 1303-1317.

[266] 段会强,王超,孙明. 煤岩组合体峰后卸加载力学特性及支护作用机理[J]. 采矿与安全工程学报,2024,41(2): 372-383.

[267] 张志镇.岩石变形破坏过程中的能量演化机制[D].徐州:中国矿业大学,2013.

[268] 马泗洲,刘科伟,郭腾飞,等. 煤岩组合体巴西劈裂动态力学特征数值分析[J]. 高压物理学报,2022,36(5): 128-140.

[269] 刘业娇,邢辉,李沐,等. 不同孔隙率对含瓦斯煤体的破坏机制及数值分析[J]. 采矿技术,2022,22(3): 41-44.

[270] 秦勇,李恒乐,张永民,等. 基于地质-工程条件约束的可控冲击波煤层致裂行为数值分析[J]. 煤田地质与勘探,2021,49(1): 108-118,129.

[271] 褚佳琪. 基于 FLAC3D 的煤岩体单轴压缩数值模拟研究[J]. 现代信息科技,2022,6(18): 92-95.

[272] 杨桢,齐庆杰,李鑫,等. 基于 FLAC3D 的复合煤岩受载破裂数值模拟及试验研究[J].安全与环境学报,2017,17(3): 901-906.

[273] 马文强,王同旭.多围压脆岩压缩破坏特征及裂纹扩展规律[J].岩石力学与工程学报,2018,37(4):898-908.

[274] 孙博,杨怀德,谷玲,等. 基于 UDEC 颗粒模型的不确定性分析[J]. 岩土力学,2019,40(9): 3679-3688.

[275] 赵金生. 12081 工作面煤岩体力学参数的选取及 UDEC 数值模拟分析[J]. 科技资讯,2013(18): 245-246.

[276] CUNDALL P A. Computer model for simulating progressive large scale movements in blocky systems[C]//Proceedings of Symposium of International Society of Rock Mechanics. 1971.

[277] 杜刚,王超,刘锋. 长壁工作面顶板破断震动诱发冲击地压机理[J]. 煤矿现代化,2024,33(3): 123-127.

[278] 刘国磊,王泽东,张修峰,等. 基于围岩应力差异梯度控制的深部煤巷防冲机制与技术[J/OL]. 煤炭学报: 1-15[2024-06-03]. https://doi. org/10. 13225/j. cnki. jccs. 2023. 1769.

[279] 顾士坦,李旭智,王国良,等. 变区段煤柱工作面诱冲机理及防治技术研究[J]. 煤炭技术,2024,43(5): 175-179.

[280] 董志凯,李浩然,欧阳作林,等. 单轴荷载下大理岩声发射时空演化特征研究[J]. 地下空间与工程学报,2019,15(S2):609-615.

[281] 董金勇. 煤岩体内结构改造的声发射实验研究[J]. 煤炭技术,2016,35(2):154-156.

[282] 王常彬,曹安业,井广成,等. 单轴受载下岩体破裂演化特征的声发射 CT 成像[J]. 岩石力学与工程学报,2016,35(10):2044-2053.

[283] 侯志鹰,王家臣. 忻州窑矿两硬条件冲击地压防治技术研究[J]. 煤炭学报,2004(5):550-553.

[284] 乔美英,史有强. 物理指标与深度学习融合的冲击地压风险等级预测[J]. 中国安全生产科学技术,2024,20(4): 56-63.

[285] GAO F Q,STEAD D,KANG H P,et al. Discrete element modelling of deformation and damage of a roadway driven along an unstable goaf-A case study[J]. International Journal of Coal Geology,2014,127: 100-110.

[286] GAO F Q,STEAD D,COGGAN J. Evaluation of coal longwall caving characteristics using an innovative UDEC Trigon approach[J]. Computers and Geotechnics,2014,55: 448-460.

[287] 刘广建. 裂缝煤岩力学特性与冲击失稳宏细观机制研究[D]. 徐州:中国矿业大学,2018.

[288] LI X H,JU M H,YAO Q L,et al. Numerical investigation of the effect of the location of critical rock block fracture on crack evolution in a gob-side

filling wall[J]. Rock Mechanics and Rock Engineering,2016,49: 1041-1058.

[289] ZHANG H,LU C P,LIU B,et al. Numerical investigation on crack development and energy evolution of stressed coal-rock combination[J]. International Journal of Rock Mechanics and Mining Sciences,2020,133: 1365-1609.

[290] 刘广建,周浩,牟宗龙,等.变上限循环加卸载裂隙砂岩宏细观损伤特征研究[J/OL].煤炭科学技术:1-16[2024-06-03]. http://kns. cnki. net/kcms/detail/11. 2402. td. 20240530. 1112. 003. html.

[291] 徐咸辉. 峰后碎裂岩体破坏能量转化与纤维喷射混凝土支护特性研究[D]. 济南:山东大学,2016.

[292] VARDAR O,ZHANG C G,CANBULAT I,et al. Numerical modelling of strength and energy release characteristics of pillar-scale coal mass[J]. Journal of Rock Mechanics and Geotechnical Engineering,2019,11(5): 935-943.

[293] 高阳,孙浩凯,刘德军,等.强降雨影响下破碎复理岩地层隧道洞口段失稳机理[J].中南大学学报(自然科学版),2019,50(9):2295-2303.

[294] BAI Q S,TU S H,ZHANG C. DEM investigation of the fracture mechanism of rock disc containing hole(s) and its influence on tensile strength[J]. Theoretical and Applied Fracture Mechanics,2016,86: 197-216.

[295] 马文强.复合再生顶板碎裂结构失稳机理及控制研究[D].青岛:山东科技大学,2017.

[296] HOEK E,MARTIN C D. Fracture initiation and propagation in intact rock-A review[J]. Journal of Rock Mechanics and Geotechnical Engineering,2014,6(4): 287-300.

[297] HOEK E,BROWN E T. Practical estimates of rock mass strength[J]. International Journal of Rock Mechanics and Mining Sciences, 1997, 34(8): 1165-1186.

[298] 季晶晶,李祥,李鹏飞,等.脆性砂岩预制裂隙扩展破坏过程试验研究[J].河南科学,2018,36(4):547-553.

[299] 肖建清,冯夏庭,邱士利,等. 圆形隧道开挖卸荷效应的动静态解析方法及结果分析 [J]. 岩石力学与工程学报,2013,32 (12): 2471-2480.

[300] 肖建清,冯夏庭,张腊春,等. 均匀地应力场下圆形隧道静态弹塑性解析方法 [J]. 岩石力学与工程学报,2013,32 (S2): 3466-3477.

[301] 郭红军.实体煤巷道掘进围岩卸荷能量演化规律与冲击机理研究[D].徐州:中国矿业大学,2019.

[302] 张腾达.煤巷掘进冲击矿压显现规律的模拟研究[D].徐州:中国矿业大

学,2019.

[303] 蔡美峰,何满潮,刘东燕.岩石力学与工程[M].2 版.北京:科学出版社,2013.

[304] LIU G J,MU Z L,KARAKUS M. Coal burst induced by rock wedge parting slip: a case study in Zhaolou coal mine[J]. International Journal of Mining, Reclamation and Environment,2018,32(5): 297-311.

[305] 王秀峰.SOS 微震检测系统在煤矿中的应用[J].建筑工程技术与设计,2017(33):2095-6630.

[306] 蒋军军.煤岩失稳破坏声发射-微震特征及在冲击地压预测中应用[D].北京:煤炭科学研究总院,2016.

[307] 刘辉,陆菜平,窦林名,等.微震法在煤与瓦斯突出监测与预报中的应用[J].煤矿安全,2012,43(4):82-85.

[308] 王书文,徐圣集,蓝航,等.地震 CT 技术在采煤工作面的应用研究[J].煤炭科学技术,2012,40(7):24-27,84.

[309] 范波,姜红兵,王士超,等.地震 CT 技术在冲击地压回采工作面探测中的应用[C]//2013 年煤炭开采与安全国际学术研讨会论文集,2013:241-244.